"十二五"普通高等教育本科国家级规划教材

环境监测

第二版

陈　玲　赵建夫　主　编
仇雁翎　夏四清　副主编

化学工业出版社
·北　京·

本书是“十二五”普通高等教育本科国家级规划教材。

本教材侧重于系统介绍与我国各类标准密切相关的环境监测方法和技术，同时力求反映国内外环境监测技术新进展。全书共分为8章，分别为绪论、水质监测和分析、大气环境监测、土壤环境监测、固体废物监测、生物污染监测、环境监测新技术发展和环境监测质量管理。为配合理论教学，本教材还附有12个实验。

本教材可作为高等院校环境及相关专业本科生“环境监测”课程的教材，也可作为从事环境监测、环境分析、环境检测等工作的研究人员和技术人员的工具书。

图书在版编目（CIP）数据

环境监测/陈玲，赵建夫主编．—2版．—北京：化学工业出版社，2014.8（2021.1重印）
“十二五”普通高等教育本科国家级规划教材
ISBN 978-7-122-21078-4

Ⅰ.①环…　Ⅱ.①陈…②赵…　Ⅲ.①环境监测-高等学校-教材　Ⅳ.①X83

中国版本图书馆CIP数据核字（2014）第141171号

责任编辑：满悦芝　　文字编辑：荣世芳
责任校对：宋　玮　　装帧设计：史利平

出版发行：化学工业出版社（北京市东城区青年湖南街13号　邮政编码100011）
印　　装：三河市延风印装有限公司
787mm×1092mm　1/16　印张24　字数602千字　2021年1月北京第2版第7次印刷

购书咨询：010-64518888　　售后服务：010-64518899
网　　址：http：//www.cip.com.cn
凡购买本书，如有缺损质量问题，本社销售中心负责调换。

定　价：45.00元

前 言

《环境监测》（“十二五”普通高等教育本科国家级规划教材）是高等教育环境学科的核心专业基础课教材。本教材侧重于系统介绍与我国各类标准密切相关的环境监测方法和技术，包括监测方案的制定、监测方法的基本理论、监测过程的质量保证等方面的理论和技术，同时也力求反映国内外环境监测技术新进展。本书共分为8章，分别为绪论、水质监测与分析、大气环境监测、土壤环境监测、固体废物监测、生物污染监测、环境监测新技术发展和环境监测质量管理。为配合理论教学，还附有12个实验。

与各类《环境监测》教材相比，本教材具有以下特点：

① 及时更新了我国近年来新颁布或更新的环境系列标准，阐明了环境标准制订的重要依据，解释了环境标准更新的必要性。

② 基于《大气污染防治行动计划》的颁布和大气环境系列标准的更新和完善，在第一版的基础上重新规划和修订了第3章，增加了复合型污染指标（$PM_{2.5}$和O_3等）监测方法理论与技术，体现了环境监测内容的综合性和时效性。

③ 在环境监测方法和手段方面，由于环境介质中痕量有机物的分离与富集技术成为新标准方法的增长点，本书增加了痕量有机污染物的萃取、富集与分离的样品预处理内容，对金属元素微波消解方法等进行了介绍。

④ 重点介绍了土壤环境监测评价方法、场地环境监测规范及其5项系列标准等新内容。

⑤ 现代生物技术的快速发展，使捕捉生物信息的能力大大增强，正在给传统的生物监测技术（细菌学检验、毒性或慢性毒理试验等）注入新的活力。因此，本版增加了这方面基本知识的介绍，包括环境指示生物的特征及其在环境监测中的重要作用。

⑥ 省时、省力的便携式现场环境监测仪器和方法发展迅速，如便携式比色计、DO荧光仪等，遥感环境监测是大尺度环境监测方法和技术的又一发展新方向，这些内容也融入了本版教材。

针对近年来不断涌现的环境监测新方法、新手段和新标准，在《环境监测》（2008年第一版）教材的基础上，本版进行了环境监测理论的更新以及监测方案和监测程序的完善，更能反映当前国内外环境监测领域的能力、水平与发展趋势。同时，本教材专业知识性与实践性有机结合，可作为高等院校环境及相关专业本科生“环境监测”课程的教材或教学参考书，也可作为从事环境监测、环境分析、环境检测等工作的研究人员和技术人员的工具书。我们还构建了“环境监测”教学资源共享网（http：//jpkc. tongji. edu. cn/jpkc/cl/second/second. html），实现了与国内外同行师生的教学资源共享与教学交流互动，同时还制作了教学课件（ppt），需要的师生可与出版社联系共享。

本书共分为8章，由陈玲教授和赵建夫教授担任主编，仇雁翎教授和夏四清教授担任副主编。具体编写分工如下：陈玲负责第1章，仇雁翎、陈皓和段艳平负责第2章，李飞鹏、陈玲负责第3章，李飞鹏、孟祥周负责第4章，李飞鹏、夏四清负责第5章，郭美婷、吴玲玲负责第6章，李飞鹏、仇雁翎、郜洪文负责第7章，段艳平负责第8章，施鼎方、陈皓负责实验部分。陈玲教授对全书进行了内容设计和统稿，陈钊英、范亚、李月、杨静等对书稿进行了文字校对和格式编辑，张超杰、刘颖在本教材编写过程中提供了有价值的信息，赵建夫教授对全书进行了审核与定稿。

化学工业出版社的工作人员对本教材的策划和编辑做了大量工作，在此一并表示衷心的感谢。

由于编者的水平和时间有限，疏漏和错误之处在所难免，恳请同行专家和广大读者批评指正。

编　者

2014年7月

目　录

第1章　绪　　论

1.1　环境和环境污染

环境（environment）指影响人类生存和发展的各种天然的和经过人工改造的自然因素的总体，包括大气、水、海洋、土地、矿藏、森林、草原、野生生物、自然遗迹、人文遗迹、自然保护区、风景名胜区、城市和乡村等。

概括地讲，环境是由大气圈、水圈和土壤各圈层的自然环境与以生物圈为代表的生态环境共同构成的物质世界——自然界，包括自然界产生的和人类活动排放的各种化学物质形成的“化学圈”（chemosphere)。环境并不是以上几个圈的零散集合，而是一个有机整体，包括以上所有物质与形态的组合及其相互关系，如图1-1所示。

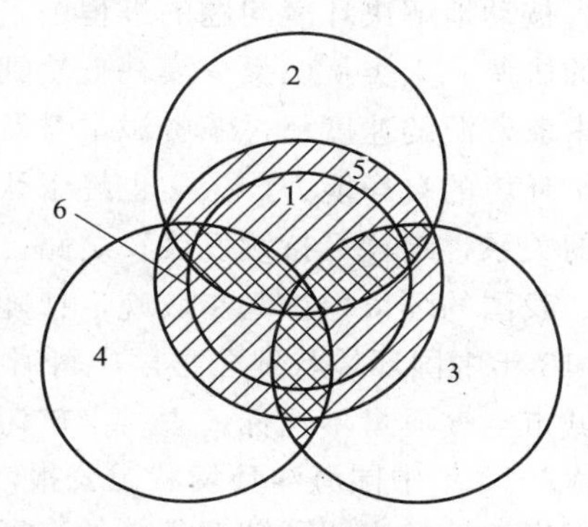

图1-1　环境介质与化学圈间的相互关系

1—生物圈；2—大气圈；3—水圈；4—土壤圈；5—化学圈；6—环境介质交界面

所谓环境也是指环绕于人类周围的所有物理因素、化学因素、生物因素和社会因素的总和。几个圈层共存于环境中，互相依赖、互相制约，并保持着动态平衡。人类与环境所构成的这样一个复杂的多元结构的平衡体系一旦被打破，必然会导致一系列的环境问题。虽然环境对一定的刺激有着调节作用和缓冲能力，可以经过一系列的连锁反应，建立起新的动态平衡，但若超过了环境本身的缓冲能力，就会由量变而引起质变，从而改变环境的性质和质量，使环境受到污染和破坏。

环境问题可以分为两大类：由自然力引起的原生环境问题，又称第一环境问题，如火山爆发、洪涝、干旱、流行病和地震等自然界的异常变化；由人类活动引起的环境问题称为次生环境问题，又称第二环境问题。需要指出的是，这两类环境问题在今天常常是相互影响、相互作用的。

第二环境问题是人类目前面临的最为严峻的挑战之一。第二环境问题包括由工农业生产、交通运输和人类生活所排放的有害废物（废气、废水、废渣等）超过了环境的自净能力而引起的环境质量的恶化，这类污染通过大气和江河流域由城市的局部地区扩散到广阔的自然界，对人体健康和农、林、牧、渔各业造成很大的损害；还包括由于对自然资源不适当的开发活动引起的对生态环境的破坏，突出表现在植被破坏、水土流失、土壤退化、沙漠化、气候变化等多方面，造成生物生产量的急剧下降。

环境问题是随着人类社会的迅速发展而产生并加剧的。人类历史初期，使用的劳动工具很简单，对自然界的作用也很有限，那时的环境问题主要是过度采集和狩猎，使食物来源受到破坏，反过来威胁人类的生存。随着生产工具的进步，农业革命兴起，人类具有了一定的改造自然的能力，在创造了灿烂古代文明的同时对环境的破坏也增加了，这时的环境问题主要以土地破坏为特征。18世纪以来，机器的出现，生产技术的进步，使人类生产力突飞猛进地发展，人们的物质和文化生活水平日益提高，但对环境的破坏也超过了以往的任何时代。尤其是随着石油工业的崛起，工业过分集中，城市人口过分密集，城市化进程加快，环境污染由局部逐步扩大到区域，由单一的大气污染扩展到大气、水域、土壤和食品等各方面的污染，酿成了不少震惊世界的公害事件，如举世闻名的“八大公害”事件（表1-1）。20世纪80～90年代，又发生了一些突发性的严重公害事件，如印度博帕尔毒气泄漏事故和前苏联切尔诺贝利核电站事故等（表1-2）。除上述问题，目前人类还面临着臭氧层破坏、温室效应、酸雨、海洋污染、有害废物越境转移、物种减少等多种全球性环境问题的挑战。

人类对环境问题的认识伴随着人类社会的发展进程在不断地加深。人类在被动地适应环境，被动地解决环境问题的进程中，也在逐步地改善、调节着人类生产、生活活动与自然环境的协调。人类从敬畏、漠视自然到善待自然，终于认识到了环境问题的实质：人类经济活动索取资源的速度超过了资源本身及其替代品的再生速度，人类向环境排放废弃物的数量超过了环境的自净能力。人类也终于认识到，要进一步生存和发展，就要协调经济、社会和环境的关系，走“可持续发展”之路。

我国的环境保护起步较晚，伴随着近30年经济的高速发展，环境负荷也日趋严峻。在《2013年中国环境状况公报》中可看到这样的数据：2012年全国水环境质量不容乐观，过半数城市空气质量不达标，农村工矿污染压力加大，环境总体形势依然严峻。国家海洋局发布的《2013年中国海洋环境状况公报》则指出，2012年我国海洋赤潮灾害多发区仍集中于东海近岸海域，表明了陆源污染的海洋“入侵”。

当前，我国已经到了以环境保护优化经济发展的新阶段。2013年我国有序推进了环境保护法修订，发布环境保护标准68项，以环境标准优化产业升级。同时，以环境容量优化区域布局，推进环境监测技术时空一体化进程，以环境监管能力提升促进环境监管法制化、科学化和规范化。

表1-1　世界“八大公害”事件

事件名称	发生时间	发生地点	污染类型	污染源/物	扩散途径/致害原因	受体(人)反应/后果
马斯河谷烟雾事件	1930年12月	比利时马斯河谷	大气污染	谷地中工厂密布，烟尘、SO_2排放量大	河谷地形，逆温天气且有雾，不利于污染物稀释扩散；SO_2、SO_3和金属氧化物颗粒进入肺部深处	咳嗽、呼吸短促、流泪、喉痛、恶心、呕吐、胸闷窒息；几千人中毒，60人死亡
洛杉矶光化学烟雾事件	1943年5～10月	美国洛杉矶	大气污染光化学污染(二次污染)	该市400万辆汽车每天耗油2400万升，排放烃类1000多吨	三面环山，静风，不利于空气流通；阳光充足，石油工业废气和汽车废气在紫外线作用下生成光化学烟雾	刺激眼、喉、鼻、引起眼病和咽喉炎；大多数居民患病，65岁以上老人死亡400人
多诺拉烟雾事件	1948年10月	美国多诺拉镇	大气污染	河谷内工厂密集，排放大量烟尘和SO_2	河谷形盆地，又遇逆温和多雾天气，不利于污染物稀释扩散；SO_2、SO_3和烟尘生成硫酸盐气溶胶，吸入肺部	咳嗽、喉痛、胸闷、呕吐、腹泻；四天内43%的居民(6000人)患病，20人死亡
伦敦烟雾事件	1952年12月	英国伦敦	大气污染	居民取暖燃煤中含硫量高，排放大量SO_2和烟尘	逆温天气，不利于污染物稀释扩散；SO_2等在金属颗粒物催化下生成SO_3、硫酸和磷酸盐，附着在烟尘上吸入肺部	胸闷、咳嗽、喉痛、呕吐；5天内死亡4000人，历年共发生12起，死亡近万人

续表

事件名称	发生时间	发生地点	污染类型	污染源/物	扩散途径/致害原因	受体(人)反应/后果
水俣(病)事件	1953～1961年	日本熊本县水俣镇	海洋污染汞污染(二次污染)	氮肥厂含汞催化剂随废水排入海湾	无机汞在海水中转化成甲基汞，被鱼类、贝类摄入，并在鱼体内富集，当地居民食用含甲基汞的鱼而中毒	口齿不清、步态不稳、面部痴呆、耳聋眼瞎、全身麻木，最后精神失常；截至1972年有180多人患病，50多人死亡，22个婴儿生来神经受损
四日事件(哮喘病)	1955年以来	日本四日市，并蔓延到几十个城市	大气污染	工厂大量排放SO_2和煤尘，其中含钴、锰、钛等重金属颗粒	重金属粉尘和SO_2随煤尘进入肺部	支气管炎、支气管哮喘、肺气肿；患者500多人，其中36人因哮喘病死亡
米糠油事件	1968年	日本爱知县等23个府县	食品污染多氯联苯污染	米糠油生产中用多氯联苯作热载体，因管理不善，多氯联苯进入米糠油中	食用含多氯联苯的米糠油	眼皮浮肿、多汗、全身有红丘疹，重症患者恶心呕吐、肝功能下降、肌肉疼痛、咳嗽不止甚至死亡；患者500多人，死亡16人，实际受害者超过1万人
富山事件(骨痛病)	1931～1975年	日本富山县神通川流域，并蔓延至其他七条河的流域	水体污染土壤污染镉污染	炼锌厂未处理的含镉废水排入河中	用河水灌溉稻米，使米中也含镉，变成镉米，当地居民长期饮用被镉污染的河水和食用镉米而中毒	开始时关节痛，继而神经痛和全身骨痛，最后骨骼软化萎缩、自然骨折、饮食不进、衰弱疼痛至死；截至1968年5月确诊患者258例，其中死亡128例，至1977年12月又死亡79例

表 1-2　突发性的严重公害事件

事　件	时　间	地　点	危　害	原　因
阿摩柯卡的斯油轮泄油	1987年3月	法国西北部布列塔尼半岛	藻类、湖间带动物、海鸟灭绝，工农业生产、旅游业损失大	油轮触礁，22×10^4 t原油入海
三哩岛核电站泄漏	1979年3月	美国宾夕法尼亚州	周围80km的200万人口极度不安，直接损失10多亿美元	核电站反应堆严重失水
威尔士饮用水污染	1985年1月	英国威尔士	200万居民饮水受污染，44%的人中毒	化工公司将酚排入迪河
墨西哥油库爆炸	1984年11月	墨西哥	4200人受伤，400人死亡，300栋房屋被毁，10万人被疏散	石油公司一个油库爆炸
博帕尔农药泄漏	1984年12月	印度中央邦博帕尔市	1408人死亡，2万人严重中毒，15万人接受治疗，20万人逃离	45t异氰酸甲酯泄漏
切尔诺贝利核电站泄漏	1986年4月	前苏联、乌克兰	31人死亡，203人受伤，13万人被疏散，直接损失30亿美元	4号反应堆机房爆炸
莱茵河污染	1986年11月	瑞士巴塞尔市	事故段生物绝迹，160km内鱼类死亡，480km内的水不能饮用	化学公司仓库起火，30t S、P、Hg剧毒物入河
莫农格希拉河污染	1988年11月	美国	沿岸100万居民生活受严重影响	石油公司油罐爆炸，$1.3\times10^4 m^3$原油入河
埃克森·瓦尔迪兹油轮漏油	1989年3月	美国阿拉斯加	海域严重污染	漏油$4.2\times10^4 m^3$

续表

事件	时间	地点	危害	原因
深海石油钻井平台爆炸	2010年4月	美国墨西哥湾	是石油工业历史上最严重的海洋石油泄漏事故，对当地海洋生物、野生动物及其栖息地都造成了严重危害。爆炸导致11位钻井平台工人死亡，17人受伤	据估计大约490万桶原油泄漏到海洋中

1.2 污染物来源和性质

环境污染物是指进入环境后使环境的正常组成和性质发生直接或间接有害于人类的变化的物质。大部分环境污染物是由人类的生产和生活活动产生的。有些物质原本是生产中的有用物质，甚至是人和生物必需的营养元素，由于未充分利用而大量排放，不仅造成资源上的浪费，而且可能成为环境污染物。一些污染物进入环境后，通过物理或化学反应或在生物作用下会转变成危害更大的新污染物，也可能降解成无害物质。不同污染物同时存在时，可因拮抗或协同作用使毒性降低或增大。

环境污染物是环境监测研究的对象。

1.2.1 污染物的化学类别

对环境产生危害的化学污染物可分为九类，具体介绍如下。

(1) 元素　包括铅、镉、铬、汞、砷等重金属元素和准金属、卤素、氧（臭氧）、黄磷等。

(2) 无机物　包括氰化物、一氧化碳、氮氧化物、卤化氢、卤素化合物（如 ClF、BrF_3、IF_5、BrCl、IBr 等）、次氯酸及其盐、硅的无机化合物（如石棉）、磷的无机化合物（如 PH_3、PX_3、PX_5）、硫的无机化合物（如 H_2S、SO_2、H_2SO_3、H_2SO_4）等。

(3) 有机烃化合物　包括烷烃、不饱和烃、芳烃、多环芳烃等。

(4) 金属有机和准金属有机化合物　如四乙基铅、羰基镍、二苯铬、三丁基锡、单甲基或二甲基胂酸、三苯基锡等。

(5) 含氧有机化合物　包括环氧乙烷、醚、醇、酮、醛、有机酸、酯、酐和酚类化合物等。

(6) 有机氮化合物　包括胺、腈、硝基甲烷、硝基苯和亚硝胺等。

(7) 有机卤化物　包括四氯化碳、饱和或不饱和卤化烃（如氯乙烯）、卤代芳烃（如氯代苯）、氯代苯酚、多氯联苯和氯代二噁英类等。

(8) 有机硫化合物　如烷基硫化物、硫醇、巯基甲烷、二甲砜、硫酸二甲酯等。

(9) 有机磷化合物　主要是磷酸酯类化合物，如磷酸三甲酯、磷酸三乙酯、磷酸三邻甲苯酯、焦磷酸四乙酯、有机磷农药、有机磷军用毒气等。

1.2.2 污染物的性质

污染物质的种类繁多，性质各异，可归纳如下。

(1) 自然性　长期生活在自然环境中的人类，对于自然物质有较强的适应能力。有人分析了人体中60多种常见元素的分布规律，发现其中绝大多数元素在人体血液中的百分含量与它们在地壳中的百分含量极为相似。但是，人类对人工合成的化学物质的耐受力则要小得多。所以区别污染物的自然或人工属性，有助于估计它们对人类的危害程度。

（2）毒性　环境污染物中的氰化物、砷及其化合物、汞、铍、铅、有机磷和有机氯等的毒性都很强。其中部分具有剧毒性，处于痕量级就能危及人类和生物的生存。决定污染物毒性强弱的主要因素除了其性质、含量，还和其存在形态密切相关。例如简单氰化物（氰化钾、氰化钠等）的毒性强于络合氰化物（铁氰络离子等），又如铬有二价、三价和六价三种形式，其中Cr^{6+}的毒性很强，而Cr^{3+}则具有生物化学效应，是人体新陈代谢的重要元素之一。

（3）时空分布性　污染物进入环境后，随着水和空气的流动被稀释扩散，可能造成由点源到面源更大范围的污染，而且在不同空间位置上，污染物的浓度分布随着时间的变化而不同，这是由污染物的扩散性和环境因素所决定的，如水溶解性好的或挥发性强的污染物，常能被扩散输送到更远的距离。

（4）活性和持久性　表明污染物在环境中的稳定程度。活性高的污染物质，在环境中或在处理过程中易发生化学反应生成比原来毒性更强的污染物，构成二次污染，严重危害人体及生物。垃圾焚烧过程中产生的二噁英就是最典型的例子。

与活性不同，持久性表示有些污染物质能长期地保持其危害性，如持久性有机污染物（POPs）和重金属铅、镉和铍等都具有毒性且在自然界难以降解，并可产生生物蓄积，长期威胁人类的健康和生存。

（5）生物可分解性　有些污染物能被生物所吸收、利用并分解，最后生成无害的稳定物质。大多数有机物都有被生物分解的可能性。如苯酚虽有毒性，但经微生物作用后可以被分解无害化。但也有一些有机物长时间不能被微生物作用而分解，属难降解有机物，如二噁英等。

（6）生物累积性　有些污染物可在人类或生物体内逐渐积累、富集，尤其在内脏器官中长期积累，由量变到质变引起病变发生，危及人类和动植物健康。如镉可在人体的肝、肾等器官组织中蓄积，造成各器官组织的损伤；水俣病则是由于甲基汞在人体内蓄积而引起的。

（7）对生物体作用的加和性　在环境中，只存在一种污染物质的可能性很小，往往是多种污染物质同时存在，考虑多种污染物对生物体作用的综合效应是必要的。根据毒理学的观点，混合物对生物体的相互作用有两类：一类是使其对环境的危害比污染物质的简单相加更为严重，称其为协同作用，如伦敦烟雾事件的严重危害就是由烟尘颗粒物与二氧化硫之间的协同作用所造成的；另一类是污染物共存时反而使危害互相削弱，这类相互作用称为拮抗作用，如有毒物质硒可以抑制甲基汞的毒性。

在研究环境容量和制定各种污染物质的排放标准时，首先要了解各种环境污染物的性质，这对于确定目标监测污染物，合理进行采样点的布设，准确评价污染物对环境的影响都是十分有必要的。

1.2.3 优先控制污染物

世界上已知的化学物质超过700万种，而进入环境的化学物质已达10万多种。就目前的人力、物力、财力，以及污染物危害程度的差异性而言，人们不可能对每一种化学物质进行监测，只能对具有以下特征的化学物质制定优先监测目标，实施优先和重点监测：①潜在危险性大（难降解，生物积累性、毒性大，属三致物质）；②在环境中出现的频率高，高残留；③检测方法成熟。

美国是最早开展优先监测的国家。1976年美国环保署（USA EPA）根据当时的筛选原则、数据手册、化学品的样本以及从水中检出的频率，公布了129种优先控制污染物（priority pollutants)，见表 1-3。其中包括 114 种有机化合物，15 种无机重金属及其他化合物，随之又提出了 43 种空气优先控制污染物名单。

表 1-3 美国环保署优先控制污染物名单

1. 二氯苊
2. 丙烯醛
3. 丙烯腈
4. 苯
5. 联苯胺
6. 四氯化碳

氯苯类(Chlorinated benzenes)
7. 氯苯
8. 1,2,4-三氯苯
9. 六氯苯

氯乙烷类(Chloroethane)
10. 1,2-二氯乙烷
11. 1,1,1-三氯乙烷
12. 六氯乙烷
13. 1,1-二氯乙烷
14. 1,1,2-三氯乙烷
15. 1,1,2,2-四氯乙烷
16. 氯乙烷

氯烷基醚类(Chloro alkyl ether)
17. 二(氯甲基)醚
18. 二(氯乙基)醚
19. 2-氯乙基乙烯基醚

氯萘类(Chloridenaphthalenes)
20. 2-氯萘

氯酚类(Chlorophenols)
21. 2,4,6-三氯苯酚
22. 对氯间甲酚
23. 氯仿
24. 2-氯苯酚

二氯苯类(Dichlorobenzenes)
25. 1,2-二氯苯
26. 1,3-二氯苯
27. 1,4-二氯苯

二氯联苯胺类(Dichloro-benzidines)
28. 3,3-二氯联苯胺

二氯乙烯类(Dichloroethenes)
29. 1,1-二氯乙烯
30. 反 1,2-二氯乙烯
31. 2,4-二氯苯酚

二氯丙烷和二氯丙烯类
(Dichloropropane and dichloropropylene)
32. 1,2-二氯丙烷
33. 反 1,3-二氯丙烯
34. 2,4-二甲基苯酚

二硝基甲苯类(Dinitrotoluenes)
35. 2,4-二硝基甲苯
36. 2,6-二硝基甲苯
37. 1,2-二苯肼
38. 乙苯
39. 荧蒽

卤代醚类(Halogenated ethers)
40. 4-氯苯基苯醚
41. 4-溴苯基苯醚
42. 双(2-氯异丙基)醚
43. 双(2-氯乙氧基)甲烷

卤甲烷类(Halogen methanes)
44. 二氯甲烷
45. 氯代甲烷
46. 溴代甲烷
47. 溴仿
48. 二氯二溴甲烷
49. 三氯氟甲烷
50. 二氯二氟甲烷
51. 氯溴甲烷
52. 六氯丁二烯
53. 六氯环戊二烯
54. 异佛尔酮
55. 萘
56. 硝基苯

硝基苯酚类(Nitrophenols)
57. 2-硝基苯酚
58. 4-硝基苯酚
59. 2,4-二硝基苯酚
60. 4,6-二硝基-邻甲酚

亚硝胺类(Nitrosamines)
61. *N*-亚硝基二甲胺
62. *N*-亚硝基二苯胺
63. *N*-亚硝基二正丙胺
64. 五氯苯酚
65. 苯酚

邻苯二甲酸酯类(Phthalates)
66. 邻苯二甲酸双(2-乙基己基)酯
67. 邻苯二甲酸丁基苯甲基酯
68. 邻苯二甲酸二正丁酯
69. 邻苯二甲酸二正辛酯
70. 邻苯二甲酸二乙酯
71. 邻苯二甲酸二甲酯

多环芳烃类(Polycyclic aromatic hydrocarbons)
72. 苯并[*a*]蒽
73. 苯并[*a*]芘
74. 3,4-苯并荧蒽
75. 苯并[*k*]荧蒽
76. 䓛
77. 苊
78. 蒽
79. 苯并[*g*,*h*,*i*]苝
80. 芴
81. 菲
82. 二苯并[*a*,*b*]蒽
83. 茚并[1,2,3-*c*,*d*]芘
84. 芘
85. 四氯乙烯
86. 甲苯
87. 三氯乙烯
88. 氯乙烯

农药和代谢物(Pesticides and metabolites)
89. 艾氏剂
90. 狄氏剂
91. 氯丹

DDT 和代谢物
(Dichloro-diphenyl-trichloroethane and metabolites)
92. 4,4-DDT
93. 4,4-DDE
94. 4,4′-DDD

硫丹和代谢物(Endosulfan and metabolites)
95. α-硫丹
96. β-硫丹
97. 硫丹硫酸酯

异狄氏剂和代谢物(Endrin and metabolites)
98. 异狄氏剂
99. 异狄氏醛

七氯和代谢物(Heptachlor and metabolites)
100. 七氯
101. 七氯环氧化物

六氯环己烷类
(Hexachlorocyolohexane)
102. α-六六六
103. β-六六六
104. γ-六六六
105. δ-六六六

多氯联苯(Polychlorinated biphenyls)
106. PCB-1242
107. PCB-1254
108. PCB-1221
109. PCB-1232
110. PCB-1248
111. PCB-1260
112. PCB-1016
113. 毒杀芬
114. 2,3,7,8-四氯二苯并-对二噁唑

重金属及其化合物
(Heavy metals and their compounds)
115. 锑
116. 砷
117. 铍
118. 镉
119. 铬
120. 铜
121. 铅
122. 汞
123. 镍
124. 硒
125. 银
126. 铊
127. 锌

其他(others)
128. 石棉
129. 氰化物

我国在环境优先控制污染物的筛选方面做了大量的工作，反映我国环境特征的污染物“黑名单”见表1-4。

表1-4　我国环境优先控制污染物名单

1. 二氯甲烷	24. 2,4-二氯酚	47. 酞酸二辛酯
2. 三氯甲烷	25. 2,4,6-三氯酚	48. 六六六
3. 四氯化碳	26. 五氯酚	49. 滴滴涕
4. 1,2-二氯乙烷	27. 对硝基酚	50. 滴滴畏
5. 1,1,1-三氯乙烷	28. 硝基苯	51. 乐果
6. 1,1,2-三氯乙烷	29. 对硝基甲苯	52. 对硫磷
7. 1,1,2,2-四氯乙烷	30. 2,4-二硝基甲苯	53. 甲基对硫磷
8. 三氯乙烯	31. 三硝基甲苯	54. 除草醚
9. 四氯乙烯	32. 对硝基氯苯	55. 敌百虫
10. 三溴甲烷	33. 2,4-二硝基氯苯	56. 丙烯腈
11. 苯	34. 苯胺	57. *N*-亚硝基二丙胺
12. 甲苯	35. 二硝基苯胺	58. *N*-亚硝基二正丙胺
13. 乙苯	36. 对硝基苯胺	59. 氰化物
14. 邻二甲苯	37. 2,6-二氯-1-硝基苯胺	60. 砷及其化合物
15. 间二甲苯	38. 萘	61. 铍及其化合物
16. 对二甲苯	39. 荧蒽	62. 镉及其化合物
17. 氯苯	40. 苯并[*b*]荧蒽	63. 铬及其化合物
18. 邻二氯苯	41. 苯并[*k*]荧蒽	64. 铜及其化合物
19. 对二氯苯	42. 苯并[*a*]芘	65. 铅及其化合物
20. 六氯苯	43. 茚并[1,2,3-*c*,*d*]芘	66. 汞及其化合物
21. 多氯联苯	44. 苯并[*g*,*h*,*i*]芘	67. 镍及其化合物
22. 苯酚	45. 酞酸二甲酯	68. 铊及其化合物
23. 间甲酚	46. 酞酸二丁酯	

在我国的优先控制污染物“黑名单”中，共有19类、68种优先控制污染物。其中有机物有12类58种，占总数的85.3%，包括10种卤代烃类，6种苯系物，4种氯代苯类，1种多氯联苯，6种酚类，6种硝基苯，4种苯胺，7种多环芳烃，3种酞酸酯，8种农药，丙烯腈和2种亚硝胺。其余10种优先控制污染物为重金属及其化合物。

1.2.4　持久性有机污染物

持久性有机污染物（persistent organic pollutants，POPs）是指在环境中难降解、高脂溶性、可以在食物链中富集放大，能够通过各种传输途径进行全球迁移传输的一类具有半挥发性且毒性极大的有机污染物。表1-5给出的是《斯德哥尔摩公约》（Stockholm Convention，《POPs公约》）中的POPs物质名录，包括2001年首批列入的POPs共12种，2009年第二批列入的9种以及2011年《POPs公约》缔约国大会以全体票数通过的硫丹，目前共有22种（类）狭义持久性有机污染物。

《POPs公约》还规定，所要控制的有机污染物清单是开放性的，将来可以随时根据公约规定的筛选程序和标准对清单进行修改和补充。拓展POPs概念至持久性有毒物质（persistent toxic substances，PTS)，可以认为PTS是那些在环境中可以长期存在、能够被生物蓄积的有毒物质。

表 1-5 持久性有机污染物名录

持久性有机污染物
高急性毒性类
(1)有机氯农药
艾氏剂、狄氏剂和异狄氏剂、滴滴涕、六氯苯、毒杀芬、氯丹、灭蚁灵、七氯、硫丹
(2)精细化工品
多氯联苯
(3)非故意生产副产品
多氯代二苯并对二噁英、多氯代二苯并呋喃
低急性毒性类
(1)农业类
林丹、α-六氯环己烷和β-六氯环己烷、十氯酮、五氯苯
(2)阻燃剂类
五溴联苯醚、八溴二苯醚、六溴联苯
(3)表面活性剂类
全氟辛烷磺酸、全氟辛烷磺酸盐、全氟辛基磺酰氟

持久性有机污染物（POPs）能够对人类健康和生存环境造成不可逆转的影响，其特殊毒性主要包括：①对免疫系统的毒性；②对内分泌系统的危害；③对生殖和发育的危害；④致癌作用以及引起一些其他器官组织的病变，导致皮肤表现出表皮角化、色素沉着、多汗症和弹性组织病变等症状。

人类生存的环境是一个由多介质单元（水、气、土、植物和动物等）组成的复杂环境系统。因此，迁移性也是许多污染物的共性，特别是持久性有机污染物（POPs）。当POPs从其释放源进入环境介质后，会随着大气环流、海气干湿交替以及洋流发生稀释扩散、跨界的迁移、转化和长距离传输等一系列物理、化学和生物过程。通过这些迁移过程，POPs能到达全球偏远的地区，如南极、北极和沙漠，进而造成全球性的污染。1996年Wania和Mackay提出了著名的“全球分配和冷凝结效应”理论（Global Distillation Effect and Cold Condensation），即认为POPs具有半挥发性，而全球由于温度分布的不均匀，地球就像一个蒸馏装置——在低、中纬度地区，由于温度相对高，POPs挥发进入到大气，在寒冷地区，POPs冷凝沉降下来，最终导致POPs从热带地区迁移到寒冷地区，这也就是从未使用过POPs的南北极和高寒地区（如青藏高原地区等）发现POPs存在的原因；而POPs在中纬度地区温度较高的夏季易于挥发和迁移，而在温度较低的冬季则易于沉降，导致POPs在向高纬度迁移的过程中会有一系列距离相对较短的跳跃过程，这种特性又被称为“蚱蜢跳效应”。同时，大气的稀释、海气交换、洋流等作用也会将POPs由释放源带到从未使用过POPs的清洁地区。

虽然我国曾进行过多次全国性的大规模环境调查，但有关持久性有机污染物对中国生态环境影响的数据还很缺乏，仅有的资料多集中于部分POPs。POPs监测方法研发与标准化、监测方案的制定与实施、全球POPs监测网络构建以及区域实验室建设都将会是今后的发展重点。

1.3 环境标准

环境标准是指为了保护人群健康、社会物质财富和维持生态平衡，对大气、水、土壤等环境质量，对污染源、监测方法等，按照法定程序制定和批准发布的各种环境保护标准的总称，是环境法律法规体系的有机组成部分，也是保护生态环境的基础性、技术性方法和工具。1974年1月1日实施的《工业“三废”排放试行标准》是我国第一项环保标准，也是我国环保事业起步的重要标志。40多年来，环境标准随着国家和社会对环保的日益重视而加速发展，目前累计发布的各类国家环保标准达到1714项，其中现行标准1499项；累计发布各类地方环保标准303项，已经形成水、气、土、固体废物、声等环境质量标准和污染物排放标准。

1.3.1　环境标准的作用

环境标准对于环境保护工作具有“依据、规范、方法”三大作用，是政策、法规的具体体现，是强化环境管理的基本保证。其作用体现在以下几个方面。

(1) 环境标准是执行环境保护法规的基本手段，又是制定环境保护法规的重要依据　我国已经颁布的《环境保护法》、《大气污染防治法》、《水污染防治法》、《海洋环境保护法》和《固体废物污染环境防治法》等法律中都规定了有关实施环境标准的条款。它们是环境保护法规原则规定的具体化，提高了执法过程的可操作性，为依法进行环境监督管理提供了手段和依据，并是一定时期内环境保护目标的具体体现。

(2) 环境标准是强化环境管理的技术基础　环境标准是实施环境保护法律、法规的基本保证，是强化环境监督管理的核心。如果没有各种环境标准，法律、法规的有关规定就难以有效实施，强化环境监督管理也无实际保证。如“三同时”制度、排污申报登记制度、环境影响评价制度等都是以环境标准为基础建立并实施的。在处理环境纠纷和污染事故的过程中，环境标准是重要依据。

(3) 环境标准是环境规划的定量化依据　环境标准用具体的数值来体现环境质量和污染物排放应控制的界限。环境标准中的定量化指标，是制定环境综合整治目标和污染防治措施的重要依据。根据环境标准，才能定量分析评价环境质量的优劣。依据环境标准，能明确排污单位进行污染控制的具体要求和程度。

(4) 环境标准是推动科技进步的动力　环境标准反映着科学技术与生产实践的综合成果，是社会、经济和技术不断发展的结果。应用环境标准可进行环境保护技术的筛选评价，促进无污染或少污染的先进工艺的应用，推动资源和能源的综合利用等。

此外，大量的环境标准的颁布，对促进环保仪器设备以及样品采集、分析、测试和数据处理等技术方法的发展也起到了强有力的推动作用。

1.3.2　环境标准的分级和分类

环境标准体系是指根据环境标准的性质、内容和功能，以及它们之间的内在联系，将其进行分级、分类，构成一个有机统一的标准整体，其既具有一般标准体系的特点，又具有法律体系的特性。然而，世界上对环境标准没有统一的分类方法，可以按适用范围划分，按环境要素划分，也可以按标准的用途划分。应用最多的是按标准的用途划分，一般可分为环境质量标准、污染物排放标准和基础方法标准等；按标准的适用范围可分为国家标准、地方标准和环境保护行业标准；而按环境要素划分，有大气环境质量标准、水质标准和水污染控制标准、土壤环境质量标准、固体废物标准和噪声控制标准等。其中对单项环境要素又可按不同的用途再细分，如水质标准又可分为生活饮用水卫生标准、地表水环境质量标准、地下水环境质量标准、渔业用水水质标准、农田灌溉水质标准、海水水质标准等。而环境质量标准和污染物排放标准是环境保护标准的核心组成部分，其他的监测方法、标准样品、技术规范等标准是为实施这两类标准而制定的配套技术工具。

目前我国已形成以环境质量标准和污染物排放标准为核心，以环境监测标准（环境监测方法标准、环境标准样品、环境监测技术规范）、环境基础标准（环境基础标准和标准制修订技术规范）和管理规范类标准为重要组成部分（图 1-2），由国家、地方两级标准构成的“两级五类”环境保护标准体系，纳入了环境保护的各要素、领域。

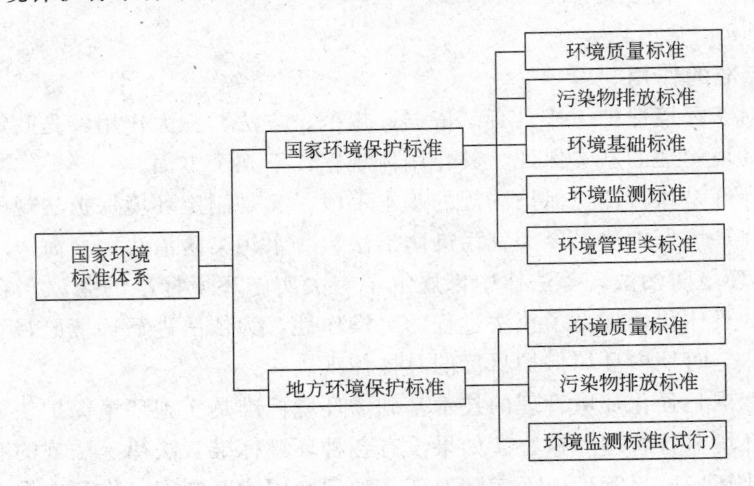

图 1-2 中国环境标准体系

（1）国家环境保护标准　国家环境保护标准体现国家环境保护的有关方针、政策和规定。依据环境保护法，国务院环境保护主管部门负责制定国家环境质量标准，并根据国家环境质量标准和国家经济、技术条件，制定国家污染物排放标准。针对不同环境介质中有害成分含量、排放源污染物及其排放量制定的一系列针对性标准构成了我国的环境质量标准和污染物排放标准，环境保护法明确赋予其判别合法与否的功能，直接具有法律约束力。过去 40 多年也是我国的环境保护标准法律约束力不断增强的过程：20 世纪 70 年代计划经济时期，几乎无法可依；80～90 年代，《环境保护法》等法律原则性规定地方政府对辖区环境质量负责，并规定排放超标者应缴纳超标排污费；2000 年修订的《大气污染防治法》确立了排放标准“超标即违法”原则，“十一五”以来减排考核探索开展了对政府环境质量目标考核，并在 2008 年修订的《水污染防治法》中得到进一步强化；2013 年最高人民法院、最高人民检察院出台关于环境污染罪的司法解释，将多次、多倍超标排放列为定罪量刑的条件；2014 年修订的《环境保护法》进一步加大了超质量、排放标准的问责力度，明确对污染企业罚款上不封顶。

环境监测标准、环境基础标准和管理规范类标准、配套质量排放标准由国务院环境保护部门履行统一监督管理环境的法定职责而具有不同程度、范围的法律约束力。国务院环境保护主管部门还将负责制定监测规范，会同有关部门组织监测网络，统一规划国家环境质量监测站（点）的设置，建立监测数据共享机制，加强对环境监测的管理。有关行业、专业等各类环境质量监测站（点）的设置应当符合法律法规规定和监测规范的要求。监测机构应当使用符合国家标准的监测设备，遵守监测规范。监测机构及其负责人对监测数据的真实性和准确性负责。

同时，国家鼓励开展环境基准研究。

(2) 地方环境保护标准 根据环境保护法，省、自治区、直辖市人民政府对国家环境质量标准中未作规定的项目，可以制定地方环境质量标准；对国家环境质量标准中已作规定的项目，可以制定严于国家环境质量标准的地方环境质量标准。地方环境质量标准应当报国务院环境保护主管部门备案。地方人民政府对国家污染物排放标准中未作规定的项目，可以制定地方污染物排放标准；对国家污染物排放标准中已作规定的项目，可以制定严于国家污染物排放标准的地方污染物排放标准。地方污染物排放标准应当报国务院环境保护主管部门备案。地方污染物排放标准应当参照国家污染物排放标准的体系结构制定，可以是行业型污染物排放标准和综合型污染物排放标准。

截至2013年12月31日，我国已累计发布各类地方环境保护标准300余项，其中依法备案强制性地方环境保护标准126项。如2009年上海市发布了地方标准《污水综合排放标准》(DB 31/199—2009)，该标准规定了94个污染物项目的排放限值，其中第一类污染物17项，包括更严格的A类排放限值。

各地制订的地方标准优先于国家标准执行，体现了环境与资源管理的地方优先的管理原则。但各地除应执行各地相应标准的规定外，尚需执行国家有关环境保护的方针、政策和规定等。

国家环境保护标准尚未规定的环境监测、管理技术规范，地方可以制定试行标准，一旦相应的国家环保标准发布后这类地方标准即终止使命。地方环境质量标准和污染物排放标准中的污染物监测方法，应当采用国家环境保护标准。国家环境保护标准中尚无适用于地方环境质量标准和污染物排放标准中某种污染物的监测方法时，应当通过实验和验证，选择适用的监测方法，并将该监测方法列入地方环境质量标准或者污染物排放标准的附录，适用于该污染物监测的国家环境保护标准发布、实施后，应当按新发布的国家环境保护标准的规定实施监测。

我国现行的环境标准分为五类，下面分别简要介绍。

(1) 环境质量标准 环境质量标准是为保护自然环境、人体健康和社会物质财富，对环境中有害物质和因素所做的限制性规定，而制定环境质量标准的基础是环境质量基准。所谓环境质量基准（环境基准），是指环境中污染物对特定保护对象（人或其他生物）不产生不良或者有害影响的最大剂量或浓度，是一个基于不同保护对象的多目标函数或一个范围值，如大气中SO_2年平均浓度超过0.115mg/m^3，对人体健康就会产生有害影响，这个浓度值就称为大气中SO_2的基准。因此，环境质量标准是衡量环境质量和制定污染物控制标准的基础，是环保政策的目标，也是环境管理的重要依据。

(2) 污染物排放标准 指为实现环境质量标准要求，结合技术经济条件和环境特点，对排入环境的有害物质和产生污染的各种因素所做的限制性规定。由于我国幅员辽阔，各地情况差别较大，因此不少省、市制定并报国家环境保护部备案了相应的地方排放标准。

(3) 环境基础标准 指在环境标准化工作范围内，对有指导意义的符号、代号、图式、量纲、导则等所做的统一规定，是制定其他环境标准的基础。

(4) 环境监测标准 环境监测标准是保障环境质量标准和污染物排放标准有效实施的基础，其内容包含环境监测方法标准、环境标准样品和环境监测技术规范等。根据环境管理需求和监测技术的不断进步，以水、空气、土壤等环境要素为重点，积极鼓励采用先进的分析手段和方法，分步有序地完善该类标准的制定和修订，实验室验证工作还需同步进行，同时力求提高环境监测方法的自动化和信息化水平。

(5) 环境管理类标准　结合环境管理需求，根据环境保护标准体系的特点，建立形成了管理规范类标准，为环境管理各项工作提供全面支撑。这类标准包括：建设项目和规划环境影响评价、饮用水源地保护、化学品环境管理、生态保护、环境应急与风险防范等各类环境管理规范类标准，还包含各类环境标准的实施机制与评估方法等，对现行各类管理规范类标准进行必要的制订和修订；通过及时掌握各行业先进技术动态与发展趋势，并参与全球环境保护技术法规相关工作等，不断推进我国环境保护标准与国际相关标准的接轨。

1.3.3 制定环境标准的原则

制定环境标准要体现国家关于环境保护的方针、政策和符合我国国情，使标准的依据和采用的技术措施达到技术先进、经济合理、切实可行，力求获得最佳的环境效益、经济效益和社会效益。

(1) 遵循法律依据和科学规律　以国家环境保护方针、政策、法律、法规及有关规章为依据，以保护人体健康和改善环境质量为目标，以促进环境效益、经济效益和社会效益三者的统一为基础，制定环境标准。环境标准的科学性体现在设置标准内容有科学实验和实践的依据，具有重复性和再现性，能够通过交叉实验验证结果。如环境质量标准的制定则是依据环境基准研究和环境状况调查的结果，包括环境中污染物含量对人体健康和生态环境的“剂量-效应”关系研究，以及对环境中污染物分布情况和发展趋势的调查分析。

(2) 区别对待原则　制定环境标准要具体分析环境功能、企业类型和污染物危害程度等不同因素，区别对待，宽严有别。按照环境功能不同，对自然保护区、饮用水源保护区等特殊功能环境，标准必须严格，对一般功能环境，标准限制相对宽些。按照污染物危害程度不同，标准的宽严也不一，对剧毒物要从严控制，而制定污染物排放标准则是以环境保护优化经济增长为原则，依据环境容量和产业政策的要求，确定标准的适用范围和控制项目，并对标准中的排放限值进行成本效益分析。

(3) 适用性与可行性原则　制定环境标准，既要根据生物生存和发展的需要，同时还要考虑到经济合理，技术可行；而适用性则要求标准的内容有针对性，能够解决实际问题，实施标准能够获得预期的效益。这两点都要求从实际出发做到切实可行，要对社会为执行标准所花的总费用和收到的总效益进行“费用-效益”分析，寻求一个既能满足人群健康和维护生态平衡的要求，又使防治费用最小，能在近期内实现的环境标准。如制定的污染物排放标准并不是越严越好，必须考虑产业政策允许、技术上可达、经济上可行，体现的是在特定环境条件下各排污单位均应达到的基本排放控制水平。

(4) 协调性与适应性原则　协调性要求各类标准的内容协调，没有冲突和矛盾。同时，要求各个标准的内容完整、健全，体系中的相关标准能够衔接与配合，如质量标准与排放标准、排放标准与收费标准、国内标准与国际标准之间应该体现相互协调和相互配套，使相关部门的执法工作有法可依，共同促进。

(5) 国际标准和其他国家或国际组织相关标准的借鉴　一个国家的标准能够综合反映国家的技术、经济和管理水平。在国家标准的制定、修改或更新时，积极逐步采用或等效采用国际标准必然会促进我国环境监测水平的提高。逐步做到环境保护基础标准和通用方法标准与国际相关标准的统一，也可以避免国际合作等过程中执行标准时可能产生的责任不明确事件的发生。

(6) 时效性原则　环境标准不是一成不变的，它与一定时期的技术经济水平以及环境污染与破坏的状况相适应，并随着技术经济的发展、环境保护要求的提高、环境监测技术的不断进步及仪器普及程度的提高需进行及时调整或更新，通常几年修订一次。修订时，每一标准的标准号不变，变化的只是标准的年号和内容，修订后的标准代替老标准，例如《地表水环境质量标准》(GB 3838—2002) 就是《地面水环境质量标准》(GB 3838—83) 的替代版本。

1.4　环境监测的基本概念

环境监测是环境科学的一个重要分支学科。在从事环境化学、环境物理学、环境工程学、环境医学、环境规划与管理、环境经济学、环境法学以及环境影响与评价等环境科学分支学科的研究时，环境监测是评价环境质量及其变化趋势的基础和支撑力量，是进行环境管理和宏观决策的重要依据。"监测"一词的含义可理解为监视、测定和监控等，因此环境监测就是为保护环境和保障人群健康，运用化学、生物学、物理学和公共卫生学等方法间断或连续地测定环境中污染物的浓度，观察、分析其变化和对环境影响的过程。

1.4.1　环境监测的内容

环境监测的内涵即环境质量监测、污染源监督性监测、突发环境污染事件应急监测、为环境状况调查和评价等环境管理活动提供监测数据的其他环境监测活动。2007 年 7 月我国颁布了《环境监测管理办法》，明确了环境保护部门和环境监测机构的职责分工、标准规范的制定、环境信息发布、环境监测数据的法律效力、环境监测网的建设原则和管理主体、环境监测质量管理要求、企业的环境监测责任和义务、环境监测机构资格认定等，还要求各级环境保护部门应当按照数据准确、代表性强、方法科学、传输及时的要求，建设完善的环境监测体系，为全面反映环境质量状况和变化趋势，及时跟踪污染源变化情况，准确预警、预报与预测各类环境突发事件及其发展趋势等环境管理工作提供决策依据。

随着工业和科学技术的发展，环境监测的内容也由工业污染源的监测，逐步发展到对大环境的监测，即监测对象不仅是影响环境质量的污染因子，还包括对生物、生态变化的监测以及趋势评价。环境监测按学科性质可分为：对目标污染物的分析化学监测；对各种物理因子如热能、噪声、振动、电磁辐射和放射性等的强度、能量和状态测试的物理监测；对生物因环境质量变化所引发的各种反应和信息，如生物群落、种类的迁移变化等测试的生物监测。环境监测按监测的目的又可分为：

(1) 环境质量监测　监测环境中污染物的分布和浓度，以确定环境质量状况，定时、定点的环境质量监测历史数据可以为环境质量评价和环境影响评价提供依据，为对污染物迁移转化规律的科学研究提供基础数据。

环境质量监测主要包括水环境、气环境、土壤环境和声环境的质量监测。

(2) 污染源监督性监测　指对指定污染因素或污染源的现状和变化趋势进行定期的常规性监测，以确定环境质量状况，评价污染控制措施执行的效果，判断环境标准的实施情况和改善环境取得的进展。监督性监测包括对污染源的监督监测（污染物浓度、排放总量、污染趋势等）和对环境质量的监督监测。

(3) 应急性监测　指发生污染事故时进行的应急监测，以确定引起事故的污染物种类、污染程度、扩散方向及危及范围，为控制污染提供依据；协助判断与仲裁造成事故的原因及采取有效措施以降低和消除事故危害和影响。

(4) 研究性监测　为研究污染物在环境中的扩散模式、迁移规律和对环境、人体和生物的影响，研究污染治理工艺和技术以及建立和改进分析方法等而进行的监测。

(5) 法律性监测　为判断环境法律纠纷而实施的特殊环境监测，常由经授权的第三方环境监测机构负责完成，为法律仲裁提供公平、公正的法律依据。

特别值得指出的是，环境监测具有法律效力，环境监测过程及环境监测设施受法律保护。依法取得的环境监测数据，是环境统计、排污申报核定、排污费征收、环境执法、目标责任考核的依据。

1.4.2　环境监测的特点

环境监测涉及的知识面、专业面宽，它不仅需要有坚实的分析化学基础，而且还需要有足够的物理学、生物学、生态学和工程学等多方面的知识。在做环境质量调查或鉴定时，环境监测也不能回避社会性问题，必须考虑一定的社会评价因素。因此，环境监测具有多学科性、边缘性、综合性和社会性等特征。

(1) 环境监测的综合性　环境监测主体包括对水体、土壤、固体废物、生物体中污染指标的监测，其中污染物种类繁多、成分复杂；监测分析则涉及化学、物理、生物、水文气象和地学等多种手段。而实施环境监测得到的数据，不只是一个个简单的孤立数据，其中还包含着大量可探究、可追踪的丰富信息。通过数据的科学处理和综合分析，可以掌握污染物的变化规律以及多种污染物之间的相互影响。因此，环境监测的综合性就体现在监测方法、监测对象以及监测数据等综合性方面，判断环境质量仅对目标污染物进行某一地点、某一时间的分析测试是不够的，必须对相关污染因素、环境要素在一定范围、时间和空间内进行多元素、全方位的测定，综合分析数据信息的“源”与“汇”，这样才能对环境质量做出确切、可靠的评价。

(2) 环境监测的持续性　环境监测数据具有空间和时间的可比性和历史积累价值，只有在具有代表性的监测点位上持续监测才有可能揭示环境污染的发展趋势和发展轨迹。因此，在环境监测方案的制订、实施和管理过程中应尽可能实施持续监测，并逐步布设

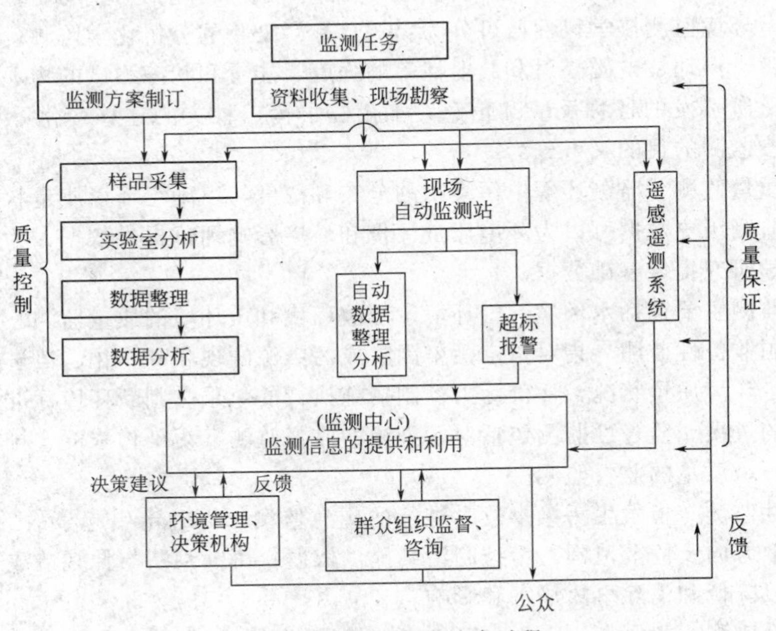

图 1-3　环境监测实施全过程

监测网络，形成空间合理分布，提高标准化、自动化水平，积累监测数据构建数据信息库。

（3）环境监测的追踪性 环境监测数据是实施环境监管的依据，环境监测实施全过程如图1-3所示。为保证监测数据的有效性，必须严格规范地制订监测方案，准确无误地实施，并全面科学地进行数据综合分析，即对环境监测全过程实施质量控制和质量保证，构建完整的环境监测质量保证体系。

1.4.3 环境监测数据信息系统

我国的环境监测包括空气监测、地表水监测、环境噪声监测、固定污染源监测、生态监测、固体废物监测、土壤监测、生物监测、核（磁）辐射监测九大类，其监测技术路线见表1-6。

表1-6 环境监测的技术路线

项 目	技术路线
空气监测	以连续自动监测技术为主导，以自动采样和被动式吸收采样-实验室分析技术为基础，以可移动自动监测技术为辅助
地表水监测	以流域为单元，优化断面为基础，连续自动监测分析技术为先导；以手工采样、实验室分析技术为主体；以移动式现场快速应急监测技术为辅助手段，自动监测、常规监测与应急监测相结合
环境噪声监测	运用具有自动采样功能的环境噪声自动监测仪器、积分声级计、噪声数据采集器等设备，按网格布点法进行区域环境噪声监测，按路段布点法进行道路交通噪声监测，按分期定点连续监测法进行功能区噪声监测
固定污染源监测	重点污染源采用以自动在线监测技术为主导，其他污染源采用以自动采样和流量监测同步-实验室分析为基础，并以手工混合采样-实验室分析为辅助手段的浓度监测与总量监测相结合的技术路线
生态监测	以空中遥感监测为主要技术手段，地面对应监测为辅助措施，结合GIS和GPS技术，完善生态监测网络，建立完整的生态监测指标体系和评价方法，达到科学评价生态环境状况及预测其变化趋势的目的
固体废物监测	采用现代毒性鉴别试验与分析测试技术，以危险废物和城市生活垃圾填埋厂、焚烧厂等重点处理处置设施的在线自动监测为主导，以重点污染源排放的固体废物的人工采样-实验室常规监测分析为基础，逐步建立并形成我国完整的固体废物毒性试验与监测分析的技术体系
土壤监测	以农田土壤监测为主，以污灌农田和有机食品基地为监测重点，开展农田土壤例行监测工作。对全国大型的有害固体废物堆放场周围土壤、污水土地处理区域和对环境产生潜在污染的工厂遗弃地开展污染调查，并对典型区域开展跟踪监视性监测，逐步完善我国土壤环境监测技术和网络体系
生物监测	以生物群落监测技术为主，以生物毒理学监测技术为辅，优先开展水环境生物监测，逐步拓展大气污染植物监测；巩固现有水生生物监测网，逐步健全全国流域生物监测网络，以达到通过生物监测手段说清环境质量变化规律的目的
核（磁）辐射监测	以手动定期采样分析和测量为基本手段，在重点区域采取自动连续监测环境γ辐射空气吸收剂量率的现代化方式，说清全国辐射环境质量状况，说清重点辐射污染源的排泄情况，说清核事故对场外环境的污染情况

表 1-6 显示，我国环境监测的内容、范围和手段日趋规范化和系统化，也正在逐步构建专题环境要素性或区域性环境监测网络，为实现环境监测数据的信息共享提供了保证。

1.4.3.1 污染源在线监测系统

污染源，是指因生产、生活和其他活动向环境排放污染物或者对环境产生不良影响的场所、设施、装置以及其他污染发生源。污染源监测是全面掌握各类污染源的数量、行业和地区分布情况，了解主要污染物的产生、排放和处理情况，建立健全重点污染源档案、污染源信息数据库和环境统计平台的重点，对于制定总量减排计划、减缓环境污染压力和生态破坏等具有重要的意义。

对重点污染源所排放的污染物浓度进行监测、总量监测、达标排放监督监测仅靠采用现场采样、实验室分析等传统监测手段已不能适应发展的需要，实时监控的在线监测技术已成为必要手段。在水污染源监测领域，多参数在线监测系统相对比较成熟，如在污染源现场安装的用于监控、监测水质的氨氮（NH_3—N）自动监测仪、化学需氧量（COD_{Cr}）在线监测仪以及水质自动采样器和数据采集传输仪等。

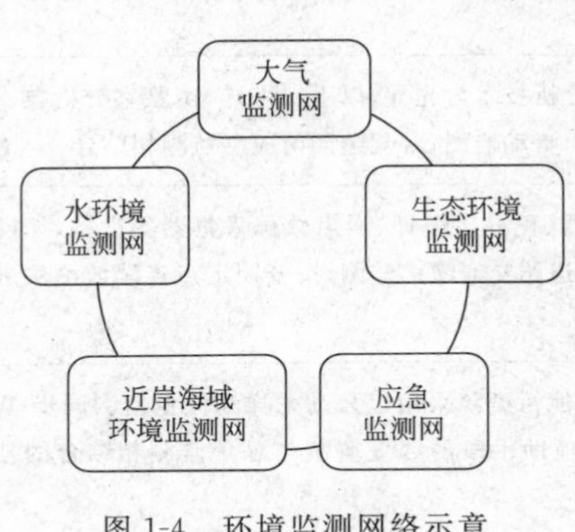

图 1-4 环境监测网络示意

近年来，为指导污染源在线自动监控（监测）系统的建设，规范数据传输，保证各种环境监控监测仪器设备、传输网络和环保部门应用软件系统之间的连通，我国加快了污染源在线监测的标准制定的步伐，如《环境污染源自动监控信息传输、交换技术规范（试行）》（HJ/T 352—2007）、《水污染源在线监测系统运行与考核技术规范（试行）》（HJ/T 355—2007）、《固定污染源烟气排放连续监测技术规范（试行）》（HJ/T 75—2007）、《环境空气颗粒物（PM_{10} 和 $PM_{2.5}$）连续自动监测系统安装和验收技术规范》（HJ 655—2013）等标准相继颁布并实施。

1.4.3.2 环境监测网络建设

我国的环境监测网络多为管理型网络（按行政管理体系建立），同时也组建了以环境要素为基础的跨部门、跨行政区的监测网络，如三峡生态环境监测网、“三江源”生态环境监测网、全国酸雨监测网、沙尘暴监测网、国家海洋环境监测网等。图 1-4 是我国已建成的环境监测网络示意，表 1-7 给出是的我国环境监测网基本信息。

表 1-7 环境监测网基本信息

监测网名称	监测对象	基本信息
大气监测网	沙尘暴监测网 城市环境空气自动监控系统 国家空气背景监测网络	113 个城市环境空气自动监控系统，4661 个国家空气自动监测点位，14 个空气背景监测网络，覆盖 31 个省市
水环境监测网	国家地表水环境监测网 地表水水质自动监测网 重点污染源在线监控系统	国家地表水环境监测网，含 1914 个县级、401 个地市级、49 个省级、1 个国家级站点

续表

监测网名称	监测对象	基本信息
生态环境监测网	生态环境监测网络 国家土壤样品库(临时)	2010年11月中国环境监测总站建成了国家临时土壤样品库,组织完成了全部土壤样品的整理、入库和上架工作,同时开发运行了土壤样品信息数据库系统
近岸海域环境监测网	全国近岸海域环境监测网	
应急监测网	应急监测网	

特别需要说明的是，土壤样品含有丰富的环境特征信息，对于掌握不同历史阶段土壤环境状况及其变化趋势有着不可替代的作用。国家土壤样品库（临时）实现了对土壤样品采集点信息、土壤样品存储位置信息的规范化管理。通过查询不同行政区、不同土地利用类型以及样品条码等能够多种途径方便快捷地获取土壤样品信息，为更好地管理和利用十分珍贵的国家级土壤样品奠定了良好的工作基础。

近年来，环境监测网还呈现如下变化。

(1) 环境监测网覆盖范围不断扩大　环境监测范围逐步从以城市为中心的环境污染监测，发展到流域、区域的生态环境监测乃至全球性重大环境问题监测；从城市到农村、从内陆向边境环境监测站点不断扩展，特别是在国界河流、省界河流和主要湖库区以及入海流域新建49个国家水质自动监测站。同时，监测站点从数量到监测质量和能力均有了提升，为环境监管和污染事故的预警、预报水平的提升提供了保证。

(2) 环境监测项目不断完善　在持续加强国家环境监测网常规监测能力建设的基础上，开始着眼环境变化的特点，不断扩充监测项目、拓展监测领域。逐步从常规监测项目向新型污染物监测拓展，从基础监测项目向国际前沿推进。如为掌握城市温室气体的浓度状况和变化趋势，建设了34个温室气体监测站点，还建设了7个二噁英监测实验室。

(3) 自动化环境监测能力不断提升　环境监测技术水平从手工采样监测，发展到自动在线连续监测和空间遥感监测，环境监测仪器设备向高、精、尖和自动化方向发展。监测技术手段从地面监测向天地一体化协同监测方向发展，环境要素的自动化监测装备和能力取得了很大进步。同时，温室气体、臭氧、细颗粒、挥发性有机污染物、生物毒性等都有了在线自动化监测手段，卫星遥感、激光雷达等先进监测装备以及专业化实验室都有效提升了环境监测的现代化水平。随着信息技术的发展进步，环境监测数据的传输方式也从主要依靠移动存储介质和电子邮件传输，发展到依托虚拟专用网络传输，提升监测数据的远程同步获取和同步应用。2008年9月6日环境一号A、B卫星的成功发射，标志着我国环境监测技术手段跨入了多维度、大尺度的新时代。

(4) 各类环境监测网络的信息共享　信息是经过加工处理后的一种数据形式，能提高人们对事物的认识程度，可以用来帮助进行工作计划的制定、执行与控制。环境监测机构本身就是提供和反馈环境信息的部门。可以说，信息是环境保护工作的灵魂。相对孤立和单薄的监测数据看似没有什么大的价值，但经过加工、定型、管理、分析、利用后就可形成环境监测信息，可以体现出信息的价值。环境监测信息价值的大小取决于由获取该信息而产生的决策行为得到的效益。环境监测信息是环境保护监测历史和管理的记录及反映，同时也体现了不同时期环境监测与管理的真实性和信息的权威性。专业环境监测网汇集了大量在不同时期呈现不同价值的信息，如能将不同类型的专业监测网信息通过互联网或物联网联系、联动起来，必将会为学者、公众和决策者提供更为丰富的数据信息，体现信息蕴藏的科学价值和生命活力。

1.4.3.3 环境监测信息库

基于高端计算机技术、信息技术、无线/有线网络技术、兼容GIS地理信息技术在环境领域的综合应用，各国建立了信息丰富的环境监测信息库。环境监测信息库实现了对现有信息资源的整合和优化，充分利用和发掘信息，能够实现对海量数据的快速响应、查询浏览以及空间分析评价等功能。目前覆盖面较广的全球环境监测系统，首推联合国环境规划署下属的全球和地区环境监测的协调中心，成立于1975年，它先从各参加国收集各类监测检验数据，然后根据数据的性质按一定程序汇合集中，把从不同国家和不同实验室收集来的数据加以校准，保障了监测数据的可比性、准确性和可靠性。我国建立的环境监测信息系统是一个水、大气、污染源、烟尘、生态等环境监测信息的发布与监控系统，是集数据采集、数据分析、信息发布等为一体的环境监测信息平台。该平台着重于环境监测和监控，具有强大的实时监控和远程维护等能力，用户可以通过手工或者自动的工作方式实现对环境监测现场的控制和信息反馈功能；学者或公众通过上网就可轻松地获取环境监测实时数据信息，了解环境质量现状与环境演变过程；环境管理者可通过大量监测数据信息的挖掘和数据分析，更为客观、科学地制定环境管理政策、法规和环境标准。

建立环境监测数据信息库，其关键技术在于地理信息系统（GIS）和环境监测数据库。基于GIS系统，建立科学的监测模型，通过分析系统的空间分布，监测不同时段的信息变化，比较不同的空间数据集或其他信息，实现对空间信息及环境综合动态信息的管理，可以预测未来一段时间内环境质量的变化，如通过连接污染源监测数据，可以初步确定污染来源。

随着环境监测技术和信息化水平的不断提高，遥感应用（RS）、地理信息系统（GIS）、全球定位系统（GPS）、卫星通信以及空间统计等技术越来越多地应用于环境监测领域，不仅在环境监测数据表达形式和可视化水平上，而且在网络优化、数据分析、质量评价等多方面提高了环境监测能力，特别是环境污染事故应急监测与应对能力的提升，可为环境监测部门提供科学的信息处理、分析与管理手段，强化环境监测全过程的系统性、及时性、完整性、连续性和追踪性，建设环境监测数据共享资源网络，形成完善的科学预测、预警与风险评估的智能决策管理体系。

1.5 环境监测的特点与学习目的

“环境监测”是研究各环境要素，特别是水、大气、土壤和固体废物等的组成及性质，并借助化学分析、生物分析、仪器分析等手段，对水、大气和固体废物的物理、化学和生物学关键因子进行监测与分析，了解环境质量现状和污染程度，为后续环境专业课程的学习打好理论基础；重点培养学生独立设计环境监测方案，具备开展科学实验的基本技能，在加强知识运用能力的同时，力求为水、气的净化和污染治理，为固体废物的污染治理及其资源化再利用，以及科学研究、工程设计、环境质量评价和环境管理决策等提供理论和技术支撑的一门课程。

结合环境类专业的特点和实际需要，本课程在介绍环境监测理论和监测方法的同时，还安排一定数量的实验课时，使学生能有机会接触并参与选定环境监测指标的实验分析，并通过校园（或局部区域）环境监测方案的自主设计和具体实践，全面掌握环境监测实施过程和方法，从而学以致用，更好地理解和掌握环境监测的基本理论及其技术特点。

通过本课程的学习，要求达到以下几个目的：

① 了解我国的环境标准体系，以及制定环境标准的基本原则和依据。

② 掌握环境监测方案制定的基本方法，熟知监测分析方法的基础理论和方法特点，并了解环境监测技术的发展动态。

③ 根据水环境、饮用水以及各类污水和废水等的性质，掌握主要水质监测指标的环境意义，更好地理解有关水质标准的主要内容，并明确监测数据在水污染控制工程中的作用。

④ 了解大气环境质量、土壤环境质量监测的主要内容，学会相关分析测定方法。

⑤ 掌握危险固体废物的鉴别和判断方法，了解固体废物污染的分析方法，为固体废物的资源化再利用提供可靠的监测数据。

⑥ 了解环境污染产生的原因及其环境影响，具备识别污染物“源”与“汇”的基本能力。

⑦ 通过环境监测实验环节，加深对相关监测方法原理的理解，培养独立进行科学实验研究的能力和严谨的科学态度。

⑧ 了解环境监测质量保证和质量控制的基本内容，树立对环境监测进行全面的质量管理是监测结果准确性、有效性的重要保证的基本观念。

习题与思考题

[1]　试论我国的环境和环境污染问题。

[2]　简述全球性环境问题及其成因。

[3]　污染物的来源有哪些？

[4]　试比较、分析我国与美国优先控制污染物名录的异同之处。

[5]　POPs物质有哪些？简述POPs污染物的特性。

[6]　列举几种典型的PTS，说明其主要来源和危害。

[7]　列举几种典型的无机污染物，说明其主要来源和危害。

[8]　通过查阅文献资料，请分别介绍我国长江或黄河近5年来的水质变化趋势。

[9]　环境监测与环境分析有何区别？

[10]　环境监测的主要任务是什么？

[11]　环境标准的作用是什么？各种环境标准之间的关系如何？

[12]　我国现行的环境标准体系是什么？简述制定环境标准的依据。

[13]　使用环境标准时应注意哪些问题？

[14]　什么是环境质量基准？简述其与环境质量标准之间的关系。

[15]　简述环境质量标准与污染物排放标准之间的关系。

[16]　简述国家环境质量标准与地方环境质量标准之间的关系。

[17]　环境监测有哪些特点？

[18]　环境监测在环境保护进程中的作用是什么？

[19]　环境监测按监测目的可分为哪几类？

[20] 环境监测全过程中的重要“五性”是什么？意义何在？

[21] 为什么要加强环境监测网络建设？环境监测网络在环境监管中的作用有哪些？

[22] 为什么要对污染源实施在线监控？目前可对哪些污染物指标实现在线监控？

[23] 什么是环境监测信息库？简述环境监测信息库的作用。

[24] 查阅相关资料了解国内外突发污染事故应急监测、自动监测、遥感监测等特殊监测的特点及发展趋势。

[25] 环境监测的主要内容和特点是什么？通过本课程的学习应达到什么目的？

第 2 章　水质监测和分析

水是地球上的一个非常重要的介质。它是环境中能量和物质自然循环的载体和必要条件，是地球生命的基础，也是人类环境的一个重要组成部分。

水由氢和氧两种元素化合而成，化学式是 H_2O，结构如图 2-1所示。在地球的正常温度与压力下，水以气态、液态和固态存在于自然界中。

在常温下，水是以液态存在的，具有流动性和不可压缩性。而水又具有许多与其他物质截然不同的物理化学性质，如水具有明显的热稳定性，要改变水温或使水发生相变都需要极大的能量，因此水对调节空气及陆地上的温度起着重要的作用；水的密度随温度和压力而变。水分子间的氢键缔合作用是水具有许多反常物理性质的根本原因。正是水分子具有形成氢键的能力，在地球上才会有海洋、江河和湖泊。

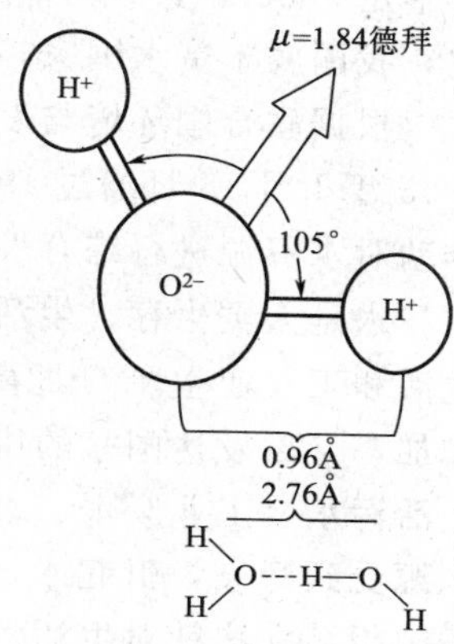

图 2-1　水分子的结构与氢键（1Å＝0.1nm）

2.1　水环境标准

2.1.1　水资源和水污染

水是地球上分布最广的物质之一。地球上总共有 $1.36\times10^{9}\text{km}^{3}$ 的水，约 2.25×10^{12} kg，分布于由海洋、江、河、湖和大气水分、地下水以及冰川共同构成的地球水圈中。海水占地球中水量的 97.2%，覆盖 71%的地球表面，内陆水体的水只占总量的 2.8%。淡水不但占的比例小，而且大部分存在于地球南北极的冰川、冰盖中，可利用的淡水资源只有河流、淡水湖和地下水的一部分，总计不到总水量的 1%。具体的水资源分布情况列于表 2-1。

表 2-1　地球水的分布及分配比

水类型	水分布	地球水的分配及分配比		
		水量/km^3	占总储水量/%	占总淡水量/%
淡水	淡水湖	125000	0.009	0.35
	盐湖及内陆海	104000	0.008	—
	河流	1250	0.0001	0.01
	土壤湿气	67000	0.005	22.4
	4000m 深的地下水	8350000	0.61	
	冰帽与冰川	29200000	2.14	77.2
	大水	13000	0.001	0.04
海水	海洋	1320000000	97.06	—
总计		1360000000	100	100

根据我国水利部公布的数据，截至 2011 年，我国水资源总量为 2.3 万亿立方米，其中

地表水2.2万亿立方米，地下水0.7万亿立方米，由于地表水与地下水相互转换、互为补给，扣除两者重复计算量，与河川径流不重复的地下水资源量约为0.1万亿立方米。按照国际公认的标准，人均水资源量低于3000m^3为轻度缺水；人均水资源量低于2000m^3为中度缺水；人均水资源量低于1000m^3为重度缺水；人均水资源量低于500m^3为极度缺水。中国目前有16个省（自治区、直辖市）人均水资源量（不包括过境水）低于重度缺水限，有6个省、自治区（宁夏、河北、山东、河南、山西、江苏）人均水资源量低于500m^3。

我国水资源总量并不丰富，人均占有量更低。中国水资源总量居世界第六位，人均占有量不足2000m^3，约为世界人均的1/4，世界排名120位以后，并仍有逐年下降的趋势。因此，我国属于贫水国家，保护水资源不受污染就显得更为重要。

根据联合国环境与发展大会《二十一世纪议程》提出的建议，第47届联合国大会于1993年1月18日通过193号决议，确定自1993年起，每年的3月22日为“世界水日”，以推动对水资源进行综合性统筹规划和管理，加强水资源保护，解决日益严重的水问题。

水是人类生存、生活和生产的重要物质。地球上的淡水除少量供饮用外，更多地应用于生活和工农业生产。随着工农业的快速发展以及人类人口的不断增长，世界用水量也一直在增加，又以发达国家的用水量增幅较大。20世纪初期，人类的生活和生产活动，将大量的生活污水、工业废水、农业回流水等未经处理直接排入天然水体，使本来就十分匮乏的淡水水源受到污染，引起水质恶化。20世纪中后期，水资源污染问题受到了各国政府的重视，各国相继立法针对生活污水、工业废水等提出了排放前的处理要求，并规范了排放标准，初步遏制了水资源继续恶化的趋势。

水质污染一般可分为化学型污染、物理型污染和生物型污染。

（1）化学型污染　指排入水体的无机和有机污染物造成的水体污染。

（2）物理型污染　指引起水体的色度、浊度、悬浮性固体、水温和放射性等监测指标明显变化的物理因素造成的污染。例如，热污染源将高于常温的废水排入水体；水土流失等因素造成水体的悬浮性固体指标增加；植物的叶、根及其腐殖质进入水体会造成水体的色度和浊度急剧增大。

（3）生物型污染　未经处理的生活污水、医院污水等排入水体，引入某些病原菌而造成的污染。

一定量的污染物进入水体后，经大量水的稀释作用和一系列复杂的物理、化学和生物作用，使污染物的浓度大幅度降低，并在水体的“自净作用”下水质得到改善。但当污染物累积排入，浓度超过水体的受纳容量，水体的“自净功能”衰退或丧失，就会造成水质急剧恶化。

水体的“自净功能”是水体中物理、化学和生物等作用的综合贡献，包括挥发、絮凝、水解、络合、氧化还原以及微生物降解等作用。

2.1.2　水环境标准

为贯彻执行《中华人民共和国环境保护法》和《水污染防治法》，控制水污染，保护水资源，我国颁布了相应的水质标准和排放标准。

水环境质量标准包括《生活饮用水卫生标准》（GB 5749—2006）、《地表水环境质量标准》（GB 3838—2002）、《海水水质标准》（GB 3097—1997）、《渔业水质标准》（GB 11607—89）、《农田灌溉用水水质标准》（GB 5084—92）和《地下水环境质量标准》（GB/T 14848—93）等。

水污染物排放标准包括《污水综合排放标准》（GB 8978—1996），以及针对工业企业各行业的相应排放标准，如《制革及毛皮加工工业水污染物排放标准》（GB 30486—2013）、《电池工业污染物排放标准》（GB 30484—2013）、《纺织染整工业水污染物排放标准》（GB 4287—2012）、《汽车维修业水污染物排放标准》（GB 26877—2011）、《医疗机构水污染物排放标准》（GB 18466—2005）、《啤酒工业污染物排放标准》（GB 19821—2005）、《城镇污水处理厂污染物排放标准》（GB 18918—2002）、《合成氨工业水污染物排放标准》（GB 13458—2013）等。

（1）《地表水环境质量标准》　《地表水环境质量标准》（GB 3838—2002）是《地面水环境质量标准》（GB 3838—83）的第三次修订版，1983 年首次发布，1988 年第一次修订，1999 年第二次修订。

《地表水环境质量标准》适用于中华人民共和国领域内江河、湖泊、运河、渠道、水库等具有使用功能的地表水水域。

《地表水环境质量标准》将监测项目分为：地表水环境质量标准基本项目、集中式生活饮用水地表水源地补充项目和集中式生活饮用水地表水源地特定项目，具体根据水域功能进行监测项目的确定。该标准监测项目共计 109 项，其中基本项目 24 项，补充项目 5 项，特定项目 80 项。与第二次修订版 GHZB 1—1999 相比，该标准在基本项目中增加了总氮指标，删除了基本要求和亚硝酸盐、非离子氨和凯氏氮三项指标；将硫酸盐、氯化物、硝酸盐、铁和锰调整为集中式生活饮用水地表水源地补充项目；修订了 pH 值、溶解氧、氨氮、总磷、高锰酸盐指数、铅和粪大肠菌群 7 个项目的标准值；增加了集中式生活饮用水地表水源地特定项目 80 项；删除了湖泊水库特定项目标准值。

依据地表水水域环境功能和保护目标，按功能高低依次划分为以下五类。

Ⅰ类：主要适用于源头水、国家自然保护区。

Ⅱ类：主要适用于集中式生活饮用水地表水源地一级保护区、珍稀水生生物栖息地、鱼虾类产卵场、仔稚幼鱼的索饵场等。

Ⅲ类：主要适用于集中式生活饮用水地表水源地二级保护区、鱼虾类越冬场、洄游通道、水产养殖区等渔业水域及游泳区。

Ⅳ类：主要适用于一般工业用水区及人体非直接接触的娱乐用水区。

Ⅴ类：主要适用于农业用水区及一般景观要求水域。

对应地表水上述五类水域功能，将地表水环境质量标准基本项目标准值分为五类，不同功能类别分别执行相应类别的标准值。水域功能类别高的标准值严于水域功能类别低的标准值，同一水域兼有多类使用功能的，执行最高功能类别对应的标准值。在具体执行时，要求采用“一票否决制”的评价方法，只要一项指标被评为劣Ⅴ类，不管其他指标多好，整个水体便是劣Ⅴ类。

地表水环境质量标准基本项目标准限值（24 项）列于表 2-2。该标准中还制定了“集中式生活饮用水地表水源地补充项目标准限值（5 项）”，首次增加了“集中式生活饮用水地表水源地特定项目标准限值（80 项）”。但因篇幅较大，需要时应查阅标准全文，并根据执行标准时的具体情况选择使用。

特别要提出的是在首次增加的“集中式生活饮用水地表水源地特定项目标准限值”中，68 项为有机污染物，其余多为重金属污染物，表明了人们对水中有机污染物危害的关注。

表 2-2 地表水环境质量标准基本项目标准限值 单位：mg/L

序号	分类		Ⅰ类	Ⅱ类	Ⅲ类	Ⅳ类	Ⅴ类
1	水温/℃		人为造成的环境水温变化应限制在：周平均最大温升≤1，周平均最大温降≤2				
2	pH 值(无量纲)		6～9				
3	溶解氧	≥	饱和率 90%(或 7.5)	6	5	3	2
4	高锰酸盐指数	≤	2	4	6	10	15
5	化学需氧量(COD)	≤	15	15	20	30	40
6	五日生化需氧量(BOD_5)	≤	3	3	4	6	10
7	氨氮(NH_3—N)	≤	0.15	0.5	1.0	1.5	2.0
8	总磷(以 P 计)	≤	0.02(湖、库 0.01)	0.1(湖、库 0.025)	0.2(湖、库 0.05)	0.3(湖、库 0.1)	0.4(湖、库 0.2)
9	总氮(湖、库，以 N 计)	≤	0.2	0.5	1.0	1.5	2.0
10	铜	≤	0.01	1.0	1.0	1.0	1.0
11	锌	≤	0.05	1.0	1.0	2.0	2.0
12	氟化物(以 F^- 计)	≤	1.0	1.0	1.0	1.5	1.5
13	硒	≤	0.01	0.01	0.01	0.02	0.02
14	砷	≤	0.05	0.05	0.05	0.1	0.1
15	汞	≤	0.00005	0.00005	0.0001	0.001	0.001
16	镉	≤	0.001	0.005	0.005	0.005	0.01
17	铬(六价)	≤	0.01	0.05	0.05	0.05	0.1
18	铅	≤	0.01	0.01	0.05	0.05	0.1
19	氰化物	≤	0.005	0.05	0.02	0.2	0.2
20	挥发酚	≤	0.002	0.002	0.005	0.01	0.1
21	石油类	≤	0.05	0.05	0.05	0.5	1.0
22	阴离子表面活性剂	≤	0.2	0.2	0.2	0.3	0.3
23	硫化物	≤	0.05	0.1	0.2	0.5	1.0
24	粪大肠菌群/(个/L)	≤	200	2000	10000	20000	40000

该环境质量标准中不仅规定了基本监测项目的标准限值，而且对获取监测数据的分析方法进行了明确限定，表 2-3 所列是地表水环境质量标准基本项目分析方法，表明了分析方法也在不断更新、完善中。

表 2-3 地表水环境质量标准基本项目分析方法

序号	基本项目	分析方法	检出限/(mg/L)	方法来源
1	水温	温度计法		GB 13195—91
2	pH 值	玻璃电极法		GB 6920—86
3	溶解氧	碘量法	0.2	GB 7489—89
		电化学探头法		HJ 506—2009
4	高锰酸盐指数	容量法	0.5	GB 11892—89

续表

序号	基本项目	分析方法	检出限/(mg/L)	方法来源
5	化学需氧量	重铬酸盐法	5	GB 11914—89
		快速消解分光光度法	15	HJ/T 399—2007
6	五日生化需氧量	稀释与接种法	2	GB 7488—87
7	氨氮	纳氏试剂比色法	0.025	HJ 535—2009
		水杨酸分光光度法	0.016	HJ 536—2009
		蒸馏-中和滴定法	0.05	HJ 537—2009
		气相分子吸收光谱法	0.080	HJ/T 195—2005
8	总磷	钼酸铵分光光度法	0.01	GB 11893—89
9	总氮	碱性过硫酸钾消解紫外分光光度法	0.05	GB 11894—89
		气相分子吸收光谱法	0.200	HJ/T 199—2005
10	铜	2,9-二甲基-1,10-菲啰啉分光光度法	0.02	HJ 486—2009
		二乙基二硫代氨基甲酸钠分光光度法	0.010	HJ 485—2009
		原子吸收分光光度法(螯合萃取法,直接萃取法)	0.001	GB 7475—87
11	锌	原子吸收分光光度法	0.05	GB 7475—87
12	氟化物	氟试剂分光光度法	0.02	HJ 488—2009
		离子选择电极法	0.05	GB 7484—87
		离子色谱法	0.02	HJ/T 84—2001
13	硒	2,3-二氨基萘荧光法	0.00025	GB 11902—89
		石墨炉原子吸收分光光度法	0.003	GB/T 15505—1995
14	砷	二乙基二硫代氨基甲酸银分光光度法	0.007	GB 7485—87
15	汞	冷原子吸收分光光度法	0.00005	HJ 597—2011
		冷原子荧光法	0.00005	HJ/T 341—2007
16	镉	原子吸收分光光度法(螯合萃取法,直接萃取法)	0.001	GB 7475—87
17	铬(六价)	二苯碳酰二肼分光光度法	0.004	GB 7467—87
18	铅	螯合萃取-原子吸收分光光度法	0.01	GB 7475—87
19	总氰化物	硝酸银滴定法	0.25	HJ 484—2009
		异烟酸-吡唑啉酮比色法	0.004	
		异烟酸-巴比妥酸分光光度法	0.001	
		吡啶-巴比妥酸分光光度法	0.002	
20	挥发酚	萃取后4-氨基安替比林分光光度法	0.0003	HJ 503—2009
21	石油类	红外分光光度法	0.01	GB/T 16488—1996
22	阴离子表面活性剂	亚甲基蓝分光光度法	0.05	GB 7494—87
23	硫化物	亚甲基蓝分光光度法	0.005	GB/T 16489—1996
		直接显色分光光度法	0.004	GB/T 17133—1997
24	粪大肠菌群	多管发酵法、滤膜法		HJ/T 347—2007

受篇幅所限，这里省略了“集中式生活饮用水地表水源地补充项目分析方法”和“集中式生活饮用水地表水源地特定项目分析方法”，需要时可查阅该标准全文。

除上述详细的项目标准值和方法标准外，《地表水环境质量标准》(GB 3838—2002) 还有如下具体要求。

① 水样采集后自然沉降 30min，取上层非沉降部分按规定方法进行分析。

② 地表水水质监测的采样布点、监测频率应符合国家地表水环境监测技术规范的要求。

③ 水质项目的分析应优先选用规定的方法，也可采用 ISO 方法体系等其他等效分析方法，但须进行适用性检验。

(2)《生活饮用水卫生标准》 生活饮用水包括两个含义，即指日常饮水和生活用水，但不包括饮料和矿泉水。生活饮用水水质卫生要求，是指水在供人饮用时所应达到的卫生要求，是用户在取水点获得水的质量要求。

《生活饮用水卫生标准》(GB 5749—2006) 规定了生活饮用水水质卫生要求、生活饮用水水源水质卫生要求、集中式供水单位卫生要求、二次供水卫生要求、涉及生活饮用水的卫生安全产品的卫生要求、水质监测和水质检验方法，内容比较全面，既适用于城乡各类集中式供水的生活饮用水，也适用于分散式供水的生活饮用水。为确保饮用安全，标准中明确规定生活饮用水必须满足以下三项基本要求。

① 保证流行病学安全，即要求生活饮用水中不得含有病原微生物，应防止介水传染病的发生和传播。

② 水中所含化学物质和放射性物质不得对人体健康产生危害，不得产生急性或慢性中毒及潜在的远期危害（致癌、致畸、致突变）。

③ 生活饮用水必须确保感官性状良好，能被饮用者接受。

从我国的经济条件出发，标准将水质指标分为常规指标（42 项）与非常规指标（64 项），类别涉及微生物指标、饮用水消毒剂指标、毒理指标、感官性状和一般化学指标以及放射性指标。其中常规指标是指能反映生活饮用水水质基本状况的指标；非常规指标是根据地区、时间或特殊情况需要实施的生活饮用水水质指标。

水源水应参照《地表水环境质量标准》(GB 3838—2002) 和《地下水质量标准》(GB/T 14848—93) 执行；水质检测、供水企业管理则应分别参照《城市供水水质标准》(CJ/T 206—2005)、《村镇供水单位资质标准》(SL 308—2004) 和卫生部《生活饮用水集中式供水单位卫生规范》规定执行，以确保各相关标准的协调一致性。

水中污染物种类繁多，人们对污染物的认知程度、水质项目的检测能力受到科技水平的限制，水质标准无法完全涵盖所有污染物。因此在本次修订过程中将 28 项在我国可能具有参考意义，但目前所掌握资料尚不足以确立限值的水质指标以资料性附录的形式发布。

总体看来，2006 版《生活饮用水卫生标准》(GB 5749—2006) 具有以下三个特点。

① 加强了对水质微生物、水质消毒和有机物等方面的要求，密切关注饮水健康。新标准规定生活饮用水中不得含有病原微生物，其中的化学物质和放射性物质不得危害人体健康，感官性状良好，且必须经过消毒处理，还规定有机化合物指标包括绝大多数农药、环境激素、持久性化合物，是评价饮水与健康关系的重点，同时增加检测甲醛、苯、甲苯和二甲苯的含量。

② 统一了城镇和农村饮用水卫生标准，但是对农村日供水在 1000m^3 以下（或供水人口在 1 万人以下）的集中式供水和分散式供水采用过渡办法，在保证饮用水安全的基础上，对

10 项感官性状和一般理化指标、1 项微生物指标及 3 项毒理学指标，现阶段放宽限值要求，参考了《农村实施<生活饮用水卫生标准>准则》中二级水质的要求，改变了以往同时执行《生活饮用水卫生标准》和《农村实施<生活饮用水卫生标准>准则》的局面。

③ 基本实现了饮用水标准与国际接轨，重点参考了世界卫生组织、欧盟、美国、俄罗斯、日本等组织和国家现行饮用水标准，指标限值主要取自世界卫生组织 2004 年 10 月发布的《饮水水质准则》（第三版）及 2006 年的增补版资料。由于各地饮用水水质和水处理工艺存在差异，标准选择的项目尽可能涵盖不同情况，一方面力求与国际标准发展趋势保持一致，另一方面结合我国现状，解决我国实际问题。

生活饮用水水质常规检验项目及限值详见表 2-4，饮用水中消毒剂常规指标及要素见表 2-5。

表 2-4　生活饮用水水质常规检验项目及限值　　单位：mg/L

序 号	项　目	限　值
感官性状和一般化学指标		
1	色度(铂钴色度单位)	15
2	浑浊度(散射浑浊度单位)/NTU	1 水源与净水技术条件限制时为 3
3	臭与味	无异臭、异味
4	肉眼可见物	无
5	pH 值	6.5～8.5
6	铝	0.2
7	铁	0.3
8	锰	0.1
9	铜	1.0
10	锌	1.0
11	氯化物	250
12	硫酸盐	250
13	溶解性总固体	1000
14	总硬度(以 $CaCO_3$ 计)	450
15	耗氧量(COD_{Mn} 法,以 O_2 计)	3 水源限制,原水耗氧量>6mg/L 时为 5
16	挥发酚类(以苯酚计)	0.002
17	阴离子合成洗涤剂	0.3
毒理指标		
18	砷	0.01
19	镉	0.005
20	铬(六价)	0.05
21	铅	0.01
22	汞	0.001
23	硒	0.01
24	氰化物	0.05

续表

序号	项目	限值
	毒理指标	
25	氟化物	1.0
26	硝酸盐(以N计)	10(地下水源限制时为20)
27	三氯甲烷	0.06
28	四氯化碳	0.002
29	溴酸盐(使用臭氧时)	0.01
30	甲醛(使用臭氧时)	0.9
31	亚氯酸盐(使用二氧化氯消毒时)	0.7
32	氯酸盐(使用复合二氧化氯消毒时)	0.7
	微生物指标	
33	总大肠菌群/(MPN①/100mL或CFU/100mL)	不得检出
34	耐热大肠菌群/(MPN/100mL或CFU/100mL)	不得检出
35	大肠埃希菌/(MPN/100mL或CFU/100mL)	不得检出
36	菌落总数/(CFU/mL)	100
	放射性指标②	指导值
37	总α放射性/(Bq/L)	0.5
38	总β放射性/(Bq/L)	1.0

① MPN表示最可能数；CFU表示菌落形成单位。当水样检出总大肠菌群时，应进一步检验大肠埃希菌或耐热大肠菌群；水样未检出总大肠菌群时，不必检验大肠埃希菌或耐热大肠菌群。

② 放射性指标超过指导值，应进行核素分析和评价，判定能否饮用。

表2-5 饮用水中消毒剂常规指标及要素

消毒剂名称	与水接触时间/min	出厂水中限值/(mg/L)	出厂水中余量/(mg/L)	管网末梢水中余量/(mg/L)
氯气及游离氯制剂(游离氯)	≥30	4	≥0.3	≥0.05
一氯胺(总氯)	≥120	3	≥0.5	≥0.05
臭氧(O_3)	≥12	0.3	—	≥0.02 如加氯，总氯≥0.05
二氧化氯(ClO_2)	≥30	0.8	≥0.1	≥0.02

对《生活饮用水卫生标准》(GB 5749—2006)中的常规或非常规检验项目，以及限定的检验方法标准等更详尽的情况，请参见《生活饮用水卫生标准》(GB 5749—2006)。

(3)《污水综合排放标准》《污水综合排放标准》(GB 8978—1996)按照污水排放去向，分年规定了69种水污染物最高允许排放浓度及部分行业最高允许排水量。该标准适用于现有单位水污染物的排放管理，以及建设项目的环境影响评价、建设项目环境保护设施设计、竣工验收及其投产后的排放管理。

按照国家综合排放标准与国家行业排放标准不交叉执行的原则，造纸工业、船舶工业、海洋石油开发工业、纺织染整工业、肉类加工工业、合成氨工业、钢铁工业、航天推进剂、兵器工业、磷肥工业、烧碱和聚氯乙烯工业等执行相应的行业标准，其他水污染物排放均执行本标准。

《污水综合排放标准》(GB 8978—1996) 给出了污水、排水量和排污单位等的重新界定。

污水：指在生产与生活活动中排放的水的总称。

排水量：指在生产过程中直接用于工艺生产的水的排放量，不包括间接冷却水、厂区锅炉、电站排水。

一切排污单位：指本标准适用范围所包括的一切排污单位。

其他排污单位：指在某一控制项目中，除所列行业外的一切排污单位。

《地表水环境质量标准》(GB 3838—2002) 中Ⅰ、Ⅱ类水域和Ⅲ类水域中划定的保护区，《海水水质标准》(GB 3097—1997) 中的一类海域，禁止新建排污口，现有排污口应按水体功能要求实行污染物总量控制，以保证受纳水体水质符合规定用途的水质标准。

《污水综合排放标准》将排放的污染物按其性质及控制方式分为两类。

第一类污染物：指能在环境或动植物体内蓄积，对人体健康产生长远不良影响的污染物。含有第一类污染物的污水或废水，不分行业和污水排放方式，也不分受纳水体的功能类别，一律在车间或车间处理设施排放口采样，其最高允许排放浓度必须符合表 2-6 的规定。

第二类污染物：指长远影响小于第一类的污染物，在排污单位排放口采样，其最高允许排放浓度以 1997 年 12 月 31 日为建设时限分别执行相应的规定。例如在 1997 年 12 月 31 日之前建设的单位其废水中第二类污染物的最高允许排放浓度必须符合表 2-7 的规定。

表 2-6　第一类污染物最高允许排放浓度

序　号	污　染　物	最高允许排放浓度/(mg/L)
1	总汞	0.05
2	烷基汞	不得检出
3	总镉	0.1
4	总铬	1.5
5	六价铬	0.5
6	总砷	0.5
7	总铅	1.0
8	总镍	1.0
9	苯并[a]芘	0.00003
10	总铍	0.005
11	总银	0.5
12	总 α 放射性	1Bq/L
13	总 β 放射性	10Bq/L

表 2-7 第二类污染物最高允许排放浓度

(1997 年 12 月 31 日之前建设的单位) 单位：mg/L

序号	污染物	适用范围	一级标准	二级标准	三级标准
1	pH 值	一切排污单位	6～9	6～9	6～9
2	色度(稀释倍数)	染料工业	50	180	—
		其他排污单位	50	80	—
3	悬浮物(SS)	采矿、选矿、选煤工业	100	300	—
		脉金选矿	100	500	—
		边远地区砂金选矿	100	800	—
		城镇二级污水处理厂	20	30	—
		其他排污单位	70	200	400
4	五日生化需氧量(BOD_5)	甘蔗制糖、苎麻脱胶、湿法纤维板工业	30	100	600
		甜菜制糖、酒精、味精、皮革、化纤浆粕工业	30	150	600
		城镇二级污水处理厂	20	30	—
		其他排污单位	30	60	300
5	化学需氧量(COD)	甜菜制糖、焦化、合成脂肪酸、湿法纤维板、染料、洗毛、有机磷农药工业	100	200	1000
		味精、酒精、医药原料药、生物制药、苎麻脱胶、皮革、化纤浆粕工业	100	300	1000
		石油化工工业(包括石油炼制)	100	150	500
		城镇二级污水处理厂	60	120	—
		其他排污单位	100	150	500
6	石油类	一切排污单位	10	10	30
7	动植物油	一切排污单位	20	20	100
8	挥发酚	一切排污单位	0.5	0.5	2.0
9	总氰化合物	电影洗片(铁氰化合物)	0.5	5.0	5.0
		其他排污单位	0.5	0.5	1.0
10	硫化物	一切排污单位	1.0	1.0	2.0
11	氨氮	医药原料药、染料、石油化工工业	15	50	—
		其他排污单位	15	25	—
12	氟化物	黄磷工业	10	20	20
		低氟地区(水体含氟量<0.5mg/L)	10	10	20
13	磷酸盐(以 P 计)	其他排污单位	0.5	1.0	—
14	甲醛	一切排污单位	—	—	—
15	苯胺类	一切排污单位	1.0	2.0	5.0
16	硝基苯类	一切排污单位	2.0	3.0	5.0
17	阴离子表面活性剂(LAS)	合成洗涤剂工业	5.0	15	20
		其他排污单位	5.0	10	20
18	总铜	一切排污单位	5.0	1.0	2.0

续表

序号	污染物	适用范围	一级标准	二级标准	三级标准
19	总锌	一切排污单位	2.0	5.0	5.0
20	总锰	合成脂肪酸工业	2.0	5.0	5.0
		其他排污单位	2.0	2.0	5.0
21	彩色显影剂	电影洗片	2.0	3.0	5.0

从表2-7可以了解到，对于同一行业，最高允许排放标准又分为三级，可根据企业性质和排水去向确定达标等级。该标准是以1997年12月31日为时间界限，对该时间前、后建设的企业，分别制定了不同的达标限值。针对该时间后建设的企业，制定的达标限值更为严格。这样的区别对待措施符合我国的实际情况，更有利于污染治理和环境管理工作。

《污水综合排放标准》(GB 8978—1996) 中不仅规定了各类企业废水的采样位置、采样频率及相应的达标限值，同时要求对各企业的用水总量进行测量，以保证对排水中各监测指标的浓度和排污总量实施双达标控制，当然对获取监测数据的分析方法也进行了明确限定。

例如对工业污水按生产周期确定监测频率。生产周期在8h以内的，每2h采样一次；生产周期大于8h的，每4h采样一次。其他污水采样24h不少于2次。最高允许排放浓度按日均值计算。测量企业的用水总量时通过在排放口安装污水水量计量装置和污水比例采样装置来实现。

除污水综合排放标准以外，值得说明的是我国的污水处理排放标准正处于改革发展中，经历了从《污水综合排放标准》(GB 8978—88)、《城市污水处理厂污水污泥排放标准》(CJ 3025—93)、《污水综合排放标准》(GB 8978—96) 及《城镇污水处理厂污染物排放标准》(GB 18918—2002) 的发展历程，每个标准都在不同的历史阶段发挥了积极的作用，有力地推动了我国污水处理事业的发展。《城镇污水处理厂污染物排放标准》(GB 18918—2002) 是目前最新的标准，较《污水综合排放标准》其系统性、完整性、可操作性均有较大程度的提高。

2.1.3 水质监测与分析的目的

水质监测是环境监测的重要组成部分。水质监测是通过对影响水体质量因素的代表值的测定，确定水污染程度及其变化趋势；水质分析则是对水样品进行确定其组成和含量的化学分析。因此，水质分析是水质监测中不可或缺的环节。

水质监测可分为环境水体监测和水污染源监测。环境水体监测的对象为地表水（江、河、湖、库、海水）和地下水；水污染源监测的对象为生活污水、医院污水及各种废水。进行水质监测的目的可概括为以下几个方面。

① 对进入江、河、湖泊、水库、海洋等地表水体的污染物质及渗透到地下水中的污染物质进行经常性的监测，以掌握水质现状及其发展趋势。

② 对生产过程、生活设施及其他排放源排放的各类废水进行监视性监测，为污染源管理和排污收费提供依据。

③ 对水环境污染事故进行应急监测，为分析判断事故原因、危害及采取对策提供依据。

④ 对环境污染纠纷进行仲裁性监测，为准确判断纠纷原因和公正执法提供依据。

⑤ 为国家政府部门制订环境保护法规、标准和规划，全面开展环境保护管理工作提供有关数据和资料。

⑥ 为开展水环境质量评价、预测预报及进行环境科学研究提供基础数据和手段。

2.1.4　监测项目的选择

水质监测项目（即水质指标）依据水体的功能和污染源类型不同有较大差异，随着检测手段和分析方法的发展和进步，国际或国内标准的逐年更新与补充，水质监测项目增速较快。但受人力、物力和财力的限制，目前我国对水质监测和污水排放标准推行“常规项目”和“非常规项目”的“双轨制”，而非常规项目指标中大多数为有机物测试指标，相信随着测试方法的进一步完善以及大型测试仪器普及率的进一步提高，这些相当数量的非常规监测指标将会被逐步列入常规监测指标的行列。

在选择水质分析项目的时候，一般应该考虑到以下几点。

① 优先选择国家或地方的水环境质量标准和水污染物排放标准中要求控制的监测项目。

② 选择对人和生物危害大、对环境质量影响范围广的污染物。

③ 所选监测项目具有“标准分析方法”、“全国统一监测分析方法”，具备必要的分析测定的条件，如实验室的设备、药剂以及具备一定操作技能的分析人员等。

④ 可根据水体或水质污染源的特征和水环境保护功能的划分，酌情增加监测项目。

⑤ 根据所在地区经济发展、监测条件的改善及技术水平的提高，可酌情增加某些污染源和地表水监测项目。

⑥ 对于突发性事故或特殊污染，应重点监测进入水体的污染物，并实行连续的跟踪监测，掌握污染的程度及其变化趋势。

遵循上述原则，首先，应该选择具有广泛代表性的、综合性较强的水质项目，如浑浊度、pH 值、悬浮固体、化学需氧量和生化需氧量等。其次，再根据具体情况选择有针对性的水质项目。例如，在进行饮用水及其水源地水质分析时，应优先考虑选择与人体健康密切相关的水质指标，包括温度、色度、浑浊度、嗅味、总固体、溶解固体、氯化物、耗氧量、氨氮、亚硝酸盐氮、硝酸盐氮、pH 值、碱度、硬度、铁、锰等物理检验和化学分析，必要时还要加做水中主要离子成分（如钾、钠、钙、镁、重碳酸根、硫酸根等）测定，甚至选择进行全部矿物质、剧毒和“三致”有毒物质以及放射性物质的特殊测定，以确保人们能获得安全的生活饮用水。同时，还要进行水源水体中的细菌检验和显微镜观察。根据水源水质情况和净水工艺方法，各自来水厂的水质分析项目可以略有不同，但所有自来水厂的出水都必须达到国家卫生部制订的《生活饮用水卫生标准》（GB 5749—2006）的要求。

锅炉用水的分析主要包括碱度、硬度、氯化物、硫酸盐、pH 值、溶解氧、二氧化硅、游离二氧化碳、油类等。游泳池水的分析，除了细菌检验外，一般还需做浑浊度、pH 值、余氯等的测定，必要时加做耗氧量、氨氮等项目的分析。

废水排放控制的分析项目也是随不同的废水来源和分析目的而有所不同，为了评价城市污水处理厂的处理效果，悬浮固体和生化需氧量是两个比较重要的水质指标。

地表水的监测项目见表 2-8，饮用水源地监测项目执行 GB 3838—2002 标准，污染源监测项目执行 GB 8978—1996、GB 18918—2002 以及有关行业水污染物排放标准，针对具体行业监测项目有很大不同，详见表 2-9。

表 2-8 地表水监测项目

水体	必测项目	选测项目
河流	水温、pH值、溶解氧、高锰酸盐指数、化学需氧量、BOD_5、氨氮、总氮、总磷、铜、锌、氟化物、硒、砷、汞、镉、铬(六价)、铅、氰化物、挥发酚、石油类、阴离子表面活性剂、硫化物和粪大肠菌群	总有机碳、甲基汞,其他项目参照表 2-2
集中式饮用水源地	水温、pH值、溶解氧、悬浮物①、高锰酸盐指数、化学需氧量、BOD_5、氨氮、总磷、总氮、铜、锌、氟化物、铁、锰、硒、砷、汞、镉、铬(六价)、铅、氰化物、挥发酚、石油类、阴离子表面活性剂、硫化物、硫酸盐、氯化物、硝酸盐和粪大肠菌群	三氯甲烷、四氯化碳、三溴甲烷、二氯甲烷、1,2-二氯乙烷、环氧氯丙烷、氯乙烯、1,1-二氯乙烯、1,2-二氯乙烯、三氯乙烯、四氯乙烯、氯丁二烯、六氯丁二烯、苯乙烯、甲醛、乙醛、丙烯醛、三氯乙醛、苯、甲苯、乙苯、二甲苯②、异丙苯、氯苯、1,2-二氯苯、1,4-二氯苯、三氯苯③、四氯苯④、六氯苯、硝基苯、二硝基苯⑤、2,4-二硝基甲苯、2,4,6-三硝基甲苯、硝基氯苯⑥、2,4-二硝基氯苯、2,4-二氯苯酚、2,4,6-三氯苯酚、五氯酚、苯胺、联苯胺、丙烯酰胺、丙烯腈、邻苯二甲酸二丁酯、邻苯二甲酸二(2-乙基己基)酯、水合肼、四乙基铅、吡啶、松节油、苦味酸、丁基黄原酸、活性氯、滴滴涕、林丹、环氧七氯、对硫磷、甲基对硫磷、马拉硫磷、乐果、敌敌畏、敌百虫、内吸磷、百菌清、甲萘威、溴氰菊酯、阿特拉津、苯并[a]芘、甲基汞、多氯联苯⑦、微囊藻毒素-LR、黄磷、钼、钴、铍、硼、锑、镍、钡、钒、钛、铊
湖泊水库	水温、pH值、溶解氧、高锰酸盐指数、化学需氧量、BOD_5、氨氮、总磷、总氮、铜、锌、氟化物、硒、砷、汞、镉、铬(六价)、铅、氰化物、挥发酚、石油类、阴离子表面活性剂、硫化物和粪大肠菌群	总有机碳、甲基汞、硝酸盐、亚硝酸盐,其他项目参照表 2-2
排污河(渠)	根据纳污情况,参照表 2-3 中工业废水监测项目	

① 悬浮物在5mg/L以下时,测定浊度。

② 二甲苯指邻二甲苯、间二甲苯和对二甲苯。

③ 三氯苯指1,2,3-三氯苯、1,2,4-三氯苯和1,3,5-三氯苯。

④ 四氯苯指1,2,3,4-四氯苯、1,2,3,5-四氯苯和1,2,4,5-四氯苯。

⑤ 二硝基苯指邻二硝基苯、间二硝基苯和对二硝基苯。

⑥ 硝基氯苯指邻硝基氯苯、间硝基氯苯和对硝基氯苯。

⑦ 多氯联苯指PCB-1016、PCB-1221、PCB-1232、PCB-1242、PCB-1248、PCB-1254和PCB-1260。

注:监测项目中,有的项目监测结果低于检出限,并确认没有新的污染源增加时可减少监测频次。根据各地经济发展情况不同,在有监测能力(配置GC/MS)的地区每年应监测1次选测项目。

表 2-9 工业废水监测项目

类型	必测项目	选测项目
黑色金属矿山(包括磷铁矿、赤铁矿、锰矿等)	pH值、悬浮物、重金属①	硫化物、锑、铋、锡、氯化物
钢铁工业(包括选矿、烧结、炼焦、炼铁、炼钢、轧钢等)	pH值、悬浮物、COD、挥发酚、氰化物、油类、六价铬、锌、氨氮	硫化物、氟化物、BOD_5、铬
选矿药剂	COD、BOD_5、悬浮物、硫化物、重金属	

续表

类　型		必测项目	选测项目
有色金属矿山及冶炼(包括选矿、烧结、电解、精炼等)		pH值、COD、悬浮物、氰化物、重金属	硫化物、铍、铝、钒、钴、锑、铋
非金属矿物制品业		pH值、悬浮物、COD、BOD_5、重金属	油类
煤气生产和供应业		pH值、悬浮物、COD、BOD_5、油类、重金属、挥发酚、硫化物	多环芳烃、苯并[a]芘、挥发性卤代烃
火力发电(热电)		pH值、悬浮物、硫化物、COD	BOD_5
电力、蒸汽、热水生产和供应业		pH值、悬浮物、硫化物、COD、挥发酚、油类	BOD_5
煤炭采造业		pH值、悬浮物、硫化物	砷、油类、汞、挥发酚、COD、BOD_5
焦化		COD、悬浮物、挥发酚、氨氮、氰化物、油类、苯并[a]芘	总有机碳
石油开采		COD、BOD_5、悬浮物、油类、硫化物、挥发性卤代烃、总有机碳	挥发酚、总铬
石油加工及炼焦业		COD、BOD_5、悬浮物、油类、硫化物、挥发酚、总有机碳、多环芳烃	苯并[a]芘、苯系物、铝、氯化物
化学矿开采	硫铁矿	pH值、COD、BOD_5、硫化物、悬浮物、砷	
	磷矿	pH值、氟化物、悬浮物、磷酸盐(P)、黄磷、总磷	
	汞矿	pH值、悬浮物、汞	硫化物、砷
无机原料	硫酸	酸度(或pH值)、硫化物、重金属、悬浮物	砷、氟化物、氯化物、铝
	氯碱	碱度(或酸度、或pH值)、COD、悬浮物	汞
	铬盐	酸度(或碱度、或pH值)、六价铬、总铬、悬浮物	汞
有机原料		COD、挥发酚、氰化物、悬浮物、总有机碳	苯系物、硝基苯类、总有机碳类、有机氯类、邻苯二甲酸酯等
塑料		COD、BOD_5、油类、总有机碳、硫化物、悬浮物	氯化物、铝
化学纤维		pH值、COD、BOD_5、悬浮物、总有机碳、油类、色度	氯化物、铝
橡胶		COD、BOD_5、油类、总有机碳、硫化物、六价铬	苯系物、苯并[a]芘、重金属、邻苯二甲酸酯、氯化物等
医药生产		pH值、COD、BOD_5、油类、总有机碳、悬浮物、挥发酚	苯胺类、硝基苯类、氯化物、铝
染料		COD、苯胺类、挥发酚、总有机碳、色度、悬浮物	硝基苯类、硫化物、氯化物
颜料		COD、硫化物、悬浮物、总有机碳、汞、六价铬	色度、重金属
油漆		COD、挥发酚、油类、总有机碳、六价铬、铅	苯系物、硝基苯类

续表

类型		必测项目	选测项目
合成洗涤剂		COD、阴离子合成洗涤剂、油类、总磷、黄磷、总有机碳	苯系物、氯化物、铝
合成脂肪酸		pH值、COD、悬浮物、总有机碳	油类
聚氯乙烯		pH值、COD、BOD_5、总有机碳、悬浮物、硫化物、总汞、氯乙烯	挥发酚
感光材料、广播电影电视业		COD、悬浮物、挥发酚、总有机碳、硫化物、银、氰化物	显影剂及其氧化物
其他有机化工		COD、BOD_5、悬浮物、油类、挥发酚、氰、pH值、硝基苯类、氯化物、总有机碳	pH值、硝基苯类、氯化物
化肥	磷肥	pH值、COD、BOD_5、悬浮物、磷酸盐、氟化物、总磷	砷、油类
	氮肥	COD、BOD_5、悬浮物、氨氮、挥发酚、总氮、总磷	砷、铜、氰化物、油类
合成氨工业		pH值、COD、悬浮物、氨氮、总有机碳、挥发酚、硫化物、氰化物、石油类、总氮	镍
农药	有机磷	COD、BOD_5、悬浮物、挥发酚、硫化物、有机磷、总磷	总有机碳、油类
	有机氯	COD、BOD_5、悬浮物、硫化物、挥发酚、有机氯	总有机碳、油类
除草剂工业		pH值、COD、悬浮物、总有机碳、百草枯、阿特拉津、吡啶	除草醚、五氯酚、五氯酚钠、2,4-D、丁草胺、绿麦隆、氯化物、铝、苯、二甲苯、氨、氯甲烷、联吡啶
电镀		pH值、碱度、重金属、氰化物	钴、铝、氯化物、油类
烧碱		pH值、悬浮物、汞、石棉、活性氯	COD、油类
电气机械及器材制造业		pH值、COD、BOD_5、悬浮物、油类、重金属	总氮、总磷
普通机械制造		COD、BOD_5、悬浮物、油类、重金属	氰化物
电子仪器、仪表		pH值、COD、BOD_5、氰化物、重金属	氟化物、油类
造纸及纸制品业		酸度(或碱度)、COD、BOD_5、可吸附有机卤化物(AOX)、pH值、挥发酚、悬浮物、色度、硫化物	木质素、油类
纺织染整业		pH值、色度、COD、BOD_5、悬浮物、总有机碳、苯胺类、硫化物、六价铬、铜、氨氮	总有机碳、氯化物、油类、二氧化氯
皮革、毛皮、羽绒服及其制品		pH值、COD、BOD_5、悬浮物、硫化物、总铬、六价铬、油类	总氮、总磷
水泥		pH值、悬浮物	油类
油毡		COD、BOD_5、悬浮物、油类、挥发酚	硫化物、苯并[a]芘
玻璃、玻璃纤维		COD、BOD_5、悬浮物、氰化物、挥发酚、氟化物	铅、油类
陶瓷制造		pH值、COD、BOD_5、悬浮物、重金属	

续表

类型		必测项目	选测项目
石棉(开采与加工)		pH值、石棉、悬浮物	挥发酚、油类
木材加工		COD、BOD_5、悬浮物、挥发酚、pH值、甲醛	硫化物
食品加工		pH值、COD、BOD_5、悬浮物、氨氮、硝酸盐氮、动植物油	总有机碳、铝、氯化物、挥发酚、铅、锌、油类、总氮、总磷
屠宰及肉类加工		pH值、COD、BOD_5、悬浮物、动植物油、氨氮、粪大肠菌群	石油类、细菌总数、总有机碳
饮料制造业		pH值、COD、BOD_5、悬浮物、氨氮、粪大肠菌群	细菌总数、挥发酚、油类、总氮、总磷
兵器工业	弹药装药	pH值、COD、BOD_5、悬浮物、梯恩梯(TNT)、地恩锑(DNT)、黑索今(RDX)	硫化物、重金属、硝基苯类、油类
	火工品	pH值、COD、BOD_5、悬浮物、铅、氰化物、硫氰化物、铁(Ⅰ、Ⅱ)氰络合物	肼和叠氮化物(叠氮化钠生产厂为必测)、油类
	火炸药	pH值、COD、BOD_5、悬浮物、色度、铅、TNT、DNT、硝化甘油(NG)、硝酸盐	油类、总有机碳、氨氮
航天推进		pH值、COD、BOD_5、悬浮物、氨氮、氰化物、甲醛、苯胺类、肼、一甲基肼、偏二甲基肼、三乙胺、二乙烯三胺	油类、总氮、总磷
船舶工业		pH值、COD、BOD_5、悬浮物、油类、氨氮、氰化物、六价铬	总氮、总磷、硝基苯类、挥发性卤代烃
制糖工业		pH值、COD、BOD_5、色度、油类	硫化物、挥发酚
电池		pH值、重金属、悬浮物	酸度、碱度、油类
发酵和酿造工业		pH值、COD、BOD_5、悬浮物、色度、总氮、总磷	硫化物、挥发酚、油类、总有机碳
货车洗刷和洗车		pH值、COD、BOD_5、悬浮物、油类、挥发酚	重金属、总氮、总磷
管道运输业		pH值、COD、BOD_5、悬浮物、油类、氨氮	总氮、总磷、总有机碳
宾馆、饭店、游乐场所与公共服务业		pH值、COD、BOD_5、悬浮物、油类、挥发酚、阴离子洗涤剂、氨氮、总氮、总磷	粪大肠菌群、总有机碳、硫化物
绝缘材料		pH值、COD、BOD_5、挥发酚、悬浮物、油类	甲醛、多环芳烃、总有机碳、挥发性卤代烃
卫生用品制造业		pH值、COD、悬浮物、油类、挥发酚、总氮、总磷	总有机碳、氨氮
生活污水		pH值、COD、BOD_5、悬浮物、氨氮、挥发酚、油类、总氮、总磷、重金属①	氯化物
医院污水		pH值、COD、BOD_5、悬浮物、油类、挥发酚、总氮、总磷、汞、砷、粪大肠菌群、细菌总数	氟化物、氯化物、醛类、总有机碳

① 重金属系指 Hg、Cr、Cr(Ⅵ)、Cu、Pb、Zn、Cd 和 Ni 等，具体监测指标由县级以上环境保护行政主管部门确定。

2.1.5　水质监测分析方法

对于同一个监测项目，可以选择不同的分析方法，正确选用监测分析方法是获得准确测试结果的关键所在。一般而言，选择水质分析方法的基本原则如下：①方法灵敏度能满足定量要求；②方法比较成熟、准确；③操作简便、易于普及；④抗干扰能力强；⑤试剂无毒或毒性较小。需要指出的是，并不是分析仪器越昂贵、越先进，就一定能获得更理想的测试结果。

依据上述原则，为使分析数据具有可比性，世界各国在大量研究的基础上，对各类水体中的目标污染物监测都制订了相应的分析方法，并颁布了相应的监测分析方法标准。据不完全统计，截至 2014 年 3 月，国家环保部主管颁布的水质监测分析方法标准为 179 项，占水环境国家标准的近 1/2，充分说明了监测分析方法标准在整个水环境保护中的地位。

水质监测分析方法有三个层次，三层次互相补充，构成完整的监测分析方法体系。

(1) 国家水质标准分析方法　我国现行的水质标准分析方法主要由国家环境保护部负责制订。现已编制约 179 项标准分析方法，一些是较经典、准确度较高的分析方法，是环境污染纠纷法定的仲裁方法，是环境执法的依据，也是进行监测方法开发研究作为比对的基准方法。还有一些是近年来随着我国环境监测技术的发展新出现的标准，多为自动、便携式的快速监测方法，为新形势下的环境监测工作带了更多的便利。

(2) 统一分析方法　有些项目的监测分析方法尚不够成熟，但这些项目又急需监测，因此经过研究作为统一方法予以推广，在使用中积累经验，不断加以完善，为上升为国家标准方法创造条件。

(3) 等效方法　与 (1)、(2) 类方法在灵敏度、准确度、精密度方面具有可比性的分析方法称为等效方法。这类方法可能是一些新方法、新技术，或是直接从发达国家引入的方法，很有发展前景，可鼓励有条件的单位先用起来，以推动监测技术的进步。在使用前，必须经过方法验证和对比实验，证明其与标准方法的作用是等效的。

常规分析测试方法包括化学分析法和仪器分析法。目前，水质监测中各监测项目都有仪器化、自动化的发展趋势，常用的监测方法见表 2-10。

表 2-10　水质监测常用分析方法

方法名称	监测项目举例
重量法	悬浮物、可滤残渣、矿化度、油类、SO_4^{2-}、Cl^-、Ca^{2+} 等
容量法	酸度、碱度、CO_2、溶解氧、总硬度、Ca^{2+}、Mg^{2+}、NH_4^+-N、Cl^-、F^-、CN^-、SO_4^{2-}、S^{2-}、Cl_2、COD、BOD、挥发酚、挥发酸等
分光光度法	Ag、Al、As、Be、Bi、Ba、Cd、Co、Cr、Cu、Hg、Fe、Mn、Ni、Pb、Sb、Se、Th、U、Zn、NH_4^+-N、NO_2^--N、NO_3^--N、凯氏氮、PO_4^{3-}、F^-、Cl^-、S^{2-}、SO_4^{2-}、BO_3^{2-}、SiO_3^{2-}、Cl_2、挥发酚、甲醛、三氯乙醛、苯胺类、硝基苯类、阴离子洗涤剂等
荧光光度法	Se、Be、油类、苯并[a]芘等
原子吸收法	Ag、Al、Ba、Be Bi、Ca、Cd Co、Cr、Cu、Fe、Hg、K、Mg、Mn、Na、Ni、Pb、Sb、Se、Sn、Te、Zn 等
氢化物及冷原子吸收法	As、Sb、Bi、Ge、Sn、Pb、Se、Te、Hg 等
原子荧光法	As、Sb、Bi、Se、Hg 等
火焰光度法	Li、Na、K、Sr、Ba 等
电极法	Eh、pH 值、DO、F^-、Cl^-、CN^-、S^{2-}、NO_3^-、K^+、Na^+、NH_3 等

续表

方法名称	监测项目举例
离子色谱法	F^-、Cl^-、Br^-、NO_2^-、NO_3^-、SO_3^{2-}、SO_4^{2-}、$H_2PO_4^-$、K^+、Na^+、NH_4^+ 等
气相色谱法	苯系物、挥发性卤代烃、氯苯类、BHC、DDT、有机磷农药类、三氯乙醛、硝基苯类、PCB 等
高效液相色谱法	多环芳烃类、氯酚类、苯并[a]芘、邻苯二甲酸二酯类等
ICP-AES	K、Na、Ca、Mg、Ba、Be、Pb、Zn、Ni、Cd、Co、Fe、Cr、Mn、V、Al、As 等
气体分子吸收光谱法	NO_2^-、NO_3^-、氨氮、凯氏氮、总氮、S^{2-}
气相色谱-质谱法	挥发性有机化合物、半挥发性有机化合物、苯系物、二氯酚和五氯酚、邻苯二甲酸酯和己二酸酯、有机氯农药、多环芳烃、二噁英类、多氯联苯、有机锡化合物
生物监测法	浮游生物、着生生物、底栖动物、鱼类生物调查、初级生产力、细菌总数、总大肠菌群、粪大肠菌群、沙门菌属、粪链球菌、生物毒性试验、Ames 试验、姊妹染色体交换(SCE)试验、植物微核试验等

近年来，伴随着色谱分离与分析仪器的普及，气相色谱法、高效液相色谱法以及离子色谱法进入了水质分析的方法标准之列，化学分析法和仪器分析法成为水质分析的基础，在国内外水质常规监测中得到普遍采用，至今仍占监测项目分析方法总数的 50%以上，其地位和作用是显而易见的。而生物监测和毒性检测方法也逐渐在水质监测中承担起越来越重要的角色。物理、化学和生物同步、多方位监测，将能更科学地诠释江河湖海的水质安全和健康。

在国家分析方法标准中，对于同一个监测项目也有几种可供选择的分析方法，如在地表水环境质量标准基本项目分析方法（表 2-10）中提供了铜（Cu）的三种分析方法，即 2,9-二甲基-1,10-菲啰啉分光光度法、二乙基二硫代氨基甲酸钠分光光度法和原子吸收分光光度法（螯合萃取法）。三种方法虽均为分光光度法，但方法原理不同，方法灵敏度不同，三种方法的检出下限依次为 0.06mg/L、0.010mg/L 和 0.001mg/L，因此各监测分析方法具有不同的适用范围和选择性。

不同分析方法之间也存在互补性。如气相色谱法、高效液相色谱法等各有优缺点，各有适用范围和局限性。对于热不稳定或水溶性好的有机物，可能选用液相色谱法就更适用些。因此，熟练掌握分析方法的特性和特点，就能做到扬长避短，更好地解决水质监测中的复杂问题。

对于我国暂无标准分析方法和全国统一分析方法的一些特殊指标，应考虑优先借鉴国际标准化组织（ISO）标准、美国 EPA 标准和日本 JIS 方法体系等国际公认的相应分析方法标准，但应经过方法实验验证，保证其方法的检出限、准确度和精度能达到监测项目和质量控制的要求。

2.1.6 排污总量监测项目与监测方法

与世界发达国家相一致，我国不仅对废水污染物排放逐年设定了更为严格的排放浓度限制，而且也于 2002 年 12 月首次颁布了《水污染物排放总量监测技术规范》（HJ/T 92—2002），该规范于 2003 年 1 月 1 日开始生效。我国 2008 年首次颁布了《近岸海域环境监测规范》（HJ 442—2008），适用于全国近岸海域的海洋水质监测、海洋沉积物质量监测、海洋生物监测、潮间带生态监测、海洋生物体污染物残留量监测等环境质量例行监测，以及近岸海域环境功能区环境质量监测、海滨浴场水质监测、陆域直排海污染源环境影响监测、大型海岸工程环境影响监测和赤潮多发区环境监测等专题监测。

由于不同类型的企业或单位生产的产品不同，生产工艺不同，排放的污染物也不相同。水污染物总量控制的监测项目以反映区域环境主要污染特征为主，同时兼顾不同类型污染源废水的特征，对废水特征污染因子进行污染物总量监测。

《水污染物排放总量监测技术规范》（HJ/T 92—2002）中规定实施的水污染物总量控制的监测项目是 COD、石油类、氨氮、氰化物、六价铬、汞、铅、镉和砷。对于排污企业所属行业的不同，规范还明确规定了水污染物排放总量监测项目和相对应的监测方法。

与一般水质监测方法相比，实施污染物总量控制时必须考虑对废水排放流量进行测量，同时建立实时在线监测系统。目前，构成在线监测系统的监测方法有：①基于库仑法或光度法原理的 COD_{Cr} 自动在线监测方法；②基于燃烧氧化法（干式氧化法）和紫外光催化-过磷酸盐氧化法（湿式氧化法）原理的 TOC 在线自动分析仪；③基于红外法或荧光法原理的石油类自动在线监测方法；④基于流动注射在线分离原子吸收原理的 Cr(Ⅵ) 自动在线监测方法；⑤基于荧光技术的溶解氧仪；⑥基于电极法的氨氮在线监测方法等。不同的在线方法与技术组合，构成适合于不同水体或水质情况的自动在线监测系统或在线监测网络。

2.2　水质监测方案制订

水质监测方案是一项监测任务的总体构思和设计，制定前应该首先明确监测目的，在实地调查研究的基础上，掌握污染物的来源、性质以及污染物的变化趋势，确定监测项目，设计监测网点，合理安排采样时间和采样频率，选定采样方法和监测分析方法，并提出检测报告要求，制定质量保证程序、措施和方案的实施细则，在时间和空间上确保监测任务的顺利实施。水质监测的一般流程见图 2-2。

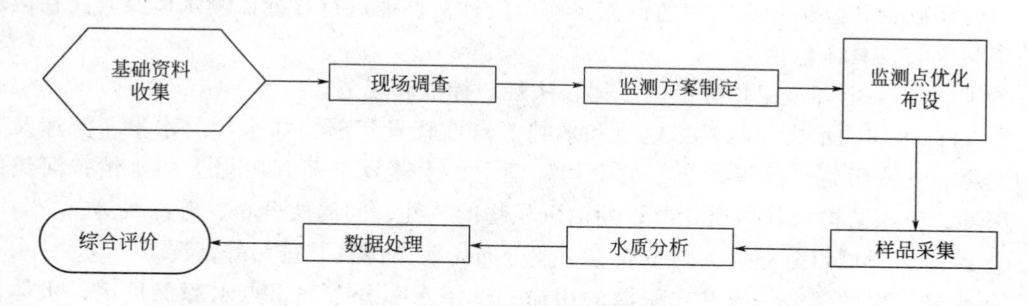

图 2-2　水质监测的一般流程

2.2.1　地表水水质监测

地表水系指地球表面的江、河、湖泊、水库水和海洋水。为了掌握水环境质量状况和水系中污染物浓度的动态变化及其变化规律，需要对全流域或部分流域的水质及向水流域中排污的污染源进行水质监测。世界上许多国家对地表水的水质特性指标采样、测定等过程均有具体的规范化要求，这样可保证监测数据的可比性和有效性。自 2002 年 12 月《地表水和污水监测技术规范》（HJ/T 91—2002）颁布以来，我国加快了水体水质监测工作的规范性和系统性的推进步伐，系列水质采样、监测技术规范等陆续颁布（表 2-11），为各类环境水体的水质监测奠定了技术基础。

表 2-11 我国水质采样、监测技术规范汇总

标准名称	标准编号	发布时间
水质 样品的保存和管理技术规定	HJ 493—2009	
水质 采样技术指导	HJ 494—2009	2009年9月27日
水质 采样方案设计技术指导	HJ 495—2009	
近岸海域环境监测规范	HJ 442—2008	2008年11月4日
地下水环境监测技术规范	HJ/T 164—2004	2004年12月9日
地表水和污水监测技术规范	HJ/T 91—2002	2003年1月1日
水污染物排放总量监测技术规范	HJ/T 92—2002	2003年1月1日
水质 河流采样技术指导	HJ/T 52—1999	2000年1月1日
水质 湖泊和水库采样技术指导	GB/T 14581—93	1993年8月30日

2.2.1.1 水污染调查

引起水环境污染的因素很多，既有自然因素，又有人为因素；既有工业污染源、农业污染源，又有生活污染源和交通污染源等，错综复杂且随着时间和空间的改变呈动态变化，这就需要进行细致的调查和综合的分析。

水污染调查主要是对引起水环境污染的因素的综合调查，调查范围包括各种污染源及其各类污染因子，同时也要调查水体底质和水生生物的污染情况。因为水环境的污染既可以直接反映在水的本体中，也可以从底质层中直接或间接地反映出来，水体中同样存在着种类繁多的水生生物，如底栖动物、浮游动物、鱼虾贝类和水生植物等，这些生物与水环境共同构成的生态系统是一个复杂的动态平衡体系。

通常，水污染调查分为基础资料收集和现场调查两部分。

(1) 基础资料收集　在制定监测方案前，应针对性地进行目标监测水体及其所在区域的有关资料收集，具体包括：

① 收集相关的环境保护方面的法律、法规、标准和规范。

② 目标水体的水文、气候、地质和地貌等自然背景资料。如水位、水量、流速及其流向的变化、支流污染情况等；全年的平均降雨量、水蒸发量及其历史上的水情；河流的宽度、深度、河床结构及其地质状况；湖泊沉积物的特性、间温层分布、等深线等。

③ 水体沿岸城市分布、人口分布、工业分布、污染源及其排污等情况。

④ 水体沿岸的资源情况和水资源的用途；饮用水源分布和重点水源保护区；水体流域土地功能及近期使用计划等。

⑤ 历年水资源资料等。如目标水体的丰水期、枯水期、平水期的时间范围情况变化等。

⑥ 地面径流污水、雨污水分流情况，以及农田灌溉排水、农药和化肥等使用情况等。

(2) 现场调查　在基础资料和文献资料收集的基础上，有必要进行目标水体的现场调查，以判断和确定收集到的资料数据的可靠性、可信度，更全面地了解和掌握目标水体区域诸多环境信息的动态变化情况及其变化趋势。

深入现场了解以往进行水质监测时所设置的监测断面或采样点是否需要进行增减或调整，为更科学、合理地制定监测方案提供新的依据。

现场调查工作还要针对目标水体进行对其周围居民健康影响的公众调查，调查沿岸居民有没有因饮用水、食用水生生物和食用所灌溉的作物而影响健康。目标水体作为当地的饮用

水源时，应开展一定数量的公众调查，必要时还要进行流行病学的调查，并进行与历史数据和文献资料信息的综合分析。例如周围居民中怀疑有慢性汞中毒可能时，可对被检者做发汞、尿汞或血汞的化验检查，并与正常值进行比较。

2.2.1.2　监测断面的布设原则

通过对基础资料和文献资料、现场调查结果进行系统分析和综合判断，根据监测要求和监测项目、水质的均一性、采样的难易程度、采用的分析方法、有关的环境标准法规以及人力物力等因素综合考虑，合理确定监测断面、采样的地点、采样时间和采样频率。

监测断面在总体和宏观上应该能反映河流水系或所在流域的水环境质量状况。各断面的布设位置必须能反映所在区域环境的污染特征，尽可能以最少的断面获取足够的、有代表性的环境信息，同时还要考虑实际采样时的可行性和方便性。

(1) 河流监测断面的布设原则　监测断面在总体和宏观上需能反映水系或所在区域的水环境质量状况。各断面的具体位置要求能反映所在区域环境的污染特征，尽可能以最少的断面获取足够的有代表性的环境信息；同时还要兼顾实际采样时的可行性和可操作性，具体如下。

① 对流域或水系应布设背景断面、控制断面（若干）和入海口断面。对行政区域可设背景断面（对水系源头）或入境断面（对国境河流）或对照断面、控制断面（若干）和入海口断面或出境断面。在各控制断面下游，如果河流有足够的长度（>10km），还应设消减断面。

② 根据水域功能区布设控制监测断面，同一水体功能区至少要设 1 个监测断面。断面位置应选择顺直河段、河床稳定、水流平稳、水面宽阔及无浅滩处，尽量避开死水区、回水区或排污口处。

③ 饮用水源区、水资源集中的区域、主要风景游览区及重大水利设施所在地等功能区要布设监测断面。

④ 较大的支流汇合口上游和汇合后与干流充分混合处，受潮汐影响的河段和严重水土流失区。

⑤ 监测断面应力求与水文测流断面一致，以便利用其水文参数，实现水质监测与水量监测的结合。

⑥ 流域同步监测中，根据流域规划和污染源限期达标目标确定监测断面。

⑦ 监测断面的设置数量，应根据掌握水环境质量状况的实际需要，考虑在对污染物时空分布和变化规律了解、优化的基础上，以最少的断面获取有代表性的监测数据。

⑧ 进行应急监测时，对江河污染的跟踪监测要根据污染物的性质、数量及河流的水文要素等，沿河段布设数个采样断面，并在采样点设立明显标志。采样频次根据事故程度确定。

(2) 河流监测断面的布设方法　在实施一个完整水系的水样采集时，布设的断面类型有背景断面、对照断面、控制断面和消减断面等。对于江、河水系或某一河段，要观测某一污染源排放所造成的影响，应按照图 2-3 分别布设入境断面（对照断面）、控制断面和消减断面。

图 2-3 中 A-A′为入境断面。用来反映水系进入某行政区域时的水质状况，应设置在水系进入本区域且尚未受到本区域污染源影响处。

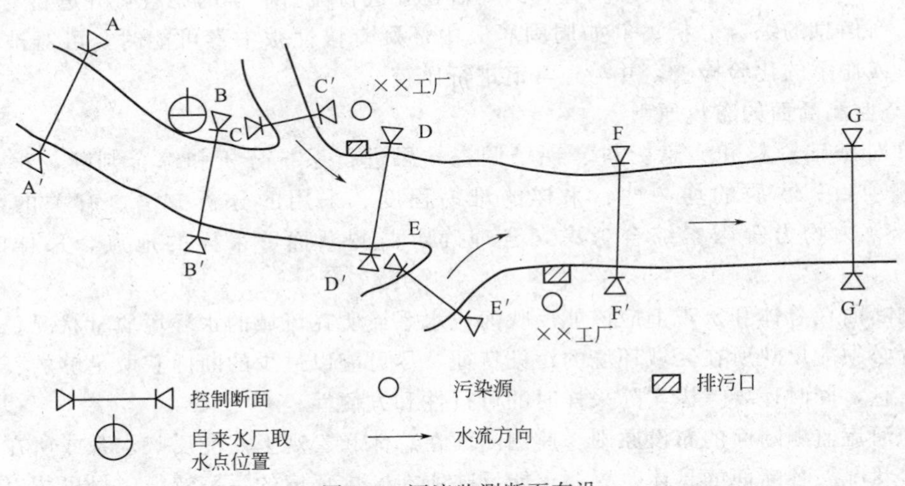

图 2-3 河流监测断面布设

A-A′为入境断面；G-G′为消减断面；其余为控制断面

B-B′至 F-F′均为控制断面，主要是为了解水体受污染及其变化情况而布设的，一般应设在排污区（口）的下游 500～1000m 处，即污水与河水基本混合均匀处。控制断面的数量、控制断面与排污区（口）的距离可根据以下因素决定：主要污染区的数量及其间的距离、各污染源的实际情况、主要污染物的迁移转化规律和其他水文特征等。此外，还应考虑对纳污量的控制程度，即由各控制断面所控制的纳污量不应小于该河段总纳污量的 80%。控制断面的布设，除考虑上述因素外，还要结合调查范围内的环境特征进行布设，如调查范围内的重点保护水域、重点保护对象附近、重点水工构筑物附近、水文站附近和其他污水排入处等，都应增加布设监测断面。

G-G′为消减断面，消减断面主要反映河流对接纳的工业废水或生活污水中的污染物的稀释、净化情况，应布设在控制断面下游约 1500m 以外的河段上，主要污染物浓度有显著下降处，该断面处左、中、右三点浓度差异较小。

当需要调查某一完整水系的受污染程度时，应该布设背景断面，以反映水系未受污染时的背景值，即该断面附近水质基本上不受人类活动的影响，远离城市居民区、工业区、农药化肥施放区及主要交通干线。原则上应设在水系源头处或未受污染的上游河段，如选定断面处于地球化学异常区，则要在异常区的上、下游分别设置。如有较严重的水土流失情况，则设在水土流失区的上游。

此外，水系流经的行政区交界处应分别布设入境断面或出境断面；国际河流出、入国境的交界处应设置出境断面和入境断面；水系的较大支流汇入前的河口处，以及湖泊、水库、主要河流的出、入口应布设监测断面。

例如对于河流的汇水口，可考虑按图 2-4 布设监测断面。图中 A-A′和 B-B′断面分别代表两条水流汇合前的水质，C-C′反映水流汇合后的水质。

当河流为感潮河流时，河流的流向为双向流动。此时，应根据潮汐河流的水文特征，可将对照断面（图 2-4 中 A-A′）移到更上游，以至污染排放的污水随潮流逆向推移不能所及之处，即设在潮区界以上；而控制断面 B-B′应设于排污口上、下两侧。对于强感潮的河流，当水流方向逆转时，也可以将对照断面和控制断面倒过来布设，以掌握水逆向流动时污染源排放对水体的影响。潮汐河流的消减断面一般应设在近入海口处。

（3）湖泊、水库监测断面的布设

湖泊、水库通常只设监测垂线，遇有如下情况可参照河流的有关原则设置监测断面。

① 湖（库）区的不同水域，如进水区、出水区、深水区、浅水区、湖心区、岸边区，按水体类别设置监测断面。

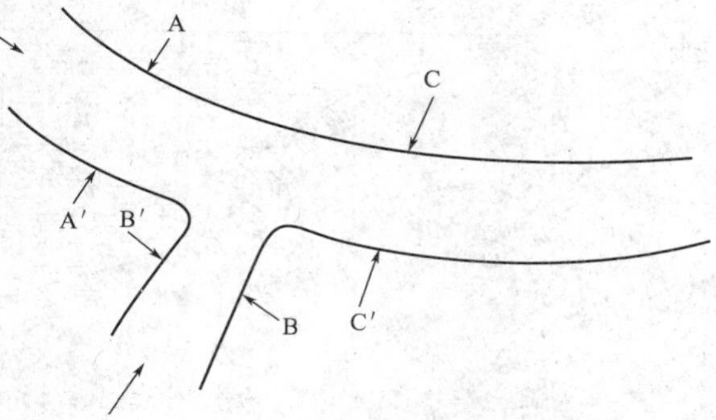

② 受污染影响较大的重要湖泊、水库，应在污染物扩散途径上设置控制断面。

③ 在渔业作业区、水生生物经济区等布设监测断面。

④ 以湖（库）的各功能区为中心，如饮用水源、排污口、风景游览区等，在其辐射线上布设弧形监测断面。

图 2-4　汇水口的监测断面布设

2.2.1.3　采样点位的确定

江、河水系水面宽度不尽相同。当布设了监测断面后，还应根据各水面的宽度来合理布设监测断面上的采样垂线，依此可进一步确定采样点位置和数量。对于江、河水体，在任何一个监测断面上布设的采样垂线数和相应垂线上的采样点数应符合表 2-12 和表 2-13 的要求。

表 2-12　采样垂线数的确定

水面宽	垂线数	说明
≤50m	一条（中泓）	1. 垂线布设应避开污染带，要测污染带应另加垂线 2. 确能证明该断面水质均匀时，可仅设中泓垂线 3. 凡在该监测断面要计算污染物通量时，必须按本表设置垂线
50～100m	二条（近左、右岸有明显水流处）	
＞100m	三条（左、中、右各一条）	

表 2-13　采样垂线上采样点数的确定

水深	采样点数	说明
≤5m	上层一点	1. 上层至水面下 0.5m 处，水深不到 0.5m 时，在水深 1/2 处 2. 下层指河底以上 0.5m 处 3. 中层指 1/2 水深处 4. 封冻时在冰下 0.5m 处采样，水深不到 0.5m 时，在水深 1/2 处 5. 凡在该断面要计算污染物通量时，必须按本表布设采样点
5～10m	上、下层两点	
＞10m	上、中、下三层三点	

对于水量大、水深流急和河面宽＞100m 的较大河流来说，至少应设三条采样垂线，如图 2-5 所示。中线应设在除去河流两岸浅滩部分后的中间位置，左、右两垂线应布设于由中线至岸边的中间部分。

因湖泊、水库的水体可能存在分层现象，水质有不均匀性，应先对不同水深度处的水温和溶解氧等参数进行测定，掌握水质随湖泊深度、温度的变化规律，如图 2-6 所示。有温度分层现象时，可根据温度分布层与采样点位的关系（图 2-7），确定采样垂线上采样点的数量及位置。

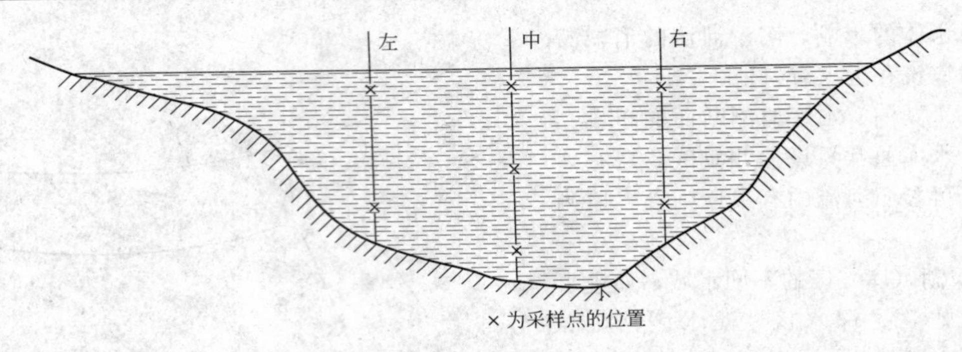

图 2-5　采样垂线和采样点布设示意

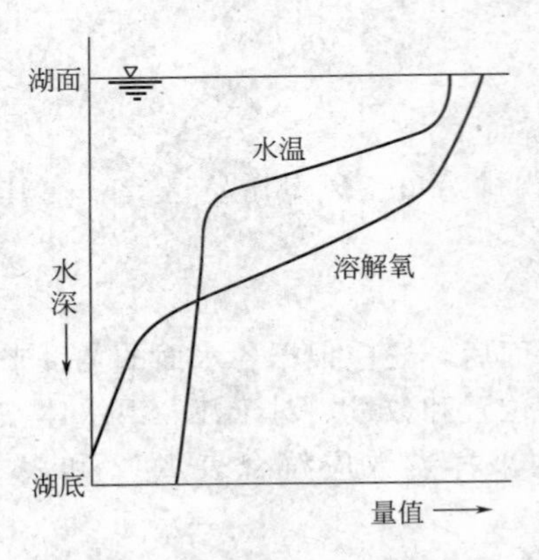

图 2-6　间温层采样点示意图

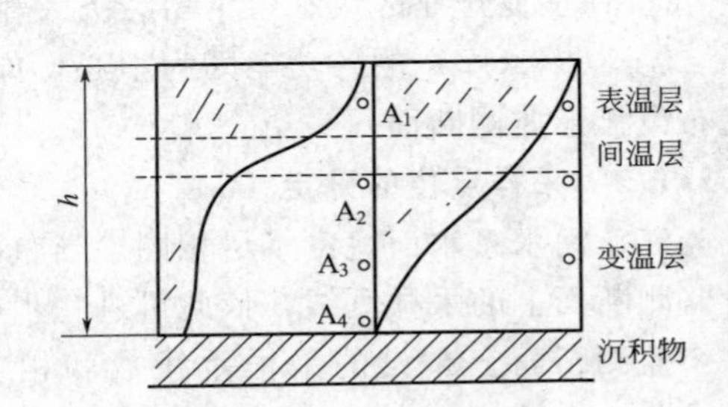

图 2-7　湖泊中水温和溶解氧的变化规律

但若有充分证据说明水体水质上下均匀，可酌情减少垂线上的采样点数目。表 2-14 为湖（库）监测垂线采样点确定的基本要求。

根据经验，采样时应尽量避免在水体和河床的交界处采样，如在紧靠河岸、河底、渠壁等 25cm 以内的位置上采集水样，因为这里采集的水样往往没有水的本体代表性。有温度分层情况时，要求采集有代表性的间温层水样。

表 2-14　湖（库）监测垂线采样点的确定

水深	分层情况	采样点数	说明
≤5m		一点（水面下 0.5m 处）	1. 分层是指湖水温度分层情况 2. 水深不足 1m 时，在 1/2 水深处设置采样点 3. 有充分数据证实垂线水质均匀时，可酌情减少采样点
5～10m	不分层	二点（水面下 0.5m，水底上 0.5m 处）	
	分层	三点（水面下 0.5m，1/2 斜温层，水底上 0.5m 处）。	
＞10m		除水面下 0.5m，水底上 0.5m 处外，按每一斜温分层 1/2 处设置	

如果在城市或大污染源的下游，有河流分流或较大的河心滩、沙洲时，则其断面的布设宜采用三断面布设法，如图 2-8 所示，即在污染源附近设 A-A′监测断面，在两分流处分别设 B-B′和 C-C′监测断面，以掌握分流前后污染物质的含量和特征。

2.2.1.4　采样时间和采样频次的确定

依据不同的水体功能、水文要素和污染源、污染物排放等实际情况，要求采集的水样能

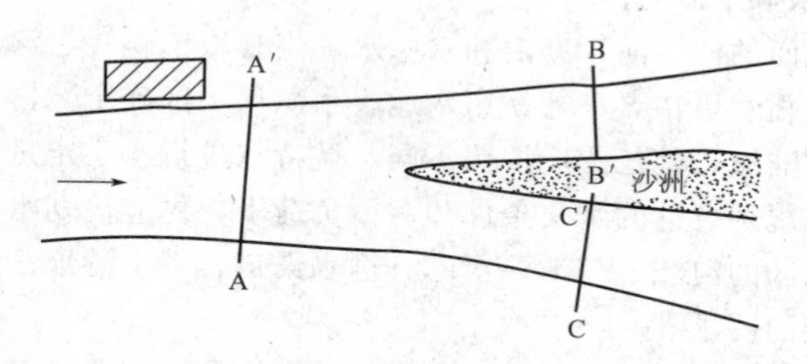

图 2-8　河流分流时的三断面布设法

够反映水质在时间和空间上的变化规律，力求以最少的采样频次，取得最有时间代表性的样品。确定合理的采样时间和采样频次的基本原则如下。

① 饮用水源地、各行政区交接断面中需要重点控制的监测断面每月至少采样一次，全年不少于 12 次。

② 较大河流、湖泊、水库上的监测断面，逢单月采样一次，全年六次，采样时间可设在丰水期、枯水期和平水期，每期采样两次；底泥每年在枯水期采集一次。

③ 背景断面每年采样一次。

④ 受潮汐影响的监测断面的采样，分别在大、小潮期进行，每次采集涨、退潮水样分别测定。涨潮水样应在断面处水面涨平时采样，退潮水样应在水面退平时采样。

⑤ 如某必测项目连续三年均未检出，且在断面附近确定无新增排放源，而现有污染源排污量未增的情况下，每年可采样一次进行测定。一旦检出，或在断面附近有新的排放源或现有污染源有新增排污量时，即恢复正常采样。

⑥ 有废水排入、污染比较严重的湖泊、水库，应根据实际情况酌情增加采样次数。

⑦ 属于国家监控的监测断面（或垂线）每月采样一次，一般在规定时间内进行采样。

⑧ 遇有特殊自然情况或发生污染事故时，要及时实施“应急监测”方案，随时增加采样频次。

2.2.2　饮用水源地水质监测

生活饮用水水源主要有地表水水源和地下水水源。饮用水源地一经确立，就要设立相应的饮用水源保护区。生活饮用水源保护区是指为保证生活饮用水的水质达到国家标准，依照有关规定，在生活饮用水源周围划定的需特别保护的区域。

为更科学地实施生活饮用水源地保护，世界上许多国家对地表水的水质特性指标采样、测定等过程均有具体的规范化要求，保证监测数据的可比性和有效性。同样，我国 1998 年颁布了《水环境监测规范》(SL 219—98)，并于 2007 年 1 月 9 日颁布了《饮用水水源保护区划分技术规范》(HJ/T 338—2007)，该规范适用于集中式地表水、地下水水源保护区（包括备用和规划水源地）的划分，因此，饮用水源地水质监测也是围绕着水源保护区水体而开展的。2009 年国家环保部相继发布了环境保护标准《水质采样技术指导》(HJ 494—2009) 和《水质采样方案设计技术指导》(HJ 495—2009)。生活饮用水水源质量必须随时保证安全，应建立连续、可靠的水质监测和水质安全保障系统。条件许可时，还应逐步建立起饮用水源保护区水质监测、自来水厂水质监测和饮用水管网水质自动监测联网的饮用水质安全监测网络。

2.2.2.1 饮用水地表水源水质监测

地表水系指地球表面的江、河、湖泊和水库水。当某城镇将江、河、湖泊或水库作为其饮水源时，应该针对所临水域特点进行饮用水地表水源保护区确定。饮用水地表水源保护区要求包括一定的水域和陆域，其范围应按照不同水域特点进行水质定量预测并考虑当地具体条件加以确定，保证在规划设计的水文条件和污染负荷下，供应规划水量，保护区的水质能满足相应的标准。跨地区的河流、湖泊、水库、输水渠道，其上游地区不得影响下游饮用水水源保护区对水质标准的要求。

(1) 饮用水地表水源环境调查　饮用水地表水源环境调查主要是对能引起水环境污染因素的综合调查，调查范围包括各种污染源及其各类污染因子，同时也要调查水体底质和水生生物的污染情况。调查分析的结果将为饮用水地表水源保护区设立、级别划分以及水质长效保护效果的综合评价提供科学依据。

通常，地表水源保护区环境调查分为基础资料收集和现场调查两部分。

① 基础资料收集。在饮用水地表水源保护区及其水域，应针对性地进行水源保护区及其所在区域的有关资料收集，具体包括：

a. 收集相关的环境保护方面的法律、法规、标准和规范。

b. 水源保护水域的水文、气候、地质和地貌等自然背景资料。如水位、水量、流速及其流向的变化情况等；全年的平均降雨量、水蒸发量及其历史上的水情；河流的宽度、深度、河床结构及其地质状况；湖泊沉积物的特性、间温层分布、等深线等。

c. 历年水资源资料等。如目标水体的丰水期、枯水期、平水期的时间范围变化情况等。

d. 地表径流污水、雨污水分流情况，以及工业、农业用水和排水、陆地范围农药和化肥等使用情况等。

② 现场调查。在基础资料收集的基础上，还有必要进行饮用水源保护区水域的现场调查，以判断和确定收集到的资料数据的可靠性、可信度。

深入现场了解以往进行水质监测时所设置的监测断面或采样点是否需要进行增减或调整，为更科学、合理地制定监测方案提供新的依据。

现场调查工作还要进行饮用水源保护区供水范围内当地居民健康情况的公众调查，必要时还要进行流行病学的调查，并进行历史数据和文献资料信息的综合分析。我国已故上海第一医科大学的孙德隆教授，生前曾用流行病学方法对江苏启东、海门等地肝癌高发和低发地区的饮用水情况进行对比研究，发现饮用水污染情况与肝癌发病率之间呈正相关规律。

(2) 地表水源保护区划分原则　根据调查和分析结果，可进行饮用水地表水源保护区确定和级别划分，划分原则及其水质要求介绍如下。

① 生活饮用水地表水源保护区划分。生活饮用水地表水源保护区可以分为一级保护区、二级保护区和准保护区。

饮用水地表水源一级保护区：在饮用水地表水源取水口附近划定一定的水域和陆域。一级保护区的水质标准不得低于国家《地表水环境质量标准》(GB 3838—2002) 基本项目标准限值Ⅱ类标准、集中式生活饮用水地表水源地补充项目标准限值，以及由县级以上环境保护部门选择确定的特定项目标准限值。

饮用水地表水源二级保护区：在饮用水地表水源一级保护区外划定一定的水域和陆域。二级保护区的水质标准不得低于国家《地表水环境质量标准》(GB 3838—2002) 基本项目标准限值Ⅲ类标准、集中式生活饮用水地表水源地补充项目标准限值，以及由县级以上环境保护部门选择确定的特定项目标准限值。应保证一级保护区的水质能满足规定的标准。

饮用水地表水源准保护区：根据需要可在饮用水地表水源二级保护区外划定一定的水域及陆域，准保护区的水质标准应保证二级保护区的水质能满足规定的标准。

② 饮用水地表水源保护区内必须遵守的规定。饮用水地表水源各级保护区内均必须遵守的规定归纳起来有：禁止一切破坏水环境生态平衡的活动以及破坏水源林、护岸林、与水源保护相关植被的活动；禁止向水域倾倒工业废渣、城市垃圾、粪便及其他废弃物；运输有毒有害物质、油类、粪便的船舶和车辆一般不准进入保护区，必须进入者应事先申请并经有关部门批准、登记并设置防渗、防溢、防漏设施；禁止使用剧毒和高残留农药，不得滥用化肥，不得使用炸药、毒品捕杀鱼类。

各级水源保护区还制定了针对相应级别的保护性规定，具体如下。

一级保护区内：

a. 禁止新建、扩建与供水设施和保护水源无关的建设项目。

b. 禁止向水域排放污水，已设置的排污口必须拆除。

c. 不得设置与供水需求无关的码头，禁止停靠船舶。

d. 禁止堆置和存放工业废渣、城市垃圾、粪便和其他废弃物。

e. 禁止设置油库。

f. 禁止从事种植、放养禽畜，严格控制网箱养殖活动。

g. 禁止可能污染水源的旅游活动和其他活动。

二级保护区内：

a. 不准新建、扩建向水体排放污染物的建设项目。改建项目必须削减污染物排放量。

b. 原有排污口必须削减污水排放量，保证保护区内水质满足规定的水质标准。

c. 禁止设立装卸垃圾、粪便、油类和有毒物品的码头。

准保护区内：直接或间接向水域排放废水，必须符合国家及地方规定的废水排放标准。当排放总量不能保证保护区内水质满足规定的标准时，必须削减排污负荷。

(3) 监测点的布设　通过对基础资料、现场调查结果的综合分析，根据饮用水地表水源监测要求和监测项目、水质的均一性、采样的难易程度、采用的分析方法、有关的环境标准法规以及人力物力等因素综合考虑，合理确定采样断面、采样点、采样时间和采样频次。

① 采样断面布设。采样断面布设的基本原则如下。

a. 充分考虑饮用水源保护区取水口数量和分布状况、水文及河道地形、植被与水土流失情况、其他影响水质及其均匀程度的因素等。

b. 力求以较少的监测断面和测点获取最具代表性的样品，全面、真实、客观地反映该饮用水源保护区水环境质量及污染物的时空分布状况与特征。

c. 断面位置确定后，应设置固定标志，不得任意变更，需变动时应报原批准单位同意。

当饮用水以河流为水源时，生活饮用水地表水源保护区采样断面按以下要求设置。

a. 供水水源保护区上游500～1000m处应布设对照断面。

b. 一级保护区、二级保护区和准保护区的交界面处应分别布设控制断面。

c. 供水水源取水口处应设置扇形或弧形控制断面。

d. 供水水源保护区下游500～1000m处应布设消减断面。

e. 水源型地方病发病区应设置控制断面。

当以湖泊（水库）为饮用水源时，湖泊（水库）的控制断面应与断面附近水流方向垂直。控制断面具体设置要求如下。

a. 在湖泊（水库）主要出入口应分别设置对照断面、消减断面。

b. 一级保护区、二级保护区和准保护区的交界面处应分别布设控制断面。

c. 供水水源取水口处应设置扇形或弧形控制断面。

进行应急监测时，对江河污染的跟踪监测要根据污染物质的性质、数量及河流的水文要素等，沿河段布设数个采样断面，并在采样点设立明显标志。采样频次根据事故大小确定。

② 采样垂线的布设。河流采样垂线的布设应符合表 2-15 的规定。河流水源保护区、供水取水口处扇形断面垂线密度视其水质情况而定。

表 2-15　江河采样垂线布设

水面宽/m	采样垂线布设	相对范围
<50	1条(中泓处)	
50～100	左、右2条	左、右设在距湿岸 5～10m 处
100～1000	左、中、右3条	岸边垂线距湿岸边陲 5～10m 处
>1000	3～5条	

湖泊（水库）的进出水口、水源保护区的各断面，可视湖库、水源保护区大小、水面宽窄，沿水流方向适当布设 1～5 条采样垂线。

③ 采样点布设。对于江、河水体，在任何一个采样断面上布设的采样垂线数和相应垂线上的采样点数应符合表 2-14 的要求。因湖泊、水库的水体可能存在分层现象，水质有不均匀性，可根据温度分布层与采样点位关系，确定采样垂线上采样点的数量及位置，如图 2-6和图 2-7 所示。表 2-14 给出的湖（库）采样垂线和采样点的基本要求同样适用于饮用水水源保护区的采样点布设。

（4）采样频次和时间　依据饮用水源水域及其相应保护区级别的功能、水文要素和污染源等实际情况，要求采集的水样能够反映水质在时间和空间上的变化规律，力求以最少的采样频次，取得最有时间代表性的样品。确定合理的采样时间和采样频次的基本原则如下。

① 河流采样频次和时间的确定。

a. 长江、黄河干流采样频次每年不得少于 12 次，每月中旬采样。

b. 一般中小河流采样频次每年不得少于 6 次，丰、平、枯水期各 2 次。

c. 饮用水源地各级保护区及其水域采样断面采样频次每年不得少于 12 次，采样时间根据具体要求确定。

② 湖泊（水库）采样频率和时间的确定。

a. 具有向城市供水功能的湖泊（水库），每月采样一次，全年 12 次。

b. 在河流、湖泊（水库）最枯水位和封冻期，应适当增加采样频次。

饮用水源地各级保护区及其水域采样断面采样频次每年不得少于 12 次，采样时间根据具体要求确定。

2.2.2.2　地下水源保护区水质监测

储存在土壤和岩石空隙（孔隙、裂隙、溶隙）中的水统称为地下水（ground water），地下水是水资源的重要组成部分，为人类提供了优质的淡水资源。尤其是在我国缺水的北方地区，地下水在国民经济发展中的作用就更为显著。

地下水与地面水是互相补给、相互影响的，但地下水有其独特的形成、运动规律和物理化学特征，地下水的特性归纳如下。

① 地下水流动缓慢，水质参数变化较慢。

② 地下水埋藏深度不同，温度变化规律也不相同。近地表的地下水，其温度受气温的影响而发生周期性变化；较深的则因处于常温层中，温度比较稳定，水温变化通常不超过0.1℃。水样一经取出，水温即有较大变化，这种变化能改变化学反应和生化反应的速度。

③ 地下水吸收或放出二氧化碳可引起pH值的变化，也将影响某些化合物的氧化还原作用。

④ 硫化氢等溶解性气体可在水表面损失。

(1) 地下水源保护区划分　根据调查和分析结果，根据地区特点及地下水的主要类型进行饮用水地下水源保护区位置和范围的确定，水源保护区划分及其对水质的要求介绍如下。

生活饮用水地下水源保护区可以分为一级保护区、二级保护区和准保护区。

饮用水地下水源一级保护区：位于开采井的周围，其作用是保证集水有一定的滞后时间，以防止一般病原菌的污染。直接影响开采井水质的补给区地段，必要时也可划分为一级保护区。

饮用水地下水源二级保护区：位于饮用水地下水源一级保护区外，其作用是保证集水有足够的滞后时间，以防止病原菌以外的其他污染。

饮用水地下水源准保护区：位于饮用水地下水源二级保护区外的主要补给区，其作用是保护水源地补给水源的水量和水质。

饮用水地下水源保护区的水质均应达到国家《地下水环境质量标准》(GB/T 14848—93) Ⅱ类标准以及国家《生活饮用水卫生标准》(GB 5749—2006) 的要求。

具体的划分方法一般为：

以汲水井为中心，半径300m范围为一级保护区。

以汲水井为中心，半径300～600m范围为二级保护区。

以取水井群或单井为中心，沿其地下水的流向，以上游3000m至下游1000m为界，两侧各2000m的范围中除去一级、二级保护区的范围为准保护区。

饮用水地下水源保护区必须遵守的规定如下。

① 禁止利用渗坑、渗井、裂隙、溶洞等排放污水和其他有害废弃物。

② 禁止利用透水层孔隙、裂隙、溶洞储存废弃石油、天然气、放射性物质、有毒有害化工原料、农药等。

③ 实行人工回灌地下水时不得污染当地地下水源。

④ 一级保护区内，禁止建设与取水设施无关的建筑物；禁止从事农牧业活动；禁止倾倒、堆放工业废渣及城市垃圾、粪便和其他有害废弃物；禁止输送污水的渠道、管道、输油管道通过本区；禁止建设油库；禁止建立墓地。

⑤ 二级保护区内，对于浅水含水层地下水水源地，则必须遵守的规定为：禁止建设化工、电镀、皮革、造纸、制浆、冶炼、放射性、印染、染料、炼焦、炼油及其他有严重污染的企业，已建成的要限期治理、转产或搬迁；禁止设置城市垃圾、粪便和易溶、有毒有害废弃物堆放场和转运站，已有的上述场站要限期搬迁；禁止利用未净化的污水灌溉农田；化工原料、矿物油类及有毒有害矿产品的堆放场所必须有防雨、防渗措施。

对承压含水层地下水水源地，则禁止承压水和潜水的混合开采，做好潜水的止水措施。

⑥ 准保护区内，禁止建设城市垃圾、粪便和易溶、有毒有害废弃物的堆放场站，因特殊需要设立转运站的，必须经有关部门批准，并采取防渗漏措施。

当补给源为地表水体时，则要求：地表水体水质不应低于《地表水环境质量标准》（GB 3838—2002）Ⅲ类标准；不得使用水质低于《农田灌溉水质标准》（GB 5084—92）的污水进行灌溉；注意保护水源林，禁止毁林开荒，禁止非更新砍伐水源林；人工回灌补给地下水，不得恶化地下水质。

（2）地下水源保护区水质调查　了解地下水源保护区内自然环境和社会环境等因素是监测井布设和水质监测的基础，前期调查研究和资料收集包括以下几项。

① 收集、汇总区域内有关水文、地质方面的资料和以往的监测资料，包括地质图、剖面图、测绘图、水井资料和水质参数等，以及基本气象资料（温度、湿度、降水量与蒸发量、主导风向、风速及其他气象特征资料）。

② 收集作为地下水补给水源的江、河、湖、海的地理分布及其水文特征（水位、水深、流速、流量等），以及地下水径流和排泄方向、地下水质类型等。

③ 了解水污染源类型及其分布情况、水质现状和地下水的开发利用情况，含水层和地质阶梯可用开孔钻探和调查的方法进行了解。

④ 调查区域内城市近期、中长期的发展规划、人口密度、工业分布、地下水资源开发和土地利用等情况；了解化肥和农药的施用面积与施用量；查清污水灌溉、排污、纳污及地表水的污染现状。

⑤ 对地下水位和水深进行实际测量，明确水位和水深即可决定采水器和采水泵的类型以及所需费用与采样程序。

（3）采样井（监测井）布设　通过对基础资料、实地测量结果的综合分析，应根据饮用水地下水源监测要求和监测项目、水质的均一性、水质分析方法、环境标准法规以及人力物力等因素综合考虑，确定采样井位及井深度，构建合理的采样井网络。

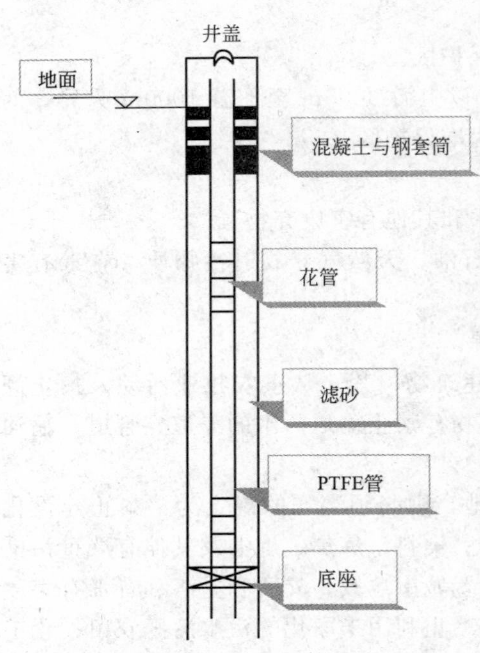

图 2-9　监测井结构示意图

建设长期使用的监测井是实施地下水水质监测的基础。图 2-9 是专用监测井结构示意图。监测井深度视饮用水地下水源保护区所在地的地下水位、水质监测要求和地层条件而定。为防止污染，井管应选用 PTFE 管材，花管网孔由细小的孔洞（孔径约 0.25mm）构成。管材与孔壁之间的环形空隙，采用经该钻孔中的地下水清洗后的 4# 石英砂料回填，井管采用混凝土固定，固定后的 PTFE 管顶端露出地面约 0.4m。在 PTFE 管出露部分可采用钢套管加以保护。

地下水采样井布设应遵循的原则如下。

① 全面掌握地下水水资源质量状况，对地下水环境质量进行监视、控制。

② 根据地下水类型分区与开采强度分区，以主要开采层为主布设，兼顾深层和自流地下水。

③ 尽量与现有地下水水位观测井网相结合。

④ 采样井布设密度为主要供水区密，一般地区稀；城区密，农村稀；污染严重区密，非污染区稀。

⑤ 不同水质特征的地下水区域应布设采样井。

采样井具体布设位置及要求如下。

① 地下水供水水源的地区。

② 饮水型地方病（如高氟病）高发地区。

③ 污水灌溉区、垃圾堆积处理场地区及地下水回灌区。

④ 多级深度井应沿不同深度布设数个采样点。

对于平原（含盆地）地区地下水采样井布设密度一般为 1 眼/200km^2，饮用水源地可适当加密；沙漠区、山丘区、岩溶山区等可根据需要选择典型代表区布设采样井。

水资源视地下水主要补给来源的地区，可在垂直于地下水流的上方向设置一个至数个背景值监测井。

(4) 采样时间和采样频次　在饮用水地下水源保护区内的背景井水质每年采样一次，常规采样井水质则要求每月采样一次，而专用监测井按设置目的与要求确定采样时间与频次。对有异常情况的井点，应适当增加采样监测频次。

2.2.3　水污染源水质监测方案的制定

水污染源指工业废水源、生活污水源等。工业废水包括生产工艺过程用水、机械设备用水、设备与场地洗涤水、延期洗涤水、工艺冷却水等；生活污水则指人类生活过程中产生的污水，包括住宅、商业、机关、学校和医院等场所排放的生活和卫生清洁等污水。

在制定水污染源监测方案时，同样需要进行资料收集和现场调查研究，了解各污染源排放部门或企业的用水量、产生废水和污水的类型（化学污染废水、生物和生物化学污染废水等）、主要污染物及其排水去向（江、河、湖等水体）和排放总量，调查相应的排污口位置和数量、废水处理情况。

对于工业企业，应事先了解工厂性质、产品和原材料、工艺流程、物料衡算、下水管道的布局、排水规律以及废水中污染物的时间、空间及数量变化等。

对于生活污水，应调查该区域范围内的人口数量及其分布情况、排污单位的性质、用水来源、排污水量及其排污去向等。

2.2.3.1　采样点的布设原则

① 第一类污染物的采样点设在车间或车间处理设施排放口；第二类污染物的采样点则设在单位的总排放口（分类详见第 1 章）。

② 工业企业内部监测时，废水的采样点布设与生产工艺有关，通常选择在工厂的总排放口、车间或工段的排放口以及有关工序或设备的排水点。

③ 为考察废水或污水处理设备的处理效果，应对该设备的进水、出水同时取样。如为了解处理厂的总处理效果，则应分别采集总进水和总出水的水样。

④ 在接纳废水入口后的排水管道或渠道中，采样点应布设在离废水（或支管）入口 20～30 倍管径的下游处，以保证两股水流的充分混合。

⑤ 生活污水的采样点一般布设在污水总排放口或污水处理厂的排放口处。对医院产生的污水在排放前还要求进行必要的预处理，达标后方可排放。

2.2.3.2 采样时间和频次

不同类型的废水或污水的性质和排放特点各不相同，无论是工业废水，还是生活污水的水质都随着时间的变化而不停地发生着改变。因此，废水或污水的采样时间和频次应能反映污染物排放的变化特征而具有较好的代表性。一般情况下，采集时间和采样频次由其生产工艺特点或生产周期所决定。行业不同，生产周期不同；即使行业相同，但采用的生产工艺也可能不同，生产周期仍会不同，可见确定采样时间和频次是比较复杂的问题。在我国的《污水综合排放标准》(GB 8978—2002) 和《水污染物排放总量监测技术规范》(HJ/T 92—2002) 中，对排放废水或污水的采样时间和频次均提出了明确的要求，归纳如下。

① 水质比较稳定的废水（污水）的采样按生产周期确定监测频率，生产周期在8h以内的，每2h采样一次；生产周期大于8h的，每4h采集一次；其他污水采集，24h不少于2次。最高允许排放浓度按日平均值计算。

② 废水污染物浓度和废水流量应同步监测，并尽可能实现同步的连续在线监测。

③ 不能实现连续监测的排污单位，采样及检测时间、频次应视生产周期和排污规律而定。在实施监测前，增加监测频次（如每个生产周期采集20个以上的水样），进行采样时间和最佳采样频次的确定。

④ 总量监测使用的自动在线监测仪，应由环境保护主管部门确认的、具有相应资质的环境监测仪器检测机构认可后方可使用，但必须对监测系统进行现场适应性检测。

⑤ 对重点污染源（日排水量100t以上的企业）每年至少进行4次总量控制监督性监测（一般每个季度一次）；一般污染源（日排水量100t以下的企业）每年进行2～4次（上、下半年各1～2次）监督性监测。

2.2.4 水生生物监测

水、水生生物和底质组成了一个完整的水环境系统。在天然水域中，生存着大量的水生生物群落，各类水生生物之间以及水生生物与它们赖以生存的水环境之间有着非常密切的关系，既互相依存又互相制约。当饮用水水源受到污染而使其水质改变时，各种不同的水生生物由于对水环境的要求和适应能力不同而产生不同的反应，人们就可以根据水生生物的反应，对水体污染程度作出判断，这已成为饮用水水源保护区不可或缺的水质监测内容。实施饮用水水源地水质生物监测的程序与一般水质监测程序基本相同，在此不再重复。以下重点介绍生物监测采样点布设方法、采样方法等。

2.2.4.1 生物监测的采样垂线（点）布设

在饮用水水源各级保护区布设生物监测采样垂线一般应遵循下列原则。

① 根据各类水生生物的生长与分布特点，布设采样垂线（点）。

② 在饮用水水源各级保护区交界处水域，应布设采样垂线（点），并与水质监测采样垂线尽可能一致。

③ 在湖泊（水库）的进出口、岸边水域、开阔水域、海湾水域、纳污水域等代表性水域，应布设采样垂线（点）。

④ 根据实地勘查或调查掌握的信息，确定各代表性水域采样垂线（点）布设的密度与数量。

对浮游生物、微生物进行监测时，采样点布设要求如下。

① 当水深小于 3m、水体混合均匀、透光可达到水底层时，在水面下 0.5m 布设一个采样点。

② 当水深为 3～10m，水体混合较为均匀，透光不能达到水底层时，分别在水面下和底层上 0.5m 处各布设一个采样点。

③ 当水深大于 10m，在透光层或温跃层以上的水层，分别在水面下 0.5m 和最大透光深度处布设一个采样点，另在水底上 0.5m 处布设一个采样点。

④ 为了解和掌握水体中浮游生物、微生物的垂向分布，可每隔 1.0m 水深布设一个采样点。

对底栖动物、着生生物和水生维管束植物监测时，在每条采样垂线上应设一个采样点。采集鱼样时，应按鱼的摄食和栖息特点，如肉食性、杂食和草食性、表层和底层等在监测水域范围内采集。

2.2.4.2　生物监测采样时间和采样频次

在我国各城市选用的饮用水水源不尽相同，对水源保护区采取的生物监测时间和频次会有差异，在此仅介绍一般性原则。

(1) 采样频次

① 生物群落监测周期为 3～5 年 1 次，在周期监测年度内，监测频次为每季度 1 次。

② 水体卫生学项目（如细菌总数、总大肠菌群数、粪大肠菌群数和粪链球菌数等）与水质项目的监测频率相同。

③ 水体初级生产力监测每年不得少于 2 次。

④ 生物体污染物残留量监测每年 1 次。

(2) 采样时间

① 同一类群的生物样品采集时间（季节、月份）应尽量保持一致。浮游生物样品的采集时间以上午 8：00～10：00 时为宜。

② 除特殊情况之外，生物体污染物残留量测定的生物样品应在秋、冬季采集。

2.2.5　底质（沉积物）监测

底质（sediment），又称沉积物，是由矿物、岩石、土壤的自然侵蚀产物，生物过程的产物，有机质的降解物，污水排出物和河床母质等所形成的混合物，随水流迁移而沉降积累在水体底部的堆积物质的统称。

水、水生生物和底质组成了一个完整的水环境体系。底质中蓄积了各种各样的污染物，能够记录特定水环境的污染历史，反映难以降解的污染物的累积情况。对于全面了解水环境的现状、水环境的污染历史、底质污染对水体的潜在危险，底质监测是水环境监测中不可忽视的重要环节。

2.2.5.1　资料收集和调查研究

由于水体底部沉积物不断受到水流的搬迁作用，不同河流、河段的底质类型和性质差异很大。在布设采样断面和采样点之前，要重点收集饮用水水源保护区相关的文献资料，也要开展现场的实际探查或勘探工作，具体归纳如下。

① 收集河床母质、河床特征、水文地质以及周围的植被等的相关材料，掌握沉积物的类型和性质。

② 在饮用水水源各级保护区内随机布设探查点，探查底质的构成类型（泥质、砂或砾

石）和分布情况，并选择有代表性的探查点，采集表层沉积物样品。

③ 在泥质沉积物水域内设置1～2个采样点，采集柱状样品。枯水期可以在河床内靠近岸边30m左右处开挖剖面。通过现场测量和样品分析，了解沉积物垂直分布状况和水域的污染历史。

④ 将上述资料绘制成水体沉积物分布图，并标出水质采样断面。

2.2.5.2 监测点的布设

(1) 采样断面的布设 底质采样是指采集泥质沉积物。底质采样断面的布设原则与饮用水地表水水源保护区采样断面基本相同，并应尽可能取得一致。基本原则如下。

① 底质采样断面应尽可能与地表水水源保护区内的采样断面重合，以便于将底质的组成及其物理化学性质与水质情况进行对比研究。

② 所设采样断面处于砂砾、卵石或岩石区时，采样断面可根据所绘沉积物分布图，向下游偏移至泥质区；如果水质对照断面所处的位置是砂砾、卵石或岩石区，采样断面应向上游偏移至泥质区。

在此情况下，允许水质与沉积物的采样断面不重合。但是，必须保证所设断面能充分代表给定河段、水源保护区的水环境特征。

(2) 采样点的布设

① 底质采样点应尽可能与水质采样点位于同一垂线上。如遇有障碍物，可以适当偏移。若中心点为砂砾或卵石，可只设左、右两点；若左、右两点中有一点或两点都采不到泥质样品，可将采样点向岸边偏移，但必须是在洪、丰水期水面能淹没的地方。

② 底质未受污染时，由于地质因素的原因，其中也会含有重金属，应在其不受或少受人类活动影响的清洁河段上布设背景值采样点。该背景值采样点应尽可能与水质背景值采样点位于同一垂线上。在考虑不同水文期、不同年度和采样点数的情况下，小样本总数应保证在30个以上，大样本总数应保证有50个以上，以用于底质背景值的统计估算。

③ 底质采样点应避开河床冲刷、底质沉积不稳定及水草茂盛、表层底质易受搅动之处。

2.2.5.3 底质柱状样品采集

由于柱状样品的采样工作困难大，人力、物力和时间的消耗多，所以要求所设的采样点数要少，但必须有代表性，并能反映当地水体污染历史和河床的背景情况。为此，在给定的水域中只设2～3个采样点即可。

2.2.5.4 采样时间和频次

由于底质比较稳定，受水文、气象条件影响较小，一般每年枯水期采样一次，必要时可在丰水期增加采样一次，采样频次远低于水质监测。

2.2.6 供水系统水质监测

供水系统水质监测应该包括自来水公司水质监测和给水管网中水质监测两部分。饮用水出厂水质好并不等于供水范围内的居民就能饮用上质量好的水。以往人们仅把注意力集中在自来水出厂水的质量上，对给水管网系统中的水质变化问题重视不够。而随着城市的不断发展，城市供水管网不断增加，供水面积越来越大，仅依靠人工定时、定点对供水管网监测点采集水样再送实验室化验的管网水质监测的传统方式已显落后，应逐步建立一套符合国家标准的自动化、实时远程供水管网水质安全监测系统，与已经建立的、严格的水厂制水过程控制系统共同构成完善的、科学的供水水质安全保障体系。

2.2.6.1　自来水公司水质监测

自来水公司涉及的水质监测主要是对供水原水、各功能性水处理段以及自来水厂出厂等取水点水质的监测，一般要求为：在原水取水点，按照国家和地方颁布的饮用水原水标准，自来水公司应对原水进行每小时不少于一次的水质相关指标检验。原水一旦引入水厂，生物监测立即启动，即水厂在原水中专门养殖了一些对水质特别敏感的小鱼和乌龟，一发现生物受到影响，就立即启动快速检验、应急预案，停止在该水源地取原水，并调整供水布局。

当饮用水源保护区水质受到轻微污染时，应根据饮用水水源水质标准的要求，实施微污染水源水监测方案，简介如下。

① 在取水口采样，按照取水口的每年丰、枯水期各采集水样。

② 对水样进行质量全分析检验，并每月采样检验色度、浊度、细菌总数、大肠菌群数四项指标。

③ 一般性化学指标检测。对水源的一般性化学指标进行检测，如 pH 值、总硬度、铜、锌、阴离子合成洗涤剂、硫酸盐、氯化物、溶解性固体，特别是铁和锰，它们是造成水色度和浊度的重要污染物。

④ 毒理学指标检测。对水源中的氟化物、砷、硒、汞、镉、铬（六价）、铅、硝酸盐氮、苯并［*a*］芘等进行监测，对于有条件的水厂要进行氰化物、氯仿和 DDT 等的检测，以保障饮用水的安全。

2.2.6.2　给水管网系统水质监测

随着城市的不断发展，城市供水管网不断增加，供水面积越来越大，引起给水管网系统中水质变化的原因也逐渐增多，归纳起来有：①在流经配水系统时，在管道中会发生复杂的物理、化学、生物作用而导致水质变化；②断裂管线造成的污染；③水在储水设备中停留时间太长，剩余消毒剂消耗殆尽，细菌滋生；④管道腐蚀和投加消毒剂后形成副产物等，使水的浊度升高。由此可以看出，监测给水管网的水质状况，提高供水水质的安全性是一个实际而又亟待解决的问题。

给水管网系统中的采样点通常应设在下列位置：

① 每一个供水企业在接入管网时的结点处。

② 污染物有可能进入管网的地方。

③ 特别选定的用户自来水龙头。在选择龙头时应考虑到与供水企业的距离、需水的程度、管网中不同部分所用的结构材料等因素。

随着城市高层建筑的不断增多，二次供水已成为城市供水的另一主要类型。由于高位水箱易遭受污染，不易清洗，卫生管理上又是薄弱环节，应增设二次供水采样点。采样时间保持与管网末梢水采样同期，每月至少采样 1 次，检测色度、浑浊度、细菌总数、大肠菌群数和余氯 5 项指标，一年两次对二次供水采样点水质进行全分析检测。

由于城市给水管网比较复杂、庞大，通过建立几个有限的监测点人工监测水质变化情况，实时地、全面地了解整个管网各段的水质情况是非常困难的。可以利用先进的计算机和网络技术，建立监测水质的数学模型，使该模型不仅可以观察监测点处的水质情况，而且还可以根据这些点的有效数据，推测出管网其他各处的水质状况，跟踪给水管网的水质变化，从而评估出给水管网系统的水质状况。

2.3 水样采集和保存

水样的采集和保存是水质分析的重要环节之一。一旦这个环节出现问题，后续的分析测试工作无论多么严密、准确无误，其结果也是毫无意义的，也将会误导环境执法或环境评价工作。因此，欲获得准确、可靠的水质分析数据，水样采集和保存方法必须规范、统一，并要求各个环节都不能有疏漏。

水样采集和保存的主要原则是：①水样必须具有足够的代表性；②水样必须不受任何意外的污染。

水样的代表性是指水样中各种组分的含量都能符合被测水体的真实情况。为了得到具有真实代表性的水样就必须选择合理的采样位置、采样时间和科学的采样技术。

2.3.1 水样类型

对于天然水体，为了采集具有代表性的水样，就要根据分析目的和现场实际情况来选定采集样品的类型和采样方法；对于工业废水和生活污水，应根据生产工艺、排污规律和监测目的，针对其流量和浓度都随时间变化的非稳态流体特性，科学、合理地设计水样采集的种类和采样方法。归纳起来，水样类型有以下几种。

(1) 瞬时水样　瞬时水样是指在某一定的时间和地点从水中（天然水体或废水排水口）随机采集的分散水样。其特点是监测水体的水质比较稳定，瞬时采集的水样已具有很好的代表性。

对一些水质略有变化的天然水体或工业废水，也可按一定的时间间隔采集多个瞬时水样，绘制出浓度（C)-时间（t）关系曲线，并计算其平均浓度和高峰浓度，掌握水质的变化规律。

(2) 等时混合水样（平均混合水样）　等时混合水样是指某一时段内（一般为一昼夜或一个生产周期），在同一采样点按照相等的时间间隔采集等体积的多个水样，经混合均匀后得到等时混合水样。此采样方式适用于废水流量较稳定（变化小于20%时）但水体中污染物浓度随时间有变化的废水。

(3) 等时综合水样　综合水样是指在不同采样点同时采集的各个瞬时水样经混合后所得到的水样。这种水样在某些情况下更具有实际意义，适用于在河流主流、多个支流和多个排污点处同时采样，或在工业企业内各个车间排放口同时采集水样的情况，以综合水样得到的水质参数作为水处理工艺设计的依据更有价值。

(4) 流量比例混合水样　流量比例混合水样是指在某一时段内，在同一采样点所采集水样量随流量成比例变化，经混合均匀后得到水样，通常采用与流量计相连的自动采样器采样。比例混合水样分为连续比例混合水样和间隔比例混合水样两种。连续比例混合水样是在选定的采样时段内，根据废水排放流量按一定比例连续采集的混合水样。间隔比例混合水样是根据一定的排放量间隔，分别采集与排放量有一定比例关系的水样混合而成。

(5) 单独水样　有些天然水体和废水中，某些成分的分布很不均匀，如油类或悬浮固体；某些成分在放置过程中很容易发生变化，如溶解氧或硫化物；某些成分的现场固定方式相互影响，如氰化物或COD等综合指标。如果从采样大瓶中取出部分水样来进行这些项目的分析，其结果往往已失去了代表性，这时必须采集单独水样，分别进行现场固定和后续分析。

2.3.2　水样及其相关样品采集

2.3.2.1　采样前准备

地表水、地下水、废水和污水采样前，首先要根据监测内容和监测项目的具体要求，选择适合的采样器和盛水器，要求采样器具的材质化学性质稳定、容易清洗、瓶口易密封。其次，需确定采样总量（分析用量和备份用量）。

(1) 采样器　采样器一般是比较简单的，只要将容器（如水桶、瓶子等）沉入要取样的河水或废水中，取出后将水样倒进合适的盛水器（贮样容器）中即可。

欲从一定深度的水中采样时，需要用专门的采样器。图2-10是最简单的采样器。这种采样器是将一定容积的细口瓶套入金属框内，附于框底的铅、铁或石块等重物用来增加自重。瓶塞与一根带有标尺的细绳相连。当采样器沉入水中预定的深度时，将细绳提起，瓶塞开启，水即注入瓶中。一般不宜将水注满瓶，以防温度升高而将瓶塞挤出。

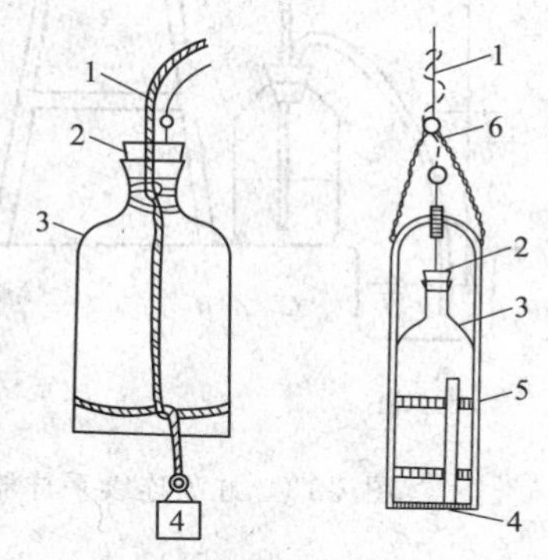

图2-10　简单采样器

1—绳子；2—带有软绳的橡胶塞；3—采样瓶；4—铅锤；5—铁框；6—挂钩

对于水流湍急的河段，宜用图2-11所示的急流采样器。采样前塞紧橡胶塞，然后垂直沉入要求的水深处，打开上部橡胶塞夹，水即沿长玻璃管通至采样瓶中，瓶内空气由短玻璃管沿橡胶管排出。采集的水样因与空气隔绝，可用于水中溶解性气体的测定。

如果需要测定水中的溶解氧，则应采用如图2-12所示的双瓶采样器采集水样。当双瓶采样器沉入水中后，打开上部橡胶塞夹，水样进入小瓶（采样瓶）并将瓶内空气驱入大瓶，从连接大瓶短玻璃管的橡胶管排出，直到大瓶中充满水样，提出水面后迅速密封大瓶。

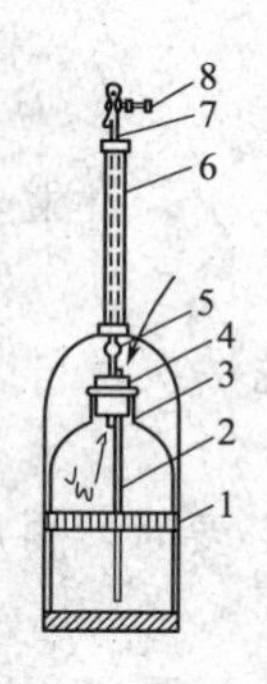

图2-11　急流采样器

1—带重锤的铁框；2—长玻璃管；3—采样瓶；4—橡胶塞；5—短玻璃管；6—钢管；7—橡胶管；8—夹子

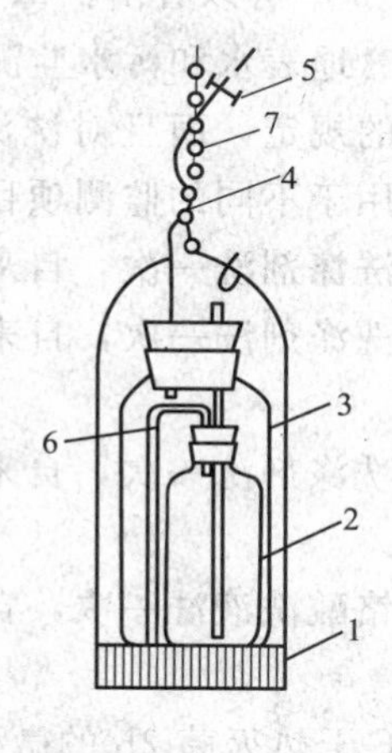

图2-12　双瓶采样器

1—带重锤的铁框；2—小瓶；3—大瓶；4—橡胶管；5—夹子；6—塑料管；7—绳子

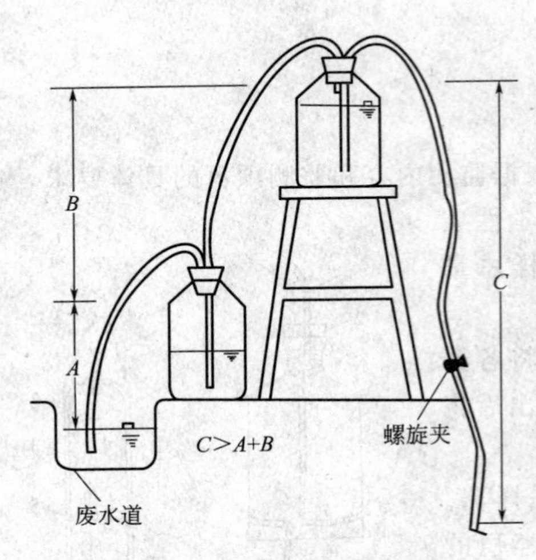

图 2-13 虹吸连续采样器

采集水样量大时，可用采样泵来抽取水样。一般要求在泵的吸水口包几层尼龙纱网以防止泥砂、碎片等杂物进入瓶中。测定痕量金属时，则宜选用塑料泵。也可用虹吸管来采集水样，图 2-13 是一种利用虹吸原理制成的连续采样装置。

上述介绍的多是定点瞬时手工采样器。为了提高采样的代表性、可靠性和采样效率，目前国内外已开始采用自动采样设备，如自动水质采样器和无电源自动水质采样器，包括手摇泵采水器、直立式采水器和电动采水泵等，可根据实际需要选择使用。自动采样设备对于制备等时混合水样或连续比例混合水样，研究水质的动态变化以及一些地势特殊地区的采样具有十分明显的优势。

（2）盛水器　盛水器（水样瓶）一般由聚四氟乙烯、聚乙烯、石英玻璃和硼硅玻璃等材质制成。研究结果表明，材质的稳定性顺序为：聚四氟乙烯＞聚乙烯＞石英玻璃＞硼硅玻璃。通常，塑料容器（P-Plastic）常用作测定金属、放射性元素和其他无机物的水样容器；玻璃容器（G-Glass）常用作测定有机物和生物类等的水样容器。每个监测指标对水样容器的要求不尽相同。

对于有些监测项目，如油类项目，盛水器往往作为采样容器。因此，采样器和盛水器的材质要视检测项目统一考虑。尽力避免下列问题的发生：①水样中的某些成分与容器材料发生反应；②容器材料可能引起对水样的某种污染；③某些被测物可能被吸附在容器内壁上。

保持容器的清洁也是十分重要的。使用前，必须对容器进行充分、仔细的清洗。一般说来，测定有机物质时宜用硬质玻璃瓶，而被测物是痕量金属或是玻璃的主要成分，如钠、钾、硼、硅等时，就应该选用塑料盛水器。已有资料报道，玻璃中也可溶出铁、锰、锌和铅；聚乙烯中可溶出锂和铜。

从表 2-16 中可以看出：每个监测指标对水样容器的洗涤方法也有不同的要求。在我国新近颁布的《地表水和污水监测技术规范》中，不仅对具体的监测项目所需盛水容器的材质做出了明确的规定，而且对洗涤方法也进行了统一规范。洗涤方法分为Ⅰ、Ⅱ、Ⅲ和Ⅳ四类，分别适用于不同的监测项目。

Ⅰ类：洗涤剂洗一次，自来水洗三次，蒸馏水洗一次。

Ⅱ类：洗涤剂洗一次，自来水洗两次，(1＋3)HNO_3荡洗一次，自来水洗三次，蒸馏水洗一次。

Ⅲ类：洗涤剂洗一次，自来水洗两次，（1＋3）HNO_3荡洗一次，自来水洗三次，去离子水洗一次。

Ⅳ类：铬酸洗液洗一次，自来水洗三次，蒸馏水洗一次。必要时，再用蒸馏水、去离子水清洗。

经 160℃干热灭菌 2h 的微生物、生物采样容器和盛水器，必须在两周内使用，否则应重新灭菌；经 121℃高压蒸气灭菌 15min 的采样容器，如不立即使用，应于 60℃将瓶内冷凝水烘干，两周内使用。细菌监测项目采样时不能用现场水样冲洗采样容器，不能采混合水样，应单独采样后 2h 内送实验室分析。

表 2-16 常用水样保存方法

监测项目	采样容器	保存方法	保存期	采样量/mL①	容器洗涤
温度	G	现场测定	—	—	Ⅰ
浊度	G、P	尽量现场测定	12h	250	Ⅰ
色度	G、P	尽量现场测定	12h	250	Ⅰ
pH值	G、P	尽量现场测定	12h	250	Ⅰ
电导率	G、P	尽量现场测定	12h	250	Ⅰ
悬浮物	G、P	低温(1～5℃)冷藏、避光保存	14d	500	Ⅰ
硬度	G、P	1～5℃低温冷藏	7d	250	Ⅰ
碱度	G、P	低温(1～5)℃避光保存	12h	500	Ⅰ
酸度	G、P	低温(1～5)℃避光保存	12h	500	Ⅰ
COD_{Cr}*	G	加H_2SO_4酸化至pH≤2	2d	500	Ⅰ
高锰酸盐指数*	G	加H_2SO_4酸化至pH≤2(1～5℃)，尽快分析	2d	500	Ⅰ
DO	溶解氧瓶	加入$MnSO_4$+KI，现场固定，避光保存	24h	250	Ⅰ
BOD_5*	溶解氧瓶	低温(1～5℃)暗处冷藏	12h	250	Ⅰ
TOC*	G	加H_2SO_4酸化至pH≤2	7d	250	Ⅰ
F^-	P	低温(1～5℃)冷藏，避光保存	14d	250	Ⅰ
Cl^-	G、P		30d	250	Ⅰ
Br^-	G、P		14h	250	Ⅰ
I^-	G、P	加入NaOH调至pH=12，0～4℃低温冷藏	14h	250	Ⅰ
余氯	G、P	加入NaOH固定	6h	250	Ⅰ
SO_4^{2-}	G、P	低温(1～5℃)冷藏，避光保存	30d	250	Ⅰ
PO_4^{3-}*	G、P	加入NaOH或H_2SO_4调至pH=7，$CHCl_3$0.5%	7d	250	Ⅳ
总磷*	G、P	加HCl或H_2SO_4调至pH≤2	24h	250	Ⅳ
氨氮	G、P	加H_2SO_4酸化至pH≤2	24h	250	Ⅰ
NO_2^-—N	G、P	低温(1～5℃)冷藏，避光保存	24h	250	Ⅰ
NO_3^-—N*	G、P	低温(1～5℃)避光保存	24h	250	Ⅰ
总氮*	G、P	加浓HNO_3酸化至pH<2	7d	250	Ⅰ
硫化物	G、P	加NaOH调至pH=9；加入5%抗坏血酸，饱和EDTA试剂，滴加饱和$Zn(Ac)_2$至胶体产生，常温蔽光	24h	250	Ⅰ
总氰化物	G、P	加NaOH调pH≥12	24h	250	Ⅰ
Mg、Ca	G、P	加浓HNO_3酸化至pH<2	14d	250	Ⅱ
B、K、Na	P				
Be、Mn、Fe、Pb、Ni、Ag、Cd	G、P	加浓HNO_3酸化至pH<2	14d	250	Ⅲ
Cu、Zn	P	加浓HNO_3酸化至pH<2	14d	250	Ⅲ
Cr(Ⅵ)	P	加NaOH调至pH=8～9	24h	250	Ⅲ
总Cr	G、P	加浓HNO_3酸化至pH<2	14d	250	Ⅲ
As	G、P	加浓HNO_3或浓HCl酸化至pH<2	14d	250	Ⅰ

续表

监测项目	采样容器	保存方法	保存期	采样量/mL①	容器洗涤
Se、Sb	G、P	加 HCl 酸化至 pH<2	14d	250	Ⅲ
Hg	G、P	加 HCl 酸化至 pH<2	14d	250	Ⅲ
硅酸盐	P	酸化滤液至 pH<2，低温（1～5℃）保存	24h	250	Ⅲ
总硅	P		数月	250	Ⅲ
油类	G	加浓 HCl 酸化至 pH<2	7d	500	Ⅱ
农药类	G	加入抗坏血酸 0.01～0.02g 除去残余氯，低温（1～5℃）避光保存	24h	1000	Ⅰ
除草剂类					
邻苯二甲酸酯类					
挥发性有机物	G	用（1+10）HCl 调至 pH=2，加入 0.01～0.02g 抗坏血酸除去残余氯，低温（1～5℃）避光保存	12h	1000	Ⅰ
甲醛	G	加入 0.2～0.5g/L 硫代硫酸钠除去残余氯，低温（1～5℃）避光保存	24h	250	Ⅰ
酚类	G	用 H_3PO_4 调至 pH=2，用 0.01～0.02g 抗坏血酸除去残余氯，低温（1～5℃）避光保存	24h	1000	Ⅰ
阴离子表面活性剂	G、P	加 H_2SO_4 酸化至 pH≤2，低温（1～5℃）保存	48h	250	Ⅳ
非离子表面活性剂	G	加 4%甲醛使其含量达 1%，充满容器，冷藏保存	30d		
微生物	灭菌容器	加入硫代硫酸钠 0.2～0.5g/L 除去残余物，4℃保存	尽快	—	Ⅰ
生物	G、P	不能现场测定时用甲醛固定	12h	—	Ⅰ

① 为单项样品的最少采样量。

注：1. G 为硬质玻璃；P 为聚乙烯瓶（桶）。

2. 带 * 指标也可以用塑料瓶存放，在零下 20℃条件下冷冻保存 1 个月。

3. 微生物及生物指标的最少采样量取决于待分析的指标的数量及类型，具体可参考 HJ 493—2009。

（3）采样量　采样量应满足分析的需要，并应考虑重复测试所需的水样用量和留作备份测试的水样用量。一般情况下，如供单项分析，可参考表 2-16 的建议采样量。如果被测物的浓度很低而需要预先浓缩时，采样量就应增加。

每个分析方法一般都会对相应监测项目的用水体积提出明确要求，但有些监测项目对采样或分样过程也有特殊要求，需要特别指出：

① 当水样应避免与空气接触时（如测定含溶解性气体或游离 CO_2 水样的 pH 值或电导率），采样器和盛水器都应完全充满，不留气泡空间。

② 当水样在分析前需要摇荡均匀时（如测定油类或不溶解物质），则不应充满盛水器，装瓶时应使容器留有 1/10 顶空，保证水样不外溢。

③ 当被测物的浓度很低而且是以不连续的物质形态存在时（如不溶解物质、细菌、藻类等），应从统计学的角度考虑单位体积里可能的质点数目而确定最小采样量。假如，水中所含的某种质点为 10 个/L，但每 100 毫升水样里所含的却不一定都是 1 个，有的可能含有 2 个、3 个，而有的一个也没有。采样量越大，所含质点数目的变率就越小。

④ 将采集的水样总体积分装于几个盛水器内时，应考虑到各盛水器水样之间的均匀性

和稳定性。

水样采集后，应立即在盛水器（水样瓶）上贴上标签，填写好水样采样记录，包括水样采样地点、日期、时间、水样类型、水体外观、水位情况和气象条件等。

2.3.2.2　地表水采样方法

地表水水样采样时，通常采集瞬时水样；遇有重要支流的河段，有时需要采集综合水样或平均比例混合水样。

地表水表层水的采集，可用适当的容器如水桶等。在湖泊、水库等处采集一定深度的水样，可用直立式或有机玻璃采样器，并借助船只、桥梁、索道或涉水等方式进行水样采集。

(1) 船只采样　按照监测计划预定的采样时间、采样地点，将船只停在采样点下游方向，逆流采样，以避免船体搅动起沉积物而污染水样。

(2) 桥梁采样　确定采样断面时应考虑尽量利用现有的桥梁采样。在桥上采样安全、方便，不受天气和洪水等气候条件的影响，适于频繁采样，并能在空间上准确控制采样点的位置。

(3) 索道采样　适用于地形复杂、险要、地处偏僻的小河流的水样采样。

(4) 涉水采样　适用于较浅的小河流和靠近岸边水浅的采样点。采样时，采样人应站在下游，向上游方向采集水样，以避免涉水时搅动水下沉积物而污染水样。

采样时，应注意避开水面上的漂浮物混入采样器；正式采样前要用水样冲洗采样器 2～3 次，洗涤废水不能直接回倒入水体中，以避免搅起水中悬浮物；对于具有一定深度的河流等水体采样时，使用深水采样器，慢慢放入水中采样，并严格控制好采样深度。测定油类指标的水样采样时，要避开水面上的浮油，在水面下 5～10cm 处采集水样。

2.3.2.3　地下水采样方法

地下水可分为上层滞水、潜水和承压水。上层滞水的水质与地表水的水质基本相同；潜水层通过包气带直接与大气圈、水圈相通，因此其具有季节性变化的特点；而承压水地质条件不同于潜水，其受水文、气象因素直接影响小，含水层的厚度不受季节变化的支配，水质不易受人为活动污染。

(1) 采样器　地下水水质采样器分为自动式与人工式，自动式用电动泵进行采样，人工式分活塞式与隔膜式，可按要求选用。采样器在测井中应能准确定位，并能取到足够量的代表性水样。

(2) 采样方法　实施饮用水地下水源采样时，要求做到以下几点。

① 开始采集水样前，应将井中的已有静止地下水抽干，以保证所采集的地下水新鲜。

② 采样时采样器放下与提升时动作要轻，避免搅动井水及底部沉积物。

③ 用机井泵采样时，应待管道中的积水排净后再采样。

④ 自流地下水样品应在水流流出处或水流汇集处采集。

值得注意的是，从一个监测井采得的水样只能代表一个含水层的水平向或垂直向的局部情况，而不能像对地表水那样可以在水系的任何一点采样。

另外，采集水样还应考虑到靠近井壁的水的组成几乎不能代表该采样区的全部地下水水质，因为靠近井的地方可能有钻井污染，以及某些重要的环境条件，如氧化还原电位，在近井处与地下水承载物质的周围有很大的不同。所以，采样前需抽取适量样本。

对于自喷的泉水，可在泉涌处直接采集水样；采集不自喷泉水时，先将积留在抽水管的水吸出，新水更替之后，再进行采样。

专用的地下水水质监测井，井口比较窄（5～10cm），但井管深度视监测要求不等（1～20m），采集水样常利用抽水设备或虹吸管采样方式。通常应提前数日将监测井中积留的陈旧水抽出，待新水重新补充入监测井管后再采集水样。

2.3.2.4 生物样品采样方法

在天然水域中，生存着大量的水生生物群落，当饮用水源水质改变时，各种不同的水生生物由于对水环境的要求和适应能力不同也会发生变化。针对饮用水及其水源地的水质生物监测内容很多，采样方法也有较大不同，下面进行简要介绍。

（1）浮游生物采样方法　浮游生物样品包括定性样品采集和定量样品采集，采样方法分为以下几种。

① 定性样品采集。采用25号浮游生物网（网孔0.064mm）或PFU（聚氨酯泡沫塑料块）法；枝角类和桡足类等浮游动物采用13号浮游生物网（网孔0.112mm），在表层拖滤1～3min。

② 定量样品采集。在静水和缓慢流动水体中采用玻璃采样器或改良式北原采样器（如有机玻璃采样器）采集；在流速较大的河流中，采用横式采样器，并与铅鱼配合使用，采水量为1～2L，若浮游生物量很低时，应酌情增加采水量。

浮游生物样品采集后，除进行活体观测外，一般按水样体积加1%的鲁哥氏（Lugol's）溶液（碘液）固定，静置沉淀后，倾去上层清水，将样品装入样品瓶中。

（2）着生生物采样方法　着生生物采样方法可分为天然基质法和人工基质法，具体采样方法如下。

① 天然基质法。利用一定的采样工具，采集生长在水中的天然石块、木桩等天然基质上的着生生物。

② 人工基质法。将玻片、硅藻计和PFU等人工基质放置于一定水层中，时间不得少于14天，然后取出人工基质，采集基质上的着生生物。

用天然基质法和人工基质法采集样品时，应准确测量采样基质的面积。采集的着生生物样品，除进行活体观测外，其余方法同浮游生物一样，按水样体积加1%的鲁哥氏（Lugol's）溶液（碘液）固定，静置沉淀后，倾去上层清水，将样品装入样品瓶中。

（3）底栖大型无脊椎动物采样方法　底栖大型无脊椎动物采样也包括定性样品采集和定量样品采集，采样方法如下。

① 定性样品。用三角拖网在水底拖拉一段距离，或用手抄网在岸边与浅水处采集。以40目分样筛挑出底栖动物样品。

② 定量样品。可用开口面积一定的采泥器采集，如彼得逊采泥器（采样面积为1/16m^2）或用铁丝编织的直径为18cm、高为20cm的圆柱型铁丝笼，笼网孔径为（5±1）cm^2，底部铺40目尼龙筛绢，内装规格尽量一致的卵石，将笼置于采样垂线的水底中，14天后取出。从底泥中和卵石上挑出底栖动物。

（4）水生维管束植物采样方法　水生维管束植物样品的采集也包括定性样品采集和定量样品采集，采样方法如下。

① 定性样品。用水草采集夹、采样网和耙子采集。

② 定量样品。用面积为0.25m^2、网孔3.3cm×3.3cm的水草定量夹采集。采集样品后，去掉泥土、黏附的水生动物等，按类别晾干、存放。

（5）鱼类样品采样方法　鱼类样品采用渔具捕捞。采集后应尽快进行种类鉴定，残毒分析样品应尽快取样分析，或冷冻保存。

（6）微生物样品采样方法 采样用玻璃样品瓶在160～170℃烘箱中灭菌或121℃高压蒸气灭菌锅中灭菌5min；塑料样品瓶用0.5%过氧乙酸灭菌备用。

2.3.2.5 饮用水供水系统采样方法

（1）自来水公司水样采样方法 自来水公司涉及的水质监测主要是对供水原水、各功能性水处理段以及自来水厂出厂水等取水点水质的监测。应根据饮用水水源（原水）性质和饮用水制水工艺选择相应的采样方法。

如利用自动采样器或连续自动定时采样器采集。可在一个生产周期内，按时间程序将一定量的水样分别采集在不同的容器中；自动混合采样时，采样器可定时连续地将一定量的水样或按流量比采集的水样汇集于一个容器中。

（2）给水管网系统水样采样方法 给水管网是封闭管道，采样时采样器探头或采样管应妥善地放在进水下游，采样管不能靠近管壁。湍流部位，例如在“T”形管、弯头、阀门的后部，可充分混合，一般作为最佳采样点，但是等动力采样（即等速采样）除外。

给水管网系统中采样点常设在：①每一个供水企业在接入管网时的结点处；②污染物有可能进入管网处；③管网末梢处。这些地方是特别要注意的采样位置，最好在这些部位安设水质自动监测系统，这样一来采样的难度也就不存在了。

管网末梢处，即在用户终端采集自来水水样时，应先将水龙头完全打开，放水3～5min，使积留在水管中的陈旧水排出，再采集水样。

2.3.2.6 废水/污水采样方法

工业废水和生活污水的采样种类和采样方法取决于生产工艺、排污规律和监测目的，采样涉及采样时间、地点和采样频次。由于工业废水大多是流量和浓度都随时间变化的非稳态流体，可根据能反映其变化并具有代表性的采样要求，采集合适的水样（瞬时水样、等时混合水样、等时综合水样、等比例混合水样和流量比例混合水样等）。

对于生产工艺连续、稳定的企业，所排放废水中的污染物浓度及排放流量变化不大，仅采集瞬时水样就具有较好的代表性；对于排放废水中污染物浓度及排放流量随时间变化无规律的情况，可采集等时混合水样、等比例混合水样或流量比例混合水样，以保证采集的水样的代表性。

废水和污水的采样方法如下。

（1）浅水采样 当废水以水渠形式排放到公共水域时，应设适当的堰，可用容器或用长柄采水勺从堰溢流中直接采样。在排污管道或渠道中采样时，应在具有液体流动的部位采集水样。

（2）深层水采样 适用于废水或污水处理池中的水样采集，可使用专用的深层采样器采集，参见本章的2.3.2.2节介绍。

（3）自动采样 利用自动采样器或连续自动定时采样器采集。可在一个生产周期内，按时间程序将一定量的水样分别采集在不同的容器中；自动混合采样时采样器可定时连续地将一定量的水样或按流量比采集的水样汇集于一个容器中。

自动采样对于制备混合水样（尤其是连续比例混合水样）、研究水质的连续动态变化以及在一些难以抵达的地区采样等都是十分有用且有效的。

2.3.2.7 底质样品的采样方法

底质（沉积物）采样器如图2-14和图2-15所示。一般通用的是掘式采泥器，可按产品说明书提示的方法使用。掘式和抓式采泥器适用于采集量较大的沉积物样品；锥式或钻式采泥器适用于采集较少的沉积物样品；管式采泥器适用于采集柱状样品。如水深小于3m，可将竹竿粗的一端削成尖头斜面，插入河床底部采样。

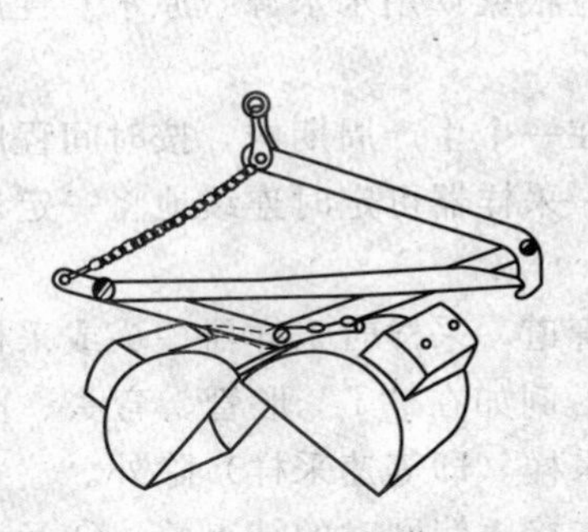

图 2-14 Petersen 氏掘式采泥器

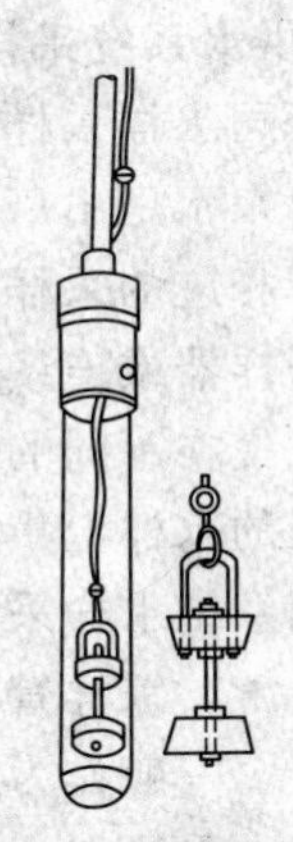

图 2-15 手动活塞钻式沉积物采样器

底质采样器一般要求用强度高、耐磨性能较好的钢材制成，使用前应除去油脂并洗净，具体要求如下。

① 采样器使用前必须先用洗涤剂除去防锈油脂。采样时将采样器放在水面上冲刷3～5min，然后采样。采样完毕必须洗净采样器，晾干待用。

② 采样时如遇到水流速度较大，可将采样器用铅坠加重，以保证能在采样点的准确位置上采样。

③ 用白色塑料盘（桶）和小勺接样。

④ 沉积物接入盘中后，挑去卵石、树枝、贝壳等杂物，搅拌均匀后装入瓶或袋中。

对于采集的柱状沉积物样品，为了分析各层柱状样品的化学组成和化学形态，要制备分层样品。首先用木片或塑料铲刮去柱样的表层，然后确定分层间隔，分层切割制样。

2.3.3 水样的运输和保存

各种水质的水样，从采集地到分析实验室有一定距离，运送的这段时间里，由于物理、化学和生物的作用会发生各种变化。为将这些变化降低到最小程度，需要采取必要的保护性措施（如添加保护性试剂或制冷剂等措施），并尽可能地缩短运输时间（如采用专门的汽车、卡车甚至直升机运送）。

2.3.3.1 水样的运输

水样运送过程中，特别需要注意以下几点。

① 盛水器应当妥善包装，以免它们的外部受到污染，特别是水样瓶颈部和瓶塞，在运送过程中不应破损或丢失。

② 为避免水样容器在运输过程中因震动、碰撞而破损，最好将样品瓶装箱，并采用泡沫塑料减震或避免碰撞。

③ 需要冷藏、冷冻的样品，须配备专用的冷藏、冷冻箱或车运送；条件不具备时，可采用隔热容器，并加入足量制冷剂达到冷藏、冷冻的要求。

④ 冬季水样可能结冰。如果盛水器用的是玻璃瓶，则应采取保温措施以免破裂。

水样的运输时间一般以 24h 为最大允许时间。

2.3.3.2　水样的保存

水样采集后，应尽快进行分析测定。能在现场做的监测项目要求在现场测定，如水中的溶解氧、温度、电导率、pH 值等。但由于各种条件所限（如仪器、场地等），往往只有少数测定项目可在现场测定，大多数项目仍需送往实验室进行测定。有时因人力、时间不足，还需在实验室内存放一段时间后才能分析。因此，从采样到分析的这段时间里，水样的保存技术就显得至关重要。

有些监测项目的水样在采样现场采取一些简单的保护性措施后，能够保存一段时间。水样允许保存的时间与水样的性质、分析指标、溶液的酸碱度、保存容器和存放温度等多种因素有关。

不同水样允许的存放时间也有所不同。一般认为，水样的最大存放时间为：清洁水样 72h；轻污染水样 48h；重污染水样 12h。

采取适当的保护措施，虽然能够降低待测成分的变化程度或减缓变化的速度，但并不能完全抑制这种变化。水样保存的基本要求只能是应尽量减少其中各种待测组分的变化，要求做到：①减缓水样的生物化学作用；②减缓化合物或络合物的氧化还原作用；③减少被测组分的挥发损失；④避免沉淀、吸附或结晶物析出所引起的组分变化。

水样主要的保护性措施有以下几种。

(1) 选择合适的保存容器　不同材质的容器对水样的影响不同，一般可能存在吸附待测组分或自身杂质溶出污染水样的情况，因此应该选择性质稳定、杂质含量低的容器。一般常规监测中，常使用聚乙烯和硼硅玻璃材质的容器。

(2) 冷藏或冷冻　水样在低温下保存，能抑制微生物的活动，减缓物理作用和化学反应速度。如将水样保存在 －22～－18℃ 的冷冻条件下，会显著提高水样中磷、氮、硅化合物以及生化需氧量等监测项目的稳定性。而且，这类保存方法对后续分析测定无影响。

(3) 加入保存药剂　在水样中加入合适的保存试剂，能够抑制微生物活动，减缓氧化还原反应发生。加入的方法可以是在采样后立即加入，也可以在水样分样时根据需要分瓶分别加入。

不同的水样、同一水样的不同监测项目要求使用的保存药剂不同。保存药剂主要有生物抑制剂、pH 值调节剂、氧化或还原剂等类型，具体的作用如下。

① 生物抑制剂。在水样中加入适量的生物抑制剂可以阻止生物作用。常用的试剂有氯化汞（$HgCl_2$），加入量为每升水样 20～60mg；对于需要测汞的水样，可加入苯或三氯甲烷，每升水样加 0.1～1.0mL；对于测定苯酚的水样，用 H_3PO_4 调水样的 pH 值为 4 时，加入 $CuSO_4$，可抑制苯酚菌的分解活动。

② pH 值调节剂。加入酸或碱调节水样的 pH 值，可以使一些处于不稳定态的待测组分转变成稳定态。例如，测定水样中的金属离子，常加酸调节水样 pH≤2，达到防止金属离子水解沉淀或被容器壁吸附的目的；测定氰化物或挥发酚的水样，需要加入 NaOH 调节其 pH≥12，使两者分别生成稳定的钠盐或酚盐。

③ 氧化或还原剂。在水样中加入氧化剂或还原剂可以阻止或减缓某些组分发生氧化、还原反应。例如，在水样中加入抗坏血酸，可以防止硫化物被氧化；测定溶解氧的水样则需要加入少量硫酸锰和碘化钾-叠氮化钠试剂将溶解氧固定在水中。

对保存药剂的一般要求是有效、方便、经济，而且加入的任何试剂都不应给后续的分析测试工作带来影响。对于地表水和地下水，加入的保存试剂应该使用高纯品或分析纯试剂，最好用优级纯试剂。当添加试剂的作用相互有干扰时，建议采用分瓶采样、分别加入的方法保存水样。

水和废水样品的保存方法相对比较成熟，表 2-17 列出了常用保存剂及其应用范围。

表 2-17 常用保存剂的作用和应用范围

保存剂	作用	适用的监测项目
$HgCl_2$	细菌抑制剂	各种形式的氮或磷
HNO_3	金属溶剂，防止沉淀	多种金属
H_2SO_4	细菌抑制剂，与有机物形成盐类	有机水样(COD、TOC、油和油脂)
NaOH	与挥发性化合物形成盐类	氰化物、有机酸类、酚类等
冷藏或冷冻	细菌抑制剂，减缓化学反应速率	酸度、碱度、有机物、BOD、色度、生物机体等

(4) 过滤和离心分离 水样浑浊也会影响分析结果。用适当孔径的滤器可以有效地除去藻类和细菌，滤后的样品稳定性提高。一般而言，可用澄清、离心、过滤等措施分离水样中的悬浮物。

国际上，通常将孔径为 0.45 μm 的滤膜作为分离可滤态与不可滤态的介质，将孔径为 0.2 μm 的滤膜作为除去细菌的介质。采用澄清后取上清液或用滤膜、中速定量滤纸、砂芯漏斗或离心等方式处理水样时，其阻留悬浮性颗粒物的能力大体为滤膜＞离心＞滤纸＞砂芯漏斗。

欲测定可滤态组分，应在采样后立即用 0.45 μm 的滤膜过滤，暂时无 0.45 μm 的滤膜时，含泥沙较多的水样可用离心方法分离；含有机物多的水样可用滤纸过滤；采用自然沉降取上清液测定可滤态物质是不妥当的。如果要测定全组分含量，则应在采样后立即加入保存药剂，分析测定时充分摇均后再取样。

《水与废水监测分析方法》以及相关国家标准中均有详细的保存技术推荐。实际应用时，具体分析指标的保存条件应该和分析方法的要求一致，相关国家标准中有规定保存条件的应该严格执行国家标准。

2.4 水样预处理

由于环境样品中污染物种类多，成分复杂，多数待测组分浓度低，存在形态各异，而且样品中存在大量干扰物质。更重要的是，随着环境科学技术的发展，对大多数有机污染物仍以综合指标（如 COD、BOD、TOC 等）进行定量描述已不能满足当今社会对环境监测工作的要求。很多有机物属持久性、生物可积累的有毒污染物，并且具有“三致”作用，这些有机物在环境介质中浓度甚微，对上述综合指标的贡献极小，或根本反映不出来。所以在分析测定之前，需要根据样品性质及测试目的进行不同程度的样品预处理，以使待测组分的形态和浓度适合于分析方法要求，并最大限度地与干扰性物质分离。因此，环境样品的预处理技术是保证分析数据有效、准确，以及环境影响评价结论正确和可靠的重要基础，正是基于这一点，本节将对环境样品的预处理技术进行较全面的介绍。

2.4.1　样品消解

在进行环境样品（水样、土壤样品、固体废物和大气采样时截留下来的颗粒物等）中无机元素的测定时，需要对环境样品进行消解处理。消解处理的作用是破坏有机物、溶解颗粒物，并将各种价态的待测元素氧化成单一高价态或转换成易于分解的无机化合物。常用的消解方法有湿式消解法和干灰化法。

常用的消解氧化剂有单元酸体系、多元酸体系和碱分解体系。最常使用的单元酸为硝酸。采用多元酸的目的是提高消解温度、加快氧化速度和改善消解效果。在进行水样消解时，应根据水样的类型及采用的测定方法进行消解酸体系的选择。各消解酸体系的适用范围如下。

(1) 硝酸消解法　对于较清洁的水样或经适当润湿的土壤等样品，可用硝酸消解。其方法要点是：取混匀的水样 50～200mL 于锥形瓶中，加入 5～10mL 浓硝酸，在电热板上加热煮沸，缓慢蒸发至小体积，试液应清澈透明，呈浅色或无色，否则，应补加少许硝酸继续消解。消解至近干时，取下锥形瓶，稍冷却后加 2% HNO_3（或 HCl）20mL，温热溶解可溶盐。若有沉淀，应过滤，滤液冷至室温后于 50mL 容量瓶中定容，待分析测定。

2013 年环保部发布了环境保护标准《水质　金属总量的消解　硝酸消解法》（HJ 677—2013），该方法控制温度（95±5)℃，用硝酸和过氧化氢破坏样品中的有机质，氧化消解水样，适用于地表水、地下水、生活污水和工业废水中 20 种金属元素总量的硝酸消解预处理。

(2) 硝酸-硫酸消解法　硝酸-硫酸混合酸体系是最常用的消解组合，应用广泛。两种酸都具有很强的氧化能力，其中硫酸沸点高（338℃），两者联合使用，可大大提高消解温度和消解效果。图 2-16 为 10mL 浓硝酸＋10mL 浓硫酸加入水样后，在电热板温度控制在 220℃时，硝酸-硫酸-水三元混合溶液的温度变化情况，从溶液温度也可估计消解反应的进程。

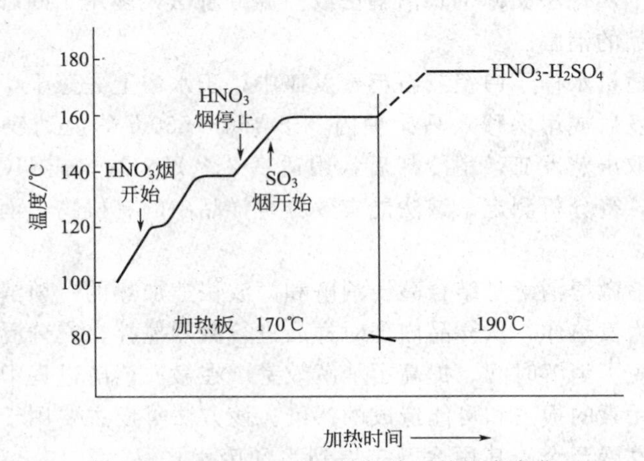

图 2-16　HNO_3＋H_2SO_4 加热时的温度变化

常用的硝酸与硫酸的比例为 5∶2。一般消解时，先将硝酸加入待消解样品中，加热蒸发至小体积，稍冷后再加入硫酸、硝酸，继续加热蒸发至冒大量白烟，稍冷却后加入 2%的 HNO_3 温热溶解可溶盐。若有沉淀，应过滤，滤液冷至室温后定容，待分析测定。

欲测定水样中的铅、钡或锶等元素时，该体系不宜采用，因为这些元素易与硫酸反应生成难溶硫酸盐，可改选用硝酸-盐酸混合酸体系。

(3) 硝酸-高氯酸消解法　两种酸都是强氧化性酸，联合使用可消解含难氧化有机物的环境样品，如高浓度有机废水、植物样和污泥样品等。方法要点是：取适量水样或经适当润湿的处理好的土壤等样品于锥形瓶中，加 5～10mL 硝酸，在电热板上加热、消解至大部分有机物被分解。取下锥形瓶，稍冷却，再加 2～5mL 高氯酸，继续加热至开始冒白烟，如试液呈深色，再补加硝酸，继续加热至浓厚白烟将尽，取下锥形瓶，稍冷却后加入 2% 的 HNO_3溶解可溶盐。若有沉淀，应过滤，滤液冷至室温后定容，待分析测定。

因为高氯酸能与含羟基有机物激烈反应，有发生爆炸的危险，故应先加入硝酸氧化水样中的羟基有机物，稍冷后再加高氯酸处理。

(4) 硝酸-氢氟酸消解法　氢氟酸能与液态或固态样品中的硅酸盐和硅胶态物质发生反应，形成四氟化硅而挥发分离，因此，该混合酸体系应用范围比较专一，选择性比较高。但需要指出的是：氢氟酸能与玻璃材质发生反应，消解时应使用聚四氟乙烯材质的烧杯等容器。

(5) 多元消解法　为提高消解效果，在某些情况下（如处理测总铬的废水时），特别是样品基体比较复杂时，需要使用三元以上混合酸消解体系。通过多种酸的配合使用，克服单元酸或二元酸消解所起不到的作用。例如，在土壤或沉积物背景值调查时，常常需要进行全元素分析，这时采用 HCl-HNO_3-HF-$HClO_4$体系，消解效果比较理想。

(6) 碱分解法　碱分解法适用于按上述酸消解法不易分解或会造成某些元素的挥发性损失的环境样品。其方法要点是：在各类环境样品中，加入氢氧化钠和过氧化氢溶液或者氨水和过氧化氢溶液，加热至缓慢沸腾消解至近干时，稍冷却后加入水或稀碱溶液，温热溶解可溶盐。若有沉淀，应过滤，滤液冷至室温后于 50mL 容量瓶中定容，待分析测定。碱分解法的主要优点是熔样速度快，熔样完全，特别适用于元素全分析，但不适于制备需要测定汞、硒、铅、砷、镉等易挥发元素的样品。

(7) 干灰化法　干灰化法又称干式消解法或高温分解法，多用于固态样品如沉积物、底泥等底质以及土壤样品的消解。

操作过程是：取适量水样于白瓷或石英蒸发皿中，于水浴上先蒸干，固体样品可直接放入坩埚中，然后将蒸发皿或坩埚移入马弗炉内，于 450～550℃ 灼烧到残渣呈灰白色，使有机物完全分解去除。取出蒸发皿，稍冷却后，用适量 2% HNO_3（或 HCl）溶解样品灰分，过滤后滤液经定容后，待分析测定。该法能有效分析样品中的有机物，消解完全，但不适用于挥发性组分的分析。

(8) 微波消解法　微博消解是结合高压消解和微波快速加热的一项消解技术，以待测样品和消解酸的混合物为发热体，从样品内部对样品进行激烈搅拌、充分混合和加热，加快了样品的分解速度，缩短了消解时间，提高了消解效率。在微波消解过程中，样品处于密闭容器中，也避免了待测元素的损失和可能造成的污染。该方法早期主要用于土壤、沉积物、污泥等复杂基体样品，发展至今，其用途已扩展到水和废水样品。2013 年环保部发布了水质金属总量的微波消解法（HJ 678—2013），主要适用于地表水、地下水、生活污水和工业废水中包括银（Ag）、铝（Al）、砷（As）、铍（Be）、钡（Ba）、钙（Ca）、镉（Cd）等在内的 20 种金属元素总量的微波酸消解预处理。国标将整个消解步骤分成了三步。第一步先取 25mL 水样于消解罐中，加入 1.0mL 过氧化氢及适量硝酸，置于通风橱中待反应平稳后加盖旋紧；第二步将消解罐放在微波消解仪中按升温程序 10min 升温至 180℃ 并保持 15min；程序运行完毕后将消解罐置于通风橱内冷却至室温，放气开盖，转移定容待测。

商品化的微波消解装置已经开始普及，但由于环境样品基体的复杂性不同及其与传统消解手段的差异，在确定微波消解方案时，应对所选消解试剂、消解功率和消解时间进行条件优化。

2.4.2　样品分离与富集

在水质分析中，由于水样中的成分复杂，干扰因素多，而待测物的含量大多处于痕量水平（10^{-6}或10^{-9}），常低于分析方法的检出下限，因此在测定前必须进行水样中待测组分的分离与富集，以排除分析过程中的干扰，提高待测物浓度，满足分析方法检出限的要求。为了选择与评价分离、富集技术，常涉及下面两个概念。

(1) 回收因数（R_T）　指样品中目标组分在分离、富集过程中回收的完全程度，即：

$$R_T = Q_T / Q_T^0$$

式中，Q_T^0 和 Q_T 分别表示分离、富集前、后目标组分的质量，必要时也可以用回收百分率表示。

由于实验操作过程中目标组分会有一定的损失，痕量回收率一般小于 100%，而且会随组分浓度的不同而有差异。一般情况下，浓度越低则损失对分析结果的影响越大。在大多数无机痕量分析中要求回收率至少大于 90%，但如果有足够的重现性，回收率再低一些也可以认可。

(2) 富集倍数（F）或与浓缩系数　定义为欲分离或富集组分的回收率与基体的回收率之比，即：

$$F = \frac{Q_T / Q_M}{Q_T^0 / Q_M^0} = \frac{R_T}{R_M}$$

式中，Q_M^0 和 Q_M 分别为富集前、后基体的量；R_M 为基体的回收率。

富集倍数的大小依赖于样品中待测痕量组分的浓度和所采用的测试技术。若采用高效、高选择性的富集技术，高于10^5的富集倍数是可以实现的。随着现代仪器技术的发展，仪器检测下限不断降低，富集倍数提高的压力相对减轻，因此富集倍数为 $10^2 \sim 10^3$ 就能满足痕量分析的要求。

当欲分离组分在分离富集过程中没有明显损失时，适当地采用多级分离方法可有效地提高富集倍数。

常用于环境样品分离与富集的方法有过滤、挥发、蒸馏、溶剂萃取、离子交换、吸附和低温浓缩等，比较先进的方法有固相萃取、微波萃取和超临界流体萃取等技术。近年来，一些和仪器分析联用的在线富集技术也得到了快速发展，如吹扫捕集、热脱附、固相微萃取等，下面将分别作简要介绍。

2.4.2.1　挥发和蒸发浓缩法

挥发法是将易挥发组分从液态或固态样品中转移到气相的过程，包括蒸发、蒸馏、升华等多种方式。一般而言，在一定温度和压力下，当待测组分或基体中某一组分的挥发性和蒸气压足够大，而另一种小到可以忽略时，就可以进行选择性挥发，达到定量分离的目的。

物质的挥发性与其分子结构有关，即与分子中原子间的化学键有关。挥发效果则依赖于样品量大小、挥发温度、挥发时间以及痕量组分与基体的相对含量。样品量的大小将直接影响挥发时间和完全程度。汞是唯一在常温下具有显著蒸气压的金属元素，冷原子荧光测汞仪就是利用汞的这一特性进行液体样品中汞含量的测定的。

利用外加热源进行样品的待测组分或基体的加速挥发过程称为蒸发浓缩。如加热水样，使水分慢慢蒸发，可以达到大幅度浓缩水样中重金属元素的目的。为了提高浓缩效率，缩短蒸发时间，常常可以借助惰性气体的参与实现欲挥发组分的快速分离。

2.4.2.2 蒸馏浓缩法

蒸馏是基于气-液平衡原理实现组分分离的，具体讲就是利用各组分的沸点及其蒸气压大小的不同实现分离的目的。在水溶液中，不同组分的沸点不尽相同。当加热时，较易挥发的组分富集在蒸气相，对蒸气相进行冷凝或吸收时，挥发性组分在馏出液或吸收液中得到富集。

蒸馏主要有常压蒸馏和减压蒸馏两类。

常压蒸馏适合于沸点在40～150℃之间的化合物的分离，常用的蒸馏装置见图2-17。测定水样中的挥发酚、氰化物和氨氮等监测项目时，均采用的是常压蒸馏方法。

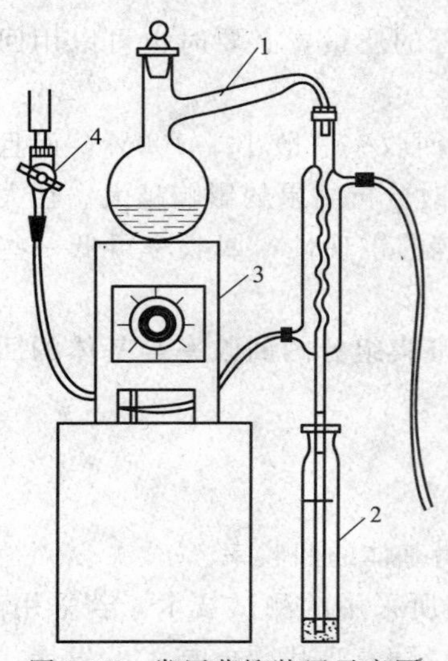

图2-17 常压蒸馏装置示意图

1—500mL全玻璃蒸馏器；2—收集瓶；3—加热电炉；4—冷凝水调节阀

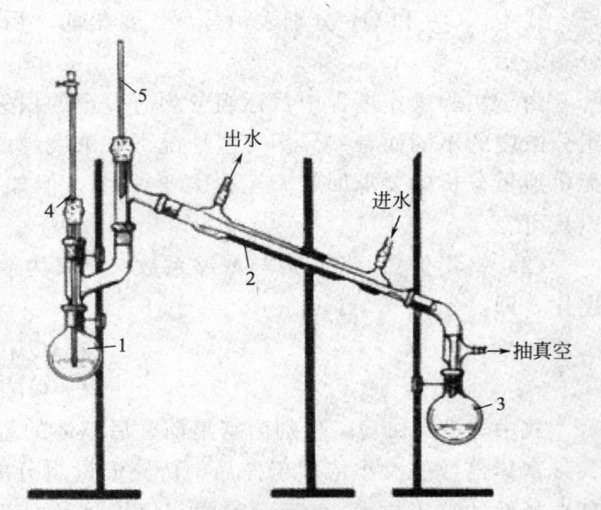

图2-18 减压蒸馏装置示意图

1—蒸馏瓶；2—冷凝管；3—收集瓶；4—克莱森蒸馏头；5—温度计

减压蒸馏适合于沸点高于150℃（常压下）或沸点虽低于此温度但在蒸馏过程中极易分解的化合物的分离。减压蒸馏装置除减压系统外与常压蒸馏装置基本相同，但所用的减压蒸馏瓶和接受瓶要求必须耐压。整个系统的接口必须严密不漏。克莱森（Claisen）蒸馏头常用于防爆沸和消泡沫，其通过一根开口毛细管调节气流向蒸馏液内不断冲气以击碎泡沫并抑制爆沸。图2-18是减压蒸馏装置的示意图。减压蒸馏方法在水中痕量农药、植物生长调节剂等有机物的分离富集中应用十分广泛，也是液-液萃取溶液的高倍浓缩的有效手段。

2.4.2.3 液-液萃取法

液-液萃取也叫溶剂萃取，是基于物质在不同的溶剂相中分配系数不同，而达到组分的富集与分离。在水相-有机相中的分配系数（K）可用分配定律表示：

$$[\mathrm{M}]_{水} \rightleftharpoons [\mathrm{M}]_{有}$$

$$K_{\mathrm{D}}=\frac{[\mathrm{M}]_{有}}{[\mathrm{M}]_{水}}$$

由于待分离的组分往往在两相中（或者在某一相中）存在副反应，例如在水相中可能发生离解、络合作用等，在有机相中可能发生聚合作用等，导致组分在两相中的存在形式有所不同。因此，采用一个新的参数——“分配比”来描述溶质在两相中的分配。分配比的定义为：溶质在有机相中各种存在形态的总浓度 $c_{有}$ 与水相中各种存在形态的总浓度 $c_{水}$ 之比，用 D 表示。

$$D=\frac{c_{有}}{c_{水}}$$

D 值越大，表示被萃取物质转入有机相的数量越多（当两相体积相等时），萃取就越完全。在萃取分离中，一般要求分配比在 10 以上。分配比反映萃取体系达到平衡时的实际分配情况，具有较大的实用价值。

被萃取物质在两相中的分配也可以用萃取百分率（E）表示，即

$$E(\%)=\frac{\text{被萃取物质在有机相中的总量}}{\text{被萃取物质总量}}\times 100\%$$

E 与分配比的关系为：

$$E(\%)=\frac{c_{有}V_{有}}{c_{有}V_{有}+c_{水}V_{水}}\times 100\%$$

$$=\frac{D}{D+\dfrac{V_{水}}{V_{有}}}\times 100\%$$

当用等体积萃取时（$V_{水}=V_{有}$）：

$$E(\%)=\frac{D}{1+D}\times 100\%$$

若要求 E 大于 90%，则 D 必须大于 9。增加萃取的次数，可提高萃取效率，但将增大萃取操作的工作量，在很多情况下是不现实的。

当用萃取法分离两种物质时，分离系数用来表示它们的分离效果。其定义为：两种溶质在有机相和水相中的分配比之比，用 β 来表示。

如果在同一体系中有两种溶质 A 和 B，它们的分配比分别为 D_A 和 D_B，分离系数即可用下式表达：

$$\beta=\frac{D_A}{D_B}=\frac{\dfrac{[A]_{有}}{[A]_{水}}}{\dfrac{[B]_{有}}{[B]_{水}}}=\frac{\dfrac{[A]_{有}}{[B]_{有}}}{\dfrac{[A]_{水}}{[B]_{水}}}$$

β 越大，表示分离得越完全，即萃取的选择性越高。在痕量组分的分离富集中，希望 β 越大越好；同时，D_A 不要太小，因为若 D_A 太小，意味着需要大量的有机溶剂才能把显著量的该物质萃取到有机相中。

（1）无机物萃取　这类萃取体系是利用金属离子与螯合剂形成疏水性的螯合物后被萃取到有机相，广泛用于金属阳离子的萃取。金属阳离子在水溶液中与水分子配位以水合离子形式存在，如 $Ca(H_2O_4)_4^{2+}$、$Co(H_2O)_4^{2+}$、$Al(H_2O)_6^{3+}$ 等，螯合剂可中和其电荷，并用疏水基团取代与金属阳离子配位的水分子。

（2）离子缔合物萃取　阳离子和阴离子通过较强的静电引力相结合形成的化合物叫离子缔合物。在这类萃取体系中，被萃取物质是一种疏水性的离子缔合物，可用有机溶剂萃取。许多金属阳离子如 $Cu(H_2O)_4^{2+}$、金属的络合阴离子如 $FeCl_4^-$ 以及某些酸根离子如 ClO_4^- 都能形成可被萃取的离子缔合物。离子的体积越大，电荷越高，越容易形成疏水性的离子缔合物。

（3）有机物的萃取　分散在水相中的有机物易被有机溶剂萃取，利用此原理可以富集分散在水样中的有机污染物。常用的溶剂有三氯甲烷、四氯甲烷和正己烷等。

为了提高萃取效率，常加入适量盐析剂，其作用的原理如下。

① 使被萃取物中某种阴离子的浓度增加，产生同离子效应，有利于萃取平衡向发生萃取作用的方向进行。

② 盐析剂为电解质，且加入的浓度较大，因而使水分子活度减小，降低了被萃取物质与水结合的能力，增加了其进入有机相的趋势，从而提高了萃取效率。

③ 高浓度的电解质使水的介电常数降低，有利于离子缔合物的形成。一般地说，离子的价态越高，半径越大，其盐析作用越强。

液-液萃取有间歇萃取和连续萃取两种方式。

间歇萃取在圆形或梨形分液漏斗中进行，萃取次数视预期效果而定。每次用部分萃取剂进行多次萃取的效果较之使用全量萃取剂的一次萃取的效果更好，但萃取次数过多，不仅增加了大量的工作量，而且必然加大操作误差。

在萃取过程中循环使用一定量的萃取剂保持其体积基本不变的萃取方法即为连续萃取法。这种方法不仅可用于液态样品的萃取，在固态样品的萃取中也得到了广泛应用。常用的连续萃取装置如图 2-19 所示。

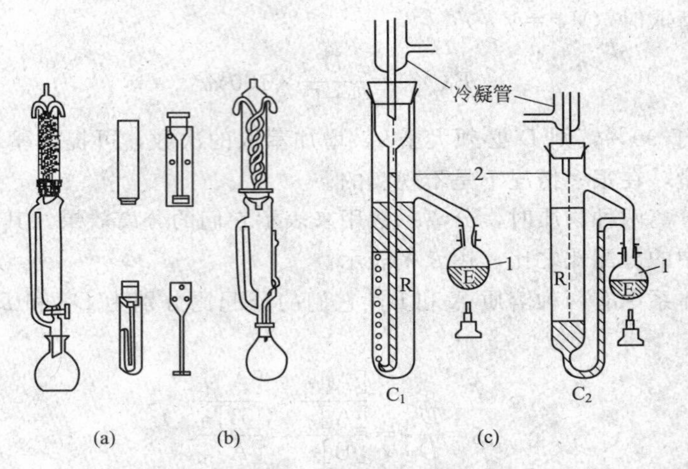

图 2-19 连续萃取装置

(a) 梯式萃取器和各种插管；(b) 索式萃取器；(c) 液-液连续萃取器

C_1—轻相为萃取剂；C_2—轻相为萃余液；

1—烧瓶；2—储液器；E—萃取剂；R—萃余液

2.4.2.4 固相萃取技术

固相萃取技术（solid-phase extraction，SPE）自20世纪70年代后期问世以来，由于其高效、可靠及耗用溶剂量少等优点，在环境等许多领域得到了快速发展。在国外已逐渐取代传统的液-液萃取而成为样品预处理的可靠而有效的方法。

SPE 技术基于液相色谱的原理，可近似看作一个简单的色谱过程。吸附剂作为固定相，而流动相是萃取过程中的水样。当流动相与固定相接触时，其中的某些痕量物质（目标物）就保留在固定相中。这时如果用少量的选择性溶剂洗脱，即可得到富集和纯化的目标物。

典型的 SPE 一般分为五个步骤：①根据欲富集的水样量及保留目标物的性质确定吸附剂类型及用量；②对选取的柱子进行条件化，即通过适当的溶剂进行活化，再通过去离子水进行条件化；③水样通过；④对柱子进行样品纯化，即洗脱某些非目标物，这时所选用的溶剂主要与非目标物的性质有关；⑤用 1～5mL 的洗脱剂对吸附柱进行洗脱，收集洗脱液即可用于后续分析，整个过程如图 2-20 所示。

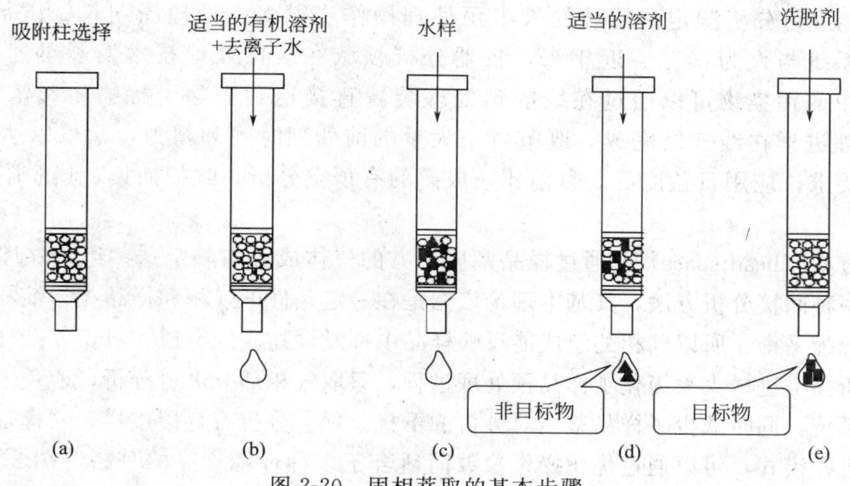

图 2-20　固相萃取的基本步骤

(a) 吸附柱选择；(b) 柱条件化；(c) 过水样；(d) 柱纯化；(e) 目标物解吸附

影响 SPE 处理效率的因素很多，如吸附剂类型及用量、洗脱剂性质、样品体积及组分、流速等，其中的关键因素是吸附剂和洗脱剂。根据吸附机理的不同，固相萃取吸附剂主要分为正相、反相、离子交换和抗体键合（Immunosorbents-IS）等类型。表 2-18 所列为不同类型的吸附剂及其相关应用。

一般而言，应根据水中待测组分的性质选择适合的吸附剂。水溶性或极性化合物通常选用极性的吸附剂，而非极性的组分则选择非极性的吸附剂更为合适；对于可电离的酸性或碱性化合物则适合选择离子交换型吸附剂。例如欲富集水中的杀虫剂或药物，通常均选择键合硅胶 C_{18} 吸附剂，杀虫剂或药物被稳定地吸附于键合硅胶表面，当用小体积甲醇或乙腈等有机溶剂解吸后，目标物被高倍富集。

吸附剂的用量与目标物性质（极性、挥发性）及其在水样中的浓度直接相关。通常，增加吸附剂用量可以增加对目标物的吸附容量，可通过绘制吸附曲线来确定吸附剂的合适用量。

表 2-18　SPE 使用的不同类型吸附剂及相关应用

吸附剂	分离机理	洗脱溶剂	分析物的性质	环境分析中应用
键合硅胶 C_{18}、C_8	反相	有机溶剂	非极性～弱极性	氨基偶氮苯，多氯苯酚类，多氯联苯类，芳烃类，多环芳烃类，有机磷和有机氯农药类，烷基苯类，邻苯二甲酸酯类，多氯苯胺类，非极性除草剂，脂肪酸类，氨基蒽醌
多孔苯乙烯-二乙烯基苯共聚物	反相	有机溶剂	非极性～中等极性	苯酚，氯代苯酚，苯胺，氯代苯胺，中等极性的除草剂(三嗪类，苯磺酰脲类，苯氧酸类)
多孔石墨化碳	反相	有机溶剂	非极性～相当极性	醇类，硝基苯酚类，相当大极性的除草剂，碳水化合物，有机酸等
丙胺键合硅胶	正相	有机溶剂	极性化合物	醇，醛，胺，除草剂，杀虫剂，有机酸
硅酸镁	正相	有机溶剂	极性化合物	苯酚类，类固醇类
离子交换树脂	离子交换	一定 pH 值的水溶液	阴阳离子型有机物	苯酚，次氮基三乙酸，苯胺和极性衍生物，邻苯二甲酸类
抗体键合吸附剂	免疫亲和反应	甲醇/水溶液	特定污染物	多环芳烃，多氯联苯，有机磷、有机氯农药类及染料等

2.4.2.5 在线预处理技术

环境样品具有基体组分复杂、待测物浓度低、干扰物多等特点，通常都要经过复杂的前处理后才能进行分析测定。传统的人工预处理操作步骤多、处理周期长、试剂使用量大，较易产生系统与人为误差。近年来，仪器分析领域在线预处理技术发展迅速。这就意味着，样品中的污染物可以通过在线的预处理装置直接达到去除干扰物质和浓缩富集的目的，预处理进样在线连续完成，既节省了大量的前处理时间和精力，又可以达到仪器分析的灵敏度要求，应用日益广泛。目前比较成熟的有顶空分析、吹扫捕集、热脱附及固相微萃取等技术。

顶空分析（head space）是通过样品基质上方的气体成分来测定这些组分在原样品中的含量。这是一种间接分析方法，其基本理论依据是在一定条件下气相和样品相（液相和固相）之间存在着分配平衡，所以气相的组成能反映样品中挥发性物质的组成。对于复杂样品中易挥发组分的分析顶空进样大大简化了样品预处理过程，只取气相部分进行分析，避免了高沸点组分污染色谱系统，同时减少了样品基质对分析的干扰。顶空分析有直接进样、平衡加压、加压定容等多种进样模式，可以通过优化操作参数而适合于多种环境样品的分析［图 2-21(a)］。如土壤、污泥和水中易挥发物的分析，水中三氯甲烷、四氯化碳、三氯乙烯、四氯乙烯、三溴甲烷等挥发性有机物，也可以用顶空进样技术进行监测分析。环保部 HJ 620—2011 标准规定了水和废水中挥发性卤代烃顶空气相色谱法的具体测定细则。

吹扫捕集技术（purge & trap）与顶空技术类似，是用氮气、氦气或其他惰性气体将挥发性及半挥发性被测物从样品中抽提出来，但吹扫捕集技术需要让气体连续通过样品，将其中的易挥发组分从样品中吹脱后在吸附剂或冷阱中捕集浓缩，然后经热解吸将样品送入气相色谱或气质联用仪进行分析。吹扫捕集是一种非平衡态的连续萃取，因此又被称为动态顶空浓缩法［图 2-21(b)］。影响吹扫效率的因素主要有吹扫温度、样品的溶解度、吹扫气的流速及流量、捕集效率和解吸温度及时间等。吹扫捕集法在挥发性和半挥发性有机化合物分析、有机金属化合物的形态分析中起着越来越重要的作用，环境监测中常用吹扫捕集技术分析饮用水或废水中的嗅味物质、易挥发有机污染物［《挥发性有机物的测定　吹扫捕集/气相色谱法》(HJ 686—2014)，《挥发性有机物的测定　吹扫捕集/气相色谱-质谱法》(HJ 639—2012)］。吹扫捕集法对样品的前处理无需使用有机溶剂，对环境不造成二次污染，而且具有取样量少、富集效率高、受基体干扰小及容易实现在线检测等优点。相对于静态顶空技术，吹扫捕集灵敏度更高，平衡时间更短，且可分析沸点较高的组分。

固相微萃取（solid phase microextraction，SPME）是以固相萃取为基础发展起来的新型样品前处理技术，无需有机溶剂，操作也很简便，既可在采样现场使用，也可以和色谱类仪器联用自动操作。SPME 的基本原理和实现过程与固相萃取类似，包括吸附和解吸两步。吸附过程中待测物在样品及萃取头外固定的聚合物涂层或液膜中平衡分配，遵循相似相溶原理，当单组分单相体系达到平衡时，涂层上富集的待测物的量与样品中的待测物浓度呈正相关关系。解吸过程则取决于 SPME 后续的分离手段或者分析仪器。如果连接气相色谱萃取纤维直接插入进样口后进行热解吸，而连接液相色谱则是通过溶剂进行洗脱。在环境样品分析中，SPME 有两种萃取方式，一种是将萃取纤维直接暴露在样品中的直接萃取法，适于分析气体样品和洁净水样中的有机化合物。另一种是将纤维暴露于样品顶空中的顶空萃取法，可用于废水、油脂、高分子量腐殖酸及固体样品中挥发性、半挥发性有机化合物的分析。SPME 微萃取头见图 2-21(c)。

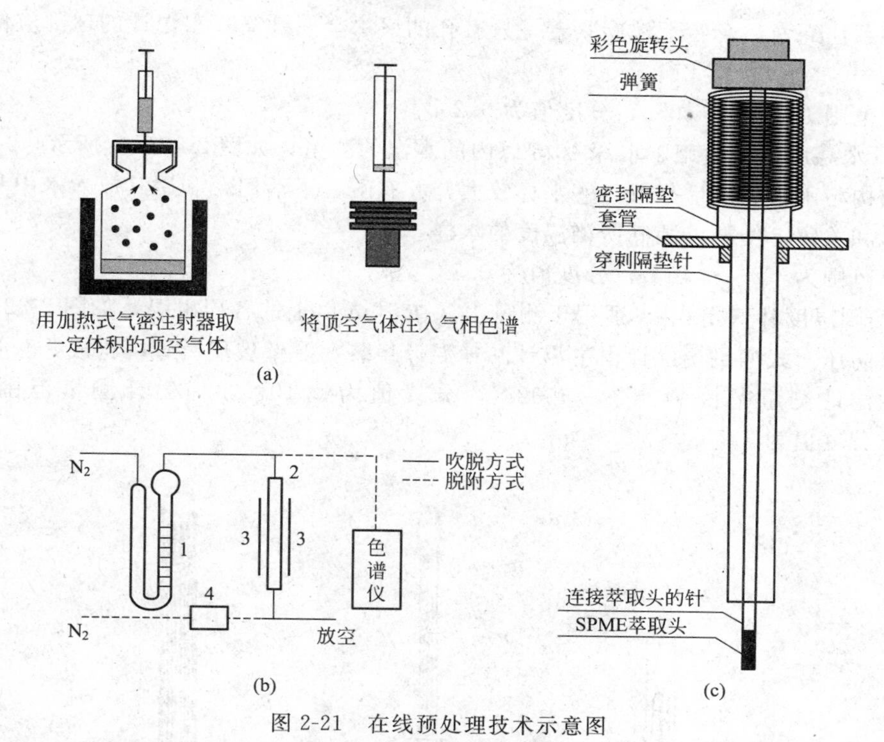

图 2-21　在线预处理技术示意图

（a）顶空进样原理示意图；（b）吹扫捕集原理图；（c）SPME 微萃取头

2.5　适合现场监测的水质指标

2.5.1　温度

水温对水的许多物理性质，如密度、黏度、蒸汽压等有直接的影响。同时，水温对水的 pH 值、盐度及碳酸钙饱和度等化学性质也存在明显影响。水温影响物质在水中的溶解度。以氧为例，随着水温升高，氧在水中的溶解度逐渐降低。在 1 个大气压下，氧在淡水中的溶解度 10℃时为 11.33mg/L，20℃时为 9.17mg/L，30℃时为 7.63mg/L。水温对水中进行的化学和生物化学反应速度有显著影响。一般情况下，化学和生物化学反应的速度随温度的升高而加快。通常温度每升高 10℃，反应速率约可增加一倍。水温影响水中生物和微生物的活动。温度的变化能引起在水中生存的鱼类品种的改变，稍高的水温还可使一些藻类和污水霉菌的繁殖速度增加，影响水体的景观。水温的测定对水体自净、水中的碳酸盐平衡、各种碱度的计算和对水处理过程的运转控制都有重要的意义。

水的温度因水源不同而有很大差异。地下水温度较稳定，一般为 8～12℃。地表水的温度随季节和气候而变化，大致范围为 0～30℃。生活污水水温通常为 10～15℃。工业废水的温度因工业类型、生产工艺的不同而差别较大。

温度为必须在现场测定的项目之一，采用温度计法测量（GB 13195—91）。

（1）测试方法

① 水银温度计。适用于测量水的表层温度，如图 2-22(a) 所示。

水银温度计安装在特制金属套管内，套管开有可供温度计读数的窗孔，套管上端有一提环，以供系住绳索，套管下端旋紧着一只有孔的盛水金属圆筒，水温计的球部应位于金属圆筒的中央。

测量范围为－6～＋40℃，分度值为0.2℃。

② 深水温度计。适用于水深40m以内的水温的测量，如图2-22(b) 所示。

其结构与水银温度计相似。盛水杯较大，并有上、下活门，利用其放入水中和提升时的自动启开和关闭，使杯内装满所测温度的水样。

测量范围为－2～＋40℃，分度值为0.2℃。

③ 颠倒温度计（闭式）。适用于测量水深在40m以上的各层水温，如图2-22(c) 所示。

闭（防压）式颠倒温度计由主温计和辅温计组装在厚壁玻璃套管内构成，套管两端完全封闭。主温计测量范围为－2～＋32℃，分度值为0.10℃，辅温计测量范围为－20～＋50℃，分度值为0.5℃。

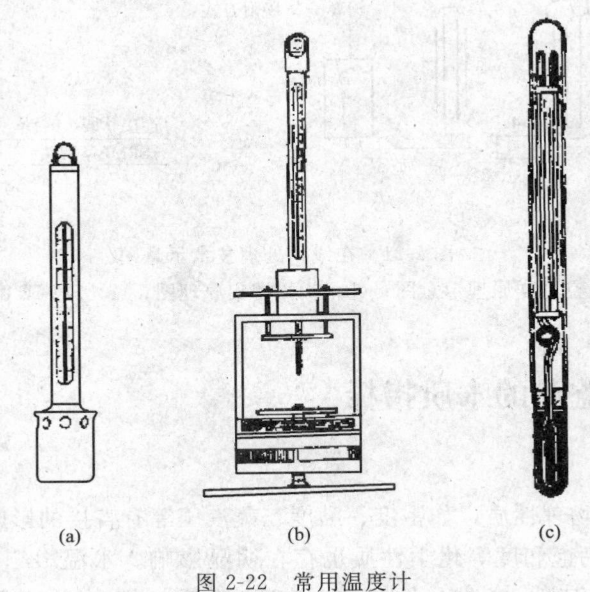

图2-22 常用温度计

(2) 测定步骤 水温应在采样现场进行测定。

① 表层水温的测定：将水温计放入水中至待测深度，感温5min后，迅速上提并立即读数。从水温计离开水面至读数完毕应不超过20s，读数完毕后，将筒内水倒净。

② 水深在40m以内水温的测定：将深水温度计放入水中，采用与表层水温测定相同的步骤进行深水水温的测定。

③ 水深超过40m时水温的测定：将安装有闭式颠倒温度计的颠倒采水器放入水中至待测深度，感温10min后，由“使锤”作用，打击采水器的“撞击开关”，使采水器完成颠倒动作。感温时，温度计的贮泡向下，断点以上的水银柱高度取决于现场温度，当温度计颠倒时，水银在断点断开，分成上、下两部分，此时接受泡一端的水银柱示度即为所测温度。

上提采水器，立即读取主温计上的温度。根据主、辅温计的读数，分别查主、辅温计的温差表（由温度计检定证书中的检定值线性内插作成）得相应的校正值。

测定自来水的温度时，应采用自来水连续流测试法，即在流经的容器中进行测量。而地表水的温度受气温影响较大，一般应同时测量气温。测气温的温度计球部不应有水或潮湿，以防止因水分蒸发而降低测量值，测气温时要注意避免日光直射，且温度计距地面高度应至少1m。

2.5.2 浊度与透明度

2.5.2.1 浊度

水的浊度（turbidity）是一种光学效应，是光线透过水层时受到阻碍的程度，代表水层对光线散射和吸收的能力。水中悬浮物或胶体物质对光线透过时所发生的阻碍程度称为浊度，浊度是由不溶解物质引起的。浊度的大小不仅与悬浮物质的浓度有关，还与水中杂质的成分、颗粒大小、形状以及表面反射性能有关。

浑浊的水会影响水的感官，也是水受到污染的标志之一。浑浊的水能促进微生物的生长（因为营养成分吸附于颗粒物表面促进微生物的生长），干扰水中细菌和病毒的检测，并能影响饮用水消毒效果，增加氯和氧的用量。据报道，在浊度为4～84NTU、游离余氯浓度为0.1～0.5mg/L时，接触时间为30min，大肠杆菌仍能被检出；此外，水中悬浮颗粒能吸附有害的有机物和无机物。对天然水体而言，浊度高的水还会明显阻碍光线的投射，影响水生生物的生存。

一般情况下，浊度的测定主要用于天然水、饮用水和部分工业用水。在给水处理中，通过测定浊度可以选择最经济有效的混凝剂，确定其最佳投加量。尽管生活污水和工业废水主要通过悬浮固体这一指标反映水中悬浮物质的多少，但在实际污水处理过程中，因为浊度测定较悬浮固体更为简便、快捷，易于实现在线监测，所以也经常通过测定浊度随时调控药剂的投加量。

引起浊度的物质多种多样，因此有必要确定一个标准的浊度单位。最早是采用每升水中含1mg一定粒径（$d \approx 400\mu m$）的二氧化硅作为一个浊度单位（即一度），所用的测试仪器为杰克逊烛光浊度计，它所测量的是溶液在某个直线方向上对光的阻碍程度，这种方法现已不再采用。目前所采用的测量浊度的仪器为散射浊度计，其是用甲臜聚合物溶液作为标准，所测得的是溶液对光线通过时总的阻碍程度，包括散射和吸收的影响，其浊度单位称为散射浊度单位（nephelometric turbidity units，NTU）。

测定浊度的方法主要有分光光度法（GB 13200—1991）和浊度仪法。

（1）分光光度法　在适当温度下，一定量的硫酸肼与六次甲基四胺反应，生成白色高分子聚合物（甲臜聚合物），以此作为浊度标准贮备液。再将此浊度标准贮备液逐级稀释成系列浊度标准液，在波长660～680nm条件下测定标液的吸光度，并绘制标准工作曲线。

吸取适量水样测定吸光度，在标准曲线上即可查得水样浊度。若水样经过稀释，则要乘上其稀释倍数方为原水样的浊度，计算式如下：

$$浊度(\text{NTU})=\frac{A(V+V_0)}{V}$$

式中　A——经稀释的水样浊度，NTU；

V——水样体积，mL；

V_0——无浊度水体积，mL。

稀释水样所用的无浊度水是将蒸馏水通过0.2μm滤膜过滤制得的。

该法适用于测定天然水、饮用水的浊度，所测得的浊度单位为NTU。

（2）浊度仪法　光线通过悬浊液体时，光学分界面上会产生反射、折射及漫反射等复杂现象。根据比尔-朗伯定律及丁道尔效应，透过水样的光束强度及散射光强度与形成悬浊液的成分浓度等形成函数关系：

$$I_{c}=kI_{0}\frac{nV^{2}}{\lambda^{4}}$$

式中 I_0——入射光强度；

I_c——散射光强度；

λ——入射光波长；

n——单位体积内的悬浮颗粒数；

V——颗粒的体积；

k——系数。

浊度仪由光源（一般为钨灯）、样品池、光电检测器和读数装置组成，其结构如图 2-23 所示。

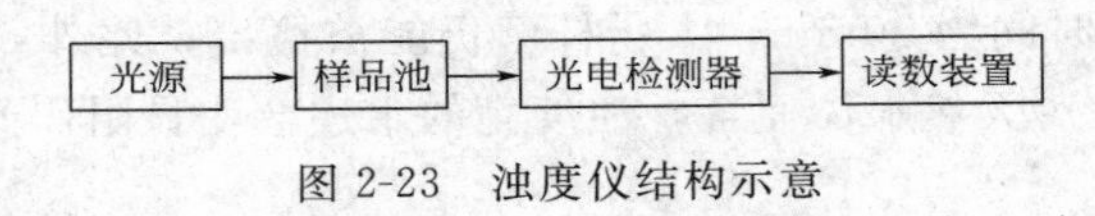

图 2-23 浊度仪结构示意

由光源发出的特定光强的光经过样品池，被水中的悬浮物散射、吸收，减弱了的光强通过光电检测器转换，将光信号转变为电信号，便可由读数装置直接读取水样的浊度。浊度仪要定期用标准浊度溶液进行校正，浊度单位为 NTU。该方法可以测定 0～4000NTU 范围的浊度，同时也可以实现浊度的连续自动测定。浊度测量过程中，特别应避免漂浮物、沉淀物和气泡，以及试液的震动，有划痕或沾污的比色皿都会影响测定结果。

2.5.2.2 透明度

透明度（transparency）是指水样的澄清程度，洁净的水是透明的。透明度与浊度相反，水中悬浮物和胶体颗粒物越多，其透明度就越低。测定透明度的方法有透明度计法（SL 87—1994）、塞氏盘法（SL 87—1994）和十字法等。

（1）透明度计法　该法为检验人员从透明度计的筒口垂直向下观察，刚好能清楚地辨认出其底部的标准铅字印刷符号时的水柱高度为该水体的透明度，并以厘米（cm）表示。超过 30cm 时为透明水。透明度计是一种长 33cm、内径 2.5cm 的具有刻度的玻璃筒，筒底有一磨光玻璃片。

该方法由于受检验人员的主观影响较大，在保证照明等条件尽可能一致的情况下，应取多次或数人测定结果的平均值，它适用于天然水或处理后的水。

（2）塞氏盘法　这是一种现场测定透明度的方法。塞氏盘为直径 200mm、黑白各半的圆盘，将其沉入水中，以刚好看不到它时的水深（cm）表示透明度。

（3）十字法　在内径为 30mm、长为 0.5m 或 1.0m 的具刻度玻璃筒的底部放一白瓷片，片中部有宽度为 1mm 的黑色十字和四个直径为 1mm 的黑点。将混匀的水样倒入筒内，从筒下部徐徐放水，直至明显地看到十字而看不到四个黑点为止，以此时的水柱高度（cm）表示透明度，当高度达 1m 以上时即算透明。

2.5.3 电导率

电导率（electical conductivity，EC，一般用符号 k 或 σ 表示）表示的是水溶液传导电流的能力。电导率的大小取决于溶液中所含离子的种类、总浓度、迁移性和价态，还与测定时的温度有关。温度每升高 1℃，电导率增加约 2%，通常规定 25℃为测定电导率的标准温度（HJ/T 97—2003）。因水溶液中绝大部分无机化合物都有良好的导电性，而有机化合物分子难以离解，基本不具备导电性，因此，电导率又可以间接表示水中溶解性总固体（total dissolved solids，TDS）的含量和含盐量。

电导（G）是电阻（R）的倒数。在一定条件（温度、压力等）下，物体的电导与物质的性质及其截面积和长度有关，可表示为：

$$G=\frac{1}{\rho}\times\frac{A}{L}=k\times\frac{1}{C}$$

式中　ρ——电阻率，Ω·cm；

A——物体截面积，cm^2；

L——物体长度，cm；

k——电导率，是电阻率的倒数（$1/\rho$）；

C——电导池常数，$C=\frac{L}{A}$。

进而可以得到电导率：

$$k=\frac{L}{A}\times\frac{1}{R}=\frac{C}{R}$$

水溶液的电导率是指将相距 1cm、横截面积各为 $1cm^2$ 的两片平行电极插入水中所测得的电阻值的倒数。由上式可见，当已知电导池常数（C），并测出溶液电阻（R）时，即可求出电导率。在国际单位制中，电阻的单位是欧姆（Ω），电导的单位是西门子（S），电阻率的单位是欧姆厘米（Ω·cm），电导率的单位是西门子/米（S/m）或毫西门子/米（mS/m）。

超纯水的电导率小于 0.01mS/m；新鲜蒸馏水的电导率为 0.05～0.2mS/m，放置一段时间后，由于吸收了空气中的 CO_2 可上升至 0.2～0.4mS/m；饮用水的电导率在 5～150mS/m 之间；天然水的电导率多为 5～50mS/m；矿化水可达 50～100mS/m；含酸、碱、盐的工业废水电导率往往超过 1000mS/m；海水大约为 3000mS/m。

实验室中用电导率仪来测定水的电导率。基本原理是：已知标准 KCl 溶液的电导率（表 2-19），用电导率仪测某一浓度 KCl 溶液的电导值，根据下式可求得电导池常数 C。

$$C=\frac{k_s}{G_s}$$

式中　G_s——标准 KCl 溶液的电导，S；

k_s——标准 KCl 溶液的电导率，S/cm。

表 2-19　不同浓度 KCl 溶液的电导率

浓度/(mol/L)	电导率/(μS/cm)	浓度/(mol/L)	电导率/(μS/cm)
0.0001	14.9	0.05	6667
0.0005	73.9	0.1	12890
0.001	146.9	0.2	24800
0.005	717.5	0.5	58670
0.01	1412	1.0	111900
0.02	2765		

当测量温度不为 25℃时，则应用下式计算 25℃时的电导率：

$$k_s=\frac{k_t}{1+a(t-25)}$$

式中　k_t——温度为 t 时水样的电导率；

t——测量水样电导率时的温度，℃；

a——各种离子电导率的平均温度系数，定为0.022。

水体电导率主要是应用电导仪进行测定（HJ/T 97—2003）。试液的电导率与环境温度、电极上的极化现象、电极分布电容等因素有关，电导率仪上一般都采用了补偿或消除措施，经校正后可以直接读出水的电导率值。

2.5.4　pH值

pH值是水溶液中氢离子活度（a_{H^+}）的负对数，即

$$pH=-\lg a_{H^+}$$

如果忽略离子强度的影响，用氢离子浓度表示活度时，则有

$$pH=-\lg[H^+]$$

a_{H^+} 和 $[H^+]$ 的单位皆为mol/L，水溶液中存在如下平衡：

$$H_2O \rightleftharpoons H^+ + OH^-$$

$$K=\frac{[H^+][OH^-]}{[H_2O]}$$

式中，K 为水的离解平衡常数。一定温度下，$[H^+]$ 和 $[OH^-]$ 的乘积是一个常数，称为水的离子积 K_w。25℃时，有：

$$K_w=[H^+][OH^-]=1\times10^{-14}$$

即：

$$pH+pOH=pK_w=14$$

当 $[H^+]=[OH^-]$ 时，pH=pOH=7，水溶液为中性；当 $[H^+]>[OH^-]$ 时，pH<7，水溶液为酸性；当 $[H^+]<[OH^-]$ 时，pH>7，水溶液为碱性。因为水的离子积 K_w 随温度变化而变化，因此中性水溶液的pH值也随温度而改变。如0℃时中性pH值为7.5，60℃时中性pH值为6.5。

pH值表示水酸碱性的强弱，是最常用和最重要的水质指标之一。一般，为了适合饮用，饮用水的pH值需控制在6.5～8.5之间；地表水pH值也需在6.5～8.5范围内才适合各种生物的生长；工业用水对pH值有较严格的限制，如锅炉用水的pH值需在7.0～8.5之间，以防金属管道被腐蚀；水的物化处理过程中，pH值是重要的控制参数；废水的生化处理中，必须将pH值控制在微生物生长所适宜的范围内。另外，pH值对水中有毒物质的毒性有着很大影响，必须加以控制。

pH值的测定主要有比色法和玻璃电极法（GB 6920—86）两种。

（1）比色法　各种酸碱指示剂在不同pH值的水溶液中产生不同的颜色，据此在一系列已知pH值的标准缓冲液中加入适当的指示剂制成标准色列，在待测水样中加入与标准色列同样的指示剂，进行目视比色，从而确定水样的pH值。表2-20给出了常用酸碱指示剂及其变色范围。

表2-20　常用酸碱指示剂及其变色范围

指示剂	pH值范围	颜色变化
麝蓝(酸性范围)	1.2～2.8	红～黄
溴酚蓝	2.8～4.6	黄～蓝紫
甲基橙	3.1～4.4	橙红～黄
溴甲酚绿	3.6～5.2	黄～蓝

续表

指　示　剂	pH 值范围	颜色变化
氯酚红	4.8～6.4	黄～红
溴甲酚紫	5.2～6.8	黄～紫
溴麝蓝	6.0～7.6	黄～蓝
酚红	6.8～8.4	黄～红
甲基红	7.2～8.8	黄～红
麝蓝(碱性范围)	8.0～9.6	黄～蓝
酚酞	8.3～10.0	无色～红
百里酚酞	9.3～10.5	无色～红

该法适用于色度和浊度都很低的天然水、饮用水的测定，不适于测定有色、浑浊或含较高游离余氯、氧化剂、还原剂的水样。若对测定结果要求不是很准确时，可用 pH 试纸代替。

(2) 玻璃电极法　传统的测定 pH 值的电极法以玻璃电极为指示电极，饱和甘汞电极为参比电极，插入待测水溶液中组成原电池，即为：

(－)Ag,AgCl | 0.1mol/L HCl | 玻璃膜 | 试液 ‖ 饱和 KCl | Hg_2Cl_2,Hg(＋)

|←——玻璃电极——→|　|←——饱和甘汞电极——→|

此原电池的电动势符合能斯特方程，当待测溶液温度为 25℃时，与溶液 pH 值存在如下关系：

$$E=\varphi_{甘汞}-\varphi_{玻璃}=\varphi_{甘汞}-(\varphi_0+0.059\lg a_{H^+})=E^0+0.059pH$$

式中　E——原电池的电动势；

$\varphi_{甘汞}$——饱和甘汞电极的电极电位，不随氢离子活度变化，可视为定值；

$\varphi_{玻璃}$——玻璃电极的电极电位，随被测溶液氢离子活度变化；

E^0——由标准电极电位和液体接界电位等决定的常数。

在实际测定时，直接测得 E^0 是很难的，因此，一般采用比较法测定溶液的 pH 值。即用同一套电极分别与待测溶液 x 和已知 pH 值的标准溶液 s 组成原电池，测得两电池的电动势分别为 E_x 和 E_s，有：

$$E_x=E^0+0.059pH_x$$

$$E_s=E^0+0.059pH_s$$

两式相减并移项得：

$$pH_x=pH_s+\frac{E_x-E_s}{0.059}$$

根据上式，就可求出待测溶液的 pH 值。25℃时两溶液组成的电池的电动势相差 59mV 时，它们的 pH 值相差一个 pH 单位。pH 计就是根据上述理论设计的，如图 2-24 所示。

用 pH 计测定时，分两步进行。首先，用已知 pH 值的标准溶液进行 pH 计的定位；然后为待测液 pH 值的测量，可从 pH 计显示器上直接读出溶液的 pH 值。

通常选择与待测溶液 pH 值相近的标准缓冲溶液对 pH 计进行定位。常用 pH 标准缓冲溶液的种类及 pH 值见表 2-21。

表 2-21　pH 标准缓冲溶液

组　成	邻苯二甲酸氢钾 (0.05mol/L)	KH_2PO_4(0.025mol/L) Na_2HPO_4(0.025mol/L)	$Na_2B_4O_7\cdot10H_2O$ (0.01mol/L)
pH 值(25℃)	4.003	6.864	9.182

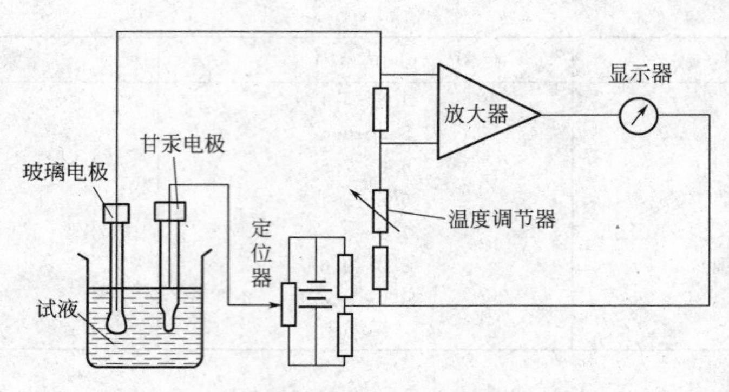

图 2-24 pH 计的构造示意图

现在常见的 pH 电极是集玻璃电极和参比电极于一体的复合电极，如图 2-25 所示。在结构上，该种类型的 pH 电极由内管和外管组成，内管含有无须更换的饱和 KCl 和 0.1mol/L HCl 溶液，参比电极的阴极置于内管中。阳极在内管之外，与参比电极的材料（如 Ag/AgCl）一致。内管和外管中都含有参比溶液，但只有外管与 pH 电极外部的溶液接触。玻璃球膜是复合 pH 电极的关键部件，它的里层和外层均涂覆了约 10nm 厚的水合凝胶，二者之间是干的玻璃，这种凝胶结构允许 Na^+ 在一定程度上自由移动，当 H^+ 从外部溶液中扩散进入外层水合凝胶后，内层凝胶中的 Na^+ 将扩散进入内部溶液中，从而引起自由能变化而产生电信号。因此，玻璃球膜外部 H^+ 浓度的变化便通过玻璃球膜内部 Na^+ 的重新分布得以体现，据此便可以检测溶液的 pH 值。

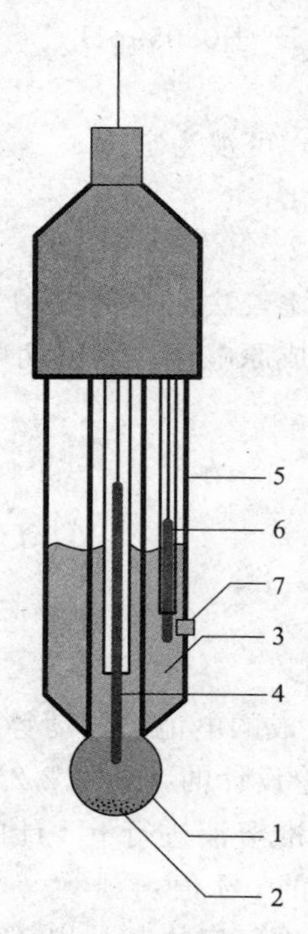

图 2-25 复合 pH 电极的构造

1—玻璃球膜；2—少量的 AgCl 沉淀；3—内置溶液，通常为饱和 KCl 和 0.1mol/L HCl；4—内置指示电极，通常为 AgCl 电极；5—电极外壳，由不导电玻璃或塑料制成；6—参比电极，通常与内置指示电极的类型相同；7—注液口，由陶瓷或石英/石棉纤维制成

2.5.5 溶解氧

溶解在水中的分子态氧称为溶解氧（DO）。天然水中的溶解氧主要来自于大气，也有水中藻类等水生生物通过光合作用产生的氧。清洁的地面水中溶解氧一般接近饱和，由于藻类的生长，有时会过饱和。当水体受到有机、无机还原性物质污染时，它们在氧化过程中会消耗溶解氧，若大气中的氧来不及补充时，水中的溶解氧会逐渐降低，以至接近于零，此时厌氧菌繁殖，导致水质恶化。废水中因含有大量污染物质，一般溶解氧含量较低。

水中的溶解氧虽然并不是污染物质，但通过溶解氧的测定，可以大体估计水中的有机物为主的还原性物质的含量，是衡量水质优劣的重要指标。溶解氧还影响水生生物的生存，如当溶解氧低于 4mg/L 时，许多鱼类的呼吸会发生困难，甚至窒息而死。在废水生化处理过程中，往往要通过曝气提供充足的溶解氧以供微生物降解污染物质之需。当然，水中的溶解氧含量并非总是越高越好，如锅炉用水的溶解氧含量就有一定限制，否则会造成腐蚀。

水中溶解氧的含量与大气中氧的分压、水温和水中含盐量等因素有密切关系。1 个大气压时，不同温度条件下清洁水中的饱和溶解氧数值列于表 2-22。

表 2-22　清洁水中的饱和溶解氧与温度的关系

T/℃	0	10	20	25	30
DO/(mg/L)	14.6	11.3	9.2	8.4	7.6

采集普通水样要用专门的溶解氧瓶，采集深水样品时要使用双瓶采样器，如图 2-26 和图 2-12 所示。采样时，注意不使水样与空气接触，避免曝气。瓶内需完全充满水样，盖紧瓶塞，瓶塞下不要残留任何气泡。若从管道或水龙头采取水样，可用橡皮管或聚乙烯软管，一端紧接龙头，另一端深入瓶底，任水沿瓶壁满溢出数分钟后加塞盖紧，不留气泡。从装置或容器中采样时宜用虹吸法。水样中的溶解氧很不稳定，要在现场及时加入溶解氧固定化试剂（硫酸锰和碱性碘化钾），以避免水样中的溶解氧在运输及保存过程中损失。

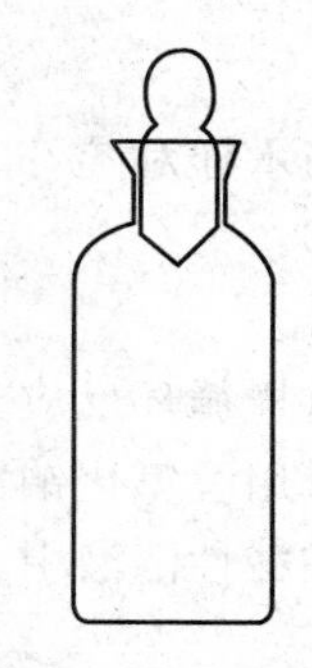

图 2-26　溶解氧瓶

溶解氧的测定主要有碘量法（又称温克勒法 GB 7489—87）、修正碘量法和电化学探头法（HJ 506—2009）。其中，碘量法是基于溶解氧的氧化性质采用容量滴定进行定量测定的；而电化学探头法是基于分子态氧通过膜的扩散所产生的电流来进行定量，适合于现场测定。

(1) 碘量法　水样中加入硫酸锰和碱性碘化钾，水中溶解氧将二价锰氧化成四价锰的棕色沉淀。加酸后，棕色沉淀溶解并与碘离子反应释放出游离碘，以淀粉为指示剂，用标准硫代硫酸钠溶液测定，通过计算得出溶解氧的含量。一系列的反应方程式如下：

$$MnSO_4 + 2NaOH \longrightarrow Na_2SO_4 + \underset{\text{白色沉淀}}{Mn(OH)_2 \downarrow}$$

$$2Mn(OH)_2 + O_2 \longrightarrow \underset{\text{棕色沉淀}}{2MnO(OH)_2 \downarrow}$$

$$MnO(OH)_2 + 2H_2SO_4 \longrightarrow Mn(SO_4)_2 + 3H_2O$$

$$Mn(SO_4)_2 + 2KI \longrightarrow MnSO_4 + K_2SO_4 + I_2$$

$$2Na_2S_2O_3 + I_2 \longrightarrow Na_2S_4O_6 + 2NaI$$

计算公式为：

$$DO(O_2, mg/L) = \frac{cV \times 8 \times 1000}{V_水}$$

式中　c——$Na_2S_2O_3$ 标准溶液浓度，mol/L；

V——消耗 $Na_2S_2O_3$ 标准溶液的体积，mL；

$V_水$——水样体积，mL；

8——$\frac{1}{2}$O 的摩尔质量，g/mol。

(2) 修正碘量法　普通碘量法测定时会受到水样中一些还原性物质的干扰。当水样中含有 NO_2^- 时，因它能与 KI 作用放出 I_2，从而造成测定结果的正误差，可加入叠氮化钠排除其干扰，该法称为叠氮化钠修正碘量法；当水样中含有 Fe^{2+} 时，会对测定结果产生负干扰，此时可以用 $KMnO_4$ 氧化 Fe^{2+}，所生成的 Fe^{3+} 又可以用 KF 与之生成 FeF_3 而去除，或用 H_3PO_4 代替 H_2SO_4 酸化去除，过量的 $KMnO_4$ 用草酸盐去除，该法称为高锰酸钾修正法；若水样有色或含有藻类及悬浮物等，在酸性条件下会消耗碘而干扰测定，可采用明矾絮凝修正法消除；若水样中含有活性污泥等悬浮物，可用硫酸铜-氨基磺酸絮凝修正法排除其干扰。下面主要介绍叠氮化钠修正法和高锰酸钾修正法。

① 叠氮化钠修正法。亚硝酸盐主要存在于废水生物处理出水和地表水中，其是溶解氧测定中最常见的干扰物质之一。在酸性溶液中，亚硝酸盐能与碘化钾反应放出碘，反应式为：

$$2HNO_2+2KI+H_2SO_4 \longrightarrow K_2SO_4+2H_2O+N_2O_2+I_2$$

当水样和空气接触时，新溶入的氧将与上式反应产物 N_2O_2 作用，又形成亚硝酸盐，即：

$$2N_2O_2+2H_2O+O_2 \longrightarrow 4HNO_2$$

这样循环反应，更多的碘会被释放出，导致测定结果的正误差。

采用叠氮化钠（NaN_3）先将亚硝酸盐分解，可有效排除亚硝酸盐的干扰。其作用原理是：在酸性溶液中，叠氮化钠可分解亚硝酸盐，其反应式为：

$$2NaN_3+H_2SO_4 \longrightarrow 2HN_3+Na_2SO_4$$

$$HNO_2+HN_3 \longrightarrow N_2O+N_2+H_2O$$

叠氮化钠修正法除加入叠氮化钠试剂外，其余操作步骤与碘量法相同。叠氮化钠可先加在碘化钾溶液中，使用时一并加入水样中。

② 高锰酸钾修正法。高锰酸钾修正法的基本原理是充分借助高锰酸钾的强氧化剂特性，在酸性条件下先将水样中存在的亚硝酸盐、铁和有机污染物等干扰物质彻底氧化去除。具体反应为：

$$5NO_2^-+2MnO_4^-+6H^+ \longrightarrow 5NO_3^-+2Mn^{2+}+3H_2O$$

$$5Fe^{2+}+MnO_4^-+8H^+ \longrightarrow 5Fe^{3+}+Mn^{2+}+4H_2O$$

$$5C+4MnO_4^-+12H^+ \longrightarrow 5CO_2+4Mn^{2+}+6H_2O$$

式中，C 代表水中有机污染物。

氧化反应中过量的高锰酸钾可用草酸钾去除。在一般条件下，反应生成的 NO_3^- 对 I^- 不起氧化作用。Fe^{3+} 浓度 $>10mg/L$ 时，对溶解氧的测定有一定影响，可加氟化钾与 Fe^{3+} 作用生成难离解的氟化铁，降低其浓度。

除去一系列干扰物质后，水样可继续采用碘量法进行溶解氧的测定。

(3) 电化学探头法　尽管修正的碘量法在一定程度上排除或降低了 DO 测定时的干扰，但由于水中污染物的多样性及复杂性，在应用于生活污水和工业废水中 DO 的测定时，该方法还是受到很多限制，如很难实现 DO 的现场测定，也无法实现 DO 的连续在线监测。电化学探头法是一种用由透气薄膜将水样与电化学电池隔开的电极来测定水中溶解氧的方法。根据所采用探头的类型不同，可测定氧的浓度（mg/L）或氧的饱和百分率（%）。

方法原理：使用电化学探头浸入水中进行 DO 测定。探头由一个用选择性薄膜封闭的测量室构成，室内有两个金属电极并充有电解质，水和可溶性的离子几乎不能透过这层薄膜，但氧和极少量的其他气体物质可透过这层薄膜。由于电池作用或外加电压使两个电极间产生电位差，使金属离子在阳极进入溶液，同时氧气通过薄膜扩散在阴极获得电子被还原，产生的电流与穿过薄膜和电解质层的氧的传递速率成正比，即一定温度下该电流与氧分压（或浓度）成正比。该方法的最低检测浓度为 0.02mg/L，测定下限为 0.08mg/L。

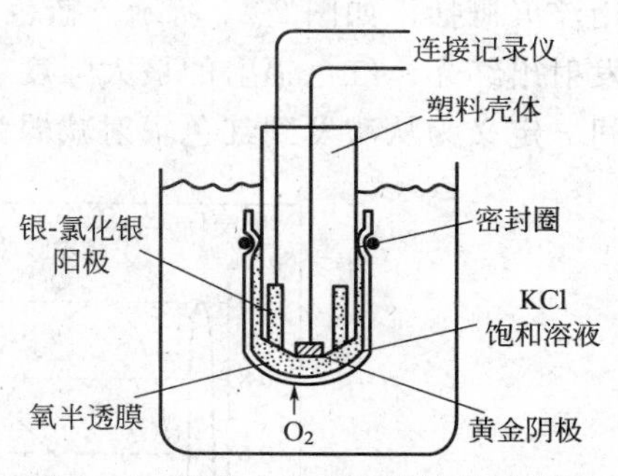

图 2-27　极谱式氧电极的结构示意图

电化学探头中的膜电极溶氧仪有原电池式和极谱式两种。原电池式是利用电解槽的电池作用；极谱式是对电极施加一定的电压，二者都是通过电流量来测定。

图 2-27 为极谱式氧电极的结构示意图，由黄金阴极、银-氯化银阳极、聚四氟乙烯薄膜和塑料壳体组成。

测定时，将电极插入待测溶液中，当外加一个电压时，水中的溶解氧可穿过薄膜在黄金阴极上还原，单质银在阳极上氧化，电极反应如下：

阴极：$$O_2+2H_2O+4e^- \longrightarrow 4OH^-$$

阳极：$$4Ag+4Cl^- \longrightarrow 4AgCl+4e^-$$

$$4Ag^+ +4OH^- \longrightarrow 4AgOH$$

这样，电子从阳极流向阴极，产生一个微弱的扩散电流，在一定温度下，扩散电流与水中溶解氧的浓度成正比，信号经放大并转换后，由显示器直接读出 DO 的数值。

注意事项：溶解氧电极要用碘量法进行校正。薄膜易被水中杂质（如藻类、胶体性物质或碳酸盐等）堵塞或损坏，需及时清洗并更换。

（4）荧光电极法　近年来又发展起来一种新的溶解氧光学测定技术，可以消除传统电化学测定方法与工艺相关的不足。新的溶解氧光学测定原理是荧光的物理发生，也就是某些特定物质（荧光体）在非致热的激发条件下发光。对于溶解氧的光学测定技术而言，这种非致热的激发条件为光。选定合适的荧光体和激发波长，荧光辐射的强度和随时间的衰减就取决于物质周围的氧浓度。

哈希荧光溶解氧传感器由两部分组成，如图 2-28 所示。包含荧光体的传感器帽置于透明的载体中，传感器体包括红、蓝发光二极管，一个光敏二极管和电子分析单元。使用时，传感器帽旋于传感器体上并浸没于水中，这样待测样品中的氧气分子便与荧光体直接接触。

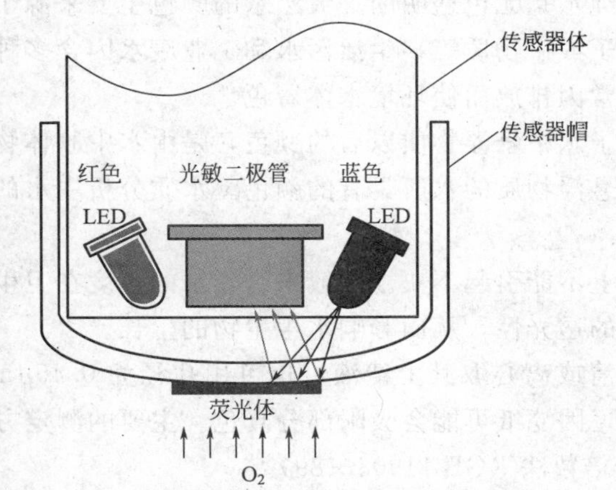

图 2-28　荧光溶解氧传感器工作原理

测定过程中蓝色发光二极管发射光脉冲，光穿过透明载体把一部分辐射能量传递给荧光体。荧光体的电子因此从基态跃迁到高能量水平，并通过不同的中间水平回到低能态（时间在微秒内），所产生的能量差异以红色辐射的形式释放出来。

如果氧气分子与荧光体接触，它们可以吸收高能态电子的能量，可能使电子回到基态而没有辐射释放。随着氧含量的增加，这个过程会造成红色辐射强度的降低。它们引起荧光体的震动，从而使电子更快地离开高能态，因而红色辐射的生命周期被缩短。两个方面都可以用淬灭概括，如图 2-29 所示。蓝色发光二极管在 $t=0$ 时刻的光脉冲激发荧光体，使之立刻发射出红光。红色辐射的最大强度（I_{max}）和衰减时间取决于周围的氧浓度（这里，衰减时间 τ 定义为从激发到红色辐射减弱为最大强度的 $1/e$ 的时间间隔）。

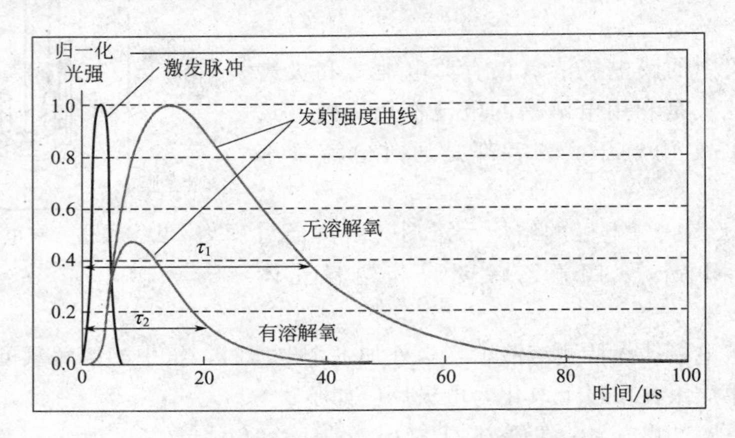

图 2-29 蓝色激发辐射和红色发射辐射的强度

为了测定氧浓度，就要分析红色辐射的生命期 τ。这样，氧浓度测定就简化为纯粹的对时间的物理测定。传感器通过探头中的红色发光二极管校对。红色发光二极管起到内参比的作用，每次测定之前，红色发光二极管发射已知特性的光束，被荧光体反射并通过整个光学系统，从而可以及时检测到测定系统的改变。

光学测定方法无论在测定质量还是维护要求方面都具有很大的优势：无需校正，无需更换膜或者电解液，待测液体可以不流动，对污染不敏感，H_2S 对传感器无损伤，响应时间短，敏感度高，可以测定很低浓度的溶解氧，传感器强度高。

2.6 感官物理性质

2.6.1 颜色

色度是水样颜色深浅的量度。某些可溶性有机物、部分无机离子和有色悬浮微粒均可使水着色。因而，水的颜色与水的种类有关，如纯水是无色透明的；天然水的颜色主要来源于水生植物和浮游生物、腐殖质、泥砂、金属离子或矿物质等；生活污水和工业废水因含多种有机、无机组分而呈现多种不同的颜色，且常常因排放而使环境水体着色。

水的颜色有真色和表色两种。真色是去除了水中悬浮物质以后的颜色，是由水中胶体物质和溶解性物质所造成的。表色是指没有去除悬浮物质的水所具有的颜色。水质分析中水的色度是指真色。

水质标准中对颜色的规定主要是基于感官上不能引起不快。一般来讲，水的色度在卫生方面意义不是最大，水体色度主要会降低水体的透光性，从而影响水生生物的生长。

在测定水的色度之前，要先将水样静置澄清或离心取其上清液，也可用孔径为 0.45μm 的滤膜过滤去除悬浮物，但不可以用滤纸过滤，因滤纸可能会吸附部分真色。主要的测定方法有铂钴标准比色法（GB 11903—89）和稀释倍数法（GB 11903—89）。

（1）铂钴标准比色法和铬钴比色法　铂钴标准比色法是将一定量的氯铂酸钾（K_2PtCl_6）

和氯化钴（$CoCl_2 \cdot 6H_2O$）溶于水中配成标准色列，并定义 1L 水中含 1mg 铂和 0.5mg 钴所具有的颜色为 1 度。将待测水样与标准色列进行目视比色，以确定其色度。该法所配成的标准色列性质稳定，可较长时间存放。

由于氯铂酸钾价格较贵，可以用铬钴比色法代替进行色度的测定。即将一定量重铬酸钾和硫酸钴溶于水中制成标准色列。进行目视比色确定待测水样的色度。该法所制成标准色列的保存时间比较短。

若水样经稀释后与标准色列目视比色，则所测色度需乘上其稀释倍数方为原水样的色度。需要说明的是，以上两种方法因所配制的标准色列为黄色，因此只适用于较清洁且具有黄色色调的饮用水和天然水的测定。若水样为其他颜色，无法与标准色列进行比较，则可用适当的文字描述其颜色和色度，如淡蓝色、深褐色等。

（2）稀释倍数法　稀释倍数法主要用于生活污水和工业废水颜色的测定。将经预处理去除悬浮物后的水样用无色水逐级稀释，当稀释到接近无色时，记录其稀释倍数，以此作为水样的色度，单位是“倍”。同时用文字描述废水颜色的种类，如棕黄色、深绿色、浅蓝色等。

2.6.2　固体物质

水中的固体是指在一定的温度下将水样蒸发至干时所残余的那部分物质，因此也曾被称为“蒸发残渣”。严格来讲，水中固体应当包括除溶解气体以外的其他一切杂质。

水中固体有各种分类。将水样置于容器中蒸发至近干，再放在烘箱中在一定温度下烘干至恒重，如此所得的固体称为“总固体”。根据溶解性的不同可分为“溶解固体”和“悬浮固体”。一般，将能通过 0.45μm 或更小孔径滤纸或滤膜的那部分固体称作溶解固体，不能通过的称作悬浮固体。根据挥发性的不同，水中固体又可分为“挥发性固体”和“固定性固体”。挥发性固体是指在一定温度下（通常为 550℃）将水样中固体灼烧一段时间后所损失的那部分物质的质量，又称“灼烧减重”；灼烧后所留存的那部分物质的质量则称作“固定性固体”。固定性固体可以大约代表水中无机物质的含量，挥发性固体可以大约代表水中有机物质的含量。因为在 550℃下，有机物全部被分解成 CO_2 和 H_2O 而挥发，而无机盐类除了铵盐和碳酸镁在此温度下都相当稳定。有关反应式如下：

$$C_x(H_2O)_y \xrightarrow[550℃]{\triangle} xC + yH_2O\uparrow$$

$$C + O_2 \xrightarrow[550℃]{\triangle} CO_2\uparrow$$

$$MgCO_3 \xrightarrow[550℃]{\triangle} MgO + CO_2\uparrow$$

$$NH_4HCO_3 \xrightarrow[550℃]{\triangle} NH_3\uparrow + CO_2\uparrow + H_2O\uparrow$$

各种固体之间的关系如图 2-30 所示。

在废水测定中还有一个“可沉固体”的指标，是指在一定条件下悬浮固体中所能沉下的那部分固体的量。

水中固体的测定有着重要的环境意义。若环境水体中的悬浮固体含量过高，不仅影响景观，还会造成淤积，同时也是水体受到污染的一个标志。溶解性固体含量过高同样不利于水的功能的发挥。如溶解性的矿物质含量过高，既不适于饮用，也不适于灌溉，有些工业用水（如纺织、印染等）也不能使用含盐量高的水。在废水处理过程中，固体尤其是悬浮固体和可沉固体的含量是重要的设计参数。

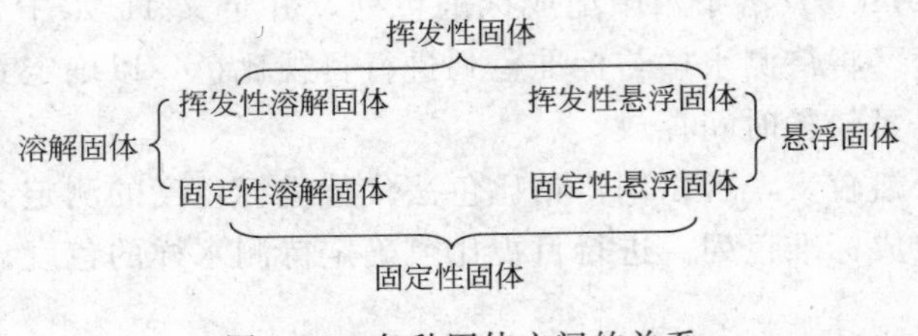

图 2-30　各种固体之间的关系

烘干条件对水中固体测定结果的影响很大。因为固体质量的变化与有机物、机械吸着水和结晶水的挥发，加热引起的化学分解，以及氧化引起的增重等都有关系，而这些变化是受烘干温度和烘干时间影响的。残渣在 103～105℃烘干时，结晶水和部分吸着水得以保留，但重碳酸盐分解变为碳酸盐会损失二氧化碳和水，该温度下有机物的挥发量很少。

$$2HCO_3^- \xrightarrow[103\sim105℃]{\triangle} CO_3^{2-} + CO_2\uparrow + H_2O\uparrow$$

当烘干所用的温度为 (180±2)℃时，几乎所有的机械吸着水都将损失掉，当硫酸盐含量高时，部分结晶水仍可能留下来，有机物部分挥发，部分氯化物和硝酸盐可能会损失。一般而言，180℃烘干时所测得溶解性固体的量较 103～105℃烘干时所测得溶解性固体的量更接近水样的实际含盐量。

当水中油或脂的含量较高时，因很难将样品烘至恒重，所以较难得到准确的测定结果。

水中固体采用重量法测定，结果以 mg/L 为单位表示。

(1) 103～105℃烘干的总固体　将混合均匀的水样在称至恒重的蒸发皿中于蒸气浴或水浴上蒸干，并置于 103～105℃烘箱内烘至恒重。蒸发皿两次恒重后，称量所增加的质量即为总固体。计算方法如下：

$$总固体(mg/L)=\frac{(A-B)\times1000}{V}$$

式中　A——总固体+蒸发皿质量，mg；

B——蒸发皿质量，mg；

V——水样体积，mL。

注意事项：所取水样体积以其中含 10～200mg 固体为宜。若太少称量误差大，太多则易影响吸着水蒸发。

若水样中含有较高浓度的钙、镁、氯化物和硫酸盐等易吸水的化合物时，可能要延长烘干所需的时间，并且要注意干燥和迅速称量。采集水样时，要排除巨大的漂浮物和成团的非均匀物，并撇开表面漂浮的油和脂。

(2) 180℃烘干的溶解性总固体　将一定体积经过滤后的水样放在称至恒重的蒸发皿内蒸干，然后在 (180±2)℃烘至恒重。蒸发皿两次恒重后，称量所增加的质量即为 180℃烘干的溶解性总固体。在该温度下，水样中吸着水几乎全被赶尽，所得结果与通过化学分析计算所得总矿物质含量较接近。

计算方法同 103～105℃烘干的总固体。

注意事项同总固体测定。若水样中重碳酸盐含量高，则需延长烘干时间以确保重碳酸盐充分转变为碳酸盐。

(3) 103～105℃烘干的总悬浮固体　水样经过滤后，留在过滤器材上的固体物质，在103～105℃烘至恒重所称得的质量减去过滤器材自身的质量，即为总悬浮固体。

计算方法参照总固体计算公式。

(4) 550℃灼烧所测得的挥发性和固定性固体　将蒸发皿先在升温至 550℃的马弗炉中灼烧 1h，干燥冷却后称其质量并用来测定水样的总固体，方法与 103～105℃烘干的总固体测定方法基本相同。然后，将含有总固体物质的蒸发皿再放入冷的马弗炉中，加热到550℃，灼烧 1h，取出后在干燥皿中冷却，如此反复称至恒重，所损失的质量即为挥发性固体的含量，所留存的质量即为固定性固体的含量，计算方法如下：

$$\text{挥发性固体(mg/L)}=\frac{(A-B)\times 1000}{V}$$

$$\text{固定性固体(mg/L)}=\frac{(B-C)\times 1000}{V}$$

式中　A——总固体＋蒸发皿质量，mg；

B——固定性固体＋蒸发皿质量，mg；

C——蒸发皿质量，mg；

V——水样体积，mL。

注意事项：灼烧后固体极易吸收空气中的水分，称重操作一定要迅速。

(5) 可沉固体　可沉固体有体积比（mL/L）和质量体积比（mg/L）两种测定和表示方法。

① 体积比。将 1L 混合均匀的水样倒入 Imhoff 锥形筒中（图 2-31），使其静置沉降 1h，读取所沉下来的固体的体积，以 mL/L 表示可沉固体含量。若在大的沉降颗粒之间含有液体，则估算扣除其体积后得到可沉固体的体积。

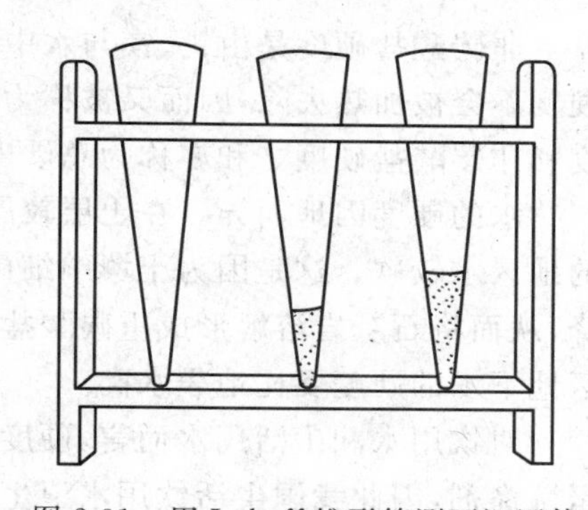
图 2-31　用 Imhoff 锥形筒测可沉固体

② 质量体积比。将混合均匀的水样（不少于 1L）倒入一直径不小于 9cm 的玻璃容器中，使水深不小于20cm，静置沉淀 1h，在上清液的中间部位用虹吸法取出 250mL 上清液，测其悬浮固体的含量（mg/L），作为水样中不可沉固体的含量，另外单独测定原水样总悬浮固体的含量（mg/L），二者之差即为水样中可沉固体的含量（mg/L），计算如下：

$$\text{可沉固体(mg/L)}=\text{总悬浮固体(mg/L)}-\text{不可沉固体(mg/L)}$$

(6) 混合液挥发性悬浮固体（mixed liquor volatile suspended solids，MLVSS）　在废水处理工艺中，通常用混合液挥发性悬浮固体（MLVSS）浓度来表示活性污泥曝气池中的微生物含量状况。具体做法是从曝气池中取一定体积的混合液，用定量滤纸过滤，首先在103～105℃烘干测得混合液固体（MLSS）的含量，然后在 550℃灼烧测挥发性固体（VSS）的含量，所测得的 VSS 除以混合液体积即为 MLVSS，单位一般用 mg/L 表示。

上述各种固体的定量测定都是通过烘干、恒重及称量等步骤的多次重复才完成的，虽然方法十分简单，但每一项指标的测定时间都在 5h 以上。最近报道了一种可以克服上述缺点的新方法，即快速测定水中悬浮性物质（SS）的减码水分分析仪法。该水分分析仪主要由温度可控的红外灯加热装置和精密天平组成，具有样品加热和称重的双重功能。利用了红外加热原理，样品干燥均匀，恒重时间短，因此也大大缩短了分析时间，整个烘干-称量过程仅需 5～20min。应该说，减码水分分析仪法具有广泛的应用前景。

2.6.3 硬度

最初，水的硬度被用来度量水沉淀肥皂的容量。水的硬度是由多价金属阳离子造成的，这些离子能与肥皂生成沉淀，并与部分阴离子形成水垢。

$$Ca^{2+} + 2Na(C_{17}H_{35}COO) \longrightarrow 2Na^{+} + Ca(C_{17}H_{35}COO)_2$$

造成硬度的阳离子主要是二价金属离子，如 Ca^{2+}、Mg^{2+}、Sr^{2+}、Fe^{2+}、Mn^{2+} 等，与它们易结合形成水垢的阴离子主要是 HCO_3^-、SO_4^{2-}、Cl^-、NO_3^- 和 SiO_3^- 等。Al^{3+} 和 Fe^{3+} 也会造成水的硬度，但在天然水中它们的溶解度很小，可以忽略不计。总之，由于 Ca 和 Mg 在地球上是丰度排名第五和第八位的元素，水的硬度绝大部分是由 Ca 和 Mg 造成的。

水的硬度按相关阳离子可分为“钙硬度”和“镁硬度”，按相关的阴离子可分为“碳酸盐硬度”和“非碳酸盐硬度”。其中，碳酸盐硬度主要是由与重碳酸盐所结合的钙、镁所形成的硬度，因其在煮沸时即分解生成白色沉淀物，可以从水中去除，因此又被称为“暂硬度”，反应式如下：

$$Ca(HCO_3)_2 \xrightarrow{\triangle} CaCO_3 \downarrow + H_2O + CO_2 \uparrow$$

$$Mg(HCO_3)_2 \xrightarrow{\triangle} MgCO_3 \downarrow + H_2O + CO_2 \uparrow$$

非碳酸盐硬度是由钙、镁与水中的硫酸根、氯离子和硝酸根等结合而形成的硬度，这部分硬度不会被加热去除，因而又被称为“永久硬度”。钙硬度和镁硬度之和称为总硬度，碳酸盐硬度和非碳酸盐硬度之和亦称为总硬度。硬度一般以 $CaCO_3$ 计，以 mg/L 为单位。

水的硬度因地而异。在土层较厚和石灰岩存在的地区水较硬；在土层较薄和石灰岩稀少的地区水较软。这是因为土壤中细菌的活动会释放出 CO_2，与水结合生成碳酸，造成 pH 值下降，从而将石灰岩溶解形成重碳酸盐，造成水的硬度增大。基于上述原因，一般情况下，同一地区地下水的硬度要比地表水高。

对饮用水和生活用水而言，硬度过高的水虽然对健康并无害处，但口感不好，且会消耗大量洗涤剂，因此我国生活饮用水卫生标准将总硬度限定为不超过 450mg/L（以 $CaCO_3$ 计）。工业用水对硬度的限定往往更为严格，这是因为硬度高的水会在锅炉内生成水垢，从而降低锅炉的传热能力，浪费能源。水垢还会堵塞冷却水管路系统。另外，水的硬度还影响到纺织、印染、造纸、食品加工等行业的产品质量。

硬度的测定方法主要有计算法和 EDTA 滴定法（GB 7477—87）。

(1)计算法　用原子吸收光谱法分别测定水中 Ca 和 Mg 的含量，通过下列公式计算得到总硬度：

$$总硬度(mg/L,以\ CaCO_3计) = 2.497[Ca, mg/L] + 4.118[Mg, mg/L]$$

(2) EDTA 滴定法　在 pH＝10 条件下，用乙二胺四乙酸（EDTA）或其钠盐作为滴定剂，以铬黑 T（EBT）作为指示剂与水样进行反应，根据所消耗的 EDTA 的量，可求得水样的总硬度。

测定原理及方法简述如下。

① 控制溶液的 pH 值是有效地进行络合滴定的重要条件之一，因此在测定总硬度时，要先用缓冲溶液将被测水样的 pH 值调整到 10 左右。然后，加入指示剂铬黑 T（本身是蓝

色的)，使其与水中的 Mg^{2+} 生成酒红色络合物，即

$$Mg^{2+} + EBT \longrightarrow EBT\text{-}Mg$$

蓝色　　酒红色

这种 EBT-Mg 络合物的稳定常数 $K_1 = 10^{7.0}$。

② 用 EDTA 溶液滴定。EDTA 可与水中游离的 Ca^{2+}、Mg^{2+} 生成无色络合物，即：

$$Ca^{2+} + EDTA \longrightarrow EDTA\text{-}Ca，K_2 = 10^{10.7}$$

$$Mg^{2+} + EDTA \longrightarrow EDTA\text{-}Mg，K_3 = 10^{8.7}$$

由于 $K_2 > K_3$，滴定加入的 EDTA 优先与 Ca^{2+} 络合，再与 Mg^{2+} 络合。

③ 继续滴加 EDTA。当溶液中游离的 Ca^{2+}、Mg^{2+} 均被络合完毕后，由于 $K_3 > K_1$，即 EDTA-Mg 络合物比 EBT-Mg 络合物更为稳定，继续滴入的 EDTA 可以从 EBT-Mg 络合物中夺取 Mg^{2+} 而使指示剂铬黑 T 游离出来。随着反应的进行，溶液的酒红色逐渐变淡，到达反应终点时，突变为铬黑 T 的亮蓝色。

$$EBT\text{-}Mg + EDTA \longrightarrow EDTA\text{-}Mg + EBT$$

酒红色　　　　蓝色

滴定终点时，颜色变化（由酒红色再变为蓝色）的明显程度随着 pH 值的提高而增加。但 pH 值不能无限地提高，否则 $CaCO_3$ 或 $Mg(OH)_2$ 可能沉淀出来，而且 pH 值过高时，铬黑 T 也将变为橙色。

根据滴定所用去的 EDTA 总量，即可求得水样的总硬度。计算式为：

$$总硬度(mg/L,以\ CaCO_3计) = \frac{c \times V}{V_0} \times 100$$

式中　c——EDTA 标准溶液浓度，mmol/L；

V——消耗 EDTA 标准溶液的体积，mL；

V_0——水样体积，mL；

100——$CaCO_3$ 的摩尔质量，mg/mmol。

2.7　酸碱性质

2.7.1　水的酸度

根据酸碱质子理论，水的酸度是指水释放出质子的能力。若予以量化，酸度是指水中所有能与强碱发生中和反应的物质的总量。这些物质包括强酸、弱酸、强酸弱碱盐等。

机械、冶金、化工、电镀、印染等行业经常排放含酸废水。地表水和废水中的二氧化碳吸收自大气或来源于水中有机物的分解，二氧化碳与水作用形成碳酸。以上是水中酸度的主要来源。

含酸废水排入水体后，造成水的 pH 值降低，破坏鱼类和水生生物的正常生活条件，用这样的水灌溉农田会造成农作物死亡。二氧化碳含量过高的用水对混凝土和金属均有破坏作用。酸性废水会与含有硫化物、氰化物的废水生成有毒有害的 H_2S、HCN 等气体。另外，水的酸度过高，对水处理过程中微生物的生长不利，还会消耗软化药剂和降低离子交换剂的交换能力。

测定酸度时，是用碱标准溶液滴定至一定 pH 值，用所消耗碱的量计算酸度，一般换算为 $CaCO_3$ 的 mg/L 来表示其含量。根据滴定终点时的 pH 值，酸度可分为甲基橙酸度

(pH≈4.3）和酚酞酸度（pH≈8.3）。其中，甲基橙酸度又称为强酸酸度，酚酞酸度又称为总酸度。

酸度的测定方法有酸碱指示剂滴定法和电位滴定法。

（1）酸碱指示剂滴定法　用甲基橙或酚酞作为指示剂，用 NaOH 或 Na_2CO_3 标准溶液滴定至终点，根据所消耗碱标准溶液的用量计算水样的酸度，计算式如下：

$$\text{酚酞酸度(以 }CaCO_3\text{ 计,mg/L)}=\frac{V_1\times c_{NaOH}\times 50.05\times 1000}{V}$$

$$\text{甲基橙酸度(以 }CaCO_3\text{ 计,mg/L)}=\frac{V_2\times c_{NaOH}\times 50.05\times 1000}{V}$$

式中　V_1——酚酞作为指示剂时，NaOH 标准溶液的耗用量，mL；

V_2——甲基橙作为指示剂时，NaOH 标准溶液的耗用量，mL；

c_{NaOH}——NaOH 标准溶液的浓度，mol/L；

V——水样体积，mL；

50.05——碳酸钙$\left(\frac{1}{2}CaCO_3\right)$的摩尔质量，g/moL。

（2）电位滴定法　用玻璃电极为指示电极，甘汞电极为参比电极，用 NaOH 或 Na_2CO_3 标准溶液作滴定剂，在 pH 计上指示反应的终点，据所消耗碱标准溶液的量计算水样的酸度，算式同上。较之酸碱滴定法，电位滴定法不受水样有色、浑浊的影响，适用于各种水样酸度的测定。

2.7.2　水的碱度

水的碱度是指水接受质子的能力，亦即水中所有能与强酸发生中和作用的物质的总量。这些物质包括强碱、弱碱、强碱弱酸盐等。

水中碱度的来源多种多样。地表水等天然水体中的碱度主要是由水中的碳酸盐、重碳酸盐和氢氧化物贡献的，磷酸盐、硼酸盐、硅酸盐等也是碱度的贡献者，但它们的含量往往较少。废水中碱度的来源有很大差异。其中，造纸、印染、化工、电镀等行业废水中含有强碱、有机碱、金属水解性盐类等造成的碱度。此外，洗涤剂、农药和化肥的使用也会造成碱度。

某些情况下，饮用水中可以含有一定数量的碳酸盐和氢氧化物，尤其是在藻类繁盛的地表水中。藻类吸收水中游离的和化合的二氧化碳，致使水的 pH 值有时可达到 9～10。

碱度可用于评价水体的缓冲能力及金属在其中的溶解性和毒性，在水处理中是重要的控制性参数，如在化学混凝中要保证足够的碱度来中合混凝剂水解所产生的 H^+，使混凝作用在适宜的 pH 值范围内发挥最佳效果；在生物硝化过程中，也要有充足的碱度以保证硝化反应的顺利进行。

根据产生碱度的物质不同，天然水中的碱度可以分为氢氧化物碱度、碳酸盐碱度和重碳酸盐碱度。图 2-32 给出了 pH 值与不同形式碱度之间的关系。

水中碱度的测定方法同酸度一样，主要有酸碱指示剂滴定法和电位滴定法。用酚酞作指示剂时，所测得的碱度称为酚酞碱度，用甲基橙作指示剂时，所测得的碱度称为甲基橙碱度，又称为总碱度。

（1）酸碱指示剂滴定法　当水样用标准酸溶液（盐酸或硫酸）滴定至酚酞指示剂由红色变为无色时（此时溶液 pH≈8.3），水中的 OH^- 被中和，CO_3^{2-} 转变为 HCO_3^-，反应如下：

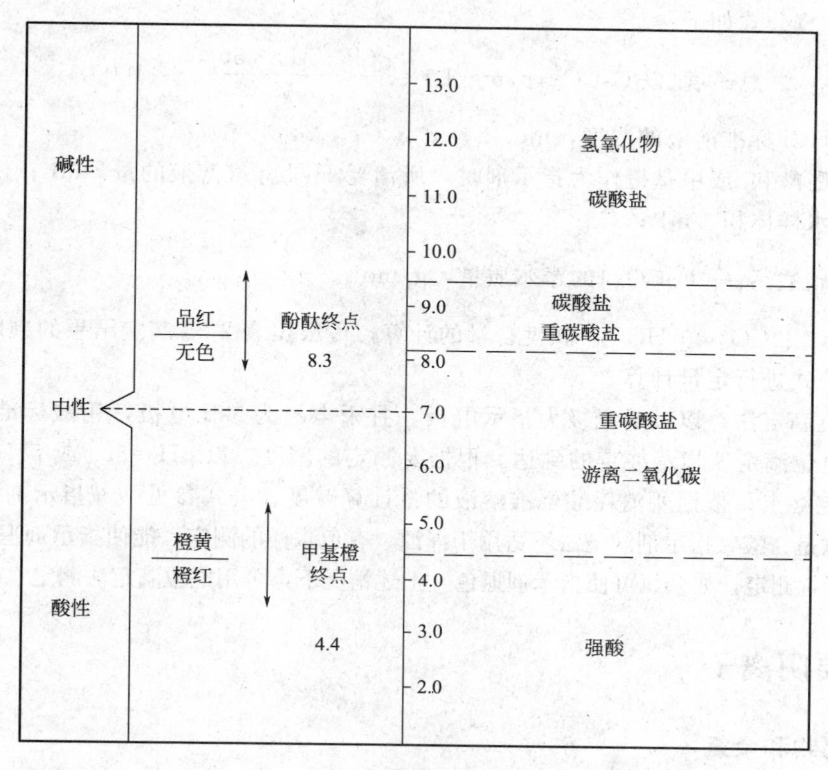

图 2-32　不同 pH 值范围所对应的碱度

$$OH^- + H^+ \longrightarrow H_2O$$

$$CO_3^{2-} + H^+ \longrightarrow HCO_3^-$$

当滴定至甲基橙指示剂由橙黄色变为橙红色时（此时溶液 pH 值为 4.4～4.5），水中 HCO_3^- 被中和，反应如下：

$$HCO_3^- + H^+ \longrightarrow H_2O + CO_2 \uparrow$$

根据上述两个终点到达时所消耗酸标准溶液的量，便可以计算出水中多种碱度及总碱度的含量。

在工程实践中，不仅需要知道水样的总碱度的含量，还常常需要了解 OH^-、CO_3^{2-} 及 HCO_3^- 碱度各自的含量。当先以酚酞作指示剂时，滴定至终点所消耗酸的量为 PmL，继续以甲基橙作指示剂，滴定至终点所消耗的量为 MmL。由于 OH^- 与 CO_3^{2-} 或 CO_3^{2-} 与 HCO_3^- 可以共存，OH^- 与 HCO_3^- 不能共存，因此根据 P 和 M 之间的数量关系，可以判断并计算各种碱度的存在情况及其含量，共有五种情况，列于表 2-23 中。

表 2-23　各种形式碱度的存在状态与滴定结果之间的关系

滴定结果/mL	各种碱度所消耗酸标准液的量/mL		
	OH^-	CO_3^{2-}	HCO_3^-
$M=0$	P	0	0
$P>M$	$P-M$	$2M$	0
$P=M$	0	$P+M$	0
$P<M$	0	$2P$	$M-P$
$P=0$	0	0	M

总碱度计算公式如下：

$$总碱度(以\ CaCO_3计,mg/L)=\frac{c(P+M)\times 50.05}{V}\times 1000$$

式中　c——HCl 标准溶液的浓度，mol/L；

$P+M$——酚酞和/或甲基橙作为指示剂时，所消耗 HCl 标准溶液的量，mL；

V——水样体积，mL；

50.05——碳酸钙$\left(\frac{1}{2}CaCO_3\right)$的摩尔质量，g/moL。

对于 OH^-、CO_3^{2-}、HCO_3^- 碱度含量的计算，可根据表 2-23 滴定结果的判断，并参考总碱度计算公式进行定量计算。

(2) 电位滴定法　以玻璃电极为指示电极，甘汞电极为参比电极，用酸标准溶液滴定，用 pH 计或电位滴定仪指示终点的到达。根据要测定的碱度，以 pH=8.3 或 pH=4.4～4.5 分别作为滴定终点。依据所消耗酸标准溶液的量计算碱度，公式参见酸碱指示剂滴定法。

值得注意是：酸碱指示剂滴定法不适用于浑浊、有色水样的测定，能使指示剂退色的氧化还原性物质也干扰测定，如余氯可使指示剂退色。上述情况下，可用电位滴定法测定水样的碱度。

2.8 主要阴离子

2.8.1 氯化物和余氯

2.8.1.1 氯化物

氯化物几乎存在于所有的水和废水中，水中氯化物的含量以氯离子计。天然淡水中氯离子含量较低，约为几毫克/升，其来源主要为水源流经含氯化物的地层时所带入；而在海水、盐湖及某些地下水中，氯离子可高达数十克/升；因为食盐是人们日常饮食所必需，且经过消化系统后不发生任何变化，因此生活污水中含有相当数量的氯离子；不少工业废水也含有大量氯离子。通常，氯离子的含量随水中矿物质的增加而增多。

饮用水中氯离子含量较低时，对人体无害；含量较高时，会因相应阳离子的存在而影响其口感。如当氯离子含量为 250mg/L 时，若相应阳离子为钠，就会感觉到咸味；而当氯离子含量高达 1000mg/L 时，若相应阳离子为钙、镁，也不会有显著的咸味。工业用水中氯离子含量过高，会对金属管道、锅炉和构筑物有腐蚀作用。另外，过多的氯离子会妨碍植物的生长，不适合灌溉。

水中氯离子的测定可采用容量法，包括硝酸银滴定法、硝酸汞滴定法和电位滴定法，也可以采用离子色谱法。

(1) 硝酸银滴定法　在中性或弱碱性溶液中，以铬酸钾为指示剂，用硝酸银标准溶液滴定氯离子，由于氯化银的溶解度小于铬酸银的溶解度，首先生成白色的氯化银沉淀，当水中氯离子被沉淀完全后，稍过量的硝酸银即与铬酸钾生成砖红色铬酸银沉淀，指示滴定终点到达。反应式如下：

$$Ag^+ + Cl^- \longrightarrow \underset{白色}{AgCl\downarrow}$$

$$2Ag^+ + CrO_4^{2-} \longrightarrow \underset{砖红色}{Ag_2CrO_4\downarrow}$$

氯化物计算公式：

$$氯化物(Cl^-,mg/L)=\frac{(V_2-V_1)\times c\times 35.45}{V}\times 1000$$

式中 V_1——蒸馏水消耗 $AgNO_3$ 标准溶液体积，mL；

V_2——水样消耗 $AgNO_3$ 标准溶液体积，mL；

c——硝酸银标准溶液浓度，mol/L；

V——水样体积，mL；

35.45——Cl^- 的摩尔质量，g/mol。

注意事项：必须调节水样的 pH 值为 6.5～10.5。在酸性介质中 CrO_4^{2-} 会生成 $Cr_2O_7^{2-}$，影响等当点时 Ag_2CrO_4 的生成；在强碱性介质中 Ag^+ 将生成 Ag_2O 沉淀。由于眼睛能观察到终点的砖红色时往往 $AgNO_3$ 已经过量，因此需同时做空白试验来消除误差。K_2CrO_4 指示剂的加入量要适宜，否则会过早或过迟形成 Ag_2CrO_4 沉淀，影响测定结果。当水样浑浊或有色时，可先用氢氧化铝悬浮液进行沉淀过滤以去除干扰。

(2) 硝酸汞滴定法 将水样 pH 值调至 3.0～3.5，以二苯卡巴腙为指示剂，用硝酸汞标准溶液滴定。先生成氯化汞沉淀，滴至终点时，过量的汞离子与二苯卡巴腙生成蓝紫色络合物，该法终点颜色变化明显，可不作空白滴定。该法适用于地表水、地下水和经过预处理后能消除干扰的其他废水中氯化物的测定，适用浓度范围为 2.5～500mg/L。

(3) 电位滴定法 以银-氯化银电极作为指示电极，玻璃电极作为参比电极，用硝酸银标准溶液滴定，用电压计测定两电极间的电位变化。在恒定地加入少量硝酸银的过程中，电位变化最大时即为滴定终点。该法适用于颜色较深或浑浊度较大的水样测定，但需作空白测定。

(4) 离子色谱法 离子色谱法的测定方法将在本章 2.8.4 节中介绍。

(5) 二氧化氯的碘量法测定 方法原理：二氧化氯和亚氯酸根均是氧化剂，都能氧化碘离子而析出碘，可用硫代硫酸钠滴定析出的碘，得到二氧化氯的浓度。

由于在不同的 pH 值条件下，氧化数变化不同。

在 pH=7 时，$ClO_2+I^{-1}\longrightarrow ClO_2^{-1}+\frac{1}{2}I_2$，氧化数由 4→3

在 pH=1～3 时，$ClO_2+5HI\longrightarrow H^++Cl^-+2H_2O+\frac{5}{2}I_2$，氧化数由 4→−1

$HClO_2+4HI\longrightarrow 2I_2+HCl+2H_2O$，氧化数由 3→−1

因此，可用一个样品控制不同的 pH 值，连续滴定来测定二氧化氯和亚氯酸根含量。

本方法适合于纺织染整工业废水中二氧化氯和亚氯酸盐的连续测定。当取样量为 100mL 时，二氧化氯检出限为 0.27mg/L。

2.8.1.2 余氯

为了破坏或灭活水中的病原微生物，给水或废水排放前，常对其进行消毒处理。水消毒的方法多种多样，但目前应用最广且经济有效的方法首推氯化消毒。

常用的氯消毒剂有液氯（Cl_2）、漂白粉［Ca(OCl)Cl］、漂粉精［$Ca(ClO)_2$］和二氧化氯（ClO_2）等。氯以单质或次氯酸盐形式加入水中后，经水解生成游离性有效氯，包括含水分子氯、次氯酸和次氯酸盐离子等形式。在水的氯化消毒过程中，所投加的氯经过一定接触时间以后除了与水中的细菌和还原性物质发生作用被消耗外，还应有适量的剩余氯留在水中以保证持续的杀菌能力，这部分氯称为余氯。

水中具有杀菌能力的Cl_2、HOCl和OCl^-称为游离性余氯，NH_2Cl、$NHCl_2$和NCl_3等称为化合性余氯。在相同时间内，游离性余氯的杀菌能力更强，二者之和称为总余氯。

通常，余氯的测定都是依据其氧化能力进行的，因而水中其他氧化剂存在会影响测定结果。亚硝酸盐和高于二价的锰是水中常见的干扰物质。

余氯在水中很不稳定，易见光分解，取样后需立即测定。

（1）碘量法　在酸性条件下，余氯与碘化钾作用释放出游离单质碘，使水样呈棕黄色，用标准硫代硫酸钠溶液滴定至变成淡黄色，加入淀粉指示剂，遇碘变为蓝色，继续滴定至蓝色消失，根据所消耗硫代硫酸钠的量计算总余氯的含量。该法适合测定总余氯含量大于1mg/L的水样，反应式如下：

$$Cl_2 + 2KI \longrightarrow I_2 + 2KCl$$

$$I_2 + 2Na_2S_2O_3 \longrightarrow Na_2S_4O_6 + 2NaI$$

总余氯计算式为：

$$\text{总余氯}(Cl_2, mg/L) = \frac{cV_1 \times 35.45 \times 1000}{V}$$

式中　c——$Na_2S_2O_3$标准溶液浓度，mol/L；

V_1——$Na_2S_2O_3$标准溶液滴定用量，mL；

V——水样体积，mL；

35.45——Cl的摩尔质量，g/mol。

（2）游离性余氯和总氯的测定

① N,N-二乙基-1,4-苯二胺滴定法

a. 游离氯测定。在pH值为6.2～6.5条件下，游离氯与N,N-二乙基-1,4-苯二胺（DPD）生成红色化合物，用硫酸亚铁铵标准溶液滴定至红色消失，记录所消耗硫酸亚铁铵标准溶液的体积，通过下式可计算得到水样中游离氯的质量浓度c（以Cl_2计）。

$$c(Cl_2) = \frac{c_3(V_3 - V_5)}{V_0} \times 70.91$$

式中　c_3——硫酸亚铁铵标准滴定液的浓度（以Cl_2计），mmol/L；

V_3——测定游离氯时消耗硫酸亚铁铵标准滴定液的体积，mL；

V_5——校正氧化锰和六价铬干扰时消耗硫酸亚铁铵标准滴定液的体积，mL，若不存在氧化锰和六价铬的干扰，V_5＝0mL；

V_0——试样体积，mL；

70.91——Cl_2的相对分子质量。

b. 总氯测定。在pH值为6.2～6.5条件下，存在过量碘化钾时，单质氯、次氯酸、次氯酸盐和氯胺与DPD反应生成红色化合物，用硫酸亚铁铵标准溶液滴定至红色消失。

水样中总氯的质量浓度c（以Cl_2计），按下式可计算得到水样中总氯的含量。

$$c(Cl_2) = \frac{c_3(V_4 - V_5)}{V_0} \times 70.91$$

式中　V_4——测定总氯时消耗硫酸亚铁铵标准滴定液的体积，mL。

该方法适用于工业废水、医疗废水、生活污水、中水和污水再生的景观用水中游离氯和总氯的测定。本方法检出限（以Cl_2计）为0.02mg/L，检测范围为0.08～5.00mg/L。

② *N*,*N*-二乙基-1,4-苯二胺分光光度法。该法所依据的反应原理与 DPD-硫酸亚铁铵滴定法基本相同，只不过不是利用硫酸亚铁铵作为滴定剂来定量，而是将 DPD 和余氯所生成的红色化合物在分光光度计中比色，检测波长为 515nm，吸光值与浓度符合比尔定律，根据标准曲线进行定量测定。

该方法适用于地表水、工业废水、医疗废水、生活污水、中水和污水再生的景观用水中游离氯和总氯的测定，但较浑浊或色度较高的水样不适用。对于高浓度样品，采用 10mm 比色皿，本方法的检出限（以 Cl_2 计）为 0.03mg/L，测量范围（以 Cl_2 计）为 0.12～1.50mg/L。对于低浓度样品，采用 50mm 比色皿，本方法的检出限（以 Cl_2 计）为 0.004mg/L，测定范围（以 Cl_2 计）为 0.016～0.20mg/L。

2.8.1.3　需氯量的测定

在一组水样中，加入由低到高不同剂量的氯，经过一定接触时间后（如 30min），测定水中余氯的含量，绘制余氯量对加氯量的需氯量曲线，如图 2-33 所示。图 2-33 中斜率为 1 的过原点直线表示需氯量为零的水样，其余氯量等于加氯量。另外一条折线表示需氯量不为零的水样其余氯量与加氯量之间的关系。这两条线之间的纵坐标差值即为水样的需氯量。

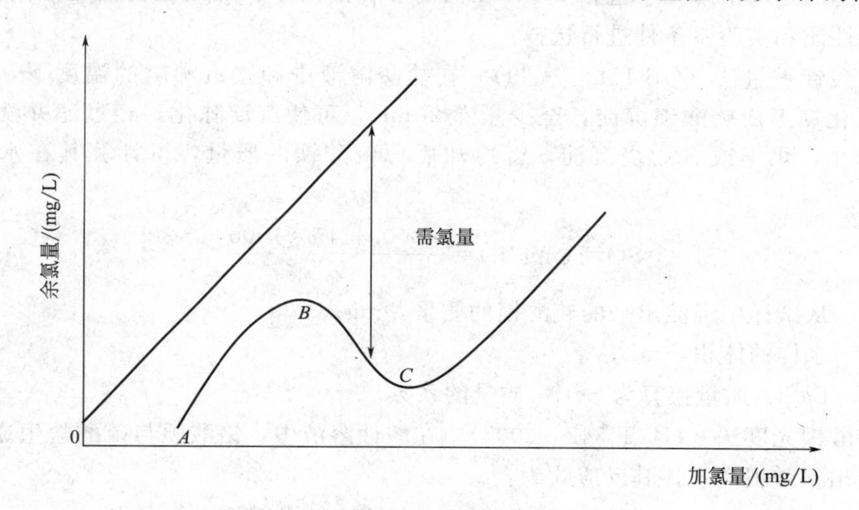

图 2-33　加氯量与余氯量的关系曲线

在折线的 *A* 点之前，加入的氯都被水中的还原性物质所消耗而变成 Cl^-，因而余氯量为零，此时虽可杀灭一些细菌，但并不彻底；在折线的 *A* 点和 *B* 点之间，氯与氨反应生成氯氨，此时的余氯为化合性氯，有一定的消毒效果；在 *B* 点和 *C* 点之间，随着加氯量的增加，一部分氨和氯氨被氧化成不是余氯的 HCl、N_2 和 N_2O 等，余氯量反而减少了，到 *C* 点余氯量降至最低，该点称为“折点”，此时仍为化合性余氯；在折点 *C* 之后，余氯量开始直线上升，所增加的加氯量完全以游离氯形式存在，此时，化合性氯和游离性氯同时存在，消毒效果最好。

需氯量曲线的形状和结果与温度、pH 值、接触时间、测定方法皆有关系。

2.8.2　硫酸盐与硫化物

2.8.2.1　硫酸盐

硫酸盐在自然界分布广泛，天然水中硫酸盐的浓度可从几毫克/升至数千毫克/升。地表水和地下水中硫酸盐主要来源于岩石、土壤中矿物组分的风化和淋溶，金属硫化物氧化也会使硫酸盐含量增大。

饮用水中的硫酸盐会影响口感。水中不同的硫酸盐味阈不尽相同，硫酸钠为250～500mg/L（中值为350mg/L），硫酸钙为250～1000mg/L（中值为525mg/L），硫酸镁为400～600mg/L（中值为525mg/L）。

硫酸盐是水中毒性很低的阴离子之一。硫酸钾或硫酸锌对人类的致死剂量为45g。水中少量硫酸盐对人体健康无影响，人类大量摄入硫酸盐后出现的最主要的生理反应是腹泻、脱水和胃肠道紊乱。硫酸盐同样也会对输水系统造成腐蚀。

目前饮用水标准中没有一个基于其毒性的限值。考虑到硫酸盐可能对口感和胃肠道造成的影响，我国《生活饮用水卫生标准》（GB 5749—2006）中硫酸盐的标准限值小于250mg/L。

硫酸盐的测定方法主要有硫酸钡重量法、铬酸钡光度法和铬酸钡间接原子吸收法等。硫酸钡重量法是经典方法，准确度高，但操作较繁；铬酸钡光度法适用于清洁水样的分析，精密度和准确度较好；铬酸钡间接原子吸收法与铬酸钡光度法的优点相似。离子色谱是一种新技术，可同时测定清洁水样中包括 SO_4^{2-} 在内的多种阴离子。硫酸盐的测定方法各具特色，可根据水样性质和实验室条件进行选择。

(1) 硫酸钡重量法（GB 11899—89） 在盐酸溶液中和接近沸腾的温度下，硫酸盐可与加入的氯化钡形成硫酸钡沉淀，至少煮沸20min，可使沉淀陈化，经过滤并洗涤沉淀至无氯离子为止，烘干或者灼烧沉淀，待冷却后称硫酸钡的质量，可计算其在水样中的含量，即：

$$SO_4^{2-}(mg/L)=\frac{m\times 0.4115\times 1000}{V}$$

式中 m——从试样中沉淀出来的硫酸钡的质量，mg；

V——水样的体积，mL；

0.4115——$BaSO_4$ 质量换算为 SO_4^{2-} 质量的系数。

(2) 铬酸钡光度法（HJ/T 342—2007） 在酸性溶液中，铬酸钡与硫酸盐生成硫酸钡沉淀，并释放出铬酸根离子，其反应式为：

$$SO_4^{2-}+BaCrO_4 = BaSO_4+CrO_4^{2-}$$

溶液中和后剩余的铬酸钡及生成的硫酸钡仍是沉淀状态，经过滤除去沉淀。在碱性条件下，铬酸根离子呈现黄色，测定铬酸根离子的吸光度可换算得到硫酸盐的含量，即：

$$SO_4^{2-}(mg/L)=\frac{m}{V}\times 1000$$

式中 m——由校准曲线可查得 SO_4^{2-} 的含量，mg；

V——取水样体积，mL。

值得注意的是，水样中的碳酸根也会与钡离子形成沉淀，故在加入铬酸钡之前，应将样品酸化并加热以除去碳酸盐。

该法适用于一般地表水、地下水中含量较低硫酸盐的测定，适用浓度范围为8～200mg/L。

(3) 铬酸钡间接原子吸收法（GB 13196—91） 在弱酸性介质中，硫酸根与铬酸钡反应，释放出铬酸根，反应式同铬酸钡光度法。随之向试液中加氨水和乙醇，进一步降低硫酸钡的溶解度，用0.45μm 微孔滤膜过滤，取滤液用火焰原子吸收法测定铬离子的含量，可间接求算硫酸根的含量。

$$SO_4^{2-}(mg/L)=\frac{m}{V}$$

式中　m——由吸光度-硫酸根量的校准曲线查得 SO_4^{2-} 的含量，μg；

V——取水样体积，mL。

(4) 离子色谱法（HJ/T 84—2001）　离子色谱法的测定方法参见第 2.8.4 节。

2.8.2.2　硫化物

硫化物是表征水体污染的重要指标，其污染源有两类：①天然污染源（火山爆发、含硫矿等）；②工业废水（含有大量硫化物的工矿企业，如焦化、造纸、选矿、印刷、制革等）、煤及含硫物质的使用。通常所测定的硫化物是指水溶性的 H_2S、HS、S^{2-}、存在于悬浮物中的可溶性硫化物及未电离的有机硫化物。水中所含硫化物可使水有嗅味、腐蚀性和一定的毒性，它还是一种耗氧物质，能降低水中的溶解氧，抑制水生生物活动。饮用水中含有的硫化物易从水中散逸于空气而产生嗅味，且毒性很大。硫化物可与人体内的细胞色素、氧化酶及该类物质中的二硫键（—S—S—）作用，使酶失去活性，影响细胞氧化过程，造成细胞组织缺氧，危及人的生命；硫化氢除自身能腐蚀金属外，还可被污水中的生物氧化成硫酸，进而腐蚀下水道等。因此，硫化物的测定在环境监测中具有十分重要的意义。我国于 2002 年 4 月颁布的《地表水环境质量标准》(GB 3838—2002）中对各类饮用水源水中的硫化物提出了限制性指标要求。我国的《生活饮用水卫生标准》(GB 5749—2006）中，在水质非常规指标中设置了小于 0.02mg/L 的指标要求。

测定硫离子的常用方法是亚甲基蓝分光光度法和直接显色分光光度法（GB/T 17133—1997)、碘量法、离子选择电极法，还有离子色谱法、间接原子吸收分光光度法、络合滴定法和铂蓝比色法等。亚甲基蓝分光光度法具有灵敏度和精密度较高、仪器简单、快速可靠等优点，因此在 S^{2-} 分析中广泛应用，但由于高浓度的硫化物可阻止其显色产物（亚甲基蓝）的生成，因此，其检出上限受到一定的局限；碘量法操作方便、快速、准确度高、应用范围广，但灵敏度不够高，对于测定低浓度的污染物不能收到满意的效果；离子选择电极法具有快速、仪器设备简单、经济实用的特点，并且可免去分离步骤，对有色、浑浊的黏稠液也可直接进行测定量，该方法所依据的电位变化信号可连续显示和自动记录，有利于实现连续自动在线分析，但由于电极问题使其在实际应用中受到一些限制，如方法误差较大，很难得到误差低于±2%的分析结果，因此，该方法只适用于准确度要求不高的快速分析。一般而言，样品中硫化物含量小于 1mg/L 时采用亚甲基蓝分光光度法，大于 1mg/L 时则采用碘量法。

(1) 亚甲基蓝分光光度法　在含高铁离子（硫酸高铁铵）的酸性溶液中，硫离子与对氨基二甲基苯胺作用，生成亚甲基蓝，颜色深度与水中的硫离子浓度成正比，在波长 665nm 处进行比色测定，反应式为：

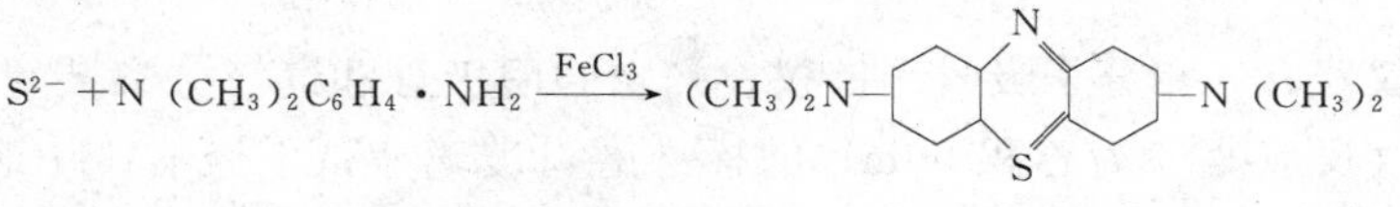

$$S^{2-}+N(CH_3)_2C_6H_4\cdot NH_2 \xrightarrow{FeCl_3} (CH_3)_2N\text{—}[\text{phenothiazine ring: N, S}]\text{—}N(CH_3)_2$$

对氨基二甲基苯胺　　　　亚甲基蓝染料

该方法是国家标准方法（GB/T 16489—1996），检测范围为 0.02～0.8mg/L。

(2) 碘量法　水样中的硫化物可与乙酸锌反应生成硫化锌白色沉淀，将其用酸溶解后，加入过量的碘溶液，使碘与硫化锌反应析出硫，然后再用硫代硫酸钠标准溶液滴定剩余的碘，根据硫代硫酸钠标准溶液消耗的体积，可间接计算硫化物的含量，涉及的反应式分别如下：

$$Zn^{2+}+S^{2-} \longrightarrow ZnS\downarrow \text{（白色）}$$

$$ZnS+2HCl \longrightarrow H_2S+ZnCl_2$$

$$H_2S+I_2 \longrightarrow 2HI+S\downarrow$$

$$I_2+2Na_2S_2O_3 \longrightarrow Na_2S_4O_6+2NaI$$

测定结果按下式计算：

$$\text{硫化物}(S^{2-},mg/L)=\frac{(V_0-V_1)c\times 16.03\times 1000}{V}$$

式中 V_0——空白试验硫代硫酸钠标准溶液用量，mL；

V_1——滴定水样消耗硫代硫酸钠标准溶液用量，mL；

V——水样体积，mL；

c——硫代硫酸钠标准溶液浓度，mol/L；

16.03——硫离子（$1/2S^{2-}$）的摩尔质量，g/mol。

由于硫离子很容易被氧化，硫化氢易从水中逸出，因此在采样时应防止曝气，并加入一定量的乙酸锌溶液和适量氢氧化钠溶液，使水样呈碱性并生成硫化锌沉淀。

当水样中存在悬浮物或浊度高、色度深时，可将现场采集固定后的水样加入一定量的磷酸，使水样中的硫化锌转变为硫化氢气体，利用惰性气体将之吹出，用乙酸锌-乙酸钠溶液或2%氢氧化钠溶液吸收，再行测定。

采用碘量法测定硫化物时，需注意以下几个问题。

① 控制溶液的酸度。反应必须控制在弱酸性条件下进行（pH=5.5～7.0），否则部分S^{2-}可被氧化为SO_4^{2-}，且I_2也会发生歧化反应。

② 防止I_2挥发。加入过量的KI（一般比理论值大2～3倍），由于生成了I_3^-，可减少I_2的挥发；反应温度控制在室温下进行；滴定时不要剧烈摇动溶液，最好使用碘量瓶。

③ 防止I^-被O_2氧化。溶液酸度不宜太高，因增高溶液酸度，会增加O_2氧化I^-的速度；避免阳光直接照射，防止日光催化作用；析出I_2后，不能让溶液放置过久。

(3) 气相分子吸收光谱法　方法基本原理：在5%～10%磷酸介质中将硫化物瞬间转变成H_2S，用空气将该气体载入气相分子吸收光谱仪的吸光管中，在202.6nm或228.8nm波长处测得的吸光度与硫化物的浓度遵守比耳定律。

水样采集在棕色玻璃瓶中，在现场及时固定，并防止曝气。采样前先向采样瓶中加入每升水样添加量为3～5mL的乙酸锌+乙酸钠固定液，注入水样后，用氢氧化钠调至弱碱性。硫化物含量高时，酌情多加一些固定液，直至硫化物沉淀完全。水样应充满采样瓶，使瓶内无气泡，并立即密塞，运输途中避免阳光直射。采集的水样在4℃冰箱保存，并在24h内测定。

用到的主要仪器有气相分子吸收光谱仪、锌空心阴极灯和气液分离装置（图2-34）。清洗瓶1及样品吹气反应瓶3为容积50mL的标准磨口玻璃瓶；干燥器4中装入无水高氯酸镁。将各部分用PVC软管连接于气相分子吸收光谱仪。仪器的收集器中装入乙酸铅棉。

将水样置于样品反应瓶中，加水至5mL，加2滴过氧化氢，用反应瓶盖将样品反应瓶密闭，用定量加液器加入5mL磷酸，通入载气，测定溶液吸光度，并根据标准曲线进行

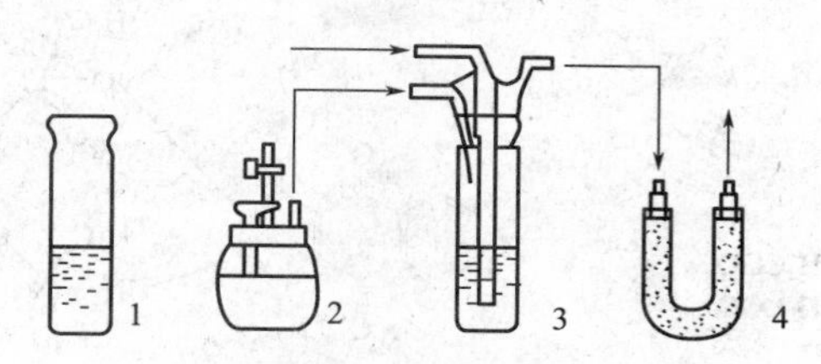

图 2-34　气液分离装置示意图

1—清洗瓶；2—定量加液器；3—样品吹气反应瓶；4—干燥器

定量。

在磷酸介质中，水样中硫化物浓度为 0.5mg/L 时，加入 2 滴 H_2O_2 可消除 1500mg/L NO_2^-、2000mg/L SO_3^{2-}、1000mg/L $S_2O_3^{2-}$ 的干扰；对含 I^-、SCN^- 等基体复杂及存在产生吸收的挥发性有机物时，可采用沉淀过滤及酸化吹气的双重分离手段消除干扰。

该法适用于地表水、地下水、海水、饮用水、生活污水及工业污水中硫化物的测定。使用 202.6nm 波长，方法的检出限为 0.005mg/L，测定下限为 0.020mg/L，测定上限为 10mg/L；在 228.8nm 波长处，测定上限为 500mg/L。

2.8.3　氟化物

氟是维持人体健康必需的微量元素之一，成人每天通过饮水和食物需摄入 2～3mg 氟，其中饮水占 50%。若饮用水中氟含量过低，摄入不足会引起龋齿病；若摄入量过多，则会发生斑釉齿症。若长期过量摄入氟，如每天摄入 20～80mg，持续 10～20 年，会导致骨质疏松、骨骼变形。我国饮用水中适宜的氟浓度为 0.5～1.0mg/L。

氟是最活泼的非金属，由于它的电负性高，氧化能力特别强，常温下几乎能与所有的金属和非金属化合，与水反应剧烈，因此自然界中无单质氟存在。氟的化合物分布广泛，天然水中一般均含有氟。有色冶金、钢铁和铝加工、焦炭、玻璃、陶瓷、电子、电镀、化肥、农药厂的废水及含氟矿物的废水中常常都存在氟化物。

(1) 水样预处理　测定水中氟化物时，无论用上述哪种方法都会受到共存离子的干扰，如 Al^{3+}、Fe^{3+}、Pb^{2+}、Zn^{2+}、Ca^{2+}、Mg^{2+}、Ni^{2+}、Co^{2+} 等金属离子以及草酸盐、酒石酸盐、柠檬酸盐和大量氯化物、硫酸盐、过氯酸盐等。因此在测定之前，尤其是工业废水，要先进行预处理以排除上述干扰。方法是在水样中加入适量高氯酸或硫酸，使氟化物与硅酸钠反应生成易挥发的氟硅酸或氟化硅，在 120～180℃溶液中直接蒸出或通入水蒸气于 135～140℃蒸馏蒸出。蒸出的氟硅酸在用水接收时，又水解成氟化氢。反应式如下：

$$SiO_2 + 4HF \xlongequal{\quad} SiF_4 \uparrow + 2H_2O$$

$$SiO_2 + 6HF \xlongequal{\quad} H_2SiF_6 \uparrow + 2H_2O$$

$$H_2SiF_6 + 4H_2O \xlongequal{\quad} 6HF + H_4SiO_4$$

(2) 氟化物测试方法　水中氟化物的测定方法主要有氟试剂分光光度法（HJ 488—2009）、氟离子选择电极法（GB 7484—87）和离子色谱法（HJ/T 84—2001）等。

① 氟试剂分光光度法。方法原理：氟离子在 pH=4.1 的乙酸盐缓冲介质中，与氟试剂（3-甲基胺-茜素-二乙酸）和硝酸镧反应，生成蓝色三元络合物，其色度与氟离子浓度成正比，在波长 620nm 处进行吸光度测定，用标准曲线法定量。

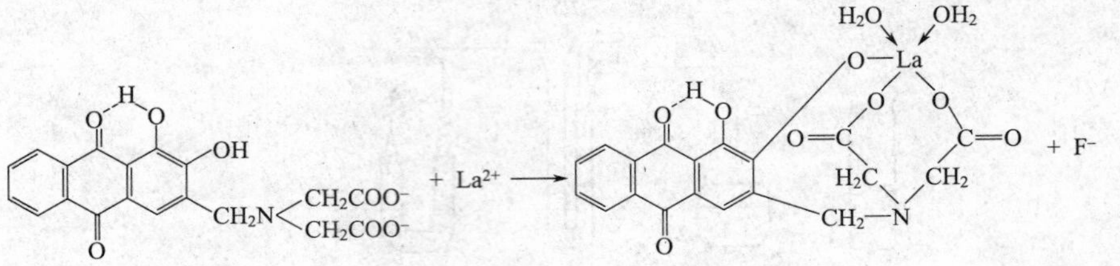

(ALC，黄色) $+ La^{3+} \longrightarrow$ (ALC-La螯合物，红色) $+ F^-$

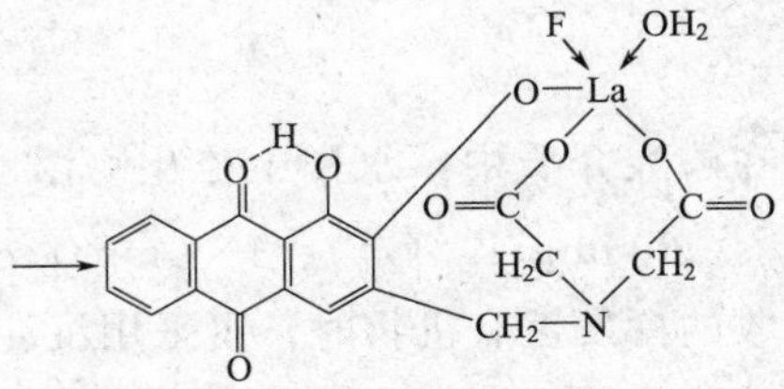

$\longrightarrow$ (ALC-La-F络合物，蓝色)

该法测定的检出限为 0.02mg/L，测定下限为 0.08mg/L。适用于饮用水、地表水、地下水和工业废水中氟化物含量的测定。

② 氟离子选择电极法。氟电极是由氟化镧单晶片制成的固体膜电极，只有氟离子可以透过膜。膜的内表面与一个固定氟离子浓度的溶液和内参比电极接触，使用时与一个标准参比电极联用。测量电池可表示为：

$Ag \mid AgCl, Cl^-(0.3mol/L), F^-(0.001mol/L) \mid LaF_3 \parallel$ 试液 $\parallel$ 外参比电极

当氟电极与含氟的试液接触时，电池的电动势（E）随溶液中氟离子活度的变化而改变，其关系符合能斯特方程。当溶液的总离子强度为定值且足够时服从能斯特方程：

$$E = E_0 - S\lg\alpha_{F^-}$$

式中 E——测得的电极电位；

E_0——参比电极的电极电位；

S——氟电极的斜率；

α_{F^-}——溶液中氟离子的活度。

配制一系列不同浓度的标准溶液，插入电极，测其电位（E）值，绘制 $E\text{-}\lg c_{F^-}$ 标准曲线。测得未知水样的电位值后，由标准曲线方程即可求得水样中氟离子的浓度。

通常加入总离子强度调节剂（TISAB）以保持溶液的总离子强度，并络合干扰离子。本法的测定范围是 0.05～1900mg/L，不受水样颜色、浑浊的干扰，适合于各种水样的测定。

2.8.4 主要阴离子的离子色谱法测定

离子色谱法（IC）是高效液相色谱法（HPLC）的一种，是用于分离、分析离子的液相色谱法。它的基本原理与高效液相色谱法相同，离子色谱仪也主要由输液系统、进样系统、分离系统、检测器和数据处理系统五个部分组成（图 2-35），所不同的是 IC 的固定相为离子交换树脂，流动相为酸或碱液，对系统的耐酸碱腐蚀性要求很高。

采用电导检测器的离子色谱分析的基本流程为：样品同强电解质的流动相一起流经装有离子交换树脂的色谱分析柱，将待测离子依次分离，然后再流经抑制柱，使充当流动相的强电解质溶液变为低电导的溶液，而后流经电导检测器进行测定。根据色谱峰的保留时间定

性，根据峰高或峰面积定量。IC 法既可以分析无机阴离子和无机阳离子，也可以分析有机酸等有机化合物，方法的灵敏度和选择性很好，可测定含量少至$\times 10^{-9}$、高至10^{-4}数量级的多种阴阳离子，已广泛应用于环境和其他领域中数百种离子的分析。

(1) 离子色谱的分离机理　根据分离方式的不同，离子色谱可分为高效离子色谱（HPIC）、离子排斥色谱（HPICE）和流动相离子色谱（MPIC）。三种分离方式所采用的柱填料的树脂骨架基本上都是苯乙烯-二乙烯基苯的共聚物，但树脂的离子交换容量各不相同。HPIC 的分离机理主要是离子交换，用于 F^-、Cl^-、NO_3^-、SO_4^{2-}、Na^+、NH_4^+、K^+、Mg^{2+}、Ca^{2+}、Fe^{3+}、Zn^{2+}、Ni^{2+}等无机亲水性阴、阳离子的分离；HPICE 的分离机理主要是离子排斥，用于有机酸、无机弱酸和醇类的分离；而 MPIC 主要基于吸附和离子对的形成，用于疏水性阴、阳离子的分离以及金属络合物的分离。

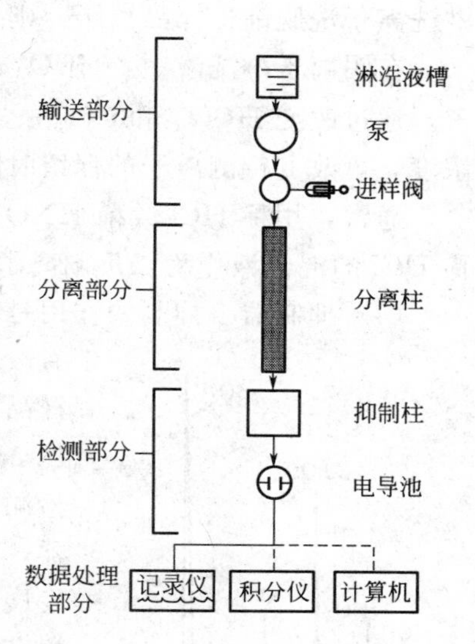

图 2-35　离子色谱分析流程

高效离子色谱（HPIC）是离子色谱的主要分离方式，它的离子交换过程可表示如下：

$$R^-Y^+ + X^+ \rightleftharpoons R^-X^+ + Y^+ \text{（阳离子交换）}$$

$$R^+Y^- + X^- \rightleftharpoons R^+X^- + Y^- \text{（阴离子交换）}$$

式中，X^+（X^-）为样品离子；R^-X^+（R^+X^-）为离子交换树脂；Y^+（Y^-）为从树脂上交换下来的离子。

离子交换树脂中含有离子交换功能基和保持树脂为电中性的平衡离子。典型的阴离子交换功能基是季铵基（$—NR_3^+$），相应的平衡离子为 Cl^-；阳离子交换功能基是磺酸基（$—SO_3^-$），相应的平衡离子为 H^+。在色谱分离过程中，样品离子与树脂交换功能基的平衡离子争夺树脂的离子交换位置。由于不同样品离子对固定相的亲和力不同，经过多次交换可达分离。每种离子的离子交换平衡常数，即选择性系数 K_s 可表示为：

$$K_s = \frac{[R^-X^+][Y^+]}{[R^-Y^+][X^+]} \text{（阳离子）}$$

或

$$K_s = \frac{[R^+X^-][Y^-]}{[R^+Y^-][X^-]} \text{（阴离子）}$$

K_s 值越大，样品离子的保留时间越长。

(2) 影响离子洗脱顺序的因素　通常，样品离子的价数越高，对离子交换树脂的亲和力越大，保留时间越长。常见阴离子的保留顺序是：$F^- \rightarrow Cl^- \rightarrow NO_3^- \rightarrow HPO_4^{2-} \rightarrow SO_4^{2-}$。但因为影响离子对树脂亲和力的还有许多其他因素，因此也有例外。

对于价数相同的离子，离子半径越大，对离子交换树脂的亲和力也越大，保留时间越长。因此，卤素离子的洗脱顺序是：$F^- \rightarrow Cl^- \rightarrow Br^- \rightarrow I^-$。碱金属离子的洗脱顺序是：$Li^+ \rightarrow Na^+ \rightarrow K^+ \rightarrow Rb^+ \rightarrow Cs^+$。

此外，淋洗液的 pH 值、树脂的种类等都会影响离子的洗脱顺序。

(3) 淋洗液　淋洗液能从树脂上置换出被测离子，它与树脂的亲和力与被测离子相近或稍大。通常，一价淋洗离子洗脱一价样品离子，二价淋洗离子洗脱二价样品离子，若用低价淋洗离子洗脱高价样品离子，则须较高的淋洗液浓度。

在阴离子淋洗液中，HCO_3^-、CO_3^{2-}是最通用的，它们可用于同时淋洗一价和多价阴离子。通过改变HCO_3^-和CO_3^{2-}之间的比例，来改变淋洗液的pH值和选择性；改变淋洗液的浓度，可改变待测离子的保留时间而不改变待测离子的洗脱顺序。

通常，用稀HCl或稀HNO_3（5～20mmol/L）作为一价阳离子的淋洗液；用氨基酸与稀HCl的混合液作为二价阳离子的淋洗液。

(4) 抑制器　抑制的作用是利用化学反应将淋洗液转变成弱电导型，将被测离子转变成有较高电导的离子对，从而改变电导检测器的信噪比，同时消除样品离子中“平衡离子”峰的干扰。

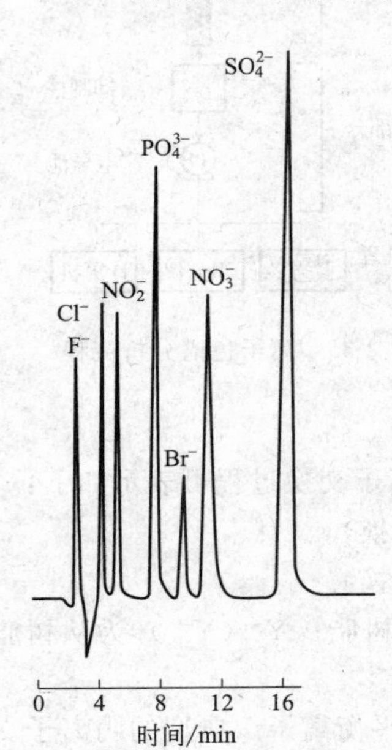

图 2-36　7种常见阴离子的离子色谱图

(5) 离子色谱的检测器　用于离子色谱的检测器主要有光学检测器和电化学检测器。光学检测器包括紫外可见和荧光检测器，电化学检测器有电导、直流安培和脉冲安培检测器。较新的发展是联用技术，如以原子吸收或质谱作为离子色谱的检测器以提高方法的灵敏度并扩大其应用范围。

电导检测器是离子色谱中用得最广的检测器。其作用原理是用两个相对电极测量水溶液中离子型溶质的电导，由电导的变化测定淋洗液中溶质的浓度。

(6) 水中常见无机阴离子的测定（HJ/T 84—2001）

① 仪器条件。离子色谱仪，电导检测器，阴离子前置柱，分离柱，抑制器。淋洗液：1.7mmol/L $NaHCO_3$ + 1.8mmol/L Na_2CO_3溶液。再生液：0.05mol/L H_2SO_4。

各种待测离子的标准溶液。

② 色谱条件。淋洗液流速1.0～2.0mL/min；再生液流速2～4mL/min；进样体积25μL。

图2-36为分离得到的F^-、Cl^-、NO_2^-、PO_4^{3-}、Br^-、NO_3^-和SO_4^{2-} 7种常见阴离子标准溶液的色谱图。可以看出，在上述色谱条件下7种阴离子得到了有效分离，为这些阴离子的定量分析奠定了基础。

2.9　有机物综合指标

目前，在世界上有统计的有机化合物的数目已达几百万种，与此同时，人工合成的新的有机物数量每年都在不断增加。如此大量的有机物不可避免地会通过各种方式进入环境水体中，如天然水体中常常含有多种多样的动植物体腐殖质，生活污水中含有大量人体排泄物、洗涤污物、厨余废物和胶体状物质等，而工业废水中的有机物更是种类繁多，如动植物纤维、油脂、糖类、染料、有机酸以及有机原料及产物等。此外，农业生产中的化肥、农药残留物及各种禽畜废水会以更广泛的途径进入天然水体。

水体中有机物，按其最初的来源，可分为天然来源与人工合成。天然来源可分为植物来源、动物来源和矿物来源三大方面，植物经光合作用及各种生物化学作用，利用无机化合物合成淀粉、纤维素、蛋白质等生命物质。动物以植物为食，经生化反应合成动物体内的种种物质。天然气、煤和石油等是有机物的矿物来源。人工合成的有机物是上述三方面来源的有机物质经分解、合成等化学反应的产物。

进入水体中的有机物在有氧条件下，可进行生物氧化分解，分解过程中要消耗水中的溶解氧，例如在有机物严重污染的水体中，水中溶解氧含量几乎为零，鱼类等水生生物的生长受到抑制甚至死亡；在无氧条件下可发生厌氧反应，使水体腐臭、水质恶化；而且有机物又是很多微生物（包括病菌）的食料，水中有机物增多，病原微生物会大量繁殖，加大了疾病传播的可能性；水中有毒有机物则能直接危害人体健康、水生动物和水生植物的生长。当富含氮、磷的有机物进入流动缓慢的水体（如湖泊、河口、港湾等），将会引起水体的富营养化或赤潮的频繁发生。总之，水中的有机物质是一类非常重要的水质指标。

水中有机物质种类繁多，组成复杂，化学结构和性质千差万别，且往往含量很低，甚至是痕量浓度，在大多数情况下很难一一分辨，逐个测定。因此，在环境监测中，除了对必要的、特定的有机化合物做单项测定外，一般都采用间接方法，即通过一些综合性指标来反映水中有机物的相对含量。最常用的测定手段是利用大部分有机物比较容易被氧化这一共同特性。氧化的方式大致有化学氧化、生物氧化和燃烧氧化三类，主要方法均是以有机物在氧化过程中所消耗的氧化剂的量换算成氧的数量来代表有机物的含量。但是，许多痕量有毒有机物对综合指标 BOD、COD 和 TOC 等的贡献极小，但危害不容忽视，甚至具有更大的潜在危害。因此在某些条件下，综合指标并不能充分反映有机污染状况，而需要采取一些特殊的高效分离、分析手段，如气相色谱、高效液相色谱等精密仪器手段，实现痕量毒性有机物的逐一测定。

2.9.1　化学需氧量

化学需氧量（chemical oxygen demand，COD）是指在一定条件下，水中易被强氧化剂氧化的还原性物质所消耗氧化剂的量，结果以 mg O_2/L 表示。

化学需氧量所测得的水中还原性物质主要是有机物，若水样中含有硫化物、亚硫酸盐、亚硝酸盐、亚铁盐等无机还原物质时，它们也会被强氧化剂氧化，从而表现为化学需氧量。但是，大多数废水中有机物的数量远多于无机还原性物质的数量，因此化学需氧量可以反映水体受有机物污染的程度。

化学需氧量是一个条件性指标，会受加入的氧化剂的种类、浓度、反应液的酸度、温度、反应时间及催化剂等条件的影响。根据所用氧化剂不同，化学需氧量（COD）的测定方法又分为重铬酸钾法（一般称化学需氧量，用 COD_{Cr}表示）和高锰酸盐法（一般称高锰酸盐指数，用 I_{Mn}表示）。这两种方法从建立至今已有 100 多年的历史，在 20 世纪 50 年代以前，环境污染尚不严重，多是用高锰酸盐法和生化需氧量来研究水体污染及其防治。20 世纪 60 年代开始，环境污染逐渐严重，又因高锰酸钾的氧化率（仅为 50%左右）等因素的限制，重铬酸钾法应用的范围越来越广。目前，高锰酸盐法仅适用于地表水、地下水及饮用水等较清洁水样的测定；由于重铬酸钾极强的氧化性（氧化率可达 90%左右），使得重铬酸钾法已成为国际上广泛认定的 COD 测定的标准方法，适用于生活污水、工业废水和受污染水体的测定。

2.9.1.1　重铬酸钾法

（1）容量滴定法　采用容量滴定进行定量的重铬酸钾法（COD_{Cr}）又分为标准法和快速法两种。标准法是 COD_{Cr}国家标准分析方法（GB 11914—89）；而快速法则是为了加快氧化反应速度、缩短反应时间而对标准法反应条件进行部分调整后的一种方法，仅适用于水样COD_{Cr}值初探和水污染治理技术的研究领域。

标准法和快速法的基本原理相同。即在强酸性溶液中，一定量的重铬酸钾在催化剂作用下氧化水样中的还原性物质，过量的重铬酸钾以试亚铁灵为指示剂，用硫酸亚铁铵溶液回滴，溶液的颜色由黄色经蓝绿色至红褐色即为滴定终点，记录硫酸亚铁铵标准溶液的用量。

重铬酸钾与有机物的反应：

$$2Cr_2O_7^{2-}+16H^++3C(\text{代表有机物})\xrightarrow{\text{硫酸银}}4Cr^{3+}+8H_2O+3CO_2\uparrow$$

过量的重铬酸钾以试亚铁灵为指示剂，以硫酸亚铁铵溶液回滴发生的反应：

$$Cr_2O_7^{2-}+14H^++6Fe^{2+}\longrightarrow 6Fe^{3+}+2Cr^{3+}+7H_2O$$

重铬酸钾氧化性很强，大部分直链脂肪化合物可有效地被氧化，而芳烃及吡啶等多环或杂环芳香有机物难以被氧化。但挥发性好的直链脂肪族化合物和苯等存在于气相，与氧化剂接触不充分，氧化率较低。氯离子也能被重铬酸钾氧化，并与硫酸银作用生成沉淀，干扰COD_{Cr}的测定，可加入适量 $HgSO_4$ 予以消除。若水中含亚硝酸盐较多，预先在重铬酸钾溶液中加入氨基磺酸便可消除其干扰。

氯离子的干扰反应：

$$Cr_2O_7^{2-}+14H^++6Cl^-\longrightarrow 3Cl_2\uparrow+2Cr^{3+}+7H_2O\uparrow$$

在排除氯离子干扰时，Cl^- 与 $HgSO_4$的反应：

$$Hg^{2+}+4Cl^-\longrightarrow[HgCl_4]^{2-}$$

COD_{Cr}测定过程中所涉及的试剂及其作用如下所述。

重铬酸钾（$K_2Cr_2O_7$）：强氧化剂，一般使用浓度为 0.25mol/L。

硫酸亚铁铵［$(NH_4)_2Fe(SO_4)_2\cdot 6H_2O$］：还原剂，回滴剩余的重铬酸钾，一般使用浓度为 0.1mol/L。临用前，用重铬酸钾标准溶液标定。

试亚铁灵［$C_{12}H_8N_2\cdot H_2O+(NH_4)_2Fe(SO_4)_2\cdot 6H_2O$］：终点指示剂，保存于棕色瓶中。

硫酸银（Ag_2SO_4）：氧化反应催化剂，一般使用浓度为 1%。

硫酸汞（$HgSO_2$）：Cl^-络合消除剂，使用 0.4g 最高可络合氯离子量为 40mg。

根据上述氧化反应中硫酸亚铁铵标准溶液的消耗量，可计算 COD_{Cr}：

$$COD_{Cr}(O_2,mg/L)=\frac{(V_0-V_1)\times c\times 8\times 1000}{V}$$

式中 V_0——空白试验时硫酸亚铁铵的用量，mL；

V_1——测定水样时硫酸亚铁铵的用量，mL；

V——所取水样的体积，mL；

c——硫酸亚铁铵标准溶液的浓度，mol/L；

8——$\frac{1}{2}$O 的摩尔质量，g/mol。

快速COD_{Cr}测定法则采用提高重铬酸钾与有机物作用时的酸度，从而提高了回流时的反应温度，加快了氧化反应的速度，使回流时间由标准法的 2h 缩短为 10min。对于同一个水样，快速法与标准法两种方法的结果比较见表 2-24。

表 2-24　快速法与标准法的比较

反应条件	标准法(GB 11914—1989)	快速法
重铬酸钾标准溶液	10mL	15mL
浓硫酸	30mL	40mL
氧化反应温度	146℃	165℃
回流反应时间	2h	10min
氧化率	90%	70%

(2) 分光光度法　标准的重铬酸钾法测定化学需氧量比较经典，但存在操作步骤较繁琐、分析时间长、能耗高，所使用的银盐、汞盐及铬盐还会造成二次污染等问题。为了解决这些问题，国内外学者相继提出了一些改进方法与装置，取得了不错的效果。如有的方法采用金属模块加热器取代煤气灯，用空气冷凝回流管取代传统的水冷凝管，同时实现多个样品的批量消解，节省了煤气和水资源的消耗，使操作更加安全。还有研究用 Al^{3+}、MoO_4^{2-} 等助催化剂部分取代 Ag_2SO_4，既可以节约成本，又可以缩短反应时间。

在定量方面，近年来利用分光光度法取代传统的容量滴定法也在一定程度上得到了普及。该方法是根据重铬酸钾中橙色的 Cr^{6+} 与水样中还原性物质反应后生成绿色的 Cr^{3+} 从而引起溶液颜色的变化这一特征，通过建立在一定波长下溶液的吸光度值与反应物浓度之间的定量关系，通过标准工作曲线得到未知水样所对应的 COD 的值。利用分光光度法进行定量的代表性方法有快速消解分光光度法（HJ/T 399—2007）和 HACH 公司的微回流 COD 测试方法（US EPA 认可方法）。

① 快速消解分光光度法。试样中加入已知量的重铬酸钾溶液，在强硫酸介质中，以硫酸银作为催化剂，经高温消解 2h 后，用分光光度法测定 COD 值。

当试样中 COD 值在 100～1000mg/L 时，在（600±20)nm 波长处测定重铬酸钾被还原产生的 Cr^{3+} 的吸光度，试样中还原性物质的量与 Cr^{3+} 的吸光度成正比例关系，从而可以根据 Cr^{3+} 的吸光度对试样的 COD 值进行定量。

当试样中的 COD 值在 15～250mg/L 时，在（440±20)nm 波长处测定重铬酸钾未被还原的 Cr^{6+} 和被还原产生的 Cr^{3+} 两种铬离子的总吸光度，试样中还原性物质的量与 Cr^{6+} 吸光度的减少值和 Cr^{3+} 吸光度的增加值分别成正比例关系，与总吸光度的减少值成正比例关系，从而可以将总吸光度换算成试样的 COD 值。

该法所规定的各种试剂浓度与标准法类似，但试剂用量和水样量都要小得多。采用在消解管中预装混合试剂，消解温度为（165±2)℃，消解时间为 120min。加热器应具有自动恒温和计时鸣叫等功能，有透明且通风的防消解液飞溅的防护盖，加热孔的直径应与消解管匹配，使之紧密接触。可以使用普通光度计，用长方形比色皿盛装反应液测量，也可以采用专用光度计，直接将消解比色管放入光度计在一定波长下进行测量。

自己准备标准工作曲线时，需要精确配制 1000mg/L COD_{Cr}浓度的葡萄糖、邻苯二甲酸氢钾或乙酸钠三种贮备液，再依次稀释为 COD_{Cr} 浓度为 50mg/L、100mg/L、200mg/L、400mg/L、600mg/L、800mg/L 系列标准溶液，并按方法要求进行标准溶液的消解处理，待测消解液用 610nm 波长测定读取吸光度值，绘制吸光度与 COD_{Cr}浓度的关系曲线，并求出回归方程。三种标准物质的标准曲线数据列于表 2-25。可以看到，葡萄糖、邻苯二甲酸氢钾及乙酸钠标准溶液的吸光度与 COD_{Cr}值之间均呈很好的线性相关。

表 2-25 三种标准物质工作曲线测定数据

COD_{Cr}/(mg/L)	吸光度值(610nm)		
	葡萄糖	邻苯二甲酸氢钾	乙酸钠
50	0.028	0.034	0.036
100	0.066	0.067	0.070
200	0.129	0.138	0.139
400	0.256	0.276	0.265
600	0.381	0.405	0.392
800	0.542	0.538	0.530
1000	0.651	0.681	0.632
线性回归方程	$COD_{Cr}=1530.6\times A_{610}+5.0398$	$COD_{Cr}=1476.8\times A_{610}-1.2589$	$COD_{Cr}=1572.5\times A_{610}-13.663$
线性相关系数(r^2)	0.9997	0.9998	0.9989

② HACH 微回流 COD 测试方法（USEPA 认可方法）。该方法与快速消解分光光度法的基本原理和操作步骤基本一致，具体采用的试剂和仪器皆为 HACH 公司的相关产品。

将经过预处理的水样数毫升加入预装反应试剂的消解管，充分混合均匀。加热器采用 DRB200 消解反应器（图 2-37），该仪器内置了各种程序，从中选定合适的 COD 测试程序，仪器会默认 150℃加热温度，反应时间 120min。当温度升到指定温度，有两声提示声，此时可将消解管放入，盖上保护罩。消解时间到，反应器自动停止加热，并伴有三声提示声。

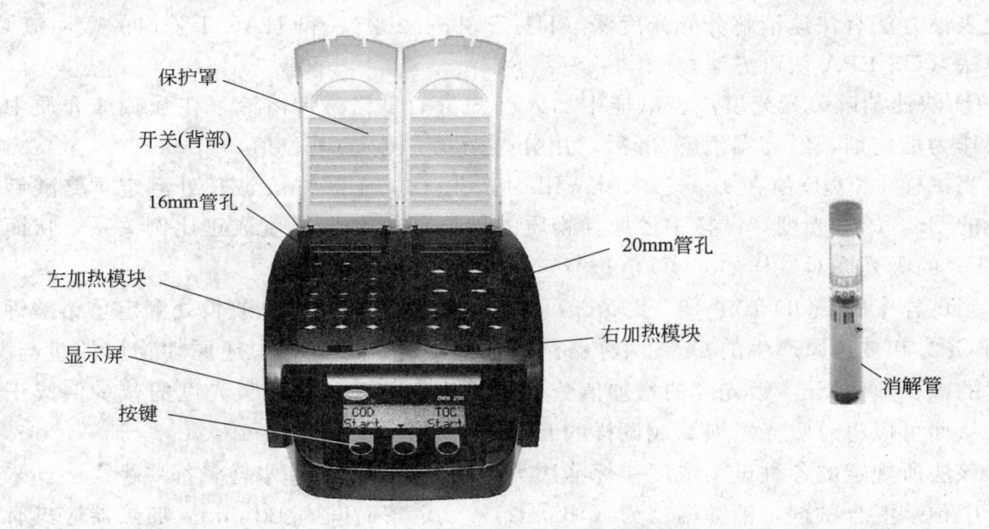

图 2-37 DRB200 消解反应器及消解管

当样品冷却至室温后可进行比色测定。采用与消解管匹配的分光光度计进行比色，从中调出 COD 测定程序，仪器会自动调节所需波长。低量程时，分光光度计在 365nm 和 420nm 波长下测得样品中剩余的 Cr^{6+} 浓度；高量程时，分光光度计在 600nm 波长下测得样品中反应生成的 Cr^{3+} 浓度，并可自动将测量值转化为 COD 的值。

HACH 公司的消解器和分光光度计的参数除了可调用内置方法外，还可以根据需要自行设定，建立用户使用程序。

2.9.1.2 高锰酸盐指数

高锰酸盐指数（I_{Mn}）的测定方法有两种，即酸性法和碱性法。

酸性法高锰酸盐指数的测定原理是：取100mL水样，加入（1+3）硫酸使呈酸性，加入10.00mL浓度约为0.01mol/L的高锰酸钾溶液，在沸水浴中加热反应30min。剩余的高锰酸钾用过量的草酸钠溶液（10.00mL，0.0100mol/L）还原，再用高锰酸钾溶液回滴过量的草酸钠，滴定至溶液由无色变为微红色即为滴定反应终点，记录高锰酸钾溶液的消耗量。其化学反应式如下。

高锰酸钾与有机物的反应：

$$4KMnO_4+6H_2SO_4+5C \longrightarrow 2K_2SO_4+4MnSO_4+6H_2O+5CO_2$$

高锰酸钾与草酸的反应：

$$2KMnO_4+5H_2C_2O_4+3H_2SO_4 \longrightarrow K_2SO_4+2MnSO_4+8H_2O+10CO_2$$

根据高锰酸钾和草酸的用量和浓度，可以算出高锰酸钾的消耗量，并通过下式求得高锰酸钾指数：

$$I_{Mn}(O_2,mg/L)=\frac{[(10+V_1)K-10]\times c\times 8\times 1000}{100}$$

式中　V_1——回滴时所消耗高锰酸钾溶液的体积，mL；

K——高锰酸钾校正系数；

c——草酸钠标准溶液的浓度，mol/L；

8——$\frac{1}{2}$O的摩尔质量，g/mol。

由于高锰酸钾溶液不是很稳定，该标液应该保存在棕色瓶中，并要求每次使用前进行重新标定，即准确移取10.00mL草酸钠溶液（0.0100mol/L）立即用高锰酸钾溶液滴定至微红色，记录消耗的高锰酸钾溶液的体积（V_2），即可计算K：

$$K=\frac{10.00}{V_2}$$

若水样测定前用蒸馏水稀释，则需同时做空白试验，I_{Mn}计算公式为：

$$I_{Mn}(O_2,mg/L)=\frac{[(10+V_1)K-10]-[(10+V_0)K-10]f}{V_2}\times c\times 8\times 1000$$

式中　V_0——空白试验中回滴所消耗高锰酸钾溶液的量，mL；

V_2——原水样体积，mL；

f——蒸馏水在稀释水样中所占比例。

其他符号同不稀释水样的公式。

当水中含有的氯离子＜300mg/L时，基本不干扰I_{Mn}的测定；当水中含有大量氯离子时（＞300mg/L），在酸性条件下，氯离子可与硫酸反应生成盐酸，再被高锰酸钾氧化，从而消耗过多的氧化剂，影响测定结果。此时，需采用碱性法测定高锰酸盐指数，在碱性条件下高锰酸钾不能氧化水中的氯离子。

氯离子的干扰反应为：

$$2NaCl+H_2SO_4 \longrightarrow Na_2SO_4+2HCl$$

$$2KMnO_4+16HCl \xrightarrow{\text{酸性条件}} 2KCl+2MnCl_2+5Cl_2+8H_2O$$

碱性法高锰酸盐指数的测定步骤与酸性法基本一样，只不过在加热反应之前将溶液用氢氧化钠溶液调至碱性，在加热反应之后先加入硫酸酸化，然后再加入草酸钠溶液。I_{Mn}计算方法同酸性法。

水中如含有亚硝酸盐、亚铁化合物、硫化物或其他还原性无机化合物，为避免这些物质与高锰酸钾作用而消耗其用量，可先在室温条件下用高锰酸钾标准溶液滴定水样至微红色，然后从高锰酸钾总消耗体积中扣除这部分还原性物质的消耗，以保证 COD_{Mn} 测定结果的准确性。

2.9.2 生化需氧量

生化需氧量（biochemical oxygen demand，BOD）是指在一定条件下，好氧微生物分解水中的可氧化物质，特别是有机物的生物化学过程中所消耗溶解氧的量，结果以 O_2 的 mg/L 表示。水中存在的硫化物、亚铁等还原性物质也会消耗部分溶解氧，但通常它们的含量都比较低，因此 BOD 可以间接表示水中有机物质的含量。

微生物分解有机物是一个缓慢的过程。在有氧条件下，水中有机物的分解过程主要分为碳化和硝化两个阶段进行，如图 2-38 所示。

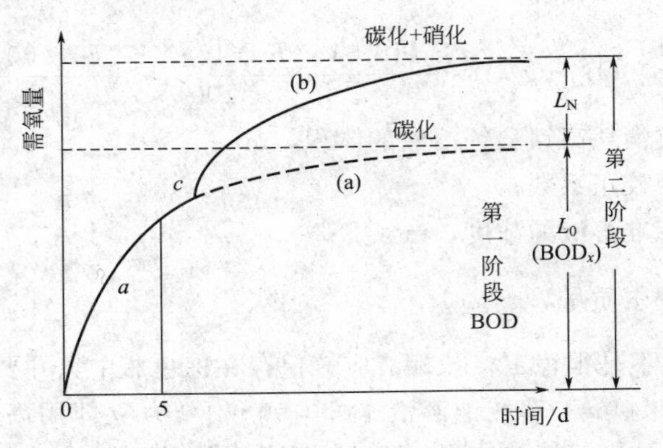

图 2-38 水中有机物质分解的两个阶段

图 2-38 中曲线（a）为第一阶段，又称碳氧化阶段，该阶段包括了不含氮有机物的全部氧化，也包括含氮有机物的氨化及其所生成的不含氮有机物的进一步氧化，也就是有机物被转化为无机的二氧化碳、氨和水的过程，又称有机物的无机化过程。碳氧化阶段所消耗的氧称为碳化生化需氧量，总的碳化生化需氧量又称为完全生化需氧量，常以 L_0 表示。含氮有机物氨化后，在硝化菌的作用下，将氨氧化为亚硝酸盐氮，并最终氧化为硝酸盐氮。这个过程称为硝化过程，也要消耗水中的溶解氧，是有机物生物分解的第二阶段，该阶段所消耗的氧称为硝化生化需氧量，以 L_N 表示。图 2-38 中曲线（b）表示的是碳化加硝化两个阶段所消耗溶解氧的总量。

碳化阶段的生物氧化反应式可表示为：

$$C_nH_aO_bN_c+\left(n+\frac{a}{4}-\frac{b}{2}-\frac{3}{4}c\right)O_2 \xrightarrow{\text{酶}} nCO_2+\left(\frac{a}{2}-\frac{3}{2}c\right)H_2O+cNH_3$$

硝化阶段的生物氧化反应式则为：

$$NH_3 \xrightarrow{O_2\text{，亚硝化细菌}} NO_2^- \xrightarrow{O_2\text{，硝化细菌}} NO_3^-$$

通常条件下，要彻底完成水中有机物的生化氧化过程历时需>100d，而要把可降解的有机物全部分解掉则需要>20d 的时间。用这么长时间来测定生化需氧量是不现实的。目前，国内外普遍规定在 20℃温度条件下培养 5d 所消耗的溶解氧作为生化需氧量的数值，称为五日生化需氧量，用 BOD_5 表示。

由于硝化菌的世代时间较长，一般要在有机物碳氧化过程发生后 5～10d 才可能繁殖一定量的硝化菌，开始硝化过程消耗溶解氧。因此，BOD_5 只是指碳化生化需氧量，即第一阶段生化需氧量，不包括第二阶段硝化过程所消耗的氧量。为了统一起见，在测定五日生化需氧量时，要尽量避免第二阶段硝化作用的发生。对于含硝化细菌较多的水，如废水生物处理后的出水，为了防止硝化阶段提前影响测定结果，可以在测定时投加丙烯基硫脲、亚甲基蓝等化学药剂以抑制硝化作用的发生。

研究表明，第一阶段生化需氧量的变化接近于一级反应，其反应动力学公式可以表示为：

$$y=L_0(1-e^{-kt})$$

式中　y——任一天的 BOD 值，mg/L；

L_0——碳化阶段完全生化需氧量，mg/L；

k——耗氧速率常数，d^{-1}；

t——时间，d。

反应速率常数 k 值受水质及其实验温度的影响较大，一般变化在 0.04～0.30d^{-1} 的范围内，表 2-26 列出了 20℃时几种不同水样的 k 值。

表 2-26　20℃时不同水样的 k 值

水　样	k/d^{-1}	水　样	k/d^{-1}
自来水	<0.04	生化处理厂出水	0.06～0.10
轻度污染的河水	0.04～0.08	未经处理的污水	0.15～0.28

对于生活污水，当温度为 20℃时，k 值约为 0.17d^{-1}，因此，其 BOD_5 约为 L_0 的 86%。

BOD_5 测定方法有非稀释法和非稀释接种法、稀释与接种法（HJ 505—2009）、压力传感器法、减压式库仑法、微生物电极法（HJ/T 86—2002）和相关估算法等。

（1）非稀释法和非稀释接种法　较清洁的水样（BOD_5 不超过 6mg/L），其中有足够微生物，用非稀释法测定其 BOD_5。当水样 BOD_5 不超过 6mg/L，但其中没有足够微生物时，如酸性废水、碱性废水、高温废水等则需采用非稀释接种法测定其 BOD_5。

具体步骤为先调整水温至（20±2）℃内，曝气使水中的溶解氧接近饱和（约 9mg/L）。将水样装满 2 个生化需氧量培养瓶（溶解氧瓶），测定其中 1 个瓶中水样的当日溶解氧，另一个瓶在（20±1）℃的培养箱中培养 5 天，5 天后取出测定瓶中水样剩余的溶解氧。当天溶解氧减去五天后溶解氧所得数值即为水样的 BOD_5。该方法的检出限为 0.5mg/L，方法测定下限为 2mg/L，测定上限为 6mg/L。为减小误差，可多做几个平行样进行测定。

（2）稀释与稀释接种法　若水样中有机物含量较高（BOD_5 质量浓度大于 6mg/L），且水样中含有足够的微生物，采用稀释法测定；若水样中有机物含量较高（BOD_5 质量浓度大于 6mg/L），但水样中无足够的微生物，采用稀释接种法测定。稀释或稀释接种的目的是降低废水中有机物的浓度，保证在五天培养过程中有充足的溶解氧。根据培养前后溶解氧的变化，并考虑到水样的稀释比或稀释接种量，即可求得水样的五日生化需氧量。该方法的检出限为 0.5mg/L，方法测定下限为 2mg/L，测定上限为 6000mg/L。具体步骤介绍如下。

① 稀释水的配制。稀释水一般采用蒸馏水配制，对其溶解氧、温度、pH 值、营养物质和有机物含量都有一定的要求。首先，稀释水的溶解氧含量应接近饱和，这样才能为五天内微生物氧化分解有机物提供充足的氧，为此要曝气使水中溶解氧接近饱和，然后于（20±1）℃培养箱中放置一定时间使其达到平衡。其次，为了防止影响好氧微生物的活动，稀释水

的 pH 值应保持在 6.5～8.5 范围内，常用磷酸盐调节 pH 值，而适合好氧微生物活动的最佳 pH 值为 7.2。此外，微生物还需要各种微量营养元素以维持其正常的生理活动，即要求加入适量的硫酸镁、氯化钙、氯化铁溶液及由磷酸二氢钾、磷酸氢二钾、磷酸氢二钠和氯化铵所组成的缓冲溶液。另外，稀释水本身不得含有太多的有机物，规定稀释水的 BOD_5 不能超过 0.2mg/L。

② 稀释倍数的确定。水样用稀释水稀释，确定合适的倍数非常重要。稀释倍数太大或太小，则五天后培养液中剩余的溶解氧太多或太少甚至为零，都不能得到可靠的结果。稀释的程度应使五天培养中所消耗的溶解氧质量浓度不小于 2mg/L，而剩余溶解氧的质量浓度在 2mg/L 以上，且试液中剩余的溶解氧质量浓度为开始浓度的 1/3～2/3 为最佳。在此前提条件下，稀释倍数可根据水样的总有机碳（TOC）、高锰酸盐指数（I_{Mn}）或化学需氧量（COD_{Cr}）的测定值，按照表 2-27 列出的 BOD_5 与 TOC、I_{Mn} 或 COD_{Cr} 的比值 R 估算 BOD_5 的期望值，再根据表 2-27 确定稀释因子。当不能准确地选择稀释倍数时，一个水样样品需要选择 2～3 个不同的稀释倍数。

表 2-27　典型的比值 R

水样类型	总有机碳 R (BOD_5/TOC)	高锰酸盐指数 R (BOD_5/I_{Mn})	化学需氧量 R (BOD_5/COD_{Cr})
未处理的废水	1.2～2.8	1.2～1.5	0.35～0.65
生化处理的废水	0.3～1.0	0.5～1.2	0.20～0.35

由表 2-27 中选择适当的 R 值，再根据下式计算 BOD_5 的期望值：

$$\rho_{期望值}=RY$$

式中　$\rho_{期望值}$——五日生化需氧量浓度的期望值，mg/L；

Y——总有机碳（TOC）、高锰酸盐指数（I_{Mn}）或化学需氧量（COD_{Cr}）的测定值，mg/L。

再由估算出的 BOD_5 的期望值，按照表 2-28 确定水样样品的稀释倍数。

表 2-28　BOD_5 测定的稀释倍数

BOD_5 的期望值/(mg/L)	稀释倍数	水样类型
6～12	2	河水，生物净化的城市污水
10～30	5	河水，生物净化的城市污水
20～60	10	生物净化的城市污水
40～120	20	澄清的城市污水或轻度污染的工业废水
100～300	50	轻度污染的工业废水或原城市污水
200～600	100	轻度污染的工业废水或原城市污水
400～1200	200	重度污染的工业废水或原城市污水
1000～3000	500	重度污染的工业废水
2000～6000	1000	重度污染的工业废水

根据确定的稀释倍数，将一定体积的水样或处理后的试样用虹吸管加入已加部分稀释水或稀释接种水的稀释容器中，加稀释水或稀释接种水至规定刻度，轻轻混合避免残留气泡，待测定。若稀释倍数超过 100 倍，可进行必要的两步或多步稀释。

③ 稀释水的接种。一般情况下，生活污水中有足够的微生物，不存在接种的问题。而工业废水，尤其是一些有毒工业废水，微生物含量甚微，往往需要接种才能测定 BOD_5。接种的目的是把能够分解有机物的微生物菌种引入废水水样中。接种液一般可采用生活污水上清液，也可采用河水、湖水或表层土壤浸出液，但要注意避免采用含有大量藻类或硝化细菌的水。有些含有不易被一般微生物分解的有机物或剧毒物质的工业废水，可以采用该种废水所排入的河道的水作为接种水，也可用产生这种废水的工厂、车间附近的土壤浸出液接种，或者进行微生物菌种驯化。接种液可事先加入稀释水中，但稀释水样中的微生物浓度要适量，其含量过大或过小都将影响微生物在水中的生长规律，从而影响 BOD_5 的测定值。

每升稀释水中接种液的加入量可参见表 2-29。接种稀释水的 BOD_5 值以不超过 0.5mg/L 为宜。

表 2-29　稀释水中接种液的加入量

接种液来源	每升稀释水中接种液加入量	接种液来源	每升稀释水中接种液加入量
生活污水	1～10mL	表层土壤浸出液	20～30mL
河水、湖水	10～100mL		

稀释接种水（或稀释水）质量的检查可通过 BOD_5 标准样品来进行。该标准溶液配制方法如下：①将葡萄糖（$C_6H_{12}O_6$，优级纯）和谷氨酸（$HOOC—CH_2—CH_2—CHNH_2—COOH$，优级纯）在 130℃干燥 1h，各称取 150mg 溶于 1L 水中，即得到 BOD_5 为（210±20）mg/L 的标准溶液；②取该标准溶液 20mL 用接种稀释水稀释至 1000mL，测定其 BOD_5，结果应在 180～230mg/L 范围内，否则应检查接种液（稀释水）的质量。

（3）BOD_5 结果计算

① 非稀释法。非稀释法按下式计算 BOD_5 的测定结果：

$$\rho=\rho_1-\rho_2$$

式中　ρ——五日生化需氧量质量浓度，mg/L；

ρ_1——水样在培养当天的溶解氧质量浓度，mg/L；

ρ_2——水样在培养五天的溶解氧质量浓度，mg/L。

② 非稀释接种法。非稀释接种法按下式计算 BOD_5 的测定结果：

$$\rho=(\rho_1-\rho_2)-(\rho_3-\rho_4)$$

式中　ρ——五日生化需氧量质量浓度，mg/L；

ρ_1——接种水样在培养当天的溶解氧质量浓度，mg/L；

ρ_2——接种水样在培养五天的溶解氧质量浓度，mg/L；

ρ_3——空白水样在培养当天的溶解氧质量浓度，mg/L；

ρ_4——空白水样在培养五天的溶解氧质量浓度，mg/L。

③ 稀释与接种法。BOD_5 测定结果可按下式计算：

$$\rho=\frac{(\rho_1-\rho_2)-(\rho_3-\rho_4)f_1}{f_2}$$

式中　ρ——五日生化需氧量质量浓度，mg/L；

ρ_1——接种稀释水样在培养当天的溶解氧质量浓度，mg/L；

ρ_2——接种稀释水样在培养五天的溶解氧质量浓度，mg/L；

ρ_3——空白样在培养当天的溶解氧质量浓度，mg/L；

ρ_4——空白样在培养五天的溶解氧质量浓度，mg/L；

f_1——接种稀释水或稀释水在培养液中所占比例；

f_2——原水样在培养液中所占比例。

BOD是一个能反映废水中可生物氧化的有机物数量的指标。根据废水的BOD_5/COD_{Cr}（或根据BOD_5/TOC或BOD_5/I_{Mn}比值），可以评价废水的可生化性以及是否可以采用生化法处理等。一般，若该比值大于0.3，认为此种废水适宜采用生化处理方法；若该比值小于0.3，说明废水中不可生物降解的有机物较多，需寻求其他处理途径。

(4) 压差法　利用压差法进行BOD连续自动测定的典型装置如图2-39所示。这类仪器代表性的有Hach公司的BODTrak测定仪，WTW公司的OxiTop型BOD测定仪，哈纳公司的HI99728型BOD测定仪，以及罗维邦公司的ET99724型BOD快速测定仪。

图2-39　压差法BOD连续自动测定系统

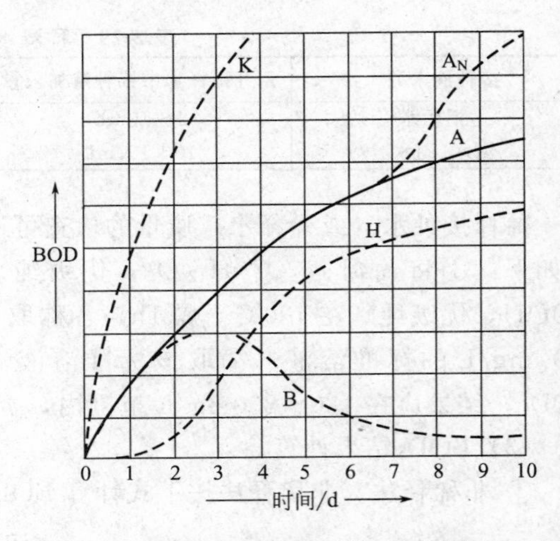

图2-40　BODTrak测定仪所显示的测量结果图

压差法BOD测试的原理：将水样置于特制的玻璃培养瓶中，瓶中加入营养盐、菌液，拧紧瓶盖。瓶盖连接可以感测压力的压电传感器和数显存储记录装置，瓶上空装有二氧化碳吸收剂（氢氧化钠等碱性试剂）。瓶内放入搅拌子，将瓶子放在磁力搅拌器上，整个培养期间连续搅拌。在密闭的培养瓶中，水样中微生物分解有机物消耗水中溶解氧，测试瓶上方空气中的氧气不断补充水中消耗的溶解氧，有机物降解过程中产生的CO_2被密封盖中的碱性试剂吸收，瓶内的氧分压和总气压下降，下降的量由压力计记录、转换成电信号，并自动换算为BOD的值，每天可由数显记录装置读取测试数据。五天后的读数即为培养瓶内水样的BOD_5值。用压差法测定BOD_5，一般的地表水和生活污水不需稀释可直接取一定体积水样测定；工业废水一般需稀释后取一定体积测定，仪器所显示的BOD_5值要乘上稀释倍数方为原水样的BOD_5值。

HACH公司的BODTrak测定仪还可以用图形显示测量结果，如图2-40所示。图中不同曲线所代表的意义如下：

A：正常结果。

B：有一波谷状，说明装置漏气，密封不严密。

H：最初一段时间内，没有显示测量值，说明细菌活性较差。

A_N：BOD值突然增大，说明有硝化细菌参与有机物的分解。

K：BOD值增长过快，造成在曲线上已无法读出BOD测量值，说明水样中BOD浓度过高，超出了选定的测量范围。

压差法与稀释接种法相比有多方面的优越性，详见表 2-30 比较。

表 2-30　压差法与稀释接种法的比较

项　目	压　差　法	稀释接种法
营养盐的制备	预制试剂，无需手工配制	需要基础试剂进行手工配制
菌种来源	商品化的菌种，使用时一般在去离子水中曝气后即可使用	取自天然或人工水体的适宜菌种，需驯化后使用
水样稀释	一般情况下水样无需稀释	一般情况下水样需要稀释
稀释水的曝气	无需曝气	需要曝气使溶解氧达饱和
溶解氧的测定与 BOD 值计算	仪器通过预设的压差与溶解氧的关系曲线，将压差值直接转化为所消耗的氧气量，直接在仪器上读取 BOD 值	滴定法或仪器法测当天与 5 天后溶解氧，然后计算人工 BOD 值
专人值守	仪器自动计时并储存数据，无需专人值守	需专人值守，补充“水封”蒸发的水量并在第 5 天人工停止培养并测定溶解氧

研究表明，压力计测得的 BOD_5 值通常要比标准稀释法的测定值高。这是因为压力计测定过程中，液面上的氧会不断溶解到水中补充水中的溶解氧，使得两种过程的耗氧速率不一样。另外，压力法中水样处于连续搅拌状态，与静止的稀释法在动力学特性上有一定差别，这也导致压力法所测得的结果偏高。

2.9.3　总有机碳

总有机碳（total organic carbon，TOC）是以碳的含量表示水中有机物质的总量，结果以 C 的 mg/L 表示。

碳是一切有机物的共同成分，是组成有机物的主要元素，水的 TOC 值越高，说明水中有机物含量越高，因此，TOC 可以作为评价水质有机污染的指标。但它排除了其他元素，如高含 N、S 或 P 等元素有机物在燃烧氧化过程中同样参与了氧化反应，而 TOC 以 C 计结果中并不能反映出这部分有机物的含量。

TOC 的测定是采用仪器法，按工作原理不同，可分为燃烧氧化-非分散红外吸收法、电导法、湿法氧化-非分散红外吸收法等。其中燃烧氧化-非分散红外吸收法流程简单、重现性好、灵敏度高，在国内外被广泛采用。国家环保部于 2009 年颁布了《水质　总有机碳（TOC）的测定　燃烧氧化-非分散红外吸收法》（HJ 501—2009）。

燃烧氧化-非分散红外吸收法测定 TOC 又分为差减法和直接法两种。当水中苯、甲苯、环己烷和三氯甲烷等挥发性有机物含量较高时，宜用差减法测定；当水中挥发性有机物含量较少而无机碳含量相对较高时，宜用直接法测定。

2.9.3.1　差减法

（1）差减法原理　将一定体积的水样连同净化氧气或空气分别导入高温燃烧管（900～950℃）和低温反应管（150℃）中，经高温燃烧管的水样在催化剂（铂和二氧化钴或三氧化二铬）和载气中氧的作用下，使有机化合物转化成为二氧化碳；经低温反应管的水样受酸化而使无机碳酸盐分解成二氧化碳。其所生成的二氧化碳依次进入非色散红外线检测器。由于一定波长的红外线被二氧化碳选择吸收，并在一定浓度范围内，二氧化碳对红外线吸收的强度与二氧化碳的浓度成正比，故可对水样中的总碳（TC）和无机碳（IC）进行分别定量测定。

总碳与无机碳的差值，即为总有机碳。因此，TOC可由下式计算得到：

$$TOC=TC-IC$$

（2）测试要点

① 邻苯二甲酸氢钾（$KHC_8H_4O_4$，基准试剂）作为水中有机物的标准试剂，无水碳酸钠（Na_2CO_3）和碳酸氢钠（$NaHCO_3$）作为水中无机物的标准试剂。通常要求两类试剂均先配制成浓度为400mg/L（以C计）的贮备液。

② 由标准贮备液逐级稀释配制不同浓度的有机物、无机物标准系列溶液，分别注入燃烧管和反应管，根据吸收峰高-对应浓度的关系，绘制标准工作曲线。

③ 取适量水样分别注入TOC的燃烧管和低温反应管，所得TC和IC峰高可由标准工作曲线和计算公式得到水样的TOC值，或由仪器直接给出结果值。

2.9.3.2 直接法

（1）直接法原理　将水样加酸酸化为$pH<2$，通入氮气曝气，使无机碳酸盐转变为二氧化碳并被吹脱而去除。再将水样注入高温燃烧管，便可直接测得总有机碳。由于酸化曝气会损失可吹扫有机碳（POC），故测得的总有机碳值为不可吹扫有机碳（NPOC）。

该方法由于通氮气吹脱无机物产生的CO_2，同时会使挥发性有机物有所损失，从而影响测定结果，对含挥发性有机物高的水样不适用。

（2）测试要点

① 现将水样加酸酸化为$pH<2$，通入氮气曝气，使无机碳酸盐转变为二氧化碳并被完全吹脱。

② 邻苯二甲酸氢钾（$KHC_8H_4O_4$，基准试剂）作为水中有机物的标准试剂，通常要求先配制成浓度为400mg/L（以C计）的贮备液。

③ 由标准贮备液逐级稀释配制不同浓度的有机物标准系列溶液，注入燃烧管，根据吸收峰高-对应浓度的关系，绘制标准工作曲线。

④ 取适量水样注入TOC的燃烧管，所得TC峰高可由标准工作曲线或计算公式得到水样的TOC值。

但由于总有机碳测定仪的进样方式是采用针孔进样，这种进样方式会阻碍大颗粒物进入注射器的细针头。有些细小颗粒物的沉淀还会堵塞针头和仪器中气泵的管道，为防止堵塞，对浑浊样品需进行离心或者过滤后测定。因此所测水样往往不包括全部颗粒态有机碳。对于含悬浮物较多的水样TOC就无法对总有机物的含量有准确的测定。

2.9.4 有机物综合测试方法比较

2.9.4.1 理论需氧量及氧化率

化学需氧量是指在一定条件下，水体中易被强氧化剂氧化的还原性物质所消耗的氧化剂的量，结果折算成氧的量，单位以mg/L表示。除特殊水样外，还原性物质主要是有机物，组成有机物的碳、氮、硫、磷等元素往往处于较低的氧化价态。前面已经介绍过，自然界中的有机物在生物降解过程中将会消耗水体中的溶解氧，进而破坏环境和生物群落的平衡，引起水体的恶化。

若以经验式$C_aH_bO_cN_dP_eS_f$泛指一般有机物，理论上其氧化反应可由下式表示：

$$C_aH_bO_cN_dP_eS_f+\frac{1}{2}(2a+\frac{b}{2}+d+\frac{5}{2}e+2f-c)O_2 \longrightarrow aCO_2+\frac{b}{2}H_2O+dNO+\frac{e}{2}P_2O_5+fSO_2$$

即1mol的有机物 $C_aH_bO_cN_dP_eS_f$ 在氧化反应中要消耗 $\frac{1}{2}\left(2a+\frac{b}{2}+d+\frac{5}{2}e+2f-c\right)$ mol的氧，由此方法计算的COD值被定义为理论需氧量（ThOC），其单位一般用g/g表示（即每克有机物消耗氧的克数）。

上面是以COD为例来介绍理论需氧量的，其同样适用于BOD和TOC等其他综合指标，因为这些指标的不同之处仅在于氧化方式的不同。

在评价COD等综合指标时，必然要用到氧化率的概念。氧化率是指实际测得的需氧量与理论需氧量的比值，即为（仍以COD为例）：

$$氧化率(\%)=\frac{COD}{ThOD}\times 100\%$$

在甲醇的氧化反应中，其ThOD的氧化反应式为：

$$CH_3OH+\frac{3}{2}O_2\longrightarrow CO_2+2H_2O$$

由甲醇的氧化反应式可知，1mol甲醇的理论耗氧为3/2mol，即每32g甲醇理论上耗氧48g，或甲醇的ThOD＝48/32＝1.50g/g。对50.0mg/L的甲醇溶液，其理论耗氧为50.0mg/L×1.50g/g＝75.0mg/L。因此，甲醇的 COD_{Cr} 法氧化率为(72.0/75.0)×100%＝96.0%；甲醇的 COD_{Mn} 法氧化率则为(20.2/75.0)×100%＝26.9%。这也从一个方面说明，氧化剂不同所起的氧化作用有较大差异，氧化方式不同所起的氧化作用更为不同也是显而易见的。

2.9.4.2　COD_{Cr}、I_{Mn}、BOD_5 之间的比较

COD_{Cr}、I_{Mn} 和BOD都是利用定量的数值来间接、相对地表示水中有机物质的总量。COD_{Cr} 和 I_{Mn} 是利用化学氧化剂氧化水中的有机物，BOD_5 则是利用微生物氧化水中有机物。对同一种废水而言，一般有 $COD_{Cr}>BOD_5>I_{Mn}$，它们之间的具体比值因水质不同而异。COD_{Cr} 可以表示出水中有机物质大部分氧化所需的氧量，其测定不受废水水质的限制，在2～3h内即能完成，缺点是不能反映出其中能被微生物氧化分解的有机物的量。I_{Mn} 测定较快，约1h，但其氧化率较低，且同样不能反映出能被微生物氧化的有机物的量。BOD_5 基本上能反映出在自然情况下微生物氧化分解有机物的量，对废水生化处理的实际工程有指导意义，缺点是完成测定需五天时间，不够迅速，且毒性强的废水会抑制微生物的作用而影响测定结果，有时甚至无法测定。表2-31是 COD_{Cr}、I_{Mn} 和 BOD_5 这三个水质综合指标之间的测试方法的比较。

表2-31　BOD_5、COD_{Cr} 和 I_{Mn} 测试方法的比较

项　目	BOD_5	COD_{Cr}	I_{Mn}
定义	在有氧的条件下，可分解的有机物被微生物氧化分解所需的氧量(mg/L)	在一定条件下，有机物被 $K_2Cr_2O_7$ 氧化所需的氧量(mg/L)	在一定条件下，有机物被 $KMnO_4$ 氧化所需的氧量(mg/L)
氧化动力	微生物的生物氧化作用	强氧化剂的化学氧化作用	
氧源	水中的溶解氧(分子态氧)	强氧化剂中的化合态氧	
反应温度	20℃	146℃	97℃
测定所需时间	5d	3h(半天)	1h
被测定有机物的范围	不含氮有机物 含氮有机物中的碳素部分	不含氮有机物 含氮有机物(但芳香烃和杂环类除外)	一部分不含氮有机物
适用范围	河湖水、生活污水、一般工业废水	河湖水、生活污水、工业废水	较清洁的水

BOD是一个能反映废水中可生物氧化有机物的量的指标。根据废水的BOD_5/COD比值，可以评价废水的可生化性以及是否可以采用生化法处理等。一般，若水样的BOD_5/COD大于0.3，认为该废水适宜采用生化法处理；若BOD_5/COD小于0.3，说明废水中不可生物降解的有机物较多，需寻求其他处理途径。

2.9.4.3 TOC与COD、BOD_5之间的比较

由于测定TOC所采用的是燃烧氧化法，能将有机物几乎全部氧化，比COD和BOD_5测定时有机物氧化得更为彻底，因此，TOC更能直接表示水中有机物质的总量。另外，TOC的测定不像COD与BOD_5的测定受许多因素的影响，干扰较少，只要用非常少量的水样（通常仅20μL），在很短的时间（数分钟）内就可得到测定结果。

常见有机化合物的TOC、COD和BOD_5的氧化率列于表2-32。

表2-32 常见有机化合物的TOC、COD和BOD_5的氧化率

有机物名称	TOC/%	COD_{Cr}/%	I_{Mn}/%	BOD_5/%
糖类				
葡萄糖	102.7	98	59	56
蔗糖	103.7	95.1	75	59
乳糖	100.6	101	70	59
醇类				
甲醇	102.1	96.0	27	68
乙醇	99.5	95.2	11	72
1,4-丁二醇	—	97.7	20.3	
脂肪酸类				
甲酸	99.6	77.7	14	52
乙酸	102.5	96.3	7	85
丙酸	104.4	96	8	80
芳香族化合物				
苯	—	17.0	0	0
苯酚	101.1	92.2	73	61
甲苯	—	22.7	<1	1
氨基酸				
甘氨酸	102.4	104	3	15
谷氨酸	100.1	105	6	58
淀粉类				
可溶性淀粉	—	86.9	61	—
马铃薯淀粉	—	94.0	0	—

不同综合指标所能测得的化合物种类见表2-33。

表2-33 有机物综合指标对于各种物质的适应性

化学物质	BOD	COD	TOC	化学物质	BOD	COD	TOC
有机碳	有	有	有	亚铁盐	有	有	无
有机氮	有	无	无	硫化物	有	有	无
芳香族化合物	有	有	有	亚硫酸盐	有	有	无
ABS塑料	无	有	有	氯化物	—	有	无
纤维素	无	有	有	硫酸盐	无	无	无
氨氮	有	无	无	磷酸盐	无	无	无
亚硝酸盐	有	有	无	硝酸盐	无	无	无
碳酸盐	无	无	有	溶解氧	—	无	无
二氧化碳	有	无	有	氰化物	—	无	有

事实上，对大多数同种废水来讲，TOC和COD、BOD_5之间都存在一定的相关关系，如果通过实验取得它们之间的具体比值，就可以利用简便、易测的TOC数据去推算COD、BOD_5的数值，这将会对废水处理工作的科研设计、运行管理和水质监测等带来很多方便。

2.9.5　矿物油和动植物油的测定

油类物质是一种黏性的、可燃的、密度比水小、不与水混溶但可溶于乙醇、正己烷、氯仿等有机溶剂的液态或半固态的物质。因此，可借助合适的有机溶剂从水中将油类物质萃取出来。水中的油类物质主要有矿物油和动植物油两大类，前者来自天然石油及其炼制产品，主要成分为碳氢化合物；后者主要来自动物、植物和海洋生物及其加工产品，主要由各种三酰甘油等组成，并含有少量的低级脂肪酸酯、磷酸酯等。

水中的油主要来自工业废水和生活污水的污染。水中的矿物油主要来自加工和运输及多种炼制油的使用行业；水中的动植物油主要来自肉类加工厂、生活污水等。

油类物质在水中有三种存在状态：一部分吸附于悬浮微粒上，一部分以乳化状态存在于水体中，还有少量的则溶解于水中。漂浮于水体表面的油会在水面上形成油膜，往往一滴油就能形成 $0.25m^2$ 的油膜，影响空气与水体界面氧的交换，使水中浮游生物的生命活动受到抑制，甚至死亡；分散于水中的油则会被微生物氧化分解，消耗水中的溶解氧，使水质恶化。此外，矿物油中所含的芳烃类具有较大的毒性。

（1）油品的测定方法比较　水中油类物质含量的测定问题是环境分析化学中一个古老、重要而又困难的问题。目前，水中油类物质的测定方法大致分为两类：一类是用重量法测定，另一类是根据油品对光的吸收特性，采用光度法进行测定，其中包括紫外分光光度法、红外分光光度法（HJ 637—2012）、非分散红外光度法和荧光法等。无论采用哪种测定方法，测试之前都需要进行水样中油类物质的萃取步骤，常用的萃取溶剂有石油醚、己烷、三氯三氟乙烷和四氯化碳等非极性或弱极性的溶剂。不同的测定方法对萃取溶剂有特殊的选择性，以避免溶剂会对后续的测试带来干扰。

各种测定方法中，重量法不受油品种类的限制，但操作繁杂，灵敏度低，只适用于测定含油 10mg/L 以上的水样；紫外分光光度法操作简单，灵敏度高，适于测定 0.05～50mg/L 的含油水样，但标准油品的取得较困难，数据的可比性差；荧光法的测定范围是 0.002～20mg/L，灵敏度最高，但当组分中芳烃数目不相同时，所产生的荧光强度差别很大；非分散红外法的测定范围为 0.02～1000mg/L，操作简便，灵敏度较高，但当水样中含有大量芳烃及其衍生物时，对其测定结果的可靠性影响较大；红外分光光度法最低检出限可达 0.01mg/L，适用范围广，所得结果可靠性好。该方法已成为我国的标准分析方法（HJ 637—2012）。在此，将重点介绍水中石油类和动植物油类的红外分光光度测定方法。

（2）红外分光光度法　总油类是指在本标准规定的条件下，能够被四氯化碳萃取且在波数为 $2930cm^{-1}$、$2960cm^{-1}$、$3030cm^{-1}$ 全部或部分谱带处有特征吸收的物质，主要包括石油类和动植物油类。石油类指在本标准规定的条件下，能够被四氯化碳萃取且不被硅酸镁吸附的物质。动植物油类指在本标准规定的条件下，能够被四氯化碳萃取且被硅酸镁吸附的物质。

用四氯化碳萃取水中的油类物质，测定总油，然后将萃取液用硅酸镁吸附，除去动植物油类等极性物质后，测定石油类的含量。总油类和石油类的含量均由波数分别为 $2930cm^{-1}$（CH_2 基团中 C—H 键的伸缩振动）、$2960cm^{-1}$（CH_3 基团中 C—H 键的伸缩振动）和 $3030cm^{-1}$（芳香环中 C—H 键的伸缩振动）谱带处的吸光度 A_{2930}、A_{2960} 和 A_{3030} 进行计算。

动植物油的含量按总油类与石油类含量之差计算。

计算公式为：

$$c_{总油类}(mg/L)=\left[XA_{1.2930}+YA_{1.2960}+Z\left(A_{1.3030}-\frac{A_{1.2930}}{F}\right)\right]\frac{V_0 D}{V_w}$$

$$c_{石油类}(\mathrm{mg/L})=\left[XA_{2.2930}+YA_{2.2960}+Z\left(A_{2.3030}-\frac{A_{2.2930}}{F}\right)\right]\frac{V_0D}{V_w}$$

$$c_{动植物油}(\mathrm{mg/L})=c_{总油类}-c_{石油类}$$

式中 c——测得油类物质的浓度，mg/L；

X、Y、Z——与各中C—H键吸光度相对应的系数；

F——烷烃对芳烃影响的校正因子，为正十六烷在$2930\mathrm{cm}^{-1}$及$3030\mathrm{cm}^{-1}$处吸光值之比，即$F=A_{2930}(\mathrm{H})/A_{3030}(\mathrm{H})$；

$A_{1.2930}$、$A_{1.2960}$、$A_{1.3030}$——各对应波数下测得萃取液的吸光度；

$A_{2.2930}$、$A_{2.2960}$、$A_{2.3030}$——各对应波数下测得经硅酸镁吸附后滤出液的吸光度；

V_0——萃取溶剂定容体积，mL；

V_w——水样体积，mL；

D——萃取液稀释倍数。

计算公式中校正系数X、Y、Z、F的确定步骤：以四氯化碳为溶剂，分别配制20mg/L正十六烷、20mg/L异辛烷和100mg/L苯溶液。以四氯化碳作参比溶液，用4cm比色皿分别测量正十六烷、异辛烷和苯三种溶液在$2930\mathrm{cm}^{-1}$、$2960\mathrm{cm}^{-1}$和$3030\mathrm{cm}^{-1}$处的吸光度A_{2930}、A_{2960}和A_{3030}。以上三种溶液在上述波数处的吸光度服从于如下通式，由此所得联立方程式求解后，可得到相应的校正系数X、Y、Z和F。

$$c=XA_{2930}+YA_{2960}+Z\left(A_{3030}-\frac{A_{2930}}{F}\right)$$

式中 c——各标准油品的已知浓度，mg/L。

正十六烷和异辛烷的芳香烃含量为零，即$A_{3030}-\frac{A_{2930}}{F}=0$

校正系数X、Y、Z和F的检验：准确称取正十六烷、异辛烷和苯（均应为标准品），按65：25：10的体积比配成混合烃标准母液。检验时，以四氯化碳为溶剂配成2mg/L、5mg/L、20mg/L等系列的混合烃标准溶液，在$2930\mathrm{cm}^{-1}$、$2960\mathrm{cm}^{-1}$、$3030\mathrm{cm}^{-1}$处分别测定混合烃系列标准溶液的吸光度A_{2930}、A_{2960}和A_{3030}，按上述计算公式计算混合烃的浓度，并与配制值进行比较，其回收率在(100±10)%范围内，则校正系数可采用，否则应重新测定校正系数并再次检验。

采样和样品保存：含油类物质的样品应单独采样（参照HJ/T 91和HJ/T 164的相关规定进行样品的采集）不允许在实验室内再分样。用1000mL样品瓶采集地表水和地下水，用500mL样品瓶采集工业废水和生活污水。采样时，应连同表层水一并采集，并在样品瓶上作出标记，用以确定样品体积。当只测定水中乳化状态和溶解性油类物质时，应避开漂浮在水体表面的油膜层，在水面下20～50cm处取样。样品保存：样品如不能在24h内测定，采样后应加盐酸（5：1）酸化至pH≤2，并于2～5℃下冷藏保存，3d内测定。

2.9.6 挥发酚

酚类化合物是苯的羟基衍生物。能与水蒸气一起蒸出的酚称为挥发酚，否则称为非挥发酚。挥发酚沸点多在230℃以下，通常属一元酚，如苯酚、甲酚等；苯二酚、硝基苯酚等则属于非挥发酚。酚类化合物为原生质毒，属高毒物质。酚的取代程度越高，其毒性越大。大多数硝基酚有致突变作用，酚的甲基衍生物可致畸、致癌。酚会侵害人体的细胞原浆，使细胞失活，直至引起全身中毒。长期接触低浓度的酚，会引起头昏、出疹、瘙痒、贫血及多种神经系统症状。水中含高于 5mg/L 的酚会使鱼类死亡。当对水进行氯化消毒时，酚类物质会与氯气反应生成氯代酚类，使水产生明显的臭味。水中酚的污染主要来自炼油、焦化、造纸、化学制药、制革、化工等工业废水。

水中的酚类很容易受到酚类分解细菌的作用而产生生化反应，因此采样后最好立即测定，否则需调 pH＜2 或 pH＞10 后低温保存。

为了消除颜色、浑浊等的干扰，需先进行蒸馏预处理。若水样中含氧化剂、油、硫化物等干扰时，还需在蒸馏前作适当的预处理。

蒸馏时，取适量水样于蒸馏瓶中，用磷酸溶液调 pH 值为 4，加入硫酸铜溶液排除硫化物干扰，然后加热蒸馏，馏出液用容量瓶吸收并定容。

水中酚类有机物的测定方法主要针对挥发酚的测定，有溴化滴定法（HJ 502—2009）和 4-氨基安替比林光度法（GB 503—2009）两种方法。

① 溴化滴定法。基本原理：在水样或蒸馏收集液中加入过量的溴酸钾-溴化钾标准溶液，使酚与溴发生取代反应，生成三溴酚和溴代三溴酚：

$$C_6H_5OH + 3Br_2 \longrightarrow C_6H_2Br_3OH + 3HBr$$

酚　　2,4,6-三溴酚

$$C_6H_2Br_3OH + Br_2 \longrightarrow C_6H_2Br_3OBr + HBr$$

溴代三溴酚

过量的溴与碘化钾作用，释放出游离碘，同时溴代三溴酚与碘化钾反应也释放出碘：

$$2KI + Br_2 \longrightarrow 2KBr + I_2$$

$$C_6H_2Br_3OBr + 2KI + 2HCl \longrightarrow C_6H_2Br_3OH + 2KCl + HBr + I_2$$

再用硫代硫酸钠溶液滴定析出的游离碘，以淀粉为指示剂，根据溶液颜色由蓝色变为无色时，即为滴定终点，进而可计算出挥发酚的含量。

$$2Na_2S_2O_3 + I_2 \longrightarrow Na_2S_4O_6 + 2NaI$$

该方法的检出下限为 10mg/L，适合于工业废水中挥发酚含量的测定。

② 4-氨基安替比林光度法。基本原理：蒸馏收集液中的酚类化合物于 pH＝10.0±0.2 的介质中，在铁氰化钾存在下，与 4-氨基安替比林反应，生产橙红色的吲哚酚安替比林染料。显色反应式如下：

$$\text{4-AAP} + C_6H_5OH \xrightarrow[pH=10.0\pm0.2]{K_3Fe(CN)_6} \text{吲哚酚安替比林（红色）}$$

(4-AAP)　　(吲哚酚安替比林，红色)

当水中挥发酚含量高于 0.1mg/L 时，可直接在波长 510nm 处进行吸光度测定，用标准曲线法进行定量分析；当水中挥发酚含量低于 0.1mg/L 时，可将生成的橙红色染料用三氯甲烷萃取，然后在波长 620nm 处进行吸光度测定，萃取法检测下限为 0.002mg/L。本方法的标准物质为苯酚，测试结果以酚的 mg/L 表示。

值得注意的是，上述显色反应受苯环上取代基的种类、位置及数量的影响，当酚的对位被烷基、芳香基、酯基、硝基等取代基取代而邻位未被取代的酚类不能与 4-氨基安替比林发生显色反应，这是由于对位取代基的存在位阻了酚氧化生成醌型结构所致，但对位被卤素、磺酸、羟基或甲氧基等所取代的酚类与 4-氨基安替比林发生显色反应，由此可知，本方法测定的仅是能与 4-氨基安替比林发生显色反应的部分酚类有机物，而不是总的挥发酚。

美国 EPA 颁布的 129 种优先控制污染物中有 11 种酚类有机物：2-硝基酚、4-硝基酚、2,4-二硝基酚、4-氯-3-甲基酚、2,4-二甲基酚、2-甲基-4,6-二硝基酚、2-氯酚、2,4-二氯酚、2,4,6-三氯酚、五氯酚和苯酚。我国国家环保总局颁布的“68 种优先控制污染物黑名单”中有 6 种为酚类有机物：苯酚、间甲酚、2,4-二氯酚、2,4,6-三氯酚、五氯酚和对硝基酚。但上述挥发酚测定方法，是对具有挥发性的酚类有机物的总量测定，对样品中单一酚类有机物的定性、定量测定最有效的方法首推色谱法，该部分内容将在本章 2.10 节介绍。

2.10 痕量有机污染物色谱分析

水中痕量有机物的测定包括：水样中的有机物分离、富集等预处理和有机物混合组分分离、定性和定量过程。在此主要介绍经预处理后水样的分析方法。

目前，水中有机物的分析主要是采用色谱法，色谱法是一类重要的分离、分析方法，1906 年，俄国植物学家茨维特（M. S. Tswett）将植物色素提取液加到装有碳酸钙微粒的玻璃柱子上部，继而以石油醚淋洗柱子，结果使不同的色素在柱中得到分离而形成不同颜色的谱带，每个色带代表不同的色素，如图 2-41 所示。从此，这类方法均称为色谱法。随着色谱技术的发展，色谱法不仅可以用于分离有色物质，而且广泛地应用于分离无色物质，尤其是有机化合物。

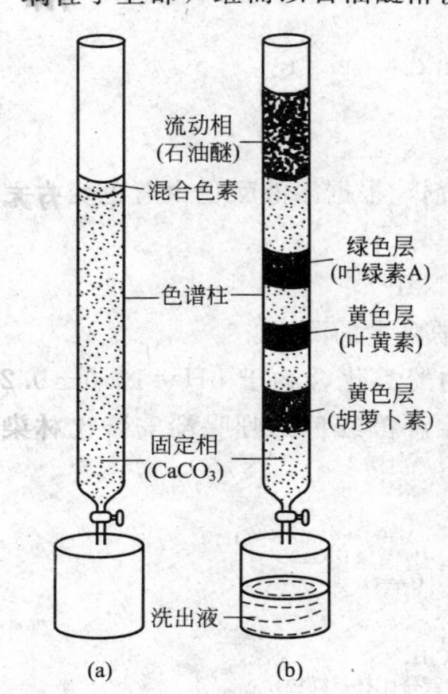

图 2-41 植物叶色素分离示意

色谱法实质上是一种物理化学分离方法。即利用待分离的各组分在固定相和流动相之间具有不同的分配系数（吸附系数、渗透系数等），当两相做相对运动时，这些待测组分在两相中反复进行 n 次分配（n 为色谱柱的理论塔板数），从而使各组分得到完全分离的过程。一般而言，对于不同的分析对象，只要选择合适的流动相和固定相，就可以达到分离的目的。这就是色谱分析比其他分析法具有更高的分离效果和选择性的原因。

流动相使用气体（如氮气、氢气或氦气等）的色谱法称为气相色谱法（GC），流动相使用液体（如甲醇、乙腈等）的色谱法则称为液相色谱法（LC）。

按照固定相和流动相的状态分类，见表 2-34。

表 2-34　按两相状态的色谱法分类

流动相	气体		流动相	液体	
固定相	固体	液体	固定相	固体	液体
名称	气固色谱	气液色谱	名称	液固色谱	液液色谱
总称	气相色谱		总称	液相色谱	

下面将分别介绍气相色谱法和高效液相色谱法。

2.10.1　气相色谱法

气相色谱（GC）法主要用于低相对分子质量（FM＜1000）、易挥发、热稳定有机化合物的分析。该方法选择性高，对性质极为相似的同分异构体等有很强的分离能力；分离效率高，可以分离沸点十分接近且组成复杂的混合物；灵敏度高，高灵敏度的检测器可检测出 $10^{-14} \sim 10^{-11}$ g 的痕量物质；分析速度快，通常完成一个分析仅需几分钟或几十分钟，且样品用量少，液体样品仅需几微升。

2.10.1.1　气相色谱仪

气相色谱仪的基本构造如图 2-42 所示。

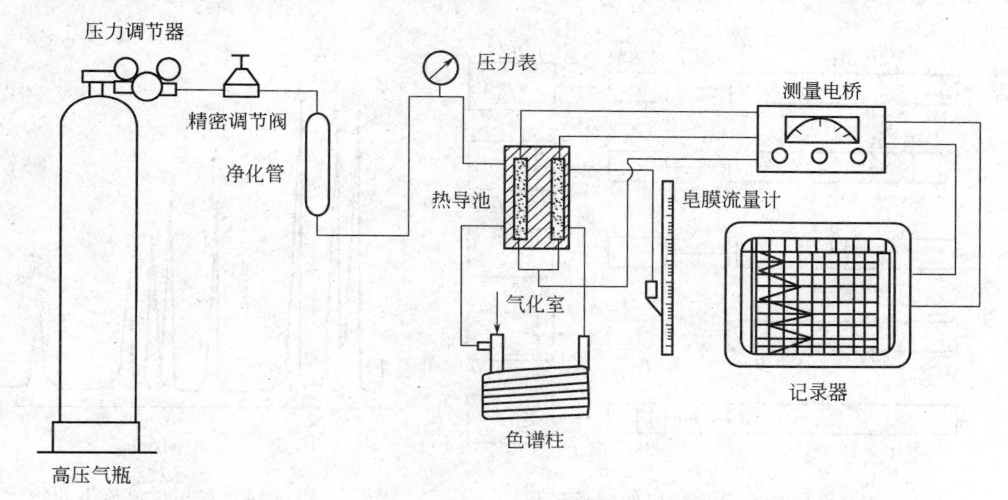

(a) 普通填充柱气相色谱仪流程

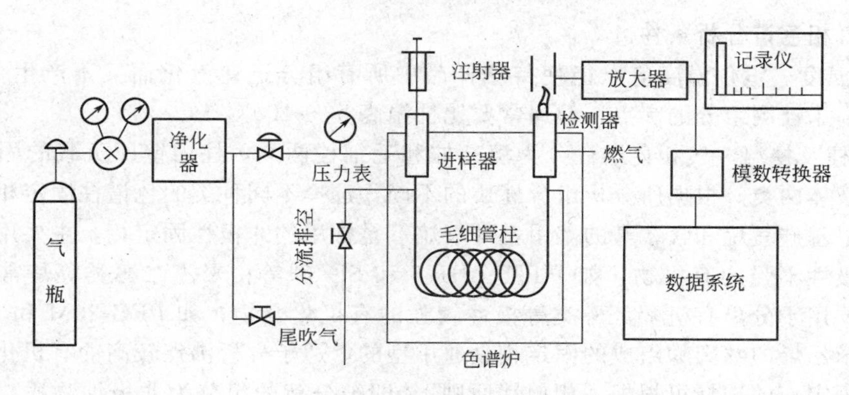

(b) 毛细管气相色谱仪流程

图 2-42　气相色谱仪的基本结构

由图 2-42 可知，气相色谱仪通常由载气系统、进样系统、分离系统（色谱柱）、检测器、记录系统和辅助系统所组成。流动相载气由高压钢瓶或气体发生器提供，经减压阀、净化器、流速测量及控制装置后，以稳定的压力、精确的流量连续流经进样阀、汽化室、色谱柱和检测器后放空。欲分析样品由进样器注入，汽化后在载气的载带下进入色谱柱得到分离。得到分离的各组分按一定顺序（沸点顺序或极性顺序）通过检测器时，随时间依次发出与组分含量成比例的信号，记录器自动记下这些信号随时间的变化，从而获得一组峰形曲线，即色谱图。

A、B两组分在色谱柱中的分离过程如图2-43所示。

在气相色谱分析中，以检测器响应信号大小为纵坐标，流出时间为横坐标所得的代表组分浓度随时间变化的曲线称为色谱流出曲线，如图2-44所示。它是色谱定性、定量的基本依据，其中，每个色谱峰代表一种物质。当色谱柱只有载气通过时，检测器响应信号的记录称为基线；每个色谱峰最高点与基线之间的距离称为峰高；每个组分的流出曲线和基线间所包含的面积称为峰面积；从进样开始到某组分从柱中流出呈现浓度极大值所经历的时间，称为该组分的保留时间。保留时间与物质的性质有关，它是气相色谱定性分析的依据；峰高和峰面积的大小与每个组分的含量高低有关，它们是气相色谱定量分析的依据。

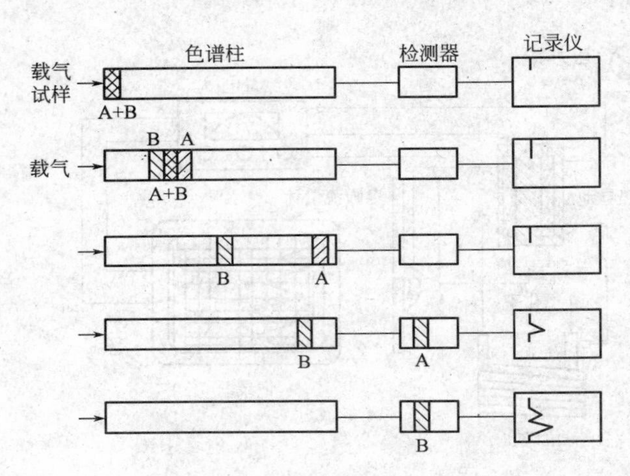

图2-43 A、B组分在色谱柱中的分离过程

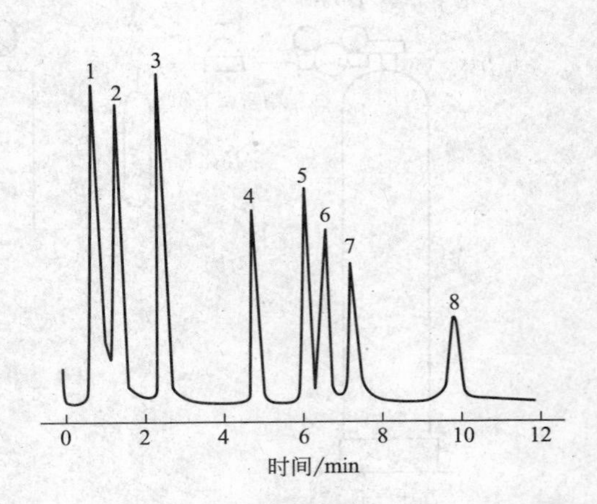

图2-44 气相色谱流出曲线

2.10.1.2 气相色谱分析条件

① 汽化温度。汽化温度应以能使待测样品中所有组分迅速汽化而又不产生分解为准，并不一定要高于被测组分的沸点，但通常要比柱温高50～100℃。

② 色谱柱及柱温。气相色谱柱分为填充柱和毛细柱两类，柱内壁所负载的固定相又可分为固体和液体两类。根据所分析组分性质的不同，选择不同种类的色谱柱固定相。如气固色谱中，聚甲基硅氧烷和含苯基的聚甲基硅氧烷等是常用的非极性固定相，主要用于分离烷烃和芳烃等极性不强的有机物，如HP-1、HP-5和SE-30等；聚乙二醇类等是常用的极性固定相，主要用于分离有机酸、醇类等极性较强的有机化合物，如PEG-20M和FFAP等；二乙烯苯、苯乙烯的共聚物组成的固定相是通用型的，适于分析沸点较高的有机化合物。气液色谱中，固定液的选择可根据“相似性原则”，即被分离的组分为非极性物质，选用非极性固定液；被分离的组分为极性物质，选用极性固定液。

在不超过固定相最高使用温度的前提下，一般而言，提高柱温可提高柱效，但柱温过高又会使组分间不易分离，而柱温过低会使分析时间增长。因此，要在保证各待测组分良好分离的情况下选择合适的柱温。当待分析组分为沸点范围很宽的混合物时，可采用程序升温的方法，使低、高沸点的组分都能得到很好的分离。表2-35所列为混合物沸点与柱温选择的经验关系。

表2-35　混合物沸点与柱温选择的经验关系

混合物沸点/℃	参考柱温/℃
气体样品	室温
100～200	70～120
200～300	150～180
300～400	200～300

③ 检测器。气相色谱检测器可分为质量型检测器和浓度型检测器两类。质量型检测器的响应值仅与单位时间进入检测器的组分质量成正比，而与载气的量无关，氢火焰离子化检测器和火焰光度检测器均属于此类。浓度型检测器的响应值和组分在载气中的浓度成正比，热导检测器和电子捕获检测器属于此类。

a. 热导检测器。热导检测器（thermal conductivity detector，TCD）是广泛使用的一种通用型检测器，其是依据不同的物质具有不同的热导率，当被测组分与载气混合后，混合物的热导率与纯载气的热导率大不相同，当通过热导池池体的气体组成及浓度发生变化时，会引起池体上热敏元件的温度变化，用惠斯顿电桥测量，就可由所得信号的大小求出该组分的含量。特别适于厌氧产气中CO、CO_2、CH_4和H_2S等的分析。

b. 氢火焰离子化检测器。氢火焰离子化检测器（flame ionization detector，FID）是应用最广泛的一种检测器。它对大多数有机物有很高的灵敏度，较TCD的灵敏度高10^2～10^4倍，能检测低至10^{-9}g级的痕量有机物。响应速度快，线性范围宽，对载气流及温度波动不敏感。但对CO、CO_2、H_2S和NH_3等气体无响应。FID的检测原理是：在外加电场作用下，氢气在空气中燃烧，形成微弱的离子流。当载气带着有机物样品进入氢火焰中时，有机物与O_2进行化学电离反应，所产生的正离子被外加电场的负极收集，电子被正极捕获，形成微弱的电流信号，经放大器放大，由记录仪绘出色谱峰。

c. 电子捕获检测器。电子捕获检测器（electron capture detector，ECD）是一种选择性检测器，它仅对有电负性的物质响应信号。灵敏度很高，特别适用于分析痕量卤代烃、硫化物、金属离子的有机螯合物、农药等。它的检测原理是：载气在β射线的照射下，电离出电子，其中一部分被样品中的电负性组分所捕获，使得由于载气电离而形成的基态电流减少。各组分的电负性及浓度不同，所捕获的电子量也有所差异。可是，可以根据各组分所引起的电流减少量获得相应的检测信号。

d. 火焰光度检测器。火焰光度检测器（flame photometric detector，FPD）是一种高灵敏度，仅对含硫、磷的有机物产生响应的高选择性检测器，适用于分析含硫、磷的农药及环境样品中含硫、磷的有机污染物。它的检测原理是：在富氢火焰中，含硫、磷有机物燃烧后分别发出特征的蓝紫色光和绿色光，经滤光分光系统，再由光电倍增管测量特征光的强度变化，在394nm或384nm可检测硫的含量，在526nm可检测磷的含量。

④ 载气种类和流速。不同的检测目标有机物需要匹配不同的检测器。通常，TCD检测器要求使用的载气为H_2、He或Ar；FID检测器要求使用的气体为O_2、N_2、H_2和He，其中H_2为燃烧气，O_2作为助燃气，而N_2、H_2和He均可作为载气使用；ECD、FPD检测器用高纯N_2作载气。当载气流速大时，各组分的保留时间差别小，可能会造成分离效果差；

当载气流速小时，各组分的保留时间差别大，通常分离效果会好。选择合适的载气流速，可提高色谱柱的分离效能，缩短分析时间。

2.10.1.3 气相色谱的定性和定量分析

（1）定性分析 色谱峰的保留时间是定性的依据，也就是说，色谱流出曲线中的一个峰代表一个物质。为了确定色谱图中某一未知色谱峰所代表的组分，可选择一系列与未知组分相接近的标准纯物质，依次进样，当某一纯物质的保留时间与未知色谱峰的保留时间相同时，可初步确定该未知峰所代表的组分。这种定性方法称为已知标准物与未知峰直接对照法，在气相色谱定性分析中是最简便、最可靠的定性手段。

此外，还可以利用保留值的经验规律、利用化学方法或其他仪器分析手段（如气-质色谱仪）配合进行定性。

（2）定量分析 在对待测峰进行准确定性的前提下，可事先将标准物质配成一系列不同的浓度进样测定，以峰高或峰面积对浓度做标准曲线，根据标准工作曲线计算出待测组分的峰高或峰面积所对应的含量，这种方法称为标准曲线法或外标法。此外，还可以用内标法或归一化法进行定量分析。

2.10.2 应用举例

（1）苯系物 根据样品的特点，可选用直接进样法、溶剂萃取法、吹扫捕集法或顶空法等进样分析方式。色谱条件如下。

色谱柱：HP-624 石英毛细管柱（30m×0.53mm×3.0μm）。

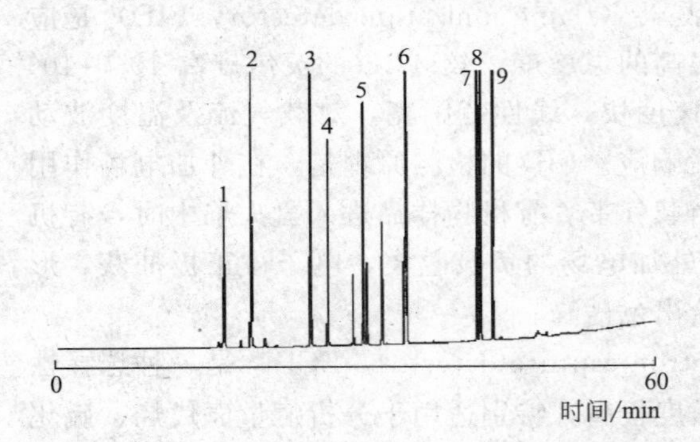

图 2-45 苯系物色谱图

1—苯；2—甲苯；3—氯苯；4—乙苯；5—间＋对二甲苯；6—邻二甲苯；7—1,3-二氯苯（间）；8—1,4-二氯苯（对）；9—1,2-二氯苯（邻）

检测器：FID。

载气：He 或高纯 N_2。

柱温程序：35℃（10min）$\xrightarrow{4℃/min}$ 220℃（4min）。

进样口温度：110℃。

检测器温度：250℃。

图 2-45 是获得的标准色谱图。

（2）有机氯农药 用气相色谱法分析有机氯农药，一般采用 ECD 检测器，该检测器对有机氯农药具有很高的灵敏度和选择性，检测限可达 10^{-14}～10^{-11}g。色谱条件如下。

色谱柱：HP-608 石英毛细管柱（30m×0.53mm×0.5μm）。

检测器：ECD。

载气：He 或高纯 N_2。

柱温程序：85℃ $\xrightarrow{30℃/min}$ 195℃ $\xrightarrow{5℃/min}$ 250℃。

检测器温度：330℃。

图 2-46 是获得的标准色谱图。

（3）有机磷农药 图 2-47 是有机磷农药的气相色谱图，8 种有机磷农药得到了很好的分离，也为进一步的定性、定量工作奠定了良好的基础。采用的色谱条件如下。

色谱柱：HP-1 石英毛细管柱（25m×0.32mm，0.52 μm）。

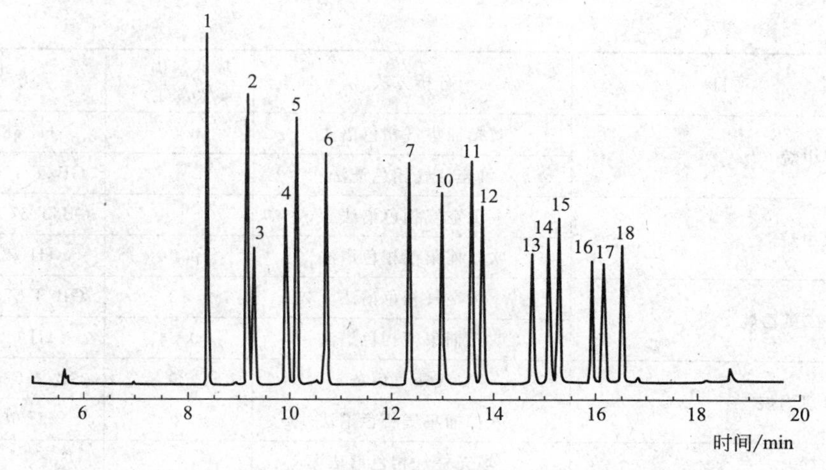

图 2-46　有机氯农药色谱图

1—α-BHC；2—β-BHC；3—γ-BHC；4—七氯；5—δ-BHC；6—艾氏剂；7—七氯环氧；10—硫丹Ⅰ；11—4,4′—DDE；12—狄氏剂；13—异狄氏剂；14—4,4′-DDD；15—硫丹Ⅱ；16—4,4′-DDT；17—异狄氏剂醛；18—硫丹硫酸酯

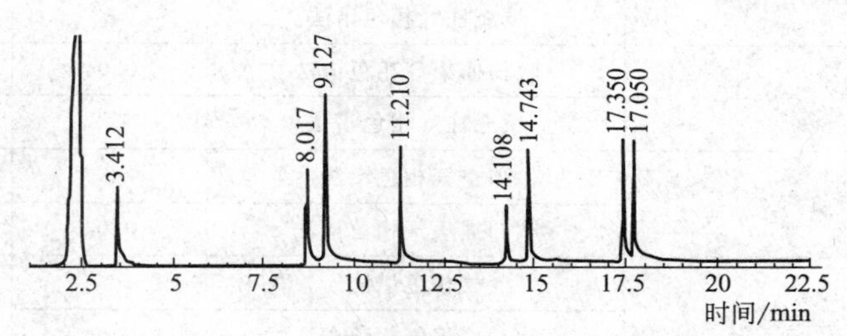

图 2-47　8 种有机磷农药的全相色谱图

3.412—敌百虫；8.017—甲胺磷；9.127—敌敌畏；11.210—乙酰甲胺磷；14.108—久效磷；14.743—乐果；17.350—马拉硫磷；17.050—毒死蜱

检测器：氮磷检测器。

载气：高纯氮气（≥99.99%）。

柱温程序：60℃，0.5min $\xrightarrow{10℃/min}$ 250℃，3min。

气化室温度：250℃。

检测器温度：300℃。

有毒、有害有机物的分析方法很多，不能一一列举。表 2-36 列出的是我国颁布的涉及有机物的气相色谱分析方法，可根据需要选择使用。

表 2-36　有机物的气相色谱分析（国标方法）

序号	项目	分析方法	最低检出限/(μg/L)	方法来源
1	三氯甲烷	吹扫捕集气相色谱法	0.04	HJ 686—2014
		填充柱气相色谱法	0.6	GB/T 5750.8—2006
		毛细管柱气相色谱法	0.2	
2	四氯化碳	吹扫捕集气相色谱法	0.04	HJ 686—2014
		填充柱气相色谱法	0.3	GB/T 5750.8—2006
		毛细管柱气相色谱法	0.1	

续表

序号	项目	分析方法	最低检出限/(μg/L)	方法来源
3	三溴甲烷	吹扫捕集气相色谱法	0.04	HJ 686—2014
		填充柱气相色谱法	6	GB/T 5750.8—2006
4	二氯甲烷	顶空气相色谱法	9	GB/T 5750.10—2006
		吹扫捕集气相色谱法	0.04	HJ 686—2014
5	1,2-二氯乙烷	顶空气相色谱法	13	GB/T 5750.8—2006
		吹扫捕集气相色谱法	0.04	HJ 686—2014
6	环氧氯丙烷	气相色谱法	20	GB/T 5750.8—2006
		吹扫捕集气相色谱法	2	HJ 686—2014
7	氯乙烯	填充柱气相色谱法	1	GB/T 5750.8—2006
8	1,1-二氯乙烯	吹脱捕集气相色谱法	0.02	
9	1,2-二氯乙烯	吹脱捕集气相色谱法	0.02	
10	三氯乙烯	吹扫捕集气相色谱法	0.04	HJ 686—2014
		填充柱气相色谱法	3	GB/T 5750.8—2006
11	四氯乙烯	吹扫捕集气相色谱法	0.04	HJ 686—2014
		填充柱气相色谱法	1.2	GB/T 5750.8—2006
12	氯丁二烯	顶空气相色谱法	2	GB/T 5750.8—2006
		吹扫捕集气相色谱法	0.04	HJ 686—2014
13	六氯丁二烯	气相色谱法	0.1	GB/T 5750.8—2006 HJ 686—2014
		吹扫捕集气相色谱法	0.04	
14	乙醛	气相色谱法	300	
15	丙烯醛	气相色谱法	20	
16	三氯乙醛	气相色谱法	1	
17	苯、甲苯、乙苯、二甲苯、苯乙烯	吹扫捕集气相色谱法	2	HJ 686—2014
		填充柱气相色谱法	10	GB/T 5750.8—2006
		毛细管柱气相色谱法	6	
18	异丙苯	顶空-填充柱气相色谱法	3.2	GB/T 5750.8—2006
		吹扫捕集气相色谱法	2	HJ 686—2014
		顶空-毛细管柱气相色谱法	3	GB/T 5750.8—2006
19	1,2-二氯苯、1,4-二氯苯、五氯苯	气相色谱法	0.012～1.2	HJ 621—2011
20	三氯苯	气相色谱法	0.04	GB/T 5750.8—2006
21	硝基苯	液液萃取/气相色谱法	0.68	HJ 648—2013
		固相萃取/气相色谱法	0.13	
22	2,4-二硝基甲苯	气相色谱法	8	HJ 592—2010 HJ 648—2013 HJ 676—2013
		固相萃取/气相色谱法	1.5×10^{-2}	
		液液萃取/气相色谱法	4.4	
23	2,4,6-三氯酚	衍生化气相色谱法	0.04	GB/T 5750.10—2006
		液液萃取/气相色谱法	4.8	HJ 676—2013

续表

序号	项目	分析方法	最低检出限/(μg/L)	方法来源
24	五氯酚	毛细管柱气相色谱法	0.04	HJ 591—2010
		填充柱气相色谱法	0.08	
		衍生化气相色谱法	0.03	GB/T 5750.10—2006
		液液萃取/气相色谱法	4.4	HJ 676—2013
25	苯胺	气相色谱法	20	GB/T 5750.8—2006
26	丙烯酰胺	气相色谱法	0.05	
27	丙烯腈	气相色谱法	25	
28	丙烯醛	气相色谱法	20	GB/T 5750.10—2006
29	邻苯二甲酸二(2-乙基己基)酯	气相色谱法	2	GB/T 5750.8—2006
30	吡啶	气相色谱法	31	GB/T14672—1993
31	松节油	气相色谱法	20	GB/T 5750.8—2006
32	苦味酸	气相色谱法	1	
33	滴滴涕	气相色谱法	0.2	GB 7492—1987 GB/T 5750.9—2006
		填充柱气相色谱法	0.03	
		毛细管柱气相色谱法	0.02	
34	林丹	气相色谱法	0.04	GB 7492—1987
		填充柱气相色谱法	0.03	GB/T 5750.9—2006
35	七氯	液液萃取气相色谱法	0.2	GB/T 5750.9—2006
		填充柱气相色谱法	2.5	
36	甲基对硫磷、马拉硫磷、乐果、敌敌畏、内吸磷、百菌清、敌百虫、溴氰菊酯	填充柱气相色谱法	2.5	GB/T 5750.9—2006
37	甲基汞	气相色谱法	0.01	GB/T 17132—1997
38	挥发性卤代烃	顶空气相色谱法	0.08	HJ 620—2011
39	TNT,黑索今,DNT	气相色谱法	40	HJ 620—2011
40	六六六	毛细管柱气相色谱法	0.01	GB/T 5750.9—2006
41	灭草松	毛细管柱气相色谱法	0.2	
42	苯酚	液液萃取/气相色谱法	2	HJ 676—2013
43	二噁英	同位素稀释高分辨气相色谱-高分辨质谱法	0.005	HJ 77.1—2008

2.10.3 高效液相色谱法

高效液相色谱（HPLC）法不受样品挥发性的限制，特别适于分析挥发性低、热稳定性差、分子量大的有机化合物及离子型化合物。该方法的特点是高压，为了使液体能迅速通过色谱柱，必须对流动相施加高压，进样压力可达 15.3～30.6MPa；高速，分析时间一般都小于 1h；高效，液相色谱柱的柱效比气相色谱柱还要高，有时一根柱子可以分离 100 种以上的组分；高灵敏度，如紫外检测器的最小检测量可达 10^{-9}g，荧光检测器的灵敏度可达 10^{-11}g，且微升数量的样品即可满足分析要求。

2.10.3.1 高效液相色谱仪

高效液相色谱仪工作流程如图 2-48 所示。主要由输液系统、进样系统、分离系统（色谱柱）、检测器、记录系统和辅助系统组成。样品由进样器注入系统，流动相由泵抽入流经色谱柱，使样品在色谱柱上被分离，依次进入检测器，由记录仪将检测器的信号记录下来。记录仪所显示的色谱图与气相色谱类似。

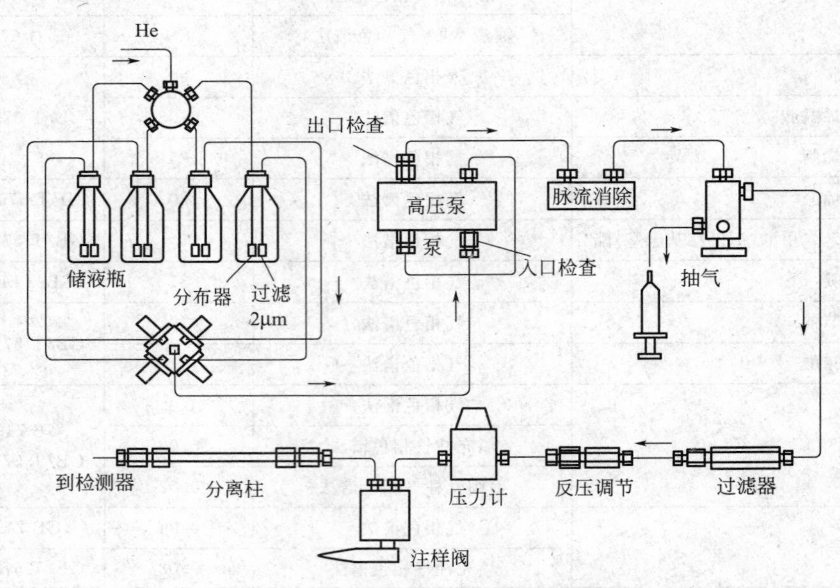

图 2-48 高效液相色谱仪工作流程图

与气相色谱法的相比，可以说高效液相色谱法是在气相色谱的基础上发展起来的，是色谱技术的一个分支。气相色谱的基本概念及理论、定性定量方法等也基本适用于高效液相色谱，但液相色谱法又有其独到之处。首先，气相色谱法要求被测样品能够气化，否则需要采用裂解、硅烷化、酯化等方法前处理。而高效液相色谱法只要求试样能够配制成溶液，无需气化。其次，气相色谱中，流动相不与样品分子发生作用，仅靠选择固定相。液相色谱中两相（固定相、流动相）都与样品分子发生相互作用，这就对分离的控制和改善又提供了一个可变因素。再次，液相色谱通常在室温下进行分离，较低的温度有利于色谱分离。另外，气相色谱的废气被排空放样，而液相色谱的废液易于进行回收。

2.10.3.2 液相色谱分析条件

液相色谱分析条件的选择主要包括洗脱溶剂及洗脱梯度的选择、色谱柱的选择及检测器的选择等。

（1）流动相　流动相的选择要依据固定相的种类进行。乙腈和甲醇是最常用的液相色谱流动相。在液相色谱中，为了改善分离效率、缩短分析时间，经常需要连续改变流动相的离子强度、pH 值或极性。这种流动相配比连续变化的方式就是梯度洗脱，其作用与气相色谱中程序的升温相类似，分析复杂的混合物时有利于提高分离效率。液体的输送是由高压泵来完成的，一般有机械注射泵和多元比例泵等。

高效液相色谱的进样系统多为一个四通阀或六通阀，图 2-49 是典型的六通阀工作原理图。阀上可安装不同容积的定量管，如 10 μL、20 μL、50 μL、100 μL 等。定量管进样体积固定、重现性好，不易受人为因素的影响。

(2) 液相色谱柱　液相色谱柱有多种类型，最常见的分析用色谱柱是内径3.0～4.6mm、长10～30cm的不锈钢柱。由于柱内填料不同，其性能也不同。根据样品中组分在固定相与流动相中作用方式的不同，按分类过程的物理化学原理可分为吸附色谱、分配色谱、离子交换色谱、凝胶色谱或排阻色谱等(表2-37)，其中，离子交换色谱法详见本章2.8.4节。需根据样品的分子量、溶解性和极性等性质选择不同分离类型的色谱柱固定相。

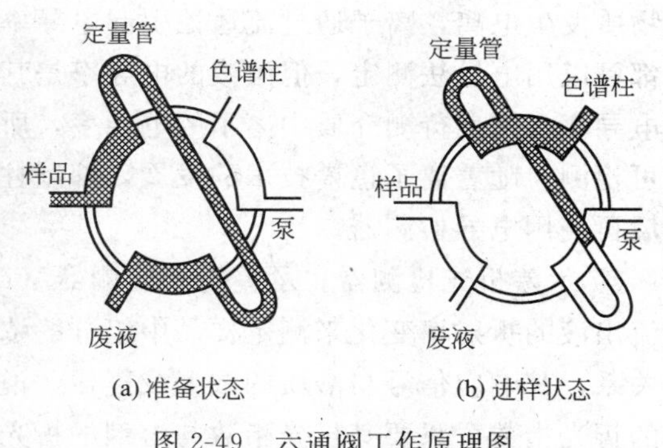

(a) 准备状态　(b) 进样状态

图2-49　六通阀工作原理图

水环境领域中常用的色谱柱是反向色谱柱，即柱内为非极性固定相，流动相则为水、甲醇或乙腈等极性溶剂。这对水样品来说十分便利，使得水样无需再进行溶剂萃取便可直接进行分离和定量测定。

表2-37　液相色谱法的分类

名称	吸附色谱	分配色谱	离子交换色谱	凝胶色谱
原理	利用吸附剂对不同组分吸附性能的差别	利用固定液对不同组分分配性能的差别	利用离子交换剂对不同离子亲和能力的差别	利用凝胶对不同大小组分分子的阻滞作用的差别
平衡常数	吸附系数 K_A	分配系数 K_P	选择性系数 K_S	渗透系数 K_{PF}

(3) 液相色谱常用检测器　液相色谱检测器最常用的有紫外检测器、荧光检测器、电导检测器和示差折光检测器等。其中，紫外检测器、荧光检测器、电导检测器属于选择型检测器，对不同组成的物质有选择性响应，因此只能选择性地检测某些类型的物质；示差折光检测器属于通用型检测器，它对大多数物质的响应相差不大，常用来进行高分子材料分子量及其分布的测定。

① 紫外检测器。紫外检测器（UV detector，UVD）的工作原理是以朗伯-比尔定律为基础，利用测定流动池内被测物质的吸光度进行定量。属于浓度型检测器，只能用于检测能吸收紫外光的物质。紫外检测器主要包括固定波长检测器、可变波长检测器和二极管阵列检测器等。采用二极管阵列紫外检测器可设定1～8个波长同时进行检测，一次分析可以获得更多波长下组分的分析信息，而且可以同步获得每一个色谱峰的紫外光谱图，为色谱峰的定性工作增添了新的手段和技术保证。

② 荧光检测器。荧光检测器（fluorescence detector，FD）是一种高灵敏度的选择性检测器，可检测具有荧光特性的物质。它利用被测物质在受紫外光激发后发生电子跃迁并返回基态发出荧光的性质进行检测，荧光强度与待测物的浓度成正比。波长较短的紫外光称为激发光；辐射出的荧光（Stocks荧光）波长较长，在可见光范围，常称为发射光。

由于荧光检测器具有非常高的灵敏度和良好的选择性，灵敏度要比紫外检测法高2～3个数量级。而且所需样品量少，特别适合于药物和生物化学样品的分析，如多环芳烃、维生素B、黄曲霉素、卟啉类化合物、农药、药物、氨基酸、甾类化合物等。

一些有机物本身不能发射荧光，但可通过化学衍生技术生成荧光衍生物后（专用的衍生试剂）进行荧光法的测定。

③ 电导检测器。电导检测器（conductivity detector，CD）通过在外加电场作用下使待

测物质发生电离，离子通过流通池引起电导率的变化来进行检测。一般而言，呈离子态的物质都可以用电导法测定，但溶液的电导率是其各种离子的加和，供离子分离用的溶剂本身的高电导率会掩盖待测介质中离子的电导率，所以只有在一种离子电导率占绝对优势的情况下方可检测。随着离子色谱技术的发展，抑制柱问世了，它能将洗脱液中的背景离子反应掉，然后再使用电导检测器。

④ 示差折光检测器。示差折光检测器（refractive index detector，RID）通过连续地测定流出液的折射率变化来测定样品中组分的浓度。该检测器的灵敏度与溶剂和溶质的性质都有关系，其响应信号与溶质的浓度成正比，说明其也属于浓度型检测器。每一种物质都有一定的折光指数，只要其折光指数与溶剂的折光指数有足够的差别，就可以用该检测器进行测定，因此，其又属于准通用型检测器。

折光指数检测器不能用梯度洗脱操作。由于检测器灵敏度较低，仅适用于例行分析，不能用于痕量分析。折光指数检测器的最大优点是其通用性，它对没有紫外吸收的物质，如高分子化合物、糖类、脂肪烷烃等都能够检测。常用来进行高分子量物质及其分子量分布的测定。

2.10.3.3 液相色谱的定性和定量分析

基本同气相色谱的定性和定量方法，但采用光谱类检测器时，还可以借助目标物的光谱信息进行定性分析。

2.10.3.4 应用举例

(1) 酚类有机污染物 酚类有机物是一类重要的水中优先控制污染物，最常用的分析方法为气相色谱法和高效液相色谱法。由于酚类有机物良好的水溶性，使得水中酚类有机物更适合采用高效液相色谱法进行分离和测定，因为可以省去样品萃取环节，直接进水样分离、分析测定。图 2-50 是 6 种酚类有机物的 HPLC 色谱图。

采用的色谱条件如下。

色谱柱：Synchropak RP-P，250mm×4.6mm I.D. 5 μm。

流动相：乙腈/水$_{pH=4.8}$，用 0.01mol/L 醋酸铵调节水相的 pH=4.8，梯度洗脱。

检测波长：278nm。

一般自然环境条件下，多元苯酚类有机物的降解（中间）产物主要是二元酚或多元酚类有机物，极性更强，很难找到合适的有机溶剂将其从水中萃取出来。因此，采用高效液相色谱法是实现环境介质中酚类有机物定性、定量分析，研究其降解机理或转化规律等的理想方法。

(2) 多环芳烃 当使用紫外检测器时，多环芳烃（PAHs）所对应的最大吸收波长列于表 2-38 中，必要时可参考选用。

表 2-38 一些 PAHs 的紫外吸收波长

有机物	最大吸收波长/nm	有机物	最大吸收波长/nm
荧蒽	288	苯并[*j*]荧蒽	332
芘	365	苯并[*k*]荧蒽	402
苯并[*c*]吖啶	324	苯并[*e*]芘	332
䓛	267	苯并[*a*]芘	384
苯并[*a*]蒽酮	378	二苯并[*a*,*h*]蒽	221
苯并[*b*]荧蒽	302	苯并[*g*,*h*,*i*]苝	362

由于紫外和荧光检测器各有其优点，通常建议在 PAHs 的分析中测定萘、苊、二氢苊

和芴等时使用 UV 检测器，而对于其他一些高环数的 PAHs 使用荧光检测器。最好使用紫外和荧光双检测器串联的方法，16 种 PAHs 获得了很好的分离效果和灵敏度，结果如图 2-51所示。

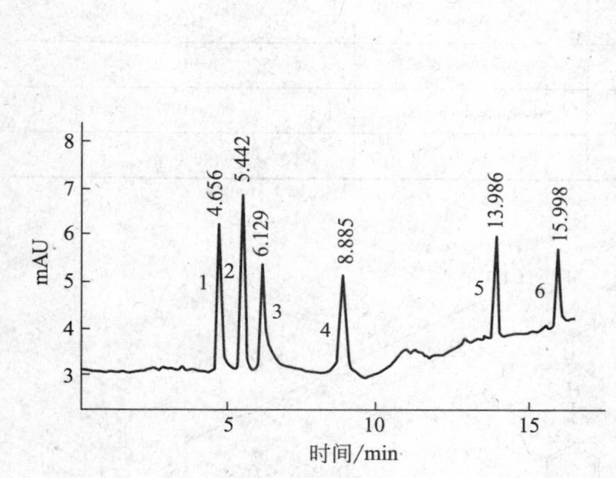

图 2-50　6 种酚类有机物的 HPLC 色谱图

1—对苯二酚；2—间苯二酚；3—邻苯二酚；4—苯酚；5—氯酚；6—2,4-二氯酚

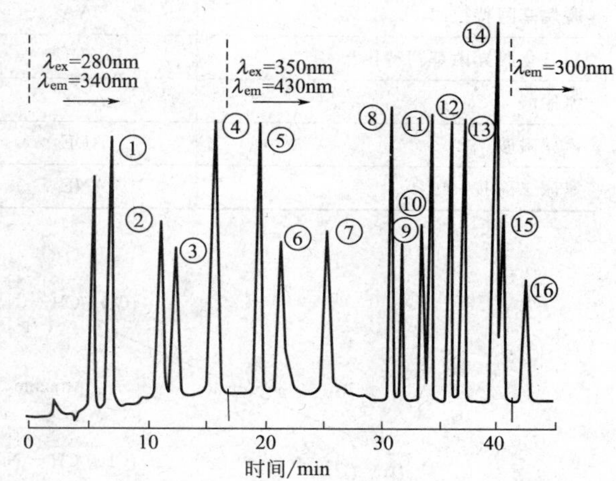

图 2-51　16 种 PAHs 标样的 HPLC 色谱图

λ_{ex}—激发光波长；λ_{em}—辐射光波长

1—萘；2—二氢苊；3—芴；4—菲；5—蒽；6—荧蒽；7—芘；8—苯并［*a*］蒽；9—䓛；10—苯并［*e*］芘；11—苯并［*b*］荧蒽；12—苯并［*k*］荧蒽；13—苯并［*a*］芘；14—二苯并［*a*，*h*］蒽；15—苯并［*g*，*h*，*i*］苝；16—茚并［1，2，3-*c*，*d*］芘

获得图 2-51 结果的色谱条件如下。

色谱柱：PE HC-ODS，0.26cm×25cm，10 μm，C_{18}柱。

流动相：乙腈水溶液，50%，15min，50%～100%梯度洗脱 8min，100%，27min。

检测器：PE 650-10LC 荧光检测器。

（3）含氯农药测定　阿特拉津（Atrazine）是一种广泛使用的除莠剂。20 世纪 90 年代以来，阿特拉津及其降解产物在许多国家的水体或土壤中相继发现，由其造成的环境污染已成为环境领域的研究热点。研究过程中发现，随着降解反应的进行，不同阶段降解产物的极性呈逐渐增加趋势，降解产物的水溶性增加，见表 2-39。图 2-52 是目前掌握的阿特拉津降解的公认途径，表明在研究农药污染时，不仅要检测不同环境介质中农药原药浓度的变化，也要跟踪监测其一系列的降解产物，掌握其迁移、转化规律。因为很多农药其降解产物比起原药扩散性及毒性都更强。

表 2-39　阿特拉津及其降解产物的有关性质

有机物名称	英文缩写	离解常数/pK_a	正辛醇/水分配系数($\lg P_{oct}$)
阿特拉津	A	1.7	2.7
脱乙基阿特拉津	DEA	1.3	1.6
脱异丙基阿特拉津	DIA	1.3	1.2
羟基化阿特拉津	OHA	4.9	1.4

续表

有机物名称	英文缩写	离解常数/pK_a	正辛醇/水分配系数($\lg P_{oct}$)
羟基脱乙基化阿特拉津	OHDEA	4.5	0.2
脱烷基阿特拉津	DAA	1.5	0
羟基化脱异丙基阿特拉津	OHDIA	4.6	−0.1
氰尿酸	ACY	4.5,9.4	−0.2
氰尿酰胺	ADE	1.8,6.9,13.5	−0.7
氰尿二酰胺	ANE	6.9	−1.2

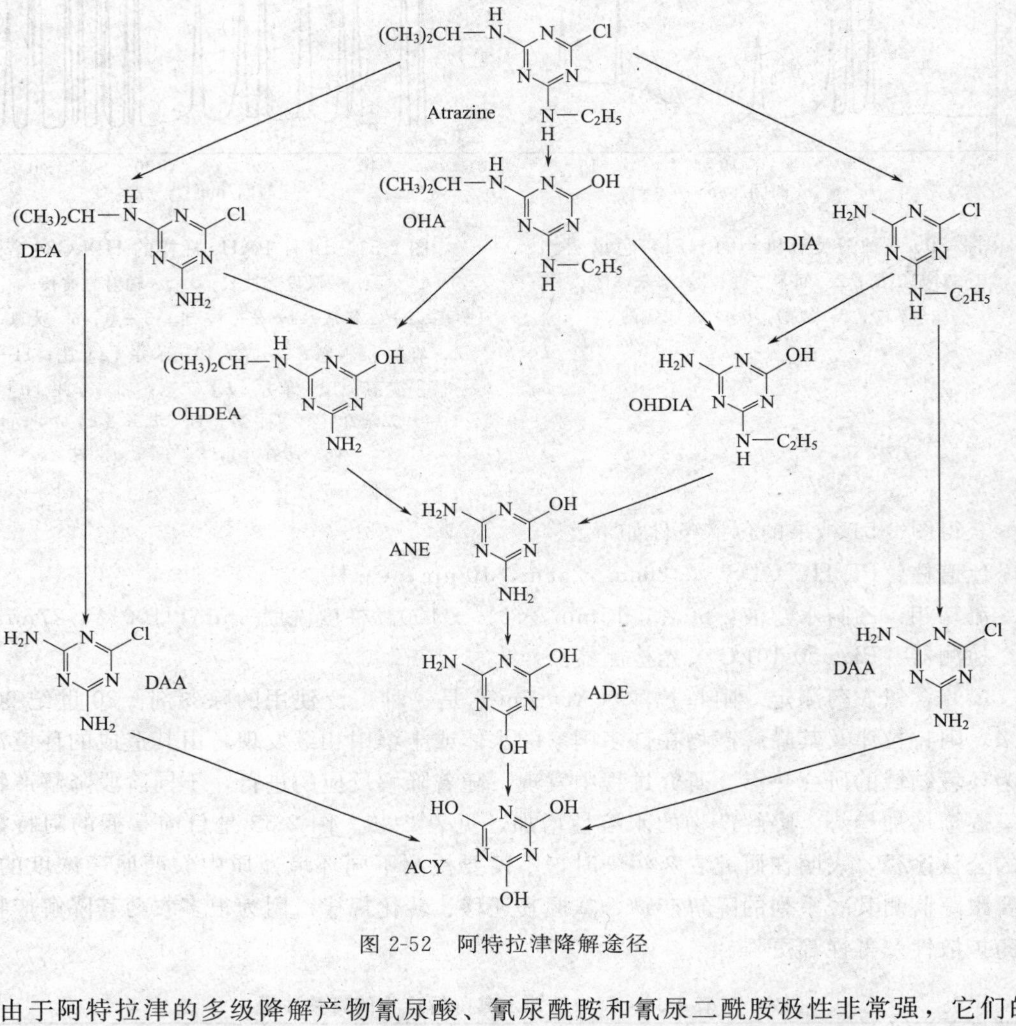

图 2-52 阿特拉津降解途径

由于阿特拉津的多级降解产物氰尿酸、氰尿酰胺和氰尿二酰胺极性非常强，它们的富集及其分析必须分别处理，故得到了阿特拉津及其降解产物的相应 HPLC 色谱分离图(图 2-53)。

采用的色谱条件如下。

色谱柱：Sphenrisorb ODS-2 C_{18}，250mm×4.6mm，ID 5 μm。

流动相：(a) 水/乙腈，梯度洗脱；(b) 10^{-3}mol/L 高氯酸水溶液。

检测器：二极管阵列检测器（DAD）（a）λ＝210nm；（b）λ＝205nm。

固相萃取吸附剂：500mg PGC。

（4）酞酸酯类有机物　图 2-54 是 5 种酞酸酯类有机物的 HPLC 分析结果，相应的色谱条件如下。

色谱柱：Adsorbosphere C_{18}，150mm×4.6mm。

流动相：70％乙腈，30％ H_2O。

流速：1.5mL/L。

检测器：UV 检测器，λ＝254nm。

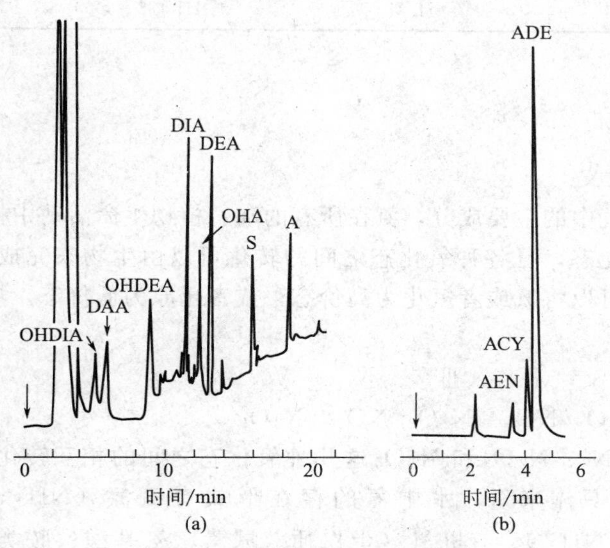

图 2-53　阿特拉津及其降解产物的 HPLC 色谱分离图

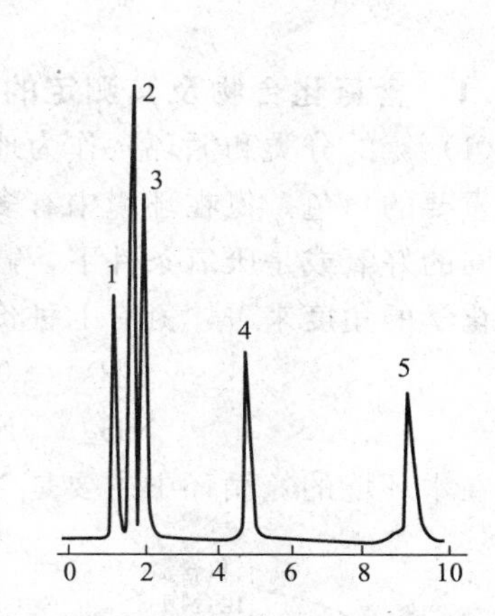

图 2-54　5 种酞酸酯类有机物的 HPLC 色谱图

1—邻苯二甲酸二甲酯；2—邻苯二甲酸二乙酯；3—邻苯二甲酸二烯丙酯；4—邻苯二甲酸二丁酯；5—邻苯二甲酸二戊酯

邻苯二甲酸酯类有机物是水中普遍存在的痕量有机污染物，在中性溶液中使用二氯甲烷萃取，或用 XAD-2 多孔有机聚合树脂进行富集，再用乙醚洗脱，浓缩洗脱液至 1mL 后，进样分析。

有毒、有害有机物的 HPLC 分析方法还不是很多。表 2-40 列出了目前我国颁布的涉及有机物的液相色谱分析方法，可根据需要选择使用。

表 2-40　部分有机物的液相色谱法

序　号	项　目	最低检出限/(μg/L)	方法来源
1	微囊藻毒素-LR	0.06	GB/T 5750.8—2006
	微囊藻毒素-RR	0.06	GB/T 5750.8—2006
2	苯并[a]芘	1.6×10^{-3}	HJ 478—2009
		0.0014	GB/T 5750.8—2006
3	溴氰菊酯	2	GB/T 5750.9—2006
4	甲萘威	10	GB/T 5750.9—2006
5	邻苯二甲酸酯(二丁酯,二辛酯)	0.1	HJ/T 72—2001

续表

序 号	项 目	最低检出限/(μg/L)	方法来源
6	苯胺类	0.3	《水和废水监测分析方法》
9	呋喃丹	0.125	GB/T 5750.9—2006
10	莠去津	0.5	GB/T 5750.9—2006
11	草甘膦	25	GB/T 5750.9—2006
12	氨甲基膦酸	25	GB/T 5750.9—2006
13	阿特拉津	0.32	HJ 587—2010
14	16种多环芳烃	ng/L级	HJ 478—2009

2.11 营养性物质

2.11.1 含氮化合物及其测定的环境意义

(1) 氮的分类和循环 作为地球大气中的主要成分，氮在所有的动、植物生命活动中扮演着重要的角色。氮在环境中有多种氧化态，且各种氧化态之间的转化可以由生物来完成。在不同的好氧或是厌氧条件下，微生物可以将氮或者氧化为高价态，或者还原为低价态。单纯从化学的角度来看，氮有七种价态：

$$\begin{array}{ccccccc} -\text{Ⅲ} & 0 & \text{Ⅰ} & \text{Ⅱ} & \text{Ⅲ} & \text{Ⅳ} & \text{Ⅴ} \\ NH_3 & N_2 & N_2O & NO & N_2O_3 & NO_2 & N_2O_5 \end{array}$$

在水环境的氮循环中主要是 NH_3、N_2、N_2O_3 和 N_2O_5 这几种氧化态之间的相互转化。具体来讲，水中氮的存在形式有氨氮（NH_3 + NH_4^+）、有机氮（蛋白质、尿素、氨基酸、胺类、腈类、硝基化合物等）、亚硝酸盐氮（NO_2^-）、硝酸盐氮（NO_3^-）。自然界中氮的循环可以用图 2-55 表示。

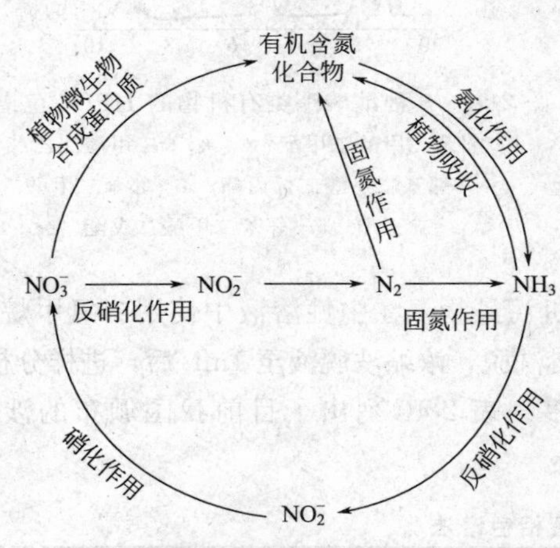

图 2-55 自然界中的氮循环

大气中的 N_2 可以通过植物的固氮作用转变为有机含氮化合物，有机含氮化合物在氨化细菌的作用下，转变为 NH_3，亚硝化细菌可以将其氧化为 NO_2^-，通过硝化细菌的作用进一步将 NO_2^- 氧化为 NO_3^-，植物和微生物可以利用 NO_3^-、NH_3 合成自身的蛋白质等物质。NO_3^- 在缺氧条件下，可以被反硝化为 NO_2^-，并最终还原为 N_2 释放到大气中，如此便构成了一个完整的氮循环。其中发生的一些生化过程可以用反应方程式表示如下：

$$N_2 + \text{某些细菌} \longrightarrow \text{有机氮}$$

$$NO_3^- + CO_2 + \text{绿色植物} + \text{阳光} \longrightarrow \text{有机氮}$$

$$NH_3 + CO_2 + \text{绿色植物} + \text{阳光} \longrightarrow \text{有机氮}$$

$$\text{有机氮} + \text{细菌} \longrightarrow NH_3$$

$$NH_3 + O_2 + \text{亚硝化细菌} \longrightarrow NO_2^-$$

$$NO_2^- + O_2 + \text{硝化细菌} \longrightarrow NO_3^-$$

$$NO_3^- + \text{反硝化细菌} \longrightarrow NO_2^-$$

$$NO_2^- + \text{反硝化细菌} \longrightarrow N_2$$

(2) 水中含氮化合物测定的环境意义　水中的含氮化合物是一项重要的卫生指标。它可以反映水体受污染的程度与进程。最初进入水中的往往是有机氮和氨氮，其中有机氮首先被分解转变为氨氮，然后在有氧条件下，氨氮在亚硝酸菌和硝酸菌的作用下逐步被氧化为亚硝酸盐和硝酸盐，这一过程可以用图 2-56 表示。

由图 2-56 可知，当水中含有大量有机氮和氨氮时，说明水近期受到污染，因此具有较大的潜在健康危害。当水中的含氮化合物主要是硝酸盐时，说明水受到污染已经有较长时间，自净过程已基本完成，对公共卫生影响不大了。

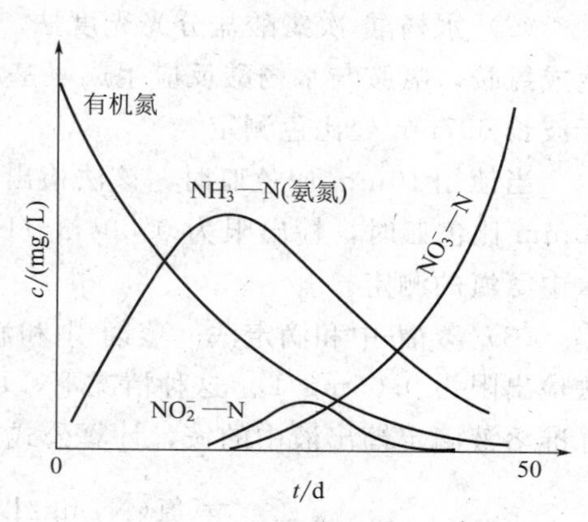

图 2-56　水中各种形式氮的转化

氮（磷）是藻类生长所需的关键性因素之一，当水体（特别是流动缓慢的湖泊、水库、内海等水域）中含氮、磷和其他营养物质过多时，将促使藻类等浮游生物的大量繁殖，形成“水华”或“赤潮”，造成水体的富营养化。藻类的死亡和腐败会引起水体中溶解氧大量减少，将引起水生生物特别是鱼类大量死亡。水源水中如存在少量氨氮，便会使给水处理中的加氯量大为增加，从而增加水处理的成本。

含氮化合物对人和生物有毒害作用。当水中氨氮（主要是非离子氨）超过 1mg/L 时，将使水生生物血液结合氧的能力降低，超过 3mg/L 时，许多鱼类将会死亡。亚硝酸盐可使人体正常的血红蛋白氧化成高铁血红蛋白，失去输送氧的能力。亚硝酸盐还会与仲胺类反应生成致癌性的亚硝胺类物质。硝酸盐本身没有毒性，但摄入人体后，会经肠道微生物作用转变为亚硝酸盐而出现毒性作用。

2.11.2　各种含氮化合物的测定方法

2.11.2.1　氨氮

水中氨氮（ammonia nitrogen）的来源主要有生活污水中含氮有机物受微生物作用的分解产物，以焦化、合成氨等为代表的某些工业废水以及农田排水中也含有氨氮。

氨氮以游离氨（又称非离子氨，NH_3）和离子氨（NH_4^+）形式存在于水中，二者的组成比取决于水的 pH 值，当 pH 值偏高时，游离氨的比例较高，反之，离子氨的比例较高。

氨氮的测定方法有纳氏试剂分光光度法（HJ 535—2009）、水杨酸分光光度法（HJ 536—2009）、蒸馏-中和滴定法（HJ 537—2009）、气相分子吸收光谱法（HJ/T 195—2005）、流动注射-水杨酸分光光度法（HJ 666—2013）、连续注射-水杨酸分光光度法（HJ 665—2013）和电极法等，结果均以（N，mg/L）计。

由于水样的颜色、浑浊能影响测试结果，一般要求在测定之前采用一定的预处理手段（絮凝沉淀、蒸馏等）。自来水、地下水和较清洁的地表水，可用絮凝沉淀法去除干扰，污染严重的水和工业废水、生活污水可用蒸馏法将氨蒸出并吸收于酸溶液中，再进一步测定。测试方法分别介绍如下。

(1) 纳氏试剂分光光度法　将纳氏试剂（碘化汞和碘化钾的强碱溶液）加入水样中，与氨反应生成黄棕色胶态化合物，在波长420nm处进行比色测定，反应式如下：

$$2K_2HgI_4+NH_3+3KOH \longrightarrow NH_2Hg_2IO+7KI+2H_2O$$

该法的检出限为0.025mg/L，测定下限为0.1mg/L，测定上限为2mg/L（均以N计），适用于地表水、地下水、生活污水和工业废水中氨氮的测定。

(2) 水杨酸-次氯酸盐分光光度法　在亚硝基铁氰化钠存在的条件下，氨与次氯酸反应生成氯胺，氯胺与水杨酸反应生成氨基水杨酸，氨基水杨酸进一步氧化，缩合为靛酚蓝，可于波长697nm处比色测定。

当使用10mm比色皿时，该法检出限为0.01mg/L，测定范围0.04～0.5mg/L；当使用30mm比色皿时，检出限为0.004mg/L。本法适用于地表水、地下水、生活污水和工业废水中氨氮的测定。

(3) 蒸馏-中和滴定法　蒸馏-中和滴定法适合于生活污水和工业废水中氨氮的测定，方法检出限为0.05mg/L。这种情况下，可先用蒸馏法将氨蒸出，吸收于硼酸溶液中，再用酸标准溶液滴定馏出液中的铵，计算公式为：

$$\text{氨氮}(N,mg/L)=\frac{(A-B)\times M\times 14\times 1000}{V}$$

式中　A——滴定水样时消耗酸标准溶液的体积，mL；

B——空白试验时消耗酸标准溶液的体积，mL；

M——滴定用酸标准溶液的浓度，mol/L；

V——水样的体积，mL；

14——氮（N）摩尔质量。

(4) 气相分子吸收光谱法　水样预处理：取适量水样（含氨氮5～50μg）于50mL容量瓶中，加入1mL盐酸（6mol/L）及0.2mL无水乙醇，充分摇动后加水至15～20mL，加热煮沸2～3min冷却，洗涤瓶口及瓶壁至体积约30mL，加入15mL次溴酸盐氧化剂，加水稀释至标线，密塞摇匀，在18℃以上室温氧化20min待测，同时制备空白试样。

方法原理：经预处理后的水样在2%～3%酸性介质中，加入无水乙醇煮沸除去亚硝盐等干扰，用次溴酸盐氧化剂将氨及铵盐（0～50μg）氧化成等量亚硝酸盐，以亚硝酸盐氮的形式采用气相分子吸收光谱法测定氨氮的含量。

校准曲线的绘制与水样的测定皆参见亚硝酸盐氮的气相分子吸收光谱测定方法（HJ/T 197—2005），只是要将柠檬酸改为加入3mL盐酸（4.5mol/L），其余步骤相同。

本法适用于地表水、地下水、海水、饮用水、生活污水及工业污水中氨氮的测定，方法的测定下限为0.080mg/L，测定上限为100mg/L。

(5) 流动注射-水杨酸分光光度法、连续注射-水杨酸分光光度法　适用于地表水、地下水、生活污水和工业废水中氨氮的测定。

① 流动注射-水杨酸分光光度法。流动注射分析仪工作原理：在封闭的管路中，将一定体积的试样注入连续流动的载液中，试样和试剂在化学反应模块中按特定的顺序和比例混合、反应，在非完全反应的条件下，进入流动检测池进行光度检测。

化学反应原理：在碱性介质中，试料中的氨、铵离子与次氯酸根反应生成氯胺。在60℃和亚硝基铁氰化钾存在条件下，氯胺与水杨酸盐反应形成蓝绿色化合物，于660nm波长处测量吸光度。

当采用直接比色模式，检测池光程为 30mm 时，本方法的检出限为 0.01mg/L（以 N 计），测定范围为 0.04～1.00mg/L；当采用在线蒸馏模式，检测池光程为 10mm 时，本方法的检出限为 0.04mg/L（以 N 计），测定范围为 0.16～10.0mg/L。

② 连续注射-水杨酸分光光度法。连续流动分析仪工作原理：试样与试剂在蠕动泵的推动下进入化学反应模式，在密闭的管路中连续流动，被气泡按一定间隔规律地隔开，并按特定的顺序和比例混合、反应，显色完全后进入流动检测池进行光度检测。

化学反应原理：在碱性介质中，试料中的氨、铵离子与二氯异氰尿酸钠溶液释放出来的次氯酸根反应生成氯胺。在 40℃ 和亚硝基铁氰化钾存在条件下，氯胺与水杨酸盐反应形成蓝绿色化合物，于 660nm 波长处测量吸光度。本方法的检出限为 0.01mg/L（以 N 计），测定范围为 0.04～5.00mg/L。

（6）电极法　电极法利用氨气敏复合电极进行氨氮的定量测试，该法不受水样颜色和浊度的干扰，水样不必进行预处理，测定范围为 0.03～1400mg/L，特别适合于水中氨氮的实时在线监测。

2.11.2.2　亚硝酸盐氮

亚硝酸盐氮（nitrite nitrogen）是以 NO_2^- 形式存在的无机氮素化合物。它是氨氮进行硝化反应的中间产物，不稳定，容易被氧化为 NO_3^-。由于在硝化过程中，由 NH_3 转化成 NO_2^- 的过程比较缓慢，而由 NO_2^- 转化成 NO_3^- 的步骤比较快速，因此在天然水体中含量并不高，一般不超过 0.1mg/L，即使在污水处理厂出水中也很少超过 1mg/L。水中亚硝酸盐的主要来源为生活污水中含氮有机物的分解，此外，化肥、酸洗等工业废水和农田排水也含有亚硝酸盐氮。

亚硝酸盐的测定方法主要有 α-萘胺比色法（GB 13589.5—92）和气相分子吸收光谱法（HJ/T 197—2005）、离子色谱法等，在此重点介绍前两种方法。

（1）α-萘胺比色法　在酸性溶液中，亚硝酸盐与对氨基苯磺酸发生重氮化反应，然后再与 α-萘胺发生偶联反应生成红色的偶氮染料，反应式如下：

$$H_2N\text{-}C_6H_4\text{-}SO_3H + HNO_2 + HCl \longrightarrow Cl^-\,N^+\equiv N\text{-}C_6H_4\text{-}SO_3H + 2H_2O$$

$$Cl^-\,N^+\equiv N\text{-}C_6H_4\text{-}SO_3H + H\text{-}C_{10}H_6\text{-}NH(Cl)C_2H_4NH_3Cl \xrightarrow[pH=2]{HCl} HO_3S\text{-}C_6H_4\text{-}N=N\text{-}C_{10}H_6\text{-}NH(Cl)C_2H_4NH_3Cl$$

红色偶氮染料

在波长 520nm 处，亚硝酸盐氮吸光度值与水样浓度符合比耳定律，满足定量分析的要求。

（2）气相分子吸收光谱法　基本原理：在 0.15～0.3mol/L 柠檬酸介质中，加入乙醇作催化剂，将亚硝酸盐瞬间转化成的 NO_2，并通过空气载入气相分子吸收光谱仪的吸光管中，在 213.9nm 等波长处测得的吸光度与水样中的亚硝酸盐氮浓度符合比耳定律。

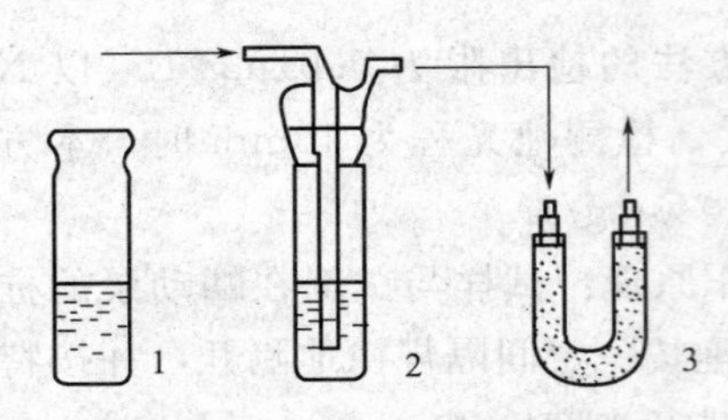

图 2-57 气液分离装置示意图
1—清洗瓶；2—样品吹气反应瓶；3—干燥管

仪器装置：主要仪器系统包括气相分子吸收光谱仪、锌空心阴极灯、气液分离装置（图 2-57）等。气液分离装置的清洗瓶 1 及样品吹气反应瓶 2 为容积 50mL 的标准磨口玻璃瓶；干燥管 3 中放入无水高氯酸镁。将各部分用 PVC 软管与气相分子吸收光谱仪连接。

参考工作条件：空心阴极灯电流 3～5mA；工作波长 213.9nm；光能量保持在 100%～117%范围内；载气（空气）流量 0.5L/min；测量方式为峰高或峰面积。

干扰的消除：在柠檬酸介质中，某些能与 NO_2^- 发生氧化、还原反应的物质，达一定量时干扰测定。当亚硝酸盐氮浓度为 0.2mg/L 时，25mg/L SO_3^{2-}、10mg/L $S_2O_3^{2-}$、30mg/L I^-、20mg/L SCN^-、80mg/L Sn^{2+} 及 100mg/L MnO_4^- 不影响测定。S^{2-} 含量高时，在气路干燥管前串接填塞乙酸铅脱脂棉的除硫管给予消除；存在产生吸收的挥发性有机物时，在适量水样中加入活性炭搅拌吸附，30min 后取样测定。

本方法适用于地表水、地下水、海水、饮用水、生活污水及工业污水中亚硝酸盐氮的测定。使用 213.9nm 波长时，测定浓度范围为 0.012～10mg/L；在波长 279.5nm 处测定时，测定上限可达 500mg/L。

2.11.2.3 硝酸盐氮

清洁地面水中硝酸盐氮（nitrate nitrogen）的含量较低，深层地下水中含量较高。制革废水、酸洗废水、某些生化处理设施的出水和农田排水会含大量的硝酸盐。

硝酸盐氮的测试方法主要有酚二磺酸光度法（GB 7480—87）、紫外分光光度法（HJ/T 346—2007）、气相分子吸收光谱法（HJ/T 198—2005）、离子色谱法（HJ/T 198—2005）和电极法等。

（1）酚二磺酸光度法　硝酸盐在无水条件下与酚二磺酸反应，生成硝基二磺酸酚，然后在碱性水溶液中生成黄色的硝基酚二磺酸三铵盐，其反应式为：

$$C_6H_5OH + 2H_2SO_4 \longrightarrow C_6H_3(OH)(SO_3H)_2 + 2H_2O$$

$$C_6H_3(OH)(SO_3H)_2 + HNO_3 \longrightarrow C_6H_2(OH)(NO_2)(SO_3H)_2 + H_2O$$

$$C_6H_2(OH)(NO_2)(SO_3H)_2 + 3NH_4OH \longrightarrow C_6H_2(OH)[N(=O)-ONH_4](SO_3NH_4)_2 + 3H_2O$$

黄色化合物

在 410nm 波长处测其吸光度，并与标准溶液比色进行定量测定。

该法测定的浓度范围为 0.02～2.0mg/L，显色稳定。氯离子干扰较大，可在比色之前在水样中滴加硫酸银溶液，使氯化物生成沉淀，过滤除去。

（2）紫外分光光度法　水样经预处理后，先在波长 220nm 处测吸光度，得到 A_{220}，此时，硝酸盐和溶解有机物均有吸收。再在波长275nm处测吸光度，得到A_{275}，此时有机物有吸收而硝酸盐无吸收。根据两次吸光度的测定结果，引入吸光度的经验校正值$A_{校}$，进行定量测定。经验校正值为：

$$A_{校}=A_{220}-2A_{275}$$

式中　A_{220}——220nm波长处测得的吸光度；

A_{275}——275nm波长处测得的吸光度。

$A_{校}$的大小与有机物的性质和浓度有关。对于水样是否需要进行预处理，可通过比较上述两个波长下的吸光度值，即：

$$\frac{A_{275}}{A_{220}}\times100\%$$

该比值一般要求<20%，而且越小越好。经过上述方法的检验，符合要求的水样可不进行预处理。水中有机物、浊度、亚硝酸盐氮、碳酸盐和Fe^{3+}、Cr^{6+}对测定有干扰时，需事先用絮凝共沉淀和大孔中性吸附树脂进行处理。

该法快速简便，测定范围为0.08～4mg/L。

(3) 气相分子吸收光谱法　基本原理：在2.5mol/L盐酸介质中，于(70±2)℃温度下，三氯化钛可将硝酸盐迅速还原分解，生成的NO用空气载入气相分子吸收光谱仪的吸光管中，在214.4nm波长处测得的吸光度与硝酸盐氮浓度符合比耳定律。

主要仪器有气相分子吸收光谱仪、镉空心阴极灯（工作波长214.4nm）和气液分离装置，具体参见亚硝酸盐氮的气相分子吸收光谱测定方法。

干扰的消除：NO_2^-的正干扰，可加2滴10%氨基磺酸（10%水溶液）使之分解生成N_2而消除；SO_3^{2-}及$S_2O_3^{2-}$的正干扰，用稀H_2SO_4调成弱酸性，加入0.1%高锰酸钾氧化生成SO_4^{2-}直至产生二氧化锰沉淀，取上清液测定；含高价态阳离子，应增加三氯化钛用量至溶液紫红色不褪，取上清液测定；水样中含有产生吸收的有机物时，加入活性炭搅拌吸附，30min后取样测定。

本方法适用于地表水、地下水、海水、饮用水、生活污水及工业污水中硝酸盐氮的测定。方法的检出限为0.006mg/L，测定上限10mg/L。

2.11.2.4　凯氏氮

凯氏氮（Kjeldahl nitrogen）是指以凯氏法测得的含氮量，包括氨氮和在此条件下能被转化为铵盐而测定的有机氮化合物。在测定凯氏氮和氨氮之后，其差值即为有机氮。生活污水和食品、生物制品和制革等工业废水中常含较多的有机氮化合物，并以蛋白质及其分解产物（多肽和氨基酸）为主。

凯氏氮的测定包括传统的凯氏法（GB/T 11891—89）和气相分子吸收光谱法（HJ/T 196—2005）。

(1) 凯氏法　凯氏法的测定分两步进行，即水样消解、蒸馏-滴定。

水样消解：水样中加入硫酸，以硫酸钾和硫酸汞为催化剂，加热消解，使水样中的有机氮、氨氮都转变为硫酸氢铵。消解时可加入适量的硫酸钾以提高消解速度，并可加入硫酸铜以缩短消解时间。若以NH_2CH_2COOH为代表，反应式如下：

$$NH_2CH_2COOH+4H_2SO_4\longrightarrow NH_4HSO_4+2CO_2+3SO_2+4H_2O$$

蒸馏-测定：消解液在碱性条件下可蒸馏出氨，用硼酸溶液吸收。反应式为：

$$NH_4HSO_4+2NaOH\longrightarrow Na_2SO_4+NH_3\uparrow+2H_2O$$

可根据水样的具体情况，选用纳氏试剂光度法或滴定法测定其含量。该法所测得的有机氮化合物为蛋白质、氨基酸、核酸、尿素等，不包括叠氮、联氮、偶氮、硝基氮等物质。

若将水样先行蒸馏除去氨氮，再按凯氏法进行测定，可直接测得有机氮化合物。

(2) 气相分子吸收光谱法　基本原理：将水样中游离氨、铵盐和有机物中的胺转变成铵盐，用次溴酸盐氧化剂将铵盐氧化成亚硝酸盐后，以亚硝酸盐氮的形式采用气相分子吸收光谱法测定水样中的凯氏氮。

水样的预处理如下。

a. 消解。参照表 2-41 取样于 250mL 烧杯中，加入 2.5mL 硫酸、1.2g 硫酸钾、0.4mL 硫酸铜（5%）摇匀。盖上表面皿，加热煮沸至冒白烟，并使溶液变清。降低加热温度，保持微沸状态 30min。冷却后转入 100mL 容量瓶中，加水稀释至标线，摇匀。

表 2-41　凯氏氮含量与相应取样体积

凯氏氮含量/(mg/L)	取样体积/mL
≤5	50
5～10	25
10～50	10
50～200	5

b. 氧化。吸取适量消解液（氮量≤50μg）于 50mL 容量瓶中，加水至约 30mL，加入 1 滴溴百里酚蓝指示剂，缓慢滴加 40%氢氧化钠至溶液变蓝。加入 15mL 次溴酸盐氧化剂，加水稀释至标线，密塞，充分摇匀，在不低于 18℃的室温下氧化 20min，待测。其他测定步骤与氨氮的气相分子吸收光谱法相同。

本方法适用于地表水、水库、湖泊、江河水中凯氏氮的测定，检出限为 0.020mg/L，测定下限 0.100mg/L，测定上限 200mg/L。

2.11.2.5　总氮

总氮（total nitrogen）测试方法有碱性过硫酸钾消解-紫外分光光度法（HJ 636—2012）、气相分子吸收光谱法（HJ/T 199—2005）、流动注射-盐酸萘乙二胺分光光度法（HJ 668—2013）和连续流动-盐酸萘乙二胺分光光度法（HJ 667—2013）等。

(1) 碱性过硫酸钾消解-紫外分光光度法　在 120～124℃的碱性介质条件下，用过硫酸钾做氧化剂，不仅可以将水中的氨氮和亚硝酸盐氮氧化为硝酸盐，同时可以将大部分有机氮化合物氧化为硝酸盐。然后用紫外分光光度法测定。

基本原理：在 120～124℃碱性介质中，加入过硫酸钾氧化剂，将水样中的氨、铵盐、亚硝酸盐以及大部分有机氮化合物氧化成硝酸盐后，以硝酸盐氮的形式采用气相分子吸收光谱法进行总氮的测定。

水样的预处理：取适量水样（总氮量 5～150μg）置于 50mL 比色管中，各加入 10mL 碱性过硫酸钾溶液，加水稀释至标线，密塞，摇匀，用纱布及纱绳裹紧塞子，以防溅漏。将比色管放入高压蒸汽消毒器中，盖好盖子，加热至蒸汽压力达到 1.1～1.3kg/cm^2，记录时间，50min 后缓慢放气，待压力指针回零，趁热取出比色管充分摇匀，冷却至室温待测。同时取 40mL 水制备空白样。

干扰的消除：消解后的样品，含大量高价铁离子等较多氧化性物质时，增加三氯化钛用量至溶液紫红色不退进行测定，不影响测定结果。

该法主要适用适用于地表水、地下水、工业废水和生活污水中总氮的测定。本方法的检出限为 0.05mg/L，测定范围为 0.20～7.00mg/L。

(2) 流动注射-盐酸萘乙二胺分光光度法（HJ 668—2013）和连续流动-盐酸萘乙二胺分光光度法（HJ 667—2013）适用于地表水、地下水、生活污水和工业废水中总氮的测定。

① 流动注射-盐酸萘乙二胺分光光度法。流动注射分析仪工作原理：在封闭的管路中，将一定体积的试料注入连续流动的载液中，试料和试剂在化学反应模块中按规定的顺序和比例混合、反应，在非完全反应的条件下，进入流动检测池进行光度检测。

方法化学反应原理：在碱性介质中，试料中的含氮化合物在（95±2)℃、紫外线照射下，被过硫酸盐氧化为硝酸盐后，经镉柱还原为亚硝酸盐；在酸性介质中，亚硝酸盐与磺胺进行重氮化反应，然后与盐酸萘乙二胺偶联生成紫红色化合物，于 540nm 处测量吸光度。

本方法的检出限为 0.03mg/L（以 N 计），测定范围为 0.12～10mg/L。

② 连续流动-盐酸萘乙二胺分光光度法。连续流动分析仪工作原理：试样与试剂在蠕动泵的推动下进入化学反应模块，在密闭的管路中连续流动，被气泡按一定间隔规律地隔开，并按特定的顺序和比例混合、反应，显色完全后进入流动检测池进行光度检测。

化学反应原理：在碱性介质中，试料中的含氮化合物在 107～110℃、紫外线照射下，被过硫酸盐氧化为硝酸盐后，经镉柱还原为亚硝酸盐。在酸性介质中，亚硝酸盐与磺胺进行重氮化反应，然后与盐酸萘乙二胺偶联生成紫红色化合物，于波长 540nm 处测量吸光度。

本方法的检出限为 0.04mg/L（以 N 计），测定范围为 0.16～10mg/L。

2.11.3　含磷化合物及其测定的环境意义

磷在地球上分布很广，由于它极易被氧化，因此在自然界中没有单质磷。

天然水中的磷含量通常很少，一般不应超过 0.1mg/L。生活污水会含有比较大量的磷，主要来源为合成洗涤剂和食物中蛋白质的分解产物。化肥、农药、合成洗涤剂、冶炼等行业的工业废水中磷含量也较高。由于化肥和有机磷农药的大量使用，农田排水中会含有大量的磷。在给水系统中有机磷和缩聚磷酸盐常被用作阻垢缓蚀剂。

水中各种形式的含磷化合物可分为溶解态和吸附在悬浮物上的颗粒态两类，其中溶解态的基本都是无机磷化合物，水环境中磷的循环如图 2-58 所示。

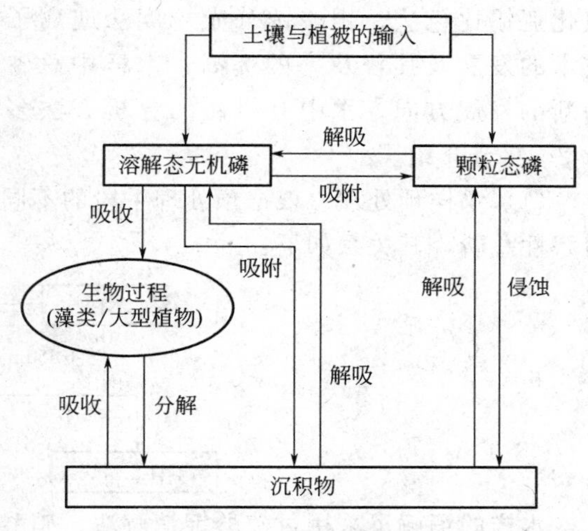

图 2-58　水环境中磷的循环

水中的含磷化合物主要可分为三类：正磷酸盐（PO_4^{3-}、HPO_4^{2-}、$H_2PO_4^-$）；缩聚磷酸盐［$P_2O_7^{4-}$、$P_3O_{10}^{5-}$、$(PO_3)_6^{3-}$ 等］；有机磷（农药、酯类、磷脂质等）。其中，缩聚磷酸盐容易水解为正磷酸盐，温度越高，pH 值越低，水解越快。

$$Na_2P_2O_7 + H_2O \longrightarrow 2NaHPO_4$$

水中常见含磷化合物的名称及分子式见表 2-42。

表 2-42 水中常见含磷化合物的名称及分子式

含磷化合物名称	分子式	含磷化合物名称	分子式
正磷酸盐		缩聚磷酸盐	
磷酸钠	Na_3PO_4	偏磷酸钠	$Na_3(PO_3)_6$
磷酸氢二钠	Na_2HPO_4	三聚磷酸钠	$Na_5P_3O_{10}$
磷酸二氢钠	NaH_2PO_4	焦磷酸钠	$Na_4P_2O_7$
磷酸氢二铵	$(NH_4)_2HPO_4$		

含磷化合物测定的环境意义表现在：①磷是生物生长所必需的元素之一。例如在生物新陈代谢过程中起能量传递和贮存作用的三磷酸腺苷（ATP）和二磷酸腺苷（ADP），其中磷便是重要组分。在废水生物处理中，要求 BOD_5 ∶N∶P＝100∶5∶1，这样才能满足微生物生长并降解污染物的需要。生活污水中的磷含量往往会超过这一比值的要求，而某些工业废水的含磷量太低，需要在处理过程中投加磷。②水体尤其是流动缓慢的湖、库、海湾等水体中磷和氮的含量过高时，会使得藻类疯长，造成水体富营养化，并进一步导致一系列严重后果。因此，废水的脱氮除磷和磷酸盐的测定日益显示出其重要性。一般在夏季藻类生长旺盛的季节，水中无机磷的浓度最好控制在 0.005mg/L 以下。

水中磷的测定，按其存在的形式，可分别测定总磷、溶解性总磷、溶解性正磷酸盐、缩聚磷酸盐以及有机磷。水中的正磷酸盐可以单独测得，在一定的 pH 值、时间和温度条件下，缩聚磷酸盐和有机磷非常稳定，不会对正磷酸盐的测定产生明显干扰。缩聚磷酸盐和有机磷必需先经消解，将各种形态的磷转变成溶解性的正磷酸盐方可测定。

正磷酸盐的测试包括流动注射-钼酸铵分光光度法（HJ 671—2013）、孔雀绿-磷钼杂多酸分光光度法（GB 11893—89）、连续流动-钼酸铵分光光度法（HJ 670—2013）、氯化亚锡比色法和离子色谱法（HJ 669—2013）等方法。溶解性总磷和总磷的测定，通常分两步进行，首先对水样进行消解处理，使各种形态的磷转变成溶解性的正磷酸盐，再用氯化亚锡比色法、钼酸铵分光光度法或离子色谱法等方法进行定量测定。随着仪器分析技术的发展及其普及率的提高，水样中总磷的 ICP-AES 或 ICP-AES-MS 等测定技术已成为新的发展方向。水中有机磷的分析方法多采用气相色谱法或高效液相色谱法，详见本章 2.10 节介绍。

(1) 水样预处理　根据预处理手段的不同，可分别测定水中的总磷、溶解性正磷酸盐和溶解性总磷，其关系如下：

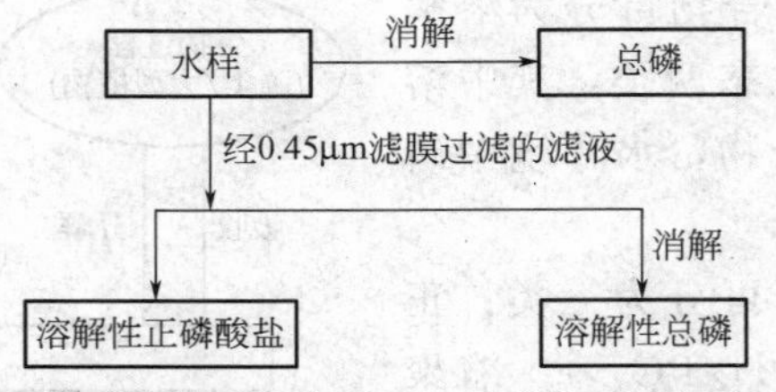

水样的消解可采用过硫酸钾消解法、硝酸-硫酸消解法或硝酸-高氯酸消解法等。

(2) 含磷化合物光度法测定　含磷化合物的光度法实际测试的是经预处理后样品试液中的正磷酸盐，而不同的水样预处理手段赋予光度法测试结果的意义有所不同。可根据所加显色剂的不同分为钼酸铵分光光度法、氯化亚锡还原光度法等，但最初所发生的化学反应是一样的，即在酸性条件下，水中的正磷酸盐与加入的钼酸铵反应生成淡黄色的磷钼杂多酸，反应式如下：

$$PO_4^{3-} + 12(NH_4)_2MoO_4 + 24H^+ \longrightarrow (NH_4)_3PO_4 \cdot 12MoO_3 + 21NH_4^+ + 12H_2O$$

显色剂与各光度法之间的关系如下。

① 加入钒，使试液生成黄色的钒磷钼酸，在波长400～496nm处比色测定。该方法即为钼酸铵分光光度法，方法的检测范围为0.01～0.6mg/L，适用于天然水、生活污水、工业废水的测试。

② 加入抗坏血酸，试液中的磷钼杂多酸被还原，生成蓝色络合物（常称磷钼蓝），可在波长700nm处比色定量测定。反应式如下：

$$(NH_4)_3PO_4 \cdot 12MoO_3 + Sn^{2+} \longrightarrow \text{磷钼蓝} + Sn^{4+}$$

该方法检测范围为0.01～0.6mg/L，适用于天然水、生活污水、工业废水的测试。

③ 加入氯化亚锡，试液中的磷钼杂多酸被还原成一种深蓝色的络合物（钼蓝），可在波长690nm处进行比色测定。方法检测范围为0.025～0.6mg/L，适用于地表水等天然水体的测定。

所得磷酸盐的含量均以磷（P）的mg/L计。

注意事项：显色的深浅与反应温度、时间关系很大，应注意与标准曲线的显色条件保持一致。水中含磷化合物的形态随微生物活动或水解作用而变化，取样后要立即测定，否则需冷藏放置。

2.12　痕量金属和非金属物质

2.12.1　痕量金属元素

水中存在的金属，有些是人体所必需的常量和微量元素，如铁、锰、铜、锌等；有些是对人体健康有害的，如汞、镉、铅、六价铬等。金属及其化合物的毒性大小与金属的种类、理化性质、浓度及存在的价态和形态都有关系。即便是人体所必需的那些金属元素，当它们的含量超过一定范围时，也会对人体和水生生物造成危害。汞、铅等金属的有机化合物比相应的无机化合物毒性强得多。可溶性金属比悬浮态的金属更易被生物体吸收，因此其毒性也就更大。此外，六价铬的毒性比三价铬大。以下分别介绍水中常见的一些金属的情况及其测定方法。

(1) 铁　铁（Fe）是生物必需的元素之一，超过一定浓度范围的铁及其化合物为低毒性和微毒性，含铁量高的水会呈黄色，有铁腥味。印染、纺织、造纸等工业用水的含铁量必须控制在0.1mg/L以下，否则会在产品上形成黄斑，影响质量。水中的铁主要来自选矿、冶炼、机械加工、工业电镀、酸洗废水等。

铁在水中的存在形态多种多样。可以存在于胶体、悬浮物和颗粒物中；可以是简单的水合离子或复杂的无机、有机络合物；可能是二价，也可能是三价。在水处理中，二价铁和三价铁的处理方法不同，因此，有时要分别测定不同价态的铁。二价铁极易被空气中的氧氧化为三价铁，当pH值大于3.5时，易生成三价铁的水解沉淀。采样后，需立即加酸酸化至pH值为1，亚铁最好在现场测定。

水中的总铁可以用原子吸收分光光度法（GB 11911—89）测定，亚铁用邻菲罗啉分光光度法（HJ/T 345—2007）测定，总铁也可以还原为亚铁后用该法测定，该法的检测限为0.12～5.00mg/L。

(2) 锰　锰（Mn）是生物必需的微量元素之一，过量的锰毒性不大，但可使衣物、纺织品和纸留下难看的斑痕，因此一般工业用水锰含量不能超过 0.1mg/L。水中的锰主要来自采矿、冶金、化工等工业废水。

锰以溶解、胶体状和悬浮状等形态存在于水中，锰的化合物有二价、三价、四价、六价和七价等多种价态。二价锰在中性或碱性条件下，能被空气氧化为更高的价态而产生沉淀，并被容器壁吸附，因此采样时应加酸酸化至 pH 值小于 2。

测定总锰常用的方法有原子吸收分光光度法（GB 11911—89）；高碘酸钾分光光度法（GB 11906—89），适用于环境水和废水样中锰的测定，最低检出浓度为 0.05mg/L；甲醛肟光度法（HJ/T 344—2007），适用于饮用水及未受严重污染的地面水总锰的测定，检测限为 0.05～4.0mg/L。

（3）铜　铜（Cu）是人体必不可少的元素，成人每日的需要量大约为 20mg。当水中铜的浓度达到 0.01mg/L 时，对鱼类有毒性作用。游离铜离子的毒性比络合态铜大得多。通常，淡水中的铜浓度约为 3μg/L，海水中的铜浓度约为 0.25μg/L。铜的污染主要来自电镀、冶炼、五金、石油化工和化学等工业废水的排放。

铜的测定可采用原子吸收分光光度法（直接法或萃取法）（GB 7475—87）；二乙基二硫代氨基甲酸钠分光光度法（HJ 485—2009），当使用 20mm 比色皿，萃取用试样体积为 50mL 时，该方法的检出限为 0.010mg/L，测定下限为 0.040mg/L，适用于地表水、地下水、生活污水和工业废水中总铜和可溶性铜的测定；以及 2,9-二甲基-1,10-菲罗啉分光光度法（直接法或萃取法）（HJ 486—2009）。

直接光度法适用于较清洁的地表水和地下水中可溶性铜和总铜的测定。当使用 50mm 比色皿，试料体积为 15mL 时，水中铜的检出限为 0.03mg/L，测定下限为 0.12mg/L，测定上限为 1.3mg/L。萃取光度法适用于地表水、地下水、生活污水和工业废水中可溶性铜和总铜的测定。当使用 50mm 比色皿，试料体积为 50mL 时，铜的检出限为 0.02mg/L，测定下限为 0.08mg/L。当使用 10mm 比色皿，试料体积为 50mL 时，测定上限为 3.2mg/L。

（4）锌　锌（Zn）也是人体必不可少的有益元素。水中含锌超过 1mg/L 时，对水生生物有轻微毒性。碱性水中锌的浓度超过 5mg/L 时，水有苦涩味，并呈乳白色。锌主要来源于电镀、冶金、颜料及化工等工业废水的排放。

锌可以用原子吸收分光光度法（GB 7475—87）和双硫腙分光光度法（GB 7472—87）测定，后者的最低检出浓度为 0.005mg/L，适用于测定天然水和轻度污染的地表水中的锌。

（5）汞　汞（Hg）及其化合物属于剧毒物质，可在体内蓄积，进入水体的无机汞离子可转变为毒性更强的有机汞，由食物链进入人体，引起全身中毒，如发生在日本的水俣病就是由甲基汞中毒引起的。天然水中的汞一般不超过 0.1μg/L，汞的污染可能来自氯碱、塑料、电池、灯泡、仪表、冶炼、军工、医院等工业废水和废弃物的排放。

单质汞不稳定，容易转化成无机和有机的汞化合物。无机汞有一价和二价两种价态，有机汞有烷基汞、芳基汞和烷氧基汞等。有机汞化合物的毒性比无机汞及单质汞强，有机汞又以烷基汞（尤其是短链的烷基汞，如甲基汞）的毒性最强。

汞的测定方法主要有双硫腙比色法（GB 7469—87），测定范围为 2～40μg/L，适合于生活污水、工业废水和受汞污染的地面水的测定；冷原子吸收分光光度法（HJ 597—2011），测定范围为 0.01～0.02μg/L；冷原子荧光法（HJ/T 341—2007），检测限为 0.0060～1.0μg/L。

（6）镉　镉（Cd）不是人体的必需元素，它的毒性很大，可在人体内的肾、肝蓄积，引起泌尿系统的功能变化，导致骨质疏松和软化等。水中含镉 0.1mg/L 时，可轻度抑制地面水的自净作用。农灌水含镉0.007mg/L时，即可造成污染。日本所发生的“骨痛病”就是含镉废水污染了土壤，又转移至稻米中，通过食物链在人体内富集而造成的。绝大多数淡水中的镉含量低于1μg/L，海水中镉的平均浓度为0.15μg/L。镉主要来自电镀、采矿、冶炼、染料、电池和化学等工业排放的废水。

镉的测定方法有原子吸收分光光度法（GB 7475—87）和双硫腙分光光度法（GB/T 7471—87），后者的测定范围为0.001～0.06mg/L，适用于测定受污染的天然水和废水中的镉。

（7）铅 铅（Pb）是可在人体和动物组织中蓄积的有毒金属，可造成贫血、神经机能失调和肾损伤。铅对水生生物的安全浓度为0.16mg/L。一般淡水中含铅0.06～120μg/L，海水中为0.03～13μg/L。铅的污染主要是由于蓄电池、冶炼、五金、机械、涂料和电镀等工业废水的排放所造成的。

铅的测定方法有双硫腙分光光度法（GB 7470—87），测定范围为0.01～0.3mg/L，适用于地表水和废水中铅的测定；原子吸收分光光度法（GB 7475—87），该法又分为直接法和萃取法两种。

（8）铬 铬（Cr）是生物体必需的微量元素之一。铬的毒性与其价态关系密切。水中的铬主要有三价和六价两种价态。三价铬能参与人体正常的糖代谢过程，六价铬却比三价铬的毒性高100倍左右，且易被人体吸收而在人体内蓄积，高浓度的铬会引起头痛、恶心、呕吐、腹泻、血便等症，还有致癌作用。对鱼类来说，三价铬的毒性比六价铬大。当水中三价铬浓度为1mg/L时，水的浊度明显增加。当水中六价铬浓度为1mg/L时，水呈淡黄色且有涩味。水中三价铬和六价铬在一定条件下可以相互转化。铬主要来源于电镀、制革、纺织、染料、冶金、化工等工业废水的排放。

总铬可以用原子吸收分光光度法、高锰酸钾氧化-二苯碳酰二肼分光光度法（GB 7466—87）测定，六价铬可以用二苯碳酰二肼分光光度法（GB 7467—87）测定，该法的测定范围为0.004～1mg/L，适用于地面水和工业废水中六价铬的测定。

2.12.2 原子吸收分光光度法原理

原子吸收分光光度法又称原子吸收光谱分析法，它是根据呈气态的原子对同类原子辐射出的特征谱线具有吸收作用来进行定量分析的方法。因为这种方法的仪器构造和操作方法与分光光度法很类似，所以通常称为原子吸收分光光度法，该法具有选择性好、抗干扰能力强、灵敏度高、操作简便快速等特点。

原子吸收分光光度法所依据的原理要从原子的内部结构说起。众所周知，任何原子都是由原子核和围绕核运动的数个电子组成，这些电子分别处在一定的能级上。通常在稳定情况下，电子具有的能量是最低的，从而原子也处在能量最低的状态，称为基态，所具有的能量以E_0表示。基态原子通过受热、吸收辐射或与其他高能粒子碰撞而吸收能量后，外层电子就会跃迁到较高的能级上去，该过程称为激发，此时原子所处的状态称为激发态，所具有的能量以E_j表示。处于激发态的原子是不稳定的，在极短时间（约10^{-8}s）内，电子又跃回到较低的能级，甚至返回基态，同时释放出吸收的能量，亦即辐射出一定频率的光。原子的光激发和发射过程可表示为：

$$E_0 + h\nu \underset{\text{发射}}{\overset{\text{激发}}{\rightleftharpoons}} E_j$$

式中 h——普朗克常数；

ν——光的频率。

电子从基态跃迁到激发态（通常指第一激发态，$j=1$）所产生的吸收谱线和从该激发态跃迁到基态所辐射的谱线，分别称为该元素原子的共振吸收线和共振发射线，简称共振线。当电子在两个能级之间发生跃迁时，所吸收或释放的能量必需等于两个能级的能量之差，即

$$\Delta E = E_j - E_0$$

$$\Delta E = h\nu = h\frac{c}{\lambda}$$

式中 c——光速；

λ——光谱的波长。

原子的各能级状态如图 2-59 所示。

由于各种元素的原子结构和外层电子排布是不相同的，因而电子从基态跃迁到第一激发态所吸收的能量也各不相同，从而使每种元素都具有特定的共振吸收线。通常产生共振吸收线所需的激发能较低，跃迁易于发生，因此对大多数元素来讲，共振线是所有谱线中最灵敏的。原子吸收光谱分析中，就是利用处于基态的待测元素的原子蒸气，对由光源发出的待测元素的共振线的吸收来进行定量分析的。

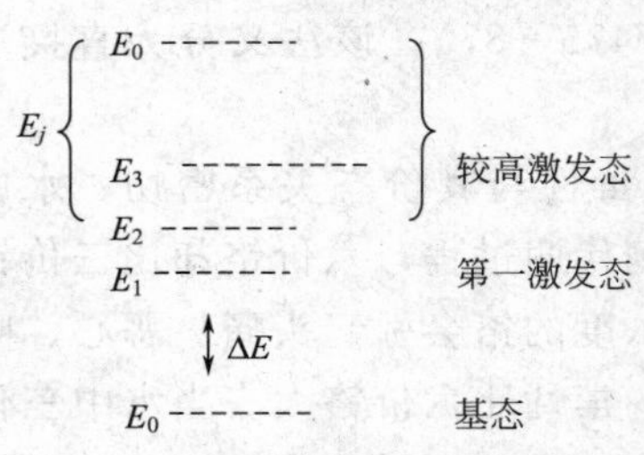

图 2-59 原子的各能级状态

2.12.2.1 原子吸收分光光度计组成

原子吸收光谱仪（又称原子吸收分光光度计）由光源、原子化系统、分光系统和检测系统四个主要部分组成，如图 2-60 所示。

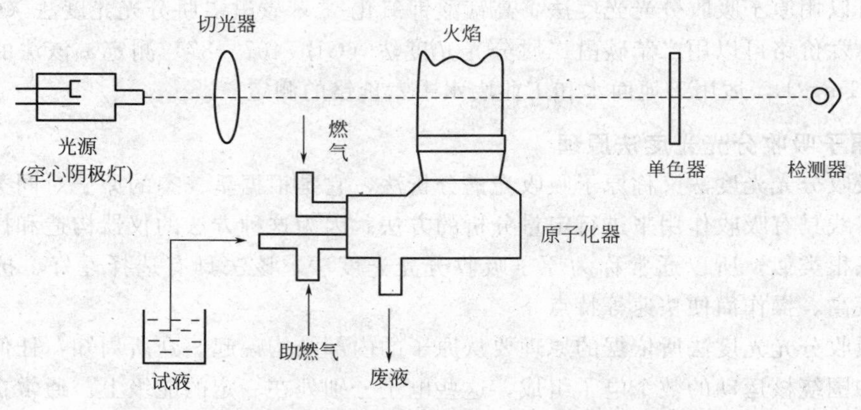

图 2-60 原子吸收光谱仪构成示意图

（1）光源 通常使用空心阴极灯作为光源，详细结构如图 2-61 所示。空心阴极灯由一个在钨棒上镶以钛丝或铂片的阳极和一个由发射所需特征谱线的金属或合金制成的空心筒状阴极组成，空心阴极外面套有陶瓷的屏蔽管，两电极密封在前面带有石英窗口的玻璃管中，管内充满低压惰性气体（氖或氩）。当在两电极施加 300～500V 电压时，开始辉光放电，电子从空心阴极射向阳极，并与周围惰性气体碰撞使之电离。此时带正电荷的惰性气体离子在电场作用下连续碰撞阴极内壁，使阴极表面上的自由原子溅射出来，它再与电子、正离子、气体原子碰撞而被激发，从而辐射出特征频率的锐线光谱。为了保证光源只发射频率范围很窄的锐线，要求阴极材料具有高纯度。通常单元素的空心阴极灯只能用于一种元素的测定，

若阴极材料使用多种元素的合金，可制得多元素灯。

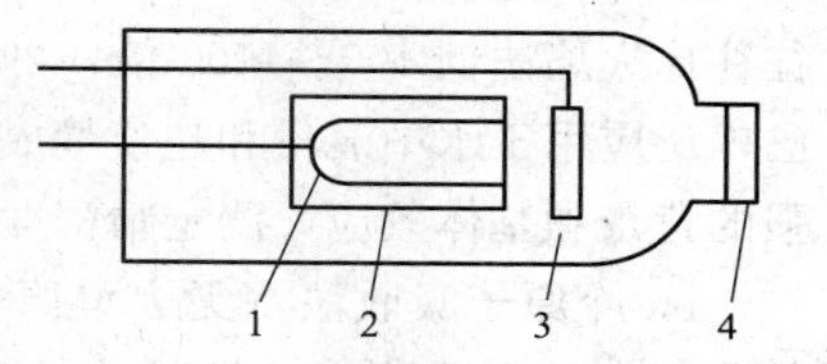

图 2-61 空心阴极灯构造
1—阴极；2—屏蔽管；3—阳极；4—石英窗口

(2) 原子化系统 原子化系统是将试样中的待测元素转化成原子蒸气，它可分为火焰原子化法和无火焰原子化法，前者操作简单、快速、有较高的灵敏度，后者原子化效率高，试样用量少，适于作高灵敏度的分析。

① 火焰原子化法。火焰原子化器由雾化器、混合室和燃烧器三部分组成。雾化器的作用是将试液雾化，使之形成直径为微米级的气溶胶，一般雾化效率可达 10%。混合室的主要作用是使燃气、助燃器与气溶胶充分混合。燃烧器的作用是使样品原子化，化合态的元素在高温火焰中解离成基态原子蒸气，通常原子化效率约为 10%。一般用乙炔、氢气、丙烷作燃气，用空气、氧化亚氮、氧气作助燃气。燃气和助燃气的组成决定了火焰的温度及氧化还原特性，直接影响化合物的解离和原子化效率。

在原子吸收光谱分析中常用的是空气-乙炔火焰和氧化亚氮-乙炔火焰。

空气-乙炔火焰：燃烧速度较慢，火焰稳定，重现性好，噪声低，最高温度可达 2500K，能直接测定 35 种以上元素；缺点是对易形成难解离氧化物的元素测定灵敏度偏低，不宜使用。

氧化亚氮-乙炔火焰：优点是温度高，可达 3000K，能用于难解离元素（如 Al，Ba，Be，Ti，V，W 和 Si 等）的测定，直接分析的元素可达 70 多种；缺点是价格贵，使用不当易发生爆炸。利用火焰原子化法测定水中某些金属元素的参考条件见表 2-43。

表 2-43 用火焰原子化法测定某些金属元素的参考条件

元素	波长/nm	火焰类型	检出限/(mg/L)	测量浓度范围/(mg/L)
Al	309.3	N_2O-C_2H_2,富燃型	0.1	5～100
Ba	553.6	N_2O-C_2H_2,富燃型	0.03	1～20
Be	234.9	N_2O-C_2H_2,富燃型	0.005	0.05～2
Ca	422.7	Air-C_2H_2,还原型	0.003	0.2～20
Cd	228.8	Air-C_2H_2,氧化型	0.002	0.05～2
Cr	357.9	Air-C_2H_2,富燃型	0.02	0.2～10
Cu	324.7	Air-C_2H_2,氧化型	0.01	0.2～10
Fe	284.3	Air-C_2H_2,氧化型	0.02	0.3～10
Mg	285.2	Air-C_2H_2,氧化型	0.0005	0.02～2
Mn	279.5	Air-C_2H_2,氧化型	0.01	0.1～10
Pb	283.3	Air-C_2H_2,氧化型	0.05	1～20
Ti	365.3	N_2O-C_2H_2,富燃型	0.3	5～100
Zn	213.9	Air-C_2H_2,氧化型	0.005	0.05～2

火焰原子化法操作简便，重现性好，已成为原子化的主要方法。但它的雾化和原子化效率低，最终变为气态原子的元素只占总量的 1%左右，灵敏度不够高。无火焰原子化法则克服了上述缺点。

② 无火焰原子化法。无火焰原子化法一般包括石墨炉原子吸收法和冷原子吸收法，目前广泛使用的是石墨炉原子吸收法。

a. 石墨炉原子吸收法。它利用低电压（10～25V）、大电流（300A）来加热石墨管，可升温至 3000℃，使置于管中的少量液体或固体样品蒸发和原子化。石墨管长 30～60mm，外径 6mm，内径 4mm，管上有三个小孔，中间小孔用于注入试样。为防止石墨管和试样氧化，需不断地通入惰性气体（氮或氩）。由于试样的原子化过程是在惰性气体保护下于强还原气氛中进行的，有利于氧化物的分解、自由原子的生成和保护，因此石墨炉原子化法的原子效率接近 100%。且由于基态原子在吸收区内平均停留时间较长，大大提高了灵敏度，其绝对检测限往往比火焰法低 100～1000 倍，可低至 10^{-13}g，且所需试样量仅 5～20μL。石墨炉原子吸收法已广泛应用于水中痕量和超痕量成分分析。其主要缺点是试样组成的不均匀性影响较大，有较强的背景和基体效应，测定精密度常不如火焰法，操作不够简便。

b. 冷原子吸收法（无火焰原子吸收法）。有些元素，如汞在室温下就有很高的蒸气压，其蒸气中的原子浓度已足以进行原子吸收光谱分析，而不需要上述火焰或电热的高温原子化装置。常用的测汞仪就是一种典型的冷原子吸收法测汞装置，结构如图 2-62 所示。

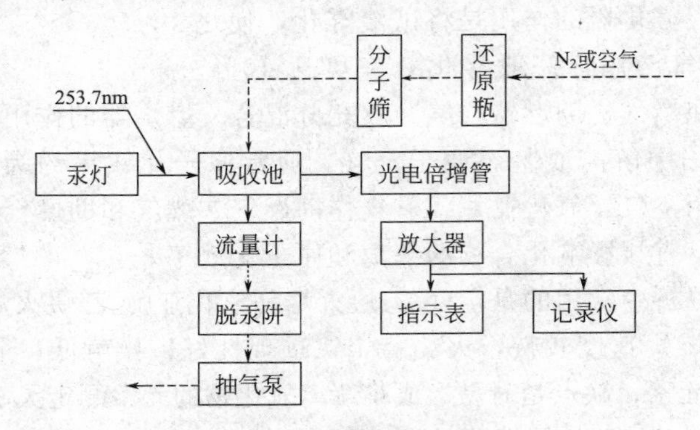

图 2-62 测汞仪构造示意图

该法测定水样中汞的基本原理是：在硫酸-硝酸介质中，加入高锰酸钾和过硫酸钾，加热消解水样，使所含汞全部转化为二价汞。用盐酸羟胺将过剩的氧化剂还原，再用氯化亚锡将二价汞还原成单质汞。在室温下通入空气或氮气流，将单质汞气化，载入测汞仪的吸收池，测定汞原子蒸气对低压汞灯光源发出的波长为 253.7nm 的光的特征吸收，从而对样品中汞的含量进行定量。该法最低检出浓度可达 0.05μg/L，适合于多种水中汞的测定。

(3) 分光系统 分光系统又称单色器，由凹面反射镜、出射狭缝、入射狭缝和色散元件组成。色散原件为棱镜或光栅，其作用是将待测元素的共振线与邻近的谱线分开，从出射狭缝射出，被后面的检测系统接收。分光系统设在原子化系统之后，可以阻止非检测辐射进入检测系统。

(4) 检测系统 由检测器（光电倍增管）、放大器、对数转换器和显示装置（记录器）组成，它可将分光系统出射的光信号进行光电转换测量。

2.12.2.2 定量分析方法

(1) 水样的预处理 在用原子吸收光谱法分析测定水样中的金属时，首先要对水样进行消解预处理，使水样变得清澈、透明，然后再利用原子吸收分光光度计进行测定。若水样中金属元素的含量为常量（如废水和受污染的水），水样经消解后可采用直接吸入火焰原子吸收分光光度法；若水样中金属元素含量为微量或痕量（如清洁水），则需要用萃取或离子交换法富集后吸入火焰原子吸收分光光度法，也可采用石墨炉原子吸收分光光度法。

(2) 定量依据 原子吸收法的定量基础是朗伯-比耳定律，即原子蒸气对特征波长的光的吸收符合下列关系式：

$$A=\lg\frac{I_0}{I}=K'LN$$

式中 A——吸光度；

I_0——入射光强；

I——透过光强；

K'——原子吸收系数；

L——基态原子蒸气的宽度；

N——基态原子的数目。

在一定实验条件下，K'和 L 是常数，N 与被测元素的浓度成正比，因此，上式可改写为：

$$A=kc$$

式中　k——常数；

c——被测元素在溶液中的浓度。

也就是说，在一定条件下，原子蒸气的吸光度与待测元素在溶液中的浓度成正比。

(3) 定量方法　原子吸收光谱分析的定量方法主要有标准曲线法和标准加入法，如图 2-63 所示。

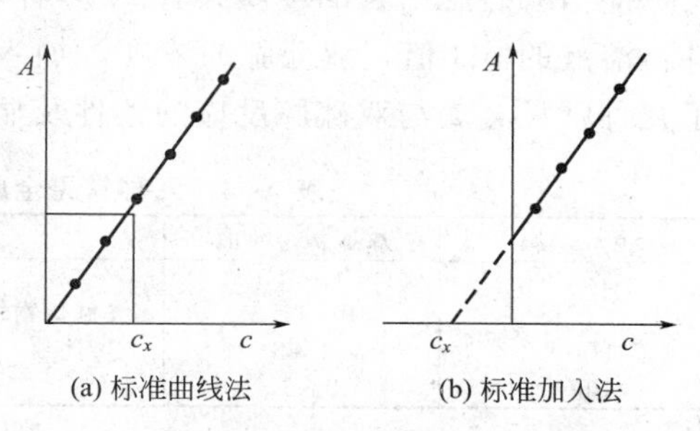

图 2-63　原子吸收分光光度法几种定量方法

标准曲线法是先配制一系列不同浓度的标准溶液，测其吸光度，绘制吸光度-浓度曲线。根据未知试样在相同条件下测得的吸光度值，根据标准曲线计算其浓度。该法应用最为普遍。

若试样组成复杂，且基体可能对测定有明显干扰，应当采用标准加入法。具体做法如下：分取若干份等体积的试样溶液，从第二份起分别加入不同量的待测元素的标准溶液，稀释至一定体积。若设试样中待测元素的浓度为 c_x，加入标准溶液后的浓度依次为 c_x+c_0、c_x+2c_0、c_x+4c_0，分别测定该系列溶液的吸光度，得到吸光度 A_x、A_1、A_2和 A_3，以吸光度 A 对浓度 c 作图，可得到一条不过原点的直线，将该直线外推至与横坐标相交，交点与原点之间的距离所相当的浓度即为试样中待测元素的浓度 c_x。

2.12.2.3　双硫腙分光光度法

水中锌、汞、镉和铅等金属离子均可用双硫腙分光光度法进行测定。水样经消解后，在不同 pH 值和相应化学物质存在的条件下，几种金属离子与双硫腙生成具有特征颜色的螯合物，用三氯甲烷或四氯化碳萃取后，在相应特征波长下比色可进行相关金属含量的定量。

双硫腙学名为二苯基硫代卡巴腙，结构式为：

$$C_6H_5-NH-NH-C(=S)-N=N-C_6H_5$$

双硫腙常简写为 H_2D_2。它是紫黑色固体，溶于水及无机酸，溶解时形成碱金属的双硫腙盐。它溶于氯仿、四氯化碳等有机溶剂中，在氯仿中的溶解度较大，为 17.3g/L。

(1) 双硫腙与 Cd^{2+} 的反应　在强碱溶液中，水样中的 Cd^{2+} 可与双硫腙反应，生成红色络合物，其三氯甲烷萃取液在 518nm 波长处进行分光光度测定，可得到 Cd^{2+} 的含量。其反应式为：

$$Cd^{2+}+2S{=}C\begin{matrix}N(H)-N(C_6H_5)-H\\N{=}N-C_6H_5\end{matrix}\longrightarrow S{=}C\begin{matrix}N(H)-N(C_6H_5)\\N{=}N(C_6H_5)\end{matrix}Cd\begin{matrix}N(C_6H_5){=}N\\N(C_6H_5)-N(H)\end{matrix}C{=}S+2H^+$$

红色络合物

(2) 双硫腙与 Pb^{2+} 的反应　在 pH 值为 8.5～9.5 的氨性柠檬酸盐-氰化物的还原介质

中，Pb^{2+} 与双硫腙反应生成淡红色螯合物，其三氯甲烷萃取液在 510nm 波长处进行比色测定，可得到 Pb^{2+} 的含量。其反应式为：

$$Pb^{2+} + 2S{=}C\begin{cases} N{-}N{-}H \ (N: H,\ C_6H_5) \\ N{=}N{-}H \ (N: C_6H_5) \end{cases} \longrightarrow S{=}C\begin{cases} N(H){-}N(C_6H_5) \\ N{=}N(C_6H_5) \end{cases}Pb\begin{cases} N(C_6H_5){=}N \\ N(C_6H_5){-}N(H) \end{cases}C{=}S + 2H^+$$

淡红色螯合物

能与双硫腙络合的金属共有 20 多种。在用双硫腙络合金属时，需注意以下几方面的条件：溶液的 pH 值，双硫腙的浓度，加入掩蔽剂以排除其他金属元素的干扰。表 2-44 列出了几种常见金属与双硫腙反应的条件及显色情况。

表 2-44 几种常见金属与双硫腙反应的条件及显色情况

金 属	反应液 pH 值	常用掩蔽剂	络合物颜色	比色波长/nm
Zn^{2+}	4～5.5	硫代硫酸钠	紫红色	535
Cd^{2+}	8～11.5	氰化物、柠檬酸铵、酒石酸钾钠	红色	518
Hg^{2+}	1～2	EDTA	橙色	485
Pb^{2+}	8～10	氰化物	淡红色	510

2.12.2.4 六价铬和总铬的测定

前面曾经介绍过，金属铬的毒性还与其存在价态有关，六价铬的毒性远远高于三价铬。因此，在进行铬的测定时，不仅要测定含铬总量，还要确切知道六价铬的含量。六价铬的分析方法主要有二苯碳酰二肼分光光度法（GB 7467—87）、吡咯烷二硫代氨基甲酸铵-甲基异丁酮（APDC-MIBK）萃取原子吸收法和差式脉冲极谱法等。

二苯碳酰二肼分光光度法应用最为广泛，其方法原理为：在酸性溶液中，六价铬与二苯碳酰二肼反应，生成紫红色化合物，其最大吸收波长为 540nm，在该波长处比色定量测定。

$$O{=}C\begin{cases} NH{-}NH{-}C_6H_5 \\ NH{-}NH{-}C_6H_5 \end{cases} + Cr^{6+} \longrightarrow O{=}C\begin{cases} NH{-}NH{-}C_6H_5 \\ N{=}N{-}C_6H_5 \end{cases} + Cr^{3+}$$

若要测定水样中的总铬，需先将三价铬氧化为六价铬，再进行 Cr^{6+} 与二苯碳酰二肼的反应和分光光度法测定。氧化条件为：在酸性条件下，用高锰酸钾将三价铬氧化为六价铬，过量的高锰酸钾用亚硝酸钠还原，而过量的亚硝酸钠又被尿素分解，其反应式如下：

$$5Cr_2(SO_4)_3 + 6KMnO_4 + 6H_2O = 10CrO_3 + 6MnSO_4 + 3K_2SO_4 + 6H_2SO_4$$

$$2HMnO_4 + 5NaNO_2 + 2H_2SO_4 = 2MnSO_4 + 5NaNO_3 + 3H_2O$$

$$2NaNO_2 + CO(NH_2)_2 + H_2SO_4 = Na_2SO_4 + 3H_2O + CO_2\uparrow + 2N_2\uparrow$$

二苯碳酰二肼分光光度法测水中六价铬的浓度范围为 0.004～1.0mg/L，适用于地表水和工业废水中六价铬的测定。

2.12.3 痕量非金属

水中的有毒有害非金属化合物，比较有代表性的包括砷、硒、氰化物等，有些书上亦将砷和硒归为类金属。分别介绍如下。

2.12.3.1 砷（Arsenic）

大多数砷的化合物均有较强的毒性，其中三价砷化合物的毒性最强，如 As_2O_3（俗称砒霜）有强烈毒性，内服 0.1g 即可致死。砷通过呼吸道、消化道和皮肤接触进入人体，如摄入量超过排泄量，就会在人体各器官，特别是毛发、指甲中蓄积，从而引起慢性砷中毒，潜伏期可长达几年甚至几十年。慢性砷中毒有消化系统症状、神经系统症状和皮肤病变等，砷还会引起皮肤癌。通常环境中含有的微量砷对人体不会构成危害。砷在水中主要以 AsO_3^{2-} 及 AsO_4^{2-} 离子的状态存在。除了无机砷，还有有机砷。砷的污染主要来自硫酸、氮肥、冶炼、染料、医药、农药、化工等工业。

水中砷的测定方法主要有二乙基二硫代氨基甲酸银分光光度法（GB 7485—87）、硼氢化钾-硝酸银盐分光光度法（GB 11900—89）、氢化物发生原子吸收法和原子荧光法等，以及最新出现的砷试纸法。在此介绍二乙基二硫代氨基甲酸银分光光度法和便携式砷试纸法。

（1）二乙基二硫代氨基甲酸银分光光度法　测定砷的原理：锌与酸作用，产生新生态氢。在碘化钾和氯化亚锡存在下，使五价砷还原为三价，三价砷被新生态氢还原成气态砷化氢（胂）。用二乙基二硫代氨基甲酸银-三乙醇胺的三氯甲烷溶液吸收胂，生成红色胶体银，在波长 510nm 处，以三氯甲烷为参比测其经空白校正后的吸光度，通过标准曲线进行定量。该方法的检测浓度范围为 0.007～0.50mg/L，适用于测定水和废水中的砷。

（2）便携式砷试纸　传统的砷测试方法过程繁琐，操作复杂且存在潜在的安全性问题。哈希公司（HACH）采用了试纸技术，开发出砷试纸法测试组件用于水中砷的测试，产品结构紧凑、携带方便，操作过程简单，适于野外现场测试。采用砷试纸法进行水质分析，需要五种预制试剂（其中有消除硫化物干扰的试剂），其中四种是粉枕包装，大大降低了人体与试剂接触的机会，反应过程中产生的砷蒸气被封闭在反应瓶中，避免了砷蒸气与人体接触的机会，砷测试方法保证了使用过程中操作人员的安全性。

砷试纸法测试组件的使用方法如下：将试纸浸入加有试剂的水样中，加盖密封，30min 之内，砷蒸气在试纸的反应区内形成砷斑，试纸的颜色改变，将试纸与包装瓶上的色阶进行比对，当试纸的颜色与某一个色阶的颜色接近时，读出该色阶对应的砷浓度，记录实验结果。砷测试组件有两种测试量程的试剂，0～500μg/L 和 0～4000μg/L，其色阶分别为 0、10μg/L、30μg/L、50μg/L、70μg/L、300μg/L、500μg/L 和 0、35μg/L、75μg/L、175μg/L、1500μg/L、4000μg/L；测试组件（图 2-64）除了试剂外，还包括两个用于进行化学反应的测试瓶（图 2-65），可以同时进行两组水样的测试。

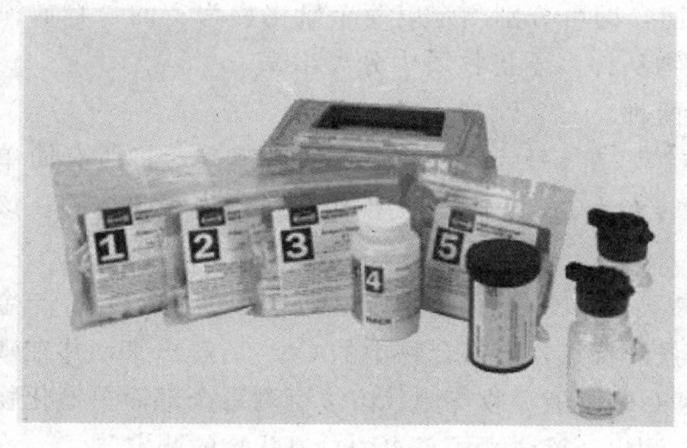

图 2-64　HACH 砷测试组件

图 2-65　反应中的测试瓶

2.12.3.2　硒

微量的硒是生物体所必需的营养元素，但过量的硒却能引起中毒，使人脱发、脱指甲、四肢发麻甚至偏瘫。水中的硒主要以无机的六价、四价、负二价及某些有机硒的形式存在。

一般清洁的天然水中，硒主要是以无机六价硒或四价硒形式存在，含量多在1μg/L以下，特殊的矿泉水中可能含有负二价的硒，工业废水中常含有多种价态硒，含量为几十至数百μg/L。一般认为，负二价硒的毒性最大，其次为四价硒，元素硒毒性最小。含硒废水主要来源于炼油、精炼铜、硫酸及特种玻璃等行业。

水中硒的测定方法有很多种，常用的有2,3-二氨基萘荧光法（GB 11902—89）、3,3′-二氨基联苯氨光度法、氢化物发生原子吸收法等。下面主要介绍2,3-二氨基萘荧光法（国标方法）。

测定硒的原理：水样需要先用硝酸-高氯酸消解，将四价以下的各种硒氧化为四价，再与盐酸反应将六价硒还原为四价硒，然后接下述步骤测定总硒含量。在pH＝1.5～2.0的溶液中，2,3-二氨基萘选择性地与四价硒离子反应生成4,5-苯并苤硒脑（4,5-beozopiaselenpol）绿色荧光物质，用环己烷萃取后，选择激发光波长376nm，发射光波长520nm进行测定，其荧光强度与四价硒含量成正比。该法的检测范围为0.15～25μg/L，适用于各种水中硒的测定。

2.12.3.3　氰化物

氰化物是分子结构中含有氰基（—CN）的一类物质的总称，包括无机氰化物和有机腈，其中无机氰化物又可分为简单氰化物和络合氰化物两种。常见的简单氰化物有KCN、NaCN、NH_4CN等，这类氰化物易溶于水，毒性很大，人一次误服0.1g左右就会死亡。络合氰化物如$[Zn(CN)_4]^{2-}$、$[Cd(CN)_4]^{2-}$、$[Fe(CN)_6]^{3-}$、$[Cu(CN)_4]^{2-}$等，这类氰化物的毒性比简单氰化物小，但会受水体pH值、水温和光照等条件影响而离解为毒性强的简单氰化物，从而也会产生较大毒性。氰化物会通过饮水、皮肤等途径进入人体，进入胃内解离成HCN，HCN与红细胞中的细胞色素氧化酶相结合，使生物体内的氧化还原反应不能进行，造成细胞窒息，组织缺氧。氰化物对鱼类有很大毒性，因鱼种、鱼龄、水温、溶解氧、pH值、中毒时间等不同而毒性大小不一。

天然水中一般不含氰化物，水中氰化物的主要来源为电镀、焦化、选矿、洗印、石油化工、有机玻璃制造、农药等工业废水的排放。此外，当废水中同时存在铵离子、甲醛类、次氯酸盐，并在碱性情况下，亦可生成氰离子。

测定氰化物时，一般都要将各种形式的氰化物转变为简单氰化物的形式测定其总量。但有时要分别测定简单氰化物和络合氰化物，以针对其毒性大小和结构特点分别予以处理。控制不同的pH值和络合剂条件，进行加热蒸馏，即可分别测定以简单氰化物为主的易释放氰化物和总氰化物。通过蒸馏，还可以将氰化物从许多干扰物质中分离出来。

（1）样品预蒸馏　预蒸馏的方法有以下两种。

一种方法是在水样中加入酒石酸和硝酸锌，在pH＝4的条件下加热蒸馏，将所有简单氰化物和部分络合氰化物（如锌氰络合物）转变为HCN蒸出，用NaOH溶液吸收待测。该法适用于水中简单氰化物的测定。

另一种方法是向水样中加入磷酸和EDTA，在pH＜2条件下加热蒸馏。利用EDTA与金属离子络合能力比CN^-与金属离子络合能力强的特点，使络合物中的CN^-离解出来，并在磷酸酸化的条件下以HCN形式蒸馏出来，用NaOH溶液吸收待测。该法可测得全部简单氰化物和绝大部分络合氰化物，但钴氰络合物等不能测出。该法适用于水中总氰化物的测定。

（2）氰化物的测定（HJ 484—2009）　经预蒸馏后，根据样品来源，氰化物可采用硝酸银滴定法（HJ 484—2009）、异烟酸-吡唑啉酮光度法（HJ 484—2009）、吡啶-巴比妥酸光度法（HJ 484—2009）或异烟酸-巴比妥酸分光光度法（HJ 484—2009）进行测定。

① 硝酸银滴定法。取一定体积水样预蒸馏溶液，调节至pH值为11以上，以试银灵作

指示剂，用硝酸银标准溶液滴定，则氰离子与银离子生成银氰络合物 $[Ag(CN)_2]^-$，稍过量的银离子与试银灵反应，使溶液由黄色变为橙红色，即为终点。反应式如下：

$$Ag^+ + 2CN^- = Ag(CN)_2^-$$

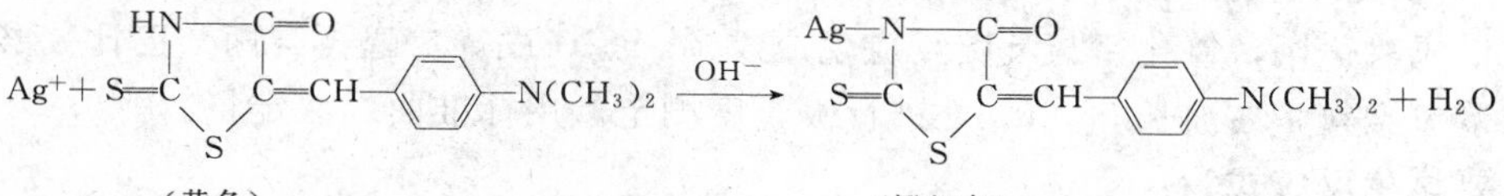

Ag^+ + 试银灵 $\xrightarrow{OH^-}$ 银-试银灵络合物 + H_2O

（黄色）　　　　（橙红色）

另取与水样预蒸馏液同体积的空白实验馏出液，按水样测定方法进行空白试验。根据二者消耗硝酸银标准溶液的体积，按下式计算水样中氰化物的浓度：

$$\text{氰化物}(CN^-, mg/L) = \frac{(V_A - V_B)c \times 52.04}{V_1} \times \frac{V_2}{V_3} \times 1000$$

式中　V_A——滴定水样消耗硝酸银标准溶液量，mL；

V_B——滴定空白馏出液消耗硝酸银标准溶液量，mL；

c——硝酸银标准溶液浓度，mol/L；

V_1——水样体积，mL；

V_2——水样馏出液总体积，mL；

V_3——测定时所取水样馏出液体积，mL；

52.04——氰离子（$2CN^-$）的摩尔质量，g/mol。

该方法检出限为 0.25mg/L，测定下限为 1.00mg/L，测定上限为 100mg/L，适用于受污染的地表水、生活污水和工业废水。

② 异烟酸-吡唑啉酮光度法。在中性条件下，预蒸馏收集液中的氰离子与氯胺 T 试剂反应生成氯化氰（CNCl），氯化氰与加入的异烟酸作用，经水解后生成戊烯二醛，其与吡唑啉酮缩合生成蓝色染料，其色度与氰化物的含量成正比，在 638nm 波长下，进行吸光度测定，用标准曲线法定量。

显色反应式为：

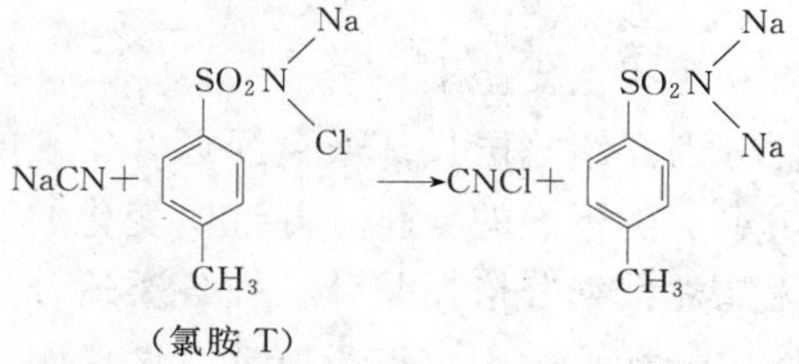

NaCN + 氯胺 T → CNCl + 对甲苯磺酰胺二钠盐

（氯胺 T）

CNCl + 异烟酸 $\xrightarrow{H_2O}$ NH_2CN + HCl + 戊烯二醛

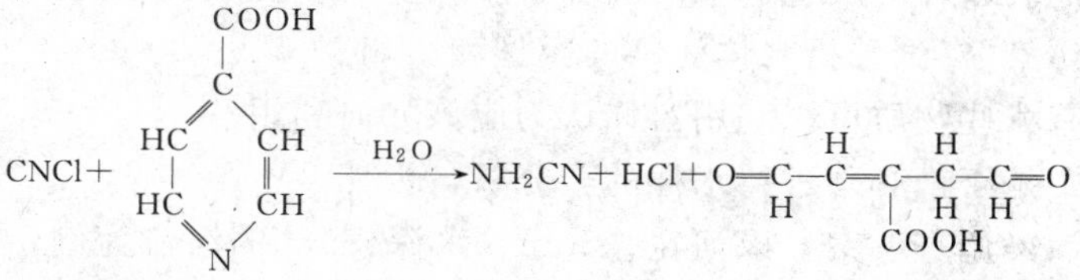

（异烟酸）　　（戊烯二醛）

戊烯二醛 + 2 吡唑啉酮 $\xrightarrow{\text{缩合}}$ 蓝色染料 + $2H_2O$

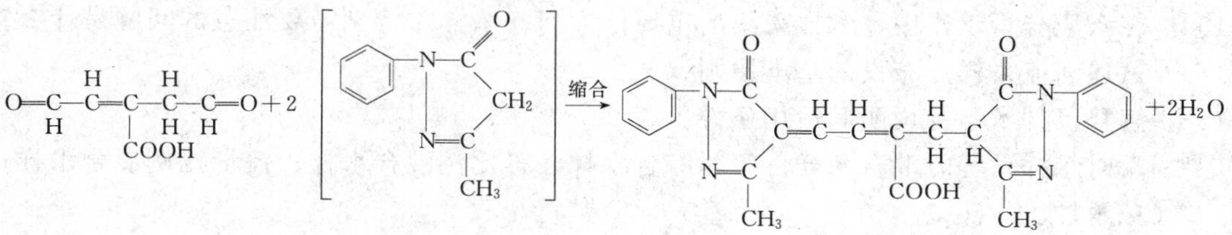

（蓝色染料）

该方法检出限为 0.004mg/L，测定下限为 0.016mg/L，测定上限为 0.25mg/L，适用于地表水、生活污水和工业废水中氰化物的测定。

③ 吡啶-巴比妥酸光度法。方法原理：在中性条件下，预蒸馏收集液中的氰离子与氯胺 T 反应生成氯化氰，氯化氰与吡啶反应生成戊烯二醛，戊烯二醛再与两个巴比妥酸分子缩合生成红紫色染料，在波长 580nm 处进行吸光度测定，用标准曲线法定量。

主要显色反应式为：

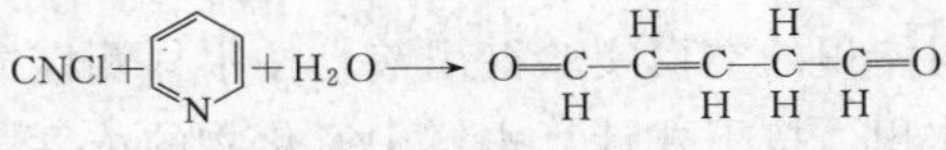

$$CNCl + C_5H_5N + H_2O \longrightarrow O{=}CH{-}CH{=}CH{-}CH_2{-}CH{=}O$$

（吡啶） （戊烯二醛）

$$O{=}CH{-}CH{=}CH{-}CH_2{-}CH{=}O + 2\,O{=}C(NH{-}CO)_2CH_2 \xrightarrow{\text{缩合}} \text{红紫色染料} + 2H_2O$$

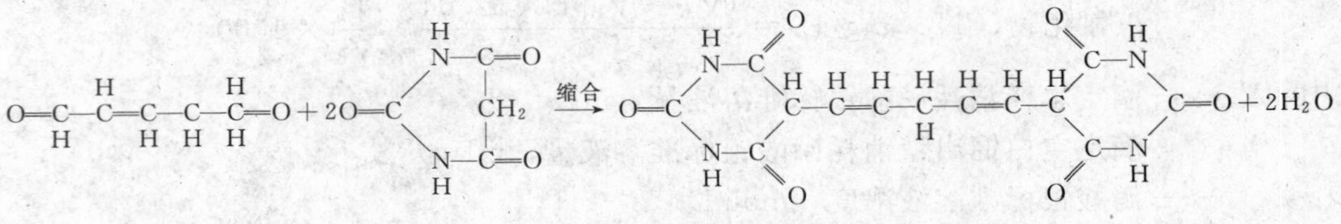

（巴比妥酸） （红紫色染料）

该方法检出限为 0.002mg/L，测定下限为 0.008mg/L，测定上限为 0.45mg/L，适用于地表水、生活污水和工业废水中的氰化物的测定。

④ 异烟酸-巴比妥酸分光光度法。方法原理：在弱酸性条件下，水样中的氰化物与氯胺 T 作用生成氯化氰，然后与异烟酸反应，经水解而成戊烯二醛（glutacondialdehyde），最后再与巴比妥酸作用生成一紫蓝色化合物，在波长 600nm 处测定吸光度。

该方法检出限为 0.001mg/L，测定下限为 0.004mg/L，测定上限为 0.45mg/L，适用于地表水、生活污水和工业废水中氰化物的测定。

习题与思考题

[1] 地下水和地表水的性质有哪些主要差别？

[2] 通过查阅文献资料，请分别介绍我国长江或黄河近 5 年来的水质变化趋势。

[3] 请简述我国近年来饮用水卫生标准的变化，并说明变化的原因。

[4] 我国地表水水域划分为几类？划分依据是什么？各类适合于什么水环境功能？

[5] 近年来我国地表水环境质量标准的内容有所调整，试说明调整的原因。

[6] 什么是“水污染”？试分析水体污染的类型和影响。

[7] 生活污水中有哪些物质可以利用？你认为应该如何利用？

[8] 在水质分析中是否都必须进行水样的全分析，为什么？

[9] 如何制订水污染调查方案？以河宽＜50m、水深＜5m 的河流为例，说明如何布设监测断面和采样点。

[10] 在水质分析工作中，水样采集的重要性如何？采样时特别需要注意的问题是什么？

[11] 试述河流采样点布设的基本原则。

[12] 解释下列术语并说明其适用条件。

瞬时水样；等时混合水样；等时综合水样；等比例混合水样；流量比例混合水样；单独水样。

[13] 污染物排放的浓度控制和总量控制意味着什么？如何实施总量控制？

[14]　请简述第一类污染物与第二类污染物的区别，以及一次污染物与二次污染物的区别？

[15]　水样主要有哪几种保存方法？试分别举例说明如何根据待测物的性质选用不同的保存方法。

[16]　水样在分析之前为什么要进行预处理？预处理包括哪些内容？

[17]　请简要介绍环境样品预处理在环境监测中所起的作用，并根据自己的经验，重点介绍一种样品预处理方法。

[18]　怎样用萃取法从水样中分离、富集欲测有机污染物质和无机污染物质？各举一例说明。

[19]　水质分析中，水样采集和保存有何重要性？采样时特别需要注意的问题是什么？举例说明如何根据待测物的性质选用不同的保存方法。

[20]　25℃时，Br_2在CCl_4和水中的分配比为29.0，试问：①水溶液中的Br_2用等体积的CCl_4萃取一次；②水溶液中的Br_2用1/2体积的CCl_4萃取二次；③水溶液中的Br_2用1/4体积的CCl_4萃取三次；请问上述三种情况的萃取率分别是多少？如何解释三种情况下萃取率之间的差异？

[21]　当水中存在有机污染物和无机污染物时，用什么方法可以将两者分离？

[22]　现有一工业废水，内含有微量的汞、铜、铅和痕量酚，试设计一个预处理方案，实现四种化合物的分别测定。

[23]　水样运输和保存过程中应注意些什么？

[24]　水样消解的目的是什么？为什么在一些样品的消解中需要使用多元酸体系？

[25]　水质分析时，常用的分析结果的表示方法有几种？如何定义？

[26]　环境样品预处理中，在什么情况下选用固相萃取和固相微萃取法？

[27]　液液萃取过程中要注意什么？

[28]　试述水温、臭和味测定的环境意义。

[29]　水的真色和表色的概念如何？水的色度通常指什么？

[30]　铂钴标准比色法测定色度的适用范围如何？为什么？

[31]　简述分光光度计的组成及各部分的功能。用分光光度法测定水样的颜色，结果怎样表示？

[32]　目视比浊法、分光光度法和浊度仪法测定浊度所依据的原理是什么？所得结果的单位分别是什么？

[33]　浊度和色度的区别是什么？它们分别是由水样中的何种物质造成的？

[34]　简述水中浊度的来源、危害及测定和表示方法，并说明浊度、透明度和色度的含义及区别。

[35]　既然浊度是由不溶解物质造成的，能否用水中悬浮固体的浓度来间接反映水的浊度？

[36]　水中固体的分类如何？为什么说固定性固体可以大约代表水中无机物质的含量，挥发性固体可以大约代表水中有机物质的含量？

[37]　暂时硬度和永久硬度的概念如何？硬度的测定有何环境意义？

[38]　为什么说电导率可以间接表示水的含盐量和总固体的量？

[39]　说明电阻分压式电导仪测量水样电导率的工作原理。水样的电导率及其含盐量有何关系？

[40]　比较液体样品中总固体、总溶解性固体及总悬浮固体三者之间的区别。

[41]　在分析测量挥发性固体时为何选择550℃的焚烧温度？温度偏高或偏低对分析结果有

何影响？

[42] 某水样的分析结果列入下表：

阳离子	浓度/(mg/L)	阴离子	浓度/(mg/L)
Na^+	30	Cl^-	60
K^+	5	HCO_3^-	45
Ca^{2+}	36	CO_3^{2-}	1
Mg^{2+}	12	SO_4^{2-}	60
Sr^{2+}	1	NO_3^-	2

请计算出该水样中的总硬度、碳酸盐硬度和非碳酸盐硬度（以 $CaCO_3$ mg/L 计）。

[43] 试说明水样 pH 值、酸度和碱度的区别。

[44] 现有 A、B 两个水样，已知 A 水样氢离子活度是 B 水样氢离子活度的 4 倍，A 水样 pH=4.0，请问 B 水样的 pH 值为多少？

[45] 水的 pH 值与各种碱度的关系怎样？某水溶液，加入甲基橙指示剂为橙黄色，加入酚酞指示剂为无色，试问它含有哪些碱度？

[46] 现有四个水样，各取 100mL，分别用 0.0100mol/L H_2SO_4 滴定，结果列于下表，试判断水样中各存在何种碱度？各为多少（以 $CaCO_3$ mg/L 计）？

水样	滴定消耗 H_2SO_4 体积/mL	
	以酚酞为指示剂(P)	以甲基橙为指示剂(M)
A	10.00	15.50
B	14.00	38.60
C	8.20	16.40
D	0	12.70

[47] 现有五个水样，各取 100mL，分别用 0.0100mol/L HCl 滴定，结果列于下表，试判断水样中各存在何种碱度，并计算相应的碱度值（以 $CaCO_3$ mg/L 计）。

水样编号	滴定消耗 HCl 标准溶液的体积/mL	
	以酚酞为指示剂(P)	继续以甲基橙为指示剂(M)
A	10.0	5.5
B	14.0	24.6
C	8.2	0
D	0	12.7
E	6.5	6.5

[48] 何为水的余氯和需氯量？它们的测定有何意义？

[49] 溶解氧的测定有何环境意义？碘量法和膜电极法测定溶解氧的原理是什么？各有何特点？

[50] 试述碘量法测定水中溶解氧的方法原理，并说明在什么情况下要采用叠氮化钠修正法。

[51] 天然水中有机物质对环境和人体健康的影响如何？测定有机物综合指标的意义何在？

[52]　试比较 COD、BOD 与 TOC 以及三者之间的关系。

[53]　在用标准法测定水样 COD 时，所用到的化学试剂中有哪些对环境有不良的影响？从控制环境污染和节约能源的角度考虑，方法有哪些可以改进之处？

[54]　在测定 BOD_5 时，为什么常用的培养时间是 5 天，培养温度是 20℃？用稀释法测定 BOD_5 时，对稀释水有何要求？稀释倍数是怎样确定的？

[55]　解释生物化学需氧量采用五日培养法的意义，并试述 BOD_5 的测定条件以及所采取的相应措施。

[56]　某造纸厂生化出水的测定数据如下：

$V_{总}$＝800mL，不接种

序　号	水样体积/mL	当天 DO/(mg/L)	五天后 DO/(mg/L)	DO 消耗率/%	BOD_5/(mg/L)
1	0.0	8.16	7.98	—	—
2	20.0	7.91	6.34		
3	40.0	7.80	5.66		
4	100.0	7.48	2.40		

试计算培养过程中 DO 消耗率和生化出水的 BOD_5 值。

[57]　某废水水样在 20℃条件下培养 7 日，测得水样的 BOD 为 208mg/L（假设该生化过程的好氧速率常数 k_1＝0.15/d）。试计算：①总的碳化生化需氧量（完全生化需氧量）；②5 日的 BOD_5；③10 日的 BOD_{10}。

[58]　稀释法测 BOD，取原水样 100mL，加稀释水 900mL，取其中一部分测 DO＝7.4mg/L，另一份培养五天后再测 DO＝3.8mg/L，已知原稀释水的 DO＝8.3mg/L，培养五天后稀释水的 DO 为 7.6mg/L，试问，这次实验数据有效吗？为什么？如有效的话，该水样的 BOD 为多少？

[59]　现欲对某大型商场的污水排放实施污染物总量监测，商场内污水主要来自于餐饮和盥洗，营业时间为 10：00～22：00。请确定监测方案，包括总量监测项目，采样时间与频率，水样类型，样品容器和保存方法等。

[60]　通过什么手段和方法，可以评价 TOC 测试结果的准确与否？

[61]　简述水中痕量有机物测定的环境意义。

[62]　4-氨基安替比林分光光度法测定酚的基本原理是什么？

[63]　简述色谱分析法的原理。气相色谱和液相色谱有哪些共同点和不同点？其应用范围有何不同？

[64]　举例说明气相色谱分析中如何选用 ECD、FID 和 FPD 检测器。

[65]　气相色谱仪和液相色谱仪分别包括哪些基本部分？各起什么作用？在色谱分析中常用哪些定性、定量方法？

[66]　自然界中氮的循环是怎样的？为什么说水中的含氮化合物可以反映水体受污染的程度与进程？

[67]　试述水中的氨氮、亚硝酸盐氮、硝酸盐氮、凯氏氮和总氮的测定方法及其原理。

[68]　根据水体中含氮化合物的自净作用和环境监测意义，请判断下表水体中含氮化合物自净进程中存在哪种含氮化合物，并在相应表格空格中用“＋”或“－”标注该种含氮化合物的存在状况。

NH_3—N	NO_2^-—N	NO_3^-—N	有机氮	含氮化合物自净进程状况描述
				清洁水
				水体受到新近污染
				污染物已无机化，水体已基本自净
				以前受到污染，正在自净过程，且又有新污染

[69] 简述含磷化合物测定的环境意义。

[70] 水中硫化物的来源有哪些？对环境和人体的影响如何？

[71] 用重量法测定水中的硫酸盐含量时，若 400mL 的水样生成 0.0360g $BaSO_4$，求该水样中的硫酸盐浓度（以 SO_4^{2-} 计）。

[72] 原子吸收光谱分析法的基本原理是什么？原子吸收光谱仪由哪几部分组成？各部分的功能如何？

[73] 原子吸收光谱分析定量的基本依据是何种关系式？有哪几种定量方法？

[74] 冷原子吸收光谱法与冷原子荧光光谱法测定水样中的汞，在原理和仪器方面有何主要相同和不同之处？

[75] 试从方法原理、仪器组成及测定对象方面，比较分光光度法和原子吸收分光光度法的异同之处。

[76] 用标准加入法测定某水样中的镉，5.00mL 水样加入 0.5mL 浓 HNO_3 酸化，再分别加入一定量的镉标准溶液并稀释到 10.00mL 后测定吸光度，结果如下：

标准加入量(按稀释后浓度计)/(μg/L)	0	1.5	3.0	4.5
吸光度 A	0.0125	0.0202	0.0280	0.0354

请计算该水样中镉的浓度。

[77] 冷原子吸收法测定汞的流程如何？

[78] 某水样中含有较多的悬浮物，请设计样品保存、预处理方法，以获得样品中溶解性总 Pb 的含量。

[79] 水中砷和硒的测定方法有哪些？试举例说明其原理。

[80] 水中氰化物的分类如何？它们的毒性大小是怎样的？

[81] 简述氰化物测定的方法和步骤。

[82] 氟与人体健康的关系如何？它的测定方法有哪些？

[83] 简述多环芳烃、挥发性卤代烃、有机氯农药、有机磷农药等的环境影响及其色谱测定方法。

[84] 在进行水样中铬的测定时，不仅要确切知道六价铬的含量，还要测定含铬总量，如何进行样品预处理？

第3章　大气环境监测

3.1　大气与大气污染

大气层又叫大气圈，地球就被这一层厚厚的大气层包围着。大气层的成分主要由氮气（占78.1%）和氧气（占20.9%）组成，还有少量的二氧化碳、稀有气体（氦气、氖气、氩气等）和水蒸气等。大气层的空气密度随高度增加而减小，越高空气越稀薄。大气层的厚度大约在1000km以上，但是没有明显的界限。整个大气层随高度不同表现出不同的特点，可分为对流层、平流层、中间层、暖层和散逸层，再上面就是星际空间了。大气中绝大多数的天气现象都发生在对流层中。此外，从污染源排放的污染物也直接进入对流层，这些污染物的迁移转化过程也发生在这一层中。

由于人类活动或自然过程，使得排放到大气中物质的浓度及持续时间足以对人的舒适感、健康以及对设施或环境产生不利影响时，称为大气污染。随着社会经济的快速发展和工业化、城市化进程的加速，加之长期以来的粗放式经济发展方式，我国大气污染形势严峻，突出表现在大气污染物排放量大、大气环境污染物浓度高、区域性大气复合型污染严重。2013年6月14日，国务院审议通过的《大气污染防治行动计划》（简称《大气十条》），启动了$PM_{2.5}$污染的“攻坚战”。开展环境空气质量监测是解决大气环境问题的第一要务，可为政策和战略的制定、环境空气质量控制目标的设立、监督检查污染物的排放和环境标准的实施情况等提供必要的科学依据。

3.1.1　大气污染物及其来源

大气污染物的类型很多。根据其存在状态，受人们关注的污染物可概括为两大类：颗粒污染物和气体污染物，前者如粉尘、烟、飞灰、黑烟、雾、可吸入颗粒物（PM_{10}）和细颗粒物（$PM_{2.5}$）等，后者又包括含硫化合物（SO_2、H_2S）、含氮化合物（NO、NH_3）、碳氢化合物（主要为C_1～C_5化合物）、碳氧化物（CO、CO_2）和卤素化合物（HF、HCl）五类。一些污染物还可以通过化学或光化学反应生成新的污染物，即二次污染物，如NO转化为NO_2等。

大气污染来源广泛，主要有以下四个方面。

（1）燃料燃烧源　在我国，工农业生产及人民生活使用的各种燃料有煤炭、石油、重油，燃烧过程会产生大气污染，污染物为其燃烧产物，即二氧化硫、氮氧化物和飞灰等。

（2）工业生产源　在冶金、化工、有色冶炼、造纸、纺织、建筑材料等生产过程中会产生大量的有毒有害气体和粉尘，如矿石破碎过程、各种研磨加工过程及物料的混合、筛分等有大量的粉尘产生，生产过程使用的原材料被加热时发生一系列化学变化，此过程产生大量有毒有害气体。工业生产因使用的原料不同，对大气造成的污染也不同。

（3）农业生产源　由于广大农村生活水平的提高、农村的粮产量大幅增加及日常生活燃料结构有很大变化，在我国一些粮食产区大量秸秆就地燃烧，产生的烟雾不仅污染大气，使空气的能见度下降，甚至造成周围的机场关闭。

（4）交通运输源　目前大多数汽车等交通运输工具都使用汽油或柴油，由于燃料燃烧不完全，大量的汽车尾气会引发大气污染，污染物主要为碳氢化合物、氮氧化合物、硫氧化物、铅化物、甲醛等。

3.1.2　大气污染的主要特征

近年来，随着我国社会经济快速发展，多个地区接连出现以颗粒物（PM_{10}和$PM_{2.5}$）为特征污染物的灰霾天气，大气颗粒物及其负载污染物已成为长期影响我国环境空气质量的首要污染物。由于我国以煤炭为主的能源消耗量居高不降，机动车保有量急剧增加，城市建设施工量依然巨大，使得我国环境空气污染因子多，污染成因复杂，不同的区域污染物相互影响，并且各地能源结构和经济发展的水平也不平衡，污染尺度范围呈现时段性和区域化的发展趋势。总体来说，当前我国大气污染的特征主要表现在以下几个方面。

(1) 空气污染呈现复合型特征。随着中国工业化和城镇化持续30年的快速发展，主要污染源已由燃煤型源转变为燃煤、工业、机动车、扬尘等复合污染源，大气污染的范围不断扩大。可吸入颗粒物已经成为影响城市空气质量的首要污染物，而区域性大气灰霾、光化学烟雾和酸沉降成为新的大气污染形式，不利的气象条件是诱发重污染发生的外部环境条件。

(2) 空气污染呈现明显的季节性特征，区域性灰霾天气发生频繁，强度不断增加，同时持续时间长。有研究表明，1950～1980年我国的年均霾日较少，1980年以后，霾日明显增加，而2000年以来急剧增长，2010年霾年均日数（29.8天），几乎是1971年（6.7天）的4倍。近年来，京津冀、长三角、珠三角等区域每年出现灰霾污染的天数甚至超过100天以上。

(3) 光化学烟雾污染日益凸显，发生频率增加。光化学烟雾污染和高浓度臭氧污染频繁出现在北京地区、珠三角和长三角地区。环境保护部发布的《2013年中国机动车污染防治年报》显示，我国已连续四年成为世界机动车产销第一大国，机动车尾气已成为我国空气污染的重要来源，其排放的NO_x、$PM_{2.5}$、CO和碳氢化合物是造成灰霾、光化学烟雾污染的重要原因。

(4) 城市间大气污染相互影响显著，农村大气污染问题日益凸显。随着城市规模的不断扩张，区域内城市群协同发展，城市间大气污染相互影响明显。如在京津冀、长三角和珠三角等区域，部分城市SO_2浓度受外来源的贡献率达30%左右，NO_x为15%左右，可吸入颗粒物为约20%。区域内典型城市群大气污染变化过程呈现明显的同步性。随着城市规模不断扩大和工业企业从主城区外迁，大气污染由城市向农村地区扩散的态势日益凸显。

3.1.3　大气环境保护标准

3.1.3.1　大气环境质量标准

环境空气质量是指由污染程度指示出的环境空气状态。为了给人民生活和生产创造清洁适宜的环境，防治生态破坏，切实保障人民群众身体健康，法律通常规定某一段时间内空气污染物浓度平均值的限值范围，即常说的环境空气质量标准。我国现行的大气环境质量标准主要有《环境空气质量标准》（GB 3095—2012）、《乘用车内空气质量评价指南》（GB/T 27630—2011）和《室内空气质量标准》（GB/T 18883—2002）。

(1)《环境空气质量标准》（GB 3095—2012）　随着我国环境空气污染特征的显著变化，针对煤烟型污染特征制定的空气质量标准在新形势下存在一些不能满足国家环境空气质量管理工作需求的情况，为此环保部于2012年发布了《环境空气质量标准》（GB 3095—2012），并采取了分三个阶段实施的方案，自2016年1月1日全面实施。该标准规定了环境空气功能区分类、标准分级、污染物项目、平均时间及浓度限值、监测方法、数据统计的有效性规定及实施与监督等内容，适用于全国范围的环境空气质量评价与管理。

环境空气质量按功能区分为以下两类。

一类区：自然保护区、风景名胜区和其他需要特殊保护的区域。

二类区：居住区、商业交通居民混合区、文化区、工业区和农村地区。

根据环境空气功能区的质量要求，一类区适用一级浓度限值，二类区适用二级浓度限值。该标准规定了各项污染物不允许超过的浓度限值，参见表 3-1 和表 3-2。其中，污染物浓度均为标准状态下（温度为 273K，压力为 101.325kPa）的浓度。

表 3-1　环境空气污染物基本项目浓度限值

序号	污染物项目	平均时间	浓度限值		单位
			一级	二级	
1	二氧化硫(SO_2)	年平均	20	60	$\mu g/m^3$
		24h 平均	50	150	
		1h 平均	150	500	
2	二氧化氮(NO_2)	年平均	40	40	
		24h 平均	80	80	
		1h 平均	200	200	
3	一氧化碳(CO)	24h 平均	4	4	mg/m^3
		1h 平均	10	10	
4	臭氧(O_3)	日最大 8h 平均	100	160	$\mu g/m^3$
		1h 平均	160	200	
5	可吸入颗粒物(PM_{10})	年平均	40	70	
		24h 平均	50	150	
6	细颗粒物($PM_{2.5}$)	年平均	15	35	
		24h 平均	35	75	

表 3-2　环境空气污染物其他项目浓度限值

<table>
<tr><th rowspan="2">序号</th><th rowspan="2">污染物项目</th><th rowspan="2">平均时间</th><th colspan="2">浓度限值</th><th rowspan="2">单位</th></tr>
<tr><th>一级</th><th>二级</th></tr>
<tr><td rowspan="2">1</td><td rowspan="2">总悬浮颗粒物(TSP)</td><td>年平均</td><td>80</td><td>200</td><td rowspan="9">$\mu g/m^3$</td></tr>
<tr><td>24h 平均</td><td>120</td><td>300</td></tr>
<tr><td rowspan="2">2</td><td rowspan="2">氮氧化物(NO_x)</td><td>年平均</td><td colspan="2">50</td></tr>
<tr><td>24h 平均</td><td colspan="2">100</td></tr>
<tr><td rowspan="2">3</td><td rowspan="2">铅(Pb)</td><td>1h 平均</td><td colspan="2">250</td></tr>
<tr><td>年平均</td><td colspan="2">0.5</td></tr>
<tr><td rowspan="3">4</td><td rowspan="3">苯并[a]芘(BaP)</td><td>季平均</td><td colspan="2">1</td></tr>
<tr><td>年平均</td><td colspan="2">0.001</td></tr>
<tr><td>24h 平均</td><td colspan="2">0.0025</td></tr>
</table>

表 3-1 和表 3-2 中的平均时间具体定义如下。

年平均：指一个日历年内各日平均浓度的算术平均值。

季平均：指一个日历季内各日平均浓度的算术平均值。

月平均：指一个日历月内各日平均浓度的算术平均值。

24h 平均：指一个自然日 24h 平均浓度的算术平均值，也称日平均。

8h 平均：指连续 8h 平均浓度的算术平均值，也称 8h 滑动平均。

1h 平均：指任何 1h 污染物浓度的算术平均值。

针对环境空气污染物监测点位的布设，应按照《环境空气质量监测点位布设技术规范（试行)》（HJ 664—2013）中的要求执行，对于采样环境、采样高度及采样频率，则规定按《环境空气质量自动监测技术规范》（HJ/T 193—2005）或《环境空气质量手工监测技术规范》（HJ/T 194—2005）的具体要求执行。为保证各项污染物数据统计的有效性，还做出了列于表 3-3 的具体要求。

表 3-3 污染物浓度数据有效性的最低要求

污染物项目	平均时间	数据有效性规定
SO_2、NO_2、PM_{10}、$PM_{2.5}$、NO_x	年平均	每年至少有 324 个日平均浓度值，每月至少有 27 个日平均浓度值(二月至少有 25 个)
SO_2、NO_2、CO、PM_{10}、$PM_{2.5}$、NO_x	24h 平均	每日至少有 20h 平均浓度值或采样时间
O_3	8h 平均	每 8h 至少有 6h 平均浓度值
SO_2、NO_2、CO、O_3、NO_x	1h 平均	每小时至少有 45min 的采样时间
TSP、B*a*P、Pb	年平均	每年至少有分布均匀的 60 个日平均浓度值，每月至少有分布均匀的 5 个日平均浓度值
Pb	季平均	每季至少有分布均匀的 15 个日平均浓度值，每月至少有分布均匀的 5 个日平均浓度值
TSP、B*a*P、Pb	24h 平均	每日应有 24h 的采样时间

（2）《室内空气质量标准》（GB/T 18883—2002） 在人们对居住质量要求普遍提高的今天，居室的环保问题日益受到关注。《室内空气质量标准》（GB/T 18883—2002）是我国第一部室内空气质量标准，于 2003 年 3 月 1 日正式实施。该标准的颁布对于不断提高人们的室内环保意识，促进与室内环境有关的行业和企业从室内环境方面规范自己的行为，保障人民的身体健康，具有十分重要的意义。

《室内空气质量标准》（GB/T 18883—2002）规定了室内空气质量参数及检验方法，以及各项污染物的达标浓度限值，具体列于表 3-4，适用于住宅和办公建筑物，其他室内环境可参照本标准执行。该标准规定了

表 3-4 《室内空气质量标准》的主要控制指标

序号	类别	参数	单位	标准限值	备注
1	物理性	温度	℃	22～28	夏季空调
				16～24	冬季采暖
2		相对湿度	%	40～80	夏季空调
				30～60	冬季采暖
3		空气流速	m/s	0.3	夏季空调
				0.2	冬季采暖
4		新风量	$m^3/(h \cdot P)$	30	

续表

序号	类别	参数	单位	标准限值	备注
5	化学性	二氧化硫(SO_2)	mg/m^3	0.50	1h均值
6		二氧化氮(NO_2)	mg/m^3	0.24	1h均值
7		一氧化碳(CO)	mg/m^3	10	1h均值
8		二氧化碳(CO_2)	%	0.10	日平均值
9		氨(NH_3)	mg/m^3	0.20	1h均值
10		臭氧(O_3)	mg/m^3	0.16	1h均值
11		甲醛(HCHO)	mg/m^3	0.10	1h均值
12		苯(C_6H_6)	mg/m^3	0.11	1h均值
13		甲苯(C_7H_8)	mg/m^3	0.20	1h均值
14		二甲苯(C_8H_{10})	mg/m^3	0.20	1h均值
15		苯并[*a*]芘(B*a*P)	ng/m^3	1.0	日平均值
16		可吸入颗粒物(PM_{10})	mg/m^3	0.15	日平均值
17		总挥发性有机物(TVOC)	mg/m^3	0.60	8h均值
18	生物性	细菌总数	cfu/m^3	2500	依据仪器定
19	放射性	氡(Rn)	Bq/m^3	400	年平均值

《室内空气质量标准》(GB/T 18883—2002) 中规定的控制项目不仅有化学性污染，还有物理性、生物性和放射性污染。对影响室内空气质量的物理因素（温度、湿度和空气流速）视季节性规定了达标限值；化学性污染物质中不仅有人们熟悉的甲醛、苯、氨等污染物质，还有可吸入颗粒物、二氧化碳、二氧化硫等共13项化学性污染物质；对2种生物性和放射性指标也分别规定了达标限值，这里充分考虑了室内空气的特殊性。

(3)《乘用车内空气质量评价指南》(GB/T 27630—2011)　《乘用车内空气质量评价指南》(GB/T 27630—2011) 于2012年3月1日正式实施，其规定了车内空气中苯、甲苯、二甲苯、乙苯、苯乙烯、甲醛、乙醛、丙烯醛的浓度要求，见表3-5。《乘用车内空气质量评价指南》填补了我国车内空气质量标准的空白，使得车内空气质量是否达标有了明确的参考标准依据，车内空气检测有据可依；同时对检测技术、仪器、环境等做出了严格要求，可以更加客观公正地评判各品牌汽车的车内空气质量。该指南在评价乘用车内空气质量时，主要适用于所销售的新生产汽车，使用中的车辆也可参照使用，但对行驶过程中车内空气质量的评价该标准仅具有参考作用。

表3-5　车内空气中有机污染物浓度要求

序　　号	监 测 指 标	浓度限制/(mg/m^3)	序　　号	监 测 指 标	浓度限制/(mg/m^3)
1	苯	≤0.11	5	苯乙烯	≤0.26
2	甲苯	≤1.10	6	甲醛	≤0.10
3	二甲苯	≤1.50	7	乙醛	≤0.05
4	乙苯	≤1.50	8	丙烯醛	≤0.05

3.1.3.2　大气污染物排放标准

我国大气污染物排放标准主要由大气固定源污染物排放标准和大气移动源污染物排放标准两部分组成。

（1）大气固定源污染物排放标准　大气固定源污染物排放标准由综合性排放标准和行业性排放标准组成，两类标准执行不交叉执行的原则，并实施行业标准优先执行原则，其他大气污染物排放则执行综合标准。根据国务院批复实施的《重点区域大气污染防治“十二五”规划》的相关规定，在重点控制区的火电、钢铁、石化、水泥、有色、化工六大行业以及燃煤锅炉项目则需执行大气污染物特别排放限值。

《大气污染物综合排放标准》（GB 16297—1996）规定了33种大气污染物的排放限值，其指标体系为最高允许浓度、最高允许排放速率和无组织排放监控浓度限值，适用于现有污染源大气污染物排放管理，以及建设项目的环境影响评价、设计、环境保护设施竣工验收及其投产后的大气污染物排放管理。该标准设置了三个指标体系：①通过排气筒排放的污染物最高允许排放浓度；②通过排气筒排放的污染物，按排气筒高度规定的最高允许排放速率；③以无组织方式排放的污染物，规定无组织排放的监控点及相应的监控浓度限值。任何一个排气筒必须同时遵守上述①和②两项指标，超过其中任何一项均为超标排放。

工业企业排放的大气污染物具有其行业特点和特殊性，需要制定更有针对性的行业性排放标准，实施更有针对性的科学监管，一系列相应的行业标准先后发布，如《水泥工业大气污染物排放标准》（GB 4915—2013）、《砖瓦工业大气污染物排放标准》（GB 29620—2013）、《电子玻璃工业大气污染物排放标准》（GB 29495—2013）、《轧钢工业大气污染物排放标准》（GB 28665—2012）等。具体行业污染物排放限值和要求可参见相关标准附录A。

（2）大气移动源污染物排放标准　为防治机动车污染物排放对环境的污染，改善空气环境质量，我国的大气移动源污染物排放标准主要限制机动车辆尾气排放，现有的标准有《城市车辆用柴油发动机排气污染物排放限值及测量方法（WHTC工况法）》（HJ 689—2014）、《轻型汽车污染物排放限值及测量方法（中国第五阶段）》（GB 18352.5—2013）、《重型车用汽油发动机与汽车排气污染物排放限值及测量方法（中国Ⅲ、Ⅳ阶段）》（GB 14762—2008）等20余项。

3.1.3.3　大气监测规范和方法标准

我国的大气环境保护标准还包括大气环境监测规范和一系列方法标准。如《环境空气质量监测点位布设技术规范（试行）》（HJ 664—2013）规定了环境空气质量监测点位布设原则和要求、环境空气质量监测点位布设数量、在环境空气质量监测点位开展的监测项目等内容。《环境空气颗粒物（$PM_{2.5}$）手工监测方法（重量法）技术规范》（HJ 656—2013）等方法标准规定了污染物的监测方法。《环境空气颗粒物（PM_{10}和$PM_{2.5}$）连续自动监测系统技术要求及检测方法》（HJ 653—2013）、《环境空气气态污染物（SO_2、NO_2、O_3、CO）连续自动监测系统技术要求及检测方法》（HJ 654—2013）、《环境空气颗粒物（PM_{10}和$PM_{2.5}$）采样器技术要求及检测方法》（HJ 93—2013）、《环境空气颗粒物（PM_{10}和$PM_{2.5}$）连续自动监测系统安装和验收技术规范》（HJ 655—2013）、《环境空气气态污染物（SO_2、NO_2、O_3、CO）连续自动监测系统安装和验收技术规范》（HJ 193—2013）等标准，则明确了我国空气污染物自动连续监测技术要求和检测方法。《环境空气质量评价技术规范（试行）》（HJ 663—2013）规定了环境空气质量评价的范围、评价时段、评价项目、评价方法及数据统计方法等内容。

3.1.4　环境空气质量指数

环境空气质量指数是一种定量、客观地反映和评价空气质量状况的指标，可以直观、简明、定量地描述和比较环境污染的程度。它以数字的形式量化描绘空气质量状况，使公众能清楚地了解所在城市空气质量的优劣，并可用来进行大气环境质量现状评价、回顾性评价和趋势评价，因此在国内外被普遍应用。

我国的空气质量指数是定量描述空气质量状况的无量纲指数，针对单项污染物还规定了空气质量分指数。参与空气质量评价的主要污染物为细颗粒物、可吸入颗粒物、二氧化硫、二氧化氮、臭氧、一氧化碳六项。

（1）空气质量指数的相关定义

① 空气质量指数（ambient air quality index，AQI）：定量描述空气质量状况的无量纲指数。

② 空气质量分指数（indivaidual air quality index，IAQI）：单项污染物的空气质量指数。

③ 首要污染物（primary polltant）：AQI 大于 50 时 IAQI 最大的空气污染物。

④ 超标污染物（no-attainment pollutant）：浓度超过国家环境空气质量二级标准的污染物，即 IAQI 大于 100 的污染物。

（2）空气质量分指数计算方法　空气质量分指数（IAQI）的计算公式如下：

$$IAQI_P=\frac{IAQI_{Hi}-IAQI_{Lo}}{BP_{Hi}-BP_{Lo}}(c_P-BP_{Lo})+IAQI_{Lo}$$

式中　$IAQI_P$——污染物项目 P 的空气质量分指数；

c_P——污染物项目 P 的质量浓度值；

BP_{Hi}——表 3-6 中与 C_P 相近的污染物浓度限值的高位值；

BP_{Lo}——表 3-6 中与 C_P 相近的污染物浓度限值的低位值；

$IAQI_{Hi}$——表 3-6 中与 BP_{Hi} 对应的空气质量分指数；

$IAQI_{Lo}$——表 3-6 中与 BP_{Lo} 对应的空气质量分指数。

表 3-6 给出了 IAQI 级别及对应的污染物项目浓度限值。

表 3-6　IAQI 级别及对应的污染物项目浓度限值

IAQI	污染物项目浓度限值									
	SO_2（24h 平均）	SO_2（1h 平均）①	NO_2（24h 平均）	NO_2（1h 平均）①	PM_{10}（24h 平均）	CO（24h 平均）	CO（1h 平均）①	O_3（1h 平均）	O_3（8h 滑动平均）	$PM_{2.5}$（24h 平均）
	$\mu g/m^3$					mg/m^3		$\mu g/m^3$		
0	0	0	0	0	0	0	0	0	0	0
50	50	150	40	100	50	2	5	160	100	35
100	150	500	80	200	150	4	10	200	160	75
150	475	650	180	700	250	14	35	300	215	115
200	800	800	280	1200	350	24	60	400	265	150
300	1600	②	565	2340	420	36	90	800	800	250
400	2100	②	750	3090	500	48	120	1000	③	350
500	2620	②	940	3840	600	60	150	1200	③	500

① SO_2、NO_2 和 CO 的 1h 平均浓度值仅限用于实时报，在日报中需使用相应的 24h 平均限值。

② SO_2 的 1h 平均浓度值高于 800 的，不再进行其 IAQI 计算，SO_2 的 IAQI 按 24h 平均浓度计算的分指数报告。

③ O_3 的 8h 平均浓度值高于 800 的，不再进行其 IAQI 计算，O_3 的 IAQI 按 1h 平均浓度计算的分指数报告。

（3）空气质量指数级别划分　空气质量指数划分为六个级别，分别称为空气质量指数一级、二级、三级、四级、五级和六级，具体信息详见表 3-7。

（4）空气质量指数计算与评价方法

空气质量指数计算公式为：

$$AQI=\max\{IAQI_1,IAQI_2,IAQI_3,\cdots,IAQI_n\}$$

表 3-7 空气质量指数及相关信息

空气质量指数	空气质量指数级别	空气质量指数类别及表示颜色		建议采取的措施
0～50	一级	优	绿色	各类人群可正常活动
51～100	二级	良	黄色	极少数异常敏感人群可以减少户外活动
101～150	三级	轻度污染	橙色	儿童、老年人及心脏病、呼吸系统疾病患者应减少长时间、高强度的户外锻炼
151～200	四级	中度污染	红色	儿童、老年人及心脏病、呼吸系统疾病患者应避免长时间、高强度的户外锻炼，一般人群适量减少户外运动
201～300	五级	重度污染	紫色	儿童、老年人和心脏病、肺病患者应停留在室内，停止户外运动，一般人群减少户外运动
>300	六级	严重污染	褐红色	儿童、老年人和病患者应当停留在室内，避免体力消耗，一般人群应避免户外活动

式中 IAQI——空气质量分指数；

n——污染物项目。

空气质量指数（AQI）评价方法如下。

① 对照各项污染物的分级浓度限值，以细颗粒物（$PM_{2.5}$）、可吸入颗粒物（PM_{10}）、二氧化硫（SO_2）、二氧化氮（NO_2）、臭氧（O_3）、一氧化碳（CO）等各项污染物的实测浓度值（其中 $PM_{2.5}$、PM_{10} 为 24h 平均浓度）分别计算得出空气质量分指数（IAQI）。

② 从各项污染物的 IAQI 中选择最大值确定为 AQI，当 AQI 大于 50 时将 IAQI 最大的污染物确定为首要污染物。

③ 对照 AQI 分级标准，确定空气质量级别、类别及表示颜色、健康影响与建议采取的措施。简言之，AQI 就是各项污染物的空气质量分指数（IAQI）中的最大值，当 AQI 大于 50 时对应的污染物即为首要污染物。

3.1.5 环境空气质量监测网络

根据环境管理的需要，为开展环境空气质量监测活动，一般应建立不同级别的环境空气质量监测网。我国《环境空气质量监测规范（试行）》规定了环境空气质量监测网的设计和监测点位设置要求、环境空气质量监测的方法和技术要求，以及环境空气质量监测数据的管理和处理要求。环境空气质量监测网在空间范围上可以按行政区划组建，也可按环境区域组建。

环境空气质量监测网络的监测目的为：从国家层面上来说，主要为确定全国城市区域环境空气质量变化趋势，反映城市区域环境空气质量总体水平；确定全国环境空气质量背景水平以及区域空气质量状况；判定全国及各地方的环境空气质量是否满足环境空气质量标准的要求；为制定全国大气污染防治规划和对策提供依据。各地方根据环境管理的需要，可设置地方级环境空气质量监测网，记录监测网覆盖区域内环境空气质量的背景水平，确定监测网覆盖区域内环境空气质量的变化趋势，为制定地方大气污染防治规划和对策提供依据。

设计环境空气质量监测网，应能客观反映环境空气污染对人类生活环境的影响，并以本地区多年的环境空气质量状况及变化趋势、产业和能源结构特点、人口分布情况、地形和气象条件等因素为依据，充分考虑监测数据的代表性，按照监测目的确定监测网的布点。

空气环境监测网的设计，首先应考虑所设监测点位的代表性。常规环境空气质量监测点可分为以下 4 类。

① 污染监控点。为监测地区空气污染物的最高浓度，或主要污染源对当地环境空气质量

的影响而设置的监测点。为监测固定工业污染源对环境空气质量影响而设置的污染监控点，其代表范围一般为半径100～500m的区域，有时也可扩大到半径500m～4km（如考虑较高的点源对地面浓度的影响时）的区域；为监测道路交通污染源对环境空气质量影响而设置的污染监控点，其代表范围为人们日常生活和活动场所中受道路交通污染源排放影响的道路两旁及其附近区域。污染监控点的具体设置原则根据监测目的由地方环境保护行政主管部门确定。

② 空气质量评价点。以监测地区的空气质量趋势或各环境质量功能区的代表性浓度为目的而设置的监测点。其代表范围一般为半径500m～4km的区域，有时也可扩大到半径4km至几十千米（如对于空气污染物浓度较低，其空间变化较小的地区）的区域。

③ 空气质量对照点。以监测不受当地城市污染影响的城市地区的空气质量状况为目的而设置的监测点。其代表范围一般为半径几十千米的区域。

④ 空气质量背景点。以监测国家或大区域范围的空气质量背景水平为目的而设置的监测点。其代表性范围一般为半径100km以上的区域。

国家环境空气质量监测网应设置环境空气质量评价点、空气质量背景点及空气质量对照点，评价点可从根据国家环境管理需要确定的地方空气质量评价点中选取。

3.2　环境空气质量监测点位布设和样品采集

3.2.1　监测点位布设

环境空气质量监测点主要分为环境空气质量评价城市点、环境空气质量评价区域点、环境空气质量背景点、污染监控点和路边交通点5类。总体上点位布设原则如下。

① 代表性。具有较好的代表性，能客观反映一定空间范围内的环境空气质量水平和变化规律，客观评价城市、区域环境空气状况，污染源对环境空气质量的影响，满足为公众提供环境空气状况健康指引的需求。

② 可比性。同类型监测点设置条件尽可能一致，使各个监测点获取的数据具有可比性。

③ 整体性。环境空气质量评价城市点应考虑城市自然地理、气象等综合环境因素，以及工业布局、人口分布等社会经济特点，在布局上应反映城市主要功能区和主要大气污染源的空气质量现状及变化趋势，从整体出发合理布局，监测点之间相互协调。

④ 前瞻性。应结合城乡建设规划考虑监测点的布设，使确定的监测点能兼顾未来城乡空间格局变化趋势。

⑤ 稳定性。监测点位置一经确定，原则上不应变更，以保证监测资料的连续性和可比性。

各种类型的监测点的布设要求及数量如下。

（1）环境空气质量评价城市点的布设要求　①位于各城市的建成区，并均匀分布，覆盖全部建成区。②采用城市加密网格点实测或模式模拟计算的方法，估计所在城市建成区污染物浓度的总体平均值。全部城市点的污染物浓度的算术平均值应代表所在城市建成区污染物浓度的总体平均。城市加密网格点实测是指将城市建成区均匀划分为若干加密网格点，单个网格不大于2km×2km（面积大于200km^{2}的城市也可适当放宽网格密度），在每个网格中心或网格线的交点上设置监测点，了解所在城市建成区的污染物整体浓度水平和分布规律，监测项目包括GB 3095—2012中规定的6项基本项目（可根据监测目的增加监测项目），有效监测天数不少于15天；模式模拟计算是通过污染物扩散、迁移及转化规律，预测污染分布状况进而寻找合理的监测点位的方法。③拟新建城市点的污染物浓度的平均值与同一时期用城市加密网格点实测或模式模拟计算的城市总体平均值估计值相对误差应在10%以内。④用城市加密网格点实测或模式模拟计算的城市总体平均值计算出30、50、80和90百分位数的估计值，拟新建城市点的污染物浓度平均值计算出的30、50、80和90百分位数与同一时期城市总体估计值计算的各百分位数的相对误差在15%以内。⑤监测点周围环境和采样口设置也应符合一定的要求。

各城市环境空气质量评价城市点的最少监测点位数量应符合表3-8的要求。按建成区城市人口和建成区面积确定的最少监测点位数不同时，取两者中的较大值。

表3-8　环境空气质量评价城市点设置数量要求

建成区城市人口/万人	建成区面积/km^2	最少监测点数
<25	<20	1
25～50	20～50	2
50～100	50～100	4
100～200	100～200	6
200～300	200～400	8
>300	>400	按每50～60km^2建成区面积设1个监测点，并且不少于10个点

（2）环境空气质量评价区域点和背景点的布设要求　①区域点和背景点应远离城市建成区和主要污染源，区域点原则上应离开城市建成区和主要污染源20km以上，背景点原则上应离开城市建成区和主要污染源50km以上；②区域点应根据我国大气环流特征设置在区域大气环流路径上，反映区域大气本地状况，并反映区域间和区域内污染物输送的相互影响；③背景点设置在不受人为活动影响的清洁地区，反映国家尺度空气质量本底水平；④区域点和背景点的海拔高度应合适，在山区应低于局部高点，避免受到局地空气污染物的干扰和近地面逆温层等局地气象条件的影响；在平缓地区应保持在开阔地点的相对高地，避免空气沉积的凹地；⑤监测点周围环境和采样口的设计应符合一定要求。

（3）污染监控点的设置要求　①污染监控点原则上应设在可能对人体健康造成影响的污染物高浓度区以及主要固定污染源对环境空气质量产生明显影响的地区；②污染监控点依据排放源的强度和主要污染项目布设，应设置在源的主导风向和第二主导风向（一般采用污染最重季节的主导风向）的下风向的最大落地浓度区内，以捕捉到最大污染特征为原则进行布设；③对于固定污染源较多且比较集中的工业园区等，污染监控点原则上应设置在主导风向和第二主导风向（一般采用污染最重季节的主导风向）的下风向的工业园区边界，兼顾排放强度最大的污染源及污染项目的最大落地浓度；④地方环境保护行政主管部门可根据监测目的确定点位布设原则增设污染监控点，并实时发布监测信息；⑤监测点周围环境和采样口的设计应符合一定要求。

（4）路边交通点的布设要求　①对于路边交通点，一般应在行车道的下风侧，根据车流量大小、车道两侧的地形、建筑物的分布情况等确定路边交通点的位置，采样口距道路边缘距离不得超过20m；②由地方环境保护行政主管部门根据监测目的确定点位布设原则设置路边交通点，并实时发布监测信息；③监测点周围环境和采样口的设计应符合一定要求。

路边交通点的数量由地方环境保护行政主管部门组织各地环境监测机构根据本地区环境管理的需要设置。

环境空气质量监测点周围环境应符合下列要求：①应采取措施保证监测点附近 1km 内的土地使用状况相对稳定；②点式监测仪器采样口周围，监测光束附近或开放光程监测仪器发射光源到监测光束接收端之间不能有阻碍环境空气流通的高大建筑物、树木或其他障碍物，从采样口或监测光束到附近最高障碍物之间的水平距离，应为该障碍物与采样口或监测光束高度差的两倍以上，或从采样口至障碍物顶部与地平线的夹角应小于 30°；③采样口周围水平面应保证 270°以上的捕集空间，如果采样口一边靠近建筑物，采样口周围水平面应有 180°以上的自由空间；④监测点周围环境状况相对稳定，所在地质条件需长期稳定和足够坚实，所在地点应避免受山洪、雪崩、山林火灾和泥石流等局地灾害影响，安全和防护措施有保障；⑤监测点附近无强大的电磁干扰，周围有稳定可靠的电力供应和避雷设备，通信线路容易安装和检修；⑥区域点和背景点周边向外的大视野需 360°开阔，1～10km 方圆距离内应没有明显的视野阻断；⑦应考虑监测点位设置在机关单位及其他公共场所时，保证通畅、便利的出入通道及条件，在出现突发状况时，可及时赶到现场进行处理。

采样口位置应符合下列要求：①对于手工采样，其采样口离地面的高度应在 1.5～15m 范围内。②对于自动监测，其采样口或监测光束离地面的高度应在 3～20m 范围内。③对于路边交通点，其采样口离地面的高度应在 2～5m 范围内。④在保证监测点具有空间代表性的前提下，若所选监测点位周围半径 300～500m 范围内建筑物平均高度在 25m 以上，无法按满足①、②条的高度要求设置时，其采样口高度可以在 20～30m 范围内选取。⑤在建筑物上安装监测仪器时，监测仪器的采样口离建筑物墙壁、屋顶等支撑物表面的距离应大于 1m。⑥使用开放光程监测仪器进行空气质量监测时，在监测光束能完全通过的情况下，允许监测光束从日平均机动车流量少于 10000 辆的道路上空、对监测结果影响不大的小污染源和少量未达到间隔距离要求的树木或建筑物上空穿过，穿过的合计距离不能超过监测光束总光程长度的 10%。⑦当某监测点需设置多个采样口时，为防止其他采样口干扰颗粒物样品的采集，颗粒物采样口与其他采样口之间的直线距离应大于 1m。若使用大流量总悬浮颗粒物（TSP）采样装置进行并行监测，其他采样口与颗粒物采样口的直线距离应大于 2m。⑧对于环境空气质量评价城市点，采样口周围至少 50m 范围内无明显固定污染源，为避免车辆尾气等直接对监测结果产生干扰，采样口与道路之间的最小间隔距离应按表 3-9 的要求确定。⑨开放光程监测仪器的监测光程长度的测绘误差应在±3m 内（当监测光程长度小于 200m 时，光程长度的测绘误差应小于实际光程的±15%）。⑩开放光程监测仪器发射端到接收端之间的监测光束仰角不应超过 15°。

表 3-9　点式仪器采样口与交通道路之间的最小间隔距离

道路日平均机动车流量（日平均车辆数）	采样口与交通道路边缘之间最小距离/m	
	PM_{10}、$PM_{2.5}$	SO_2、NO_2、CO 和 O_3
≤3000	25	10
3000～6000	30	20
6000～15000	45	30
15000～40000	80	60
>40000	150	100

3.2.2　采样时间和采样频次

采样时间也称采样时段，即每次采样从开始到结束所持续的时间。采样频次指在一定的时间范围内的采样次数。采样时间和采样频次要根据监测目的、污染物分布特征、分析方法及人力、物力等因素决定。我国监测技术规范是根据《环境空气质量标准》（GB 3095—2012）中各项污染物数据统计的有效性规定，确定相应污染物采样频次及采样时间。

3.2.3 样品采集和保存

气体采样方法的选择与污染物在气体中存在的状态密切相关。气体中的污染物从形态上分为气态和颗粒态两种。推荐的采样方法有24h连续采样、间断采样和无动力采样。以气态或气溶胶态两种形态存在的半挥发性有机物（SVOCs）通常进行主动采样。

3.2.3.1 24h连续采样

24h连续采样指24h连续采集一个空气样品，监测污染物日平均浓度的采样方式，适用于环境空气中SO_2、NO_2、PM_{10}、$PM_{2.5}$、TSP、苯并［a］芘、氟化物和铅等采样。

（1）气态污染物连续采样　气态污染物连续采样设备一般需要设立采样亭，便于安放采样系统各组件。采样亭面积及其空间大小应视合理安放采样装置、便于采样操作而定。一般面积应不小于5m^2，采样亭墙体应具有良好的保温和防火性能，室内温度应维持在（25±5）℃。

气态污染物采样系统由采样头、采样总管、采样支管、引风机、气体样品吸收装置及采样器等组成，如图3-1所示。采样总管和采样支管应定期清洗，周期视当地空气湿度、污染状况确定。采样前进行气密性、采样流量、温度控制系统及时间控制系统检查。

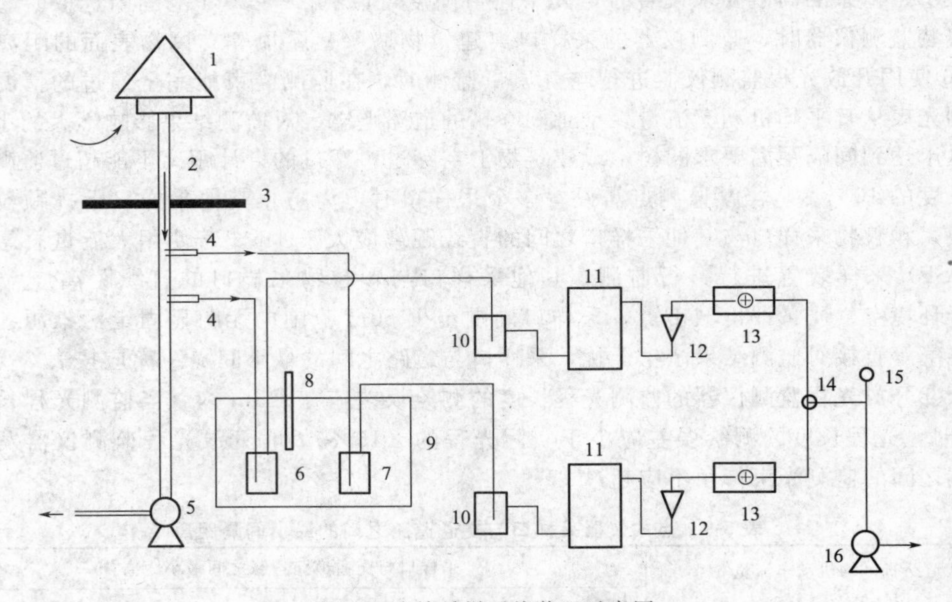

图3-1　连续采样系统装置示意图

1—采样头；2—采样总管；3—采样亭屋顶；4—采样支管；5—引风机；6—二氧化氮吸收瓶；7—二氧化硫吸收瓶；8—温度计；9—恒温装置；10—滤水井；11—干燥器；12—转子流量计；13—限流孔；14—三通阀；15—真空泵；16—抽气泵

气密性检查：按图3-1连接采样系统各装置，确认采样系统连接正确后，进行采样系统的气密性检查。

采样流量检查：用经过检定合格的流量计校验采样系统的采样流量，每月至少1次，每月流量误差应小于5%，若误差超过此值，应清洗限流孔或更换新的限流孔。限流孔清洗或更换后，应对其进行流量校准。

温度控制系统及时间控制系统检查：检查吸收瓶温控槽及临界限流孔，温控槽的温度指示是否符合要求；检查计时器的计时误差是否超出误差范围。

主要采样过程：将装有吸收液的吸收瓶（内装 50mL 吸收液）连接到采样系统中。启动采样器，进行采样。记录采样流量、开始采样时间、温度和压力等参数。

采样结束后，取下样品，并将吸收瓶进、出口密封，记录采样结束时间、采样流量、温度和压力等参数。

（2）颗粒物连续采样　颗粒物监测的采样系统由颗粒物切割器、滤膜、滤膜夹和颗粒物采样器组成，或者由滤膜、滤膜夹和具有符合切割特性要求的采样器组成，如图 3-2 所示。采样前采样器要进行流量校准。

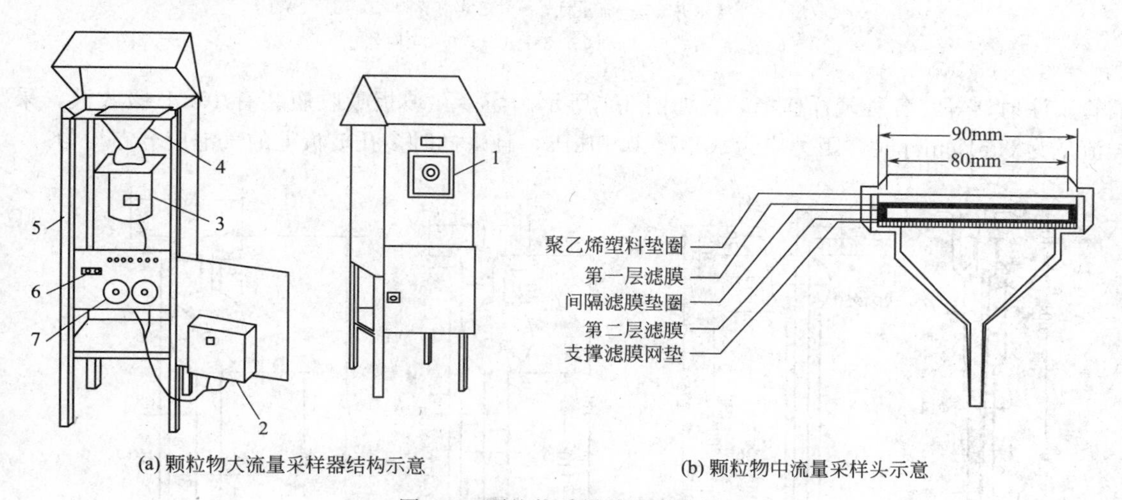

(a) 颗粒物大流量采样器结构示意　　(b) 颗粒物中流量采样头示意

图 3-2　颗粒物采样装置示意图

1—流量记录器；2—流量控制器；3—抽气风机；4—滤膜夹；
5—铝壳；6—工作计时器；7—计时器的程序控制器

采样过程为：打开采样头顶盖，取出滤膜夹，用清洁干布擦掉采样头内滤膜夹及滤膜支持网表面上的灰尘，将采样滤膜毛面向上，平放在滤膜支持网上。同时核查滤膜编号，放上滤膜夹，拧紧螺丝，以不漏气为宜，安好采样头顶盖，启动采样器进行采样。记录采样流量、开始采样时间、温度和压力等参数。

采样结束后，取下滤膜夹，用镊子轻轻夹住滤膜边缘，取下样品滤膜，并检查在采样过程中滤膜是否有破裂现象，或滤膜上灰尘的边缘轮廓不清晰的现象。若有，则该样品膜作废，需重新采样。确认无破裂后，将滤膜的采样面向里对折两次放入与样品膜编号相同的滤膜袋（盒）中。记录采样结束时间、采样流量、温度和压力等参数。

3.2.3.2　间断采样

间断采样是指在某一时段或一小时内采集一个环境空气样品，监测该时段或该小时环境空气中污染物的平均浓度所采用的采样方法。

气态污染物间断采样系统由气样捕集装置、滤水井和气体采样器组成，采样系统如图 3-3所示。

根据环境空气中气态污染物的理化特性及其监测分析方法的检测限，可采用相应的气样捕集装置，通常采用的气样捕集装置包括装有吸收液的多孔玻璃筛板吸收瓶（管）、气泡式吸收瓶（管）、冲击式吸收瓶、装有吸附剂的采样支管、聚乙烯或铝箔袋、采气瓶、低温冷

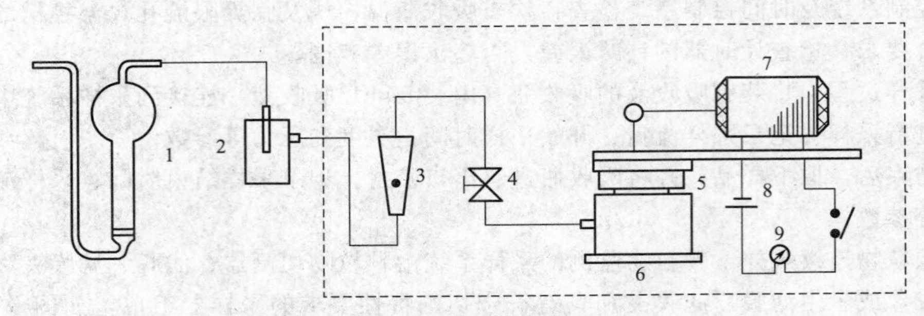

图 3-3　间断采样系统装置示意图

1—吸收瓶；2—滤水井；3—流量计；4—流量调节阀；5—抽气泵；
6—稳流器；7—电动机；8—电源；9—定时器

缩管及注射器等。各种气样捕集装置如图 3-4 所示。当多孔玻板吸收瓶装有 10mL 吸收液，采样流量为 0.5L/min 时，阻力应为（4.7±0.7)kPa，且采样时多孔玻板上的气泡应分布均匀。

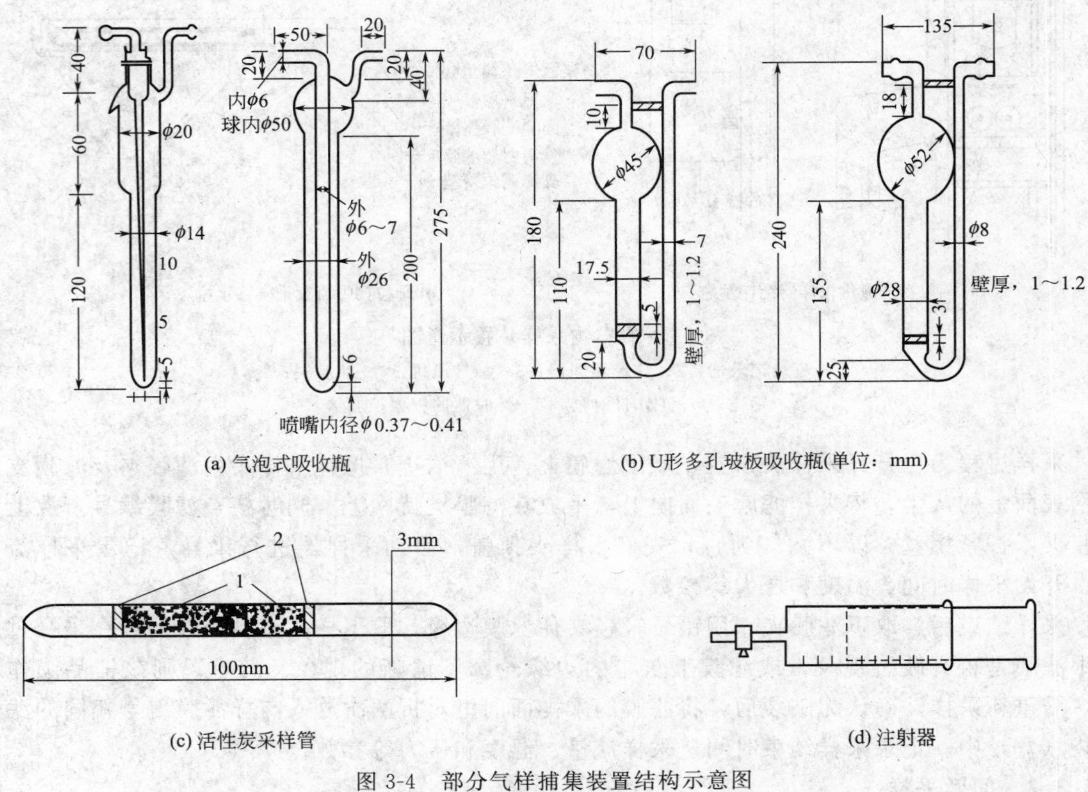

图 3-4　部分气样捕集装置结构示意图

1—活性炭；2—玻璃棉

采样前应根据所监测项目及采样时间，准备待用的气样捕集装置或采样器。按要求连接采样系统，并检查连接是否正确。检查采样系统是否有漏气现象，若有，应及时排除或更换新的装置。启动抽气泵，将采样器流量计的指示流量调节至所需采样流量。用经检定合格的标准流量计对采样器流量计进行校准。

采样程序为：将气样捕集装置串联到采样系统中，核对样品编号，并将采样流量调至所需的采样流量，开始采样。记录采样流量、开始采样时间、气样温度、压力等参数。气样温度和压力可分别用温度计和气压表进行同步现场测量。

采样结束后，取下样品，将气体捕集装置进、出气口密封，记录采样流量、采样结束时间、气样温度、压力等参数。按相应项目的标准监测分析方法要求运送和保存待测样品。

颗粒物的间断采样与其连续采样的方法基本一致。

3.2.3.3　无动力采样

无动力采样是指将采样装置或气样捕集介质暴露于环境空气中，不需要抽气动力，依靠环境空气中待测污染物分子的自然扩散、迁移、沉降等作用而直接采集污染物的采样方式。其监测结果可代表一段时间内待测环境空气污染物的时间加权平均浓度或浓度变化趋势。

污染物无动力采样时间及采样频次，应根据监测点位环境空气中污染物的浓度水平、分析方法的检出限及不同监测目的确定。通常，硫酸盐化速率及氟化物采样时间为7～30天。但要获得月平均浓度值，样品的采样时间应不少于15天。具体采样过程可参见具体污染物的采样分析方法标准。

3.2.3.4　采样系统气体状态参数观测

气体状态参数指采样气路中气样的状态参数，用以计算标准状况下的采样体积。主要有：温度观测，观测采样系统中的温度计量仪表的指示值，其精度为±0.5℃；压力观测，观测采样系统中压力计量仪表的指示值，其精度为±0.1kPa。

3.2.3.5　采样点气象参数观测

在采样过程中，应观测采样点位环境大气的温度、压力，有条件时可观测相对湿度、风向、风速等气象参数：气温观测，所用温度计温度测量范围一般为－40～45℃，精度为±0.5℃；大气压观测，所用气压计测量范围一般为50～107kPa，精度为±0.1kPa；相对湿度观测，所用湿度计测量范围一般为10%～100%，精度为±5%；风向观测，所用风向仪测量范围一般为0～360°，精度为±5°；风速观测，所用风速仪测量范围一般为1～60m/s，精度为±0.5m/s。

3.2.3.6　采样体积计算

气态污染物采样体积计算式为：

$$V_{nd}=Q_n\times n=Q_s\times n\times\frac{PT_0}{P_0T}$$

式中　V_{nd}——标准状况下的采样体积，L；

Q_n——标准状况下的采样流量，L/min；

Q_s——采样时未进行标准状况订正的流量计指示流量，L/min；

T——采样时流量计前的气样温度，K；

T_0——标准状况下气体的温度，273K；

P——采样时气样的气压，Pa；

P_0——标准状况下气体的压力，101.325kPa；

n——采样时间，min。

颗粒物采样体积计算式为：

$$V_n=Q_nn$$

$$Q_n=Q_1\times\sqrt{\frac{P_1T_3}{P_3T_1}}\times\frac{273\times P_3}{101.3\times T_3}$$

式中　V_n——标准状况下的采样体积，L；

Q_n——标准状况下的采样流量，L/min 或 m^3/min；

n——采样时间，min；

Q_1——孔口校准器流量，L/min 或 m^3/min；

T_1——孔口校准器校准时的温度，K；

T_3——采样时的大气温度，K；

P_1——孔口校准器校准时的大气压，kPa；

P_3——采样时大气压力，kPa。

3.3 环境空气质量监测分析方法

大气中的有害物质是多种多样的，不同地区的污染类型和排放污染物种类不尽相同，因此，在进行大气质量评价时，应根据各地的实际情况确定需要监测的大气环境指标。监测分析方法首先选择国家颁布的标准分析方法。环境空气质量监测的基本项目有 PM_{10}、$PM_{2.5}$、二氧化硫、二氧化氮、一氧化碳和臭氧六种，其他监测项目有总悬浮颗粒物、氮氧化物、铅和苯并［a］芘四种。下面结合相应的国家标准分类介绍常见大气污染物的检测方法。

3.3.1 颗粒物（PM_{10}、$PM_{2.5}$和 TSP）测定

大气颗粒物是指悬浮在大气中的固态或液态颗粒物，根据其粒径大小，分为总悬浮颗粒物 TSP（空气动力学当量直径小于或等于 100μm）、可吸入颗粒物 PM_{10}（空气动力学当量直径小于或等于 10μm）和细颗粒物 $PM_{2.5}$（空气动力学当量直径小于或等于 2.5μm）。近年来，随着我国社会经济快速发展，多个地区接连出现以颗粒物（PM_{10}和 $PM_{2.5}$）为特征污染物的灰霾天气，大气颗粒物已成为长期影响我国环境空气质量的首要污染物。一般可将颗粒物排放源分为固定燃烧源、生物质开放燃烧源、工业工艺过程源和移动源。颗粒物是大气污染物中数量最大、成分复杂、性质多样、危害较大的常规监测项目，它本身可以是有毒物质，还可以是其他有毒有害物质在大气中的运载体、催化剂或反应床。在某些情况下，颗粒物质与所吸附的气态或蒸气态物质结合，会产生比单个组分更大的协同毒性作用。因此，对颗粒物质的研究是控制大气污染的一个重要内容。

大气中颗粒物质的检测项目有可吸入颗粒物（PM_{10}）、细颗粒物（$PM_{2.5}$）和总悬浮颗粒物（TSP）等。

3.3.1.1 PM_{10}和 $PM_{2.5}$测定

测定 TSP、PM_{10}和 $PM_{2.5}$的手工方法主要为重量法，PM_{10}和 $PM_{2.5}$连续监测系统所配置监测仪器的测量方法一般为微量振荡天平法和β射线法。

（1）重量法　$PM_{2.5}$和 PM_{10}重量法的原理：分别通过具有一定切割特性的采样器，以恒速抽取定量体积的空气，使环境空气中的 $PM_{2.5}$和 PM_{10}被截留在已知质量的滤膜上，根据采样前后滤膜的质量差和采样体积，计算出 $PM_{2.5}$和 PM_{10}的浓度。

$PM_{2.5}$或 PM_{10}采样器由采样入口、PM_{10}或 $PM_{2.5}$切割器、滤膜夹、连接杆、流量测量及控制装置、抽气泵等组成。采样器通过流量测量及控制装置控制抽气泵以恒定流量（工作点流量）抽取环境空气，环境空气样品以恒定的流量依次经过采样入口、PM_{10}或 $PM_{2.5}$切割器，颗粒物被捕集在滤膜上，气体经流量计、抽气泵由排气口排出。采样器实时测量流量计计前压力、计前温度、环境大气压、环境温度等参数对采样流量进行控制。

工作点流量是指采样器在工作环境条件下，采样流量保持定值，并能保证切割器切割特性的流量。对PM_{10}或$PM_{2.5}$采样器的工作点流量不做必须要求，一般大、中、小流量采样器的工作点流量分别为1.05m^3/min、100L/min、16.67L/min。

PM_{10}切割器和采样系统的技术指标为：切割粒径$D_{a50}=(10\pm0.5)\mu m$；捕集效率的几何标准差为$\sigma_g=(1.5\pm0.1)\mu m$。$PM_{2.5}$切割器和采样系统的技术指标为：切割粒径$D_{a50}=(2.5\pm0.2)\mu m$；捕集效率的几何标准差为$\sigma_g=(1.2\pm0.1)\mu m$。$D_{a50}$表示50%切割粒径，指切割器对颗粒物的捕集效率为50%时所对应的粒子空气动力学当量直径。捕集效率的几何标准差表述为捕集效率为16%时对应的粒子空气动力学当量直径与捕集效率为50%时对应的粒子空气动力学当量直径的比值。

切割器应定期清洗，一般累计采样168h应清洗一次，如遇扬尘、沙尘暴等恶劣天气，应及时清洗。

(2) 连续自动监测法　微量振荡天平法是在质量传感器内使用一个振荡空心锥形管，在其振荡端安装可更换的滤膜，振荡频率取决于锥形管特征和质量。当采样气流通过滤膜，其中的颗粒物沉积在滤膜上，滤膜的质量变化导致振荡频率的变化，通过振荡频率变化计算出沉积在滤膜上颗粒物的质量，再根据流量、现场环境温度和气压计算出该时段PM_{10}和$PM_{2.5}$颗粒物的浓度。

(3) β射线法　β射线法是利用β射线衰减的原理，环境空气由采样泵吸入采样管，经过滤膜后排出，颗粒物沉积在滤膜上，当β射线通过沉积着颗粒物的滤膜时，β射线的能量衰减，通过对衰减量的测定便可计算出PM_{10}和$PM_{2.5}$颗粒物的浓度。

3.3.1.2 总悬浮颗粒物的测定

总悬浮颗粒物（total suspended particulate matter，TSP）可分为一次颗粒物和二次颗粒物。一次颗粒物是由天然污染源和人为污染源释放到大气中直接造成污染的物质，如风扬起的灰尘、燃烧和工业烟尘；二次颗粒物则是通过某些大气化学过程所产生的微粒，如二氧化硫转化生成硫酸盐。具有切割特性的采样器，以恒速抽取定量体积的空气，空气中悬浮颗粒物被截留在已恒重的滤膜上。根据采样前、后滤膜质量之差及采样体积，计算总悬浮颗粒物的浓度，其计算公式为：

$$\mathrm{TSP}=\frac{KW}{Q_N t}$$

式中　W——截留在滤膜上的悬浮颗粒物总质量，mg；

t——累计采样时间，min；

Q_N—采样器平均抽气流量，m^3/min；

K——常数，大流量采样器$K=1\times10^6$，中流量采样器$K=1\times10^9$。

该方法适用于大流量或中流量总悬浮颗粒物采样器（简称采样器）进行空气中总悬浮颗粒物的测定，但不适用于总悬浮颗粒物含量过高或雾天采样使滤膜阻力大于10kPa时情况。该方法的检测下限为0.001mg/m^3。当对滤膜经选择性预处理后，可进行相关组分分析。

当两台总悬浮颗粒物采样器安放位置相距不大于4m、不少于2m时，同样采样测定总悬浮颗粒物的含量，相对偏差不大于15%。

3.3.2 气态污染物测定

大气中的含硫污染物主要有H_2S、SO_2、SO_3、CS_2、H_2SO_4和各种硫酸盐，主要来源于煤和石油燃料的燃烧、含硫矿石的冶炼、硫酸等化工产品生产排放的废气。

3.3.2.1 SO_2测定

作为大气污染的主要指标之一，二氧化硫（sulfur dioxide，SO_2）在各种大气污染物中分布最广、影响最大。因此，在硫氧化物的检测中常常以SO_2为代表。

大气中SO_2对人体健康的主要影响是造成呼吸道内径狭窄，并能刺激黏液分泌量增加。内径狭窄和黏液量增加的结果是加大呼吸道阻力，使空气进入肺部受到阻碍，导致呼吸系统的疾病。另外，二氧化硫造成的大气污染还严重影响着国民经济、工农业生产和人民的生活，如它可使金属材料、房屋建筑、棉纺化纤织品、皮革纸张及工艺美术品腐蚀和褪色，它还可使农作物减产，使植物叶子变黄、落叶甚至枯死。

测定SO_2的方法很多，主要有甲醛吸收-副玫瑰苯胺分光光度法（HJ 482—2009）、四氯汞钾盐吸收-副玫瑰苯胺分光光度法（HJ 483—2009）、钍试剂分光光度法、紫外荧光法、电导法、库仑滴定法、火焰光度法、定电位电解法等。选用何种方法主要取决于分析的目的、时间及实验室条件等因素。四氯汞钾盐吸收-副玫瑰苯胺分光光度法灵敏度高，选择性好，但吸收液的毒性相对比较大；钍试剂分光光度法所用吸收液无毒，但灵敏度不够，所需采样体积大；甲醛吸收-副玫瑰苯胺分光光度法避免了使用含汞的吸收液，其灵敏度、选择性和检出限等均与四氯汞钾盐吸收-副玫瑰苯胺分光光度法相近。

下面分别介绍甲醛吸收-副玫瑰苯胺分光光度法、四氯汞钾盐吸收-副玫瑰苯胺分光光度法。

（1）四氯汞钾盐吸收-副玫瑰苯胺分光光度法　方法原理：空气中的SO_2被四氯汞钾溶液吸收后，生成稳定的二氯亚硫酸盐络合物，再与甲醛及盐酸副玫瑰苯胺作用，生成紫色络合物，在575nm处其吸光度与SO_2浓度成正比。反应式如下：

$$HgCl_2+2KCl \xlongequal{} K_2[HgCl_4]$$

$$[HgCl_4]^{2-}+SO_2+H_2O \xlongequal{} [HgCl_2SO_3]^{2-}+2H^++2Cl^-$$

$$[HgCl_2SO_3]^{2-}+HCHO+2H^+ \xlongequal{} HgCl_2+HOCH_2SO_3H$$

（羟基甲基磺酸）

HCl·H₂N—C₆H₄—C(Cl)(C₆H₄—NH₂·HCl)—C₆H₄—NH₂·HCl + HOCH₂SO₃H ⟶

（盐酸副玫瑰苯胺，俗称品红）

$$\left[H_2N\text{—}C_6H_4\text{—}C(\text{—}C_6H_4\text{—}NH_2)\text{=}C_6H_4\text{=}N^+(H)CH_2SO_3H \right] Cl+H_2O+3H^++3Cl^-$$

（紫色络合物）

短时间采样时，用内装5.0mL四氯汞钾吸收液的多孔玻板吸收管，以0.5L/min流量采气10～30L，吸收液温度保持在10～16℃的范围；连续24h采样时，用内装50mL四氯汞钾吸收液的多孔玻板吸收管，以0.2L/min流量采气288L，吸收液温度保持在10～16℃的范围。

SO_2浓度计算公式如下：

$$\rho(SO_2)=\frac{(A-A_0-a)}{b\times V_s}\times\frac{V_t}{V_a}$$

式中　$\rho(SO_2)$——空气中 SO_2 浓度，mg/m^3；

A——样品溶液的吸光度；

A_0——试剂空白溶液的吸光度；

b——校准曲线的斜率，吸光度/μg；

a——校准曲线的截距（一般要求小于0.005）；

V_t——样品溶液总体积，mL；

V_a——测定时所取试样的体积，mL；

V_s——换算成标准状况下(101.325kPa，273K)的采样体积，L。

当使用5mL吸收液，采样体积为30L时，测定范围为0.020～0.18mg/m^3。当使用50mL吸收液，采样体积为288L时，测定范围为0.020～0.19mg/m^3。本方法的主要干扰物为氮氧化物、臭氧、锰、铁、铬等，加入氨基磺酸铵可消除氮氧化物的干扰，样品放置一段时间可使臭氧自动分解，加入磷酸及乙二胺四乙酸二钠盐可以消除或减少某些重金属离子的干扰。

(2)甲醛吸收-副玫瑰苯胺分光光度法　方法原理：空气中的 SO_2 被甲醛缓冲溶液吸收后，生成稳定的羟甲基磺酸加成化合物，在样品溶液中加入氢氧化钠使加成化合物分解，释放出 SO_2 与副玫瑰苯胺、甲醛作用，生成紫红色化合物，用分光光度计在577nm处测量吸光度，根据标准曲线进行定量。

SO_2 浓度计算公式同四氯汞钾盐吸收-副玫瑰苯胺分光光度法。

短时间采样时，采用内装10mL吸收液的多孔玻板吸收管，以0.5L/min的流量采气45～60min，最佳吸收液温度为23～29℃。24h连续采样时，用内装50mL吸收液的多孔玻板吸收瓶，以0.2L/min的流量连续采样24h，最佳吸收液温度为23～29℃。

当用10mL吸收液采样30L时，测定范围为0.028～0.667mg/m^3；当用50mL吸收液采样288L，试份为10mL时，测定范围为0.014～0.347mg/m^3，主要干扰物为氮氧化物、臭氧及某些重金属元素。样品放置一段时间可使臭氧自动分解；加入氨基磺酸钠溶液可消除氮氧化物的干扰；加入磷酸及环己二胺四乙酸二钠盐可以消除或减少某些金属离子的干扰。在10mL样品溶液中存在50μg钙、镁、铁、镍、镉、铜等离子及5μg二价锰离子时，不干扰测定。

3.3.2.2　NO_2 和氮氧化物测定

氮氧化物(nitrogen oxides)主要来源于石化燃料高温燃烧和硝酸、化肥等生产排放的废气以及汽车排气。氮氧化物包括NO、NO_2、N_2O、N_2O_3、N_2O_4、N_2O_5 等，这些氧化物中占主要成分的是NO和 NO_2。

氮氧化物对人眼、皮肤和呼吸器官有刺激作用，是导致支气管炎、哮喘等呼吸道疾病不断增加的原因之一。二氧化氮的毒性是一氧化氮的五倍。当二氧化氮、二氧化硫和悬浮颗粒共存时产生的协同作用，以及由氮氧化物产生的光化学烟雾等对人体健康的影响就更为严重。因此，大气中氮氧化物的检测分析是环境保护检测的重要指标之一。

环境空气中氮氧化物的测定方法主要为盐酸萘乙二胺分光光度法(HJ 479—2009)，适用于环境空气中氮氧化物、二氧化氮、一氧化氮的测定。

方法基本原理：空气中 NO_2 被串联的第一支吸收瓶中的吸收液吸收并反应生成粉红色偶氮染料。空气中的NO不与吸收液反应，通过氧化管(瓶)时被酸性高锰酸钾溶液氧化为 NO_2，再被串联的第二支吸收瓶中的吸收液吸收并反应生成粉红色偶氮染料。生成的偶氮染料在波长540nm处的吸光度与 NO_2 的含量成正比。分别测定第一支和第二支吸收瓶中样品的吸光度，可分别计算两支吸收瓶内 NO_2 和NO的浓度，二者之和即为氮氧化物的浓度(以 NO_2 计)。

$$HO_3S-C_6H_4-NH_2+HNO_2+CH_3COOH \longrightarrow \left[HO_3S-C_6H_4-N^+\equiv N\right]CH_3COO^-+2H_2O$$

$$\left[HO_3S-C_6H_4-N^+\equiv N\right]CH_3COO^-+C_{10}H_7-NH-CH_2-CH_2-NH-NH_2\cdot 2HCl \longrightarrow$$

$$HO_3S-C_6H_4-N=N-C_{10}H_6-NH-CH_2-CH_2-NH_2+CH_3COOH+2HCl$$

（玫瑰红色偶氮染料）

短时间采样（1h 以内）时，取两支装有 10.0mL 吸收液的多孔玻板吸收瓶和一支内装 5～10mL 酸性高锰酸钾溶液的氧化瓶（液柱高度不低于 80mm），用尽量短的硅橡胶管将氧化瓶串联在两支吸收瓶之间（图 3-5），以 0.4L/min 流量采气 4～24L。

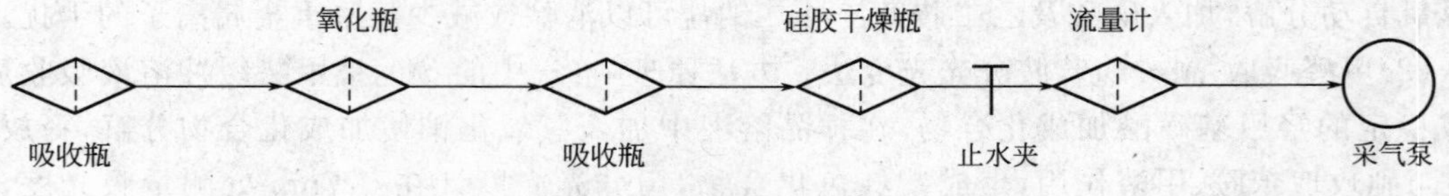

图 3-5　手工采样过程示意图

长时间采样（24h）时，取两支大型多孔玻板吸收瓶，装入 25.0mL 或 50.0mL 吸收液（液柱高度不低于 80mm），标记液面位置。取一支内装 50mL 酸性高锰酸钾溶液的氧化瓶，按图 3-6 所示接入采样系统，并要求将吸收液恒温在（20±4）℃，以 0.2L/min 流量采气 288L。

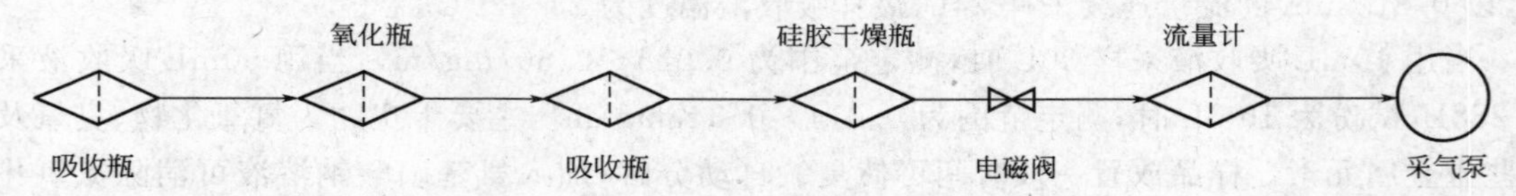

图 3-6　连续自动采样过程示意图

采样前应检查采样系统的气密性，用皂膜流量计进行流量校准。采样流量的相对误差应小于±5%。采样过程中，氧化管中有明显的沉淀物析出时，应及时更换。一般情况下，内装 50mL 酸性高锰酸钾溶液的氧化瓶可使用 15～20d（隔日采样）。取样过程中注意观察吸收液的颜色变化，避免因氮氧化物质量浓度过高而穿透。采样结束时，为防止溶液倒吸，应在采样泵停止抽气的同时，闭合连接在采样系统中的止水夹或电磁阀。采样、样品运输及存放过程中应避免阳光照射。气温超过 25℃时，长时间（8h 以上）运输及存放样品应采取降温措施。采样后若不能及时分析，应将样品于低温暗处存放。样品于 30℃暗处存放，可稳定 8h；样品于 20℃暗处存放，可稳定 24h；于 0～4℃冷藏，至少可稳定 3 天。

空气中 NO_2 的质量浓度 $\rho(NO_2)$（mg/m^3）计算公式：

$$\rho(NO_2)=\frac{(A_1-A_0-a)\times V\times D}{b\times f\times V_0}$$

空气中 NO 的质量浓度 $\rho(NO)$（mg/m^3）以 NO_2 计，计算公式：

$$\rho(NO)=\frac{(A_2-A_0-a)\times V\times D}{b\times f\times V_0\times K}$$

$\rho'(NO)$（mg/m^3）以 NO 计，计算公式：

$$\rho'(NO)=\frac{\rho(NO)\times 30}{46}$$

空气中 NO_x 的质量浓度 $\rho(NO_x)$（mg/m^3）以 NO_2 计，计算公式：

$$\rho(NO_x)=\rho(NO_2)+\rho(NO)$$

式中 A_1、A_2——串联的第一支和第二支吸收瓶中样品的吸光度；

A_0——实验室空白的吸光度；

b——标准曲线的斜率，吸光度·mL/μg；

a——标准曲线的截距；

V——采样用吸收液体积，mL；

V_0——换算为标准状态下的采样体积，L；

K——$NO\rightarrow NO_2$ 氧化系数，0.68；

D——样品的稀释倍数；

f——Saltzman 实验系数，0.88（当空气中 NO_2 质量浓度高于 $0.72mg/m^3$ 时，f 取值 0.77）。

该方法检出限为 0.12μg/10mL 吸收液。当吸收液总体积为 10mL，采样体积为 24L 时，空气中氮氧化物的检出限为 $0.005mg/m^3$。当吸收液总体积为 50mL，采样体积为 288L 时，空气中氮氧化物的检出限为 $0.003mg/m^3$。当吸收液总体积为 10mL，采样体积为 12～24L 时，空气中氮氧化物的测定范围为 $0.020\sim 2.5mg/m^3$。

特别需要注意：空气中 SO_2 的浓度为氮氧化物浓度的 30 倍时，对 NO_2 的测定产生负干扰；空气中过氧乙酰硝酸酯对 NO_2 的测定产生正干扰；空气中臭氧浓度超过 $0.25mg/m^3$ 时，对 NO_2 的测定产生负干扰。采样时在吸收瓶入口串接一段 15～20cm 长的硅胶管，可排除干扰。

3.3.2.3 臭氧测定

臭氧（O_3）有极强的氧化作用，在常温常压下无色，但有强烈的刺激性。臭氧主要存在于两个地方：一是距离地球表面 10～50km 的臭氧层，其能吸收对人体有害的短波紫外线，保护地球上的生物；二是地表附近空气中的臭氧，则是地球植被和生命的危害者。地表附近的臭氧，主要是人类活动和工业化的产物。汽车尾气、工厂排放的烟雾中有着大量的氮氧化物和挥发性有机化合物，在阳光辐射下，与空气中的氧气结合形成了臭氧。

臭氧浓度超标对人体造成的危害十分严重，而且由于臭氧的密度约为空气的 1.66 倍，身高较矮的儿童往往最容易成为臭氧污染的受害者。臭氧几乎能与任何生物组织反应，对呼吸道的破坏性很强；会刺激眼睛，使视觉敏感度和视力降低；会阻碍血液输氧功能，造成组织缺氧；也会使甲状腺功能受损、骨骼钙化。臭氧浓度是衡量城市空气质量的一项重要指标。

测定大气中臭氧的方法有靛蓝二磺酸钠分光光度法（HJ 504—2009）、紫外光度法（HJ 590—2010），简单介绍如下。

（1）靛蓝二磺酸钠分光光度法　靛蓝二磺酸钠分光光度法的基本原理：在磷酸盐缓冲溶液存在下，空气中的臭氧与吸收液中的靛蓝二磺酸钠等摩尔反应，褪色生成靛红二磺酸钠。在 610nm 处测其吸光度，用标准曲线法定量。

采样时，用内装（10.00±0.02）mL 靛蓝二磺酸钠吸收液的多孔玻板吸收管，罩上黑色避光套，以 0.5L/min 流量采气 5～30L。当吸收液褪色约 60%时（与现场空白样品比较），应立即停止采样。样品在运输及存放过程中应严格避光。当确信空气中的臭氧浓度较低，不会穿透时，可以用棕色玻板吸收管采样。样品于室温暗处存放至少可稳定3天。采样后，在吸收管的入气口端串接一个玻璃尖嘴，在吸收管的出气口端用洗耳球加压将吸收管中的样品溶液移入25mL或50mL容量瓶中，用水多次洗涤吸收管，使总体积为25mL或50mL，以备比色测定。

空气中的臭氧浓度 $\rho(O_3)$（mg/m^3）可由下列公式计算：

$$\rho(O_3)=\frac{(A_0-A-a)\times V}{b\times V_0}$$

式中 A_0——现场空白样品吸光度平均值；

A——样品吸光度；

a——标准曲线的截距；

b——标准曲线的斜率；

V——样品溶液总体积，mL；

V_0——换算为标准状态的采样体积，L。

该方法适于环境空气中臭氧的测定，相对封闭环境（如室内、车内等）空气中臭氧的测定也可参照本方法。当采样体积为30L时，空气中臭氧的测定下限为0.040mg/m^3；当采样体积为30L，吸收液质量浓度为2.5$\mu g/mL$或5.0$\mu g/mL$时，测定上限分别为0.05mg/m^3或1.00mg/m^3。

空气中二氧化氮对臭氧的测定产生正干扰；二氧化硫、硫化氢、过氧乙酰硝酸酯和氟化氢的浓度分别高于750$\mu g/m^3$、110$\mu g/m^3$、1800$\mu g/m^3$和2.5$\mu g/m^3$时，干扰臭氧的测定。

（2）紫外光度法　紫外光度法采用环境臭氧分析仪进行环境空气中臭氧的测定。基本方法原理：当样品空气以恒定的流速通过除湿器和颗粒物过滤器进入仪器的气路系统时分成两路，一路为样品空气，一路通过选择性臭氧洗涤器成为零空气，样品空气和零空气在电磁阀的控制下交替进入样品吸收池（或分别进入样品吸收池和参比池），臭氧对253.7nm波长的紫外光有特征吸收。设零空气通过吸收池时检测的光强度为 I_0，样品空气通过吸收池时检测的光强度为 I，则 I/I_0 为透光率。分析仪可根据朗伯-比尔定律公式，由透光率计算臭氧浓度。

$$\ln(I/I_0)=-a\rho d$$

式中 a——臭氧在253.7nm处的吸收系数，$a=1.44\times10^{-5}\ m^2/\mu g$；

ρ——采样温度、压力条件下臭氧的浓度，$\mu g/m^3$；

d——吸收池的光程，m。

零空气是指不含臭氧、氮氧化物、碳氢化合物及任何能使臭氧分析仪产生紫外吸收的其他物质的空气。零空气质量的确认方法和验收标准见标准（HJ 590—2010）附录A。符合分析校准程序要求的零空气，可以由零气发生装置产生，也可以由零气钢瓶提供。如果使用合成空气，其中氧的含量应占合成空气的20.9%±2%。

环境臭氧分析仪主要由紫外吸收池、紫外光源灯、紫外检测器、带旁路阀的涤气器、采样泵流量控制器、空气流量计、温度和压力指示器等几部分组成，如图3-7所示。

大多数臭氧分析仪能够测量吸收池内样品空气的温度和压力，并根据测得的数据，自动将采样状态下臭氧的浓度换算为标准状态下的浓度。否则，须按公式计算：

$$\rho_0=\rho\times\frac{101.325}{p}\times\frac{t+273.15}{273.15}$$

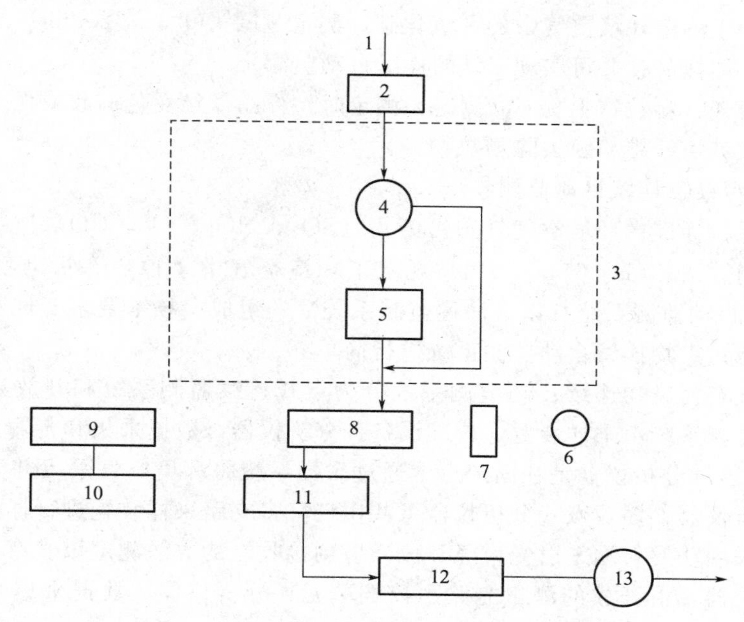

图 3-7　典型的紫外光度臭氧测量系统示意图

1—空气输入；2—颗粒物过滤器和除湿器；3—环境臭氧分析仪；4—旁路阀；5—涤气器；6—紫外光源灯；7—光学镜片；8—UV 吸收池；9—UV 检测器；10—信号处理器；11—空气流量计；12—流量控制器；13—泵

式中　ρ_0——标准状况下臭氧的质量浓度，mg/m^3；

ρ——仪器读数，采样温度、压力条件下臭氧的浓度，mg/m^3；

p——光度计吸收池压力，kPa；

t——光度计吸收池温度，℃。

环境空气中常见的浓度低于 $0.2mg/m^3$ 的污染物不会干扰臭氧的测定。但当空气中 NO_2 和 SO_2 的浓度分别为 $0.94mg/m^3$ 和 $1.3mg/m^3$ 时，对臭氧的测定分别产生约 $2\mu g/m^3$ 和 $8\mu g/m^3$ 的正干扰。

3.3.2.4　CO 测定

一氧化碳（carbon monoxide，CO）是大气中分布广泛和数量较多的污染物，是煤、石油等含碳物质不完全燃烧的产物。大气中 CO 的主要来源是内燃机排气，其次是锅炉中化石燃料的燃烧。CO 在空气中不易与其他物质产生化学反应，故可在大气中停留 2～3 年之久。通常情况下，CO 是一种无色、无味、无臭、难溶于水的气体。CO 进入人体之后会和血液中的血红蛋白结合，产生碳氧血红蛋白，进而使血红蛋白不能与氧气结合，从而引起机体组织出现缺氧，导致人体窒息死亡。因此，CO 具有毒性。

我国《环境空气质量标准》（GB 3095—2012）将 CO 列为必测项目，推荐空气中 CO 的常规分析方法采用非分散红外法（GB 9801—1988）。

该方法原理：样品气体进入一氧化碳红外分析仪，在前吸收室吸收 4.67μm 谱线中心的红外辐射能量，在后吸收室吸收其他辐射能量。两室因吸收能量不同，破坏了原吸收室内气体受热产生相同振幅的压力脉冲，变化后的压力脉冲通过毛细管加在差动式薄膜微音器上，被转化为电容量的变化，通过放大器再转变为与浓度成比例的直流测量值。

本方法适用于测定环境空气中的一氧化碳，测定范围为0.3～62.5mg/m³。该方法可测定采气袋中的气体样品，并可实现CO的连续自动监测。

注意，水蒸气、颗粒物干扰CO测定，测定时，样品需经变色硅胶或无水氯化钙过滤管去除水蒸气，经玻璃纤维滤膜去除颗粒物。

3.3.2.5 气态污染物连续自动监测

我国环境保护标准《环境空气气态污染物（SO_2、NO_2、O_3、CO）连续自动监测系统技术要求及检测方法》（HJ 654—2013）规定了环境空气中4种气态污染物（SO_2、NO_2、O_3、CO）连续自动监测系统（以下简称监测系统）的组成、技术要求、性能指标和检测方法，以下对气态污染物连续自动监测系统进行简单介绍。

环境空气气态污染物连续自动监测系统分为点式连续监测系统和开放光程连续监测系统。点式连续监测系统由采样装置、校准设备、分析仪器、数据采集和传输设备组成，如图3-8所示，点式连续分析仪器是在固定点上通过采样系统将环境空气采入并测定空气污染物浓度的监测分析仪器，多台点式分析仪器可共用一套多支路采样装置进行样品采集。开放光程分析仪器是采用从发射端发射光束经开放环境到接收端的方法测定该光束光程上平均空气污染物浓度的仪器，由开放的测量光路、校准单元、分析仪器、数据采集和传输设备等组成，如图3-9所示。

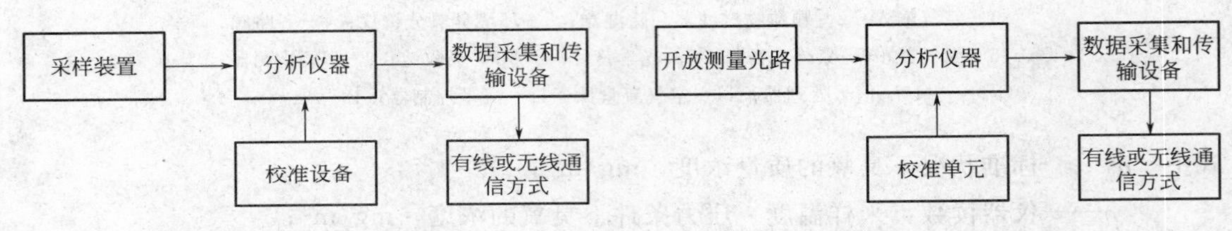

图3-8 点式连续监测系统组成示意　　图3-9 开放光程连续监测系统组成示意

该系统中分析仪器用于对采集的或开放光路上的环境空气气态污染物样品进行测量，所采用的分析方法列于表3-10。

表3-10 监测系统的分析方法

监测项目	点式分析仪器	开放光程分析仪器
NO_2	化学发光法	差分吸收光谱法
SO_2	紫外荧光法	差分吸收光谱法
O_3	紫外吸收法	差分吸收光谱法
CO	非分散红外吸收法、气体滤波相关红外吸收法	—

3.3.3 环境空气颗粒物中铅的测定

大气中铅的来源有天然因素和非天然因素。天然因素包括地壳侵蚀、火山爆发、海啸等将地壳中的铅释放到大气中；非天然因素主要指来自工业、交通方面的铅排放。研究认为，非自然性排放是铅污染的主要来源，并以含铅汽油燃烧的排铅量为最高，是全球环境铅污染的主要因素。

大气中的铅大部分颗粒直径为0.5μm或更小，因此可以长时间地飘浮在空气中。如果接触高浓度的含铅气体，就会引起严重的急性中毒症状，但这种状况比较少见。常见的是长期吸入低浓度的含铅气体，引起慢性中毒症状，如头昏、头痛、全身无力、失眠、记忆力减退等神经系统综合征。铅还有高度的潜在致癌性，其潜伏期长达20～30年。

测定大气颗粒物中铅的方法有火焰原子吸收分光光度法（GB/T 15264—94）、石墨炉原子吸收分光光度法（HJ 539—2009）和电感耦合等离子体质谱法（HJ 657—2013）。

（1）火焰原子吸收分光光度法　火焰原子吸收分光光度法测定铅的方法原理：用玻璃纤维滤膜采集的试样，经硝酸-过氧化氢溶液浸出制备成试样溶液，并直接吸入空气-乙炔火焰中原子化，在283.3nm处测量基态原子对空心阴极灯特征辐射的吸收。在一定条件下，吸光度与待测样中的Pb浓度成正比，根据标准工作曲线进行定量。

当采样体积为$50m^3$进行测定时，最低检出浓度为$5\times10^{-4}mg/m^3$。

（2）石墨炉原子吸收分光光度法　方法基本原理：用乙酸纤维或过氧乙烯等滤膜采集环境空气中的颗粒物样品，经消解后制备成试样溶液，用石墨炉原子吸收分光光度计测定试样中铅的浓度。

该方法检出限为$0.05\mu g/50mL$试样溶液。

（3）电感耦合等离子体质谱法　电感耦合等离子体质谱法（ICP-MS）适用于环境空气$PM_{2.5}$、PM_{10}、TSP以及无组织排放和污染源废气颗粒物中铅等多种金属元素的测定。方法原理：使用滤膜采集环境空气中的颗粒物，使用滤筒采集污染源废气中的颗粒物，采集的样品经预处理（微波消解或电热板消解）后，利用电感耦合等离子体质谱仪测定各金属元素的含量。

当空气采样量为$150m^3$（标准状态），污染源废气采样量为$0.600m^3$（标准状态干烟气）时，方法检出限分别为$0.6ng/m^3$和$0.2\mu g/m^3$。

3.3.4　大气中苯并［*a*］芘的测定

大气中的苯并［*a*］芘主要来自热电工业、工业过程炼焦及催化裂解、废物和开放性燃烧、各类车辆释放的尾气、烹调的油烟等。苯并［*a*］芘是环境中普遍存在的一种强致癌物质。

测定空气颗粒物中的苯并［*a*］芘要经过提取、分离和测定等步骤。测定苯并［*a*］芘的主要方法有乙酰化滤纸层析-荧光分光光度法（GB 8971）、高压液相色谱法（GB/T 15439）、紫外分光光度法等。由于高压液相色谱法可分离分析沸点高、热稳定性差、相对分子质量大于400的有机化合物，并具有分离效果好、灵敏度高、测定速度快等特点，是较为普遍采用的测定大气中苯并［*a*］芘的方法。

（1）液相色谱法　液相色谱法的基本原理：将采集在玻璃纤维滤膜上的颗粒物中的苯并［*a*］芘（简称B*a*P）及一切有机溶剂可溶物，用环己烷在水浴上以索氏提取器连续加热提取。提取液注入高效液相色谱，通过色谱柱的B*a*P与其他化合物分离，然后用荧光检测器对其进行定量测定。

该方法用大流量采样器（流量为$1.13m^3/min$）连续采集24h，乙腈/水作流动相，最低检出浓度为$6\times10^{-5}\mu g/m^3$；甲醇/水作流动相，最低检出浓度为$1.8\times10^{-4}\mu g/m^3$。

（2）乙酰化滤纸层析-荧光分光光度法　方法基本原理：苯并［*a*］芘易溶于咖啡因水溶液、环己烷、苯等有机溶剂中。将采集在玻璃纤维滤膜上的颗粒物的B*a*P及一切有机溶剂可溶物，用环己烷在水浴上以索氏提取器连续加热提取后进行浓缩，并用乙酰化滤纸层析分离。B*a*P斑点用丙酮洗脱后，用荧光分光光度法定量测定，测定发射波长为402nm、405nm和408nm的荧光强度。用窄基线法计算出标准苯并［*a*］芘和样品中苯并［*a*］芘的相对荧光强度F，再由下式计算出空气颗粒物中苯并［*a*］芘的含量：

$$F=\frac{F_{402nm}+F_{408nm}}{2}$$

$$c=\frac{F}{F_s}\times W_s\times\frac{K}{V_n}\times 100$$

式中 F——样品洗脱液相对荧光强度；

F_s——标准 BaP 洗脱液相对荧光强度；

c——环境空气可吸入颗粒物中 BaP 的浓度，μg/100m³；

V_n——标准状态下的采样体积，m³；

W_s——标准 BaP 的点样量，μg；

K——环已烷提取液总体积与浓缩时所取的环已烷提取液的体积比。

该方法检测下限为 0.001μg/5mL；当采样体积为 40m³ 时，最低检出浓度为 0.002μg/100m³。

3.3.5 环境空气中其他污染物的测定

除了以上要求的监测项目，也可根据地方环境管理工作的实际需要或研究的需要，对环境空气中的其他污染物，如有毒有害有机物、汞等进行测定。我国也颁布有相关的行业标准，现将环境空气中其他监测项目的分析方法汇总于表 3-11，需要时可查国家相关方法标准。

表 3-11 环境空气中其他污染物的标准方法一览表

序号	监测项目	分析方法	检测范围	参考标准
1	醛、酮类化合物	高效液相色谱法	采样体积为 0.05m³ 时，方法检出限为 0.28～1.69μg/m³，测定下限为 1.12～6.76μg/m³	HJ 683—2014
2	多环芳烃	高效液相色谱法	以 100L/min 流量采集 24h，方法检出限为 0.04～0.26ng/m³，测定下限为 0.01～0.16μg/m³	HJ 647—2013
		气相色谱-质谱法	全扫描方式，100L/min 采 24h，方法检出限为 0.0004～0.0009μg/m³，测定下限为 0.0016～0.0036μg/m³；225L/min 采 24h，方法检出限为 0.0002～0.0004μg/m³，测定下限为 0.0008～0.0016μg/m³	HJ 646—2013
3	挥发性有机物	吸附管采样-热脱附-气相色谱-质谱法	采样体积为 2L 时，方法检出限为 0.3～1.0μg/m³，测定下限为 1.2～4.0μg/m³	HJ 644—2013
4	挥发性卤代烃	活性炭吸附-二硫化碳解吸/气相色谱法	采样体积为 10L 时，方法检出限为 0.03～10μg/m³，测定下限为 0.12～40μg/m³	HJ 645—2013
5	酚类化合物	高效液相色谱法	采样体积为 25L 时，方法检出限为 0.006～0.039mg/m³，测定下限为 0.024～0.156mg/m³；采样体积为 75L 时，方法检出限为 0.002～0.013μg/m³，测定下限为 0.008～0.052μg/m³	HJ 638—2012
6	总烃	气相色谱法	进样体积为 1.0mL 时，方法检出限为 0.04mg/m³，测定下限为 0.16mg/m³	HJ 604—2011
7	苯系物	活性炭吸附/二硫化碳解吸-气相色谱法	采样体积为 10L 时，苯、甲苯、乙苯、邻二甲苯、间二甲苯、对二甲苯、异丙苯和苯乙烯的方法检出限为 1.5×10⁻³mg/m³，测定下限为 6.0×10⁻³mg/m³	HJ 584—2010
		固体吸附/热脱附-气相色谱法	采样体积为 1L 时，各苯系物采用毛细管柱和苯采用填充柱的方法检出限均为 5.0×10⁻⁴mg/m³，测定下限均为 2.0×10⁻³mg/m³；采用填充柱，其他苯系物检出限均为 1.0×10⁻³mg/m³，测定下限均为 4.0×10⁻³mg/m³	HJ 583—2010

续表

序号	监测项目	分析方法	检测范围	参考标准
8	二噁英类	同位素稀释高分辨气相色谱-高分辨质谱法	方法检出限取决于分析仪器的灵敏度、样品中二噁英类的质量浓度以及干扰水平等多种因素	HJ 77.2—2008
9	氯化氢	离子色谱法	方法检出限为0.2μg/10mL；采样体积为60L时，检出限为0.003mg/m³，测定下限为0.012mg/m³	HJ 549—2009
10	氟化物	石灰滤纸采样氟离子选择电极法	采样时间为1个月时，方法测定下限为0.18μg/(dm²·d)	HJ 481—2009
		滤膜采样氟离子选择电极法	采样体积为6m³时，测定下限为0.9μg/m³	HJ 480—2009
11	五氧化二磷	抗坏血酸还原-钼蓝分光光度法	方法检出限为0.8μg/50mL；采样体积为5m³时，检出限为0.2μg/m³，测定下限为0.8μg/m³；采样体积为300L时，检出限为0.003mg/m³，测定下限为0.012mg/m³	HJ 546—2009
12	氨	次氯酸钠-水杨酸分光光度法	方法检出限为0.1μg/10mL；吸收液10mL，采样1～4L时，检出限为0.025mg/m³，测定下限和上限分别为0.10mg/m³和12mg/m³；采样25L时，检出限为0.004mg/m³，测定下限为0.016mg/m³	HJ 534—2009
		纳氏试剂分光光度法	方法检出限为0.5μg/10mL；吸收液50mL，采样10L时，检出限为0.25mg/m³，测定下限和上限分别为1.0mg/m³和20mg/m³；吸收液10mL，采样25L时，检出限为0.01mg/m³，测定下限和上限分别为0.04mg/m³和0.88mg/m³	HJ 533—2009
13	汞	巯基棉富集-冷原子荧光分光光度法	方法检出限：0.1ng/10mL试样溶液。采样体积为15L时，检出限为6.6×10^{-6} mg/m³，测定下限为2.6×10^{-5}mg/m³	HJ 542—2009
14	砷	二乙基二硫代氨基甲酸银分光光度法	采样体积为6m³时，检出限为0.06μg/m³，测定下限为0.24μg/m³	HJ 540—2009

3.4　大气污染源监测

3.4.1　大气固定源采样方法

固定源是指燃煤、燃油、燃气的锅炉和工业炉灶以及石油化工、冶金、建材等生产过程中产生的废气通过排气筒向空气中排放的污染源。固定源监测主要是了解这些污染源所排出的有害物质是否符合现行排放标准的规定，分析对大气污染的影响，以便对其加以限制。排放口的监测还应对现有的净化装置的性能进行评价，确定在排放时失散的材料或产品所造成的经济损失。通过长时间的定期监测积累数据，也可为进一步修订和充实排放标准及制定环境保护法规提供科学依据。《固定源废气监测技术规范》（HJ/T 397—2007）规定了在烟道、烟囱及排气筒等固定污染源排放废气中，颗粒物与气态污染物监测的手工采样和测定技术方法，以及便携式仪器监测方法。

固定源采样前，需编制切实可行的监测方案。监测方案的内容包括污染源概况、监测目的、评价标准、监测内容和具体项目、采样位置、采样频次及采样时间、采样方法和分析测定技术、监测报告要求及质量保证措施等。应收集相关的技术资料，了解产生废气的生产工艺过程及生产设施的性能、排放的主要污染物种类及排放浓度的大致范围，以确定监测项目和监测方法；应调查污染源的污染治理设施的净化原理、生产工艺、主要技术指标等，以确定监测内容；通过调查生产设施的运行工况、污染物排放方式和排放规律，确定采样频次及采样时间；通过现场勘察污染源所处位置和数目，废气输送管道的布置及断面的形状、尺寸、废气输送管道周围的环境状况、废气的去向及排气筒高度等，确定采样位置及采样点数量；同时收集与污染源有关的其他技术资料。

以下结合相关规范对大气固定源采样方法进行介绍。

3.4.1.1 采样位置与采样点

污染源有害物质的测定，通常是用采样管从污染源的烟道中抽取一定体积的烟气，通过捕集装置将有害物质捕集下来，然后根据捕集的有害物质的量和抽取的烟气量，计算得出烟气中有害物质的浓度，根据有害物质的浓度和烟气的流量计算其排放量。这种测试方法的准确性很大程度上取决于抽取烟气样品的代表性，这就要求正确地选择采样位置和采样点。

（1）采样位置　采样位置应避开对测试人员操作有危险的场所，优先选择垂直管段，避开烟道弯头和断面急剧变化的部位。采样位置应设在距弯头、阀门和变径管下游方向不小于6倍直径处和距上述部件上游方向不小于3倍直径处。对矩形烟道，其当量直径 $D=2AB/(A+B)$，其中 A、B 为边长，采样断面的气流速度最好在5m/s以上。若测试现场空间位置有限，很难满足上述要求时，则选择比较适宜的管段采样，但采样断面距离弯头等部件的距离至少是烟道直径的1.5倍，并应适当增加测点的数量和采样频次。对于气态污染物，由于混合比较均匀，其采样位置可以不受上述规定限制，但应避开涡流区。另外，还应考虑采样地点的方便、安全，必要时应设置工作平台。

（2）采样孔和采样点　烟道内同一断面各点的气流速度和烟尘浓度分布通常是不均匀的。因此，必须按照一定原则在同一断面内进行多点测量，才能取得较为准确的数据。在选定的测定位置开设采样孔，常见采样孔的结构如图3-10(a)所示，采样孔的内径应不小于80mm，采样孔管长应不大于50mm。不使用时应用盖板、管堵或管帽封闭。当采样孔仅用于采集气态污染物时，其内径应不小于40mm。对于正压下输送高温或有毒气体的烟道，应采用带有闸板阀的密封采样孔［如图3-10(b)所示］。断面内采样点的位置和数目，主要根据烟道断面的形状、尺寸大小和流速分布均匀情况而定。

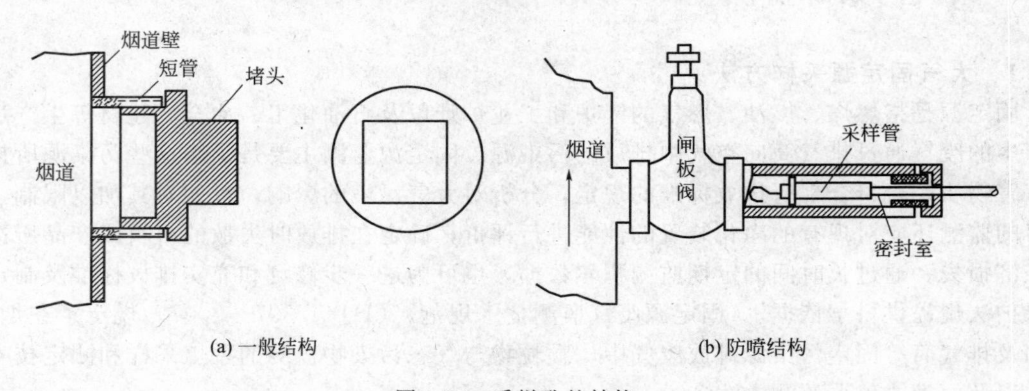

图3-10　采样孔的结构

① 圆形烟道。对圆形烟道，采样孔应设在包括各测点在内的互相垂直的直径线上。采样点的位置是将烟道分成一定数量的等面积同心环，各测点选在各环等面积中心线与呈垂直相交的两条直径线的交点上，其中一条直径线应在预期浓度变化最大的平面内（图3-11），如测点位于弯头后，该直径线应位于弯头所在的平面 $A—A$ 内（图3-12）。当烟道直径小于

0.3m，流速比较均匀、对称时，可取烟道中心作为采样点。

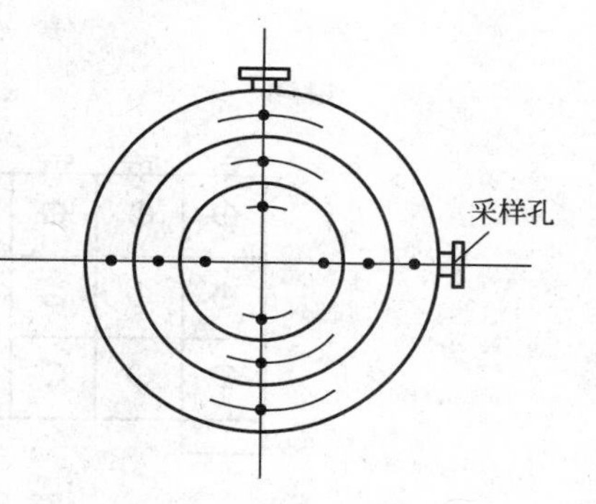

图 3-11 圆形烟道采样点

不同直径的圆形烟道的等面积环数、测量直径数及测点数见表 3-12，原则上测点不超过 20 个。测点距烟道内壁的距离见图 3-13。当测点距烟道内壁的距离小于 25mm 时，取 25mm。

② 矩形烟道。对于矩形或方形烟道，采样孔应设在包括各测点在内的延长线上。采样点的确定是将烟道断面分成适当数量的等面积小块，各块中心即为测点（图 3-14）。小块的数量按表 3-13 的规定选取，原则上测点不超过 20 个。若管道断面积小于 0.1m^2，且流速分布比较均匀、对称时，可取断面中心作为采样点。

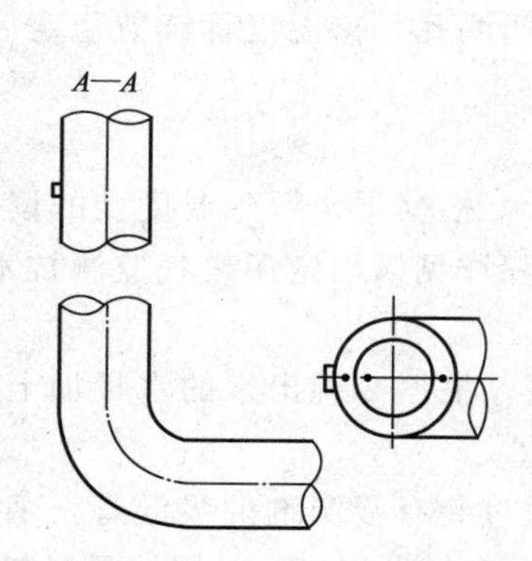

图 3-12 圆形烟道弯头后的测点

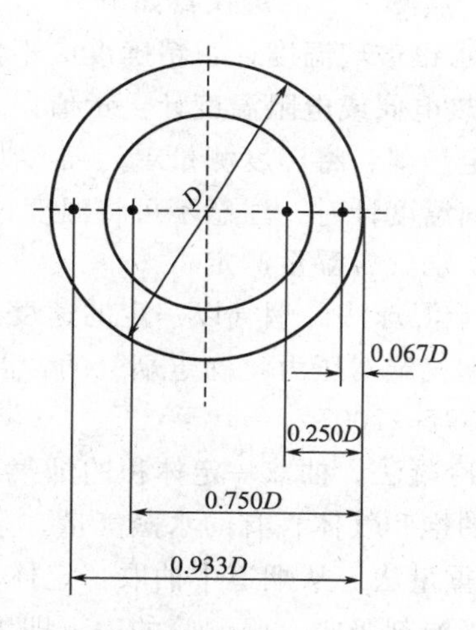

图 3-13 采样点距烟道内壁距离

表 3-12 圆形烟道分环及测点数的测定

烟道直径/m	等面积环数	测量直径数	测点数
<0.3			1
0.3～0.6	1～2	1～2	2～8
0.6～1.0	2～3	1～2	4～12
1.0～1.2	3～4	1～2	6～16
2.0～4.0	4～5	1～2	8～20
>4.0	5	1～2	

表 3-13 矩（方）形烟道的分块和测点数的测定

烟道断面积/m^2	等面积小块长边长度/m	测点总数	烟道断面积/m^2	等面积小块长边长度/m	测点总数
<0.1	<0.32	1	1.0～4.0	<0.67	6～9
0.1～0.5	<0.35	1～4	4.0～9.0	<0.75	9～16
0.5～1.0	<0.50	4～6	>9.0	≤1.0	16～20

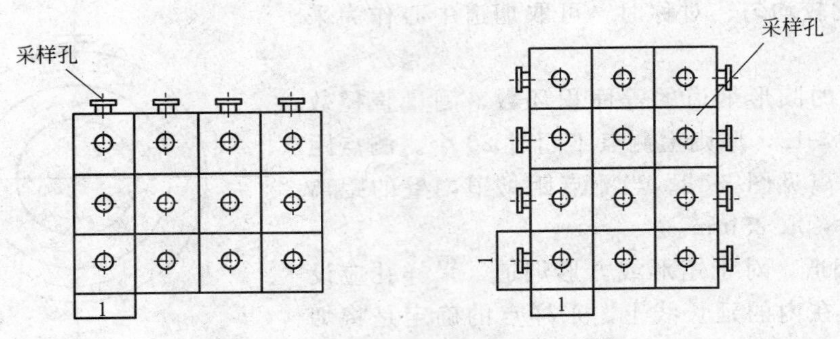

图 3-14 长方形和正方形断面的测定点

3.4.1.2 烟气参数测定

(1) 烟气温度测定 在采样孔或采样点的位置测定排气温度，一般情况下可在靠近烟道中心的一点测定。测定仪器如下。

① 水银玻璃温度计：精确度应不低于 2.5%，最小分度值应不大于 2℃。

② 热电偶或电阻温度计：示值误差不大于±3℃。

测定步骤：将温度测量单元插入烟道中测点处，封闭测孔，待温度计读数稳定后读数。使用玻璃温度计时，注意不可将温度计抽出烟道外读数。

(2) 烟气含湿量测定

① 干湿球法。烟气以一定的速度过干、湿球温度计，根据干、湿球温度计的读数和测点处的烟气绝对压力，确定烟气的含湿量。具体操作步骤详见《固定源废气监测技术规范》(HJ/T 397—2007)。

② 冷凝法。抽取一定体积的烟气，使之通过冷凝器，根据冷凝出来的水量加上从冷凝器排出的饱和气体含有的水蒸气量，来确定烟气的含湿量。

③ 重量法。从烟道中抽取一定体积的烟气，使之通过装有吸湿剂的吸湿管，烟气中的水汽被吸湿剂吸收，吸湿管的增重即为已知体积烟气中含有的水汽量。常用的吸湿剂有氯化钙、氧化钙、硅胶、氧化铝、五氧化二磷和过氯酸镁等。在选用吸湿剂时，应注意选择只吸收烟气中的水汽而不吸收其他气体的吸湿剂。

(3) 烟气中 CO、CO_2、O_2 等气体成分的测定 烟气中 CO、CO_2、O_2 等气体成分可采用奥氏气体分析仪法和仪器分析方法测定，具体可参照 GB/T 16157—1996 中的规定。然而，奥氏气体分析仪适合测定含量较高的组分。当烟气成分含量较低时，可用仪器分析的方法测定。例如，可用电化学法、热磁式氧分析仪法或氧化锆氧分析仪法测定 O_2；用红外线气体分析仪或热导式分析仪测定 CO_2 等。

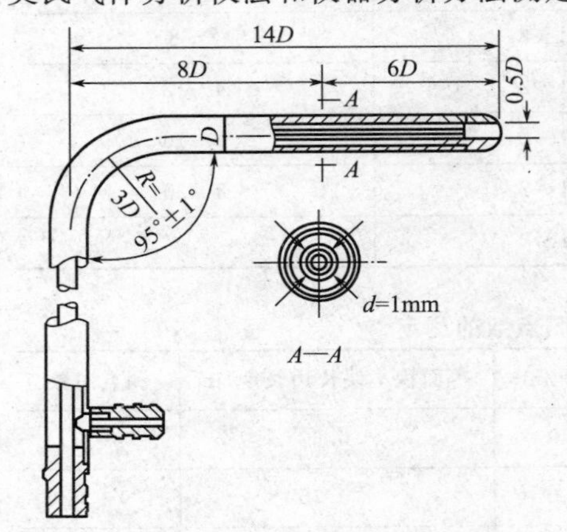

图 3-15 标准型皮托管

(4) 流速和流量的测定 由于气体流速与气体动压的平方根成正比，可根据测得某测点处的动压、静压及温度等参数计算气体的流速，进而根据管道截面积和测定出的烟气平均流速计算出烟气流量。

① 测量仪器

a. 标准型皮托管。标准型皮托管的构造如图 3-15 所示。它是一个弯成 90°的双层同心圆管，前端呈半圆形，正前方有一个开孔，与内管相通，用来测定全压。在距前端6倍直径处外管壁上开有一圈孔径为1mm的小孔，通至后端的侧出口，用来测定排气静压。按照上述尺寸制作的皮托管其修正系数 K_p 为0.99±0.01。标准型皮托管的测孔很小，当烟道内颗粒物浓度大时易被堵塞。它适用于测量较清洁的排气。

b. S形皮托管。S形皮托管的构造见图3-16。它由两根相同的金属管并联组成。测量端有方向相反的两个开口，测量时，面向气流的开口测得的压力为全压，背向气流的开口测得的压力小于静压。按图3-16所设计的S形皮托管其修正系数 K_p 为0.84±0.01。制作尺寸与上述要求有差别的S形皮托管的修正系数需要进行校正，其正反方向的修正系数相差应不大于0.01。S形皮托管的测压孔开口较大，不易被颗粒物堵塞，且便于在厚壁烟道中使用。

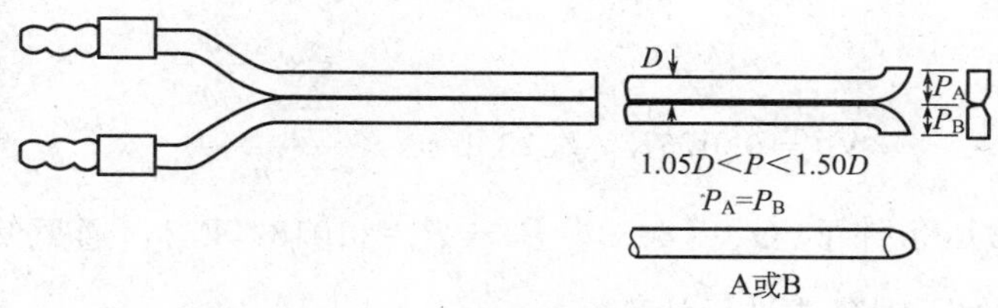

图3-16　S形皮托管

c. 其他仪器。U形压力计：用于测定排气的全压和静压，其最小分度值应不大于10Pa。斜管微压计：用于测定排气的动压，其精确度应不低于2%，其最小分度值应不大于2Pa。大气压力计：最小分度值应不大于0.1Pa。流速测定仪：由皮托管、温度传感器、压力传感器、控制电路及显示屏组成，可以自动测定烟道断面各测点的排气温度、动压、静压及环境大气压，从而根据测得的参数自动计算出各点的流速。

② 测定步骤

a. 准备工作。将微压计调整至水平位置，检查微压计液柱中有无气泡，然后分别检查微压计和皮托管是否漏气。

b. 测量气流的动压［图3-17(a)］。将微压计的液面调整至零点，在皮托管上标出各测点应该插入皮托管的位置，将皮托管插入采样孔。在各测点上，使皮托管的全压测孔正对着气流方向，其偏差不得超过10°，测出各测点的动压，分别记录下来。重复测定一次，取平均值。测定完毕后，要注意检查微压计的液面是否回到原点。

c. 测量排气的静压［图3-17(b)］。使用S形皮托管时只用其一路测压管，其出口端用胶管与U形压力计一端相连，将S形皮托管插到烟道近中心处的测点，使其测量端开口平面平行于气流方向，所测得的压力即为静压。

d. 测量排气温度，并使用大气压力计测量大气压力。

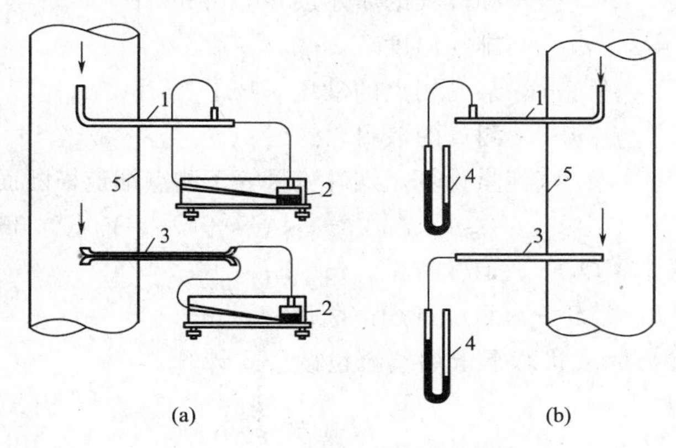

图3-17　动压及静压测定装置

1—标准皮托管；2—斜管微压计；3—S形皮托管；4—U形压力计；5—烟道

③ 计算

a. 烟气流速计算。测点气流速度 V_s

按下列公式计算：

$$V_s = K_p \times \sqrt{\frac{2P_d}{\rho_s}} = 128.9K_p \times \sqrt{\frac{(273+t_a)P_d}{M_s(B_a+P_s)}}$$

烟道某一断面的平均流速 $\bar{V}_s$ 可根据断面上各测点测出的流速 V_{si} 由下列公式计算：

$$\bar{V}_s = \frac{\sum_{i=1}^{n} V_{si}}{n} = 128.9K_p \times \sqrt{\frac{273+t_s}{M_s(B_a+P_s)}} \times \frac{\sum_{i=1}^{n}\sqrt{P_{di}}}{n}$$

当干排气成分与空气近似时，排气的露点温度在 35～55℃之间，排气的绝对压力在 97～103kPa 之间时，V_s 和 $\bar{V}_s$ 可以分别按下列公式进行计算：

$$V_s = 0.076K_p\sqrt{273+t_a} \times \sqrt{P_d}$$

$$\bar{V}_s = 0.076K_p\sqrt{273+t_s} \times \frac{\sum_{i=1}^{n}\sqrt{P_{di}}}{n}$$

对于接近常温常压条件下（$t_a=20$℃，$B_a+P_s=101325$Pa），通风管道的空气流速 V_a 和平均流速 $\bar{V}_a$ 分别按下列公式进行计算：

$$V_a = 1.29K_p\sqrt{P_d}$$

$$\bar{V}_a = 1.29K_p\frac{\sum_{i=1}^{n}\sqrt{P_{di}}}{n}$$

式中　V_s——湿排气的气体流速，m/s；

V_a——常温常压下通风管道的空气流速，m/s；

B_a——大气压力，Pa；

K_p——皮托管修正系数；

P_d——烟气动压，Pa；

P_s——烟气静压，Pa；

ρ_s——湿排气的密度，kg/m³；

M_s——湿排气的摩尔质量，g/mol；

t_s——排气温度，℃；

P_{di}——某一测点的动压，Pa；

n——测点的数目。

b. 烟气流量计算。烟气流量等于测点烟道横断面积乘以烟气平均流速，按下列公式计算：

$$Q_s = \bar{V}_s S \times 3600$$

式中　Q_s——烟气流量，m³/h；

S——测定点烟道断面积，m²。

标准状态下干烟气流量按公式计算：

$$Q_{snd} = Q_s \times (1-X_{sw})\frac{B_a+P_s}{101325} \times \frac{273}{273+t_s}$$

式中　Q_{snd}——标准状态下干烟气的流量，m³/h；

X_{sw}——排气中水分的体积分数，%。

3.4.1.3　烟尘颗粒物的等速采样

烟尘颗粒物采样中应遵循等速采样原则，等速采样即气体进入采样嘴的速度应与采样点的烟气速度相等，其相对误差应在 10%以内，其原理及采样方法介绍如下。

(1)原理　在选定的采样点上，通过采样管从烟道中按等速采样原则抽取一定量的含尘烟气，经捕集装置将尘粒收集，根据捕集的烟尘量和抽取的烟气量，计算得出烟气中的烟尘浓度。

(2)等速采样　为了从烟道中取得有代表性的烟尘样品，需等速采样，即气体进入采样嘴的速度 V_n 应与采样点的烟气速度 V_s 相等。其相对误差应在 −5%～+10%以内。采样速度大于或小于采样点的烟气速度都将使采样结果产生偏差。

图 3-18 表示在不同采样速度下尘粒的运动状态。当采样速度 V_n 大于采样点烟气速度 V_s 时，处于采样嘴边缘以外的部分气流进入采样嘴，而其中的尘粒则由于本身运动的惯性作用，不能改变方向随气流进入采样嘴，继续沿着原来的方向前进，使样品浓度低于采样点的实际浓度。当采样速度 V_n 小于采样点烟气速度 V_s 时，情况恰好相反，样品浓度高于实际浓度。只有采样速度 V_n 等于采样点的烟气速度 V_s 时，样品浓度才与实际浓度相等。

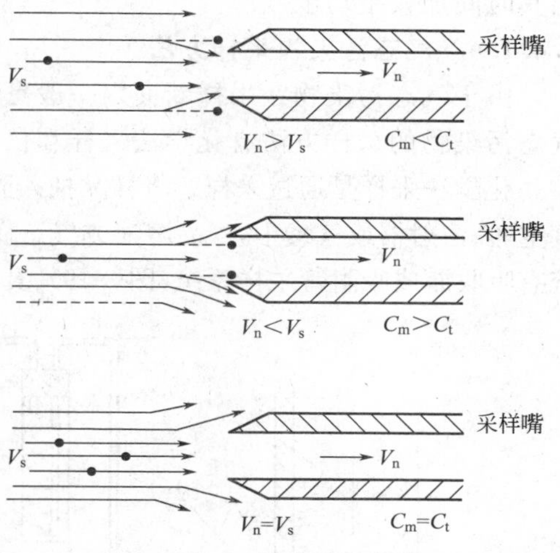

图 3-18　不同采样速度下尘粒的运动状态

(3)维持等速采样的方法　维持颗粒物等速采样的方法有普通型采样管法、皮托管平行测速采样法、动压平衡型采样管法和静压平衡型采样管法四种，可以根据不同的测量对象状况选用其中的一种方法。有条件的，应尽可能采用自动调节流量烟尘采样仪，以减少采样误差，提高工作效率。

① 普通型采样管法。即预测流速法，这种方法是在采样前先测出采样点处的烟气温度、压力、含湿量等气体状态参数和采样点的气流速度，根据测得的烟气状态参数和流速，结合选用的采样嘴直径，算出等速条件下各采样点所需采样流量，然后按流量进行各测点采样。

② 皮托管平行测速采样法。该法与预测流速法基本相同，不同之处在于测定流速和采样几乎同时进行，这就减少了由于烟道流速改变而带来的采样误差。具体方法是将 S 形皮托管和采样管固定在一起，插入烟道中的采样点处，利用预先绘制的皮托管动压和等速采样流量关系计算图或使用可编程序的计算器。当与皮托管相连的微压计指示动压后，立即算出等速采样流量，及时调整流速进行采样。等速采样流量的计算与预测流速法相同。

③ 平衡型采样管法。动压平衡型采样管法是利用装置在采样管中的孔板在采样抽气时产生的压差和与采样管平行放置的皮托管所测出的气体动压相等来实现等速采样。当工况发生变化时，它通过双联斜管微压计的指示，可及时调整采样流量，保证等速采样的条件。静压平衡型采样管法是利用在采样管入口配置的专门采样嘴，在嘴的内外壁上分别开有测量静压的条缝，调节采样流量使采样嘴内外条缝处静压相等，达到等速采样条件。此法用于测量低含尘度的排放源，操作简单方便，但在高含尘度及尘粒黏结性强的场合下，此法的应用受到限制，也不宜用于反推烟气流速和流量以代替流速流量的测量。

(4)采样方法

① 移动采样。用一个滤筒在已确定的采样点上移动采样，各点的采样时间相同，求出采

样断面的平均浓度。目前普遍采用这个方法。

② 定点采样。在每个测点上采一个样，求出采样断面的平均浓度，并可了解烟道断面上颗粒物浓度变化的情况。

③ 间断采样。对有周期性变化的排放源，根据工况变化及其延续时间分段采样，然后求出其时间加权平均浓度。

3.4.1.4 气态污染物采样方法

由于气态污染物在采样断面内一般是混合均匀的，可取靠近烟道中心的一点作为采样点。气态污染物的采样方法有化学法采样和仪器直接测试法采样。

化学法采样是通过采样管将样品抽入到装有吸收液的吸收瓶或装有固体吸附剂的吸附管、真空瓶、注射器或气袋中，样品溶液或气态样品经化学分析或仪器分析得出污染物含量。采样系统有吸收瓶或吸附管采样系统（图 3-19）、真空瓶采样系统（图 3-20）和注射器采样系统（图 3-21）。

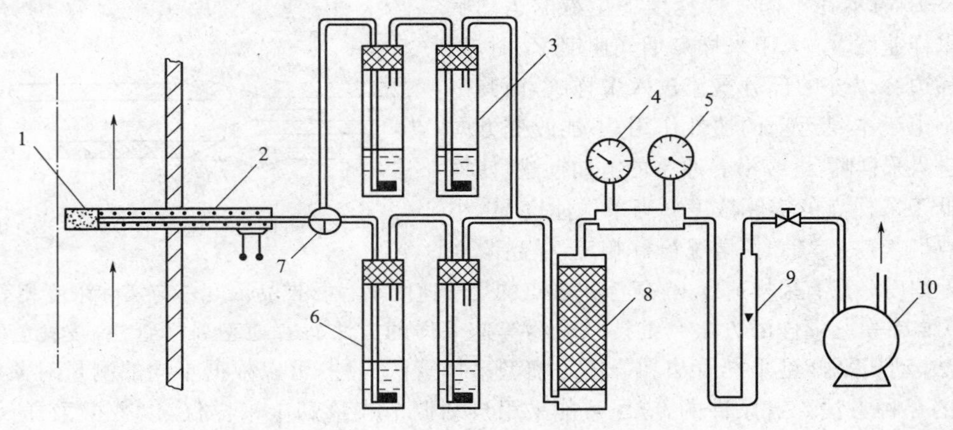

图 3-19 吸收瓶采样系统

1—烟道；2—加热采样管；3—旁路吸收瓶；4—温度计；5—真空压力表；6—吸收瓶；7—三通阀；8—干燥器；9—流量计；10—抽气泵

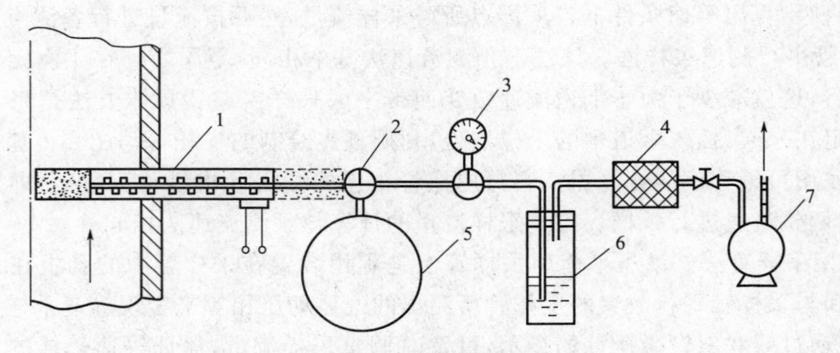

图 3-20 真空瓶采样系统

1—加热采样管；2—三通阀；3—真空压力表；4—过滤器；5—真空瓶；6—洗涤瓶；7—抽气泵

仪器直接测试法采样是通过采样管、颗粒物过滤器和除湿器，用抽气泵将样气送入分析仪器中，直接指示被测气体污染物的含量。其采样系统如图 3-22 所示。

3.4.2 大气固定源监测分析方法

固定源监测选择分析方法的原则如下。

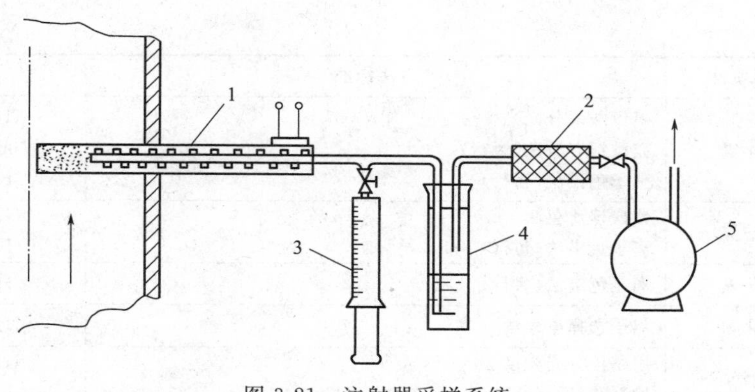

图3-21 注射器采样系统

1—加热采样管；2—过滤器；3—注射器；4—洗涤瓶；5—抽气泵

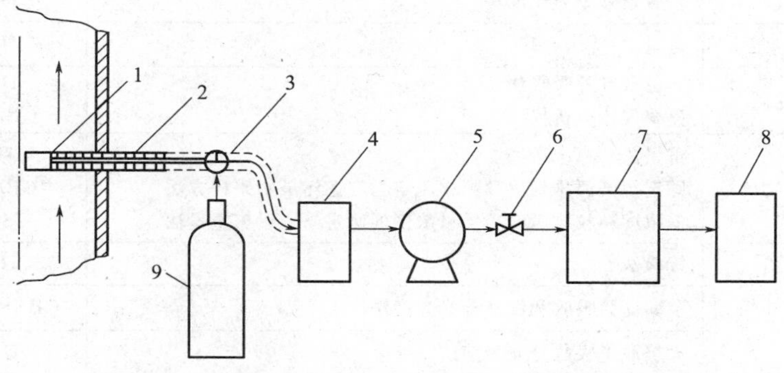

图3-22 仪器直接测试法采样系统

1—滤料；2—加热采样管；3—三通阀；4—除湿器；5—抽气泵；

6—调节阀；7—分析仪；8—记录器；9—标准气

① 监测分析方法的选用应充分考虑相关排放标准的规定、被测污染源排放特点、污染物排放浓度的高低、所采用监测分析方法的检出限和干扰等因素。

② 相关排放标准中有监测分析方法的规定时，应采用标准中规定的方法。

③ 对相关排放标准中未规定监测分析方法的污染物项目，应选用国家环境保护标准、环境保护行业标准规定的方法。

④ 在某些项目的监测中，尚无方法标准的，可采用ISO或其他国家的等效方法标准，但应经过验证合格，其检出限、准确度和精密度应能达到质量控制的要求。

固定源部分废气污染物监测分析方法见表3-14。

表3-14 固定源部分废气污染物监测分析方法一览表

序号	监测项目	方法标准	标准号
1	二氧化硫	非分散红外吸收法	HJ/T 629—2011
		碘量法	HJ/T 56—2000
		定电位电解法	HJ/T 57—2000
2	氮氧化物	定电位电解法	HJ 693—2014
		非分散红外吸收法	HJ 692—2014
		酸碱滴定法	HJ 675—2013
		紫外分光光度法	HJ/T 42—1999
		盐酸萘乙二胺分光光度法	HJ/T 43—1999

续表

序号	监测项目	方法标准	标准号
3	氯化氢	硫氰酸汞分光光度法 硝酸银容量法(暂行) 离子色谱法(暂行)	HJ/T 27—1999 HJ 548—2009 HJ 549—2009
4	硫酸雾	铬酸钡比色法 离子色谱法(暂行)	GB 4920—1985 HJ 544—2009
5	氟化氢	离子色谱法(暂行)	HJ 688—2013
6	氟化物	离子选择电极法	HJ/T 67—2001
7	氯气	甲基橙分光光度法 碘量法(暂行)	HJ/T 30—1999 HJ 547—2009
8	氰化氢	异烟酸-吡唑啉酮分光光度法	HJ/T 28—1999
9	光气	苯胺紫外分光光度法	HJ/T 31—1999
10	沥青烟	重量法	HJ/T 45—1999
11	一氧化碳	非色散红外吸收法 奥式气体分析仪法	HJ/T 44—1999 GB/T 16157—1996
12	颗粒物	重量法 固定污染源排气中颗粒物测定与气态污染物采样方法 低浓度颗粒物(烟尘)质量浓度的测定——手工重量法	HJ/T 397—2007 GB/T 16157—1996 ISO12141—2002
13	石棉尘	镜检法	HJ/T 41—1999
14	饮食业油烟	金属滤筒吸收和红外分光光度法	GB 18483—2001 附录 A
15	镉及其化合物	火焰原子吸收分光光度法 石墨炉原子吸收分光光度法 对-偶氮苯重氮氨基偶氮苯磺酸分光光度法	HJ/T 64.1—2001 HJ/T 64.2—2001 HJ/T 64.3—2001
16	镍及其化合物	火焰原子吸收分光光度法 石墨炉原子吸收分光光度法 丁二酮圬-正丁醇萃取分光光度法	HJ/T 63.1—2001 HJ/T 63.2—2001 HJ/T 63.3—2001
17	锡及其化合物	石墨炉原子吸收分光光度法	HJ/T 65—2001
18	铅	火焰原子吸收分光光度法	HJ 685—2014
19	铍	石墨炉原子吸收分光光度法	HJ 684—2014
20	砷	二乙基二硫代氨基甲酸银分光光度法(暂行)	HJ 540、HJ 541—2009
21	汞	巯基棉富集-冷原子荧光分光光度法(暂行) 冷原子吸收分光光度法(暂行)	HJ 542—2009 HJ 543—2009
22	气态总磷	喹钼柠酮容量法(暂行)	HJ 545—2009
23	铬酸雾	二苯基碳酰二肼分光光度法	HJ/T 29—1999
24	氯乙烯	气相色谱法	HJ/T 34—1999
25	非甲烷总烃	气相色谱法	HJ/T 38—1999
26	甲醇	气相色谱法	HJ/T 33—1999
27	苯可溶物	索氏提取-重量法	HJ 690—2014
28	氯苯类	固定源排气中氯苯类的测定——气相色谱法 大气固定源氯苯类化合物的测定——气相色谱法	HJ/T 39—1999 HJ/T 66—2001
29	酚类	4-氨基安替比林分光光度法	HJ/T 32—1999
30	苯胺类	气相色谱法	HJ/T 68—2001
31	乙醛	气相色谱法	HJ/T 35—1999

续表

序号	监测项目	方法标准	标准号
32	丙烯醛	气相色谱法	HJ/T 36—1999
33	丙烯腈	气相色谱法	HJ/T 37—1999
34	多环芳烃	高效液相色谱法 气相色谱-质谱法	HJ 647—2013 HJ 646—2013
35	苯并[a]芘	高效液相色谱法	HJ/T 40—1999
36	二噁英类	同位素稀释高分辨毛细管气相色谱/高分辨质谱法	HJ 77.2—2008
37	烟气黑度	林格曼烟气黑度图法	HJ/T 398—2007

3.4.3　大气移动源采样及监测分析方法

移动污染源包括各种采用内燃机或外燃机为动力装置，以汽油、柴油、煤油、天然气、液化石油气及其他可燃液体、气体为燃料的交通工具（车辆、船舶、航空器等）、机械等装置。随着城市化进程和汽车保有量的急剧增加，机动车尾气排放的污染物已经成为影响大气环境质量的重要因素。机动车尾气主要是汽（柴）油燃烧后排出的尾气，含有一氧化碳、氮氧化物、碳氢化合物、烟尘和少量的二氧化硫、醛类、3,4-苯并芘等多种污染物。目前，各国限定的排气污染物通常指一氧化碳、碳氢化合物及氮氧化合物（用二氧化氮当量表示），还包括对排气烟度的限值。以下是我国对机动车尾气排放的监测方法的简要介绍。

汽车排气污染物的含量与其运转工况有关。汽车的运转工况包括怠速、加速、匀速和减速，不同工况下，污染物的排放量和浓度变化很大，见表 3-15。

表 3-15　汽油车在不同工况下有害物质的排放量

工　况	CO/%	HC/($\times 10^{-6}$)	NO_x/($\times 10^{-6}$)
怠速	4.0～10	300～2000	50～1000
加速(0～40km/h)	0.7～5.0	300～600	1000～4000
匀速(40km/h)	0.5～4.0	200～400	1000～3000
减速(40～0km/h)	1.5～4.5	1000～3000	5～50

汽车排气污染物的测定方法主要有双怠速法和工况法。我国制定的《点燃式发动机汽车排气污染物排放限值及测量方法（双怠速法及简易工况法）》(GB 18285—2005) 对相关测量方法进行了规范。根据不同的汽车发动机及其运转工况，也制定了不同的污染物排放限值及其测量方法，如《城市车辆用柴油发动机排气污染物排放限值及测量方法（WHTC 工况法）》(HJ 689—2014)、《轻型汽车污染物排放限值及测量方法（中国第五阶段）》(GB 18352.5—2013)、《摩托车和轻便摩托车排气污染物排放限值及测量方法（双怠速法）》(GB 14621—2011) 等；而《车用压燃式发动机和压燃式发动机汽车排气烟度排放限值及测量方法》(GB 3847—2005) 则规定了汽车排气烟度排放值及测量方法。我国还对双怠速法和工况法涉及的测量仪器的规格、功能和性能等技术要求和测试方法均进行了标准规定。

在机动车保有量大、污染严重的地区，排气污染物的检测建议采用工况法，主要有稳态工况法、瞬态工况法和简易瞬态工况法三种。汽油车稳态工况法排气污染物测量的主要设备有底盘测功机、五气分析仪和污染物排放检测计算机控制软件。点燃式发动机汽车瞬态工况法和简易瞬态工况污染物排放试验设备包括一个至少能模拟加速惯量和匀速负荷的底盘测功机、一个五气分析仪和一个气体流量分析仪组成的采样分析系统，可以实时地分析车辆在负荷工况下排气污染物的排放质量。

3.5 室内空气质量监测

人的一生中有70%左右的时间是在室内环境度过的，尤其是对于居住在城镇的人们来说，平均有80%以上的时间是在室内度过的。随着人们生活水平的提高，各种有机化合物在日常生活中广泛使用，致使室内空气污染不断加剧。在空气质量较差的环境中生活，对人体健康的危害很大。许多室内空气污染物都是刺激性气体，如二氧化硫、甲醛等，这些物质会刺激眼、鼻、咽喉以及皮肤，引起流泪、咳嗽、喷嚏等症状；长期暴露，还会引起呼吸功能下降、呼吸道症状加重，导致肺癌、鼻咽癌等疾病。另外，在室内环境中，特别是在通风不良的环境中，一些致病微生物容易通过空气传播，使易感人群发生感染。室内空气污染与健康已经成为公众关注的重要问题之一。

室内环境是指人们工作、生活、社交及其他活动所处的相对封闭空间，包括住宅、办公室、学校、教室、医院、候车（机）室、交通工具及体育、娱乐等室内活动场所。我国颁布有《室内空气质量标准》（GB/T 18883—2002）、《民用建筑工程室内环境污染控制规范》（GB 50325—2010）和《乘用车内空气质量评价指南》（GB/T 27630—2011）等，为控制室内环境污染提供了科学依据。

3.5.1 室内空气质量采样和分析方法

在《室内环境空气质量监测技术规范》（HJ/T 167—2004）中，对室内空气质量监测的布点与采样、监测项目与相应的分析方法、监测数据的处理、质量保证及报告等内容进行了规定。下面结合该规范，介绍室内空气质量的监测方法。

3.5.1.1 采样点布设

（1）布点原则　采样点位的数量根据室内面积大小和现场情况确定，要能正确反映室内空气污染物的污染程度。原则上小于50m^2的房间应设1～3个点；50～100m^2设3～5个点；100m^2以上至少设5个点。

（2）布点方式　多点采样时应按对角线或梅花式均匀布点，应避开通风口，离墙壁距离应大于0.5m，离门窗距离应大于1m。

（3）采样点高度　原则上与人的呼吸带高度一致，一般相对高度在0.5～1.5m之间。也可根据房间的使用功能、人群的高低以及在房间立、坐或卧时间的长短来选择采样高度。

（4）采样时间及频次　经装修的室内环境，采样应在装修完成7d以后进行。一般建议在使用前采样监测，年平均浓度至少连续或间隔采样3个月，日平均浓度至少连续或间隔采样18h；8h平均浓度至少连续或间隔采样6h；1h平均浓度至少连续或间隔采样45min。

（5）封闭时间　应在对外门窗关闭12h后进行采样；对于采用集中空调的室内环境，空调应正常运转。有特殊要求的可根据现场情况及要求而定。

3.5.1.2 样品采集方法

室内样品采集的具体方法应按各污染物检验方法中的相关规定方法和操作步骤进行。要求年平均、日平均、8h平均值的参数，可以先做筛选采样检验。筛选法采样时应关闭门窗，一般至少采样45min；采用瞬时采样法时，一般采样间隔时间为10～15min，每个点位应至少采集3次样品，每次的采样量大致相同，其监测结果的平均值作为该点位的小时均值。若检验结果符合标准值要求，为达标；若筛选采样检验结果不符合标准值要求，必须按年平均、日平均、8h平均值的要求，用累积采样检验结果进行评价。氡的监测采用泵或自由扩散方法将待测空气中的氡抽入或扩散进入测量室直接测量。

室内样品的采样装置主要有以下几种。

(1) 玻璃注射器 使用100mL注射器直接采集室内空气样品，注射器要有良好的气密性。选择方法如下：将注射器吸入100mL空气，内芯与外筒间滑动自如，用细橡胶管或眼药瓶的小胶帽封好进气口，垂直放置24h，剩余空气应不少于60mL。用注射器采样时，注射器内应保持干燥，以减少样品贮存过程中的损失。采样时，用现场空气抽洗3次后，再抽取一定体积的现场空气样品。样品运送和保存时要垂直放置，且应在12h内进行分析。

(2) 空气采样袋 用空气采样袋也可直接采集现场空气，适用于采集化学性质稳定、不与采样袋起化学反应的气态污染物，如一氧化碳。采样时，袋内应该保持干燥，且现场空气充、放3次后再正式采样。取样后将进气口密封，袋内空气样品的压力以略呈正压为宜。用带金属衬里的采样袋可以延长样品的保存时间，如聚氯乙烯袋对一氧化碳可保存10～15h，而铝膜衬里的聚酯袋可保存100h。

(3) 气泡吸收管 适用于采集气态污染物。采样时，吸收管要垂直放置，不能有泡沫溢出。使用前应检查吸收管玻璃磨口的气密性，保证严密不漏气。

(4) U形多孔玻板吸收管 适用于采集气态或气态与气溶胶共存的污染物。使用前应检查玻璃砂芯的质量，方法如下：将吸收管装5mL水，以0.5L/min的流量抽气，气泡路径（泡沫高度）为(50 ± 5)mm，阻力为(4.666 ± 0.6666)kPa，气泡均匀，无特大气泡。采样时，吸收管要垂直放置，不能有泡沫溢出。使用后，必须用抽气唧筒抽水洗涤砂芯板，单纯用水不能冲洗砂芯板内残留的污染物。一般要用蒸馏水而不用自来水冲洗。

(5) 固体吸附管 为内径3.5～4.0mm、长80～180mm的玻璃吸附管，或内径5mm、长90mm（或180mm）内壁抛光的不锈钢管，吸附管的采样入口一端有标记。内装（20～60）目的硅胶或活性炭、GDX担体、Tenax、Porapak等固体吸附剂颗粒，管的两端用不锈钢网或玻璃纤维封住。固体吸附剂用量视污染物种类和浓度而定。要求吸附剂粒度应均匀，在装管前应进行烘干等预处理，以去除其所带的污染物。采样后将两端密封，带回实验室进行分析。样品解吸可以采用溶剂洗脱，使成为液态样品，也可以采用加热解吸，用惰性气体吹出气态样品进行分析。

(6) 滤膜 滤膜适用于采集挥发性低的气溶胶，如可吸入颗粒物等。常用的滤膜有玻璃纤维滤膜、聚氯乙烯纤维滤膜、微孔滤膜等。

玻璃纤维滤膜吸湿性小、耐高温、阻力小，但其机械强度不高。除做可吸入颗粒物的质量法分析外，样品可以用酸或有机溶剂提取，以满足特定污染物的分析。

聚氯乙烯纤维滤膜吸湿性小、阻力小、有静电现象、采样效率高、不亲水、能溶于乙酸丁酯，适用于重量法分析，消解后可做元素分析。

微孔滤膜是由醋酸纤维素或醋酸-硝酸混合纤维素制成的多孔性有机薄膜，用于空气采样的孔径有0.3μm、0.45μm、0.8μm等。微孔滤膜阻力较大，且随孔径减小过滤阻力显著增加，吸湿性强、有静电现象、机械强度好，可溶于丙酮等有机溶剂；不适于做重量法分析，消解后适于做元素分析；经丙酮蒸气使之透明后，可直接在显微镜下观察颗粒形态。

滤膜使用前应该在灯光下检查有无针孔、褶皱等可能影响过滤效率的因素。

(7) 不锈钢采样罐 不锈钢采样罐的内壁需经过抛光或硅烷化处理。可根据采样要求，选用不同容积的采样罐。使用前采样罐被抽成真空，采样时将采样罐放置现场，采用不同的限流阀可对室内空气进行瞬时采样或编程采样，送回实验室分析。该方法可用于室内空气中总挥发性有机物的采样。

采样时要使用墨水笔或档案用圆珠笔对现场情况、采样日期、时间、地点、数量、布点方式、大气压力、气温、相对湿度、风速以及采样人员等做出详细的现场记录；每个样品上也要贴上标签，标明点位编号、采样日期和时间、测定项目等，字迹应端正、清晰；采样记录随样品一同报送实验室。在计算浓度时应按理想气体状态方程将采样体积换算成标准状态下的体积。

样品由专人运送，按采样记录清点样品，防止错漏，为防止运输过程中采样管破损，装箱时可用泡沫塑料等分隔；贮存和运输过程中要避开高温、强光。样品运抵后，要与接收人员交接并登记。样品要注明保存期限，超过保存期限的样品，要按照相关规定及时处理。

3.5.1.3 监测项目

室内环境空气质量监测的主要项目见表3-16。其中，新装饰、装修过的室内环境应测定甲醛、苯、甲苯、二甲苯、总挥发性有机物等；人群比较密集的室内环境应测菌落总数、新风量及二氧化碳；使用臭氧消毒、净化设备及复印机等可能产生臭氧的室内环境应测臭氧含量；住宅一层、地下室、其他地下设施以及采用花岗岩、彩釉地砖等天然放射性含量较高的材料新装修的室内环境都应监测氡（^{222}Rn）含量，包括北方冬季施工的建筑物等。鼓励使用气相色谱/质谱法对室内环境空气质量进行定性和定量测定。

表3-16 室内环境空气质量监测项目

应测项目	选测项目
温度、大气压、空气流速、相对湿度、新风量、二氧化硫、二氧化氮、一氧化氮、二氧化碳、氨、臭氧、甲醛、苯、甲苯、二甲苯、总挥发性有机物(TVOC)、苯并[a]芘、可吸入颗粒物、氡(^{222}Rn)、菌落总数等	甲苯二异氰酸酯(TDI)、苯乙烯、丁基羟基甲苯、4-苯基环乙烯、2-乙基己醇等

3.5.1.4 分析方法

选择分析方法的原则主要有：首先选用评价标准［如《室内空气质量标准》(GB/T 18883)］中指定的分析方法，其各项参数的监测分析方法见表3-17；在没有指定方法时，应选择国家标准分析方法、行业标准方法和推荐方法；还可采用ISO、美国EPA和日本JIS方法等系列等效分析方法。

表3-17 室内空气中各种参数的监测分析方法

序号	参数	检验方法	方法来源
1	温度	玻璃液体温度计法、数显式温度计法	GB/T 18204.13
2	相对湿度	通风干湿表法、氯化锂湿度计法、电容式数字温度计法	GB/T 18204.14
3	空气流速	热球式电风速法、数字式风速表法	GB/T 18204.15
4	新风量	示踪气体法	GB/T 18204.18
5	二氧化硫	甲醛溶液吸收-盐酸副玫瑰苯胺比色法、紫外荧光法	GB/T 16128、GB/T 15262、HJ/T 167附录B.2
6	二氧化氮	改进的Saltzaman法、化学发光法	GB 12372、GB/T 15435、HJ/T 167附录C.2
7	一氧化碳	非分散红外法、不分光红外线气体法、气相色谱法、汞置换法、电化学法	GB 9801、GB/T 18204.23、HJ/T 167附录D.3
8	二氧化碳	非分散红外线气体法、气相色谱法、容量滴定法	GB/T 18204.24
9	氨	靛酚蓝分光光度法、纳氏试剂分光光度法、离子选择电极法、次氯酸钠-水杨酸分光光度法、光化学法	GB/T 18204.25、GB/T 14668、GB/T 14669、GB/T 14679、HJ/T 167附录F.4

续表

序号	参数	检验方法	方法来源
10	臭氧	紫外光度法、靛蓝二磺酸钠分光光度法、化学发光法	GB/T 15438、GB/T 18204.27、GB/T 15437、HJ/T 167 附录G.3
11	甲醛	AHMT分光光度法、酚试剂分光光度法、高效液相色谱法、乙酰丙酮分光光度法、电化学传感器法	GB/T 16129、GB/T 18204.26、GB/T 15516、HJ/T 167 附录H.5
12	苯系物	活性炭吸附/二硫化碳解吸-气相色谱法、固体吸附/热脱附-气相色谱法、光离子化气相色谱法	HJ 584、HJ 583、HJ/T 167 附录I.3
13	PM_{10}、$PM_{2.5}$	重量法	HJ618
14	总挥发性有机物	气相色谱法、光离子化气相色谱法、光离子化总量直接检测法(非仲裁用)	GB/T 18883、HJ/T 167 附录K.3和附录K.4
15	苯并[a]芘	高效液相色谱法	GB/T 15439
16	细菌总数	撞击法	GB/T 18883
17	氡(^{222}Rn)	两步测量法	HJ/T 167 附录N

室内空气质量主要涉及与人体健康有关的物理、化学、生物和放射性参数，尽管大多数室内空气质量指标的分析方法采用了与环境空气质量监测相同的方法，但由于室内环境相对封闭，其空气质量的监测方法和指标与环境空气也不尽相同。以下对室内空气中几种典型有机污染物及生物指标的分析方法进行简单介绍。

(1) 甲醛　甲醛 (formaldehyde)，通常情况下是一种可燃、无色及有刺激性气味的气体。其易溶于水、醇和醚，35%～40%的甲醛水溶液叫做福尔马林。甲醛是一种重要的有机原料，主要用于塑料工业、合成纤维、皮革工业、医药、染料等。因为甲醛树脂被用于各种建筑材料，包括胶合板、毛毯、隔热材料、木制产品、烟草、装修和装饰材料等，且因为甲醛树脂会缓慢持续放出甲醛，因此甲醛成为常见的室内空气污染物之一。在空气中甲醛浓度超过0.1mg/m^3，就会导致对眼睛和黏膜细胞的伤害；进入人体，甲醛可能导致蛋白质不可逆地与DNA结合。美国国家环境保护局将甲醛分类为可能致癌物质，国际癌症研究机构(IARC) 则将其分类为人类致癌物质。

空气中甲醛的测定方法很多，主要有AHMT分光光度法 (GB/T 16129—1995)、乙酰丙酮分光光度法 (GB/T 15516—1995)、高效液相色谱法 (HJ 683—2014) 和电化学传感器法等。

① AHMT分光光度法。AHMT法指甲醛与AHMT (4-氨基-3-联氨-5-巯基-1,2,4-三氮杂茂) 在碱性条件下缩合，然后经高碘酸钾氧化成紫红色化合物，然后比色定量检测甲醛含量的方法。若采样流量为1L/min，采样体积为20L时，方法测定浓度范围为0.01～0.16mg/m^3。该方法特异性和选择性均较好，在大量乙醛、丙醛、丁醛、苯乙醛等醛类物质共存时不干扰测定，检出限为0.04mg/L。

但AHMT法在操作过程中显色随时间逐渐加深，标准溶液的显色反应和样品溶液的显色反应时间必须严格统一，重现性较差，不易操作，多用于室内空气中甲醛含量的检测。

② 乙酰丙酮分光光度法。甲醛气体经水吸收后，在pH=6的乙酸-乙酸铵缓冲溶液中，与乙酰丙酮作用，在沸水浴条件下迅速生成稳定的黄色化合物，在波长413nm处测定。其反应式如下：

$$HCHO + NH_3 + 2CH_3COCH_2COCH_3 \longrightarrow CH_3CO\text{-}C_5H_3N(H)\text{-}COCH_3 + 3H_2O$$

（黄色 3,5-二乙酰基-1,4-二氢卢剔啶）

试样中甲醛含量$\rho_{甲醛}$（μg）的计算公式：

$$\rho_{甲醛} = \frac{(y-a)\times V_1}{b\times V_2}$$

式中 y——试样的吸光度；

a——标准曲线的截距；

b——标准曲线的斜率；

V_1——定容体积，mL；

V_2——测定取样体积，mL。

该方法的检测下限为 0.25μg，在采样体积为 30L 时，最低检出浓度为 0.008mg/m^3；采样体积为 0.5～10.0L 时，测定范围为 0.5～800mg/m^3。

③ 高效液相色谱法。2014 年 4 月 1 日开始实施的《环境空气 醛酮类化合物的测定——高效液相色谱法》（HJ 683—2014）适用于空气中甲醛及其他 12 种醛酮类化合物的定性、定量测定。

该方法采样及高效液相法原理：采用填充了涂渍 2.4-二硝基苯肼（DNPH）的采样管采集一定体积的空气样品，样品中的醛酮类化合物（aldehydes and ketones）经强酸催化与涂渍于硅胶上 DNPH 反应，生成稳定有颜色的腙类衍生物，再经乙腈洗脱后，使用高效液相色谱仪的紫外（360nm）或二极管阵列检测器检测，以各化合物色谱峰的保留时间进行定性，若采用二极管阵列检测器，还可以根据各色谱峰的光谱特征信息进行辅助定性，并根据其色谱峰的峰面积进行定量测定。其衍生反应式为：

$$R_1(R)C{=}O + H_2N\text{—}HN\text{—}C_6H_3(NO_2)_2 \xrightarrow{H^+} R_1(R)C{=}N\text{—}HN\text{—}C_6H_3(NO_2)_2 + H_2O$$

醛酮类 2,4-二硝基苯肼 稳定有色的腙类衍生物

注：R 和 R_1 是烷基或芳香基团（酮）或是氢原子（醛）。

图 3-23 给出的是 13 种醛酮类化合物腙标样的标准色谱图，体现了高效液相色谱法多目标物分离与分析的高效。高效液相色谱法介绍可参见本教材第 2.10.2 章节。

该方法对空气中 13 种醛酮类化合物的检测下限取决于采样体积。当采样体积为 0.05m^3 时，方法检测限为 0.28～1.69$\mu g/m^3$，测定下限为 1.12～6.76$\mu g/m^3$。

（2）总挥发性有机化合物 总挥发性有机物（total votatile organic compound，TVOC）是指可以在空气中挥发的有机化合物，按其化学组成可以分为八类，造成室内空气污染的有害气体氨、苯及甲苯、二甲苯等都属于 TVOC 范畴。室内空气中的 TVOC 主要来源于建筑材料、室内装饰材料及生活和办公用品等中挥发性有机物的释放，此外家用燃气及吸烟、人体排泄物及室外工业废气、汽车尾气、光化学污染也是导致室内 TVOC 污染的主要因素。医学专家研究表明暴露在高浓度 TVOC 污染的环境中，可导致人体中枢神经系统、肝、肾和血液中毒，个别过敏者即使在低浓度下也会有眼睛不适，感到砂眼、眩晕、疲倦、烦躁等症状。

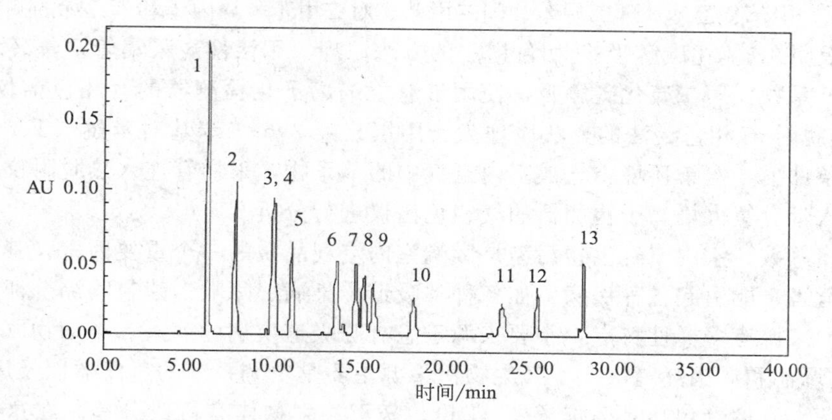

图 3-23　13 种醛酮类化合物腙标样标准色谱图

1—甲醛；2—乙醛；3，4—丙烯醛、丙酮；5—丙醛；6—丁烯醛；7—甲基丙烯醛；8—丁酮；9—正丁醛；10—苯甲醛；11—戊醛；12—间甲基苯甲醛；13—己醛

《民用建筑室内环境污染控制规范》（GB 50325—2010）中，室内空气中 TVOC 监测已经成为评价居室室内空气质量是否合格的一项重要指标。该规范要求：Ⅰ类民用建筑工程中 TVOC≤0.5mg/m^3，Ⅱ类民用建筑工程中 TVOC≤0.6mg/m^3。

目前，监测空气中挥发性有机物主要采用热解吸-毛细管气相色谱法（GB/T 18883—2012）、光离子化气相色谱法（GB 50325—2010）和光离子化总量测定法（HJ/T 167—2004）。

热解吸-毛细管气相色谱法基本原理：选择合适的吸附剂（Tenax GC 或 Tenax TA），用吸附管采集一定体积的空气样品，空气流中的挥发性有机化合物保留在吸附管中。采样后，将吸附管加热，解吸挥发性有机化合物，待测样品随惰性载气进入毛细管气相色谱仪。用保留时间定性，峰高或峰面积定量。本方法检测浓度范围为 0.5μg/m^3～100mg/m^3。

光离子化气相色谱法基本原理：将空气样品直接注入光离子化气体分析仪，样品中的 TVOC 由色谱柱分离后进入离子化室，在真空紫外光子的轰击下，将 TVOC 电离成正负离子，测量离子电流的大小，就可得到 TVOC 的含量，根据色谱柱的保留时间对 TVOC 定性，以苯为标准物质进行 TVOC 的定量，该方法检测浓度范围为 5μg/m^3～350mg/m^3（以苯计）。

光离子化总量测定法基本原理：将空气样品直接注入光离子化气体分析仪，样品用采样泵直接吸入后进入离子化室，在真空紫外光子（VUV）的轰击下，将 TVOC 电离成正负离子，测量离子电流的大小，就可确定 TVOC 的含量。以苯为标准物质，苯的检出限为 5μg/m^3，测定范围为 5μg/m^3～350mg/m^3（进样 1mL）。

(3) 苯及同系物的测定　苯是一种无色具有特殊芳香气味的液体，沸点为 80.1℃，甲苯、二甲苯属于苯的同系物，都是煤焦油分馏或石油的裂解产物。目前室内装饰中多用甲苯、二甲苯代替纯苯作为各种胶、涂料和防水材料的溶剂或稀释剂。苯及苯系物具有易挥发、易燃、蒸气有爆炸性的特点。人在短时间内吸入高浓度的甲苯、二甲苯时，可出现中枢神经系统麻醉作用，轻者表现为头晕、头痛、恶心、胸闷、乏力、意识模糊等症状，严重者可致昏迷、循环衰竭甚至死亡。苯及苯系物已经被世界卫生组织确定为强烈致癌物质。

目前，空气中苯及苯系物的分析方法主要有《活性炭吸附/二硫化碳解吸-气相色谱法》（HJ 584—2010）和《固体吸附/热脱附-气相色谱法》（HJ 583—2010）。这两种方法均适于环境空气和室内空气中苯、甲苯、乙苯、邻二甲苯、间二甲苯、对二甲苯、异丙苯和苯乙烯的测定。

活性炭吸附/二硫化碳解吸-气相色谱法的方法原理：用活性炭采集管富集环境空气和室内空气中的苯系物，用二硫化碳解吸，使用带有火焰离子化检测器的气相色谱仪测定分析。固体吸附/热脱附-气相色谱法的方法原理为：用填充聚2,6-二苯基对苯醚（Tenax）的采样管，在常温条件下，富集环境空气或室内空气中的苯系物，采样管连入热脱附仪，加热后将吸附成分导入带有氢火焰离子检测器的气相色谱仪进行分析。

（4）细菌总数　室内空气生物污染是影响室内空气品质的一个重要因素，其对人类的健康有着很大危害，能引起各种疾病，如各种呼吸道传染病、哮喘、建筑物综合征等。室内空气生物污染的来源有多样性特点，主要来源于患有呼吸道疾病的病人、小动物（鸟、猫、狗等宠物）、空调器和周围环境等。空气生物污染源主要是空调系统的过滤器以及风道、风口，主要包括细菌、真菌（包括真菌孢子）、花粉、病毒、生物体有机成分等。在这些生物污染因子中有一些细菌和病毒是人类呼吸道传染病的病原体。迄今为止，已知的能引起呼吸道病毒感染的病毒就有200种之多，其通过空气传播，一年四季均可发生，冬春季更为多见。

目前普遍使用撞击法监测室内空气中菌落的总数。撞击法（impacting method）是采用撞击式空气微生物采样器采样，通过抽气动力作用使空气通过狭缝或小孔而产生高速气流，使悬浮在空气中的带菌粒子撞击到营养琼脂平板上，经（36±1)℃、48h培养后，计算出每立方米空气中所含的细菌菌落数的采样测定方法。

（5）氡　氡是一种化学元素，为无色、无嗅、无味的惰性气体，具有放射性。流行病学研究表明，吸入高浓度氡与肺癌的发病率有密切联系，因此氡被认为是一种影响全球室内空气品质的污染物。据美国环境保护局资料显示，氡会增加患肺癌的机会，每年在美国造成21000人因肺癌死亡。室内氡污染源主要来自以下两方面：一是源自一些特殊的地质结构和土壤、岩石中镭、钍、铀等元素衰变放射而产生，如果一个地区土壤中镭、钍、铀含量相对较高，在其衰变过程中释放出来的氡气相对也多，整个大气环境中监测到的氡浓度便会相对较高。二是源自砂、土、花岗岩石、片麻岩、大理石等建筑和装饰材料中镭等元素的放射衰变。

氡测量采用两步测量法，首先使用采样泵或自由扩散方法将待测空气中的氡抽入或扩散进入测量室，再通过直接测量所收集氡产生的子体产物或经静电吸附浓集后子体产物的α放射性，推算出待测空气中的氡浓度。

为评价室内氡的浓度水平，分两步测量：第一步筛选测量，用以快速判定建筑物是否对其居住者具有产生高辐照的潜在危险。第二步跟踪测量，用以评估居住者的健康危险度以及对治理措施作出评价。

3.5.2　乘用车内空气质量监测方法

车内空气污染指汽车内部由于不通风、车体装饰等原因造成的空气质量差的情况。车内空气污染源主要来自车体本身、装饰用材等，其中甲醛、二甲苯、苯等是车内典型污染物。当前，车内空气污染已成为公认的威胁人体健康的严重环境污染问题。美国环保局要求汽车制造厂所使用的材料必须申报，并必须经过环保部门审查以确保对环境和人体的危害程度达到最低点后才能使用，申报者一旦违反规定，将负担巨额的罚款，还要召回产品清理污染，主要负责人甚至会被判刑。澳大利亚已经把车内环境列为室内环境，在制定健康标准时，把车内环境和办公室、教室等并列。

2012年3月我国《乘用车内空气质量评价指南》（GB/T 27630—2011）正式实施。根据车内空气中挥发性有机物的种类、来源和车辆主要内饰材料的特性，确定了8种主要监测目标物质，并规定了车内空气中苯、甲苯、二甲苯、乙苯、苯乙烯、甲醛、乙醛、丙烯醛的浓度限值。在实施的《车内挥发性有机物和醛酮类物质采样测定方法》（HJ/T 400—2007）中，更具体规范了机动车乘员舱内污染物的采样点布设、采样环境条件技术要求、采样方法和设备、相应的测量方法和设备、数据处理和质量保证等内容。

在车内污染物监测中采样点的数量按受检车辆乘员舱内有效容积大小和受检车辆具体情况而定，应能正确反映车内空气污染状况，采样点高度与驾乘人员呼吸带高度相一致。实施采样时，受检车辆处于静止状态，车辆的门、窗、乘员舱进风口风门、发动机和所有其他设备（如空调）均处于关闭状态。受检车辆所在的采样环境为：采样温度（25.0±1.0)℃；环境相对湿度 50%±10%；环境气流速度≤0.3m/s；环境污染物背景浓度值甲苯≤0.02mg/m³，甲醛≤0.02mg/m³。

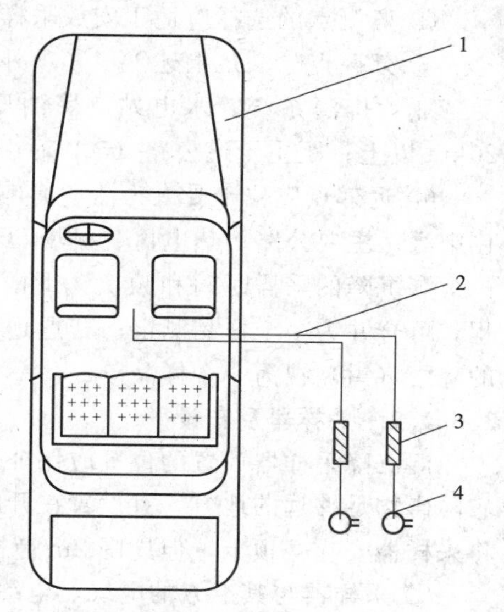

图 3-24　车内空气样品采集示意图
1—受检车辆；2—采样导管；3—填充柱采样管；4—恒流气体采样器

样品采集系统一般由恒流气体采样器、采样导管、填充柱采样管等组成，如图 3-24 所示。

车内空气质量的监测项目包括挥发性有机物（即利用 Tenax 等吸附剂采集，并用极性指数小于 10 的气相色谱柱分离，保留时间在正己烷和正十六烷之间的具有挥发性的化合物的总称）和醛酮类（包括甲醛、乙醛、丙酮、丙烯醛、丙醛、丁烯醛、丁醛、丁酮、甲基丙烯醛、苯甲醛、戊醛、甲基苯甲醛、环己醛、己醛等)，前者的测定采用热脱附-毛细管气相色谱/质谱联用仪法，后者采用固相吸附-高效液相色谱法。

需要指出的是，该方法是建立在车辆静止状态下的检测，并不包括车辆行驶过程中汽车尾气进入车内引起的车内空气污染。因此，可以说该方法仅是监控车内空气污染相关标准的第一步。

3.6　大气酸沉降监测

酸沉降（acid deposition）是酸雨的正式名称，可分为湿沉降与干沉降两大类。湿沉降指的是发生降水事件时，高空雨滴吸收大气中的酸性污染物降到地面的沉降过程，包括雨、雪、雹、雾等；干沉降则指不发生降水时，大气中的酸性污染物受重力、颗粒物吸附等作用由大气沉降到地面的过程。由于大量燃烧含硫量高的煤和机动车尾气排放的增多，酸雨污染的范围和程度日益引起人们的密切关注。

在《酸沉降监测技术规范》（HJ/T 165—2004）中，对酸沉降监测点位布设、采样方法、监测频次、监测指标及其分析方法、监测数据处理、监测过程质量保证等均有明确要求。

3.6.1　湿沉降监测分析方法

3.6.1.1　监测点位布设

湿沉降的监测点个数与监测区域人口有关，一般人口 50 万以上的城市布设三个点，50 万以下的城市布设两个点。

点位选择和设立分为城区、郊区和清洁对照（远郊）三种。如果只设两个点，则设置城区和郊区点，监测点位的选择应有代表性，要考虑到点位附近土地利用性质基本不变，还应考虑点位周围地形特征和气象状况（如年降水量和主导风向）等因素。具体要求如下。

① 测点不应设在受局地气象条件影响大的地方，例如山顶、山谷、海岸线等。

② 受地热影响的火山地区和温泉地区、石子路、易受风蚀影响的耕地、受到畜牧业和农业活动影响的牧场和草原等都不适于选作监测点。

③ 监测点不应受到局地污染源的影响。

④ 监测点的选择应适于安放采样器，能提供电源，便于采样器的操作及维护。

⑤ 郊区点除满足上述①～④项外，还应注意不要受大量人类活动的影响（如城镇），不受工业、排灌系统、水电站、炼油厂、商业、机场及自然资源开发的影响；距大污染源20km以上；距主干道公路（500辆/d）500m以上；距局部污染源1km以上。

⑥ 远郊点应位于受人为活动影响甚微的地方，除满足上述要求外，还应距主要人口居住中心、主要公路、热电厂、机场50km以上。

湿沉降的采样时间和频次：下雨时，每24h采样一次；若一天中有几次降雨（雪）过程，可合并为一个样品测定；若遇连续几天降雨（雪），则将上午9：00至次日上午9：00的降雨（雪）视为一个样品。

3.6.1.2 采样器及布设

湿沉降采样器放置的位置应保证采集到无偏向性的试样，应设置在离开树林、土丘及其它障碍物足够远的地方，宜设置在开阔、平坦、多草、周围100m内没有树木的地方。也可将采样器安在楼顶上，但周围2m范围内不应有障碍物，具体的安放要求如下。

① 采样器与其上方的电线、电缆线等之间的距离应保证不影响试样的采集。

② 较大障碍物与采样器之间的水平距离应至少为障碍物高度的两倍，即从采样点仰望障碍物顶端，其仰角不大于30°。

③ 若有多个采样器，采样器之间的水平距离应大于2m。

④ 采样器应避免局地污染源的影响，如废物处置地、焚烧炉、停车场、农产品的室外储存场、室内供热系统等，距这些污染源的距离应大于100m。

⑤ 采样器周围基础面要坚固，或有草覆盖，避免大风扬尘给采样带来影响。

⑥ 干、湿采样器应处于平行于主导风向的位置，干罐处于下风向，使湿罐不受干罐的影响。

⑦ 采样器应固定在支撑面上，使采样器的开口边缘处于水平，离支撑面的高度大于1.2m，以避免雨大时泥水溅入试样中。

湿沉降自动采样器的基本组成是接雨（雪）器、防尘盖、雨传感器、样品容器等。防尘盖用于盖住接雨器，下雨（雪）时自动打开。对于没有自动采样器的监测点，可进行手动采样。手动采样器一般由一只接雨（雪）的聚乙烯塑料漏斗、一个放漏斗的架子、一只样品容器（聚乙烯瓶）组成，漏斗的口径和样品容器体积大小与自动采样器的要求相同；也可采用无色聚乙烯塑料桶采样，采样桶上口直径及体积大小与自动采样器的要求相同。

在采集降雨（雪）的同时还需要进行降雨（雪）量的观测，以便计算出应采样品的量。雨（雪）量计安装在采样器旁的固定架子上，距采样器距离不小于2m，器口保持水平，距地面高70cm。冬季积雪较深地区，应备有一个较高的备份架子，当雪深超过30cm时，应把仪器移至备份架子上进行观测。其他注意事项和用法详见仪器使用说明书。

3.6.1.3 监测项目及分析方法

酸沉降的监测项目有电导率（EC）、pH值、SO_4^{2-}、NO_3^-、F^-、Cl^-、NH_4^+、Ca^{2+}、

Mg^{2+}、Na^+、K^+、降雨（雪）量等。各级测点对EC、pH值两个项目，应做到逢雨（雪）必测，同时记录当次降雨（雪）的量；对其他监测项目，在当月有降雨（雪）的情况下，国家酸雨监测网监测点应对每次降雨（雪）进行全部离子项目的测定，尚不具备条件的监测网站每月应至少选一个或几个降水量较大的样品进行全部项目的测定。各测点可根据需要选测HCO_3^-、Br^-、$HCOO^-$、CH_3COO^-、PO_4^{3-}、NO_2^-、SO_3^{2-}等。

湿沉降EC、pH值以及离子成分的测定方法，全部采用标准分析方法或国际通用分析方法，见表3-18。

表3-18 湿沉降各监测项目分析方法一览表

监测项目	分析方法	标准号
EC	电极法	GB 13580.3—1992
pH	电极法	GB 13580.4—1992
SO_4^{2-}	离子色谱法 硫酸钡比浊法 铬酸钡-二苯碳酰二肼光度法	GB 13580.5—1992 GB 13580.6—1992 GB 13580.6—1992
NO_3^-	离子色谱法 紫外光度法 镉柱还原光度法	GB 13580.5—1992 GB 13580.8—1992 GB 13580.8—1992
Cl^-	离子色谱法 硫氰酸汞高铁光度法	GB 13580.5—1992 GB 13580.9—1992
F^-	离子色谱法 新氟试剂光度法	GB 13580.5—1992 GB 13580.10—1992
K^+、Na^+	原子吸收分光光度法 离子色谱法	GB 13580.12—1992 HJ/T 165—2004 附录B
Ca^{2+}、Mg^{2+}	原子吸收分光光度法 离子色谱法	GB 13580.13—1992 HJ/T 165—2004 附录B
NH_4^+	纳氏试剂光度法 次氯酸钠-水杨酸光度法 离子色谱法	GB 13580.11—1992 GB 13580.11—1992 HJ/T 165—2004 附录B

3.6.2 干沉降监测分析方法

干沉降监测点个数的确定、监测点位的选择与湿沉降监测要求相同，建议与湿沉降监测点位一致。

干沉降监测的项目主要有SO_2、O_3、NO、NO_2、PM_{10}、$PM_{2.5}$，气态HNO_3、NH_3、HCl、气溶胶等。其中SO_2、O_3、NO、NO_2、PM_{10}、$PM_{2.5}$等均为自动监测，气态HNO_3、NH_3、HCl、气溶胶等则用多层滤膜对样品进行采集，然后分析测定，多层滤膜法同时也可以监测空气中的SO_2等。

多层滤膜法是将事先处理过的滤膜安装在采样头上，用抽气泵抽吸空气，使空气通过这些滤膜，采样完毕后将滤膜取下，分析测定滤膜中各种物质的含量的一种方法。多层滤膜法的采样头是由四个安有滤膜的滤膜夹组成，如图3-25所示。

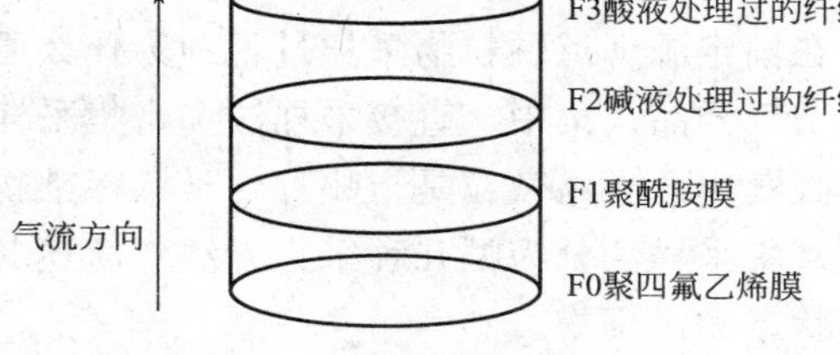

图3-25 多层滤膜法示意图

如图3-25所示，F0为聚四氟乙烯膜，孔径为0.8μm，用于采集空气中的气溶胶；F1为聚酰胺膜，孔径为0.45μm，用于采集空气中的气态HNO_3及部分SO_2、气态HCl、NH_3；F2为碱性溶液处理后的纤维膜，用于采集剩余的SO_2和气态HCl；F3为酸性溶液处理后的纤维膜，用于采集剩余的NH_3。由外到内，滤膜的安装顺序为F0、F1、F2、F3。

附近有空气自动监测站的监测点（直线距离不超过1000m），可直接利用空气自动站的有关监测数据，其监测频率、质量控制要求等参照自动站的有关规定执行。气态HNO_3、NH_3、HCl、气溶胶等监测为每周一次的连续采样。各类监测点的具体监测项目见表3-19。

表3-19 干沉降监测项目表

点位类型	监测项目	采样方法
城区点	SO_2、O_3、NO_2、PM_{10}	自动采样，见《环境空气质量自动监测技术规范》（HJ/T 193—2005）
郊区点	SO_2、O_3、NO_2、PM_{10}	
远郊点	SO_2、气态HNO_3、NH_3、HCl、气溶胶	多层滤膜法

分析方法、分析仪器等要求与湿沉降监测分析相同。

习题与思考题

[1] 简述大气污染物类型及其来源。

[2] 大气监测中采样点的布设原则是什么？布设采样点的方法有哪几种？各适用于何种情况？

[3] 大气采样时常采用的方法有哪些？各适合什么环境条件下的采样？

[4] 下表是某地最近10天的空气质量监测结果，请用API指数完整表示该地区最近10天的空气总体状况，并写明相关步骤和计算过程。

单位：mg/m^3

日期	可吸入颗粒物(PM_{10})	二氧化硫(SO_2)	二氧化氮(NO_2)
第1天	0.096	0.024	0.056
第2天	0.019	0.053	0.065
第3天	0.084	0.037	0.082
第4天	0.124	0.018	0.048
第5天	0.070	0.042	0.077
第6天	0.017	0.033	0.068
第7天	0.014	0.018	0.083
第8天	0.126	0.052	0.065
第9天	0.172	0.029	0.047
第10天	0.064	0.038	0.059

[5] 在烟道上选择开设颗粒物采样口时需考虑哪些因素？

[6] 在固定源烟道颗粒物采样过程中为什么要采用等速采样？

[7] 空气样品采集中，直接采样法和富集采样法各适用于何种情况？

[8] 大气中总悬浮微粒是指哪种粒子状污染物？简述其采样及总悬浮微粒浓度的测定方法。

[9] 富集采样法分为哪几种采集方法？简述其采集原理，并说明各种方法适合于采集何种状态的污染物。

[10] 简要画出大气污染物采样系统的示意图，并说明各部分的功能。

[11] 简述空气中CO的测试方法原理。

[12] 甲醛吸收-副玫瑰苯胺分光光度法测定二氧化硫的原理是什么？去除干扰的方法有哪些？影响显色反应的因素有哪些？

[13] 简述四氯汞钾盐吸收-副玫瑰苯胺分光光度法与甲醛吸收-副玫瑰苯胺分光光度法测定SO_2原理的异同之处。

[14] 用溶液吸收法测定大气中的SO_2，采用的吸收剂是什么，吸收反应类型属于哪一种？

[15] 空气中的氮氧化物是如何测定的？已知某采样点的温度为30℃，大气压力为99.2kPa，用溶液吸收法采样后，测定该点空气中的氮氧化物含量。采气流量为0.35L/min，采气时间为2h，采样后用比色法测得全部吸收液（5mL）中含4.3μg氮氧化物，求气样中氮氧化物的含量（用mg/m^3表示）（NO_2的摩尔质量为46g/mol）。

[16] 已知某采样点的温度为27℃，大气压力为100kPa。现用溶液吸收法采样测定SO_2的日平均浓度，每隔4h采样一次，共采集6次，每次采30min，采样流量0.5L/min。将6次气样的吸收液定容至50.00mL，取10.00mL用分光光度法测知含SO_2 2.5μg，求该采样点大气在标准状态下SO_2的日平均浓度（以mg/m^3表示）。

[17] 采用四氯汞钾盐吸收-副玫瑰苯胺光度法测定某采样点大气中的SO_2时，用装有5mL吸收液的筛板式吸收管采样，采样体积18L，采样点温度5℃，大气压力100kPa，采样后吸取1.00mL进行样品溶液测定，从标准曲线查得1.00mL样品中含SO_2为0.25μg，试计算气体样品中SO_2的含量。

[18] 试述用光度法测定空气中二氧化碳的方法原理及注意事项。

[19] 二氧化碳溶于水显酸性，但不能引起酸雨，这是为什么？

[20] 简要介绍大气中苯并[*a*]芘的主要来源，并说明苯并[*a*]芘分析方法的特点。

[21] 大气移动源污染来源有哪些？如何实施移动源污染样品的采样与监测分析？

[22] 氟化物测定过程中加入TISAB的作用是什么？

[23] 简述三点比较式臭袋法测定臭气浓度的工作原理，该方法有哪些缺陷？

[24] 归纳空气污染物测定中可能遇到的干扰及去除干扰的措施。

[25] 室内环境空气样品采集的采样装置有哪些？

[26] 室内环境空气质量监测常用的采样方法有哪些？采样过程中如何布设采样点位？

[27] 大气环境质量标准与室内空气质量标准内容上有哪些不同？简要解释不同的产生原因。

[28] 室内环境空气质量监测的主要项目有哪些？简述室内环境空气中苯系物的监测分析方法，包括采样步骤、样品预处理和分析方法等。

[29] 气体中颗粒污染物和气态污染物的便携式检测仪器的类型有哪些？

[30] 烟尘采样参数如何确定？简单介绍烟尘颗粒物的采样方法和步骤。

[31] 污染源烟气在线监测中按烟气采样方法的不同可分为几种方式？试讨论它们的优缺点。

[32] 乘用车内空气质量监测的具体要求有哪些？检测目标如何确定？

[33] 简述大气湿沉降的监测内容和方法，并讨论与干沉降监测方法的区别。

[34] 湿沉降的采样时间和频次如何设计？

[35] 室内环境空气质量标准中为什么要设置微生物和放射性控制指标？

[36] 大气降水监测的目的是什么？

[37] 大气酸沉降监测分为几类？如何区分？

第4章 土壤环境监测

土壤介于大气圈、岩石圈、水圈和生物圈之间，既是各圈层相互作用的产物，又是各圈层物质循环与能量交换的枢纽。从环境科学的角度评价，土壤是构成生态系统的基本要素之一，是人类赖以生存的物质基础，也是国家最重要的自然资源之一。受自然和人为作用，内在或外显的土壤状况称之为土壤环境。由于土壤的组成、结构、功能、特征以及土壤在环境生态系统中的特殊地位和作用，使得土壤污染不同于大气污染，也不同于水体污染，而且比它们要复杂得多。多少年来，由于人们不合理地施用农药、进行污水灌溉、排放工业废弃物等，致使各类污染物质通过多种渠道进入土壤。在土壤环境中，有些污染物（如酚类）易被土壤微生物降解和转化，但是许多污染物（如多环芳烃、有机氯及重金属等）不易被降解而被土壤吸附积累，当其数量和吸附积累的速度超过了土壤的自净能力以及土壤的环境容量时，自然动态平衡被破坏，进而导致土壤组成、结构和功能的改变，造成土壤质量恶化，从而影响了人类的生产、生活和发展。此外，由于土壤污染物质的迁移转化，可能引起大气或水体的污染，并通过食物链最终影响到人类的健康。世界八大公害事件之一的“富山事件”就是非常典型的土壤污染危及人类生存的事件，该事件影响持续时间长（1931—1975），影响范围广，危害人数多，究其原因就是该地区使用一炼锌厂未处理的含镉废水灌溉农田，使土壤受到了严重的镉污染，生产出来的稻米也富含重金属镉，导致众多人患了“骨痛病”。据环境保护部和国土资源部2014年4月发布的《全国土壤污染状况调查公报》显示，我国土壤环境状况总体也不容乐观，部分地区土壤污染较重，耕地土壤环境质量堪忧，工矿业废弃地土壤环境问题比较突出。由土壤污染引发的农产品质量安全问题和群体性事件也逐年增多，成为影响社会稳定和公众健康的重要因素。因此，开展土壤环境监测和调查，是制定土壤污染防治对策、做好土壤污染防治工作的基本前提，具有十分重要的现实意义。

4.1 土壤和土壤污染

4.1.1 土壤及其基本性质

土壤是指陆地表面、呈连续分布、具有肥力并能生长作物的疏松表层，是由岩石风化以及大气、水、特别是动植物和微生物对于地壳表层的长期作用而形成的。土壤组成复杂，是由固体、液体和气体三相物质组成的疏松多孔体，它们的相对含量因时因地而异。土壤的固体物质包括矿物质和有机质两部分，矿物质占土壤的绝大部分，占土壤固体总重量的90%以上。土壤有机质占固体总重量的1%～10%，一般耕地土壤中有机质约占5%，且绝大部分在土壤表层。土壤的液体部分是指土壤中的水分，它保存和运动在土壤的孔隙之间，是土壤中最活跃的部分。土壤的气体就是指土壤中的空气，它充满在那些没有被水分占据的孔隙中，约占典型土壤体积的35%，因此土壤具有疏松的结构。

土壤的性质可以大致分为物理性质、化学性质及生物性质三个方面。土壤质地、土壤孔隙性和土壤结构性是土壤重要的物理性质，它们不仅是土壤肥力的重要指标，而且对土壤环境中污染物的迁移转化有重要影响。

(1) 土壤颗粒和土壤质地　土壤中大小形状不同的矿物颗粒统称为土粒，为研究方便，常按照粒径大小将土粒分为若干类，称为粒级。土壤就是由大小不同的土粒按不同的比例组合而成的，这些不同的粒级混合在一起表现出的土壤粗细状况，即土壤的机械组成或土壤质地。土壤质地分类是以土壤中各粒级含量的相对百分比作为标准，国际上采用三级分类法，即根据砂粒（0.02～2mm）、粉砂粒（0.002～0.02mm）和黏粒（<0.002mm）在土壤中的相对含量，将土壤分成砂土、壤土、黏壤土和黏土四大类。我国将土壤质地分为砂土、壤土（砂壤土、轻壤土、中壤土、重壤土）和黏土三类。

(2) 土壤孔隙性　土壤孔隙是指土壤中大小不等、弯弯曲曲、形状各异的各种孔洞，单位土壤容积内孔隙所占的百分数，称为土壤孔隙度。土壤孔隙大小不同，形状不规则，一般用当量孔径作为土壤孔隙直径的指标。土壤孔隙的数量、大小孔隙的比例及其在土壤中的分布被称为土壤孔隙性。土壤孔隙性主要影响土壤的水气性质，包括水气比例与通气透水性和保水性。

(3) 土壤结构性　土壤结构性是指结构体及其种类、数量、特征及其在土体中的排列方式。土粒相互团聚形成的大小不同、形状不一的土团，包括块状、核状、柱状、片状、板状、粒状、团粒状，其中团粒结构最好。土壤结构主要影响土壤的松紧度和孔隙性，其中团粒结构是最理想的结构。

土壤的化学性质主要包括吸附性、酸碱性及缓冲能力和氧化还原性，这些化学性质对污染物的迁移、转化、微生物活动、土壤肥力和植物生长等有重要影响。

(1) 吸附性　土壤的吸附性与土壤中存在的胶体物质密切相关。土壤胶体包括无机胶体、有机胶体、有机-无机复合胶体。由于土壤胶体具有巨大的比表面积，胶粒表面带有电荷，分散在水中时界面上产生双电层等性能，使其对有机污染物和无机污染物有极强的吸附能力和离子交换吸附能力。

(2) 酸碱性及缓冲能力　土壤的酸碱性是气候、植被以及土壤组成共同作用的结果，其中气候起着近于决定性的作用。土壤酸性或碱性通常用土壤溶液的pH值来表示。我国土壤的pH值变动范围在4～9之间，多数土壤的pH值在4.5～8.5范围内，极少有低于4或高于10的。"南酸北碱"就概括了我国南北方土壤酸碱性的地区差异。通常pH值在6.5～7.5的土壤称为中性，pH值在5.5～6.5的为微酸性，pH值低于5.5的为酸性，pH值在7.5～8.5的为微碱性，pH值大于8.5的为碱性。

由于土壤中含有碳酸、硅酸、磷酸、腐殖酸和其他多种有机弱酸及其盐类，构成了一个复杂的、良好的缓冲体系。从整体上看，土壤的pH值变化范围很大，但从局部来看，土壤具有很强的缓冲能力。

(3) 氧化还原性　由于土壤中存在着多种氧化性和还原性无机物质及有机物质，使其具有氧化性和还原性。土壤的氧化还原性也是土壤溶液的一个重要性质，影响有机物的分解及某些变价元素的迁移转化。

土壤的生物性质主要是指土壤的微生物性质，在推动土壤物质转换、能量流动和生物转化循环中起着重要作用。

4.1.2　土壤中的主要污染物和来源

土壤污染是指人类活动或自然过程产生的有害物质进入土壤，致使某种有害成分的含量明显高于土壤原有含量而引起土壤环境质量恶化的现象。土壤污染源有自然污染和人为污染两大类。在自然界中，某些自然矿床中元素和化合物富集中心周围往往形成自然扩散圈，使附近土壤中某些元素的含量超出一般土壤含量，这类污染称为自然污染。而源于工业、农业、生活和交通等人类活动所产生的污染物，通过液体、气体、固体等多种形式进入土壤，统称为人为污染。人为污染源是土壤环境污染研究的主要对象。

土壤污染源按其来源不同可分为工业污染、农业污染、生活污染、公路交通污染和电子产品垃圾污染等几大类，表 4-1 列举了土壤中的主要污染物及其来源。土壤污染物的性质与其存在的价态、形态、浓度、化学性质及其存在的环境条件等因素密切相关。污染物的价态不同，其毒性也往往不同，如六价铬的毒性大于三价铬，铜的络离子的毒性小于铜离子，且络离子愈稳定，其毒性愈小。污染物还可以通过各种化学作用如溶解、沉淀、水解、络合、氧化、还原、化学分解、光化学分解和生物化学分解等不断发生变化，其存在形态不同，生物对它的吸收作用也不同，如水稻易于吸收金属汞、甲基汞，而不吸收硫化汞。在特定的环境中，污染物的存在形态还取决于环境的地球化学条件，如酸碱度、氧化还原状况、环境中胶体的种类和数量、环境中有机质的数量和种类等。

表 4-1 土壤中的主要污染物及其来源

污染物种类			主要来源
无机污染物	重金属	汞(Hg)	氯碱工业、含汞农药、汞化物生产、仪器仪表工业、含汞电池
		镉(Cd)	冶炼、电镀、染料、采矿业、含镉化肥、含镉电池
		铜(Cu)	冶炼、铜制品生产、采矿业、含铜农药
		锌(Zn)	冶炼、镀锌、人造纤维、纺织工业、含锌农药、磷肥
		铬(Cr)	冶炼、电镀、制革、印染等工业
		铅(Pb)	颜料、冶炼、农药化肥、汽车排气、含铅电池生产
		镍(Ni)	冶炼、电镀、炼油、染料等工业
	类金属	砷(As)	硫酸、化肥、农药、医药、玻璃等工业
		硒(Se)	电子、电器、油漆、墨水等工业
	放射性元素	铯(^{137}Cs)	原子能、核工业、同位素生产、核爆炸
		锶(^{90}Sr)	原子能、核工业、同位素生产、核爆炸
	其他	氟(F)	冶炼、磷酸和磷肥、氟硅酸钠等工业
		酸、碱、盐	化工、机械、电镀、酸雨、造纸、纤维等工业
有机污染物	有机农药		农药的生产和使用
	酚		炼焦、炼油、石油化工、化肥、农药等工业
	氰化物		电镀、冶金、印染等工业
	石油类		油田、炼油、输油管道漏油
	多环芳烃类		炼焦、炼油、电子垃圾拆卸、垃圾焚烧
	溴代阻燃剂		塑料制品、家具生产、纺织品、电气设备和建筑材料
	有机洗涤剂		机械工业、城市污水
	一般有机物		城市污水、食品、屠宰工业
生物污染	病原微生物、寄生虫		城市污水、医院污水、畜禽饲养、厩肥、生活垃圾、动物尸体

4.1.3 土壤污染的特点

土壤污染具有以下特点。

（1）隐蔽性和潜伏性　污染物在土壤中长期积累，要通过长期摄食由污染土壤生产的植物产品的人体和动物的健康状况才能反映出来，不像大气和水污染那样容易为人们察觉，如 20 世纪 60 年代发生在日本的公害事件“富山骨痛病”，经过十到二十年后才知道是由于炼锌厂排放的含镉废水通过污水灌溉进入稻田，当地居民食用了富集镉的“镉米”引起的。

（2）不可逆性和长期性　重金属污染物进入土壤环境后，与复杂的土壤组成物质发生了一系列迁移转化作用，不可逆地最终形成难溶化合物沉积在土壤环境中，因此土壤一旦遭受污染极难恢复，如某些污灌区发生镉的污染造成大面积的土壤毒化、水稻矮化、稻米异味等，经过十余年的艰苦努力，包括采用客土、深翻、清洗、选择品种等各种措施，才逐渐恢复部分生产力。

（3）后果的严重性　土壤污染物进入土壤环境后必然通过食物链的迁移转化，影响植物产品和动物产品的质量与食品安全，最终会影响到人体的健康和安全。

（4）污染持久性强　许多有机磷或有机氯农药在自然土壤环境中具有持久性。《斯德哥尔摩公约》公认的 22 种持久性有机污染物中就有 13 种是农业上使用的杀虫剂，包括艾氏剂、氯丹、滴滴涕、狄氏剂、异狄氏剂、七氯、灭蚁灵、毒杀芬、α-六氯环己烷、β-六氯环己烷、十氯酮、林丹和硫丹等。虽然目前已经禁止生产和使用，但以往长期、大量使用，使这些污染物在土壤和水里残存了几十年，还会在很长的一段时间内继续影响土壤质量。

4.2　土壤环境保护标准

要开展土壤环境监测，就必须首先建立相应的土壤质量标准、土壤监测分析的方法标准和规范。土壤环境质量标准规定了土壤中污染物的最高允许浓度或范围，是判断土壤质量的依据。我国目前颁布的土壤环境质量标准有《土壤环境质量标准》（GB 15618—1995）（表 4-2）、《展览会用地土壤环境质量评价标准（暂行）》（HJ 350—2007）、《食用农产品产地环境质量评价标准》（HJ 332—2006）、《温室蔬菜产地环境质量评价标准》（HJ 333—2006）等。《土壤环境监测技术规范》（HJ/T 166—2004）规定了土壤监测的布点、样品采集、样品处理、样品测定、环境质量评价及质量保证等内容。

表 4-2　土壤环境质量标准（GB 15618—1995）　单位：mg/kg

项目 \ 级别 / pH 值			一级	二级			三级
			自然背景	＜6.5	6.5～7.5	＞7.5	＞6.5
镉		≤	0.20	0.30	0.30	0.60	1.0
汞		≤	0.15	0.30	0.50	1.0	1.5
砷	水田	≤	15	30	25	20	30
	旱地	≤	15	40	30	25	40
铜	农田等	≤	35	50	100	100	400
	果园	≤	—	150	200	200	400
铅		≤	35	250	300	350	500
铬	水田	≤	90	250	300	350	400
	旱地	≤	90	150	200	250	300

续表

项目 级别 pH值		一级	二级			三级
		自然背景	<6.5	6.5～7.5	>7.5	>6.5
锌	≤	100	200	250	300	500
镍	≤	40	40	50	60	200
六六六	≤	0.05		0.50		1.0
滴滴涕	≤	0.05		0.50		1.0

注：1. 重金属（铬主要是三价）和砷均按元素量计，适用于阳离子交换量>5cmol/kg的土壤，若≤5cmol/kg，按其标准值为表内数值的半数。

2. 六六六为四种异构体总量，滴滴涕为四种衍生物总量。

3. 水旱轮作地的土壤环境质量标准，砷采用水田值，铬采用旱地值。

我国《土壤环境质量标准》（GB 15618—1995）根据土壤的应用功能和保护目标划分为以下三类。

Ⅰ类：主要适用于国家规定的自然保护区（原有背景重金属含量高的除外）、集中式生活饮用水源地、茶园、牧场和其他保护地区的土壤，土壤质量基本上保持自然背景水平。

Ⅱ类：主要适用于一般农田、蔬菜地、茶园、果园、牧场等土壤，土壤质量基本上对植物和环境不造成危害和污染。

Ⅲ类：主要适用于林地土壤、污染物容量较大的高背景值土壤和矿产附近等地的农田土壤（蔬菜地除外），土壤质量基本上对植物和环境不造成危害和污染。

标准相应分三级，一级标准，为保护区域自然生态、维持自然背景的土壤环境质量的限制值；二级标准，为保障农业生产、维护人体健康的土壤限制值；三级标准，为保障农林业生产和植物正常生长的土壤临界值。

Ⅰ类、Ⅱ类和Ⅲ类土壤环境质量分别执行一级标准、二级标准和三级标准。

针对污染场地环境调查和监测，2014年2月我国环境保护部同时发布了《场地环境调查技术导则》（HJ 25.1—2014）、《场地环境监测技术导则》（HJ 25.2—2014）、《污染场地风险评估技术导则》（HJ 25.3—2014）、《污染场地土壤修复技术导则》（HJ 25.4—2014）和《污染场地术语》（HJ 682—2014）5项污染场地系列标准。这些标准规定了开展场地土壤和地下水环境调查、场地环境监测、健康风险评估、污染场地土壤修复技术方案编制工作应遵循的基本原则、程序、工作内容和技术要求，规范了相关术语定义，初步形成了涵盖污染场地环境管理主要环节的国家土壤环境监管的标准体系。

在进行土壤环境质量调查和监测时，调查对象不仅仅是土壤本身，要考虑到土壤污染物的来源以及污染物的迁移、转化作用，同时还要掌握地下水量和水质等环境要素的情况。因此，可以依据上述5项系列标准进行土壤和地下水环境风险控制值的确定，并作为具体场地受污染土壤和地下水环境管理的目标参考值。

4.3 土壤环境监测的目的和内容

4.3.1 监测目的

土壤环境监测的目的：土壤质量监测能够判断土壤是否被污染及污染状况，并预测发展变化趋势；土壤污染事故监测主要是调查受污染土壤的主要污染物，确定污染来源、范围和程度，为污染控制决策提供科学依据；对污染土地处理实行动态监测，掌握土地处理过程中污染物残留在土壤中的含量，防治土壤污染扩散，并利用土地的净化能力和强化措施修复污染土壤；土壤背景值调查主要是通过了解土壤中各元素的含量水平，为土壤环境保护提供依据。

根据监测目的，土壤环境监测主要有 4 种类型，分别是区域土壤环境背景监测、农田土壤环境质量监测、建设项目土壤环境评价监测和土壤污染事故监测。我国于 2006 年开展了全国土壤环境质量现状调查，并在“十二五”期间逐步确定了土壤环境监测国控点位，建立了全国土壤环境质量例行监测制度，启动实施了全国土壤环境质量例行监测。通过完善土壤环境监测网络，掌握了全国土壤环境质量总体状况，为建立土壤环境质量监督管理体系，保护和合理利用土地资源，防治土壤污染提供了基础数据和信息。

4.3.2　监测项目

监测项目一般根据监测目的选择，分为常规项目、特定项目和选测项目，监测频次与其对应。常规项目原则上为《土壤环境质量标准》(GB 15618—1995) 中所要求控制的污染物；特定项目视当地环境污染状况自行确定，确认出土壤中积累较多、对环境危害较大、影响范围广、毒性较强的污染物，或者污染事故对土壤环境造成严重不良影响的物质；选测项目一般包括新纳入的在土壤中积累较少的污染物、由于环境污染导致土壤性状发生改变的土壤性状指标以及生态环境指标等，由各地区自行选择测定。土壤监测项目及其频次的规定见表 4-3。

表 4-3　土壤监测项目与监测频次

项目类别		监测项目	监测频次
常规项目	基本项目	pH 值、阳离子交换量	每 3 年一次；农田在夏收或秋收后采样
	重点项目	镉、铬、汞、砷、铅、铜、锌、镍、六六六、滴滴涕	
特定项目(污染事故)		特征项目	及时采样，根据污染物变化趋势决定监测频次
选测项目	影响产量项目	全盐量、硼、氟、氮、磷、钾等	每 3 年一次；农田在夏收或秋收后采样
	污水灌溉项目	氰化物、六价铬、挥发酚、烷基汞、苯并[a]芘、有机质、硫化物、石油类等	
	POPs 与高毒类农药	苯、挥发性卤代烃、有机磷农药、PCB、PAHs 等	
	其他项目	结合态铝(酸雨区)、硒、钒、氧化稀土总量、钼、铁、锰、镁、钙、钠、铝、硅、放射线比活度等	

《全国土壤环境污染状况调查总体方案》(环发［2008］39 号) 规定的调查项目分必测项目和选测项目 (表 4-4)，并规定可根据需要在必测和选测项目的基础上有针对性地适当增加特征污染物测试项目。特征污染物主要包括土壤环境中存在的持久性、生物富集性和对人体健康危害大的有毒污染物 (如 POPs 等)，过量使用化肥和农药所带来的化学污染物，以及农产品的生物性污染物等。

表 4-4　全国土壤环境质量调查监测项目一览表

必测项目	选测项目
1. 土壤理化性质：pH 值、全氮、全磷、全钾、有机质、颗粒组成等	1. 多氯联苯(PCBs)、石油烃
2. 无机污染物：砷、镉、钴、铬、铜、氟、汞、锰、镍、铅、硒、钒、锌等	2. 稀土元素总量
3. 有机污染物：有机氯农药、多环芳烃(PAHs)、酞酸酯等	3. 砷、镉、钴、铬、铜、氟、汞、锰、镍、铅、硒、钒、锌等的有效态等

4.4 土壤样品采集与保存

4.4.1 采样准备

采样前应充分了解有关技术文件和监测规范，并收集与监测区域相关的资料，主要包括：

① 监测区域的交通图、土壤图、地质图、大比例尺地形图等资料，用于制作采样工作图和标注采样点位。

② 监测区域的土类、成土母质等土壤信息资料。

③ 工程建设或生产过程对土壤造成影响的环境研究资料。

④ 造成土壤污染事故的主要污染物的毒性、稳定性以及如何消除等资料。

⑤ 土壤历史资料和相应的法律（法规）。

⑥ 监测区域工农业生产及排污、污灌、化肥农药施用情况资料。

⑦ 监测区域气候资料（温度、降水量和蒸发量）、水文资料；监测区域遥感与土壤利用及其演变过程方面的资料等。

通过现场踏勘，将调查得到的信息进行验证、整理和利用，丰富采样工作图的内容。

采样器具一般包括以下几类。

① 工具类：铁锹、铁铲、圆状取土钻、螺旋取土钻、竹片以及适合特殊采样要求的工具等。

② 器材类：GPS、罗盘、照相机、胶卷、卷尺、铝盒、样品袋和样品箱等。

③ 文具类：样品标签、采样记录报表、铅笔、资料夹等。

④ 安全防护用品：工作服、工作鞋、安全帽、药品箱等。

⑤ 交通工具：采样专用车辆。

4.4.2 布点与样品数

合理划分采样单元是采样点布设的前期工作。监测单元是按地形—成土母质—土壤类型—环境影响划分的监测区域范围。土壤采样点是在监测单元内实施监测采样的地点。

为了使采集的监测样品具有较好的代表性，必须避免一切主观因素，遵循“随机”和“等量”的原则。一方面，组成样品的个体应当是随机地取自总体；另一方面，一组需要相互之间进行比较的样品应当由等量的个体组成。“随机”和“等量”是决定样品具有同等代表性的重要条件。

(1) 布点方法　布点方法一般有 3 种方式，即简单随机布点、分块随机布点和系统随机布点，几种布点方法的示意图见图 4-1。

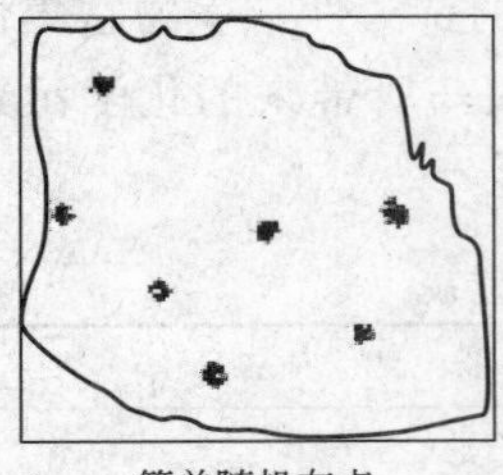

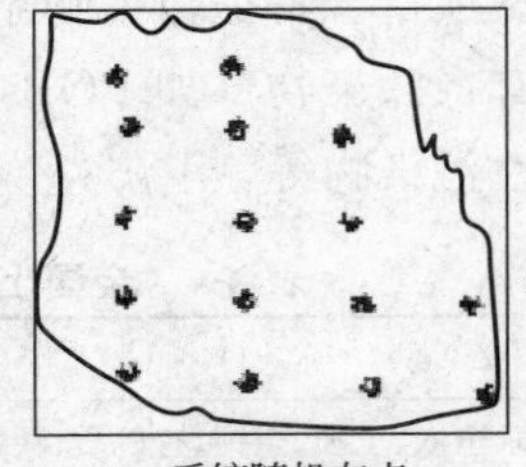

图 4-1　布点方法示意图

简单随机布点是一种完全不带主观限制条件的布点方法。通常将监测单元分成网格，每个网格编上号码，决定采样点样品数后，随机抽取规定的样品数的样品，其样本号码对应的网格号即为采样点。随机数的获得可以利用掷骰子、抽签、查随机数表的方法。

分块随机布点是根据收集的资料，如果监测区域内的土壤有明显的几种类型，即可将区域分成几块，每块内污染物较均匀，块间的差异较明显，将每块作为一个监测单元，在每个监测单元内再随机布点。在合理分块的前提下，分块随机布点的代表性比简单随机布点好，如果分块不正确，分块随机布点的效果可能会适得其反。

系统随机布点是将监测区域划分成面积相等的多个部分（网格划分），每网格内布设一采样点。如果区域内土壤污染物含量变化较大，系统随机布点比简单随机布点所采样品的代表性更好。

（2）基础样品数量　基础样品数量的确定有以下两种方法。

① 由均方差和绝对偏差计算样品数，可由下列公式计算得到；

$$N=t^2s^2/D^2$$

② 由变异系数和相对偏差计算样品数，根据下列公式计算得到：

$$N=t^2C_v^2/m^2$$

式中　N——样品数；

t——选定的置信水平（一般选定为 95%），一定自由度下的 t 值由 t 分布表查得；

s^2——均方差，可从先前的其他研究或者从极差 $R[s^2=(R/4)^2]$ 估计；

D——可接受的绝对偏差；

C_v——变异系数，%，可从先前的其他研究资料中估计；

m——可接受的相对偏差，%，土壤环境监测一般限定为 20%～30%。

没有历史资料的地区、土壤变异程度不太大的地区，一般 C_v 可用 10%～30% 粗略估计，有效磷和有效钾变异系数可取 50%。

（3）布点数量　土壤监测的布点数量要满足样本容量的基本要求，即上述基础样品数量的下限数值，实际工作中土壤布点数量还要根据调查目的、调查精度和调查区域环境状况等因素确定。一般要求每个监测单元最少布设 3 个点。区域土壤环境调查按照调查的精度不同可从 2.5km、5km、10km、20km、40km 中选择网距网格布点，区域内的网格节点数即为土壤采样点数量。

① 区域环境背景土壤环境调查布点。采样单元的划分，全国土壤环境背景值监测一般以土壤类型为主，省、自治区、直辖市级的以土壤类型和成土母质母岩类型为主，省级以下或条件许可或特别工作需要的可划分到亚类或土属。

网格间距 L 按公式计算：

$$L=(A/N)^{1/2}$$

式中　L——网格间距；

A——采样单元面积；

N——样品数。

根据实际情况可适当减小网格间距，适当调整网格的起始经纬度，避开过多网格落在道路或河流上，使样品更具代表性。

对于野外选点的要求，采样点的自然景观应符合土壤环境背景值研究的要求。采样点选在被采土壤类型特征明显，地形相对平坦、稳定、植被良好的地点；坡脚、洼地等具有从属景观特征的地点不设采样点；城镇、住宅、道路、沟渠、粪坑、坟墓附近等处人为干扰大，失去土壤的代表性，不宜设采样点，采样点离铁路、公路至少 300m 以上；采样点以剖面发育完整、层次较清楚、无侵入体为准，不在水土流失严重或表土被破坏处设采样点；选择不施或少施化肥、农药的地块作为采样点，以使采样点尽可能少受人为活动的影响；不在多种土类、多种母质母岩交错分布、面积较小的边缘地区布设采样点。

② 农田土壤采样布点。农田土壤监测单元按土壤主要接纳污染物的途径可分为大气污染型、灌溉水污染型、固体废物堆污染型、农用固体废物污染型、农用化学物质污染型和综合污染型（污染物主要来自上述两种以上途径）6 类。监测单元划分要参考土壤类型、农作物种类、耕作制度、商品生产基地、保护区类型、行政区划等要素的差异，同一单元的差别应尽可能地缩小。每个土壤单元设 3～7 个采样区，单个采样区可以是自然分割的一块田地，也可由多个田块构成，其范围以 200m×200m 左右为宜。

根据调查目的、调查精度和调查区域环境状况等因素确定监测单元，部门专项农业产品生产土壤环境监测布点按其专项监测要求进行。

大气污染型和固体废物堆污染型土壤监测单元以污染源为中心放射状布点，在主导风向和地表水的径流方向适当增加采样点（离污染源的距离远于其他点）；灌溉水污染型、农用固体废物污染型和农用化学物质污染型监测单元采用均匀布点；灌溉水污染型监测单元采用按水流方向带状布点，采样点自纳污口起由密渐疏；综合污染型监测单元布点采用综合放射状、均匀、带状布点法。

③ 建设项目土壤环境评价监测采样布点。采样点按每 100 公顷占地不少于 5 个且总数不少于 5 个布设，其中小型建设项目设 1 个柱状样采样点，大中型建设项目不少于 3 个柱状样采样点，特大型建设项目或对土壤环境影响敏感的建设项目不少于 5 个柱状样采样点。

生产或者将要生产造成的污染物，以工艺烟雾（尘）、污水、固体废物等形式污染周围土壤环境，采样点以污染源为中心放射状布设为主，在主导风向和地表水的径流方向适当增加采样点（离污染源的距离远于其他点）；以水污染型为主的土壤按水流方向带状布点，采样点自纳污口起由密渐疏；综合污染型监测单元布点采用综合放射状、均匀、带状布点法。

④ 城市土壤采样布点。城市土壤是城市生态的重要组成部分，虽然城市土壤不用于农业生产，但其环境质量对城市生态系统影响极大。城区大部分土壤被道路和建筑物覆盖，只有小部分土壤栽植草木，这里的城市土壤主要是指后者。城市土壤监测点以网距 2000m 的网格布设为主，功能区布点为辅，每个网格设一个采样点。对于专项研究和调查的采样点可适当加密。

⑤ 污染事故监测土壤采样布点。污染事故不可预料，接到举报后应立即组织采样。现场调查和观察，取证土壤被污染时间，根据污染物及其对土壤的影响确定监测项目，尤其是污染事故的特征污染物是监测的重点。根据污染物的颜色、印渍和气味并考虑地势、风向等因素初步界定污染事故对土壤的污染范围。

对于固体污染物抛洒污染型，等打扫好后布设采样点不少于 3 个；对于液体倾翻污染型，污染物向低洼处流动的同时向深度方向渗透并向两侧横向扩散，事故发生点样品点较密，事故发生点较远处样品点较疏，采样点不少于 5 个；对于爆炸污染型，以放射性同心圆方式布点，采样点不少于 5 个；事故土壤监测还要设定 2～3 个背景对照点。

4.4.3 土壤样品采集

土壤样品的采集是根据先前制订的监测方案，记录点位坐标，拍摄数码照片和实施采样等工作，采样量一般为 2kg。采样的基本要求保证使土样具有足够的代表性，即能代表所研究的土壤总体。一般按以下三个阶段进行。

① 前期采样：根据背景资料与现场考察结果，采集一定数量的样品分析测定，用于初步验证污染物空间分异性和判断土壤污染程度，为制定监测方案（选择布点方式和确定监测项目及样品数量）提供依据，前期采样可与现场调查同时进行。

② 正式采样：按照监测方案，实施现场采样。

③ 补充采样：正式采样测试后，发现布设的样点没有满足总体设计需要，则要增设采样点补充采样。面积较小的土壤污染调查和突发性土壤污染事故调查可直接采样。

采样点可采表层土样或土壤剖面样。一般监测采集表层土样，采样深度 0～20cm。特定的调查研究监测需了解污染物在土壤中的垂直分布时采集土壤剖面样。农田土壤环境监测为了保证样品的代表性，降低监测费用，采取采集混合样的方法；城市土壤由于其复杂性分两层采样，上层（0～30cm）可能是回填土或受人为影响大的部分，另一层（30～60cm）为人为影响相对较小的部分，对于建设工程或生产没有翻动的土层，即非机械干扰土，表层土壤受污染的可能性最大，但不排除对中下层土壤的影响。表层土样采集深度为 0～20cm。每个柱状样取样深度都为 100cm，分取三个土样：表层样（0～20cm），中层样（20～60cm），深层样（60～100cm）。

主要样品类型如下。

（1）混合样　一般农田土壤环境监测采集耕作层土样，种植一般农作物采 0～20cm，种植果林类农作物采 0～60cm。为了保证样品的代表性，降低监测费用，采取采集混合样的方案。混合样的采集主要有以下四种方法（图 4-2）。

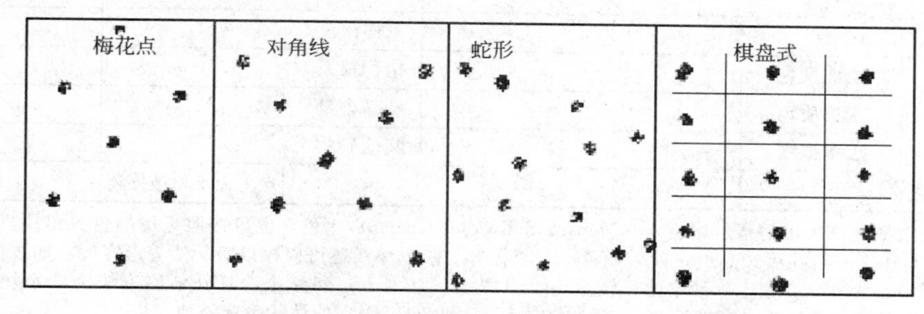

图 4-2　混合土壤采样点布设示意图

① 梅花点法：适用于面积较小、地势平坦、土壤组成和受污染程度相对比较均匀的地块，设 5 个左右分点。

② 对角线法：适用于污灌农田土壤，将对角线分为 5 等份，以等分点为采样分点。

③ 蛇形法：适宜于面积较大、土壤不够均匀且地势不平坦的地块，设分点 15 个左右，多用于农业污染型土壤。

④ 棋盘式法：适宜中等面积、地势平坦、土壤不够均匀的地块，设 10 个左右分点；受污泥、垃圾等固体废物污染的土壤，分点应在 20 个以上。

各分点混匀后用四分法弃取。

四分法的做法是：将各点采集的土样混匀并铺成正方形，画对角线，分成 4 份，将对角线的两个对顶三角形范围内的样品保留，剔除一半。如此循环，直至所需土样量。

样品采集量一般为 1kg 左右，取样后装入样品袋，样品袋一般由棉布缝制而成，如潮湿样品可内衬塑料袋（供无机化合物测定）或将样品置于玻璃瓶内（供有机化合物测定）。如样品有腐蚀性或要测定挥发性化合物，改用广口瓶装样。采样的同时，由专人填写样品标签、采样记录；标签一式两份，一份放入袋中，一份系在袋口，标签上标注采样时间、地点、样品编号、监测项目、采样深度和经纬度。采样结束，需逐项检查采样记录、样袋标签和土壤样品，如有缺项和错误，及时补齐更正。将底土和表土按原层回填到采样坑中，方可离开现场，并在采样示意图上标出采样地点，避免下次在相同处采集剖面样。土壤样品标签样式和土壤采样现场记录表分别见表 4-5 和表 4-6。

表 4-5　土壤样品标签样式

土壤样品标签
样品编号：
采样地点：
东经　　　北纬
采样层次：
特征描述：
采样深度：
监测项目：
采样人员：

表 4-6　土壤采样现场记录表

采样地点			东经		北纬	
样品编号			采样日期			
样品类别			采样人员			
采样层次			采样深度/cm			
样品描述	土壤颜色		植物根系			
	土壤质地		砂砾含量			
	土壤湿度		其他异物			
采样点示意图				自上而下植被描述		

注：1. 土壤颜色可采用门塞尔比色卡（Mensell Soil Color Charts）比色，也可按照土壤颜色三角块进行描述。颜色描述可采用双名法，主色在后，副色在前，如黄棕、灰棕等。颜色深浅还可以冠以暗、淡等形容词，如浅棕、暗灰等。

2. 土壤质地分为砂土、壤土（砂壤土、轻壤土、中壤土、重壤土）和黏土，野外估测方法为取小块土壤，加水湿润，然后揉搓，搓成细条并弯成直径为 2.5～3cm 的土环，根据土环表现的性状确定质地。

砂土：不能搓成条。砂壤土：只能搓成短条。轻壤土：能搓直径为 3mm 的条，但易断裂。中壤土：能搓成完整的细条，弯曲时容易断裂。重壤土：能搓成完整的细条，弯曲成圆圈时容易断裂。黏土：能搓成完整的细条，能弯曲成圆圈。

3. 土壤湿度的野外估测，一般可分为以下五级。

干：土块放在手中，无潮润感觉。潮：土块放在手中，有潮润感觉。湿：手捏土块，在土团上塑有手印。重潮：手捏土块时，在手指上留有湿印。极潮：手捏土块时，有水流出。

4. 植物根系含量的估计可分为以下五级。

无根系：在该土层中无任何根系。少量：在该土层每 50cm^2 内少于 5 根。中量：在该土层每 50cm^2 内有 5～15 根。多量：该土层每 50cm^2 内多于 15 根；根密集：在该土层中根系密集交织。

5. 石砾含量以石砾量占该土层的体积分数估计。

（2）剖面样　剖面的规格一般为长 1.5m、宽 0.8m、深 1.2m。挖掘土壤剖面要使观察面向阳，表土和底土分两侧放置。

典型的自然土壤剖面分为 A 层（表层，淋溶层）、B 层（亚层，淀积层）、C 层（风化母岩层、母质层）和底岩层，如图 4-3 所示。一般每个剖面采集 A、B、C 三层土样。

地下水位较高时，剖面挖至地下水出露时为止；山地丘陵土层较薄时，剖面挖至风化层。

对 B 层发育不完整（不发育）的山地土壤，只采 A、C 两层；干旱地区剖面发育不完善的土壤，在表层 5～20cm、心土层 50cm、底土层 100cm 左右采样。

水稻土自上而下按照 A 耕作层、P 犁底层、C 母质层（或 G 潜育层、W 潴育层）分层采样，对 P 层太薄的剖面，只采 A、C 两层（或 A、G 层或 A、W 层）。

对 A 层特别深厚，淀积层不甚发育，一米内见不到母质的土类剖面，按 A 层 5～20cm、A/B 层 60～90cm、B 层 100～200cm 采集土壤。草甸土和潮土一般在 A 层 5～20cm、C_1 层（或 B 层）50cm、C_2 层 100～120cm 处采样。

采样次序自下而上，先采剖面的底层样品，再采中层样品，最后采上层样品。测量重金属的样品尽量用竹片或竹刀去除与金属采样器接触的部分土壤，再用其取样。

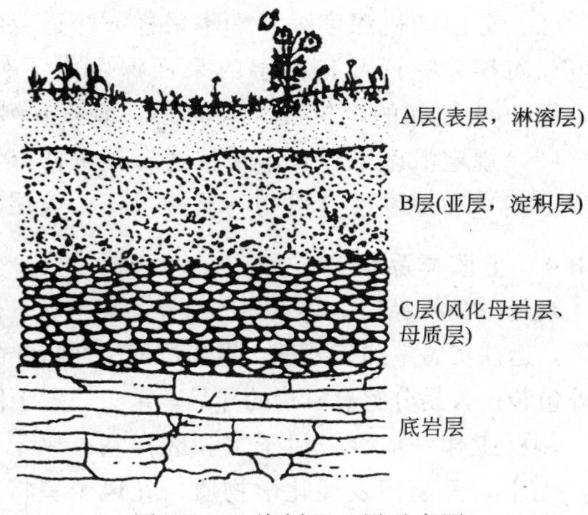

图 4-3　土壤剖面土层示意图

对于机械干扰土，由于建设工程或生产中土层易受到翻动影响，污染物在土壤纵向分布不同于非机械干扰土。采样总深度由实际情况而定，一般同剖面样的采样深度，采样深度由 3 种方法确定（图 4-4）。

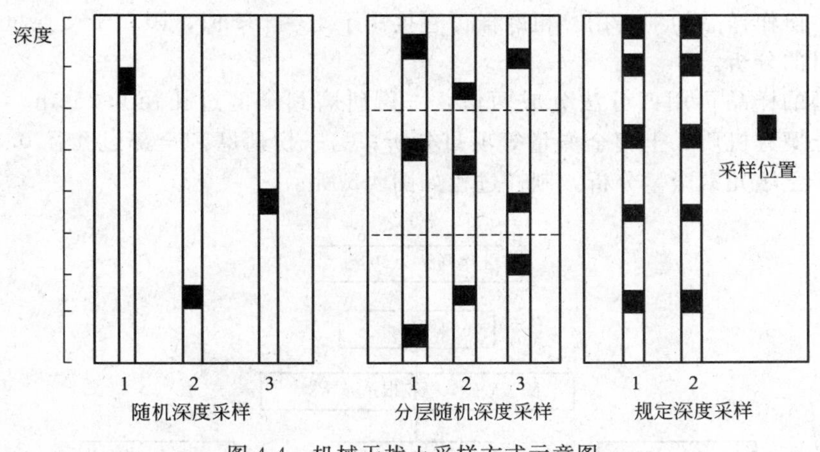

图 4-4　机械干扰土采样方式示意图

(1) 随机深度采样　本方法适合土壤污染物水平方向变化不大的土壤监测单元，采样深度由下列公式计算：深度＝剖面土壤总深×RN，式中，RN 为 0～1 之间的随机数。RN 由随机数骰子法产生，参照《利用随机数骰子进行随机抽样的方法》(GB 10111—2008) 进行。

【例 4-1】　如土壤剖面深度（H）为 1.2m，用一个骰子决定随机数。

若第一次掷骰子得随机数（n_1）为 6，则 $RN_1=n_1/10=0.6$，则采样深度（H_1）$=H\times RN_1=1.2\times0.6=0.72$（m），即第一个点的采样深度为 0.72m。

若第二次掷骰子得随机数（n_2）为 3，则 $RN_2=0.3$，采样深度为 0.36m，即第二个点的采样深度离地面 0.36m。

若第三次掷骰子得随机数（n_3）为 8，同理可得第三个点的采样深度为 0.96m。

若第四次掷骰子得随机数（n_4）为 0，则 $RN_4=1$（规定当随机数为 0 时 RN 取 1），采样深度（H_4）$=H\times RN_4=1.2\times1=1.2$（m），即第四个点的采样深度为 1.2m。

依此类推，直至决定所有点的采样深度为止。

（2）分层随机深度采样　本采样方法适合绝大多数的土壤采样，土壤纵向（深度）分成三层，每层采一样品，每层的采样深度由下列公式计算：深度＝每层土壤深×RN，式中RN为0～1之间的随机数，取值方法参考上例。

（3）规定深度采样　本采样适合预采样（为初步了解土壤污染随深度的变化，制定土壤采样方案）和挥发性有机物的监测采样，表层多采，中下层等间距采样。

4.4.4 土壤样品保存

现场采集样品后，必须逐件与样品登记表、样品标签和采样记录进行核对，核对无误后分类装箱，运往实验室加工处理。运输过程中严防样品的损失、混淆和沾污。对光敏感的样品应有避光外包装。含易分解有机物的样品，采集后置于低温（冰箱）中，直至运送分析室。

制样工作室应分设风干室和磨样室。风干室朝南（严防阳光直射土样），通风良好，整洁，无尘，无易挥发性化学物质。在风干室将土样放置于风干盘（白色搪瓷盘及木盘）中，摊成2～3cm的薄层，适时地压碎、翻动，拣出碎石、砂砾、植物残体。

在磨样室将风干的样品倒在有机玻璃板上，用木锤敲打，用木滚、木棒、有机玻璃棒再次压碎，拣出杂质，混匀，并用四分法取压碎样，过孔径0.25mm（20目）尼龙筛。过筛后的样品全部置于无色聚乙烯薄膜上并充分搅拌混匀，再采用四分法取其两份，一份交样品库存放，另一份作样品的细磨用。粗磨样可直接用于土壤pH值、阳离子交换量、元素有效态含量等项目的分析。

用于细磨的样品再用四分法分成两份，一份研磨到全部过孔径0.25mm（60目）筛，用于农药或土壤有机质、土壤全氮量等项目分析；另一份研磨到全部过孔径0.15mm（100目）筛，用于土壤元素全量分析。制样过程如图4-5所示。

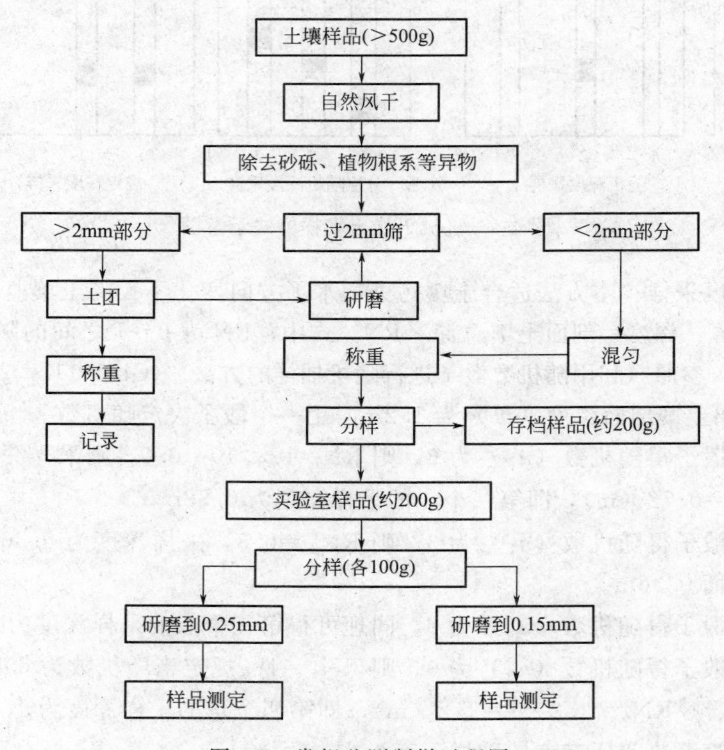

图4-5　常规监测制样过程图

研磨混匀后的样品，分别装于样品袋或样品瓶，填写土壤标签一式两份，瓶内或袋内装一份，瓶外或袋外贴一份。

制样过程中采样时的土壤标签与土壤始终放在一起，严禁混错，样品名称和编码始终不变；制样工具每处理一份样后擦抹（洗）干净，严防交叉污染；分析挥发性、半挥发性有机物或可萃取有机物无需上述制样，用新鲜样按特定的方法进行样品前处理。

样品应按样品名称、编号和粒径分类保存。对于易分解或易挥发等不稳定组分的样品要采取低温保存的运输方法，并尽快送到实验室分析测试。测试项目需要新鲜样品的土样，采集后用可密封的聚乙烯或玻璃容器在 4℃以下避光保存，样品要充满容器。避免用含有待测组分或对测试有干扰的材料制成的容器盛装保存样品，测定有机污染物用的土壤样品要选用玻璃容器保存。具体保存条件见表 4-7。

表 4-7　新鲜样品的保存条件和保存时间

测试项目	容器材质	温度/℃	可保存时间/d
金属(汞和六价铬除外)	聚乙烯、玻璃	<4	180
汞	玻璃	<4	28
砷	聚乙烯、玻璃	<4	180
六价铬	聚乙烯、玻璃	<4	1
氰化物	聚乙烯、玻璃	<4	2
挥发性有机物	玻璃(棕色)	<4	7
半挥发性有机物	玻璃(棕色)	<4	10
难挥发性有机物	玻璃(棕色)	<4	14

注：挥发性和半挥发性有机物的采样瓶应装满装实并密封。

预留样品在样品库造册保存。分析取用后的剩余样品待测定全部完成数据报出后，也移交样品库保存。分析取用后的剩余样品一般保留半年，预留样品一般保留 2 年。特殊、珍稀、仲裁、有争议样品一般要永久保存。样品库要求保持干燥、通风、无阳光直射、无污染；要定期清理样品，防止霉变、鼠害及标签脱落。样品入库、领用和清理均需记录。

4.5　土壤样品预处理

土壤中污染物种类繁多，不同的污染物在不同土壤中的样品处理及测定方法各异，同时要根据不同的监测要求和目的选定样品的预处理方法。土壤中重金属测定与水及大气中重金属测定的最大不同点在于样品的预处理上。

土壤样品的预处理方法主要有分解法、溶浸法和提取法，分解法和溶浸法主要用于元素分析，提取法用于有机污染物和不稳定组分的测定。由于土壤组成的复杂性和土壤物理化学性状（pH 值、Eh 等）的差异，造成重金属及其他污染物在土壤环境中形态的复杂和多样性。金属形态不同，其生理活性和毒性均有差异，其中以有效态和交换态的活性、毒性最大，残留态的活性、毒性最小，而其他结合态的活性、毒性居中。因此，土壤环境中元素的形态分析也是土壤污染监测的一个重要组成部分，形态分析方法介绍如下。

4.5.1　全分解方法

土壤样品的全分解方法有普通酸分解法、高压密闭分解法、微波炉加热分解法、碱融法等。分解的作用是破坏土壤的矿物晶格和有机质，使待测元素进入试样溶液中。

(1) 普通酸分解法　测定土壤中重金属元素的总量时，常常使用各种酸或混合酸进行土壤样品的消解（即溶样）。消解的作用是：①溶解固体物质；②破坏土壤中的有机物；③将各种形态的金属转变为同一种可测态。常用的酸有硝酸、盐酸、高氯酸、硫酸、磷酸、氢氟酸和硼酸等。

土壤样品的消解多采用多元酸消解体系，这与土壤介质的复杂性密切相关；测定元素不同，消解用酸的种类也有所不同。在土壤样品多元酸消解时，消解酸的用量及其加入酸的顺序就显得更为重要，具体用酸选择参见本教材第 2.4.1 节。

盐酸-硝酸-氢氟酸-高氯酸全分解土壤样品的操作要点：准确称取 0.5g（准确到 0.1mg，以下都与此相同）风干土样于聚四氟乙烯坩埚中，用几滴水润湿后，加入 10mL HCl(ρ=1.19g/mL)，于电热板上低温加热，蒸发至约剩 5mL 时加入 15mL HNO_3(ρ=1.42g/mL)，继续加热蒸至近黏稠状，加入 10mL HF(ρ=1.15g/mL) 并继续加热，为了达到良好的除硅效果应经常摇动坩埚。最后加入 5mL $HClO_4$(ρ=1.67g/mL) 并加热至白烟冒尽。对于含有机质较多的土样应在加入 $HClO_4$ 之后加盖消解，土壤分解物应呈白色或淡黄色（含铁较高的土壤），倾斜坩埚时呈不流动的黏稠状。用稀酸溶液冲洗内壁及坩埚盖，温热溶解残渣，冷却后，定容至 100mL 或 50mL，最终体积依待测成分的含量而定。

需要特别注意的是：①测定 Hg 含量时，应采用低温消解法，即 HNO_3-$KMnO_4$ 或 HNO_3-H_2SO_4-$KMnO_4$ 消解酸体系；②多元素全量测定时，针对每种元素分别消解的方式是不可取的，为减少消解工作量，建议采用混合酸消解体系，如 HNO_3-HF-$HClO_4$ 或 HCl-HNO_3-HF-$HClO_4$ 消解体系；③土壤样品的消解费时，消解酸用量也远高于水样的消解，因此一定要选用优级品的酸，并采用少量多次用酸原则，同时要求进行空白试验。

(2) 高压密闭分解法　称取 0.5g 风干土样，置于聚四氟乙烯坩埚中，加入少许水润湿试样，再加入 HNO_3(ρ=1.42g/mL)、$HClO_4$(ρ=1.67g/mL) 各 5mL，摇匀后将坩埚放入不锈钢套筒中，拧紧后放在 180℃的烘箱中分解 2h。取出，冷却至室温后，取出坩埚，用水冲洗坩埚盖的内壁，加入 3mLHF(ρ=1.15g/mL)，置于电热板上，在 100～120℃加热除硅，待坩埚内剩余 2～3mL 溶液时，调高温度至 150℃，蒸至冒浓白烟后再缓缓蒸至近干，定容后进行测定。

(3) 微波消解法　微波消解是结合高压消解和微波快速加热的一项消解技术，以待测样品和消解酸的混合物为发热体，从样品内部对样品进行激烈搅拌、充分混合和加热，加快了样品的分解速度，缩短了消解时间，提高了消解效率。在微波消解过程中，样品处于密闭容器中，也避免了待测元素的损失和可能造成的污染，特别适合于土壤、沉积物、污泥等复杂基体样品的消解。但由于环境样品基体的复杂性不同及其与传统消解手段的差异，在确定微波消解方案时，应对所选消解试剂、消解功率和消解时间进行条件优化。在进行土样微波消解时，一般使用 HNO_3-HCl-HF-$HClO_4$、HNO_3-HF-$HClO_4$、HNO_3-HCl-HF-H_2O_2、HNO_3-HF-H_2O_2 等多元酸体系。当不使用 HF 时（限于测定常量元素且称样量小于 0.1g），可将消解液适当稀释后直接测定。若使用 HF 或 $HClO_4$ 对待测微量元素有干扰时，可将试样分解液蒸至近干，酸化后稀释定容。

(4) 碱融法　碱融法是将土壤样品与碱混合，在高温下熔融，使样品分解的方法。常用的溶剂有碳酸钠、氢氧化钠、过氧化钠和偏硼酸锂等。一般使用铝坩埚、瓷坩埚、镍坩埚和铂金坩埚等器皿。碱融法具有分解样品完全、操作简便和快速且不产生大量酸蒸气等特点，但由于使用试剂量大，引入了大量可溶性盐，也易于引入污染物质。另外，有些金属如铬、镉等，在高温下（如大于450℃）易挥发损失。

碳酸钠碱融法适合测定氟、钼和钨等元素。其操作要点为：称取0.5～1.0g风干土样，放入预先用少量碳酸钠或氢氧化钠垫底的高铝坩埚中（以充满坩埚底部为宜，以防止熔融物粘底），分次加入1.5～3.0g碳酸钠，并用圆头玻璃棒小心搅拌，使之与土样充分混匀，再放入0.5～1.0g碳酸钠，使其平铺在混合物表面，盖好坩埚盖。移入马弗炉中，于900～920℃熔融0.5h。待自然冷却至500℃左右时，可稍打开炉门（不可开缝过大，否则高铝坩埚骤然冷却会开裂）以辅助冷却，冷却至60～80℃用水冲洗坩埚底部，然后放入250mL烧杯中，加入100mL水，在电热板上加热浸提熔融物，用水及HCl(1＋1）将坩埚及坩埚盖洗净取出，并小心用HCl(1＋1）中和、酸化（注意盖好表面皿，以免大量CO_2冒泡引起试样的溅失），待大量盐类溶解后，用中速滤纸过滤，用水及5% HCl洗净滤纸及其中的不溶物，定容待测。

4.5.2 酸溶浸法

酸溶浸法一般无需高温加热，是以酸为浸提液的方法。目前土壤的酸溶浸方法有HCl-HNO_3溶浸法、HNO_3-H_2SO_4-$HClO_4$溶浸法、HNO_3溶浸法和0.1mol/L HCl溶浸法等几种。

(1) HCl-HNO_3溶浸法　操作步骤：准确称取2.0g风干土样，加入15mL HCl（1＋1）和5mL HNO_3（ρ＝1.42g/mL），振荡30min，过滤定容至100mL，用ICP法测定P、Ca、Mg、K、Na、Fe、Al、Ti、Cu、Zn、Cd、Ni、Cr、Pb、Co、Mn、Mo、Ba、Sr等。

(2) HNO_3-H_2SO_4-$HClO_4$溶浸法　该方法的特点是H_2SO_4、$HClO_4$沸点较高，能使大部分元素溶出，且加热过程中液面比较平静，没有迸溅的危险。但Pb等易与SO_4^{2-}形成难溶性盐类的元素，测定结果偏低。操作步骤是：准确称取2.5g风干土样于烧杯中，用少许水润湿，加入HNO_3-H_2SO_4-$HClO_4$混合酸（5＋1＋20)12.5mL，置于电热板上加热，当开始冒白烟后缓缓加热，并经常摇动烧杯，蒸发至近干。冷却，加入5mL HNO_3（ρ＝1.42g/mL）和10mL水，加热溶解可溶性盐类，用中速滤纸过滤，定容至100mL，待测。

(3) HNO_3溶浸法　操作要点：准确称取2.0g风干土样于烧杯中，加少量水润湿，加入20mL HNO_3(ρ＝1.42g/mL)。盖上表面皿，置于电热板或沙浴上加热，若发生迸溅，可采用每加热20min关闭电源20min的间歇加热法。待蒸发至约剩5mL，冷却，用水冲洗烧杯壁和表面皿，经中速滤纸过滤，将滤液定容至100mL，待测。

(4) Cd、Cu和As等的0.1mol/L HCl溶浸法　该方法是土壤中Cd、Cu、As的提取方法，其中Cd、Cu操作条件是：准确称取10.0g风干土样于100mL广口瓶中，加入0.1mol/L HCl 50mL，在水平振荡器上振荡。振荡条件是温度30℃、振幅5～10cm、振荡频次100～200次/min，振荡1h。静置后，用倾斜法分离出上层清液，用干滤纸过滤，滤液经过适当稀释后用原子吸收法测定。

As的操作条件：准确称取10.0g风干土样于100mL广口瓶中，加入0.1mol/L HCl 50mL，在水平振荡器上振荡。振荡条件是温度30℃、振幅10cm、振荡频次100次/min，振荡30min。用干滤纸过滤，取滤液进行测定。

除用0.1mol/L HCl溶浸土壤中的Cd、Cu和As以外，还可溶浸Ni、Zn、Fe、Mn、Co等重金属元素。0.1mol/L HCl溶浸法是目前使用最多的酸溶浸方法，此外也有使用CO_2饱和的水、0.5mol/L KCl-HAc（pH＝3)、0.1mol/L $MgSO_4$-H_2SO_4等酸溶浸方法。

4.5.3　形态分析法

根据国际理论化学与应用化学协会（IUPAC）定义，“形态分析指确定分析物质的原子和分子组成形式的过程”，即指元素的各种存在形式，包括游离态、共价结合态、络合配位态、超分子结合态等定性和定量的分析。那么，所谓形态，实际上包括价态、化合态、结合态和结构态4个方面，存在形态上的差异可能会表现出不同的生物毒性和环境行为，具体表现为：①重金属以自然态转变为非自然态时，其毒性增加；②离子态的毒性常大于络合态的；③金属有机物的毒性大于金属无机物；④价态不同，毒性不同；⑤金属羰基化合物常常表现出剧毒；⑥不同的化学形态，对生物体的可利用性也不同。因此，只有借助于形态分析，才可能确切了解化学污染物对生态环境、环境质量、人体健康等的影响。从某种意义上讲，研究金属元素的形态较之研究其总浓度就显得更为重要。

土壤重金属的形态分析大多采用逐级提取法，即选用一系列的化学选择性试剂，按照由弱到强的原则对土壤进行分布连续提取，在每一步的提取过程中，利用不同的化学试剂溶解获得土壤中不同形态的重金属。

（1）有效态溶浸法　土壤中有效态微量元素测定在农业化学方面应用较为广泛。使用的提取剂有乳酸、柠檬酸、醋酸-醋酸钠缓冲溶液、DTPA（diethylene-triaminepentaacetic acid，二乙烯三胺五乙酸）、草酸-草酸铵、稀无机酸和水等。下面对几种常用方法进行简单介绍。

① DTPA浸提。DTPA浸提液可测定有效态Cu、Zn、Fe等。浸提液的配制：其成分为0.005mol/L DTPA-0.01mol/L $CaCl_2$-0.1mol/L TEA（三乙醇胺）。称取1.967g DTPA溶于14.92g TEA和少量水中；再将1.47g $CaCl_2 \cdot 2H_2O$溶于水，一并转入1000mL容量瓶中，加水至约950mL，用6mol/L HCl调节pH值至7.30（每升浸提液约需加6mol/L HCl 8.5mL），最后用水定容。贮存于塑料瓶中，几个月内不会变质。

浸提方法：称取25.00g风干过20目筛的土样放入150mL硬质玻璃三角瓶中，加入50.0mL DTPA浸提剂，在25℃用水平振荡机振荡提取2h，干滤纸过滤，滤液用于分析。DTPA浸提剂适用于石灰性土壤和中性土壤。

② 0.1mol/L HCl浸提。称取10.00g风干过20目筛的土样放入150mL硬质玻璃三角瓶中，加入50.0mL 1mol/L HCl浸提液，用水平振荡器振荡1.5h，干滤纸过滤，滤液用于分析。酸性土壤适合用0.1mol/L HCl浸提。

③ 水浸提。土壤中的有效硼常用沸水浸提，操作步骤为：准确称取10.00g风干过20目筛的土样于250mL或300mL石英锥形瓶中，加入20.0mL无硼水。连接回流冷却器后煮沸5min，立即停止加热并用冷却水冷却。冷却后加入4滴0.5mol/L $CaCl_2$溶液，移入离心管中，离心分离出清液备测。

（2）Tessier五步连续提取法　该方法由Tessier于1979年提出，主要适用于土壤或底泥等基质中重金属的形态分析。连续提取的五种形态分别为：

可交换态 }
碳酸盐结合态 } 属于不稳定形态

Fe-Mn氧化物结合态 }
有机物结合态 } 属于较稳定形态

残余态　　稳定结合态

一般认为，在五种不同的存在形式中，可交换态和碳酸盐结合态金属易迁移、转化，对人类和环境危害较大；Fe-Me氧化物结合态和有机物结合态较为稳定，但在外界条件变化时也有释放出金属离子的机会；而残余态一般称为非有效态，因为这种形态存在的重金属在自然条件下不易释放出来。根据研究介质和研究目的，通过调整提取剂、提取条件（温度、时间、固液比等条件）等，也可以对 Tessier 的五步连续提取法进行更有针对性的完善。我国《土壤环境监测技术规范》（HJ/T 166—2004）推荐的五种形态提取的具体步骤如下。

① 可交换态。浸提方法是：在 1g 试样中加入 8mL $MgCl_2$ 溶液（1mol/L $MgCl_2$，pH＝7.0）或者乙酸钠溶液（1mol/L NaAc，pH＝8.2），室温下振荡 1h。

② 碳酸盐结合态。经①处理后的残余物在室温下用 8mL 1mol/L NaAc 浸提，在浸提前用乙酸把 pH 值调至 5.0，连续振荡，直到估计所有提取的物质全部被浸出为止（一般用 8h 左右）。

③ Fe-Mn 氧化物结合态。浸提过程是在经②处理后的残余物中，加入 20mL 0.3mol/L $Na_2S_2O_3$-0.175mol/L 柠檬酸钠-0.025mol/L 柠檬酸混合液，或者用 0.04mol/L $NH_2OH \cdot HCl$ 在 20%（体积分数）的乙酸中浸提。浸提温度为（96±3)℃，到完全浸提为止，一般在 4h 以内。

④ 有机物结合态。在经③处理后的残余物中，加入 3mL 0.02mol/L HNO_3、5mL 30% H_2O_2，然后用 HNO_3 调节至 pH＝2，将混合物加热至（85±2)℃，保温 2h，并在加热中间振荡几次。再加入 3mL 30%的 H_2O_2，用 HNO_3 调至 pH＝2，再将混合物在（85±2)℃加热 3h，并间断地振荡。冷却后，加入 5mL 3.2mol/L 乙酸铵的 20% HNO_3（体积分数）溶液，稀释至 20mL，振荡 30min。

⑤ 残余态。经以上四部分提取之后，残余物中将包括原生及次生的矿物，它们除了主要组成元素之外，也会在其晶格内夹杂、包藏一些痕量元素，在天然条件下，这些元素不会在短期内溶出。残余态主要用 HF-$HClO_4$ 进行全消解后，再离心分离，吸出上清液待测定。

上述各形态的浸提都在 50mL 聚乙烯离心试管中进行，以减少固态物质的损失。在互相衔接的操作之间，用 10000r/min 离心处理 30min，用注射器吸出清液，通过原子吸收分光光度法或电感耦合-等离子发射光谱法测定目标金属元素的各形态含量。图 4-6 是某城市污水厂剩余污泥中几种典型重金属形态分析结果，表明污泥中 Zn、Cu 和 Ni 均以有机物结合态和残余态为主。

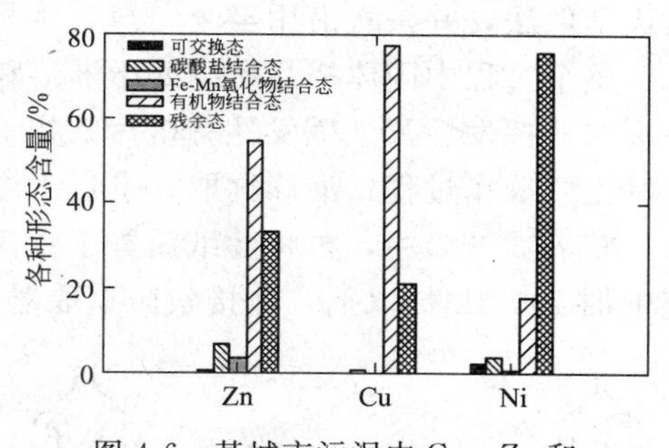

图 4-6　某城市污泥中 Cu、Zn 和 Ni 的形态分布结果

4.5.4　有机污染物的提取方法

土壤中有机物包括苯并［a］芘、三氯乙醛、矿物油、挥发酚、多环芳烃、六六六及滴滴涕等。土壤中有机物的测定方法与水样中应该是基本相同的，而最大的不同之处在于有机物的萃取方法。

4.5.4.1　常用的有机溶剂

有机溶剂选择的原则：要根据相似相溶的原理，尽量选择与待测物极性相近的有机溶剂作为提取剂。提取剂必须与样品能很好地分离，且不影响待测物的纯化与测定；不能与样品发生作用，毒性低、价格便宜；此外，还要求提取剂沸点范围在 45～80℃之间为好。还要考虑溶剂对样品的渗透力，以便将土样中的待测物充分提取出来。当单一溶剂不能成为理想的提取剂时，常用两种或两种以上不同极性的溶剂以不同的比例配成混合提取剂。

常用有机溶剂的极性由强到弱的顺序为：水、乙腈、甲醇、乙酸、乙醇、异丙醇、丙酮、正丁醇、乙酸乙酯、乙醚、二氯甲烷、苯、四氯化碳、二硫化碳、环己烷、正己烷（石油醚）和正庚烷等。

4.5.4.2　有机污染物提取

土壤样品中有机物的萃取方法有：振荡提取法、超声波提取法、索氏提取法、水浸提-蒸馏萃取法、顶空法和吹扫-捕集法等。

（1）振荡提取法　准确称取一定量的土样（新鲜土样加1～2倍量的无水Na_2SO_4或$MgSO_4 \cdot H_2O$搅匀，放置15～30min，固化后研成细末），转入标准口三角瓶中加入约2倍体积的提取液振荡30min，静置分层或抽滤、离心分出提取液，样品再分别用1倍体积提取液提取2次，离心分离提取液并合并，经净化后备分析测定。

提取液可以是纯水、一定pH值的水、溶剂或混合提取液。

（2）超声波提取法　利用超声波产生的巨大压力对土壤进行反复冲击，其产生的机械波也起到了充分的搅拌作用，使得土壤不断与提取溶剂充分接触，从而加速有机污染物在有机相中的溶解。与常规提取法相比，超声波提取具有提取时间短、萃取效率高、无需加热等优点。

主要操作过程为：准确称取一定量的土样置于烧杯中，加入适量提取剂，超声振荡3～5min，真空过滤或高速离心分离，可采取多次提取方式，最终合并多次提取液，经净化后备分析测定。

（3）索氏提取法。德国化学家Franz von Soxhlet博士于1879年发明了成为后世经典的索氏萃取法，并一直沿用至今。与直接萃取法不同之处在于萃取过程中可以控制萃取温度，而且整个过程中固体样品始终处于淋溶和浸提状态，萃取效果比较好。该方法适用于从土壤中提取非挥发性及半挥发性有机污染物。

主要操作过程：准确称取一定量土样或取新鲜土样20.0g加入等量无水Na_2SO_4研磨均匀，转入滤纸筒中，再将滤纸筒置于索氏萃取器中。在有1～2粒干净沸石的150mL圆底烧瓶中加100mL提取剂，连接索氏萃取器，加热回流16～24h即可。

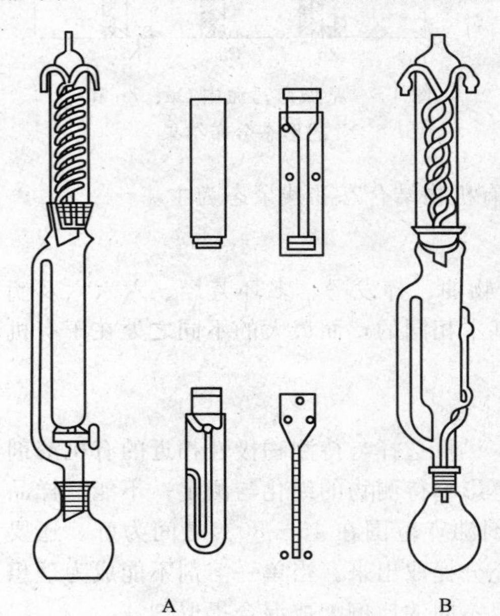

图4-7　索氏和梯式萃取系统
A—索氏萃取器；B—梯式萃取器

常用的连续萃取装置还有梯氏萃取系统，原理与索氏萃取基本相同，装置见图4-7。

（4）水浸提-蒸馏萃取法　该方法适用于土壤中含有的水溶性好、挥发性比较强的有机物，如挥发性有机酸、挥发酚等。一般情况下，按照土壤与纯水1∶1（质量比）的比例，控制振幅，在摇床振荡8～24h，进行充分浸提。随后，将浸提液看作水样，进行相关指标的蒸馏、固相萃取等。

（5）顶空法　顶空法是指在一密闭容器内，固体样品中的挥发性或半挥发性有机物从固相中释放进入上层气相中，并达到平衡，而后取顶空气体进行色谱分析的方法。顶空技术问世于1939年，商品化的顶空进样器1962年问世，目前顶空色谱已成为一种普遍使用的色谱技术。《土壤和沉积物　丙烯醛、丙烯腈、乙腈的测定　顶空-气相色谱法》（HJ 679—2013）中就是采用这种前处理方法。图4-8是气体进样阀与注射器相结合的顶空进样示意图。

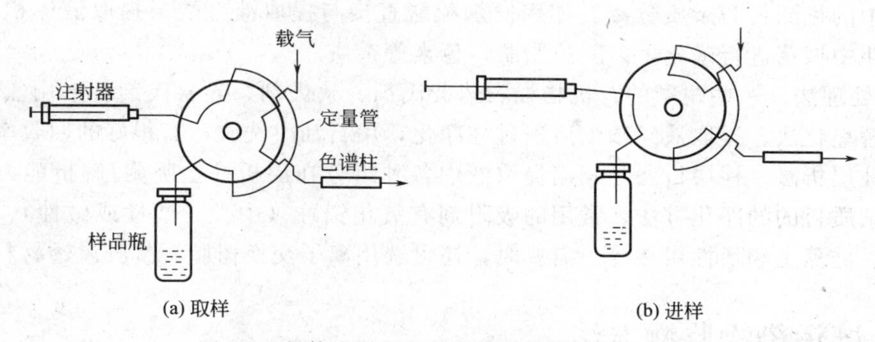

图 4-8　气体进样阀与注射器相结合的顶空进样

在顶空分析中，影响进入 GC 样品量的主要因素有平衡温度、平衡时间、取样时间、载气流速和平衡压力等。这些操作条件也将直接影响着顶空分析的灵敏度、重现性、准确性。

(6) 吹扫-捕集法　从理论上讲，吹扫-捕集法属动态顶空技术。与静态顶空技术不同，动态顶空不是分析处于平衡状态的顶空气体样品，而是用流动气体将样品中的挥发性成分“吹扫”出来，再用一个捕集器将吹扫出来的有机物吸附，随后经热解吸将样品送入 GC 进行分析。待吹扫的样品可以是固体，也可以是液体样品，而吹扫气多采用高纯氦气。捕集器内装有吸附剂，可根据待分析组分的性质选择合适的吸附剂。吹扫-捕集法全过程为“动态顶空萃取→吸附捕集→热解吸→GC 分析”。吹扫捕集适于挥发性有机物的预处理和测定，如《土壤和沉积物　挥发性有机物的测定　吹扫捕集/气相色谱-质谱法》(HJ 605—2011) 等标准方法。

近年来，加压流体萃取法、吹扫蒸馏法（用于提取易挥发性有机物）、超临界流体提取法（supercritical fluid extraction，SFE）都发展很快，尤其是 SFE 法由于其快速、高效、安全性（不需任何有机溶剂），因而是具有很好发展前途的提取法。

4.5.4.3　提取液的净化

使待测组分与干扰物分离的过程称为净化。当用有机溶剂提取样品时，一些干扰杂质可能与待测物一起被提取出，这些杂质若不排除将会影响检测结果，甚至使定性定量无法进行，严重时还会沾污分析仪器，因而提取液必须经过净化处理。常用的净化方法如下。

(1) 液-液分配法　在一组互不相溶的溶剂对中溶解某一溶质成分，该溶质以一定的比例分配（溶解）在溶剂的两相中。通常把溶质在两相溶剂中的分配比称为分配系数。在同一组“溶剂对”中，不同的物质有不同的分配系数；在不同的“溶剂对”中，同一物质也有着不同的分配系数。利用物质和溶剂对之间存在的分配关系，选用适当的溶剂通过反复多次分配，便可使不同的物质分离，从而达到净化的目的。液-液分配中常用的“溶剂对”有乙腈-正己烷、*N*,*N*-二甲基甲酰胺（DMF)-正己烷、二甲亚砜-正己烷等。

液-液分配过程中若出现乳化现象，可采用如下方法进行破乳：①加入饱和硫酸钠水溶液，以其盐析作用而破乳；②加入硫酸（1+1），加入量从 10mL 逐步增加，直到消除乳化层，此法只适用于对酸稳定的化合物；③高速离心分离。

(2) 化学处理法　用化学处理法净化能有效地去除脂肪、色素等杂质。常用的化学处理法有酸处理法和碱处理法。

① 酸处理法。脂肪、色素中含有碳-碳双键，如脂肪中含不饱和脂肪酸和叶绿素中含双键的叶绿醇等，这些双键与浓硫酸作用时产生加成反应，所得的磺化产物溶于硫酸，这样便

使提取液中的待测物与杂质分离。如用发烟硫酸直接与提取液（酸与提取液体积比 1∶10）在分液漏斗中振荡进行磺化，以除掉脂肪、色素等杂质。

② 碱处理法。一些耐碱的有机物如农药艾氏剂、狄氏剂、异狄氏剂可采用氢氧化钾-助滤剂柱代替皂化法。提取液经浓缩后通过柱净化，用石油醚洗脱，有很好的回收率。

(3) 柱层析法　柱层析法是利用提取液中各种组分在层析柱上吸附/解析能力的差异而达到分离杂质目的的净化方法，常用的吸附剂有氧化铝柱（中性、酸性或碱性）、弗罗里硅土、硅胶、硅藻土和活性炭柱等。需要时，还可选用离子交换树脂、凝胶渗透材料等。

4.6　土壤污染物监测方法

土壤类型、污染物种类繁多，各种污染物在不同类型土壤中的样品提取方法也有所不同。通常，土壤环境监测中选择样品提取与分析方法的原则是：首选标准（或仲裁）方法、第二选择权威部门推荐的方法，第三自选等效方法。我国现行的土壤环境监测方法标准汇于表 4-8。

表 4-8　土壤环境监测方法标准目录

类别	标 准 名 称	标准编号	实施日期
理化指标	土壤　干物质和水分的测定　重量法	HJ 613—2011	2011-10-1
	土壤　可交换酸度的测定　氯化钾提取-滴定法	HJ 649—2013	2013-9-1
	土壤　可交换酸度的测定　氯化钡提取-滴定法	HJ 631—2011	2012-3-1
	土壤　有机碳的测定　燃烧氧化-非分散红外法	HJ 695—2014	2014-7-1
	土壤　有机碳的测定　燃烧氧化-滴定法	HJ 658—2013	2013-9-1
	土壤　有机碳的测定　重铬酸钾氧化-分光光度法	HJ 615—2011	2011-10-1
营养盐	土壤　水溶性和酸溶性硫酸盐的测定　重量法	HJ 635—2012	2012-6-1
	土壤　氨氮、亚硝酸盐氮、硝酸盐氮的测定　氯化钾溶液提取-分光光度法	HJ 634—2012	2012-6-1
	土壤　总磷的测定　碱熔-钼锑抗分光光度法	HJ 632—2011	2012-3-1
金属和类金属元素	土壤和沉积物　汞、砷、硒、铋、锑的测定　微波消解/原子荧光法	HJ 680—2013	2014-2-1
	土壤质量　总汞的测定　冷原子吸收分光光度法	GB/T 17136—1997	1998-5-1
	土壤　总铬的测定　火焰原子吸收分光光度法	HJ 491—2009	2009-11-1
	土壤质量　铅、镉的测定　KI-MIBK 萃取火焰原子吸收分光光度法	GB/T 17140—1997	1998-5-1
	土壤质量　铅、镉的测定　石墨炉原子吸收分光光度法	GB/T 17141—1997	1998-5-1
	土壤质量　镍的测定　火焰原子吸收分光光度法	GB/T 17139—1997	1998-5-1
	土壤质量　铜、锌的测定　火焰原子吸收分光光度法	GB/T 17138—1997	1998-5-1
	土壤质量　总砷的测定　硼氢化钾-硝酸银分光光度法	GB/T 17135—1997	1998-5-1
	土壤质量　总砷的测定　二乙基二硫代氨基甲酸银分光光度法	GB/T 17134—1997	1998-5-1
有机污染物	土壤和沉积物　丙烯醛、丙烯腈、乙腈的测定　顶空-气相色谱法	HJ 679—2013	2014-2-1
	土壤、沉积物　二噁英类的测定　同位素稀释/高分辨气相色谱-低分辨质谱法	HJ 650—2013	2013-9-1
	土壤和沉积物　二噁英类的测定　同位素稀释高分辨气相色谱-高分辨质谱法	HJ 77.4—2008	2009-4-1
	土壤和沉积物　挥发性有机物的测定　顶空/气相色谱-质谱法	HJ 642—2013	2013-7-1
	土壤和沉积物　挥发性有机物的测定　吹扫捕集/气相色谱-质谱法	HJ 605—2011	2011-6-1
	土壤　毒鼠强的测定　气相色谱法	HJ 614—2011	2011-10-1
	土壤质量　六六六和滴滴涕的测定　气相色谱法	GB/T 14550—93	1994-1-15

4.6.1　土壤理化指标的测定

（1）土壤干物质和水分的测定　测定土壤理化指标，无论是采用新鲜或风干样品，都需要测定土壤中的水分含量，以便计算土壤中各种成分以干固体为基准时的校准值。《土壤干物质和水分的测定　重量法》（HJ 613—2011）规定了土壤中干物质和水分的重量测定法。方法的原理是土壤样品在（105±5）℃烘至恒重，以烘干前后的土样质量差计算干固体和水分的含量，用质量分数表示。一般情况下，大部分土壤的干燥时间为 16～24h。

（2）土壤可交换酸度的测定　土壤可交换酸度是酸性土壤的重要性质之一，由吸附于土壤胶体表面的 H^+ 和 Al^{3+} 形成，它们通过交换作用进入土壤溶液中，使土壤显酸性。土壤可交换酸度的测定方法有氯化钾提取-滴定法（HJ 649—2013）和氯化钡提取-滴定法（HJ 631—2011）。主要是用中性盐溶液（如 KCl 或 $BaCl_2$）提取土壤，将土壤胶体上吸附的 H^+ 和 Al^{3+} 交换下来，使之进入溶液，取一部分土壤淋洗液，用氢氧化钠标准溶液滴定，滴定结果称为可交换酸度；另取一部分土壤提取液，加入适量氟化钠溶液，使氟离子与铝离子形成络合物，Al^{3+} 被充分络合，再用氢氧化钠标准溶液滴定，所得结果为可交换氢。可交换酸度与可交换氢的差值即为可交换铝。

（3）土壤有机碳的测定　土壤有机碳含量和性质与土壤中污染物的种类和含量有一定的相关性，特别是重金属和有机污染物的含量、迁移转化等环境行为。因此，测定土壤中有机碳的含量对于定量评价分析土壤的自然性质、土壤污染程度具有重要作用。我国现行的土壤有机碳的分析方法有《土壤　有机碳的测定　重铬酸钾氧化-分光光度法》（HJ 615—2011）和《土壤　有机碳的测定　燃烧氧化-滴定法》（HJ 658—2013），也可采用配备固体氧化模块的总有机碳测定仪（HJ 695—2014）进行直接测定。

4.6.2　土壤中营养盐的测定

（1）土壤中硫酸盐的测定　土壤中硫酸盐的测定推荐采用氯化钡重量法。该方法原理：用去离子水和稀盐酸提取土壤中的水溶性和酸溶性硫酸盐，提取液经慢速定量滤纸过滤后，加入氯化钡溶液，提取液中的硫酸根离子转化为硫酸钡沉淀，沉淀经过滤、烘干、恒重，根据硫酸钡沉淀的质量可计算土壤中的水溶性和酸溶性硫酸盐含量。

（2）土壤中氮营养盐的测定　土壤中氨氮、亚硝酸盐氮、硝酸盐氮测定采用分光光度法。方法原理：采用氯化钾溶液提取土壤中的硝酸盐氮、亚硝酸盐氮和氨氮，提取液经过离心分离，取上清液进行分析测定。具体测定可见本教材第 2.11.2 节介绍的方法。

（3）土壤中总磷的测定　土壤中总磷的测定推荐采用碱熔-钼锑抗分光光度法（HJ 632—2011）。方法原理：经氢氧化钠熔融，土壤样品中的含磷矿物及有机磷化合物全部转化为可溶性的正磷酸盐，在酸性条件下与钼锑抗显色剂反应生成磷钼蓝，在波长 700nm 处测量吸光度。在一定浓度范围内，样品中的总磷含量与吸光度值符合朗伯-比尔定律。

当试样量为 0.2500g，采用 30mm 比色皿时，本方法的检出限为 10.0mg/kg（干土），测定下限为 40.0mg/kg。

4.6.3　土壤中重金属的测定

在国内外的现行标准中，土壤重金属污染物的测定，主要是针对重金属元素的总量进行测定，这符合重金属元素总量控制的原则。土壤样品经过消解后，采用的测定方法有原子荧光法、原子吸收分光光度法、冷原子吸收法、分光光度法等。现将土壤中部分金属元素的分析方法列于表 4-9，具体操作步骤可查国家相关方法标准。

表 4-9 土壤中金属元素的分析方法

序号	项目	预处理方法	所用仪器	参考标准
1	Hg	微波消解	原子荧光光度计	HJ 680—2013
		硝酸-硫酸-五氧化二钒或硫酸-硝酸-高锰酸钾消解	测汞仪	GB/T 17136—1997
2	Cr	盐酸-硝酸-氢氟酸-高氯酸全消解	富燃性空气-乙炔火焰/原子吸收分光光度计	HJ 491—2009
3	Pb	盐酸-硝酸-氢氟酸-高氯酸全消解	KI-MIBK 萃取火焰/原子吸收分光光度计	GB/T 17140—1997
4	Cd	盐酸-硝酸-氢氟酸-高氯酸全消解	石墨炉/原子吸收分光光度计	GB/T 17141—1997
5	Cu	盐酸-硝酸-氢氟酸-高氯酸全消解	原子吸收分光光度计	GB/T 17138—1997
6	Zn			
7	Ni	盐酸-硝酸-氢氟酸-高氯酸全消解	原子吸收分光光度计	GB/T 17139—1997
8	As	微波消解后	原子荧光光度计	HJ 680—2013
		化学氧化分解	硼氢化钾-硝酸盐/分光光度计	GB/T 17135—1997
		化学氧化分解分光光度法	二乙基二硫代氨基甲酸银/分光光度计	GB/T 17134—1997

4.6.4 土壤中有机污染物的测定

土壤中有机物的测定主要采用气相色谱法，我国现有的有关土壤中有机物的萃取及其分析方法列于表 4-10，具体操作步骤可查国家相关方法标准。

表 4-10 土壤中有机物的分析方法

序号	项目	测定方法	检测范围	参考标准
1	丙烯醛	顶空-气相色谱法	取样量为 2.0g 时，测定下限为 1.6mg/kg	HJ 679—2013
2	丙烯腈	顶空-气相色谱法	取样量为 2.0g 时，测定下限为 1.2mg/kg	HJ 679—2013
3	乙腈	顶空-气相色谱法	取样量为 2.0g 时，测定下限为 1.2mg/kg	HJ 679—2013
4	二噁英类	同位素稀释/高分辨气相色谱-低分辨质谱法	取样量为 20g 时，2,3,7,8-T_4CDD 检出限应低于 1ng/kg	HJ 650—2013
		同位素稀释/高分辨气相色谱-高分辨质谱法	对 2,3,7,8-T_4CDD 检出限应低于 0.1pg	HJ 77.4—2008
5	挥发性有机物	顶空/气相色谱-质谱法	取样量为 2g 时，36 种目标物方法测定下限为 3.2～14μg/kg	HJ 642—2013
		吹扫捕集/气相色谱-质谱法	取样量为 5g 时，65 种目标物方法测定下限为 0.8～12.8μg/kg	HJ 605—2011
6	毒鼠强	乙酸乙酯提取，提取液净化浓缩，带氮磷检测器的气相色谱分离检测	取样量为 5g 时，方法测定下限为 14μg/kg	HJ 614—2011
7	有机氯农药（六六六、DDT）	丙酮-石油醚提取，浓硫酸净化，带电子捕获检测器的气相色谱仪测定	最低检测浓度为 0.05～4.87μg/kg	GB/T 14550—1993

4.7 土壤环境质量评价

土壤环境质量评价涉及评价因子、评价标准和评价模式。评价因子数量及内容与评价目的和现实的经济技术条件密切相关。评价标准依据国家土壤环境质量标准、区域土壤背景值或相关行业（专业）土壤质量标准。环境保护部颁布的《全国土壤污染状况评价技术规定》（环发［2008］39 号）规定了土壤污染状况调查中土壤环境质量状况评价、土壤背景点环境评价和重点区域土壤污染评价的标准值和方法。评价模式常用污染指数法或者与其相关的评价方法。

4.7.1　污染指数、超标率（倍数）评价

土壤环境质量评价一般以单项污染指数（single pollution index，SPI）为主，指数小污染轻，指数大污染重。当区域内土壤环境质量作为一个整体与外区域进行比较或与历史资料进行比较时，除用单项污染指数外，还常用综合污染指数（comprehensive pollution index，CPI)。土壤由于地区背景差异较大，用土壤污染累计指数（pollution cumulative index，PCI）更能反映土壤的人为污染程度。土壤污染物分担率可评价确定土壤的主要污染项目，按污染物分担率由大到小排序，污染物主次也同此序。除此之外，土壤污染超标倍数、样本超标率等统计量也能反映土壤的环境状况。污染指数和超标率的计算如下：

土壤单项污染指数＝土壤污染物实测值/土壤污染物质量标准

土壤污染累计指数＝土壤污染物实测值/污染物背景值

土壤污染物分担率(％)＝(土壤某项污染指数/各项污染指数之和)×100％

土壤污染超标倍数＝(土壤某污染物实测值－某污染物质量标准)/某污染物质量标准

土壤污染样本超标率(％)＝(土壤样本超标总数/监测样本总数)×100％

4.7.2　内梅罗污染指数评价

内梅罗污染指数（P_N）的计算公式为：

$$P_N=\sqrt{\frac{PI_{均}^2+PI_{最大}^2}{2}}$$

式中，$PI_{均}$ 和 $PI_{最大}$ 分别是平均单项污染指数和最大单项污染指数。

内梅罗指数反映了各污染物对土壤的作用，同时突出了高浓度污染物对土壤环境质量的影响，可按内梅罗污染指数划定污染等级。内梅罗指数土壤污染评价标准见表 4-11。

表 4-11　内梅罗指数土壤污染评价标准

等　级	内梅罗污染指数	污染等级
Ⅰ	$P_N \leq 0.7$	清洁(安全)
Ⅱ	$0.7 < P_N \leq 1.0$	尚清洁(警戒限)
Ⅲ	$1.0 < P_N \leq 2.0$	轻度污染
Ⅳ	$2.0 < P_N \leq 3.0$	中度污染
Ⅴ	$P_N > 3.0$	重污染

4.7.3　背景值及标准偏差评价

用区域土壤环境背景值（x）95％置信度的范围（$x \pm 2s$）来评价土壤环境质量，即：若土壤某元素监测值 $x_1 < x-2s$，则该元素缺乏或属于低背景土壤；若土壤某元素监测值在 $x \pm 2s$ 范围内，则该元素含量正常；若土壤某元素监测值 $x_1 > x+2s$，则土壤已受该元素污染，或属于高背景土壤。

4.7.4　综合污染指数法

综合污染指数（CPI）包含了土壤元素背景值、土壤元素标准尺度因素和价态效应综合

影响，其表达式为：

$$CPI = X \times (1 + RPE) + Y \times DDMB / (Z \times DDSB)$$

式中 X、Y——分别为测量值超过标准值和背景值的数目；

RPE——相对污染当量；

DDMB——元素测定浓度偏离背景值的程度；

DDSB——土壤标准偏离背景值的程度；

Z——用作标准元素的数目。RPE、DDMB 和 DDSB 的计算如下：

$$RPE = \frac{\sum_{i=1}^{N}\left(\frac{c_i}{c_{is}}\right)^{\frac{1}{n}}}{N}$$

$$DDMB = \frac{\left[\sum_{i=1}^{N}\left(\frac{c_i}{c_{iB}}\right)\right]^{\frac{1}{n}}}{N}$$

$$DDSB = \frac{\left[\sum_{i=1}^{Z}\left(\frac{c_{is}}{c_{iB}}\right)\right]^{\frac{1}{n}}}{Z}$$

式中 N——测定元素的数目；

c_i——测定元素 i 的浓度；

c_{is}——测定元素 i 的土壤标准值；

n——测定元素 i 的氧化数，对于变价元素，应考虑价态与毒性的关系，在不同价态共存并同时用于评价时，应在计算中注意高低毒性价态的相互转换，以体现由价态不同所构成的风险差异性；

c_{iB}——元素 i 的背景值。

用 CPI 评价土壤环境质量指标体系列于表 4-12。

表 4-12 综合污染指数评价表

X	Y	CPI	评 价
0	0	0	背景状态
0	≥1	0<CPI<1	未污染状态，数值大小表示偏离背景值的相对程度
≥1	≥1	≥1	污染状态，数值越大表示污染程度相对越严重

4.8 质量保证和质量控制

质量保证和质量控制的目的是为了保证所产生的土壤环境质量监测资料具有代表性、准确性、精密性、可比性和完整性。质量控制涉及监测的全部过程，这部分内容详见第八章“环境监测质量管理”。

4.9 场地环境监测

随着全球工业化和现代化进程，世界各地逐渐出现了一定量的被工商业污染的土地，即污染场地或污染地块（通常也被称为棕地），即指因从事生产、经营、处理、贮存有毒有害物质、堆放或处理处置潜在危险废物、从事矿山开采等活动造成污染，经调查和风险评估可以确认其危害超过人体健康或生态环境可接受风险水平的场地（地块）。美国对场地环境污染的认识开始于 20 世纪 70 年代末。1978 年，在美国纽约 Love Canal 出现了一起因场地受到污染，导致当地居民不断出现皮疹、流产和胎儿畸形病症的事故。这次事故是由于二噁英（dioxin）污染了当地地下水造成的，也使得美国对周边未加以控制的危险废物堆放场可能在不久的将来给人们带来的危险有所认识。这一事件也促使美国政府于 1980 年颁布了《综合环境污染响应、赔偿和责任认定法案》（Comprehensive Environmental Response，Compensation and Liability Act，以下简称 CERCLA，一般称为“超级基金”）。而“超级基金”的信托基金则主要用于支付环境责任难以认定的场址污染事故的土壤修复费用。我国在经济高速发展和经济结构调整、转型过程中，同样伴随着工业企业新建、停产、关闭或搬迁等过程中遗留不同程度的场地污染难题。借鉴美国经验，在农业、工业、居住等用地类型变更过程中，要有效预防新污染、整治老污染、控制环境风险，就必须科学、严谨地开展场地环境状况调查、监测、评价工作。2014 年 4 月国家环境保护部首次颁布了《场地环境调查技术导则》（HJ 25.1—2014）等 5 项污染场地系列环保标准，初步形成了涵盖污染场地环境管理主要环节的国家环保标准体系，为推进土壤和地下水污染防治法律法规体系建设提供了基础支撑。

4.9.1 场地环境调查内容及实施

场地环境调查（environmental site investigation，ESI）是采用系统的方法，确定场地是否被污染及污染程度和范围的过程。我国《场地环境调查技术导则》（HJ 25.1—2014）规定了场地土壤和地下水环境调查的原则、内容、程序和技术要求，但暂不适用于含放射性污染的场地调查。

针对污染场地，特别是工业污染企业搬迁的场地进行土壤和地下水污染的调查与评价，包含三个不同但又逐级递进的阶段。场地环境调查的工作内容与程序见图 4-9。

第一阶段场地环境调查（Phase Ⅰ）：以资料收集、现场踏勘和人员访谈为主的污染识别阶段，原则上不进行现场采样分析。若第一阶段调查确认场地内及周围区域当前和历史上均无可能的污染源，则认为场地的环境状况可以接受，调查活动可以结束。

第二阶段场地环境调查（Phase Ⅱ）：以采样与分析为主的污染实证阶段。若第一阶段场地环境调查表明场地内或周围区域存在可能的污染源，如化工厂、农药厂、冶炼厂、加油站、化学品储罐、固体废物处理等可能产生有毒有害物质的设施或活动，以及由于资料缺失等原因造成无法排除场地内外存在的污染源时，作为潜在污染物场地进行第二阶段场地环境调查，确定污染物种类、浓度（程度）和空间分布。根据初步采样分析结果，如果污染物浓度均未超过国家和地方等相关标准以及清洁对照点浓度（有土壤环境背景的无机物），并且经过不确定性分析确认不需要进一步调查后，第二阶段场地环境调查工作可以结束，否则认为可能存在环境风险，需进行详细调查。

第三阶段场地环境调查（Phase Ⅲ）：以补充采样和测试为主，获得满足风险评估及土壤和地下水修复所需的参数。本阶段的调查工作可单独进行，也可在第二阶段调查过程中同步开展。

4.9.2 场地环境监测内容及产施

场地环境监测是连续或间断地监测目标场地环境中污染物的浓度及其空间分布，观察、

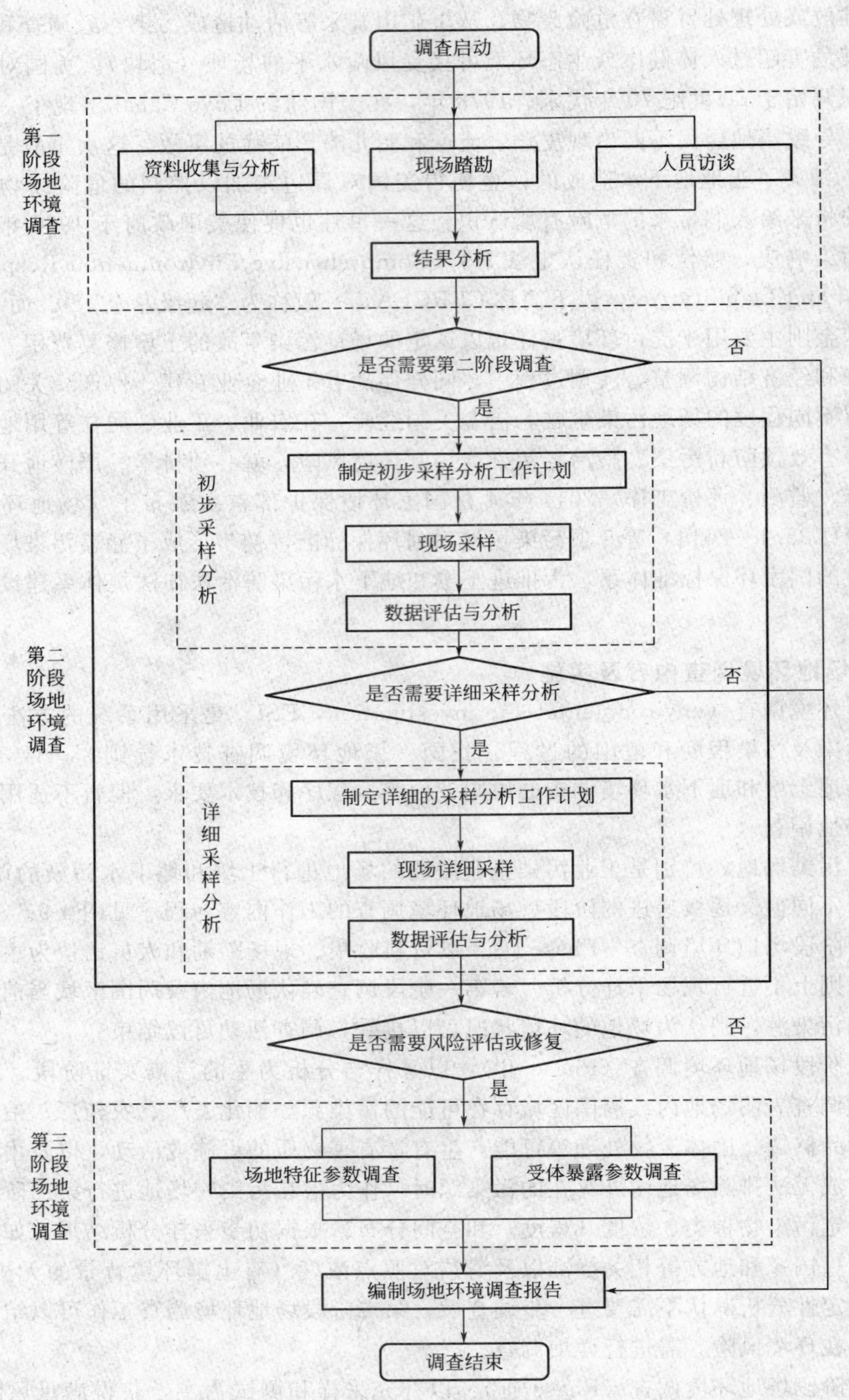

图 4-9 场地环境调查的工作内容与程序

分析其变化及其对环境影响的过程。我国《场地环境监测技术导则》（HJ 25.2—2014）规定了场地环境监测的原则、程序、工作内容及技术要求。以下结合导则对场地环境监测进行简单介绍。

（1）基本原则　污染场地的环境监测对象为土壤，必要时也应包括地下水、地表水及环境空气。根据污染场地环境管理各阶段的不同需求，场地环境监测分为场地环境调查监测、污染场地治理修复监测、污染场地修复工程验收监测及污染场地回顾性评估监测等。场地环境监测遵循如下三个原则。

①针对性原则。污染场地环境监测应针对环境调查与风险评估、治理修复、工程验收及回顾性评估等各阶段环境管理的目的和要求开展，确保监测结果的代表性、准确性和时效性，为场地环境管理提供依据。

②规范性原则。以程序化和系统化的方式规范污染场地环境监测应遵循的基本原则、工作程序和工作方法，保证污染场地环境监测的科学性和客观性。

③可行性原则。在满足污染场地环境调查与风险评估、质量修复、工程验收及回顾性评估等各阶段监测要求的条件下，结合考虑监测成本、技术应用水平等方面的因素，保证监测工作切实可行及后续工作的顺利开展。

（2）监测点位布设和采样　根据场地环境调查相关结论确定的地理位置、场地边界及各阶段工作要求，确定布点范围。在所在区域地图或规划图中标注出准确的地理位置，绘制场地边界，并对场地边界点进行准确定位。常用的点位布设方法与土壤监测布设方法（参见第 4.4.2 章节）类似，包括系统随机布点法、系统布点法及分区布点法等。对于潜在污染明确的场地，需采用专业判断布点法。一般情况下，要求在场地外部区域设置土壤对照监测点位，还应在疑似为危险废物的残余废弃物及与当地土壤特征有明显区别的可疑物质所在区域进行布点。具体土壤、地下水、地表水和空气的监测点位布设可参见《场地环境监测技术导则》(HJ 25.2—2014)。

场地土壤样品采集需要准备以下设备。①工具类：包括铁锹、铁铲、圆状取土钻、螺旋取土钻、竹片以及适合特殊采样要求的工具等。②器材类：包括 GPS、罗盘、照相机、胶卷、卷尺、铝盒、样品袋、样品箱等。③文具类：包括样品标签、采样记录表、铅笔、资料夹等。

表层土壤样品的采集一般采用挖掘方式进行，可以使用锹、铲及竹片等简单工具，也可进行钻孔取样（图 4-10）。采样的基本要求为尽量减少土壤扰动，保证土壤样品在采样过程中不被二次污染。深层土壤样品采集以钻孔取样为主，也可采用槽探的方式进行采样。采样深度应扣除地表非土壤硬化层厚度，原则上建议 3m 深度以内采样间隔为 0.5m，3～6m 深度采样间隔为 1m，6m 深度采样间隔约为 2m，具体间隔可根据实际情况适当调整。

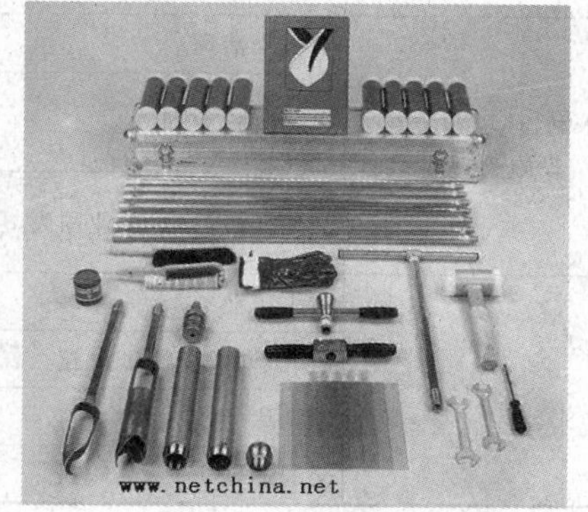

图 4-10　土壤样品采样器组合套装

（3）监测项目　场地环境监测针对各阶段的监测项目不同，应根据第一阶段调查确定的场地内外潜在污染源和污染物，同时考虑污染物的迁移转化，确定监测分析项目；对于不能确定的项目，可选取潜在典型污染样品进行筛选分析，如针对工业场地可选择重金属、挥发性有机物、半挥发性有机物、氰化物和石棉等。常见场地类型及特征污染物可参考表 4-13，实际调查过程中应根据具体情况进行必要的补充和调整。污染场地治理修复、工程验收及回顾性评估阶段的监测项目除风险评估确定需治理修复的各项指标，还应考虑治理修复过程中可能产生的污染物。

表 4-13　常见场地类型及特征污染物

行业分类	场地类型	潜在特征污染物类型
制造业	化学原料及化学品制造	挥发性有机物、半挥发性有机物、重金属、持久性有机污染物、农药
	电器机械及器材制造	重金属、有机氯溶剂、持久性有机污染物
	纺织业	重金属、氯代有机物
	造纸及纸制品	重金属、氯代有机物
	金属制品业	重金属、氯代有机物
	金属冶炼及延压加工	重金属
	机械制造	重金属、石油烃
	塑料和橡胶制品	半挥发性有机物、挥发性有机物、重金属
	石油加工	半挥发性有机物、挥发性有机物、重金属、石油烃
	炼焦厂	半挥发性有机物、挥发性有机物、重金属、氰化物
	交通运输设备制造	重金属、石油烃、持久性有机污染物
	皮革、皮毛制造	重金属、挥发性有机物
	废弃资源和废旧材料回收加工	持久性有机污染物、半挥发性有机物、重金属、农药
采矿业	煤炭开采及洗选业	重金属
	黑色金属和有色金属矿采选业	重金属、氰化物
	非金属矿物采选业	重金属、氰化物、石棉
	石油和天然气开采业	石油烃、挥发性有机物、半挥发性有机物
电力燃气及水的生产和供应	火力发电	重金属、持久性有机污染物
	电力供应	持久性有机污染物
	燃气生产和供应	半挥发性有机物、挥发性有机物、重金属
水利、环境和公共设施管理业	水污染治理	持久性有机污染物、半挥发性有机物、重金属、农药
	危险废物治理	持久性有机污染物、半挥发性有机物、重金属、挥发性有机物
	其他环境治理(工业固废、生活垃圾处理)	持久性有机污染物、半挥发性有机物、重金属、挥发性有机物
其他	军事工业	半挥发性有机物、重金属、挥发性有机物
	研究、开发和测试设施	半挥发性有机物、重金属、挥发性有机物
	干洗店	挥发性有机物、有机氯溶剂
	交通运输工具维修	重金属、石油烃

(4) 样品分析　场地环境监测的样品分析包括现场样品分析和实验室样品分析。

在现场样品分析过程中，可采用便携式分析仪器和设备进行定性和半定量分析的及时测定，如采用便携式仪器设备对挥发性有机物进行定性分析，可将污染土壤置于密闭容器中，稳定一定时间后采集容器顶部的气体进行测定。土壤常规理化特征如土壤 pH 值、粒径分布、密度、孔隙度、有机质含量、渗透系数、阳离子交换量和危险废物特征鉴别分析等应送至实验室进行分析。

(5) 质量控制与质量保证　在样品的采集、保存、运输、交接等过程中应建立完整的环境管理程序，为避免采样设备及外部环境条件等因素对样品产生影响，应注重现场采样过程中的质量保证和质量控制。

习题与思考题

[1]　简述土壤污染的特点。

[2]　简述土壤污染物的来源和主要组分。

[3]　何为土壤背景值？土壤背景值的表示方法有哪些？

[4]　试论述土壤环境容量与土壤环境质量之间的关系。

[5]　简述土壤样品的布点和采样方法。

[6]　简述区域环境背景土壤环境调查的布点方法。

[7]　试述土壤样品的制备方法及其注意要点。

[8]　如何选择土样储存器？

[9]　为什么要进行土壤中重金属元素的形态分析？简述总量分析与形态分析之间的关系。

[10]　简述土壤中重金属元素的分析方法，并请比较与水样中重金属分析方法的区别。

[11]　土壤中非金属无机化合物的测定指标有哪些？

[12]　简述土壤中有机污染物的分析测定方法。

[13]　土壤样品中有机物的提取方法有哪些？

[14]　简述土壤含水率的测定，并说明为什么要进行水分含量的测定。

[15]　河水沿某块面积不大的农田对角线实施灌溉，为了监测该农田表层土壤受河水中汞污染的情况，试设计采样点布设（图示）、采样深度、样品制备基本步骤、样品预处理方法和测定方法。

[16]　涉及土壤环境保护的环境法规有哪些？

[17]　我国的《土壤环境质量标准》（GB 15618—1995）将土壤分成几级、几类？其含义是什么？

[18]　土壤质量评价方法主要有哪些？内梅罗污染指数（PN）与综合污染指数法有什么区别？

[19]　新颁布的污染场地环境监测主要有哪些内容？在场地环境监测中重点要关注哪些问题？监测指标如何确定？

[20]　何为“棕地”？为什么要对棕地实施环境调查和环境监测？并简要介绍实施环境监测的程序和步骤。

第 5 章　固体废物监测

随着工业化和城市化进程的不断加快，固体废物的产生量急剧增加，且性质更趋复杂，由此引发的环境问题也日趋突出。所谓废物是指人类日常生活和生产活动中对原材料进行开采、加工和利用后不再需要而废弃的物质，由于废物多数以固体或半固体状态存在，所以又称固体废物。但是，由于历史上人们对“固体”和“废物”的概念及范畴认识的差异，再加上不同学科之间研究的范围和方式有所差别，造成了对固体废物种类及数量统计上的巨大差异，因此，对固体废物制定明确和统一的定义就显得尤为重要。2005 年修订的《中华人民共和国固体废物污染环境防治法》（以下简称《固体法》）将固体废物定义为：在生产和生活和其他活动中产生的丧失原有利用价值或者虽未丧失利用价值但被抛弃或者放弃的固态、半固态和置于容器中的气态的物品、物质，以及法律、行政法规规定纳入固体废物管理的物品、物质。从固体废物的法律定义来讲：固体废物不仅包括固态，还包括半固态废物、除排入水体的废水之外的液态废物和置于容器中的气态废物。

由于固体废物种类繁多，我国于 2006 年又发布了《固体废物鉴别导则（试行）》，规定了固体废物的范围。其中，固体废物包含（但不限于）的物质、物品或材料有：从家庭收集的垃圾，生产过程中产生的废弃物质、报废产品、实验室产生的废弃物质、办公产生的废弃物质、城市污水处理厂污泥、生活垃圾处理厂产生的残渣、其他污染控制设施产生的垃圾、残余渣、城市河道疏浚污泥、不符合标准或规范的产品（继续用作原用途的除外），假冒伪劣产品、所有者或其代表声明是废物的物质或物品、被污染的材料（如被 PCBs 污染的油等）、被法律禁止使用的任何材料和物质或物品等，国务院环境保护主管部门声明是固体废物的物质或物品 13 类。固体废物与非固体废物的鉴别首先应根据《固体法》中的定义进行判断；其次可根据导则所列的固体废物范围进行判断；根据上述定义和固体废物范围仍难以鉴别的，可根据导则第三部分进行判断。

固体废物具有鲜明的时间和空间特征，同时具有“废物”和“资源”的二重性特征。从时间进程来讲，它仅仅相对于目前的科学技术和经济条件，随着科学技术的飞速发展，矿物资源的日渐枯竭，生物资源滞后于人类需求，昨天的废物势必又将成为明天的资源；从空间角度来看，废物仅仅相对于某一过程或某一方面没有使用价值，而并非在一切过程或一切方面都没有使用价值，某一过程的废物，往往是另一过程的原料。因此，固体废物的科学分类对合理利用废弃物和减少废弃物的排放对环境的影响非常重要。

固体废物的分类方法很多，按化学性质分为有机废物和无机废物；按来源又可分为矿业固体废物、工业固体废物、城市垃圾、农业固体废物和医疗固体废物等；按危害状况又可分为有害废物和一般废物。在固体废物中，对环境影响最大的是工业有害固体废物和城市垃圾。此外，污水处理厂产生的污泥在处置过程中对环境的影响问题也日益显现。固体废物可通过多种途径污染水体、大气和土壤。综合来看，固体废物一般具有无主性、分散性、危害性和错位性 4 个特性，加强固体废物的监测、监督和管理是环境保护工作的长期任务，科学地监测、评价固体废物的属性是废物资源实现综合再利用的重要依据。

5.1　危险废物

5.1.1　危险废物概述

危险废物一般也称为有害固体废物，是固体废物管理的重点。《固体法》将危险废物定义为：列入国家危险废物名录或者根据国家规定的危险废物鉴别标准和鉴别方法认定的具有危险特性的固体废物。1998年我国制定了《国家危险废物名录》（以下简称《名录》），成为危险废物管理的重要依据和基础。依据连续性、创新性、可操作性、科学性与经济可行性相结合及动态性的原则，危险废物的认定采取《名录》与危险特性鉴别标准相结合的方法，凡具有以下两种情形之一的固体废物和液态废物，应列入《名录》：

① 具有腐蚀性、毒性、易燃性、反应性或者感染性等一种或者几种危险特性的。

② 不排除具有危险特性，可能对环境或者人体健康造成有害影响，需要按照危险废物进行管理的。

《名录》明确规定医疗废物属于危险废物。未列入《名录》和《医疗废物分类目录》的固体废物和液态废物，根据国家危险废物鉴别标准和鉴别方法认定具有危险特性的，属于危险废物，适时增补进入名录，实行《名录》内容的动态增列管理。危险废物和非危险废物混合物的性质判定，按照国家危险废物鉴别标准执行。家庭日常生活中产生的废药品及其包装物、废杀虫剂和消毒剂及其包装物、废油漆和溶剂及其包装物、废矿物油及其包装物、废胶片及废相纸、废荧光灯管、废温度计、废血压计、废镍镉电池和氧化汞电池以及电子类危险废物等，可以不按照危险废物进行管理。将上述所列废弃物从生活垃圾中分类收集后，其运输、贮存、利用或者处置，按照危险废物进行管理。

《名录》由废物类别、行业来源、废物代码、危险废物和危险特性五部分组成。废物类别是按照《控制危险废物越境转移及其处置巴塞尔公约》划定的类别进行归类。废物产生者可以通过四种方式——废物类别、行业来源、工艺特征和危险特性来确定其产生的固体废物或液态废物（排入水体的废水除外）是否在《名录》之列。行业来源是某种危险废物的产生源。废物代码是危险废物的唯一代码，为8位数字。其中，第1～3位为危险废物产生行业代码，第4～6位为废物顺序代码，第7～8位为废物类别代码。《名录》确定了5大危险特性，包括腐蚀性、毒性、易燃性、反应性和感染性，具体说明见表5-1。

表5-1　危险废物的特性及鉴别标准

序号	危险废物特性	鉴别项目及标准值
1	易燃性 (ignitability, I)	闪点低于60℃(闭杯实验)的液体、液体混合物或含有固体物质的液体
		在标准温度和压力(25℃,101.3kPa)下因摩擦或自发性燃烧而起火，经点燃后能剧烈而持续地燃烧并产生危害的固态废物
		在20℃、101.3kPa状态下，在与空气的混合物中体积分数≤13%时可点燃的气体，或在该状态下，不论易燃下限如何，与空气混合，易燃范围的易燃上限与易燃下限之差≥12%的气体
2	腐蚀性 (corrosivity, C)	按照《固体废物腐蚀性测定——玻璃电极法》(GB/T 15555.12—1995)制备的浸出液，pH≥12.5或者≤2.0
		在55℃条件下，对《优质碳素结构钢》(GB/T 699—1999)中规定的20号钢材的腐蚀速率≥6.35mm/a

续表

序号	危险废物特性	鉴别项目及标准值	
3	反应性(reactivity,R)	具有爆炸性质	常温常压下不稳定,在无引爆条件下易发生剧烈变化
			标准温度和压力下(25℃,101.3kPa),易发生爆轰或爆炸性分解反应
			受强起爆剂作用或在封闭条件下加热,能发生爆轰或爆炸反应
		与水或酸接触产生易燃气体或有毒气体	与水混合发生剧烈化学反应并放出大量易燃气体和热量
			与水混合能产生足以危害人体健康或环境的有毒气体、蒸气或烟雾
			酸性条件下,每千克含氰化物废物分解产生≥250mgHCN气体,或者每千克含硫化物废物分解产生≥500mgH_2S气体
		废弃氧化剂或有机过氧化物	极易引起燃烧或爆炸的废弃氧化剂
			对热、震动或摩擦极为敏感的含过氧基的废弃有机过氧化物
4	毒性(toxicity,T)	急性毒性	经口摄取:固体 LD_{50}≤200mg/kg,液体 LD_{50}≤500mg/kg
			经皮肤接触:LD_{50}≤1000mg/kg
			蒸气、烟雾或粉尘吸入:LC_{50}≤10mg/kg
		浸出毒性	按照HJ/T 299制备的固体浸出液中,任何一种危害成分含量超过浸出毒性鉴别标准值
5	感染性(infectivity,In)	含有已知或怀疑能引起动物或人类疾病的活性微生物毒素的物品或物质,主要鉴别对象为医疗废物	

5.1.2 危险废物管理及标准

《中华人民共和国固体废物污染环境防治法》是我国固体废物管理的专项法律，于1996年制定颁布，2005年和2013年进行了两次修订，它全面规定了固体废物环境管理的制度和体系。根据该法对于危险废物的管理要求和原则，国家制定、修订了一系列部门规章、标准和规范性文件。例如，《危险废物经营许可证管理办法》加强了对危险废物收集、贮存和处置经营活动的监督管理；《医疗废物管理条例》和《医疗废物管理行政处罚办法》规范了医疗废物的产生、收集、运输、贮存和处置等；《废弃危险化学品污染环境防治办法》对废弃危险化学品的产生、收集、运输、贮存和再利用等进行了要求；《电子废物污染环境防治管理办法》对电子废物的拆解、利用及处置进行了规范；《固体废物进口管理办法》明确禁止经中华人民共和国过境转移危险废物和禁止进口危险废物；《危险废物出口核准管理办法》也对危险废物出口管理进行了规范。我国以《固体法》为基础，相关行政法规、部门规章、标准规范及与规范性文件相配套的危险废物管理和防治体系已基本形成，同时形成了一系列危险废物的监测标准和控制标准。

有关固体废物鉴别的相关标准和规范有：《工业固体废物采样制样技术规范》(HJ/T 20—1998)、《危险废物贮存污染控制标准》(GB 18598—2001)、《危险废物鉴别标准》(GB 5085.1～7—2007)、《危险废物（含医疗废物）焚烧处置设施二噁英排放监测技术规范》(HJ/T 365—2007)、《危险废物鉴别技术规范》(HJ/T 298—2007)、《固体废物　浸出毒性浸出方法　硫酸硝酸法》(HJ/T 299—2007)和《固体废物　浸出毒性浸出方法　醋酸缓冲溶液法》(HJ/T 300—2007)等，同时还对总汞、铜、锌、铅、镉、砷、六价铬、总铬、镍、氟化物、挥发性有机物等监测项目制定了分析方法标准。这些标准或规范的颁布，为固体废物的监测、危险废物的鉴别提供了科学依据和技术上的保障。

5.1.3　危险废物样品的采集和预处理

5.1.3.1　采样方案制订

在设计采样方案时，应首先明确本次采样的目的和要求，如特性鉴别和分类，环境污染监测，综合利用或处置，污染环境事故调查分析和应急监测以及科学研究或环境影响评价等。具体内容包括采样目的和要求、背景调查和现场踏勘、采样程序、安全措施、质量控制、采样记录和报告等。

对于工业源的固体废物，我国颁布有《工业固体废物采样制样技术规范》（HJ/T 20—1998)，其规定了工业固体废物采样制样方案设计、采样技术、制样技术、样品保存和质量控制方法，适用于工业固体废物的特性鉴别、环境污染监测、综合利用及处置等所需样品的采集和制备。对于危险废物的危险特性鉴别，《危险废物鉴别技术规范》（HJ/T 298—2007）规定了固体废物的危险特性鉴别中样品的采样和检测，以及检测结果的判断等过程的技术要求。

进行现场踏勘时，应着重了解工业固体废物的：①产生单位、产生时间、产生形式（间断还是连续)、贮存（处置）方式；②种类、形态、数量和特性（含物理性质和化学性质)；③试验及分析的允许误差和要求；④污染环境、监测分析的历史资料；⑤产生或堆存或处置或综合利用等情况，了解现场及周围环境。

5.1.3.2　样品的采集

依据采样方案，确定采样方法、采样点、采样时间和采样频次、采样份样数及份样量等，落实具体监测项目和分析方法。如果是采集有害固体废物，则要根据其危害特性采取相应的安全防护措施。

(1) 采样方法确定

① 简单随机采样法。一批废物，当对其了解很少，且采取的份样比较分散也不影响分析结果时，对这一批废物不做任何处理，不进行分类也不进行排队，而是按照其原来的状况从这批废物中随机采取份样。

② 随机数表法。先对所有采份样的部位进行编号，有多少部位就编多少号，最大编号是几位数，就使用随机数表的几栏（或几行)，并把几栏（或几行）合在一起使用，从随机数字表的任意一栏、任意一行数字开始数，碰到小于或等于最大编号的数码就记下来（碰上已抽过的数就不要它)，直到抽够份数为止。抽到的号码就是采份样的部位。

③ 系统采样法。一批按一定顺序排列的废物，按照规定的采样间隔，每隔一个间隔采取一个份样，组成小样或大样。

在一批废物以运送带、管道等形式连续排出的移动过程中，按一定的质量或时间间隔采份样，份样的间隔可根据表 5-2 规定的份样数和实际批量按下列公式计算：

$$T\leqslant\frac{Q}{n}\text{或}\ T'\leqslant\frac{60Q}{Gn}$$

式中　T——采样质量间隔，t；

Q——批量，t；

n——按公式计算出的份样数或表 5-2 中规定的份样数；

G——每小时排出量，t/h；

T'——采样时间间隔，min。

表 5-2 批量大小与最少份样数

批量大小	最少份样数	批量大小	最少份样数
<1	5	≥100	30
≥1	10	≥500	40
≥5	15	≥1000	50
≥30	20	≥5000	60
≥50	25	≥10000	80

采第一个份样时，不可在第一间隔的起点开始，可在第一间隔内随机确定。采样间隔可由下式来确定：

$$采样间隔 \leqslant \frac{批量\ (t)}{规定的份样量}$$

在运送带上或落口处采份样，须截取废物流的全截面。

所采份样的粒度比例应符合采样间隔或采样部位的粒度比例，所得大样的粒度比例应与整批废物流的粒度分布大致相符。

④ 分层采样法。根据对一批废物已有的认识，将其按照有关标志分若干层，然后在每层中随机采取份样。

一批废物分次排出或某生产工艺过程的废物间歇排出过程中，可分 n 层采样，根据每层的质量按比例采取份样。同时，必须注意粒度比例，使每层所采份样的粒度比例与该层废物粒度分布大致相符。

第 i 层采份样数 n_i 按下式计算：

$$n_i = \frac{n \times Q_i}{Q}$$

式中 n_i——第 i 层应采份样数；

n——按公式计算出的份样数或表 5-4 中规定的份样数；

Q_i——第 i 层废物质量，t；

Q——批量，t。

⑤ 两段采样法。简单随机采样、系统采样和分层采样都是一次直接从一批废物中采取份样，称为单阶段采样。当一批废物由许多车、桶、箱、袋等容器盛装时，由于各容器件比较分散，所以要分阶段采样。首先从一批废物总容器件数 N_0 中随机抽取 n_1 件容器，然后再从 n_1 件的每一件容器中采 n_2 个份样。

推荐当 $N_0 \leqslant 6$ 时，取 $n_1 = N_0$；当 $N_0 > 6$ 时，n_1 按下式计算：

$$n_1 \geqslant 3 \times \sqrt[3]{N_0}\ （小数进整数）$$

推荐第二阶段的采样数 $n_2 \geqslant 3$，即 n_1 件容器中的每个容器均随机采上、中、下最少 3 个份样。

⑥ 权威采样法。固态、半固态废物样品应按照下列方法采集。

a. 连续产生。在设备稳定运行时的 8h（或一个生产班次）内等时间间隔用勺式采样器采取样品，每采取一次作为一个份样。

b. 带卸料口的贮罐（槽）装。应尽可能在卸除废物的过程中采集样品；根据固体废物性状分别使用长铲式采样器、套筒式采样器或者探针进行采样。

当只能在卸料口采样时，应预先清洁卸料口，并适当排出废物后再采取样品。采样时，用布袋（桶）接住料口，按所需份样量等时间间隔放出废物。每接取一次废物，作为一个份样。

c. 板框压滤机。将压滤机各板框顺序编号，用随机数表法抽取 N 个板框作为采样单元采取样品。采样时，在压滤脱水后取下板框，刮下废物，每个板框采取的样品混合后作为一个份样。

d. 散状堆积。对于堆积高度小于或者等于 0.5m 的散状堆积固态、半固态废物，将废物堆平铺为厚度为 10～15cm 的矩形，划分为 $5N$ 个（N 为份样数，下同）面积相等的网格，顺序编号，用随机数表法抽取 N 个网格作为采样单元，在网格中心位置处用采样铲或锹垂直采取全层厚度的废物。每个网格采取的废物作为一个份样。

对于堆积高度小于或者等于 0.5m 的数个散状堆积固体废物，选择堆积时间最近的废物堆，按照散状堆积固体废物的采样方法进行采取。

对于堆积高度大于 0.5m 的散状堆积固态、半固态废物，应分层采取样品：采样层数应不小于 2 层，按照固态、半固态废物堆积高度等间隔布置；每层采取的份样数应相等。分层采样可用采样钻或者机械钻探的方式进行。

e. 贮存池。将贮存池（包括建筑于地上、地下、半地下）划分为 $5N$ 个面积相等的网格，顺序编号，用随机数表法抽取 N 个网格作为采样单元采取样品。采样时，在网格的中心处用土壤采样器或长铲式采样器垂直插入废物底部，旋转 90°后抽出，作为一个份样。

池内废物厚度大于或等于 2m 时，应分为上部（深度为 0.3m 处）、中部（1/2 深度处）、下部（5/6 深度处）三层分别采取样品，每层等份样数采取。

f. 袋、桶或其他容器装。将各容器顺序编号，用随机数表法抽取 $\frac{N+1}{3}$（四舍五入取整数）个袋作为采样单元采取样品。根据固体废物性状分别使用长铲式采样器、套筒式采样器或者探针进行采样。打开容器口，将各容器分为上部（1/6 深度处）、中部（1/2 深度处）、下部（5/6 深度处）三层分别采取样品，每层等份样数采取。只有一个容器时，将容器按上述方法分为三层，每层采取 2 个样品。

液态废物的样品采集按下述方法进行：根据容器的大小采用玻璃采样管或者重瓶采样器进行采样。将容器内液态废物混匀（含易挥发组分的液态废物除外）后打开容器，将玻璃采样管或者重瓶采样器从容器口中心处垂直缓慢插入液面至容器底，待采样管或采样器内装满液态废物后，缓缓提出，将样品注入采样容器。

(2) 份样量确定　固体废物样品采集的份样量应同时满足下列要求。

① 满足分析操作的要求。

② 依据固体废物的原始颗粒最大粒径，不小于表 5-3 中规定的质量。

表 5-3　不同颗粒粒径的固态废物的一个分样所需采取的最小份样量

原始颗粒最大粒径(以 d 表示)/cm	最小份样量/g
$d\leqslant0.50$	500
$0.50<d\leqslant1.0$	1000
$d>1.0$	2000

半固态和液态废物的样品采集的份样量应满足分析操作的要求。

(3) 份样数的确定　固体废物采集的最小份样数见表 5-4。

表 5-4 固体废物采集的最小份样数

固体废物量(以 q 表示)/t	最小份样数/个	固体废物量(以 q 表示)/t	最小份样数/个
$q \leqslant 5$	5	$90 < q \leqslant 150$	32
$5 < q \leqslant 25$	8	$150 < q \leqslant 500$	50
$25 < q \leqslant 50$	13	$500 < q \leqslant 1000$	80
$50 < q \leqslant 90$	20	$q > 1000$	100

按照表 5-4，固体废物为历史堆积状态时，应以堆存的固体废物总量为依据，确定需要采集的最小份样数；固体废物为连续产生时，应以确定的工艺环节一个月内的固体废物产生量为依据。如果生产周期小于一个月，则以一个周期内的固体废物产生量为依据。样品采集应分次在一个月（或一个生产周期）内等时间间隔完成；每次采样在设备稳定运行 8h（或一个生产班次）内等时间间隔完成。固体废物为间歇产生时，应以确定的工艺环节一个月内的固体废物产生量为依据。如果固体废物产生的时间间隔大于一个月，以每次产生的固体废物总量为依据，确定需要采集的份样数。

每次采集的份样数应满足下式要求：

$$n=\frac{N}{P}$$

式中 n——每次采集的份样数；

N——需要采集的份样数；

P——一个月内的固体废物产生次数。

（4）采样点 对于堆存、运输中的固态工业固体废物和大池（坑、塘）中的液态工业固体废物，可按对角线法、梅花点法、棋盘式、蛇形法等方法确定采样点，参见本教材第 4.4.2 节介绍。

对于粉末状、小颗粒的工业固体废物，可按垂直方向、一定深度的部位确定采样点。

对于运输车及容器内的工业固体废物，可按上部（表面下相当于总体积的 1/6 深处）、中部（表面下相当于总体积的 1/2 深处）、下部（表面下相当于总体积的 5/6 深处）确定采样点。在车中，采样点应均匀分布在车厢的对角线上，端点距车角大于 0.5m，表层去掉 30cm，如图 5-1 所示。当车数多于采样份数时，按表 5-5 确定最少的采样车数，然后从所选车中采集样品。

表 5-5 所需最少的采样车数

车 数	所需最少采样车数	车 数	所需最少采样车数
<10	5	50～100	30
10～25	10	>100	50
25～50	20		

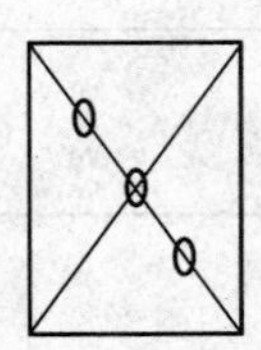
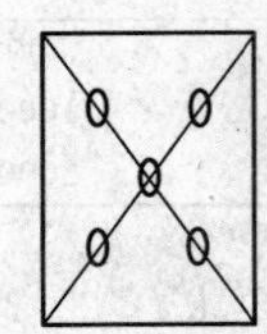
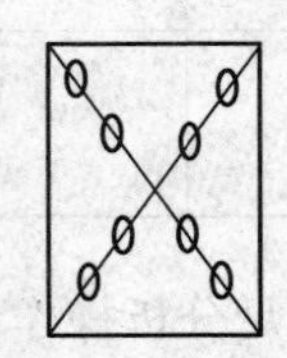

图 5-1 采样点应均匀分布在车厢的对角线

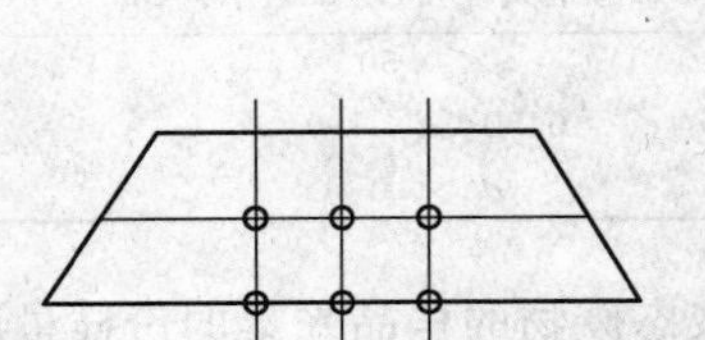
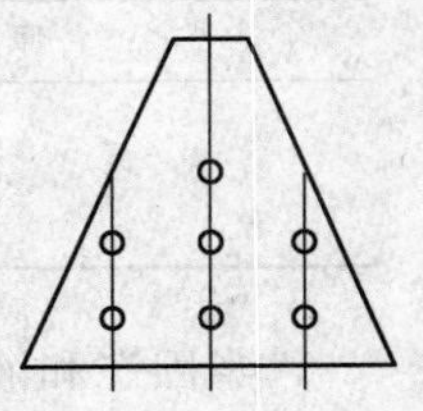

图 5-2 废渣堆中采样点的分布

废渣堆采样：在废渣堆侧面距堆底0.5m处画一条横线，然后每隔0.5m画一条横线；再在横线上每隔2m画一条垂线，其交点作为采样点，如图5-2所示。按表5-4确定的份样数确定采样点数。在每点上从0.5～1m深处各随机采样一份。

采样点设计时，还要根据采样方式（简单随机采样、分层采样、系统采样、两段采样等）来确定采样点。

(5) 采样工具　固体废物的采样工具有尖头钢锹、钢锤、采样探子、采样钻、钢尖镐（腰斧）、采样铲（采样器）、取样铲、具盖采样桶或内衬塑料的采样袋等。

液态废物采样器具有采样勺、采样管、采样瓶和罐或搅拌器等。

半固态废物采样原则为：按固态废物采样或液态废物采样规定进行。对在常温下为固体，当受热时易变成流动的液体而不改变其化学性质的废物，最好在产生现场加热使其全部熔化后按液态样品采集；也可劈开包装按固态样品采集。对黏稠的液体废物，有流动而又不易流动，最好在产生现场按系统采样法采样；当必须从最终容器中采样时，要选择合适的采样器按液态废物采样。由于此种废物难以混匀，所以份样数建议取公式法确定的份样数的4/3倍。

采样工具、设备所用材质不能和待采工业固体废物有任何反应，不能使待采工业固体废物污染、分层和损失。采样工具在正式使用前均应做可行性试验。

采样过程中还要防止待采工业固体废物受到污染和发生变质。与水、酸、碱有反应的工业固体废物，应在隔绝水、酸、碱的条件下采样；组成随温度变化的工业固体废物，应在其正常组成所要求的温度下采样。

5.1.3.3　样品的制备

样品制备的目的是从采取的小样或大样中获取最佳量、具有代表性、能满足试验或分析要求的样品。在预处理过程中，应防止样品产生化学变化和污染。通常，固体废物样品的预处理包括样品风干、粉碎、筛分、混合和缩分等步骤，具体如下所述。

(1) 样品风干　湿样品应在室温下自然干燥，使其达到适于破碎、筛分、缩分的程度。

(2) 粉碎　用机械方法或人工方法破碎和研磨，使样品分阶段达到相应分析所要求的最大粒度。

(3) 筛分　根据粉碎阶段排料的最大粒度，选择相应的筛号，分阶段筛出一定粒度范围的样品。要求使样品保证95%以上处于某一粒度范围。

(4) 混合　用机械设备或人工转堆法，使过筛的一定粒度范围的样品充分混合，使样品达到均匀分布。

(5) 缩分　将样品缩分成两份或多份，以减少样品的质量。可以采用下列一种方法或几种方法并用。

① 份样缩分法：将样品置于平整、洁净的台面上，充分混合后，按一定厚度铺成长方形平堆，划成等分的网格，缩分大样不少于20格，缩分小样不少于12格，缩分份样不少于4格。从各格随机取等量一满铲，合并为缩分样品。

② 圆锥四分法：将样品置于洁净、平整的台面上，堆成圆锥形，每铲自圆锥的顶尖落下，使样品均匀地沿锥尖散落，注意勿使圆锥中心错位，反复转堆至少三次，使充分混均，然后将圆锥顶端压平成圆饼，用十字分样板自上压下，分成四等份，任取对角的两等份，重复操作数次，直至不少于1kg试样为止。在进行各项有害特性测定前，可根据要求的样品量进一步缩分。图5-3为四分法的缩分示意图。

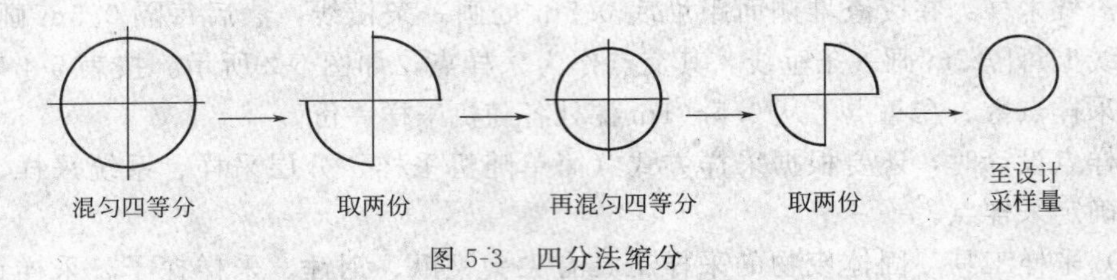

图 5-3 四分法缩分

如果是测定不稳定的氰化物、总汞、有机磷农药以及其他有机物质，则应将采集的新鲜固体废物样品剔除异物后研磨均匀，然后直接称样测定。但需同时测定水分，最终测定结果以干样品表示。

5.1.3.4 样品水分含量测定

称取试样 20g 左右，测定无机物时可在 105℃下干燥，恒重至±0.1g，测定水分含量。测定样品中有机物时应于 60℃下干燥 24h，确定水分含量。固体废物测定结果以干样品计算，当污染物含量小于 0.1%时以 mg/kg 表示，含量大于 0.1%时则以质量分数（%）表示，并说明是水溶性或总量。

5.1.3.5 样品的保存

制备好的样品应密封于容器中保存，每份样品保存量至少应为试验和分析需用量的 3 倍。容器应对试样不产生吸附，不使试样变质；对光敏废物，样品应装入深色容器中并置于避光处；对温度敏感的废物，样品应保存在规定的温度之下；对与水、酸、碱等易反应的废物，应在隔绝水、酸、碱等条件下贮存。贴上标签待分析，标签上应注明编号、废物名称、采样地点、批量、采样人、制样人、采样时间。特殊样品，可采取冷冻或充惰性气体等方法保存。

制备好的样品，一般有效保存期为 1 个月（易变质的试样除外）。

5.1.4 危险废物的检测方法

固体废物特性鉴别的检测项目应根据固体废物的产生源特性确定。根据固体废物的产生过程可以确定不存在的特性项目或者不存在不产生的毒性物质，不进行检测。固体废物特性鉴别采用《危险废物鉴别标准》（GB 5085—2007）规定的相应方法和指标限值，若无法确认固体废物是否含有危险特性或毒性物质时，按照以下程序进行检测：反应性、易燃性、腐蚀性检测；浸出毒性中无机物质的检测；浸出毒性中有机物质项目的检测；毒性物质含量鉴别项目中无机物质项目的检测；毒性物质含量鉴别项目中有机物质项目的检测；急性毒性鉴别项目的检测。

无法确认固体废物产生源的时候，应首先对这种固体废物进行全成分元素分析和水分、有机分和灰分三成分分析，根据结果确定检测项目。

5.1.4.1 易燃性试验

对于液态危险废物，通过测定废物的闪点鉴别其易燃性。闪点较低的液态状废物和燃烧剧烈而持续的非液态状废物，由于摩擦、吸湿、点燃等自发的化学变化会发热、着火，或可能由于它的燃烧引起对人体或环境的危害。

鉴别试验用专用的闭口闪点测定仪测定。温度计采用 1 号温度计（－30～＋170℃）或 2 号温度计（100～300℃）。防护屏采用镀锌铁皮制成，高度 550～650mm，宽度以适用为度，屏身内壁涂成黑色。

测定时试样温度达到预期闪点前 10℃时，停止搅拌，对于闪点低于 104℃的试样每经 1℃进行点火试验，对于闪点高于 104℃的试样每经 2℃进行点火试验。至试样上方刚出现蓝色火焰时，立即读出温度计上的温度值，该值即为测定结果。

操作过程和步骤可参阅《石油产品闪点测定法（闭口杯法）》（GB/T 261—1983）。

对于固态危险废物，可参照《易燃固体危险货物危险特性检验安全规范》（GB 19521.1—2004）进行。其中危险特性鉴别试验仪器采用金属燃烧速率仪、非金属燃烧速率仪。试验方法为将商品形式的粉状或颗粒状样品紧密地装入模具，模具的顶上安放不渗透、不燃烧、低导热的底板，把设备倒置，拿掉模具。把糊状物质铺放在不燃烧的表面上，做成 250mm 的绳索状，剖面约 100mm，从绳索的一端将样品点燃。如为潮湿敏感样品，应在该样品从其容器中取出后尽快把试验做完。燃烧速率试验应在通风橱中进行，风速应足以防止烟雾逸进试验室。

对于气态危险废物，主要方法是用流量计控制气体流速，充分混合待测气体混合物，同时关闭气体入口，在点火前打开反应管出口使得气体混合物的压力等同于大气压力。细节应参照《易燃气体危险货物危险特性检验安全规范》（GB 19521.3—2004）进行。

5.1.4.2　化学反应性试验方法

根据危险废物反应性鉴别标准，危险废物的反应特性主要有三种构成，其检验方法分别介绍如下。

（1）具有爆炸性质　爆炸即在极短的时间内释放出大量能量，产生高温，并放出大量的气体，在周围形成高压的化学反应或状态变化的现象。对这类废物的鉴别主要依据专业知识，必要时可参照《民用爆炸品危险废物危险特性检验安全规范》（GB 19455—2004）中第 6.2 和 6.4 条规定进行试验和鉴定。

（2）与水或酸接触产生易燃气体或有毒气体　有些危险废物与水混合发生剧烈的化学反应，并放出大量易燃气体和热量，可按照《遇水放出易燃气体危险废物危险特性检验安全规范》（GB 19521.4—2004）第 5.5.1 条和第 5.5.2 条规定进行试验和判定。对于与水混合能产生足以危害人体健康或环境的有毒气体、蒸气或烟雾的废物，主要依据专业知识和经验来判断；对于与酸溶液接触后氢氰酸和硫化氢的比释放率的测定，可以在装有定量废物的封闭体系中加入一定量的酸，将产生的气体吹入洗气瓶，测定被分析物。其试验装置如图 5-4 所示。

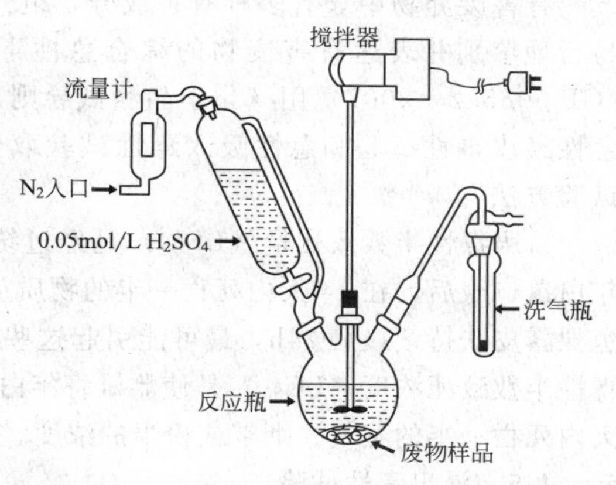

图 5-4　测定废物中氰化物或硫化物的实验装置

具体的测定步骤如下。

① 加入 50mL 0.25mol/L 的 NaOH 溶液于刻度洗气瓶中，用试剂水稀释至液面高度。

② 封闭测量系统，用转子流量计调节氮气流量，流量应为 60mL/min。

③ 向圆底烧瓶中加入 10g 待测废物。

④ 保持氮气流量，加入足量硫酸使烧瓶半满，同时开始搅拌，搅拌速度在整个实验过程中保持不变（注意：搅拌速度以不产生漩涡为宜）。

⑤ 30min 后，关闭氮气，卸下洗气瓶，分别测定洗气瓶中氰化物和硫化物的含量。

固体废物中的氰化物或硫化物含量有下式计算：

$$R=\text{比释放率}[\mathrm{mg/(kg\cdot s)}]=\frac{XL}{WS}$$

$$\text{总有效 }\mathrm{HCN/H_2S(mg/kg)}=R\times S$$

式中 X——洗气瓶中 HCN 的浓度，吸气瓶中 H_2S 的浓度，mg/L；

L——洗气瓶中溶液的体积，L；

W——取用的废物质量，kg；

S——测量时间，S=关掉氮气的时间－通入氮气的时间。

(3) 废弃氧化物或有机过氧化物　对于极易引起燃烧或爆炸的废弃氧化剂，按《氧化性危险货物危险特性检验安全规范》(GB 19452—2004) 的规定进行试验；而对热、震动或摩擦极为敏感的含过氧基的废弃有机过氧化物的试验方法按照《有机过氧化物危险货物危险特性检验安全规范》(GB 19521.12—2004) 的规定进行。

5.1.4.3　腐蚀性试验

有关腐蚀性的 pH 值测定按《固体废物腐蚀性测定——玻璃电极法》(GB/T 15555.12—1995) 规定的方法进行，对腐蚀速率的测定则参照《金属材料实验室均匀腐蚀全浸实验方法》(JB/T 7901—1999) 进行。玻璃电极法的具体步骤如下。

(1) 浸出步骤　称取 100g 试样（以干基计），置于浸取用的混合容器中，加 1L 水（包括试样的含水量）；将浸取用的混合容器垂直固定在振荡器上，振荡频率调节为 (110±10) 次/min，振幅为 40mm，在室温下振荡 8h，静止 16h；通过过滤装置分离固液相，滤后立即测定溶液的 pH 值，若固体废物中干固体的质量分数小于 0.5%时，则不经过浸出步骤，直接测定溶液的 pH 值。注意：固体试样风干、磨碎后应能通过 5mm 的筛孔。

(2) 测定方法　用玻璃电极为指示电极，饱和甘汞电极为参比电极组成电池，在 25℃ 条件下，氢离子活度变化 10 倍，使电动势偏移 59.16mV，仪器上直接以 pH 值的读数表示。

5.1.4.4　急性毒性的初筛试验

有害废弃物中含有多种有害成分，组分分析难度较大。急性毒性的初筛试验可以简便易行地鉴别并表达有害废物的综合急性毒性。《危险废物鉴别标准——急性毒性初筛》(GB 5085.2—2007) 用《化学品测试导则》(HJ/T 153—2004) 中的急性经口毒性试验、急性经皮毒性试验和急性吸入毒性试验取代了原标准附录中的“危险废物急性毒性初筛试验方法”。

口服毒性半数致死量 (LD_{50}) 是经过统计学方法得出的一种物质的单一计量，是指青年白鼠口服后，在 14 天内死亡一半的物质剂量；皮肤接触毒性半数致死量 (LD_{50}) 是使白兔裸露皮肤持续接触 24h，最可能引起这些试验动物在 14 天内死亡一半的物质剂量；吸入毒性半数致死浓度 (LC_{50}) 是使雌雄青年白鼠连续吸入 1h，最可能引起这些试验动物在 14 天内死亡一半的蒸气、烟雾或粉尘的浓度。

5.1.4.5　浸出毒性试验

浸出毒性是固态的危险废物遇水浸沥，其中有害的物质迁移转化，污染环境，浸出的有害物质的毒性称为浸出毒性。鉴别条件：当浸出液中任何一种危害成分的浓度超过表 5-6 所列的浓度值，则该废物是具有浸出毒性的危险废物。

《危险废物鉴别标准——浸出毒性鉴别》规定浸出试验采用《固体废物浸出毒性浸出方法——硫酸硝酸法》(HJ/T 299—2007) 规定步骤进行，该方法以硝酸/硫酸混合溶液为浸取剂，模拟废物在不规范填埋处置、堆存或经无害化处理后土地利用时，其中的有害组分在酸性降水的影响下，从废物中浸出而进入环境的过程。具体试验条件和步骤分别介绍如下。

(1) 振荡设备　转速为 (30±2)r/min 的翻转式振荡装置；零顶空提取器 (Zero-headspace Extraction Vessel，ZHE)，500～600mL，用于样品中挥发性物质浸出和过滤的专用装置；ZHE 浸出液采集装置，采用玻璃、不锈钢或 PTFE 制作的 500mL 注射器采集初始液相或最终的浸出液；ZHE 浸提剂转移装置，可以使用任何不改变浸提剂性质的导入设备，包括蠕动泵、注射器、正压过滤器或其他 ZHE 装置；提取瓶，2L 具旋盖和内盖的广口瓶用于浸出样品中非挥发性和半挥发性物质。

(2) 浸取剂　浸取剂 1，将质量比为 2：1 的浓硫酸和浓硝酸混合液加入到试剂水 (1L 水约 2 滴混合液) 中，控制 pH 值为 3.20±0.05，该浸取剂用于测定样品中重金属和半挥发性有机物的浸出毒性；浸取剂 2，试剂水，用于测定氰化物和挥发性有机物的浸出毒性。

(3) 样品的保存　样品应该于 4℃冷藏保存，除非冷藏会使样品性质发生不可逆的改变；测定样品中的挥发性成分时，在样品的采集和贮存过程中应以适当的方式防止挥发性物质的损失；用于金属分析的浸出液在贮存之前应用硝酸酸化至 pH<2；用于有机成分分析的浸出液在贮存的过程中不能接触空气，即零顶空保存。

(4) 含水率测定　称取 50～100g 样品置于具盖容器中，于 105℃下烘干，恒重至两次称量值的误差小于±1%，计算样品含水率。样品中含有初始液相时，应将样品进行压力过滤，再测定滤渣的含水率，并根据总样品量 (初始液相与滤渣重量之和) 计算样品中的干固体百分率。进行含水率测定后的样品，不得用于浸出毒性试验。

(5) 样品预处理　样品颗粒应可以通过 9.5mm 孔径的筛，对于粒径大的颗粒可通过破碎、切割或碾磨降低粒径。测定样品中挥发性有机物时，为避免过筛时待测成分有损失，应使用刻度尺测量粒径；样品和降低粒径所用工具应进行冷却，并尽量避免将样品暴露在空气中。

挥发性有机物的浸出步骤如下。

① 将样品冷却至 4℃，称取干基质量为 40～50g 的样品，快速转入零顶空提取器 (图5-5)，安装好零顶空提取器，缓慢加压以排除顶空。

② 样品含有初始液相时，将浸出液采集装置与 ZHE 连接，缓慢升压至不再有过滤液流出，收集初始液相，冷藏保存。

③ 如果样品中干固体质量分数小于或等于 90%，所得的初始液相即为浸出液，直接进行分析；干固体质量分数大于 9%的，重复浸出步骤，并将所得到的浸出液与初始液相混合后进行分析。

④ 根据样品的含水率，按液固比为 10：1 (L/kg) 计算出所需浸提剂的体积，用浸提剂转移装置加入浸取剂 2，安装好 ZHE，缓慢加压

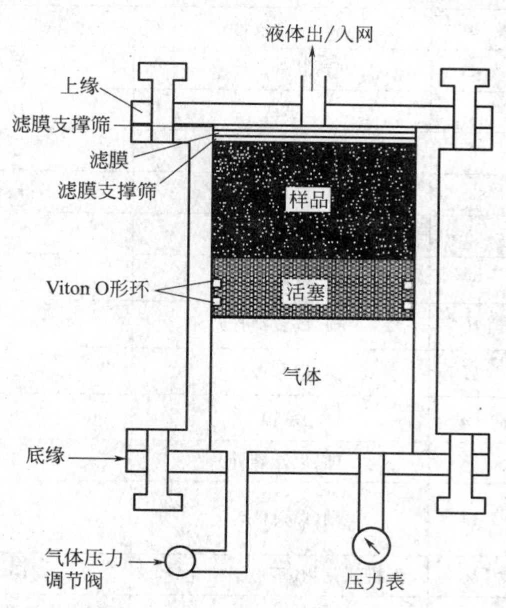

图 5-5　零顶空提取器 (ZHE) 示意图

以排除顶空并关闭所有阀门。

⑤ 将ZHE固定在翻转式振荡装置上，调节转速为（30±2）r/min，于（23±2）℃下振荡（18±2）h。振荡停止后取下ZHE，检查装置是否漏气（如果ZHE装置漏气，应重新取样进行浸出），用收集有初始液相的同一个浸出液采集装置收集浸出液，冷藏保存待分析。

非挥发性有机物的浸出步骤如下。

① 如果样品中含有初始液相，应用压力过滤器和滤膜对样品过滤。干固体质量分数小于或等于9%的，所得到的初始液相即为浸出液，直接进行分析；干固体质量分数大于95%的，将滤液渣按下面的方法浸出，初始液相与浸出液混合后进行分析。

② 称取150～200g样品，置于2L提取瓶中，根据样品的含水率，按液固比10：1（L/kg）计算出所需浸取剂的体积，加入浸取剂1，盖紧瓶盖后固定在翻转式振荡装置上，调节转速为（30±2）r/min，于（23±2）℃下振荡（18±2）h。在振荡过程中有气体产生时，应定时在通风橱中打开提取瓶，释放过度的压力。

③ 在压力过滤器上装好滤膜，用稀硝酸淋洗过滤器和滤膜，弃掉淋洗液，过滤并收集浸出液，于4℃下保存。

④ 除非消解会造成待测金属的损失，用于金属分析的浸出液应按分析方法的要求进行消解。

《危险废物鉴别标准——浸出毒性鉴别》（GB 5085.3—2007）还规定了50种相关物质的鉴别值及监测项目的测定方法，列于表5-6中。

表5-6 浸出毒性鉴别值

序号	危害成分项目	浸出液中危害成分浓度限值/(mg/L)	分析方法
无机元素及化合物			
1	铜(以总铜计)	100	电感耦合等离子体原子发射光谱法； 电感耦合等离子体质谱法； 石墨炉原子吸收光谱法； 火焰原子吸收光谱法
2	锌(以总锌计)	100	
3	镉(以总镉计)	1	
4	铅(以总铅计)	5	
5	总铬	15	
6	铬(六价)	5	GB/T 15555.4—1995
7	烷基汞	不得检出	GB/T 14204—93
8	汞(以总汞计)	0.1	电感耦合等离子体质谱法
9	铍(以总铍计)	0.02	电感耦合等离子体原子发射光谱法
10	钡(以总钡计)	100	电感耦合等离子体质谱法
11	镍(以总镍计)	5	石墨炉原子吸收光谱法
12	总银	5	火焰原子吸收光谱法
13	砷(以总砷计)	5	石墨炉原子吸收光谱法；原子荧光法
14	硒(以总硒计)	1	电感耦合等离子体质谱法；石墨炉原子吸收光谱法；原子荧光法
15	无机氟化物(不包括氟化钙)	100	离子色谱法
16	氰化物(以CN^-计)	5	离子色谱法

续表

序号	危害成分项目	浸出液中危害成分浓度限值/(mg/L)	分析方法
		有机农药类	
17	滴滴涕	0.1	气相色谱法
18	六六六	0.5	气相色谱法
19	乐果	8	气相色谱法
20	对硫磷	0.3	
21	甲基对硫磷	0.2	
22	马拉硫磷	5	
23	氯丹	2	气相色谱法
24	六氯苯	5	
25	毒杀芬	3	
26	灭蚁灵	0.05	
		非挥发性有机化合物	
27	硝基苯	20	高效液相色谱法
28	二硝基苯	20	气相色谱/质谱法
29	对硝基氯苯	5	高效液相色谱/热喷雾/质谱或紫外法
30	2,4-二硝基氯苯	5	
31	五氯酚及五氯酚钠(以五氯酚计)	50	
32	苯酚	3	气相色谱/质谱法
33	2,4-二氯苯酚	6	
34	2,4,6-三氯苯酚	6	
35	苯并[a]芘	0.0003	气相色谱/质谱法;热提取气相色谱/质谱法
36	邻苯二甲酸二丁酯	2	气相色谱/质谱法
37	邻苯二甲酸二辛酯	3	高效液相色谱/热喷雾/质谱或紫外法
38	多氯联苯	0.002	气相色谱法
		挥发性有机化合物	
39	苯	1	气相色谱/质谱法；
40	甲苯	1	气相色谱法;平衡顶空法
41	乙苯	4	气相色谱法
42	二甲苯	4	气相色谱法； 气相色谱/质谱法
43	氯苯	2	
44	1,2-二氯苯	4	
45	1,4-二氯苯	4	
46	丙烯腈	20	气相色谱/质谱法 平衡顶空法
47	三氯甲烷	3	
48	四氯化碳	0.3	
49	三氯乙烯	3	
50	四氯乙烯	1	

注：1. 不得检出指甲基汞<10ng/L；乙基汞<20ng/L。

2. 具体方法可参照GB 5085.3—2007的附录部分。

5.1.5 危险废物检测结果判断

在对固体废物进行检测后，如果检测结果超过《危险废物鉴别标准》(GB 5085—2007)中相应标准限值的分样数大于或者等于表5-7中的超标分样数下限值，即可判定该危险废物具有该种危险特性。如果采集的分样数与表5-7中的分样数不符，按照表5-7中与实际分样数最接近的较小分样数进行结果的判断。如果固体的分样数大于100，应按照下列公式确定超标分样数的下限值：

$$N_{限}=\frac{N\times 22}{100}$$

式中 $N_{限}$——超标分样数下限值，按照四舍五入法取整数；

N——分样数。

表5-7 分析结果判断方案

分样数	超标分样数下限	分样数	超标分样数下限
5	1	32	8
8	3	50	11
13	4	80	15
20	6	100	22

5.2 生活垃圾

5.2.1 城市垃圾及其分类

城市垃圾是指城市居民在生活、商业活动、市政维护和管理中产生的垃圾。城市垃圾产生量随着人口及人口密度、生活水平、燃料结构、气候等许多因素的变化而变化。特别是近几年来，我国经济有了较快的发展，人们的生活水平也有了大幅度的提高，城市垃圾的组成和性质也就随之发生了变化，尤其是在我国部分大城市逐渐实现了生活燃料煤气化，其垃圾中的有机物、可燃物成分增多，而无机物特别是煤渣成分显著减少。

从垃圾的处理角度出发，把城市垃圾分为可燃性垃圾、有机物垃圾和无机物垃圾。我们通常讲的城市垃圾指城市居民在日常生活中抛弃的固体垃圾。它主要包括生活垃圾、零散垃圾、医院垃圾、市场垃圾、建筑垃圾和街道扫集物等，其中医院垃圾（特别是带有病原体的）和建筑垃圾应予单独处理，其他通常由环卫部门集中处理，一般称为生活垃圾。

生活垃圾是一种由多种物质组成的异质混合物，它通常包括以下几类：①废品类，如废金属、废玻璃、废塑料橡皮、废纤维类、废纸类和砖瓦类；②厨房类，如饮食废物、蔬菜废物、肉类和肉骨，我国部分城市厨房燃料用煤、煤制品、木炭的燃余物；③灰土类。

城市垃圾除利用各种分选方法，分选出空瓶、空罐头盒、铁等金属以后，还可以利用焚烧、堆肥、卫生填埋等方法进一步对垃圾进行处理和利用，不同的方法其监测的重点和项目也不一样。例如焚烧，垃圾的热值、燃烧废气、底灰和飞灰等是重要测定的参数，而堆肥需测定生物降解度、堆肥的腐蚀度等。对于填埋，渗滤水分析和堆场周围的苍蝇密度等成为监测的主要项目。

我国已颁布了《城市生活垃圾采样和物理分析方法》(CJ/T 3039—95)，规定了城市生活垃圾样品的采集、制备和物理成分、物理性质的分析方法，适用于城市生活垃圾的常规调查；颁布了《生活垃圾填埋场环境监测技术标准》(CJ/T 3037—1995)，规定了生活垃圾填埋场环境监测内容和方法，适用于生活垃圾填埋场环境监测；《生活垃圾填埋场污染控制标准》(GB 16889—2008) 对生活垃圾填埋场的环境监测及排放限值进行了基本要求。

5.2.2　生活垃圾采样与样品制备

从不同的垃圾产生地、储存场或堆放场提取有代表性的各类试样，既是垃圾特性研究的第一个环节，也是保证获得研究数据准确性的重要前提。因此，实施城市生活垃圾采样之前，应对垃圾产地的自然环境和社会环境进行调查，如居住状况、生活水平等，同时也要考虑在收集、运输、储存等过程中可能的变化，然后对各种相关因素进行科学分析，制定出周密的采样计划，配备各种采样工具，掌握采样的基本技巧。采样过程必须详细记录采样地点、时间、种类、表观特性等，在记录卡传递过程中，必须有专人签署，便于核查。

5.2.2.1　垃圾样品采样

(1) 采样点的确定　通常，根据市区人口、主要功能区类和调查目的，按表 5-8 和表 5-9确定点位及点数，并保证采样点垃圾具有代表性和稳定性。

表 5-8　各主要功能区采样点的确定

序号	1			2	3	4	5		6
区别	居民区			事业区	商业区	清扫区	特殊区		混合区
类别	燃煤	半燃煤	无燃煤	办公，文教	商店(场)饭店，娱乐场所，交通站(场)	街道，园林，广场	医院	使、领馆	垃圾堆放处理场

表 5-9　城市人口与采样点确定

市区人口/万人	50 以下	50～100	100～200	200 以上
最少采样点数/个	8	16	20	30

(2) 采样频率和时间　采样频率一般是每月两次，在因环境而引起垃圾变化的时期，可调整部分月份的采样频率或增加采样频率，但两次采样间隔时间应大于 10 天。此外还要求：

① 采样应在无大风、雨、雪的条件下进行。

② 在同一市区每次各点的采样宜尽可能同时进行。

③ 各类垃圾收集点的采样应在收集点收运垃圾前进行。

(3) 采样方法　生活垃圾采样的设备有采样车、1t 双排座货车、密闭容器、磅秤等。采样常用工具有锹、耙、锯、锤子和剪刀等。采样具体方法如下。

① 在大于 $3m^3$ 的设施（箱、坑）中采用立体对角线布点法，如图 5-6 所示。在等距点（不少于 3 个）采等量垃圾，共 100～200kg。

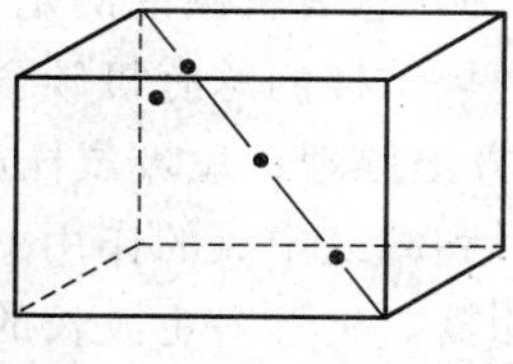

图 5-6　立体对角线布点采样法

② 在小于 $3m^3$ 的设施（箱、桶）中，每个设施采 20kg 以上，最少采集 5 个样品，共 100～200kg。

③ 混合垃圾点的采样应采集当日收运到堆放处理场的垃圾车中的垃圾，在间隔的每辆车内或在其卸下的垃圾堆中采用立体对角线法在 3 个等距点采等量垃圾共 20kg 以上；最少采 5 车，总共 100～200kg。

一般说来，要准确反映研究对象的基本情况，要从不同地点提取各类不同的试样。为了减少提取的垃圾试样量，可在采样现场从单项试样提取混合试样，以便于保持试样的粒度和含水率等特征。

5.2.2.2 样品预处理

测定垃圾容重后将大块垃圾破碎至粒径小于50mm的小块，摊铺在水泥地面充分混合搅拌，再用四分法（图5-3）缩分2（或3）次至25～50kg样品，置于密闭容器运到分析场地。确实难以全部破碎的可预先剔除，在其余部分破碎缩分后，按缩分比例，将剔除垃圾部分破碎加入样品中。样品根据情况进行粉碎、干燥再储存，其水分含量、pH值、垃圾的重量、体积、容量等应按要求测定、记录。

经预处理后的垃圾样品应尽快进行相关指标的分析，否则必须将样品摊铺在室内避风阴凉干净的铺有防渗塑胶布的水泥地面，厚度不超过50mm，并防止样品损失和其他物质的混入，保存期不超过24h。

5.2.3 生活垃圾特性分析

5.2.3.1 粒度的测定

一般借助筛分法来确定物料的粒度。由于物料只有在二维尺寸均小于筛孔时，才能通过筛孔，所以筛分法是掌握试样粒度分布的最简便方法，试样筛分的步骤为：①称出每一只筛子的质量，筛目的大小取决于筛网的材料；②将这些筛子按筛目规格序列排放，在最下面放一称盘；③在筛子上放置需筛分的试样；④将筛子连续摇动15min；⑤将带有样品的每一只筛子称重；⑥如果需要在试样干燥后再称重，可将筛子放在烘箱中，在温度70℃下烘24h，然后放于干燥器中冷却，再称重；⑦计算出每只筛子上的微粒百分比。

$$\text{微粒}(\%)=\frac{(\text{微粒质量}+\text{筛子质量})-\text{筛子质量}}{\text{总样品质量}}\times 100\%$$

5.2.3.2 淀粉的测定

垃圾在堆肥处理过程中，需借助淀粉量分析来鉴定堆肥的腐熟程度，测定方法是基于在堆肥过程中形成了一定量的淀粉碘化络合物。这种络合物颜色的变化取决于堆肥的降解度，当堆肥降解尚未结束时，呈蓝色，降解结束即呈黄色。堆肥颜色的变化过程是深蓝→浅蓝→灰→绿→黄。

样品分析步骤：①将1g堆肥置于100mL烧杯中，滴入几滴酒精使其湿润，再加入20mL 36%的高氯酸；②用纹网滤纸（90号纸）过滤；③加入20mL碘反应剂到滤液中并搅动；④将几滴滤液滴到白色板上，观察其颜色变化。

5.2.3.3 总有机碳的测定

垃圾试样的总有机碳含量测定在TOC测定仪上进行。燃烧氧化-非分散红外吸收法测定TOC方法原理：垃圾试样放入反应管中，在950℃温度、催化剂（铂和二氧化钴或三氧化二铬）和载气中氧的作用下，使样品中的有机化合物转化成为二氧化碳，并进入非色散红外线检测器。由于一定波长的红外线被二氧化碳选择吸收，并在一定浓度范围内，二氧化碳对红外线吸收的强度与二氧化碳的浓度成正比，故可进行总碳（TC）的定量测定。

大量的实验结果表明，垃圾中的有机碳含量大约是有机物质的47%。因此，在没有TOC仪的情况下，也可采用粗略估算法获得总有机碳的含量，即测定易挥发性固体的质量（VS），然后再乘以47%，其测定步骤为：①将垃圾试样在实验室内研磨并烘干；②将一个干燥的、燃烧过的且已冷却的坩埚称重；③将适量已烘干的垃圾放入此坩埚中然后一起称重；④在马弗炉内用600℃温度燃烧15min；⑤移到烘干器中冷却并称重；⑥两次称重的质量差即为挥发性固

体的质量；⑦有机碳的估算公式为：总有机碳含量（g/g）=0.47×VS，而

$$\mathrm{VS(g/g)}=\frac{a-b}{a-c}$$

式中 a——垃圾加上坩埚的质量，g；

b——燃烧过的垃圾与坩埚的质量，g；

c——坩埚的质量，g。

5.2.3.4 生物降解度的测定

垃圾试样中既含有容易生物降解的有机物，也含有难以降解的有机物。

生物降解度的测定是一种以化学手段估算生物可降解度的间接测试方法，类似于水中化学需氧量的测定。根据生物可降解有机物应比生物难降解有机物更容易被氧化这一特点，在原有“湿烧法”测定固体总有机质方法的基础上，采用了常温反应，并降低了强氧化剂溶液的氧化程度，使之有选择地氧化生物可降解物质。其测试方法为：在常温和强酸条件下，以强氧化剂——重铬酸钾氧化垃圾中的有机质，过量的重铬酸钾以硫酸亚铁铵回滴，根据所消耗的氧化剂的量，可计算垃圾中有机质的量，并可换算为生物可降解度。计算公式为：

$$\text{生物可降解度}(\%)=\frac{(V_0-V_1)\times c\times 6.383\times 10^{-3}\times 10}{W}\times 100\%$$

式中 V_0——空白实验所消耗的硫酸亚铁铵标准溶液的体积，mL；

V_1——样品测定所消耗的硫酸亚铁铵标准溶液的体积，mL；

c——硫酸亚铁铵标准溶液的浓度，mol/L；

6.383——换算系数（碳的换算系数3.0除以生物可降解物质的平均含碳量4.7%）；

W——样品质量，g。

试验具体步骤：①称取0.5g已磨碎的烘干试样，放入500mL锥形瓶中，准确移入15mL重铬酸钾溶液和20mL硫酸；在室温下将这一混合溶液至于振荡器中振荡1h，放置12h；②取下锥形瓶，加水至标线，混合均匀，分取25mL于锥形瓶中，加入亚铁灵指示剂3滴，用硫酸亚铁铵标准溶液回滴，在滴定过程中颜色的变化是从棕绿→绿蓝→蓝→绿，在等当点时呈纯绿色，表明滴定至终点。

5.2.3.5 垃圾热值的测定

由于城市垃圾中含有一定量的可燃（发热）成分，因此具有一定的含热（能）量。热值（单位质量物质的含热量）表明垃圾的可燃性质，是垃圾焚烧处理的重要指标。

对于生活垃圾类固体废物，单位量（克或千克）完全燃烧氧化时的反应热称作热值。热值分高热值（H_0）和低热值（H_u），垃圾中可燃物质的热值为高热值，但实际上垃圾中总含有一定量不可燃的惰性物质和水。当燃料升温时，这些惰性物质和水要消耗热量，同时燃烧过程中产生的水以水蒸气的形式挥发也消耗热量。所以，实测的热值要低很多，这一热值称为低热值。由此可见，低热值更有使用价值。

高热值与低热值之间的换算公式为：

$$H_u=H_0\left[\frac{100-(I+W)}{100-W_L}\right]\times 5.85W$$

式中 H_u——低热值，kJ/kg；

H_0——高热值，kJ/kg；

I——惰性物质含量，%；

W——垃圾的表面湿度，%；

W_L——剩余的和吸湿性的湿度，%，通常 W_L 对结果的精确性影响不大，可以忽略不计。

热值的测定方法有量热计法和热耗法。前者的困难是要了解比热值，因为垃圾组分变化范围大，其中塑料和纸类比热容差异大。热耗大约与干物质的有机物所占比例相关联，所以能在垃圾的热耗和高热值之间建立相关性。

5.2.4 垃圾渗滤液分析

在生活垃圾的填埋、焚烧、堆肥三大处理方法中，渗滤液主要来源于卫生填埋场，在填埋初期，由于地表水和地下水的流入、雨水的渗入以及垃圾本身的分解会产生大量的污水，该污水称之为垃圾渗滤液。其中溶解了垃圾中大量可溶性无机、有机化合物等，其水质与一般生活污水有很大差异，表 5-10 给出了渗滤液与生活污水的组成比较。

表 5-10 渗滤液与生活污水的组成比较

监测项目	类别			
	渗滤液/(mg/L)		生活污水/(mg/L)	
	第一年	第二年	浓	稀
总固体	45070	13629	1793	796
悬浮性固体	172	220	1190	640
溶解性固体	44900	13100	603	156
总硬度(以 $CaCO_3$ 计)	22800	8930	339	204
钙(以 $CaCO_3$ 计)	7200	216	239	137
镁(以 $CaCO_3$ 计)	15600	8714	100	67
氨态氮(以 N 计)	0	270	53.3	24.3
有机氮	104	92.4	24.6	19.3
BOD	10900	908	538	358
COD	76800	3042	957	329
硫酸盐(SO_4^{2-})	1190	19	225	81
总磷酸盐(PO_4^{3-})	0.24	0.65	11.7	7.2
氯化物(Cl^-)	660	2355	312	97
钠(Na)	767	1160	267	100
钾(K)	68	440	24	12.3
硼(B)	1.49	3.76	0.54	0.43
铁(Fe)	2820	4.75	0.66	1.12
pH 值	5.75	7.40	805	7.4

5.2.4.1 渗滤液的特性

渗滤液的特性取决于其组成和浓度。由于不同国家、不同地区、不同季节的生活垃圾组分变化很大，而且随着填埋时间不同，渗沥液组成和浓度也会发生变化。其特点如下。

① 成分的不稳定性：主要取决于垃圾组成。

② 浓度的可变性：主要取决于填埋时间。

③ 组成的特殊性：垃圾中存在的物质，渗滤液中不一定存在。与一般工业废水、生活污水组成上和浓度上均存在很大差异，导致监测项目上的很大不同。

渗滤液中的化学成分主要产生于以下三个方面。

① 垃圾本身含有的水分及通过垃圾的雨水溶解了大量的可溶性有机物和无机物。

② 垃圾由于生物、化学、物理作用产生的可溶性生成物。

③ 覆土和周围土壤中进入渗沥水的可溶性物质。

在填埋场的实际使用过程中，由于不同的堆区使用时间不同，其产生的渗沥水水质也不尽相同，因此，在填埋场使用期内，整个填埋场的水质是不同阶段渗沥水综合的结果。

垃圾渗滤液的性质随着填埋场的使用年限不同而发生变化，这是由于填埋场的垃圾在稳定化过程中不同阶段的特点而决定的，大体上可以分为以下 5 个阶段。

① 初调节阶段：水分在固体垃圾中积累，为微生物的生存、活动提供条件。

② 氧状态转化阶段：垃圾中水分超过其含水能力，开始渗沥，同时由于大量微生物的活动，系统从有氧状态转化为无氧状态。

③ 酸性发酵阶段：此阶段碳氢化合物分解成有机酸，有机酸分解成低级脂肪酸，低级脂肪酸占主要地位，pH 值随之下降。

④ 沼气产生阶段：在酸化段中，由于产氨细菌的活动，使氨态氮浓度增高，氧化还原电位降低，pH 值上升，为产甲烷菌的活动创造适宜的条件，专性产甲烷菌将酸化段代谢产物分解成以甲烷和二氧化碳为主的沼气。

⑤ 稳定化阶段：垃圾及渗滤水中的有机物得到稳定，氧化还原电位有上升，渗滤水污染物浓度很低，沼气几乎不再产生。

5.2.4.2　渗滤液监测方案制定

(1) 采样点的布设　设有垃圾渗滤液收集系统时，应以渗滤液集液井为采样点，在集液井通向地面的井口取渗滤液样品；而无渗滤液收集系统的天然防渗层靠黏土层吸附垃圾渗滤水的填埋场，应以吸附渗滤液的黏土作为渗滤液分析的样品。

(2) 渗滤液采样　应以硬质小塑料桶为取水器，不得用泵抽吸，每次取水样 500～1000mL。

(3) 采样频次　填埋场启用后，渗滤液水质监测实行随时监测和定期监测相结合的监测制度，定期监测频次一般每月 1～2 次，第二年以后每季取 1 次，连续监测。对主要的污染因子最好实行逐日监测。

(4) 监测项目及分析方法　根据我国实际情况，建设部标准定额研究所提出了《生活垃圾渗沥水理化分析和细菌学检验方法》(CJ/T 3018.1～3018.15—1993)。常规监测项目包括水温、pH 值、色度、总固体、总溶解性固体、总悬浮性固体、硫酸盐、氨态氮、凯氏氮、氯化物、COD_{Cr}、BOD_5、总磷、钾、钠、细菌总数等。条件许可时，可加测硫化物、有机质、三甲胺、甲硫醇、二甲基二硫和重金属等项目。

垃圾堆物周围滋生苍蝇、蚊子等各种有害生物，一般将苍蝇密度作为代表性监测项目。

5.2.5　垃圾的渗漏模型试验

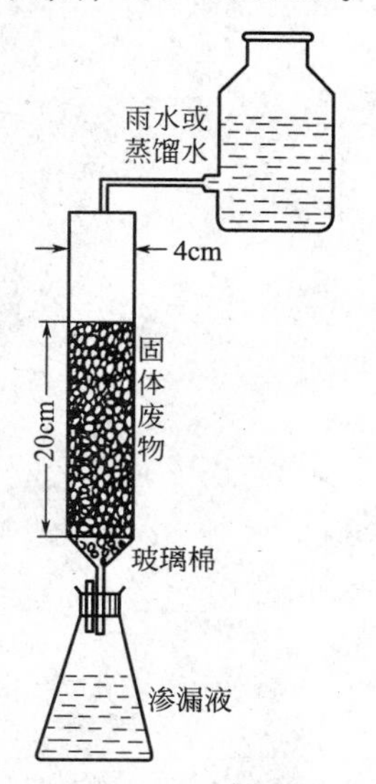

图 5-7　固体废物渗漏模型试验装置

垃圾长期堆放可能通过渗漏污染地下水和周围土地，应进行渗漏模型试验，装置如图 5-7 所示。即将过 0.5mm 孔径筛的固体废物装入玻璃柱内，在上面玻璃瓶中加入雨水或蒸馏水以 12mL/min 的速度通过管柱下端的玻璃棉流入锥形瓶内，每隔一定时间测定渗漏液中有害物质的含量，然后画出时间-渗漏水中有害物浓度曲线。这一试验有利于研究废物堆放场所对周围环境的影响。

5.2.6 垃圾的毒理学试验

垃圾的毒理学试验将在本教材第 6 章介绍。

习题与思考题

[1] 简述危险固体废物的危害特性，其主要判别依据有哪些?
[2] 我国有哪些关于危险废物方面的标准和规范?
[3] 如何采集固体废物样品？采集后如何预处理和保存?
[4] 有害固体废物有害特性的检测包括哪些？分别试述其实验过程。
[5] 固体废物的危害表现在哪些方面?
[6] 何为浸出毒性？浸出试验的步骤是怎样的?
[7] 危险废物如何识别和判断?
[8] 简述城市垃圾的来源、分类及其特性。
[9] 城市生活垃圾特性分析包括哪些监测指标？分别试述其测试步骤。
[10] 垃圾渗滤液有何特性？其监测项目包括哪些?
[11] 为什么要测定垃圾热值？如何进行测定?
[12] 垃圾的生物降解度如何测定?

第6章 生物污染监测

生物监测是利用生物（植物、动物和微生物等）个体、种群或群落对环境污染所发出的各种信息，作为判断环境污染状况的一种手段。环境生物监测主要包括：生态监测（群落生态和个体生态监测）；生物测试（急性毒性测定、亚急性毒性测定和慢性毒性测定等）；生物的生理、生化指标测定；生物材料测定和污染物在生物体内的含量分析等。与理化监测相比，生物监测具有累积效应和综合反映的特点。现代生物技术的快速发展，使捕捉生物信息的能力大大增强，正在给传统的生物监测技术（细菌学检验、毒性或慢性毒理试验等）注入新的活力，对于了解污染的性质、分析污染的程度、追踪污染发生的历史、预测污染的影响及发展趋势等方面都具有十分重要的意义。

6.1 环境污染的生物监测

利用生物手段进行环境污染监测工作始于20世纪初。20世纪70年代以来，水污染生物监测、空气污染生物监测发展迅速，土壤污染生物监测近期有潜在的发展空间。各种污染类型的生物监测方法归纳于表6-1。

表6-1 生物监测的方法

污染种类	方法名称	应用举例
空气污染	指示植物	根据各种植物在空气污染环境中叶片等部位出现的伤害症状，做出定性定量判断
	测定植物体内污染物含量	根据测定含量，估计空气污染状况
	观察植物的生理生化变化	根据酶系统的变化、发芽率的降低等情况，对空气污染的长期效应做出判断
	测定树木的生长量和年轮	根据生长量和年轮可估计污染物的现状和历史变化
	利用敏感植物	利用敏感株植物（如地衣、苔藓等），可制成空气污染的植物监测器，进行定点观测
水体污染	指示生物	根据水中生物（颤蚓、摇蚊幼虫等）的出现、消失、数量变化来监测水体污染状况
	水生生物群落结构的变化	有机污染严重、溶解氧很低的水体，只存活耐污、抗低溶解氧的生物；而未受污染的水体，水生生物优势群落是清水种类
	生物测试	根据水生生物受到污染毒害所产生的生理机能变化来判断水质污染状况，方法可分为静水式和流水式生物测试
土壤污染	指示植物	根据各种植物在土壤污染环境中的生长状态（发芽率、植物生长量、果实量等）做出定性定量判断
	土壤生物群落结构的变化	根据土壤中微生物种群、土壤酶等的分析来判断土壤受到污染的状况
	指示动物	根据土壤中敏感动物（蚯蚓等）的出现、消失或数量变化来检测土壤污染状况

由于环境系统的复杂性以及生物的适应性和变异性，使得生物监测的准确性受到一定的

限制，只有将生物监测与理化监测相结合，才能全面反映环境质量。对于不同的研究对象（空气、水、土壤和固体废物）的生物测试方法，包括细菌学检验、生物毒性试验等方法具有一定的共性，下面将集中介绍。

6.1.1 细菌学指标检验

带有致病菌的粪便随污水排入天然水体后，使水源受到污染，可引起各种肠道疾病，甚至使某些水域传染病暴发流行。因此，水质的卫生细菌学检验对于保护人群健康具有重要的意义。

6.1.1.1 样品的采集与保存

供细菌学检验用的水样必须按一般无菌操作的基本要求进行采样，并保证运送、保存过程中不受污染。

在采集自来水水样时，先用酒精灯将水龙头灼烧灭菌，然后将水龙头完全打开，放水数分钟，以排除管道内积存的死水，再采集水样。如水样内含有余氯，则采样瓶未灭菌前按每500mL水样加1mL的量，预先在采样瓶内加入3%硫代硫酸钠溶液，以消除水样中的余氯，防止细菌数目减少。

如采取江、河、湖、塘、水库等处的水样，可应用采水器，采样瓶应先灭菌。一般在距水面10～15cm深处取样。采样后，采样瓶内的水面与瓶塞底部应留有一些空隙，以便在检验时可充分摇动混匀水样。

水样采取后应立即送检，一般从取样到检验不应超过2h。如不能立即检验，可在1～5℃下冷藏保存，但不得超过6h，以保证原水中细菌不起变化。

水样的采集情况、采集时间、保存条件等皆应详细记录，一并送检验单位，供水质评价时参考。

6.1.1.2 细菌总数的测定

水中细菌总数与水体受有机物污染的程度成正相关，因此，细菌总数常作为评价水体污染程度的一个重要指标。一般未受污染的水体细菌数量很少，如果细菌总数增多，表示水体可能受到有机物的污染，细菌总数愈多，则污染愈严重。由于重金属、某些其他有毒物质对细菌有杀灭或抑制作用，因此总细菌数少的水样也不能排除被有毒物质所污染。

目前，世界各国对于控制饮用水的卫生质量，常采用细菌总数这个指标。我国《生活饮用水卫生标准》（GB 5749—2006）中规定生活饮用水细菌总数每毫升不得超过100个。

（1）细菌总数的测试方法　采用标准平皿法对水样中的细菌作计数，这是一种测定水中好氧、兼性厌氧的异养细菌密度的方法。由于细菌在水体中能以单独个体、成对、链状或成团的形式存在，此外没有单独的一种培养基等要求，所以该法得到的菌落数实际上要低于被测水样中真正存在的活细菌的数目。

细菌总数是指1mL水样在营养琼脂培养基中，于37℃经24h培养后所生长的细菌菌落的总数。

（2）检验步骤　在无菌操作条件下，用灭菌移液管吸取1mL充分混匀的水样（水样视污染情况作适当稀释）注入灭菌培养皿中，接着再注入约15mL已融化又冷却至45℃左右的培养基，立即旋摇平皿，使水样与培养基充分混合。每一水样做两个平行。另用一只灭菌的培养皿，倾注普通培养基15mL，作空白对照。待培养基凝固后，放入37℃培养箱中倒置培养24h后进行菌落计数。

（3）结果分析　平皿菌数的计算，可用肉眼观察，必要时用放大镜检查以免遗漏，也可借助于菌落计数器计数。记下各培养皿的菌落数后，求出同一稀释比的平均菌落数。两个平皿中菌落数的平均数乘以稀释倍数，即得 1mL 水样中的细菌总数。

在计算菌落数时，有较大片状菌落生长的平皿不能采用，而应以无片状菌落的平皿进行菌落计数。若片状菌落不到培养皿的一半，而其余一半菌落分布又很均匀则可以半皿计，再乘以 2 代表全培养皿的菌落数。不同情况下的计算方法介绍如下。

① 选择平均菌落数在 30～300 之间者进行计算。当只有一个稀释度的平均菌落数符合此范围时，可以此作为平均菌落数乘以稀释倍数。

② 若有两个稀释度的平均菌落数均在 30～300 之间，则应按两者菌落总数之比值来决定。若其比值小于 2，应报告两者的平均数；若大于 2，则报告其中较少的菌落总数。

③ 若所有稀释度的平均菌落数均大于 300，则应按稀释度最高的平均菌落数乘以稀释倍数报告。

④ 若所有稀释度的平均菌落数均小于 30，则应按稀释度最低的平均菌落数乘以稀释倍数报告。

⑤ 若所有稀释度的平均菌落数均不在 30～300，则应按最接近 300 或 30 的平均菌落数乘以稀释倍数报告。

菌落计算的报告方式，菌落总数在 100 以内时，报告实有数字；大于 100 时，采用两位有效数字计算。若菌落数为“无法计算”时，应注明水样的稀释倍数。

通常认为，1mL 水中，如果细菌总数为 10～100 个为极清洁水；100～1000 个为清洁水；1000～10000 个为不太清洁水；10000～100000 个为不清洁水；多于 100000 个为极不清洁水。

6.1.1.3　总大肠菌群的测定

如果水体被污染，则有可能也被肠道病原菌（沙门菌、志贺菌、弧菌、肠道病毒等）污染而引起肠道传染病。由于肠道病原微生物在水中数量很少，故从水体特别是饮用水中分离病原菌非常困难。大肠菌群是肠道好氧菌中最普遍和数量最多的一类细菌，所以常将其作为粪便污染的指示菌，即根据水中大肠菌群的数目来判断水源是否受粪便污染。目前，世界各国一般认为大肠菌群是指示水质受粪便污染较好的指示菌，我国水质控制也采用大肠菌群作为指示菌。根据我国多年供水实践，同时确保在流行病学上的安全，饮用水标准限值为每 100mL 中不得检出。

总大肠菌群的检验方法有两种：一种是多管发酵法，可适于各种水样、底泥，但操作较复杂，需时间较长；另一种是滤膜法，主要适用于杂质较少的样品，操作较简单快速，特别适用于自来水厂作为常规检测之用。

（1）多管发酵法　多管发酵法是根据大肠菌群能发酵乳糖而产酸产气的特性进行检验的。

多管发酵时所用的培养基是乳糖蛋白胨培养液。即将蛋白胨、乳糖、牛肉膏、盐加热溶解在一定量的蒸馏水中，调整 pH 值到 7.2～7.4。再加 1.6％溴甲酚紫乙醇溶液 1mL，充分混匀，分装于置有倒管的试管中。灭菌，冷藏备用。

发酵时，以无菌操作方法将 10mL 水样加入盛有培养液的试管中，混匀后置于 37℃恒温培养箱中培养 24h。

将发酵后的发酵管接种于品红亚硫酸钠培养基（蛋白胨、乳糖、磷酸氢二钾、琼脂、无水亚硫酸钠、碱性品红乙醇溶液加一定量蒸馏水制成)，再置于37℃恒温箱内培养18～24h，挑选符合下列特征的菌落：紫红色，具有金属光泽的菌落；深红色，不带或略带金属光泽的菌落；淡红色，中心色较深的菌落。

取菌落的一小部分进行涂片，革兰染色，镜检。

凡系革兰染色阴性的无芽孢杆菌，再接种于普通的乳糖蛋白胨培养液中（内有倒管)，经37℃恒温培养24h，有产酸产气现象，即判定为大肠菌群阳性。

(2) 滤膜法　将水样注入已灭菌的放有微孔滤膜（孔径0.45μm）的滤器中，经过抽滤，细菌即被截留在膜上，然后将滤膜贴于品红亚硫酸钠培养基上，进行培养。再计数与鉴定滤膜上生长的大肠菌群，计算出每1L水样中含有的大肠菌群数。如有必要，对可疑菌落应进行涂片染色镜检，并再接种乳糖发酵管做进一步鉴定。

滤膜法具有高度的再现性，可用于检验体积较大的水样，比多管发酵法能更快地获得肯定的结果。不过在检验浑浊度高、非大肠杆菌类细菌密度大的水样时，有其局限性。

Lund等人对水中大肠菌群数与病毒检出率之间的关系进行了研究，发现水样中大肠菌群数越多，水样的病原微生物阳性检出率相应越高，具体关系列于表6-2中。

表6-2　水中大肠菌群数与病原微生物检出率的关系

每100mL淡水中的大肠菌群数	沙门菌的阳性检出率/%
1～200	27.6
201～2000	85.2
>2000	98.1

6.1.1.4　粪大肠菌群的测定

由于总大肠菌群既包括粪便污染，同时也包括非粪便污染的大肠菌总数，因此，有必要在饮用水标准中增加粪大肠菌群这个指标，以便直接反映出水源是否受到粪便污染的信息，进一步确保流行病学的安全。众所周知，大肠杆菌是一群需氧或兼性厌氧的，在37℃生长时能使乳酸发酵，在24h内产酸、产气的革兰阴性无芽孢杆菌。若把培养温度提高到44.5℃，在这种温度条件下仍然能生长并发酵乳酸、产酸产气的菌群，则称之为“粪大肠菌群”。

粪大肠菌群反映的是水体近期受粪便污染的情况，较总大肠菌群有更重要的卫生学意义。作为新增水质标准，标准限值为每100mL中不得检出。

用提高温度的试验可以将粪大肠菌群从总大肠菌群中区分开。测定粪大肠菌群的方法与总大肠菌群方法基本相同，也为多管发酵法或滤膜法。具体测定方法可参见《水质　粪大肠菌群的测定——多管发酵法和滤膜法（试行)》(HJ/T 347—2007)。

6.1.2　生物毒性基础及试验

判别污染物的毒性通常是利用敏感生物进行试验。标准的生物毒性试验包括急性、亚急性和慢性毒性试验等。

(1) 常用毒性测量单位

① 致死浓度（lethal concentration，LC)。表示使一定百分数的受试生物死亡的浓度。如：半致死浓度（LC_{50}）是指使50%的受试生物被毒杀死的毒物浓度。另外，在水生环境中，毒物的效应取决于受试生物接触的毒物浓度和接触时间，因此表示结果必须有时间因

素，如，96h的半致死浓度（LC_{50}），168h的半致死浓度（LC_{50}）等。

② 效应浓度（effect concentration，EC）。表示使一定百分数的受试生物发生特殊效应或反应的浓度，如畸形、出现变异、失去平衡、麻痹等。如：半效应浓度（EC_{50}）是指使50%的测试生物发生特殊效应或反应的毒物浓度。测试效应的百分数可根据需要选定，如EC_{10}或EC_{70}。同样，效应结果的表示也必须考虑到时间因素。

③ 安全浓度（safe concentration，SC）。是指受试生物长期接触一种毒物后，经过一代或几代的生长，未发现危害的最高浓度。

④ 毒物最高允许浓度（maximum allowable toxicant concentration，MATC）。是指存在于水体中的有毒物质，不致引起显著伤害水体生产力等一切使用价值的浓度。在此浓度范围内测试生物未出现可测的伤害。

（2）常用生物测试装置

① 静态生物测试。适于测试和评价不过量耗氧、性质稳定的有毒有害物质。如果稀释水中的溶解氧不足，可给予充氧，即对测试溶液进行有控制的人工充氧，或定期更换新配制的同浓度测试溶液以提高溶解氧。若发现测试溶液的毒性变化较快时，也可用静态生物测试的定期换水法。

② 流水生物测试。适用于生化需氧量较高的化学物质和工业出水的评价。可用以测定污染物质的慢性毒性和安全浓度等。流水测试可以给试液提供良好的加氧条件，毒物浓度稳定，能及时除去生物的代谢产物。这种方法还能模拟离排水口不远的下游接纳水体的自然条件。流水生物测试时间较长，比静态生物测试精确。

（3）常用生物测试方法

① 短期生物测试。常采用静态测试、定期换水或流水生物测试等方法。测试时间一般为4～7d，最多不超过14d，主要用于测定半致死浓度（LC_{50}）或半效应浓度（EC_{50}）。多用于对废水处理的出水测定、固体废物毒性测定、各种废水处理效率的比较、各类生物对污染物的敏感性比较等；并且，也为中期测试和长期测试提供污染物毒性浓度的依据以及一些探索性的试验。

② 中期生物测试。常采用静态测试、定期换水和流水生物测试等方法。测试时间一般为15～90d，常用的流水生物测试，可以从野外采集不同发育阶段的生物到实验室作部分生命周期测试。

③ 长期生物测试。常采用流水生物测试和用笼子或网箱把测试生物置于测试现场进行测试。测试时间可以是部分生命周期，也可以是整个生命周期，如从卵到卵的周期，也可以经过几个世代或更长时间。多用于鉴定水质标准执行情况、出水的允许排放条件、建立立法的资料依据等。

（4）毒性试验分类　毒性试验可分为急性毒性试验、亚急性毒性试验、慢性毒性试验等。

① 急性毒性试验。急性毒性试验（acute toxicity test）是指在测试生物大剂量一次染毒或24h内多次染毒条件下，研究化学物质毒性作用的试验。其目的是在短期内了解该物质的毒性大小和特点，并为进一步开展其他毒性试验提供设计依据。急性毒性试验可分为急性致死毒性试验和急性非致死毒性试验。急性毒性试验由于变化因子少、时间短、经济以及操作简便，所以被广泛采用。

② 亚急性毒性试验。亚急性毒性试验（subacute toxicity test）是指测试生物在短期时

间内多次重复染毒条件下，研究化学物质毒性作用的试验。其目的是在急性试验的基础上，在短期时间内了解受试物对机体的毒性作用，探讨敏感观测指标和剂量-效应关系，为慢性毒性试验设计提供依据。

③ 慢性毒性试验。慢性毒性试验（chronic toxicity test）是测试生物在较长时间内，以小剂量反复染毒后所引起损害作用的试验。其主要目的是评价化学物质在长期小剂量作用条件下对机体产生的损害及其特点，确定其慢性毒作用阈量和最大无作用剂量，为制定环境中有害物质最高容许浓度（maximum allowable concentration，MAC）提供实验依据。

6.1.2.1 吸入毒性试验

许多化合物在常温、常压下为气态，或在温度升高情况下蒸发为气态，还有些化合物在生产过程中以蒸汽态、气溶胶、烟、尘状态存在，污染生产和生活环境，并有可能通过呼吸道吸入。因此，可采用经呼吸道染毒试验研究具备上述特点的化合物通过呼吸道进入机体并造成损害的机理，探讨吸入过程对呼吸道有无损伤及求出半致死浓度（LC_{50}）等。

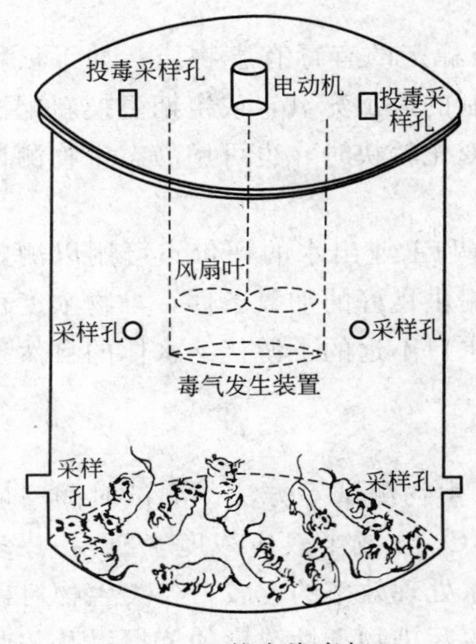

图 6-1 静态染毒柜

吸入染毒法主要有静态染毒法和动态染毒法两种。

（1）静态吸入法 将试验动物置于一个有一定体积的密闭容器内，加入一定量易挥发的液态化合物或一定体积的气态化合物，在容器内形成所需的受试化合物浓度环境，如图 6-1 所示。试验动物呼吸过程消耗氧，并排出二氧化碳，使染毒柜内氧的含量随染毒时间的延长而降低，二氧化碳、温度、湿度上升，因此只适合做急性毒性试验。在吸入染毒期间，要求氧的含量不低于 19%，二氧化碳含量不超过 1.7%。静态吸入的另一个缺点是随着试验期延长，染毒柜内化合物浓度逐渐降低，难以维持恒定的化合物浓度。而且由于动物整体暴露在含化合物的环境中，有些化合物可经皮肤吸收，影响试验结果。

静态吸入的优点是设备简单、操作方便，消耗受试化合物较少，所以在实际应用中经常采用。

静态吸入多用计算方法折算柜内化合物浓度，易挥发液体化合物浓度计算式为：

$$c=\frac{ad}{V}\times 1000\times 1000$$

式中 c——试验设计化合物的浓度，mg/m^3；

a——应加入化合物量，mL；

d——受试化合物的相对密度；

V——染毒柜容积，L。

呼吸道吸入染毒的持续时间可根据试验要求设计，目前国内在求化合物的 LC_{50} 时，一般采用吸入 2h。

（2）动态吸入法 将试验动物置于空气流动的染毒柜中，连续不断地将由受试毒物和新鲜空气配制成一定浓度的混合气体通入染毒柜，并排出等量的污染空气，形成一个稳定的、动态平衡的染毒环境。

动态吸入染毒优于静态吸入染毒，但也有其缺点，所需装置复杂，消耗受试化合物量大，易造成操作室环境污染。

动态吸入染毒法还应注意以下问题：①为防止受试化合物污染操作间，染毒柜内应为微负压（−0.294～0.490kPa）；②染毒柜整个空间内化合物浓度均应一致，其浓度差应小于20%；③应加大排气速度和化合物进气速度，尽快使染毒柜内化合物浓度达到试验设计浓度。

6.1.2.2　口服毒性试验

对液态或固态毒物，可用消化道染毒方法。其目的是研究外来化合物是否经消化道吸收及求出经口接触的半致死剂量（LD_{50}）等。

口服染毒法可分为饲喂法和灌胃法两种。

（1）饲喂法　将待试样品直接拌入饲料或饮水中，由试验动物自行摄入。采用单笼喂养动物，计算每日进食量，以折算摄入化合物的剂量。饲喂方式应结合人类接触化合物的实际情况，不损伤食道。饲喂法存在不少弱点，如化合物有异味使动物拒食；化合物易挥发，则摄入量减少，且有经呼吸道吸入的可能；化合物易水解或与食物中某些化学成分起化学反应，则投加量不够准确并有改变该化合物毒性或者反应的可能。此外单笼喂饲工作量较大，一般急性毒性试验少用此法。

（2）灌胃法　灌胃法是将液态受试化合物或固态、气态化合物溶于某种溶剂中，配制成一定浓度的溶液，装入注射器等定量容器，经过导管注入胃内，如图6-2所示。染毒过程中动物口腔及食道上段不与受试化合物接触，此法的优点是剂量较准确，其缺点是工作量大，有损伤食道或误入气管的可能，而且和人正常经口接触化合物的方式差异很大。应用时每一系列试验中同物种试验动物灌胃体积最好一致，这是因为实验动物的胃容量与体重之间有一定的比例关系。按单位体重计算灌胃液的体积，受试化合物的吸收速度会相对稳定。小鼠一次灌胃体积在0.2～1.0mL/只或0.1～0.5mL/10g体重为宜，大鼠一次灌胃体积不超过5mL/只。

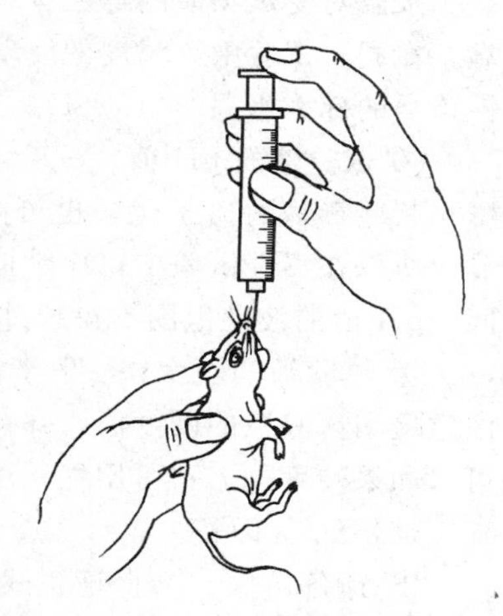
图6-2　灌胃姿势示意图

6.1.2.3　鱼类毒性试验

为了定量地表达受纳水体的污染负荷与生物学效应之间的关系，可以在适当控制的条件下，把受试鱼类放入含不同浓度的已知或未知毒物的水体中，观察和记录鱼类的各种反应，这就是鱼类毒性试验。由于鱼类对水环境的变化反应十分敏感，当水体中的污染物达到一定强度时，就会引起一系列中毒反应，如行为异常、生理功能紊乱、组织细胞病变直至死亡。因此，鱼类毒性试验常用作检测水体污染的有效方法。

（1）试验鱼的选择和驯养　在选择试验鱼的种类时，一般考虑鱼的下述性状和特点：敏感度高，代表性强，取材方便，大小适中，在室内条件下易于饲养和繁殖。实验用鱼必须健康无病、行动活泼，其外观体色发亮、鱼鳍完整舒展，逆水性强，食欲强。鱼的大小和品种都可能导致对毒物敏感度不同，因此在同一试验中，要求试验鱼必须同种、同龄、同一来源。个体应尽可能大小一致，个体以长不超过5～8cm为宜，最大个体不可大于最小个体的50%。

试验鱼必须经过驯养。驯养的目的是使鱼类适应实验室的生活环境，并对试验鱼进行健康选择。驯养时间为7～15d。驯养用水（水温、水质等）必须与试验用水一致。驯养期间，鱼的死亡率不得大于5%，否则该批鱼不得用于试验。此外，正式试验的前一天应停止喂食，因为喂食会增加鱼的呼吸代谢和排泄物，影响试验液的毒性。

(2) 实验准备　每个试验浓度为一组，每组至少10尾鱼。为便于观察，容器采用玻璃缸，每升水中鱼重不超过2g。

① 试验液中的溶解氧。溶解氧是鱼类生存的必要条件。对于温水性鱼类试验溶解氧含量不得低于4mg/L；对于冷水性鱼类，不得低于5mg/L。如果受试物质本身耗氧量大，则应采取措施补充水中的溶解氧，可采取更换试验液或有控制地对试验液充氧，使试验在氧充足的条件下进行。

② 试验液的温度。试验期间应保持鱼类原来的适应温度。一般来说，温水性鱼类要求水温在20～28℃，冷水性鱼类要求水温在12～18℃。

水温对受试物质的毒性有一定的影响，一般温度高时毒性大。因此，为了使试验结果可靠，在同一试验中，温度的波动为±2℃。对于比较严格的试验，推荐(25±1)℃作为温水性鱼类的标准水温，(15±1)℃作为冷水性鱼类的标准水温。

③ 试验液的pH值。试验液的pH值与生物的代谢有密切关系；另一方面，pH值可能影响某些毒物的离子化，也可能影响其溶解度。此外，pH值对氨和氰化物的影响特别明显。所以在毒性试验中，应维持pH值在鱼类的适应范围之内，即pH=6.5～8.5，试验期间，pH值的波动范围不得超过0.4个pH值单位。

④ 试验液的硬度。一般来说，硬水可降低毒物毒性，而软水可增强毒性。因此，必须注意检测试验液的硬度值，并在报告中注明。硬度在（以$CaCO_3$计）50～250mg/L之间均可。如果硬度过大，可用配比法适当调整。

(3) 试验步骤

① 预备试验。为保证正式试验顺利进行，必须先进行探索性预备试验，以观察试验鱼的中毒表现和选择观察指标，确定正式试验的大致浓度范围，检验规定的试验条件是否合适。该试验的浓度范围可适当大些，每组鱼的尾数是3～5个，观察24～48h内鱼类中毒反应和死亡情况，从最高全存活浓度和最低全死亡浓度之间选择下一步正式试验的浓度范围。

② 正式试验浓度设计和毒性判断。合理设计试验浓度，对试验的成功和精确有很大影响。在试验中通常要选7个浓度（至少5个），浓度间取等对数间距，它既可代表体积分数比，也可代表mg/L或μg/L。例如，100、5.6、3.2、1.8、1.0（对数间距0.25）或10.0、7.9、6.3、5.0、4.0、3.6、2.5、2.0、1.6、1.26、1.0（对数间距0.1）。另设一对照组，对照组在试验期间鱼死亡率不得超过10%，否则整个试验结果就不能采用。

试验开始的前8个小时应连续观察和记录，如果正常，则继续试验，做第24h、48h和96h的观察记录。试验过程发现特异变化应随时记录，根据鱼的死亡情况、中毒症状判断毒物或工业废水毒性大小。如毒物的饱和溶液或所试工业废水在96h内不引起试验鱼的死亡时，可以认为毒性不显著。

鱼类毒性试验的半致死浓度LC_{50}是反映毒物或工业废水对鱼类生存影响的重要指标。LC_{50}的计算常用直线内插法，即在半对数方格纸上，以对数坐标轴表示浓度，以算术坐标轴表示死亡率，然后将试验数据一一标在方格纸上。选取最接近于半数死亡率的两点，即大于 50%死亡率的一点和小于 50%死亡率的一点，用直线连接。直线与 50%死亡直线相交，再从交点引一垂线至浓度坐标轴，即为 LC_{50}。

这种方法实际上是基于图 6-3 所示的原理，即曲线在 50%死亡率附近有一小段接近于直线。此法简单快速，但无法求出 95%可信限。

表 6-3 所列数据为假定的试验资料，图 6-4 是根据表中试验结果所做的示意图，得出 24h 的 LC_{50} 为 5.2%，48h 的 LC_{50} 为 4.7%和 96h 的 LC_{50} 为 4.4%。

表 6-3　假定的毒性试验数据

废水浓度体积分数/%	受试鱼数	受试鱼死亡数		
		24h	48h	96h
10	10	10	10	10
7.5	10	9	9	10
5.6	10	7	7	9
4.2	10	1	4	4
3.2	10	0	1	1
0	10	0	0	0
LC_{50}直线内插法	—	5.2	4.7	4.4

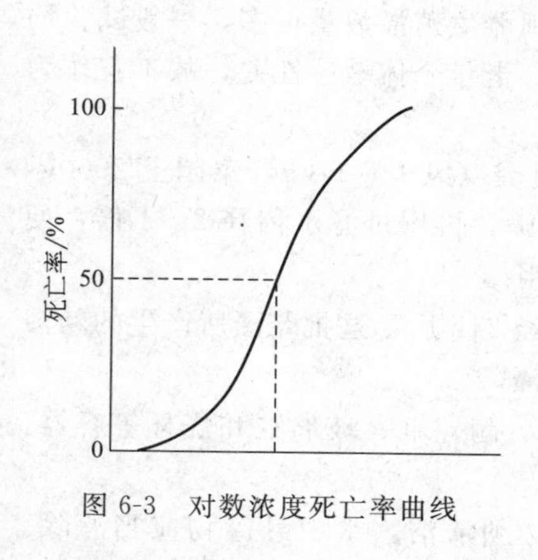

图 6-3　对数浓度死亡率曲线

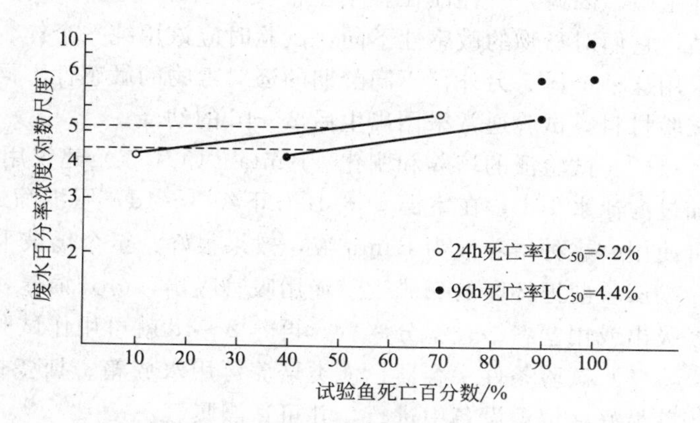

图 6-4　用直线内插法求半数致死浓度

③ 鱼类毒性试验结果的应用。鱼类毒性试验的一个重要目的是根据试验数据估算毒物的安全浓度，估算安全浓度的经验公式有如下几种：

$$安全浓度=\frac{24hLC_{50}\times 0.3}{(24hLC_{50}/48hLC_{50})^3}$$

$$安全浓度=\frac{48hLC_{50}\times 0.3}{(24hLC_{50}/48LC_{50})^2}$$

$$安全浓度=96hLC_{50}\times(0.1\sim 0.01)$$

目前应用比较普遍的是最后一种。对那些易分解、积累少的化学物质一般选用 0.05～0.1 之间的系数，而对于稳定的又能在鱼体内高蓄积的化学物质，系数都在 0.01～0.05 范围内选择。

应用 LC_{50} 值推导出安全浓度后，最好再进一步进行验证试验，特别是具有挥发性和不稳定性的毒物或废水，应当用恒流装置进行长时间的验证试验，96h 内不发生死亡或中毒的浓度往往不能代表鱼类长期生活在被污染水体的安全或无毒浓度。

验证试验一般用10条鱼以上，在较大容器中用预想安全浓度进行一个月或几个月的试验，并设对照组进行比较。如有中毒症状发生，则降低浓度再试验，直到确证某浓度对鱼是安全的，即可定为安全浓度。此外，验证试验过程中必须投喂饵料。

6.1.2.4 枝角类毒性试验

枝角类（*Cladocera*）通称溞类，俗称红虫或鱼虫，它是一类与昆虫近亲的小型甲壳动物，广泛分布于自然水体中，是鱼类的天然饵料。枝角类繁殖力强，生活周期短，容易培养，因此也是一类很好的试验动物。溞类对许多毒物（特别是重金属和有机磷农药）比其他水生动物要敏感。当含有农药等有毒废水排入水体时，往往先引起溞类的死亡，破坏水生生态系统的平衡，从而影响鱼类的生长。因此在制定渔业水体水质标准和工业废水排放标准时，常配合鱼类毒性试验而被广泛采用。

（1）试验溞类及其选择　用来进行毒性试验的溞，应具有一定的代表性，对毒性要比较敏感，而且应来源丰富。我国有溞130多种，试验常用的有大型溞、溞状溞、隆线溞和多刺裸腹溞等，前三种都比较大，试验更为方便。

溞类的生殖方式有两种，即孤雌生殖和有性生殖。孤雌生殖产卵很多，不需要受精就能发育成个体（大多是雌体），到秋末冬初或遇到环境不良时，才能有雄体产生，然后进行有性生殖。因此，一种溞在整个生活史中会出现三种个体，即雄溞、孤雌生殖溞和有性生殖溞，它们对毒物的敏感性不同，试验时应该用纯一个体。孤雌生殖溞数量很多，一般试验均采用这种个体。另外，不同龄期的溞对毒物的敏感性不同，老年个体敏感性差，故不宜作为试验材料，试验通常采用出生后2～4d的幼溞。

（2）试验溞的培养和驯化　Banta（1921年）建议用马粪（风干）170g，菜园土2000g，加过滤池水10L，在室温15～18℃下经3～4d，用细筛过筛，再用过滤水稀释2～4倍，便可使用。这种培养液为Banta液，效果很好，至今仍被采用。

试验前把怀卵的孤雌生殖溞用吸管吸出，分开饲养，经24h后，这批雌溞所产生的幼溞经吸出或用塑料纱过滤分离后，再养2～4d就可用作试验溞。

（3）试验条件　容器：溞类培养可用水族箱、搪瓷桶、陶瓷缸、玻璃缸和烧杯等容器，培养最好在恒温设备中进行，并可适当曝气。

试验用水：池水、河水、井水均可作为试验水，但必须清洁，水中悬浮物应当滤除。用水一般要经活性炭过滤，必要时用紫外线消毒。用自来水时必须人工曝气或静置1～2d，去除余氯。试验水温要求在20℃左右，pH＝8～9，溶解氧不能低于4mg/L，氯度（Cl^-）500～2000mg/L。

（4）试验步骤　枝角类毒性试验分为预备试验和正式试验两部分。

① 预备试验。在做正式试验前，为了确定试验浓度范围，必须进行预备试验。预备试验的浓度范围可广些，每个浓度2～3个溞就可以。根据试验要求的时间（24或48h）找出大部分不死亡的浓度。一次找不准确，可再做二次或多次，直至找到正式试验所用浓度范围。

对于耗氧量大或变化快的试验物质，最好用流水装置进行试验。

② 正式试验。选择浓度的方法与鱼类试验相同。每个浓度要有2～3个平行试验，另外设一对照。正式试验至少要重复两次。试验毒物溶液配制时，要先配成母液，再稀释至所需浓度。

用作试验的溞，先移至表面皿，在体视显微镜或放大镜下进行检查、过数，然后再移入试验液。急性试验时，用 80mL 小烧杯装 50mL 试验水，每杯放 10 个溞。

通过溞类毒性试验可以求得半致死浓度（LC_{50}）或叫半忍受限（half tolerance limit，HTL），以反映污染物或有毒废水对溞类的毒性。半忍受限用在规定时间内引起溞类半数死亡的药物浓度来表示，用直线内插法求得（参考鱼类毒性试验）。死亡标准掌握的尺度直接关系到所求的数值，一般用停止活动（沉到水底不动）作为死亡的标准。

枝角类急性试验一般为 48h，也有用 24h 或 96h 的，急性毒性试验一般不喂食。

6.1.2.5　发光细菌毒性检测

发光细菌检测法是以一种非致病的明亮发光杆菌作试验生物，以其发光强度的变化为指标，测定环境中有害有毒物质的生物毒性的方法。

细菌的发光过程是菌体内一种新陈代谢的生理过程，是呼吸链上的一个侧支，即菌体是借助活体细胞内的 ATP、荧光素（FMN）和荧光素酶发光的，综合化学反应过程为：

$$FMNH_2 + 2RCHO + O_2 \xrightarrow{\text{细菌荧光酶}} FMN + 2RCOOH + H_2 + h\nu$$

该光波长在 490nm 左右，这种发光过程极易受到外界条件影响，凡是干扰或损害细菌呼吸或生理过程的任何因素都能使细菌发光强度发生变化。当有毒物质与发光菌接触时，可影响或干扰细菌的新陈代谢，从而使细菌的发光强度下降或熄灭，这种发光强度的变化，可用精密测光仪定量测定。有毒物质的种类越多，浓度越大，抑制发光的能力也越强，对于气体中的可溶性有毒物质可以通过把它吸收溶解到液体中，然后测试其对发光细菌的影响。在一定浓度范围内，有毒物质浓度与发光强度呈一定的线性关系，因此可利用发光细菌来监测环境中的有毒污染物。

目前，国内外采用的发光细菌实验有三种测定方法：①新鲜发光细菌培养测定法；②发光细菌和海藻混合测定法；③冷冻干燥发光菌粉制剂测定法。

下面重点介绍新鲜发光细菌培养测定法和冷冻干燥发光菌粉制剂测定法。

（1）仪器及主要试验材料　试验在专用的生物毒性测试仪上进行，主要的试验材料有：发光细菌琼脂培养液、液体培养基；参比毒物为 0.02～0.24mg/L 的 $HgCl_2$ 系列标准溶液；试验生物为新鲜明亮发光杆菌 T_3 变种或明亮发光杆菌冻干粉。

试验对象：化学毒物或综合废水、废气、废渣等。

（2）测定步骤

① 发光细菌新鲜菌悬液的制备

a. 从明亮发光杆菌的斜面菌种管中挑取一环细菌接种于一新的发光细菌琼脂斜面上，置于 22℃下培养 12～16h。

b. 待斜面长满菌苔并明显发光时，加入适量稀释液并制成菌悬液。

c. 吸取 0.1mL 菌悬液，接种于盛有 50mL 发光细菌的液体培养基（与发光细菌琼脂培养液的不同之处在于不含琼脂）的 250mL 锥形瓶中，于 22℃摇床振荡培养。

d. 待培养至对数生长中期（12～14h），发光细菌发光明亮时为止，注意培养时间不可过长，否则会使发光强度逐渐下降，影响实验的重现性。

e. 用稀释液将上述菌液稀释成 5×10^7 个细胞/mL 菌悬液，置于 4℃下保存。

② 不同样品的发光细菌毒性测定

a. 工业废水生物毒性测定。采集工业废水 10mL，经过滤去除颗粒杂质。按 3%的比例向水样中投加 NaCl（因明亮发光杆菌是一种海洋细菌，在此盐度下发光强度最大）。取 6 支测试管，按表 6-4 所示依次加入稀释液和待测水样。随后将 6 支测试管放入仪器的测试室中，预热（或冷）至 (20±0.5)℃。在各管中再加入 0.1mL 发光细菌悬液，准确作用 5min 后，依次测其发光强度。

表 6-4 工业废水发光强度的标准系列试管

测试管编号	1	2	3	4	5	6
稀释液/mL	0.90	0.80	0.72	0.58	0.40	0
废水水样/mL	0①	0.10	0.18	0.32	0.80	0.90
发光细菌悬液/mL	0.10	0.10	0.10	0.10	0.10	0.10

① 为空白样品液，其他均为待测样品。

b. 气体样品生物毒性测定。将气体样品采集在吸收液中，取 6 支测试管，按表 6-5 所示依次加入稀释液和样品液，随后将 6 支测试管放入仪器的测试室中，预热（或冷）至 (20±0.5)℃。在各管中再加入 0.1mL 发光细菌悬液，准确作用 5min 后，依次测其发光强度。由于测试室中可容纳数支测试管，测试可以交叉进行。

表 6-5 气体样品发光强度的标准系列试管

测试管编号	1	2	3	4	5	6
稀释液/mL	0	0.7	0.5	0.3	0.1	0
样品液/mL	0.9①	0.2	0.4	0.6	0.8	0.9
发光细菌悬液/mL	0.1	0.1	0.1	0.1	0.1	0.1

① 为清洁空气的对照样品液，其他均为待测样品液。

c. 固体样品生物毒性测定。取一定量的固体废物，按《工业固体废弃物有害特性试验与监测分析方法》制备浸出液，取上清液，按 3% 比例投加 NaCl 后，按工业废水进行生物毒性的测定。

③ 测试结果分析

a. 工业废水的生物毒性。将各废水水样的发光强度值填入表 6-6，并按下列公式计算相对折光率：

$$\text{相对折光率}\ T(\%)=\frac{\text{对照光强}-\text{样品光强}}{\text{对照光强}}\times 100\%$$

式中，对照光强是每个水样中废水浓度为 0 的“1”号测试管中测得的发光强度值。

EC_{50} 值：在全对数坐标纸上，以水样浓度为横坐标，以相对折光率为纵坐标作图，连接各点成线。自相对折光率 50% 处作垂线与曲线相交，再从交点向横坐标作垂线，垂线在横坐标上的交点即为水样的 EC_{50} 值，亦即发光强度为最大发光强度一半时的废水浓度值。

表 6-6 工业废水生物毒性测定结果

水样编号	A						B					
测试管编号	1	2	3	4	5	6	1	2	3	4	5	6
废水水样/mL	0	0.10	0.18	0.32	0.50	0.9	0	0.10	0.18	0.32	0.50	0.9
废水百分比①/%	0	10	18	32	50	90	0	10	18	32	50	90
发光强度												
相对折光率												
EC_{50} 值(废水浓度/%)												
对生物毒性②												

① 指待测水样中工业废水所占的体积分数。

② 可由表 6-7 查取。

表 6-7 样品 EC_{50} 值与生物毒性的关系

EC_{50} 值	毒性级别	等级
25	高毒	1
25～75	有毒	2
75	微毒	3
求不出 EC_{50} 值①	无毒	4

① 指废水不经稀释时，发光强度仍大于最大发光强度的50%以上。

b. 气体的生物毒性。将样品液浓度及发光强度值填入表 6-8，并以测试管中的发光强度作为对照光强（内为清洁空气的样品液），计算出相对折光率。以样品浓度为横坐标、相对折光率为纵坐标作图，可得到分析样品浓度与发光强度的关系。

表 6-8 气体生物毒性测试结果

测试管编号	1	2	3	4	5	6
样品液/mL	0.9①	0.2	0.4	0.6	0.8	0.9
气体吸收液浓度②/%	0	20	40	60	80	90
发光强度						
相对折光率						

① 为清洁空气的对照样品液。

② 指待测水样中气体吸收液所占体积分数。

6.1.2.6 污染物致突变性检测

Ames 等人发现，90%以上的诱变剂是致癌物质。根据其相关性，B. N. Ames 等 1975 年建立了快速测试污染物的遗传毒性效应的方法，即沙门菌回复突变试验（Ames 试验），目前已被世界各国广泛采用。该方法比较快速、简便、敏感、经济，且适用于测试混合物，反映多种污染物的综合效应。

（1）基本原理 鼠伤寒沙门菌的组氨酸营养缺陷型（his-）菌株，在含微量组氨酸的培养基中，除极少数自发回复突变的细胞外，一般只能分裂几次，形成在显微镜下才能见到的微菌落。受诱变剂作用后，大量细胞发生回复突变，自行合成组氨酸，发育成肉眼可见的菌落。某些化学物质需经代谢活化才有致变作用，在测试系统中加入哺乳动物微粒体酶系统 C（简称 S-9 混合液），可弥补体外试验缺乏代谢活化系统的不足。鉴于化学物质的致突变作用与致癌作用之间密切相关，故此法现已广泛应用于致癌物的筛选。

（2）Ames 试验方法 Ames 试验的常规方法有斑点试验和平板掺入试验两种方法。

① 斑点试验。吸取测试菌增菌培养后的菌液 0.1mL，注入融化并保温 45℃左右的上层软琼脂中，需 S-9 活化的再加 0.3～0.4mL S9mix（TA98 菌株的代谢活性剂），立即混匀，倾于底平板上，铺平冷凝。用灭菌尖头摄夹灭菌圆滤纸片边缘，纸片浸湿受试物溶液，或直接取固态受试物贴放于上层培养基的表面。同时做溶剂对照和阳性对照，分别贴放于平板上相应位置。平皿倒置于 37℃温箱培养 48h，若纸片外围长出密集菌落圈，为阳性；菌落散布，密度与自发回变相似，为阴性。显然，只有在琼脂中弥散的化合物才能用此法检测，而且在整个平板中只有少量细菌与受试物接触，故敏感性差，这是该法的局限性。图 6-5 是斑点试验示意图。

② 平板掺入试验。将一定量样液和 0.1mL 测试菌液均加入上层软琼脂中，需代谢活化

的再加0.3～0.4mL S9mix，混匀后迅速倾于底平板上铺平冷凝。同时做阴性和阳性对照，每种处理做3个平行。试样通常设4～5个剂量。选择剂量范围开始应大些，有阳性或可疑阳性结果时，再在较窄的剂量范围内确定计量关系。培养同上。同一剂量各皿回变菌落均数与各阴性对照皿自发回变菌落均数之比为致变比（MR）。MR≥2，且有剂量-反应关系，背景正常，则判为致突变阳性。图6-6是平板掺入法示意图。

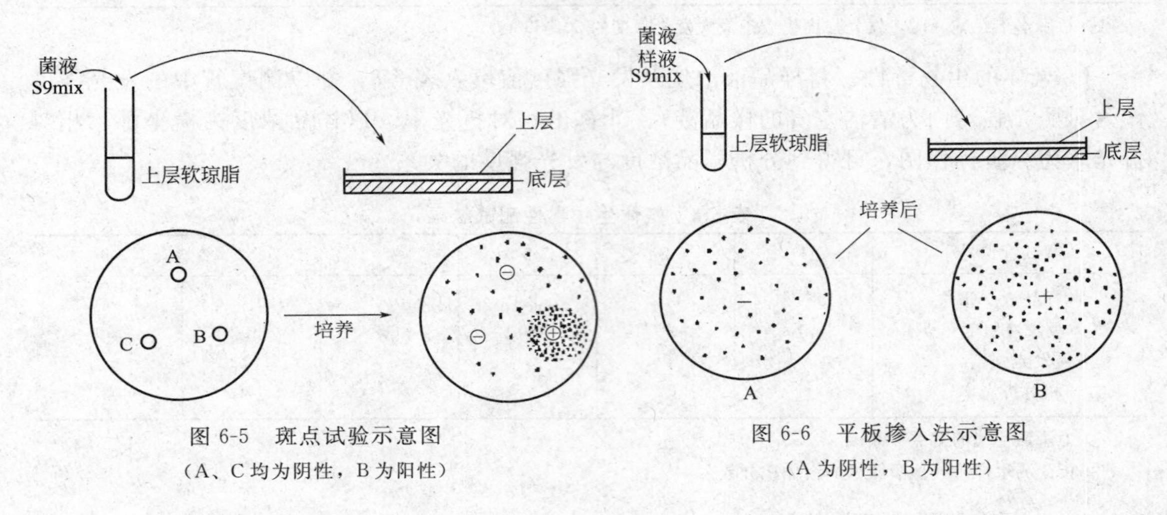

图6-5　斑点试验示意图
（A、C均为阴性，B为阳性）

图6-6　平板掺入法示意图
（A为阴性，B为阳性）

(3) Ames试验步骤

① 菌株鉴定。目前，推荐使用的菌株是TA97、TA98、TA100和TA102。所有这些试验菌株都来源于鼠伤寒沙门菌LT2，都是组氨酸异养型菌株。鉴定前先进行增菌培养，为鉴定结果可靠，需同时培养野生型TV菌株，作为测试菌基因型的对照。增菌培养用牛肉膏蛋白胨液体培养基，接种后于37℃、100r/min振荡培养基12h左右，细菌生长相为对数期末，含菌数应为1×10^9～2×10^9个/mL。

鉴定项目如下所述。

a. 脂多糖屏障丢失（rfa）。用接种环或一端翘起的接种针以无菌操作取各菌株的增菌培养液，在营养琼脂平板上分别划平行线，然后用灭菌尖头镊夹取灭菌滤纸条，浸湿结晶紫溶液，贴放在平板上与各接种平行线垂直相交。盖好皿盖后倒置于37℃恒温箱，培养24h后若纸片周围出现抑菌带，则说明测试菌株含有rfa突变。

b. R因子。TA97、TA98、TA100和TA102菌株都含有R因子，这是一个抗药性转移因子。检测R因子存在的方法：横过营养琼脂平板表面涂一条小剂量氨苄青霉素钠溶液，将测试菌株与之交叉划线，37℃培养12～24h，不含R因子的菌株在氨苄青霉素的扩散区受到明显抑制，无细菌生长，而含有R因子的菌株则不受其影响。

c. 紫外线损伤修复缺陷（ΔuvrB）。在营养琼脂平板上按上述方法划线接种后，一半接种线用黑玻璃遮盖，另一半暴露于紫外光下8s，然后盖好皿盖并用黑纸包裹平皿，防止可见光修复作用。培养同上。

d. 自发回变。预先制备底平板，向灭菌并在水浴内保温45℃的上层软琼脂中注入0.1mL菌液，混匀后倾于底平板上并铺平。平皿倒置于37℃温箱培养48h。所有菌株在一定培养条件下都有相对稳定的自发回变率，超过允许范围应视为异常。几种常用菌株的自发回变率分别为：TA97 90～180；TA98 30～50；TA100 120～200；TA102 240～320。

e. 回变特性——诊断性试验。上层软琼脂中除菌液外，还注入已知阳性物的溶液，需活化系统者再加入 S9mix，其他同上。

菌株鉴定正确结果见表 6-9 和图 6-7。

表 6-9　Ames 试验测试菌之基因型及生物学性状

菌株	自发回变率	His-	rfa	pKM101	pAQ1	ΔuvrB	诊断试验
TA97	90～180	+	+	+	－	+	+
TA98	30～50	+	+	+	－	+	+
TA100	120～200	+	+	+		+	+
TA102	240～320	+	+	+	+	－	+
TV		－	－	－	－	－	

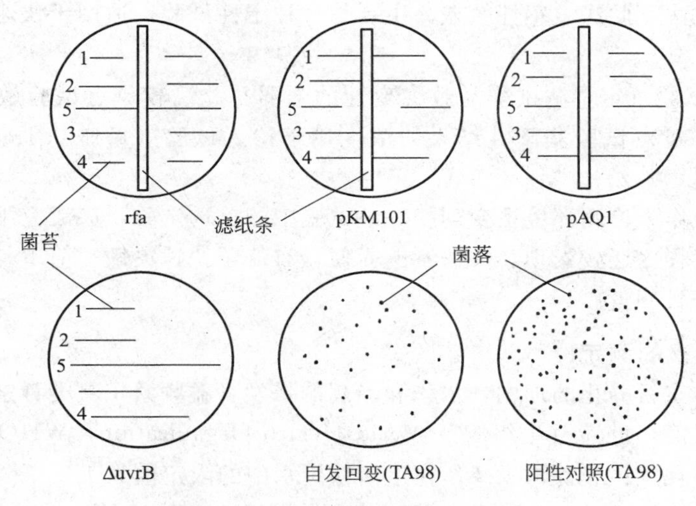

图 6-7　菌株基因型和生物学形状

② 测定步骤

a. 培养基的接种。取底层培养基平板 4 皿；融化上层培养基 4 支，置于 45℃下保温。分别在每一支上层培养基中分别加入鼠伤寒沙门菌 TA98 菌株，并加入在 37℃培养 7h 的菌液 0.1mL，混合均匀后逐次、迅速倒入底层平板中。

b. 施毒。用镊子将厚的圆滤纸片放入每个皿中心，并在其中三皿中的滤纸上，分别加入 50mg/L、250mg/L、500mg/L 的亚硝基胍（nitrosoguanidine，NTG）各 0.02mL，即每皿分别含 NTG 1μg、5μg、10μg，第四皿作为空白对照。

c. 观察结果。将平皿在 37℃黑暗处培养 2d 后，记录结果。

③ 结果分析。确定待测化合物在不同浓度时的相对致突变性。TA98 菌株在天然条件下会出现自发回复突变（his-），可以在不含组氨酸的底层培养基上生长，故可以对照平板上出现的菌群（自发回复突变）为基准，比较待测物的致突变性。

阴性（－）：出现的诱发回变菌落数为自发回变数的 2 倍以下。

弱阳性（＋）：诱发回变菌落数为自发回变数的 2～10 倍。

阳性（＋）：诱发回变菌落数为自发回变数的 10～50 倍。

强阳性（＋＋＋）：诱发回变菌落数为自发回变数的 50 倍以上。

Ames 认为，待测物每皿浓度高达 500μg 亦不引起大量回变者，为阴性结果。

分析结果可汇总于表 6-10 中。

表 6-10 亚硝基胍（NTG）致突变性初检结果

编号	NTG 含量/μg	菌落数	诱发回变菌落数	致突变性(－,＋,＋＋)
1				
2				
3				
4				

特别需要指出的是：

a. 斑点试验只局限于能在琼脂上扩散的化学物质，大多数多环芳烃和难溶于水的化学物质均不适宜用此法。此法敏感性较差，主要是一种定性试验，适用于快速筛选大量受试化合物。

b. 平板掺入试验可定量测试样品致突变性的强弱。此法较斑点试验敏感，获阳性结果所需的剂量较低。斑点试验获阳性结果的浓度用于掺入试验（每皿 0.1mL），往往出现抑（杀）菌作用。

c. Ames 试验作为检测环境诱变剂的一组试验中的首选试验，广泛应用于致突变化学物的初筛。但该试验程序还较繁琐，方法不够简便，有待于快速灵敏、简单易行的环境诱变剂短期生物测试法早日问世。

6.1.3 微囊藻毒素的测定

随着全球水体富营养化的加剧，水华和赤潮的暴发日益频繁，藻类毒素的研究得到了越来越多的关注。目前，世界卫生组织（World Health Organization，WHO）在饮用水标准指导（第 2 版）中规定微囊藻毒素-LR 在生活饮用水中的限定值为 1μg/L。我国现颁布执行的《生活饮用水卫生标准》(GB 5749—2006) 和《地表水环境质量标准》(GB 3838—2002) 中均规定微囊藻毒素-LR 限值为 0.001mg/L。

6.1.3.1 藻毒素的分类

水体产毒藻种主要为蓝藻，如微囊藻、鱼腥藻和束丝藻等。微囊藻可产生肝毒素，导致腹泻、呕吐、肝肾等器官的损坏，并有促瘤致癌作用。鱼腥藻和束丝藻可产生神经毒素，损害神经系统，引起惊厥、口舌麻木、呼吸困难甚至呼吸衰竭。图 6-8 为几种主要的产毒藻种。

目前，淡水藻类产生的毒素可分为多肽毒素、生物碱毒素和其他毒素三类。微囊藻毒素是环状的七氨酸结构，其中含有五种不变的氨基酸，分别在 1，3，5，6，7 号位上；含有两种可变的氨基酸，分别在 2，4 号位上，结构如图 6-9 所示。5 号位上的氨基酸是一种独特的 B 氨基酸，简称 Adda。微囊藻毒素是一种极性分子，毒素的命名是依靠两种可变的氨基酸：2，4 号位。目前已发现的微囊藻毒素有 70 多种，其中微囊藻毒素-LR 是最常见的一种，结构如图 6-10 所示。

6.1.3.2 微囊藻毒素的检测分析方法

现在主要有两种方法被用作微囊藻毒素的检测与分析，生物（生物化学）检测法和物理化学检测法。

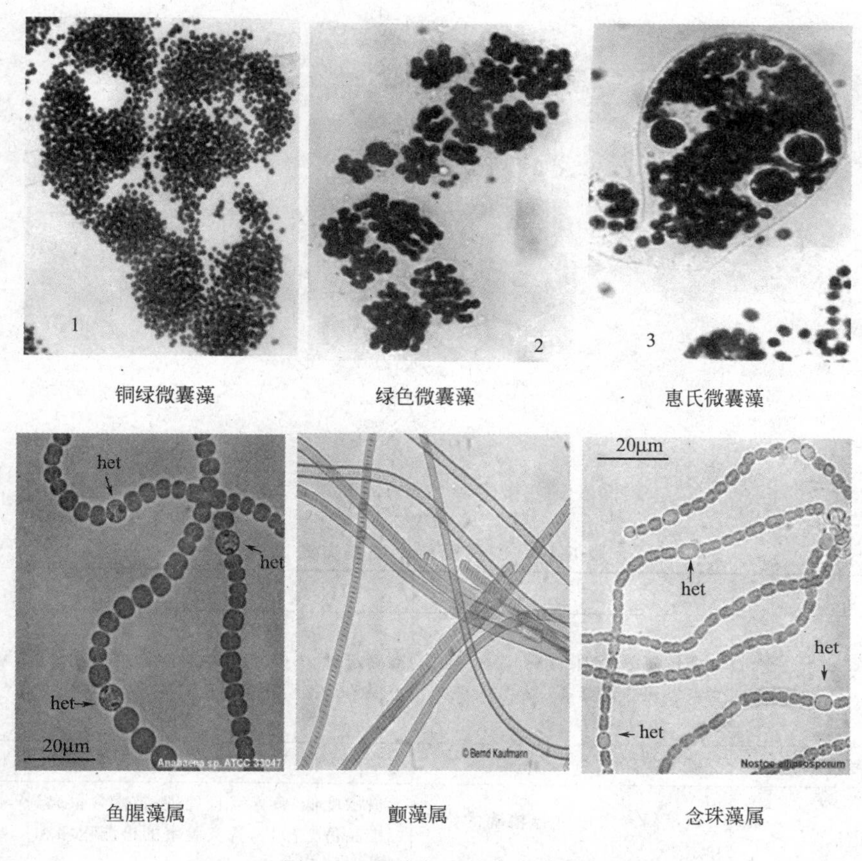

图 6-8　几种主要的产毒藻种

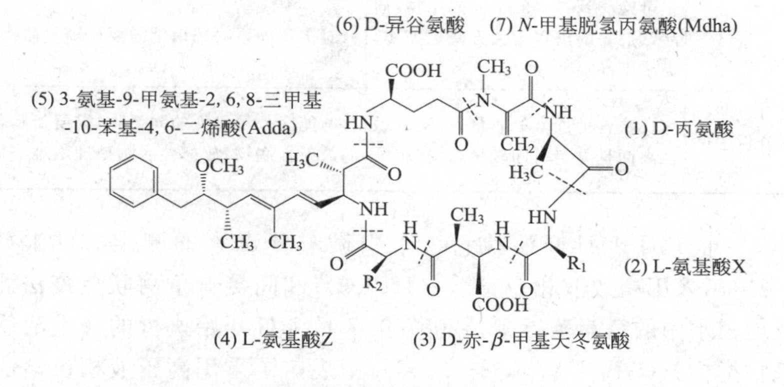

图 6-9　大多数微囊藻毒素的化学结构

两种方法的不同点在于检测原理、前处理阶段的复杂程度及检测结果的表现形式。最终选择哪种检测方法取决于方法的便利程度、技术的可靠性与所需结果的表现形式。然而，可选择性和灵敏度是衡量检测方法最重要的标准。表 6-11 给出了几种生物测试法和物理化学方法在选择性和灵敏度方面的比较。

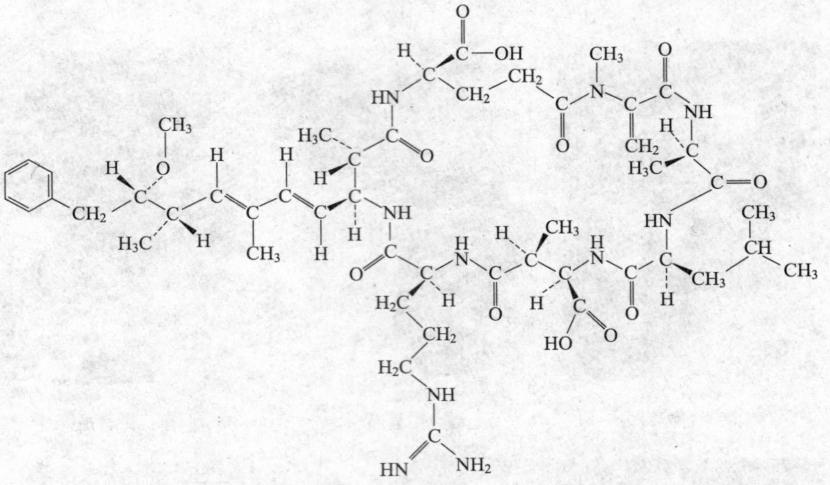

图 6-10 微囊藻毒素-LR的化学结构

表 6-11 微囊藻毒素监测方法比较

检测技术	优 点	缺 点	最小检出限
生物测试法	操作简单,结果直观,快捷,可检测未发现的新毒素	耗用量大,灵敏度和专一性不高;无法准确定量,不能辨别毒素的异构体类型;小鼠的维持费用高,工作量大;动物权益问题	用半致死量和致死量衡量
细胞毒性检测技术	灵敏度高	生产工作量大	10～20ng/mL
高效液相色谱法	对不同毒素可进行精确的定性和定量	灵敏度低、毒素需预处理、技术含量高,标准品价格昂贵,各实验室的检测程序和条件差别较大	1ng/mL
液质联用法	快速、准确、灵敏度高,可测定不同藻毒素的异构体	技术含量高,前处理过程复杂	1ng/mL
酶连免疫法	可检测到毒素的不同同系物,商品试剂盒的出现大大方便了操作,灵敏度高	对多种同系物的识别需要广谱抗体	0.20ng/mL
蛋白磷酸酶抑制分析法	反映各种毒素的总量,检测灵敏度高而且测定时间较短,干扰小	不能区分特异性的同系物,需要新制备的放射性底物,放射性底物处理困难	2.5ng/mL

我国自 2007 年 1 月 1 日开始执行《水中微囊藻毒素的测定方法》(GB/T 20466—2006),标准规定了采用高效液相色谱法(HPLC)和间接竞争酶联免疫法测定饮用水、湖泊水、河水及地表水中的微囊藻毒素。2007 年 7 月 1 日开始执行的《生活饮用水标准检验方法——有机物指标》(GB/T 5750.8—2006)中规定了采用高压液相色谱法测定生活饮用水及其水源水中的微囊藻毒素。高压液相色谱法介绍如下。

(1) 方法原理 水样过滤后,滤液(水样)经反相硅胶柱富集萃取浓缩,藻细胞(膜样)经冻融萃取,反相硅胶柱富集萃取浓缩后,待高压液相色谱分析。

该方法的最低检测质量分别为:微囊藻毒素-RR(MC-RR),6ng;微囊藻毒素-LR(MC-LR),6ng;若取 5L 水样,则其最低检测浓度均为 0.06μg/L。

（2）试剂及仪器　试剂主要是：ODS 硅胶柱（C_{18}固相萃取小柱）；10μg/mL 的微囊藻毒素-RR 和微囊藻毒素-LR（20%甲醇溶液）标样；乙腈；甲醇；三氟乙酸及高纯氮（99.999%）。仪器是高压液相色谱仪，配二极管阵列检测器和 3D 色谱工作站；ODS（5C18-MS Ⅱ 4.6×250mm）；25μL 微量注射器。

（3）样品处理　每个样品取水样 5L，GF/C 过滤，滤液（水样）和藻细胞（膜样）分别进行不同的预处理。

① 水样处理。滤液→过 5g DOS 柱→依次用 50mL 去离子水、50mL 20%甲醇淋洗杂质→50mL 80%甲醇洗脱→洗脱液在水浴中用氮气流挥发至干燥，残渣溶于 10mL 20%甲醇→过 C_{18}固相萃取小柱→10mL 100%甲醇洗脱→洗脱液在水浴中用氮气流挥发至干燥，残渣溶于 1mL 色谱纯甲醇→−20℃保存，待测。

② 膜样处理。藻细胞→冻融三次→100mL 5%乙酸萃取 30min→以 4000r/min 离心 10min，重复三次，合并上清液→上清液过 500mg DOS 柱→15mL 100%甲醇洗脱→洗脱液在水浴中用氮气流挥发至干燥，残渣溶于 10mL 20%甲醇→过 C_{18} 固相萃取小柱→10mL 100%甲醇洗脱→洗脱液在水浴中用氮气流挥发至干燥，残渣溶于 1mL 色谱纯甲醇→−20℃保存，待测定。

上述 5g DOS 柱用 50mL 100%甲醇与 50mL 去离子水预活化；C_{18} 柱用 20mL 100%甲醇和 20mL20%甲醇预活化；500mg DOS 柱用 6mL 100%甲醇与 6mL 去离子水预活化。

（4）分析步骤

① 标准曲线的绘制。配制成 0.30μg/L、0.50μg/L、1.00μg/L、2.00μg/L、5.00μg/L MC-RR 和 MC-LR 标准使用液。分别取 20μL 注入高压液相色谱仪，测得各浓度的峰面积，以峰面积为纵坐标，浓度为横坐标，绘制标准曲线。

② 标准色谱图。分别注入样品 20μL，以标样核对，记录色谱峰的保留时间及对应的化合物。微囊藻毒素标准色谱图如图 6-11 所示。

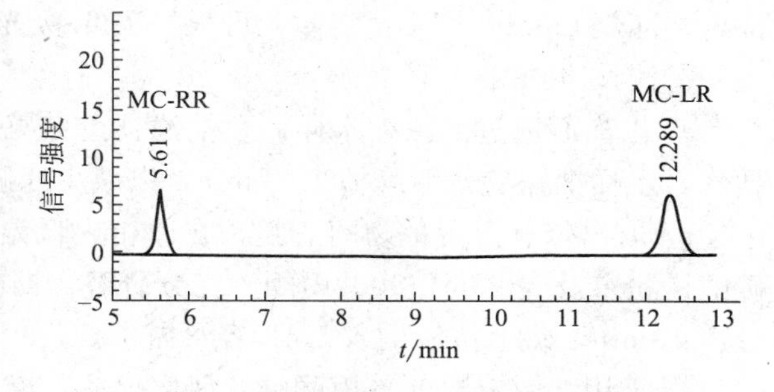

图 6-11　微囊藻毒素标准色谱图

③ 定量分析。通过色谱峰面积或峰高，在标准曲线上查出萃取液中目标物质的浓度，按下式计算水样中微囊藻毒素的浓度：

$$\rho(\mathrm{MCs})=\frac{\rho_1\times V_1}{0.6\times V}$$

式中　$\rho(\mathrm{MCs})$——水样中微囊藻毒素的浓度（包括水样和藻细胞），μg/L；

ρ_1——水样及藻细胞萃取液中微囊藻毒素的浓度和，μg/mL；

V_1——萃取液体积，mL；

V——水样体积，L。

6.1.4　叶绿素测定

研究已经表明，叶绿素 a 存在于一切独立营养植物中，是一种能将光合作用的光能传递给化学反应系统的唯一色素，叶绿素 b、c、d 和 e 等吸收的光能均是通过叶绿素 a 传递给化学反应系统的。因此，叶绿素 a 就成为水中有机物的源泉（表 6-12 表明了叶绿素 a 的主导地位及其组成与藻类类别之间的关系）。通过测定叶绿素 a，可以了解海洋、湖泊和河流中植物性浮游生物的现存量和基础生产量。叶绿素 a 指标是评价水体富营养化程度最直接有效的方法，也是目前科学地预测其发展趋势的有效方法。

表 6-12 藻类和叶绿素组成

叶绿素的组成	藻类
a	蓝藻
a,b	车轴藻、绿藻、绿鞭毛藻类①
a,c	褐藻、硅藻、双鞭毛藻类
a,d	红藻
a,e	不等毛类的一部分

① 为绿虫，系鞭毛虫类原生动物，大量生于非流动水域，可使水形成绿色。

根据所使用的仪器，叶绿素 a 的测定方法可分为高效液相色谱法、荧光光度计法和分光光度计法。高效液相色谱法精确度高，但是分析操作步骤繁琐，一般不用于野外样品的快速分析。目前最常用的分析方法是分光光度法和荧光法。

6.1.4.1 叶绿素 a 的分光光度法测定

根据所用色素萃取液的不同，叶绿素 a 的分光光度法测定可分为丙酮法、甲醇法和乙醇法等；根据比色所用的波长分为三色法和单色法，目前国际上普遍使用 Lorenzen 单色法。Lorenzen 单色法主要是丙酮法和乙醇法，我国多年来一直沿用丙酮法。近年来，国际上从萃取效果和安全保健等方面考虑已经逐渐改用乙醇法。

（1）丙酮法　该方法适合于藻类繁殖得比较多的水样和表面附着的藻类。

① 基本原理。将一定量的水样用玻璃纤维滤纸过滤，收集植物性浮游生物，用 90% 的丙酮溶液提取，并将提取物分离。

叶绿素 a 在波长方面的最大吸收峰位于 663nm，在一定浓度范围内，其吸光度值 A 与浓度 c 符合 Lambert-Beer 定律，可根据浓度-吸光度之间的线性关系，计算叶绿素 a 的浓度。

②测试方法

a. 以离心或过滤浓缩水样，在抽滤器上装好乙酸纤维薄膜。倒入定量体积的水样进行抽滤，水样抽完后，继续抽 1～2min，以减少滤膜上的水分。

b. 取出带有浮游植物的滤膜，在冰箱内低温干燥 6～8h 后放入组织研磨器，加入少量碳酸镁粉末及 2～3mL 90% 丙酮，充分研磨，提取叶绿素 a。用离心机（3000～4000r/min）分离 10min，将上清液倒入 5mL 容量瓶中。

c. 再用 2～3mL 90% 丙酮继续研磨提取，离心分离 10min 后倒入容量瓶中，重复 1～2 次，定容至 5mL，摇匀。

d. 取上清液于 1mm 比色皿中，以 90% 丙酮溶液为参照，分别读取波长 750nm、663nm、645nm 和 630nm 处的吸光度。同时以 90% 丙酮作空白对吸光度进行校正。

③ 计算。叶绿素 a 的含量按如下公式计算：

$$\text{叶绿素 a}(mg/m^3)=\frac{[11.64\times(D_{663}-D_{750})-2.16\times(D_{645}-D_{750})+0.10\times(D_{630}-D_{750})]\times V_1}{V\delta}$$

式中 V——水样体积，L；

D——吸光度；

V_1——提取液定容后的体积，mL；

δ——比色皿光程。

（2）乙醇法　过滤一定体积（V）的水样（根据样品中叶绿素含量决定），将滤膜向内对折，放入 5mL 的离心管，保存在-20℃的冰箱中至少一昼夜。

取 250mL 玻璃三角瓶装适量（约 12mL）90%乙醇在控温水浴锅中预热，水浴温度 80～85℃，取出样品，立即加入 4mL 左右热乙醇，水浴 2min。再将样品放入室温下避光处萃取 4～6h，最长不超过 12h。萃取结束后用 25mm 玻璃纤维滤膜过滤萃取液，并定容至 10mL（V_1）。

以 90%乙醇为参比液进行比色测定，分别测定波长 665nm 和 750nm 处的吸光度 D_{665} 和 D_{750}，然后在样品比色皿中加入 1mol/L 的盐酸酸化，加盖摇匀，1min 后重新测定前面两个波长处的吸光度 A_{665} 和 A_{750}，然后按下式进行计算：

$$\text{叶绿素 a(mg/m}^3) = 27.9V_1 \times [(D_{665} - D_{750}) - (A_{665} - A_{750})]/V$$

6.1.4.2　叶绿素 a 的荧光法测定

该方法适合于藻类比较少的贫营养湖泊或外海洋中的叶绿素 a 的测定。

当丙酮提取液经紫外线照射时，叶绿素 a 有固有的红色荧光特征，而且其浓度与荧光强度存在一定的规律性，因此可定量测定叶绿素 a 的含量。由于所用的光源强度高，故荧光法比分光光度法的灵敏度高两个数量级左右。但是分析过程中易受其他色素或色素衍生物的干扰，并且不利于野外快速测定，在此不做介绍。

6.1.5　水中贾第鞭毛虫和隐孢子虫测定及其活性

贾第鞭毛虫（Giardia）和隐孢子虫（Cryptosporidium）（简称“两虫”，如图 6-12 和图 6-13 所示），是肠道原生寄生虫，它们能感染人类与动物的胃肠道，从而导致贾第鞭毛虫病和隐孢子虫病。其发病呈世界性分布，发病率与空肠弯曲菌、沙门菌、志贺菌、致病性大肠埃希菌相近，在寄生虫性腹泻中占首位或第二位。

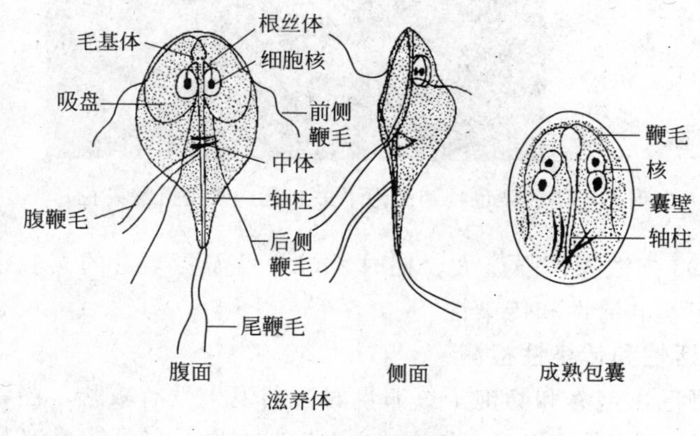

图 6-12　蓝氏贾第鞭毛虫

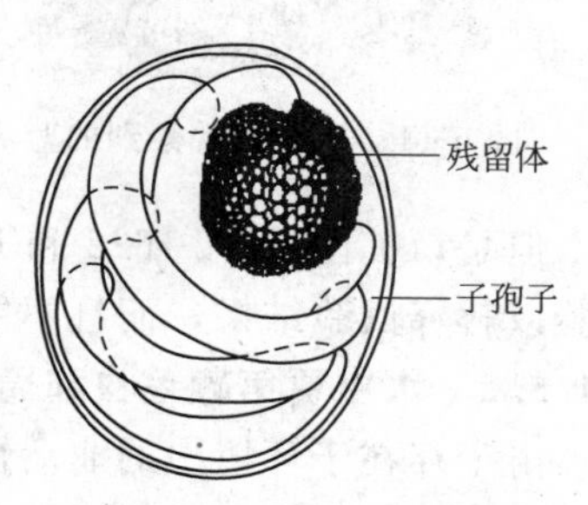

图 6-13　隐孢子虫卵囊

当含有两虫的粪便流入水体时，饮用水源就会受到污染。若水处理不充分，饮用水中的两虫就可能达到足以致病的数量。该两种寄生虫是厚壁卵囊，因此抵抗外界环境影响的能力极强，在湿冷的环境中可存活数月。其卵囊（孢囊）对饮用水的常规氯处理有很强的抵抗能力，由于直径小，少量卵囊（孢囊）可透过滤池，对目前市政水处理采用的过滤系统提出了挑战。

6.1.5.1　水中贾第鞭毛虫和隐孢子虫测定

地表水中贾第鞭毛虫和隐孢子虫污染是普遍的，尤其当被生活污水和农业污水污染后情况更为严重。据美国的一项专项调查，隐孢子虫卵囊在地表水检出率高达 65.0%～97.0%，平均卵囊数为 43 个/100L，饮用水中卵囊检出率为 28.0%，只有在没有受地表水污染的纯净地下水中才不易查出其卵囊。日本的调查表明，饮用水净水厂的原水中隐孢子虫卵囊的检出率是 100%(13/13)，贾第鞭毛虫孢囊的检出率为 12/13，即使在滤后水中，隐孢子虫卵囊的检出仍达 35%(9/26)。我国珠江水系西江珠海段的定期监测显示，水中贾第鞭毛虫孢囊量为 0～152 个/100L，隐孢子虫卵囊的浓度为 0～182 个/100L。因此，为保障饮水安全性，我国 2007 年 7 月 1 日起实施的《生活饮用水卫生标准》(GB 5749—2006）中规定，饮用水中贾第鞭毛虫和隐孢子虫含量应小于 1 个/10L。

美国国家环保局 1996 年开始采用免疫磁珠分离（immunomagnetic separation，IMS）等新技术对隐孢子虫进行检测，提出了单独检测隐孢子虫的 EPA 1622 方法，并于 1999 年 1 月将其作为一项正式的检测标准发布。之后于 1999 年 2 月发布能同时检测隐孢子虫和贾第鞭毛虫的 EPA 1623 方法。

用于检测水中两虫的方法，分为三个阶段：样品收集和浓缩，卵囊（孢囊）分离，卵囊（孢囊）检测并确定其活性。美国 EPA1623 方法采用滤筒过滤，免疫磁珠分离和免疫荧光（immunofluorescent assay，IFA）显微镜检测和计数两虫，并借助染色和显微镜检观察其内部的特征结构来证实卵囊和孢囊的存在（图 6-14)。该方法的回收率较高，准确性也很好，是目前国际上广泛采用的方法。

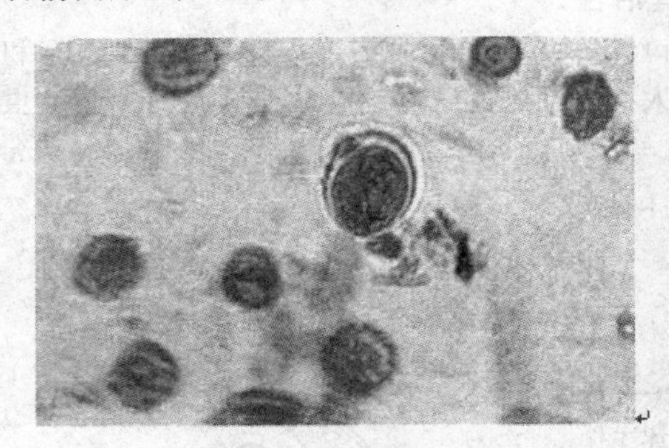
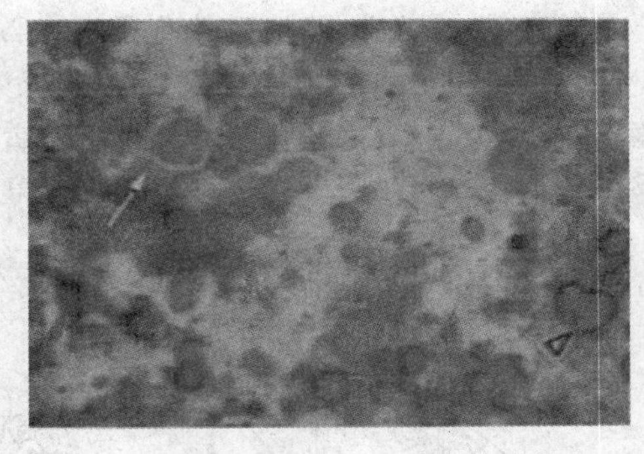

图 6-14 显微镜观察到的蓝氏贾第鞭毛虫孢囊（碘液染色）和隐孢子虫卵囊（改良抗酸染色）

但是，美国 EPA 1622 和 EPA 1623 方法操作强度大、耗时长，并且需要丰富的实验室经验以解释试验结果，而且不能评价卵囊的活性和传染性。

6.1.5.2 水中贾第鞭毛虫和隐孢子虫活性和传染性检测

由于存在于环境中的非活性贾第鞭毛虫孢囊和隐孢子虫卵囊对公共卫生没有威胁，当评估贾第鞭毛虫和隐孢子虫的潜在威胁时，卵囊（孢囊）的活性和传染性的测定是非常必要的。目前用于测定贾第鞭毛虫和隐孢子虫的活性和传染性的方法主要有动物感染模型、体外脱囊、荧光染色、动物细胞培养、反转录 PCR 等方法。

荧光染色法是基于隐孢子虫卵囊外半透膜选择性摄入荧光素 DAPI 或 PI 的特点来判定卵囊有无活力，该方法用于指示卵囊是否具有潜在的活性和感染性有较大价值。目前细胞培养方法开始逐渐取代动物实验而作为评估隐孢子虫感染性的可靠方法。该方法用细胞（特别是人肠道上皮细胞 HCT-8）作为寄主，向细胞中加入被检样品，保温，计数受感染细胞数目，该方法只检测有感染性的卵囊，检测限可低至一个有感染性的卵囊。

利用 PCR 技术检测隐孢子虫时，引物的设计非常重要，因为如果样品中含有与引物序列互补的杂质 DNA，其也可被扩增。因此该方法对 DNA 污染敏感，一般可采用免疫磁力分离纯化后再作PCR的方法来提高PCR特异性。另外，还可根据特异性要求（如隐孢子虫属特异性或隐孢子虫特定种特异性）来设计引物以达到鉴定隐孢子虫种类的目的。

6.1.6　水中军团菌的检验

军团菌是一种阴性的无芽孢杆菌，广泛存在于水和土壤等外环境中，同时还可在冷、热水管道系统中检出，尤其是在空调设备冷却水中检出率最高。军团菌首次发现于美国，1976年美国费城退伍军人年会参加者中爆发了一种以发热、咳嗽、腹泻及呼吸困难为主的疾病，后来医院对死者肺组织检查并发现了以前未知的一种病原菌，并将这种细菌命名为嗜肺军团菌（*L pneumophile*，Lp）。

当水中军团菌的浓度超过1000cfu/mL时，就可能使人群感染另外一种非典型肺炎——军团病。国内外大量资料已经证实在散发的公众获得性肺炎住院病人中，军团病约占6%以上，并有增高的趋势。由于临床缺乏独特的症状与体征，诊断较为困难，常致漏诊、误诊，致使该病的高死亡率高达30%～50%。因此，早期、快速诊断对军团菌病的防治及控制极为重要。

目前我国还没有颁布水中军团菌的国家标准检测方法。国际上则主要有细菌培养法、血清特异性抗体检测、酶联免疫吸附试验（EL ISA）等。下面对前两种方法做简要介绍。

（1）细菌培养法　细菌培养法是军团菌检测的确诊方法。军团菌为需氧革兰阴性杆菌，对生长条件有特殊要求，在普通培养基上不生长，而且培养和分离困难。双相缓冲的活性酵母浸出汁琼脂培养基（BCYEa）是目前世界上公认的最佳人工培养基，在5% CO_2，35～36℃环境下培养7～10d，军团菌可形成直径1～2mm、灰白色、圆形、边缘清楚整齐的菌落。在国内多采用国产蓝藻培养基（BALM）和含硝酸铁或右旋糖苷铁培养基，军团菌的生长菌落数和生长速度都与BCYEa一致。

该方法作为检测军团菌的标准法，其优点是具有敏感性和特异性，可以作为临床确诊和鉴定的标准。

（2）血清特异性抗体检测　血清特异性抗体检测方法包括间接免疫荧光法（indirect immunofluorescence assay，IFA）、微量凝集试验（micro agglutination assay，MAA）、血试管凝集试验（tube agglutination test，TAT）、ELISA法等。但是必须在双份（急性期和恢复期）血清中，抗体效价增加四倍或更高并达到1∶128时，或单份血清的效价达1∶256或更高时方可判断军团菌阳性。其中，IFA法是检测费城军团菌病暴发患者抗体以及鉴定疾病暴发原因的主要方法，在欧洲也得到广泛应用，目前仍然是国内外临床诊断军团病的主要方法。

6.2　指示生物的环境监测

指示生物又叫做生物指示物（biological indicator），就是指那些在一定的自然地理范围内，能通过其数量、特性、种类或群落等变化，指示环境或某一环境因子特征的生物。水体遭受污染缺氧，导致水中的鱼类因窒息而纷纷浮出水面进行呼吸；水体受重金属或有机毒物的污染，会令鱼类骨骼产生畸变或肌肉有异味；大气受到污染，植物叶片变黄甚至枯萎；生物的生存环境遭到破坏，导致物种绝迹——生物以自己的身体行为乃至生命向人类发出指示。

然而，并非所有生物都对环境有指示作用，只有一种生物的存在给我们指示某种特定环境条件的存在，而其不存在又指示某种特定环境条件不存在，这种耐受环境范围非常狭窄的生物才能作为环境条件的指示生物。指示生物对特定环境的反应和表征即是生物的指示作用。生物与环境关系十分密切，生物的变化可以用作环境变化的指标。生物指示作用具有客观性（不受人为因素的干扰，真实反映环境状况）、综合性（多种影响因子综合作用的结果，全面体现环境质量）、连续性（生物长期接受环境影响的具体表征，极少受偶然因素影响）、直观性（直观、形象地展现生物对环境的适应性和指示特征）的特点。

利用指示生物的特定指标对环境进行监测和评价，已逐渐成为热门的课题。例如，上海投放胭脂鱼到苏州河，作为指示生物监测水环境。胭脂鱼是上海土著鱼，对水里溶解氧、重金属的敏感度较高，水质的好坏将影响它的生理指标、生长指标和死亡率，通过对它的体征状态的检测，可以达到监测水质的作用。又如德国在莱茵河治理过程中，治理目标是“让大马哈鱼重返莱茵河”，大马哈鱼被视为是整治莱茵河的指示生物，可用以检验河流生态整体恢复的效果。然而，利用指示生物进行环境监测一直缺乏相应的规范和标准，且由于生物的自身特点，难以对监测结果进行定量化的描述，因此利用指示生物监测环境污染的需求一直不迫切。随着生物科学技术的发展以及环境监测手段的进步，利用指示生物对环境污染进行定性定量监测已取得越来越大的成效。因此，利用指示生物系统化、规范化地评价环境污染以及提高其评价结果的可比性不久也将成为现实。

6.2.1 指示生物的特征及其作用

(1) 行为特征　指示生物的行为特征应用最多的是应激反应。应激反应是生物界普遍存在的特性，运动或游动能力较强的动物尤为明显。当动物接触低剂量有害污染物时，刺激动物的嗅觉、味觉和视觉等感觉器官，影响呼吸或作用于中枢神经系统，从而影响动物的活动水平、摄食、逃避捕食、繁殖或其他行为方式，改变其在环境中的分布。回避试验是目前应用最为广泛的方法，是以水生动物为指示生物，研究其对污染物尤其是有毒污染物的回避反应及引起回避的污染物浓度，以期对水体污染进行早期预报和评价。

大量研究表明，在人为设计污染水区和非污染水区的迷宫回避装置中，未经训练的鱼类在受到亚致死剂量的有毒污染物刺激时，能主动回避受污染水域，游向清洁水区。根据目测或利用电视摄像系统跟踪鱼的行为，观察污染物对鱼回避行为的影响。此外，其他水生动物如虾、蟹及某些水生昆虫等也存在有类似的回避反应。生物自有的活动方式，在外来污染物的作用下，可能会增强或减弱其活动性。利用光电设备对受试生物如鱼类、水溞、螯虾、糠虾等的活动性进行监测，当其游过观察池时，光束受到干扰，转变成脉冲信号。光束干扰越多，表明受试生物的活动性越强，反之亦然。通过对照比较受试生物在未受污染水体中的活动性，来反映水体是否污染。其他还有诸如呼吸、代谢、习性、摄食、捕食等指标亦可用于对水体污染进行监测和评价。

另外，污染物的存在，也会造成微生物的行为异常。正常情况下，发光细菌中的核黄素-5′-单磷酸盐和醛类在胞内荧光素酶的催化作用下，氧化生成黄素腺嘌呤单核苷酸、酸和水，释放出蓝绿色荧光。当有害污染物存在时，发光行为受到干扰或阻碍，引起荧光强度变化，利用生物发光光度计测定光强，可以对污染物进行定量分析。细菌发光检测具有较好的剂量-效应关系，能获得可重复和可再现的试验结果。研究发现，当大气中光化学反应物的浓度为 2μL/L 时，即阻碍发光菌发光。该方法已广泛用于废水、固体废物浸出液及重金属等的综合毒性的监测。

(2) 形态特征　许多植物对大气污染的反应非常敏感，即使在极低浓度的情况下，也能很快地表现出受害症状。将植物作为指示物，根据其表现出的受害症状，可以对污染物种类进行定性分析，也可以根据症状的轻重、面积大小，对污染物浓度进行初步的定量分析。

大气污染对植物的危害机制主要表现在：①外部伤害——污染物通过气孔被吸收进入植物体内，对叶面产生严重伤害；②组织伤害——污染物进入植物体内，引起阔叶树叶内海绵细胞和叶下表皮的破坏，使叶绿体发生畸变而引起栅栏细胞伤害，最后导致上表皮损伤；③影响代谢作用——大气污染改变了植物的生理生化过程，如蒸腾作用减弱、光合作用受到抑制等，引起形态变异。

研究表明，当大气环境中二氧化硫含量的体积分数为 12×10^{-6} 时，紫花苜蓿暴露1h后，叶片出现白色“烟斑”，并逐渐枯萎，或在叶脉之间或叶缘出现明显的坏死，而二氧化硫体积分数高于 0.154×10^{-6}，苔藓即产生急性伤害。氟化物体积分数为 1×10^{-9} 暴露2～3d或浓度为 10×10^{-9} 暴露20h，唐菖蒲就会受到伤害，叶缘和叶尖组织出现坏死，坏死部分颜色呈浅褐色或褐红色，并且与健康组织有明显的界线，因而被公认是监测氟化物的理想植物。燕麦、烟草等暴露在接近背景浓度的臭氧环境中，可迅速作出反应或显示出明确可见的症状。

(3) 数量特征　在正常稳定的环境中，生物的种类比较多，个体数量适当。受到污染后，敏感指示生物种类的数量会逐渐减少甚至消失，与对照点相比显示出种类数量的差异。

采用指示生物的数量特征的方法在水环境中应用较多。由于不同污染程度的水体中各有其作为特征的生物存在，因此可以利用天然出现的生物来指示水体污染的程度。二十世纪初，德国科学家提出著名的污水生物体系法，将受有机物污染的河流，按其污染程度和自净过程，划分几个互相连续的污染带，每一带包含着各自独特的生物。在美国伊利湖污染的调查中，利用湖中原生动物颤蚓的数量作为评价指标，根据单位面积水体中颤蚓的数量，将受污染水域分为无污染、轻度污染、中度污染和重度污染，见表6-13。

表6-13　美国伊利湖污染调查（以颤蚓为评价指标）

颤蚓数量/(个/m^{2}水面)	水域受污染的程度
＜100	无污染
100～990	轻度污染
1000～5000	中度污染
＞5000	重度污染

微生物对污染物也很敏感，叶生红酵母是生长在落叶表面的一种微生物，通过暴露试验，把不同时期的多次平行试验的结果累加，计算出菌落平均数，根据菌落数的多少反映污染的程度，菌落平均数多的树木所在地污染程度小，反之则大。苔藓地衣的共生性增加了其敏感性，在英国工业城市纽卡斯尔地区，由于二氧化硫污染，苔藓种类从55种下降到5种。细菌总数、总大肠菌群、水生真菌、放线菌等也常用作水体污染的指示物种。

(4) 种群、群落特征　生物的种群、群落特征也可应用于指示作用。早期通过种群的变化来反映或判断环境污染最具代表性的当数在英国伦敦郊区发现的黑斑蝶现象。十九世纪中叶，工业革命带来了生产力的极大解放，同时也造成以煤烟型为主的大气污染，原来生活在该地区的灰斑蝶种群逐渐消失，取而代之的是黑斑蝶种群。这种蝶类种群的变化，较好地反映了长期污染对生物的影响。

生物的种群、群落特征在实际应用中，水污染指示生物采用得较多，包括浮游生物、着生生物（如藻类、原生动物、真菌等）、大型水生植物（如海藻、大型褐藻）、底栖大型无脊椎动物（如软体动物、甲壳类、腔肠动物、棘皮动物等）、鱼类（如鲑鱼、河鲈等）等，以各类群在群落中所占比例作为水体污染的指标。通常采用多样性指数和各种生物指数来定量描述种群或群落变化，如香农多样性指数（Shannon-Weaver function）、Margalef 多样性指数、Gleason 指数和 Menhinick 指数，对水质进行生物学评价。

（5）遗传特征　污染不仅会对生物的行为、形态、数量、种群或群落结构产生影响，而且可能造成细胞结构和遗传物质的破坏，导致机体畸变、致癌和变异。出于对人体健康考虑，污染物的潜在遗传毒性逐步受到更多的关注，并可通过监测污染物对生物的三致效应来进行评价。早期开展的微核试验，以细胞中的微核数量作为指标，监测污染物对染色体的损伤。环境中存在的污染物越多，诱变因子诱发生物染色体的损害也越严重，其微核率愈高。蚕豆根尖细胞微核试验、小白鼠血红细胞微核试验等均表明，污染因子诱发染色体异常与微核率之间存在有较好的相关性。

6.2.2　生物样品的采集、保存与制备

6.2.2.1　微生物样品

微生物样品的采集，必须按一般无菌操作的基本要求进行水样采样，严格保证运输、保存过程中不受污染。

一般江、河、湖泊、水塘、水库、浅层地下水可取水样 500～1000mL。医院废水、高浓度有机废水可取 100～500mL。

取样一般用无色硬质具磨塞玻璃瓶，经高压灭菌器灭菌后备用。

（1）自来水采样　须先用清洁棉花将自来水龙头拭干，然后用酒精灯或酒精棉花球灼烧灭菌，再将龙头完全打开放水 5min 左右，以排除管道内积存的死水，而后将龙头关小，打开采样瓶瓶塞，以无菌操作进行。如水样中含有余氯，则采样瓶在未灭菌前，按每采 500mL 水样加 3%硫代硫酸钠（$Na_2S_2O_3 \cdot 5H_2O$）溶液 1mL 的量预先加入采样瓶内，用以消除采样后水样内的余氯，以防止继续存在杀菌作用。

（2）江、河、湖泊、池塘、水库等的采样　可利用采样器，器内的采样瓶应预先灭菌。用采样器采样的方法与水质化学检验方法相同。如没有采样器时，可直接将采样瓶放在上述水域中 30～50cm 深处，再打开瓶塞采样。采样后，注意采样瓶内的水面与瓶塞底部应留有一些空隙，以便在检验时可充分摇动混匀水样。用同样的方法可采取高浓度有机废水以及医院废水样。

水样在采集后应立即送检，一般从取样到分析不得超过 2h，条件不允许时，也应冷藏保存，但最长不得超过 6h。

水样的采集情况、采样时间、保存条件等应详细记录，一并送检验单位，供水质评价时参考。

6.2.2.2　植物样品

（1）植物样品的采集　植物样品的采集应遵循以下几条原则。

①目的性。明确采样的具体目的和要求，对污染物性质及各种环境因素（如地质、气象、水文、土壤、植物等）进行调研，收集资料，以确定采样区、采样点等。

②代表性。选择能符合大多数情况和能反映研究目的的植物种类和数量。

③典型性。将植物采集部位进行严格分类，以便反映所需了解的情况。

④适时性。依据植物的生长习性确定采样时间，以便能够反映研究需要了解的污染情况。

采样前的准备工作如下。

① 剪刀、锄、铲等采样工具的准备。

② 布袋（聚乙烯袋）、标签、绳、记录簿等保存、记录用具的准备。

③ 实验室制备、预处理的用品前期准备。

根据污染物特点及各分析项目的要求，确定采样量，即保证在样品预处理后有足够数量用于分析测试等，一般需要1kg左右的干物重样品。对于含水量为80%～95%的水生植物、水果、蔬菜等新鲜样品，则取样应比干样品多5～10倍。

针对不同的植物样品，可选择的采样方法为：①在选定的小区中以对角线五点采样或平行交叉间隔采样，采取5～10个样品混合组成；②按植物的根、茎、叶、果、种子等不同部位分别采集，或整株带回实验室再按部位分开处理；③用清水洗去附着的泥土，根部要反复洗净，但不准浸泡；④果树样品，要注意树龄、株型、生长势、结果数量和果实着生部位及方向等资料的积累；⑤蔬菜样品，若要进行鲜样分析，尤其在夏天时，水分蒸发量大，植株最好连根带泥一同挖起，或用清洁的湿布包住，以免萎蔫。

（2）植物样品的保存　采集好的样品装入布袋或塑料袋，按表6-14进行登记。带回实验室后，再用清洁水洗净，然后立即放在干燥通风处晾干或鼓风干燥箱烘干，用于鲜样分析的样品，应立即进行处理和分析，当天不能处理、分析完的样品，应暂时冷藏在冰箱内。

表6-14　样品采集登记表

样品编号	样品名称	采集地点	采样日期	采集部位	土壤类别	物候期	污染情况			分析项目	分析部位	采集人
							次数	成分	浓度			

（3）植物样品的制备

① 选取样品。根据植物特性进行样品选取，具体如下。

a. 果实、块根、块茎、瓜菜类样品，洗净后切成四块或八块，各取其1/4或1/8。

b. 粮食、种子等经充分混匀后，平铺在木板或玻璃板上，按四分法多次选取，然后分别加工处理制成分析样品。

② 鲜样的制备。测定植物体内易挥发、转化或降解的污染物，如酚、氰、亚硝酸盐、有机农药等，以及植物中的维生素、氨基酸、糖、植物碱等指标，以及多汁的瓜、果、蔬菜样品，应采用新鲜样品进行分析。将洗净、擦干后的样品切碎，混匀，称取100g放入电动高速组织捣碎机的捣碎杯中，加适量蒸馏水或去离子水，捣碎1～2min，制成匀浆。含水量高的样品可不加水；含水量低的样品可增加水量1～2倍。对根、茎、叶等含纤维多或较硬的样品，可切成碎小块，混匀后在研钵中加石英砂研磨后供分析用。

③ 干样的制备。样品经洗净风干，或放在60～70℃鼓风干燥箱中烘干，以免发霉腐烂。样品干燥后，去除灰尘杂物，将其剪碎，用电动磨碎机粉碎和过筛（通过1mm或0.25mm的筛孔）。各类作物的种子样品如稻谷等，要先脱壳再粉碎，然后根据分析方法的要求分别通过40目至100目的金属筛或尼龙筛，处理后的样品保存在玻璃广口瓶或聚乙烯广口瓶中备用。

对于测定金属元素含量的样品，应避免受金属器械和金属筛、玻璃瓶的污染，最好用玛瑙研钵磨碎，尼龙筛过筛，聚乙烯瓶贮存。

6.2.2.3 动物样品

动物的尿液、血液、脑脊液、唾液、呼出的气体、胃液、胆汁、乳液、粪便以及其他生物材料如毛发、指甲、骨骼和脏器等均可作为检验环境污染物的材料。

(1) 尿液 尿检在医学临床中应用较为广泛，因为绝大多数毒物及其代谢物主要由肾脏经膀胱、尿道与尿液一起排出，同时尿液收集也较为方便。采样器具用稀硝酸浸泡洗净，再用蒸馏水清洗、烘干备用。一般早晨浓度较高，可一次收集，如测定尿中的铅、镉、氟、锰等应收集 8h 或 24h 尿样。

(2) 血液 用来检验金属毒物如铅、汞以及非金属如氟化物、酚等。采样器一般为硬质玻璃试管，先用普通水洗净，再用 3%～5% 的稀硝酸或稀醋酸浸泡洗净，最后用蒸馏水洗净，烘干备用。用注射器抽血样 10mL（有时需加抗凝剂如二溴盐酸）放入试管备用。

(3) 毛发和指甲 某些毒物如砷、锰、有机汞等能长时间蓄积在指甲和毛发中。即使已脱离污染物或停止摄入污染食品后，血液和尿液中的毒物含量已下降，而在毛发和指甲中仍可检出。采样后，用中性洗涤剂处理，经蒸馏水或去离子水冲洗后再用丙酮或乙醚洗涤，或用酒精和 EDTA 洗涤，室温下充分干燥后装瓶备用。

(4) 组织和脏器 采用动物的组织和脏器作为检验标本，对研究污染物在体内的分布和蓄积、毒性试验和环境毒理学等方面均有一定意义。组织和脏器的部位很复杂，且柔软、易破裂混合，因此取样操作要细心。一般先剥去被膜，取纤维组织丰富的部分为样品，应避免在皮质与髓质接口处取样。

6.2.3 指示生物污染物测定

指示生物有指示植物、指示动物和指示微生物三类，它们都可用作水污染、大气污染和土壤污染等的监测。

指示生物对环境中污染物的指示作用主要有两类：敏感指示生物和耐性指示生物。

当环境中的污染物浓度含量很低，有时用化学分析方法尚不能测出时，指示生物就表现出某些灵敏的反应，如指示植物的叶片上出现受伤斑点，指示动物行为发生改变等，我们根据这种反应的症状来指示污染物的类型，根据反应的程度和以往的经验和指数来判断污染程度和范围，并提出相应的措施。这种反应灵敏的指示生物称为敏感指示生物。这种指示生物在目前的生物监测里应用相当普遍。例如，牵牛花对光化学烟雾的氧化剂很敏感，红色和紫色的牵牛花在 O_3 浓度为 1.5cm^3/m^3 时，经过 4～6h 以后，叶片上就出现漂白斑和叶脉间的枯斑。

另一类指示生物在不良的环境中却表现出良好的生长势。也可以说，污染了的环境反而对这类生物的生长有明显的促进作用，我们可以利用这种生物的生长状况来指示污染程度，这类生物称为耐性指示生物。例如，水体富营养化时，由于水体受氮、磷等的污染，蓝藻大量繁殖，个体数迅速增加，成为该水体中的优势种。我们可以利用蓝藻的生长状况来监测水体的富营养化程度。

6.2.3.1 大气污染指示生物

大气污染指示生物是指能对大气中的污染物产生各种定性、定量反应的生物。大气污染多采用植物作为指示生物，因为植物分别范围广、易于管理，且有不少植物品种对不同的大气污染物能呈现出不同的受害症状。

应用动物作为指示生物管理比较困难，受到了不少客观条件的限制，因此，目前尚未形成一套完整的监测方法。但也有学者进行了一些研究，如研究发现金丝雀、狗和家禽对二氧化硫反应敏感；老鼠和家禽接触到微量瓦斯毒气时表现出异常反应；蜜蜂等昆虫以及鸟类对大气中某些污染物也反应敏感。

大气的污染状况密切影响着生活于其中的微生物区系组成及其数量的变化，因此也可应用微生物作为指示生物监测大气质量。但由于空气环境中没有固定的微生物种群，它主要是通过土壤尘埃、水滴、人和动物体表的干燥脱落物、呼吸道的排泄物等方式带入空气中。因此，采用微生物作为大气污染指示生物受到了一定限制，没有迅速发展起来。

下面将着重介绍利用指示植物监测大气环境污染物。

(1) 常用大气污染指示植物及其受害症状　指示植物在受到大气污染物伤害后，能较敏感和迅速地产生明显反应，发出受污染信息。通常可以选择草本植物、木本植物以及地衣、苔藓等。大气污染指示植物应具备下列条件：①对污染物反应敏感；②受污染后的反应症状明显；③干扰症状少；④生长期长，能不断萌发新叶；⑤栽培管理和繁殖容易；⑥尽可能具有一定的观赏或经济价值，起到美化环境与监测环境质量的双重作用。

对指示植物的选择方法是：通过调查找出某一污染区内最易受害而且症状明显的植物作为指示植物，或者通过人工熏气实验，再通过不同类型污染区的栽培试验及叶片浸蘸等方法进行筛选。那些最易受害、反应最快、症状明显的植物便可作为指示植物。

世界上有 300 多种植物可用于大气污染监测，目前比较常用的大气污染指示植物如下。

① 二氧化硫污染指示植物。常用的二氧化硫指示植物有地衣、苔藓、紫花苜蓿、荞麦、金荞麦、芝麻、向日葵、大马蓼、土荆芥、藜、曼陀罗、落叶松、美洲五针松、马尾松、枫杨、加拿大白杨、杜仲、水杉、雪松（幼嫩叶）、胡萝卜、葱、菠菜、莴苣、南瓜等。

二氧化硫伤害植物的典型症状是在植物叶片的叶脉间出现不规则的坏死区，斑点以灰白色和黄褐色居多。一般伸展的嫩叶易受害，中龄叶次之，老叶和未展开的嫩叶抗性较强。

② 氟化氢污染指示植物。对氟化氢敏感的植物有唐菖蒲、郁金香、金荞麦、杏、葡萄、小苍兰、金线草、玉簪、梅、紫荆、雪松（幼嫩叶）、落叶松、美洲五针松和欧洲赤松等。

植物受氟伤害的典型症状是叶尖和叶缘坏死，伤害区和非伤害区之间有一条红色或深红色界线。氟污染容易危害正在伸展的幼嫩叶子或枝梢顶端，呈现枯死现象。

③ 臭氧污染指示植物。臭氧污染的指示植物有烟草、矮牵牛、牵牛花、马唐、燕麦、洋葱、萝卜、马铃薯、光叶榉、女贞、银槭、梓树、皂荚、丁香、葡萄和牡丹等。

臭氧伤害叶子的典型症状是在叶面上出现密集的细小斑点，主要危害栅栏组织，表皮呈现褐、黑、红或紫色，甚至失绿退色。针叶顶部出现坏死现象。一般中龄叶敏感，未伸展幼叶和老叶有抗性。

④ 过氧乙酰硝酸酯污染指示植物。常用的有早熟禾、矮牵牛、繁缕和菜豆等。

过氧乙酰硝酸酯伤害的叶片症状表现为叶背面呈银白色，进一步发展成青铜色。过氧乙酰硝酸酯主要危害幼叶。此外，植物在黑暗中受过氧乙酰硝酸酯影响小，抗性强，如光照 2～3h再接触就变得敏感。

⑤ 乙烯污染指示植物。常用的乙烯污染指示植物有芝麻、番茄、香石竹和棉花等。

乙烯主要影响植物的生长及花和果实的发育，并且加速植物组织的老化。

⑥ 氯气污染指示植物。氯气污染指示植物主要有芝麻、荞麦、向日葵、大马蓼、藜、翠菊、万寿菊、鸡冠花、大白菜、萝卜、桃树、枫杨、雪松、复叶槭、落叶松、油松等。

氯气对植物的伤害症状大多为脉间点、块状伤斑，与正常组织之间界线模糊，或有过渡带，严重时全叶失绿漂白甚至脱落。

⑦ 二氧化氮污染指示植物。主要有悬铃木、向日葵、番茄、秋海棠、烟草等。

二氧化氮危害植物的症状是在叶脉之间和近叶缘处的组织显示出不规则的白色或棕色的解体损伤。

⑧ POPs 指示植物。对 POPs 敏感的植物有地衣、苔藓以及某些植物的树叶等。

大气中的 POPs 从污染源排放到富集于地衣中至少需要 2～3 年的时间，因此，利用不同时间采集的地衣进行大气污染的时间分辨监测时，其分辨率在 3 年左右。利用不同地区地衣中 POPs 分布模式间的差异可进行污染源的追踪。苔藓没有真正的根、茎、叶的分化，不具有维管组织，仅靠茎叶体从周围大气中吸收养料，故苔藓能指示大气中 POPs 的污染状况而不受土壤条件差异的影响。研究表明，树叶中 POPs 的含量与大气中 POPs 的浓度呈线性相关。其中，松柏类针叶由于表面积大、脂含量高、气孔下陷、生活周期长，对 POPs 的吸附容量大，在大气 POPs 污染监测中的应用最广，所涉及的化合物还包括 PAHs、PCBs、OCPs、PCDD/Fs 等。

（2）监测方法

①敏感植物受害症状现场调查法。植物受到污染影响后，常常会在叶片上出现肉眼可见的伤害症状，即可见症状。且不同的污染物质和浓度所产生的症状及程度各不相同。可以根据现场调查敏感植物在污染环境下叶片的受害症状、程度、颜色变化和受害面积等指标来指示空气的污染程度，判断主要污染物的种类。通常有表 6-15 所列几种情况。

表 6-15 大气污染程度与植物所表现的症状

污染程度	植物症状
轻微污染区	观察植物出现的叶部症状
中度污渠区	①敏感植物出现明显中毒症状 ②抗性中等的植物也可能出现部分症状 ③抗性较强的植物一般不出现症状
严重污染区	①自然分布的敏感植物可以绝迹，而人工栽培的敏感植物可以出现严重的受害症状 ②中等抗性的植物可出现明显的症状 ③抗性较强的植物也可能出现部分症状

此外，大气污染物对植物内部的生理代谢活动也产生影响。例如，使植物蒸腾率降低，呼吸作用加强，叶绿素含量减少，光合作用强度下降，进一步影响到生长发育，出现生长量减少、植株矮化、叶面积变小、叶片早落和落花落果等受害现象。这些都是利用植物判断大气污染的重要依据。

苔藓和地衣是低等植物，其分布广泛。其中某些种群对污染物如 SO_2、HF 等反应敏感。通过调查树干上的地衣和苔藓的种类、数量及其生长发育状况，就可以估计空气污染程度。在工业城市中，通常距离市中心越近，地衣的种类越少，重污染区内一般仅有少数壳状地衣分布，随着污染程度的减轻，便出现枝状地衣；在轻污染区，叶状地衣数量较多。

② 盆栽定点监测法。盆栽定点监测法主要是将监测用的指示植物栽培在污染区选定的监测点上，定期观察，记录其受害症状和程度，来估测污染物的成分、浓度和范围，以此来监测该地区空气污染状况。

吉林通化园艺研究所曾用花叶莴苣作为指示生物定点栽培指示二氧化硫，以此来预防黄瓜苗期受害。其方法是：在黄瓜播种前 20d 将花叶莴苣栽培于烟道附近，或在黄瓜播种时将花叶莴苣苗盆栽于苗床周围，即可在黄瓜育苗阶段起指示参照物的作用。其后昼夜观察、记录各种浓度条件下黄瓜、花叶莴苣出现初始受害症状的时间，及相同条件下各自的受害症状表现，黄瓜、花叶莴苣的受害症状分级标准见表 6-16，然后对不同受害级别的黄瓜秧苗进行分类管理，对黄瓜成苗的株高、茎粗、叶面积、根长、须根数等进行调查。

研究也发现花叶莴苣较黄瓜对二氧化硫敏感，在同等二氧化硫浓度条件下，黄瓜出现初始受害症状的时间大约是花叶莴苣的 4 倍。在相同条件下，花叶莴苣的受害指数高于黄瓜，当花叶莴苣受害指数高达 37 以上时，黄瓜才开始出现症状。黄瓜、花叶莴苣受害指数见表 6-17。因此，当花叶莴苣出现叶缘上（内）卷，但未达到叶片边缘脱水萎蔫时，应及时采取措施，如通风换气、苗床四周过道洒水等就可有效预防黄瓜秧苗受害；而当黄瓜已出现受害症状时再采取措施，则只能起到降低危害程度的作用，达不到预防的目的。

表 6-16　黄瓜、花叶莴苣的受害症状分级标准

症状级别	黄瓜	花叶莴苣
0	植株无症状表现	植株无症状表现
1	子叶边缘线性变黄，俗称镶金边	叶片边缘向上(内)卷
2	子叶失绿、萎蔫	叶片边缘脱水、萎蔫
3	子叶枯萎、真叶褪绿	2/3 叶片萎蔫
4	植株死亡	植株死亡

表 6-17　黄瓜、花叶莴苣受害指数对照

作物	受害指数			
黄瓜	0	5.1	18.7	31.2
花叶莴苣	6.3	37.0	46.3	68.7

也可使用如图 6-15 所示的植物监测器测定空气污染状况。该监测器由 A、B 两室组成，A 室为测量室，B 室为对照室。将同样大小的指示植物分别放入两室，用气泵将污染空气以相同流量分别打入 A、B 室的导管，并在通往 B 室的管路中串联一活性炭净化器，以获得净化空气。经过一定时间后，即可根据 A 室内指示植物出现的受害症状和预先确定的与污染物浓度的相关关系估算空气中污染物的浓度。

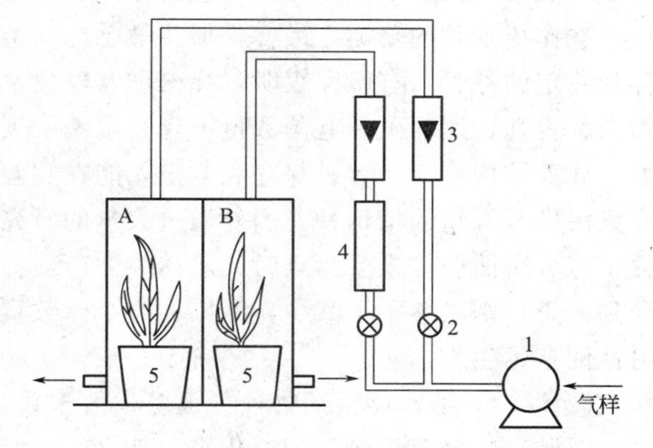

图 6-15　植物指示器

1—气泵；2—针形阀；3—流量计；4—活性炭净化器；5—盆栽指示植物

③ 其他监测方法。利用植物监测大气污染还有不少其他方法。例如，剖析树木年轮的监测方法，可以了解所在地区空气污染的历史。在气候正常、未曾遭受污染的年份树木的年轮宽，而空气污染严重或气候条件恶劣的年份树木的年轮较窄。还可以用 X 射线法对树木年轮材质进行测定，判断其污染情况，污染严重的年份年轮木质密度小，正常年份的年轮木质密度大，其对 X 射线的吸收程度不同。

6.2.3.2　水污染指示生物

水污染指示生物是指在一定的水体范围内，能通过其特性、数量、种类或群落等变化，对水体中的污染物产生各种定性、定量指示作用的生物。水污染指示生物主要有浮游生物、着生生物、底栖动物、鱼类和微生物等，几种典型的水质污染指示动物和植物如图 6-16 和图 6-17 所示。

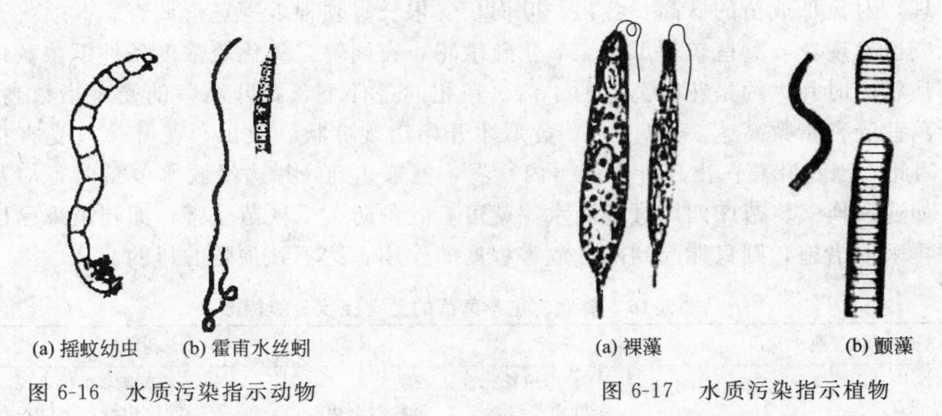

图 6-16　水质污染指示动物

图 6-17　水质污染指示植物

（1）浮游生物　浮游生物就是悬浮生长在水体中的生物，包括浮游植物和浮游动物两类。它们大多数个体很小，游动能力弱或完全没有游动能力。浮游生物是水生食物链的基础，在水生生态系统中占有重要地位，而且其中多种对环境的变化反应敏感，可用来作为水污染的指示生物。

① 浮游植物。浮游植物主要指藻类，藻类对外界环境的反应很敏感。在水体的生态系统中，藻类与水环境共同组成了一个复杂的动态平衡体系，污染物进入水体后，引起藻类的种类和数量的变化，并达到新的平衡，所以不同污染状况的水质，有不同种类和数量的藻类出现，反过来说，不同种类和数量的藻类可以指示不同的水质状况。

选作指示种的藻类，最好是那些敏感的、生活周期长的、比较固定生活于某处、易于保存和鉴定的种类。有研究表明，绿藻和蓝藻数量多，甲藻、黄藻和金藻数量少，往往是水体污染的表征；而绿藻和蓝藻数量下降，甲藻、黄藻和金藻数量增加，则反映水质的好转。又如，硅藻结构特殊，容易保存和鉴定，能在实验室单细胞培养和自然条件下研究，是较好的有机污染及毒物的指示种。国外通过大量的研究，以硅藻作为指示生物，建立了硅藻群落对数正态分布曲线。未受污染时，水体中的硅藻种群数量多，个体数目相对较少；但如果水体受到污染，则敏感种类减少，污染种类个体数量大增，形成优势种。此外，硅藻还可作为放射性的指示生物。

② 浮游动物。浮游动物种类很多，大多数对水体环境的变化反应较敏感，可以利用水体中浮游动物群落优势种的变化来判断水体的污染程度和自净程度。受污染的水体从上游排污口至下游清洁水体，浮游动物的优势种分布为耐污种类逐渐减少，广布型种类逐渐出现较多，在下游许多正常水体出现的种类也逐渐出现；同时，原生动物由上游的鞭毛虫至中游出现纤毛虫，在下游则发现很多一般分布在清洁型水体的种类，这说明水体从上游到下游水体的污染程度不断减轻，水体具有一定的自净功能。

（2）着生生物　着生生物就是附着在长期浸没水中的各种基质（植物、动物、石头等）表面上的有机体群落，包括细菌、真菌、原生动物和海藻等多种生物类别。由于其可用来指示水体受污染的程度，评价效果较佳，因此近年来，有关着生生物的研究也开始受到重视。

（3）底栖动物　底栖动物是栖息于水体底部（淤泥内、石头或砾石表面和缝隙中）以及附着于水生植物之间的肉眼可见的水生无脊椎动物。它们广布于江、河、湖泊、水库和海洋等各种水体中，大多数体长超过 2mm，包括大型甲壳类、水生昆虫、环节动物、软体动物和节肢动物等许多类别。

由于在水环境中，鱼类和浮游生物的移动性较大，有时往往难以准确地表明特定地点水的性质，而底栖动物的移动能力差，能较好地反映该地的环境状况。近年来，应用底栖动物对水体进行监测和评价，已经受到广泛重视。

当水体受到污染时，底栖动物的群落结构将发生变化，有些较为敏感的种类有可能逐渐死亡，甚至消失，根据底栖动物的存在种类及种个体数来判断水体的污染及污染的程度。对河流来说，可以利用不同河段有无底栖动物存在、底栖动物的种类（耐污染种和清水种等）及种个体数来探讨河流的稀释自净规律。

在未受污染的环境里，河流和湖泊中大型无脊椎动物群落的组成和密度（每单位面积的个数）各年之间比较稳定。已经证明，严重有机污染的水体通常溶解氧（DO）是很低的，会限制底栖大型无脊椎动物的种类，导致水中只有最能耐受这种污染的种类，因此其密度有了相应的增加；另一方面，有毒化学物质的污染有可能使受影响区域内的大型无脊椎动物荡然无存。例如，在东京都狛江市的田沟内，以前曾是清澈的泉水，栖息有放逸短沟蜷和鲫鱼。但是随着住宅的建设，生活污水增加，水质污染，而泉水流量又减少，出现了大量的尖膀胱螺。以后泉水没有了，污染越来越严重，水质浑浊不清，孑孓大量滋生，最后膀胱螺也消失，沟内臭气严重。

因为多数底栖动物种类的个体数有明显的季节性变化，所以必须注意调查的季节，以及水域底部的地形、底质和水文特征等。

(4) 鱼类　在水生食物链中，鱼类位于最高的营养级水平，因水体受污染而改变浮游生物或其他水生生物生态平衡，也必然改变鱼类的种群结构。同时，由于鱼类的特定生理特点，使某些不能明显影响低等生物的污染物也可能造成鱼类受到伤害。因此，鱼类作为水污染的指示生物具备其特定的意义，对全面反映水体污染程度以及评价水质具有重要的作用。

上海市曾投放胭脂鱼到苏州河，作为指示生物监测水环境。胭脂鱼是上海土著鱼，其对于水体环境相当敏感，如果水中的重金属、某些有毒有机物含量超过一定指标，或者水体含氧量过少，胭脂鱼体内的生物指标会发生相关变化甚至会死亡。所以，如果把它放生到苏州河里，并定时体检，可以使它成为一种天然水质监测器，实时监测苏州河的水体质量。

(5) 微生物　水体中的微生物与水体受污染程度密切相关，有机质含量少，微生物的数量也少，但是当水体受到污染后，微生物的数量可能大量增加或减少。尤其是某些特定微生物的出现或消失能够指示水体受到某类物质的污染，使利用微生物进行水质监测迅速发展起来。

利用微生物指示水体污染的方法主要有细菌总数法、总大肠菌群法和粪大肠菌群法等，见本章 6.1.1 节，这里不再介绍。

6.2.3.3　土壤污染指示生物

土壤中的污染物非常多，最常见的有重金属、石油类、农药等，利用指示生物对土壤进行监测不仅能了解土壤的污染状况，而且还能了解土壤对生物的毒性效应。通常采用植物和动物作为土壤污染的指示生物，也有学者研究了利用土壤微生物和土壤酶进行监测。

(1) 利用指示植物监测　土壤受到污染后，植物对污染物的作用所产生的反应主要表现为：产生可见症状，如叶片上出现伤斑；生理代谢异常，如蒸腾速率降低、呼吸作用加强、生长发育受阻；植物化学成分发生改变，由于植物从土壤中吸收污染物，使其某些成分相对于正常情况增加或减少。土壤中的污染物对植物的根、茎、叶都可能产生影响，出现一定的症状。如铜、镍、钴会抑制新根伸长，形成狮子尾巴一样的形状。因此可以通过对指示植物的观测确定土壤污染类型及污染程度。表 6-18 列出了一些常用的土壤污染物指示植物及其受到某些特定污染物伤害后的受害症状。

通常，无机农药常使作物叶柄基部或叶片出现烧伤的斑点或条纹，使幼嫩组织发生褐色焦斑或破坏。有机农药严重伤害时，叶片相继变黄或脱落，座花少，延迟结果，果变小或籽粒不饱满等。表 6-18 给出的是土壤污染程度与指示植物及其受害症状比较。

（2）利用指示动物监测　利用生长在污染土壤中的生物如蚯蚓、线虫和微生物等作为生物标记物，可以评价和预示土壤环境污染物的污染水平和生态风险。蚯蚓是最常见、最重要的土壤无脊椎动物之一，它对土壤环境的理化性质有较大的影响，同时土壤理化性质也会影响土壤蚯蚓的种类、个体数量及分布。蚯蚓体内镉的浓度与土壤中镉的浓度具有显著的相关性，并且对土壤中的农药、铅等污染物有较高的敏感性。因此可以通过测定土壤中蚯蚓的种类和数量变化来判断土壤环境质量状况。

表 6-18　土壤污染程度与指示植物及其受害症状

污染物	指示植物	受害症状
锌	洋葱	主根肥大和曲折
锌、铜	扁豆、红小豆	老叶组织变褐而坏死
铜	大麦	不能分蘖，长到 4～5 片叶时就抽穗
铜、钼	点瓣罂粟	花瓣上会出现黑色条纹
硼	驼绒篙	变矮小或畸形
镍	甘蓝	叶变成褐色，叶片变得细长，叶缘向内卷曲
	燕麦	叶片有分散的斑点状白化症
酚	水稻	根系发育不好，植株矮小，分蘖减少；叶片变窄，叶色灰暗，严重受害者叶片枯黄，叶缘内卷，少数叶片主脉两侧有不明显的褐色条斑；根部变为褐色
氰化物	水稻	根系短而稀少，部分叶尖端有褐色斑纹
砷	小麦	叶变得窄而硬，呈青绿色
铬	小麦	植株生长矮小，下部叶片发黄，叶面出现铁锈样斑块；麦穗短，秕比率高
镉	大豆	叶脉变成棕色，叶片褪绿，叶柄变为淡红棕色

美国科学家采用大蚯蚓监测土壤。因为蚯蚓进食时，大量土壤要经过其消化管，如果土壤中有污染物，就会被蚯蚓吸收。他们把蚯蚓运到了波士顿附近修帕丰德城的一个地点，选了 80 个点掘土，每份土样都放进了一个装有 5 条蚯蚓受到监测的容器里，观察蚯蚓的反应，受到污染的土壤使蚯蚓身体蜷曲、僵硬、缩短和肿大，严重者体表受伤甚至死亡，指示出土壤受到了 DDT 和有机氯化物的污染。

常用的土壤动物监测方法如下：①以抽样方法来估计不同类型土壤中蚯蚓或其他几种节肢动物的种群数量。一般估计种群总数量是较困难的，只得采用抽样方法来统计样方内全部个体数，然后用其均值去估计种群的整体，因此，样方必须有代表性；②选择不同类型的土壤环境，例如，对照区、污染区，每种类型需挖三个样方，每个样方的面积为 $0.25m^2$，深 30cm。分别统计土表层、1～10cm 层、11～20cm 层、21～30cm 层的动物种类及其数量。对土壤的不同层次，需测定土壤温度及 pH 值。

除了土壤动物，还可以采用土壤动物的捕食者作为指示生物监测土壤污染。克莱逊大学野生生物毒理学家罗纳德·肯达尔领导的研究组，利用欧洲椋鸟来监测土壤的污染。这种鸟以土壤中的无脊椎动物喂食幼鸟，他们分析成鸟喂雏鸟的食物成分，分析雏鸟的血液、肝脏等，都可以了解到当地土壤的污染情况。

习题与思考题

[1] 试解释生物监测技术在环境监测领域中的地位与作用。
[2] 请阐述生物监测的特点及局限性。
[3] 请解释污水生物系统法的内涵及应用。
[4] 微生物、植物和动物样品的采集、保存与制备方法有何不同？
[5] 生物样品的预处理方法有哪些？
[6] 常用的生物测试装置与测试方法有哪些？
[7] 请调研分子生物学方法在生物监测中的应用现状及前景。
[8] 急性毒性试验、亚急性毒性试验和慢性毒性试验的概念如何？各有何作用？
[9] 什么是毒理学中的“三致作用”？
[10] 试述吸入毒性试验中静态吸入法和动态吸入法的异同。
[11] 鱼类毒性试验在判别水体污染情况方面有何优点？
[12] 简述鱼类毒性试验的步骤及其在实际中的应用。
[13] 表示鱼类毒性试验结果 LC_{50} 的含义是什么？如果某一物质 96h 鱼类急性毒性试验结果 LC_{50} 为 2.36mg/L，请解释一下该结果。
[14] 进行水生生物鱼类毒性试验时，预备试验的目的是什么？
[15] 简述发光细菌毒性检测的原理和步骤。
[16] 简述 Ames 试验的原理和步骤。
[17] 何为细菌总数、大肠菌群数和粪大肠菌群？为什么将大肠菌群数作为水体是否受粪便污染的指标？试述其测定步骤。
[18] 多管发酵法和滤膜法的优缺点是什么？各自适用情况如何？
[19] 简述叶绿素测定的意义和原理。
[20] 微囊藻毒素的检测方法有哪些？简述各方法的基本原理，并比较异同。
[21] 水中贾第鞭毛虫和隐孢子虫如何测定？其活性如何判断？
[22] 简述水中军团菌检测的意义，并介绍一种军团菌的检测方法。
[23] 什么是指示生物？简述环境指示生物的特征及其作用。
[24] 指示生物如何分类？常用的大气污染指示植物有哪些？水污染指示生物有哪些？
[25] 简述土壤污染指示植物及其受到某些特定污染物伤害后的受害症状。

第 7 章　环境监测新技术发展

随着环境监测科技水平不断提高，环境监测仪器向高质量、多功能、高度集成化以及自动化、系统化和智能化的方向发展，各种物理、化学、生物、电子、光学等先进的监测技术在环境监测中的应用不断深化。在当前时期各种环境污染事故层出不穷，对于环境污染的应急监测工作也提出了更高的要求，现场快速监测将成为环境监测工作的发展研究重点。此外，3S 技术在环境监测中的应用范围以及深度不断拓宽，通过综合使用遥感技术、地理信息系统以及全球定位系统技术，可以建立完善、系统以及动态的天空地面一体化监测体系，进一步扩大环境监测工作的覆盖面，使环境管理者可以从整个体系获取更多、更全面、更有价值的数据信息，为科学管理提供更有力的支撑。

7.1　环境快速检测技术

随着经济社会的快速发展以及对环境监测工作高效率的迫切需要，研究高效、快速的环境污染物检测技术已成为国际环境问题的研究热点之一，尤其是水质和气体的快速检测技术发展迅速，对我国环境监测技术的发展起到了重要的推动作用。

7.1.1　便携水质多参数检测技术

便携式仪器法是利用根据污染物的热学、光学、电化学、电磁波学、气相色谱学、生物学等特点设计的仪器进行污染物现场检测的方法。便携式仪器具有防尘、防水、质轻和耐腐蚀等特性，一些还配有手提箱，所有附件一应俱全，十分便于野外操作。下面介绍几种典型或新型的水质便携式多参数检测仪。

(1) 手持电子比色计　手持电子比色计（GE LC-01 型）是由同济大学设计的半定量颜色快速鉴定装置（图 7-1），结构简单，小巧轻便（154mm×91mm×30mm，约 360g），手持使用。该装置与传统的目视比色卡片不同，不受外部环境条件（光线、温度等）影响，晚上亦可正常使用。该比色计存储多种物质标准色列，用于多种环境污染物和化学物质的识别

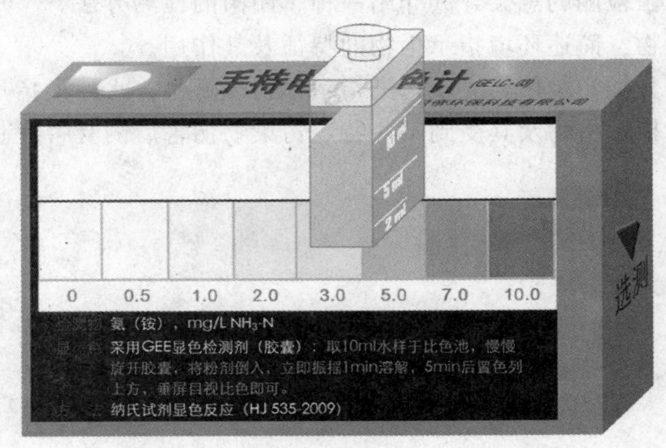

图 7-1　手持电子比色计（GE LC-01 型）

与半定量分析，配合 GEE 显色检测剂或其他水质检测包（盒）等，可对数十种化学物质或离子进行快速半定量分析，非专业人员亦可自主操作，适合于环境监测、排污监督、水质分析、食品质量检验、应急监测等。

(2) 水质检验手提箱　水质检验手提箱由微型液体比色计、测量系统、现场快速检测剂、显色剂、过滤工具等组成，如图 7-2 所示，由同济大学污染控制与资源化研究国家重点实验室最新研制。

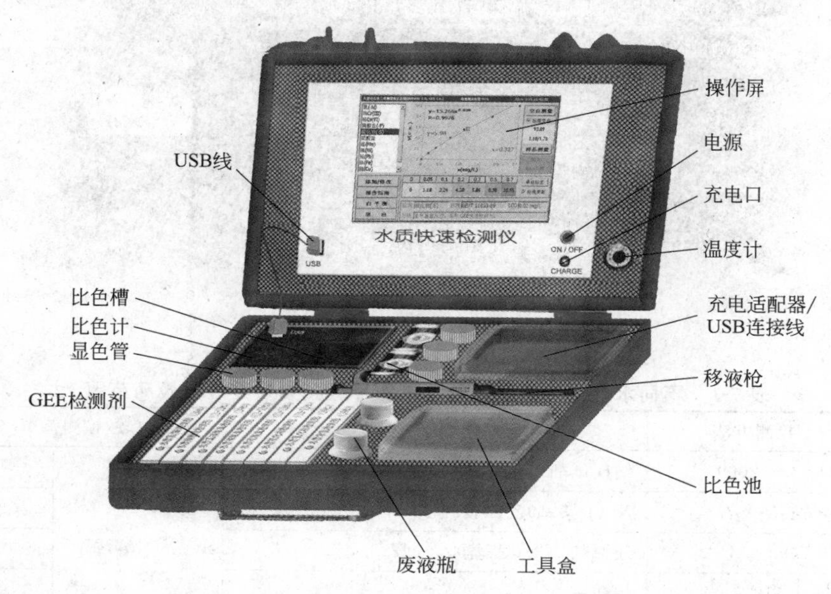

图 7-2　水质检验手提箱示意图

根据使用目的不同配置有氮磷硫氯检测手提箱、重金属手提箱、广谱检测手提箱等多种规格，手提箱工具齐备、小巧轻便，采用高亮度手（笔）触 LED 屏，界面清晰、直观，适合于户外使用，在水质分析、环境监测、食品检验及其他分析检验领域，尤其对矿山、企事业单位、农村、山区、高原、事故现场等水质快速或应急检测具有重要价值。

水质检验手提箱中，配备的微型液体比色仪是一种全新的小型现场检测仪器，微型液体比色仪工作原理与传统分光光度计不同（图 7-3），直接采用颜色传感器，无滤光、信号放大系统，避免了因部件转动、光电转换引起的测量误差。颜色测量计算系统是基于 CIE Lab 双锥色立体（bicone color solid）而设计开发，通过色调（hue）、色度（chroma）和明度（lightness）的三维矢量运算处理，计算混合体系中各颜色的色矢量（c. v.），在配色技术和颜色检测反应中有重要的应用价值。其中，在痕量物质检测领域，待测物标准系列采用二次函数拟合，误差小、范围宽，并设计单点校正标准曲线，方便操作人员修正因测量条件改变而引起的检测误差。

手提箱提供快速检测粉剂，胶囊包装，性能稳定，携带方便，可对氨（铵）、亚硝酸盐、硝酸盐、磷酸盐、硫酸盐、硫化物、氯化物、余氯、溶解氧、铬（Ⅵ，Ⅲ）、铁、铜、锌、铅、镍、锰、总硬度、甲醛、挥发酚、苯胺、肼等数十种物质（离子）进行快速定量检测，灵敏度高，重现性好，不同水质指标的显色检测剂（片、胶囊）方法和检测范围如表 7-1 所列。

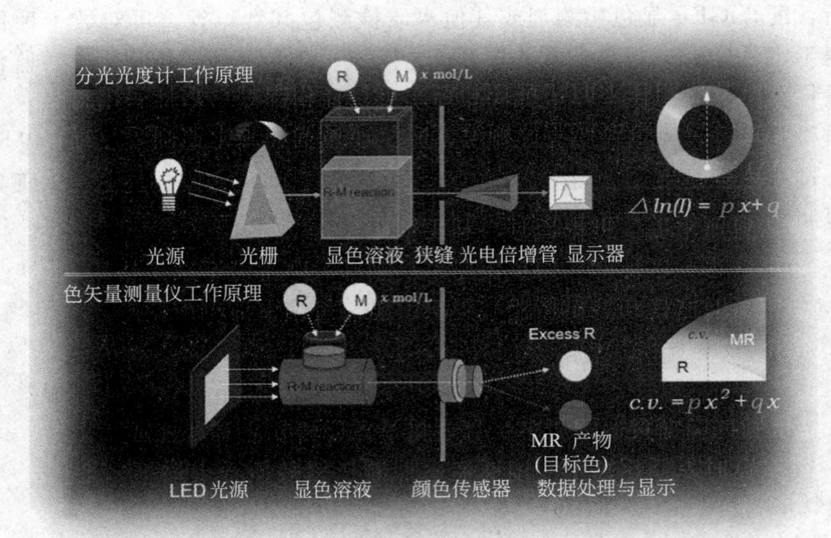

图 7-3 微型液体比色仪工作原理

表 7-1 不同水质指标的显色检测剂（片、胶囊）方法和检测范围

待测物		检测方法	显色剂	包装/检测范围/(mg/L)	
无机物	NH_3	HJ 535—2009	纳氏试剂		0.03～1
	NO_2^-	GB 7493—87	*N*-(1-萘基)乙二胺		0.001～0.04
	NO_3^-	GB 7493—87	还原剂-*N*-(1-萘基)乙二胺		0.002～0.1
	PO_4^{3-}	GB/T 11893—89	钼酸铵		0.05～1.5
	溶解氧	GB 7489—87	硫酸锰-碘化钾		0.3～12
	SO_4^{2-}	HJ/T 342—2007	铬酸钡		5～100
	S^{2-}	GB/T 16489—1996	*N*,*N*-二甲基对苯二胺		0.02～0.7
	Cl^-	DL/T 1203—2013	硫氰酸汞		0.2～8
	余氯	HJ 586—2010	*N*,*N*-二乙基对苯二胺		0.05～2
重金属	Cr(Ⅵ)	GB/T 7467—87	二苯氨基脲		0.005～0.2
	总铬	GB/T 7467—87	氧化剂-二苯氨基脲		0.01～0.3
	Cu	HJ 486—2009	2,9-二甲基-1,10-菲啰啉		0.04～2
	Fe	HJ/T 345—2007	1,10-菲啰啉		0.02～1
	Zn	GB 7472—87	双硫腙		0.02～1
	Pb	文献	4-(2-吡啶偶氮)-间苯二酚		0.05～3
	Mn	GB/T 11906—89	高碘酸钾		0.2～5
	Ni	GB 11910—89	丁二酮肟		0.03～1.5
	总硬度	GB 7477—87	铬黑 T		0～10
有机物	肼	GB/T 15507—1995	对二甲氨基苯甲醛		0.003～0.2
	苯胺	GB/T 11889—89	亚硝酸盐-*N*-(1-萘基)乙二胺		0.01～0.5
	挥发酚	HJ 503—2009	4-氨基安替比林		0.05～2
	甲醛	GB/T 16129—1995	4-氨基-3-联氨-5-巯基-1,2,4-三氮杂茂		0.02～0.8

（3）现场固相萃取仪　常规固相萃取装置（SPE）只能在实验室内使用，水样流速慢，萃取时间长，不适于水样现场快速采集。同济大学研制的微型固相萃取仪（GE MSPE-02 型）为水环境样品的现场浓缩分离提供了新的方法和技术，其工作原理如图 7-4 所示。

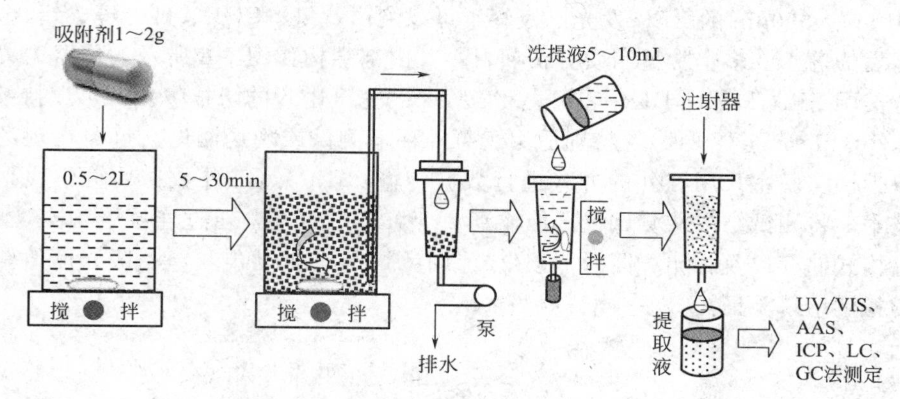

图 7-4　微型固相萃取仪工作原理

与常规 SPE 工作原理不同，微型固相萃取仪是将 1～2g 吸附材料直接分散到 500～2000mL 水样中，对目标物进行选择性吸附后，通过蠕动泵导流到萃取柱，使液固得到分离，再使用 5～10mL 洗脱剂洗脱出吸附剂上的目标物，即可用 AAS、ICP、GC、HPLC 等分析方法对目标物进行测定。

如图 7-5 所示，现场固相萃取仪小巧轻便，采用锂电池供电，保证充电后可连续工作 8h 以上。该装置富集效率高（100～400 倍），现场使用可减少大量水样的运输和保存带来的困难，尤其适合于偏远地区、山区、高原、极地和远洋等水样品的采集。改变吸附剂，可富集水体中的目标重金属或有机物，适应性广。

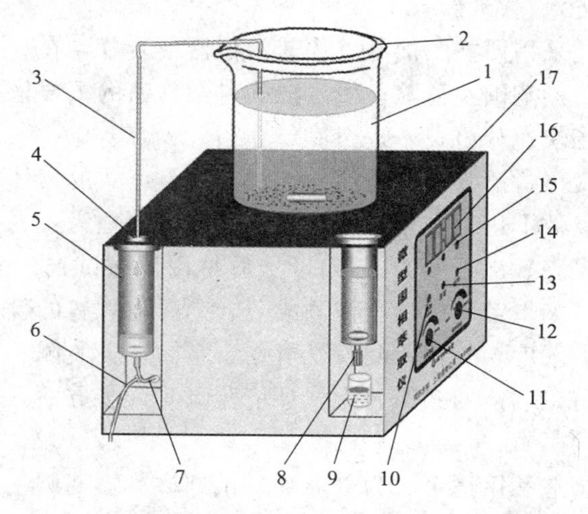

图 7-5　微型固相萃取仪（GE MSPE-02）结构

1—水样；2—吸附反应杯；3—导流管；4—转接头；5—萃取柱；6—导流长软管；7—导流短软管；8—堵帽；9—储液瓶；10—延时按钮；11—洗提调速器；12—搅拌调速器；13—洗提按钮；14—搅拌按钮；15—状态指示灯；16—时间显示窗；17—洗柱孔

该仪器已成功用于天然水体中痕量重金属（Cu^{2+}、Zn^{2+}、Pb^{2+}、Cd^{2+}、Co^{2+} 和 Ni^{2+}）和酚类化合物等污染物的现场浓缩、分离。

(4) 便携式多参数水质现场监测仪　便携式多参数水质现场监测仪是专为现场水质测量的可靠性和耐用性而设计的仪器，可同时实现多个参数数据的实时读取、存储和分析。如默克密理博新开发的便携式多参数水质现场监测仪 Move100，内置 430nm、530nm、560nm、580nm、610nm、660nm 的 LED 发光二极管，可以测试氨氮、COD、砷、镉、铅、六价铬、铜、镍、挥发酚等 100 多个常见水质分析项目，其内部结构如图 7-6 所示。仪器内置的大部分方法符合美国 EPA 和德国 DIN 等国际标准。IP68 完全密封的防护等级，可以持续浸泡在水中（水深小于 18m 至少 24h），特别适用于野外环境测试或现场测试。仪器在现场进行测试后，可以带回实验室采用红外的方式进行数据传输，IRiM（红外数据传输模块）使用现代的红外技术，将测试结果从测试仪器传输到 3 个可选端口上，通过连接电脑实现以 Excel 或文本文件格式储存以及打印。同时，该仪器具有 AQA 验证功能，包括吸光度值验证和在此波长下的检测结果验证。

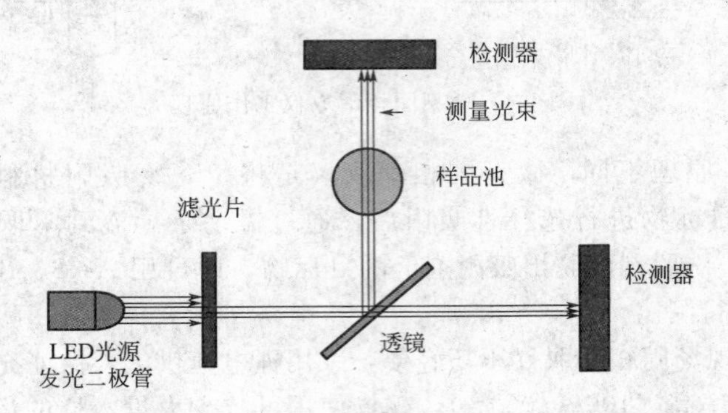

图 7-6　便携式多参数水质现场监测仪内部结构示意图

7.1.2　大气快速监测技术

大气快速监测技术是采用便携、简易、快速的仪器或装置，在尽可能短的时间内对目标污染物的种类、浓度、污染范围及危险性做出准确科学判断的重要依据。下面对常见的几种大气污染和空气质量现场快速分析技术进行简单介绍。

(1) 气体检测管　气体检测管是一种简便、快速、直读式的气体定量检测仪，可在已知有害气体或蒸气种类的条件下进行现场快速检测。其测试原理为：先用特定的试剂浸渍少量多孔性材料（如硅胶、凝胶、沸石和浮石等），然后将浸渍过试剂的多孔性材料放入玻璃管内，使空气通过玻璃管。如果空气中含有被测成分，则浸渍材料的颜色就有变化，根据其色柱长度，计算出污染物的浓度。气体检测管既可用于室内空气监测、公共场所的空气质量监测、作业现场的空气及特定气体的测试、大气环境监测等许多方面，也可用于需要控制气体成分的生产工艺中。

气体检测管根据其构造和用途可分为普通型、试剂型、短期测量管、长期测量管和扩散式测量管等。普通型是玻璃管内仅放置指示剂，能直接与待测物质起颜色反应而定性定量。试剂型是在玻璃管内不但装有指示剂，而且装有试剂溶液小瓶，在采样检测前或后，打破试剂溶液小瓶，待测物质与试剂反应产生颜色变化。扩散式测量管的特别之处是不需要抽气动力，而是利用待测物质的分子扩散作用达到采样检测的目的。气体检测管法具有体积小、质量轻、携带方便、操作简单快速、灵敏度较高和费用低等优点，且对使用人的技术要求不高，经过短时间培训就能够进行监测工作。目前，市售气体检测管种类较多，能够检测的污染物超过500种，可以检测的环境介质包括空气、水及土壤、有毒气体（如CO、H_2S、Cl_2等）、蒸气（如丙酮、苯及酒精等）、气雾及烟雾（如硫酸烟雾）等，可参照《气体检测管装置》（GB/T 7230—2008）选用合适的检测管。然而，气体检测管不能精确给出大气污染物的浓度，易受温度等因素的干扰。

（2）便携式$PM_{2.5}$检测仪　德国Grimm Aerosol公司的小型颗粒物分析仪，不需要切割头，可实时分析可吸入颗粒物和可呼吸颗粒物，同时分析8、16、32通道不同粒径的粉尘分散度。该仪器采用激光90°散射，不受颗粒物颜色的影响，内置可更换的EPA标准47mm PTFE滤膜，同时进行颗粒物收集，用于称重法和化学分析。自动、精确的流量控制，能够保证分析结果的可靠，特别的保护气幕使光学系统免受污染，可靠性极高，维护量少。数据存储卡可以保存1个月到1年的连续测试数据，有线或无线的通信方式，便于在线自动监测和数据下载。内置充电池，适合各种场合的工作。

我国首款便携式$PM_{2.5}$检测仪“汉王蓝天霾表”于2014年上市。该“霾表”能实时获取微环境下的$PM_{2.5}$和PM_{10}数据，并得到空气质量等级的提示，最长响应时间为4s。其大小相当于一款手机，质量为150g。该仪器采用了散射粒子加速度测量法，通过特殊传感器获得粒子质量、运动速度、粒径、反光强度，进一步对空气中颗粒物的粒径大小分布进行统计和分析，从而实时获取$PM_{2.5}$和PM_{10}的浓度。霾表侧重于个人微环境中的当前空气质量，比如家庭中的吸烟、油烟、周边环境等因素对家庭健康的影响。

（3）便携式烟气二氧化硫分析仪　便携式烟气二氧化硫分析仪采用定电位电解法进行测定。仪器主要由两部分组成，即气路系统和电路系统。气路系统完成烟气的采样、处理、传送等功能；电路系统则完成气电转换、信号放大、数据处理、数据的显示打印和仪器的工作状态控制等功能。仪器预热后，烟气通过烟尘过滤器去除粗烟尘。过滤后的烟气经过采样枪进入气水分离器，在气水分离器内水分和细烟尘与烟气分离，从而使基本洁净的干烟气经过薄膜泵进入传感器气室，在气室内扩散后，采集的烟气再从气室出口排出仪器。在气室里扩散的烟气与传感器发生氧化还原反应，使传感器输出微安级的电流信号。该信号进入前置放大器后，经过电流/电压的变换和信号放大，模拟量信号经数模转换器转换成计算机可识别的数字信号，经数据处理后可将测试结果显示出来。

（4）便携式甲醛检测仪　美国Interscan便携式甲醛检测仪采用电压型传感器，是一种化学气体检测器，在控制扩散的条件下运行。样气的气体分子被吸收到电化学敏感电极，经过扩散介质后，在适当的敏感电极电位下气体分子发生电化学反应，这一反应产生一个与气体浓度成正比的电流，这一电流转换为电压值并送给仪表读数或记录仪记录。传感器有一个密封的储气室，这不仅使传感器寿命更长，而且消除了参比电极污染的可能性，同时可用于厌氧环境的检测。传感器电解质是不活动的类似于闪光灯和镍镉电池中的电解质，所以不需要考虑电池损坏或酸对仪器的损坏。

（5）手持式多气体检测仪　PortaSensⅡ型仪器可用于检测现场环境空气中的各种气体，通过更换即插即用型传感器模块可以检测氯气、过氧化氢、甲醛、CO、NO、NO_2、H_2S、HF、HCN、SO_2、AsH_3等30余种不同气体。传感器不需校准，精度一般为测量值的5%，灵敏度为量程的1%，可根据监测需要切换、设定量程；RS232输出接口、专用接口电缆和专用软件用于存储气体浓度值，存储量达12000个数据点；采用碱性D型电池，质量为1.4kg。

7.2 应急监测技术

突发环境事件是指突然发生，造成或者可能造成重大人员伤亡、重大财产损失和对全国或某一地区的经济社会稳定、政治安定构成重大威胁和损害，有重大社会影响的涉及公共安全的环境事件。随着长期积累的环境问题的破坏性释放，我国突发环境事件也有发生，不仅对经济和生态环境造成难以恢复的重大损失，而且对社会生活秩序产生严重影响。

7.2.1 突发性环境污染事故监测

突发环境事件不同于一般的环境污染，具有发生突然、扩散迅速、危害严重、污染物不明和处理困难等特点。根据突发环境事件的发生过程、性质和机理，突发环境事件主要分为三类：突发性环境污染事故、生物物种安全环境事件和辐射环境污染事件。突发性环境污染事件是指由于违反环境保护法律法规以及意外因素的影响或不可抗拒的自然灾害等原因在瞬时或短时间内排放有毒有害物质，致使地表水、地下水、环境空气和土壤等环境要素受到严重的污染和破坏，对社会经济和人民生命财产造成损失及不良社会影响的突发恶性事故。根据污染物的性质及常发生的污染事故，通常可将突发性环境污染事故分为以下几类。

(1) 剧毒农药和有毒化学品的泄漏与排放　有机磷农药如甲胺磷、对硫磷、敌敌畏、敌百虫等；有机氯农药如 DDT、2,4-D 等；有毒化学品如氰化钾、亚砷酸钠、砒霜、苯酚等，如运输不当会造成翻车、翻船泄漏排放以及 HF、芥子气、沙林毒剂等的挥发排放，从而可引起空气、水体、土壤等的严重污染及人员伤亡。

(2) 易燃易爆物的泄漏与爆炸　煤气、瓦斯气、石油液化气、乙醚、苯、甲苯等易挥发性燃气或有机溶剂如操作不当，易进入各个环境要素，其浓度达到一定极限值时易引起爆炸。

(3) 溢油污染事故　油田或海上采油平台出现井喷、油轮触礁或与其他船只相撞等事件均可造成溢油事故，它可导致大量鱼类、水生动植物死亡，不仅严重破坏了海洋生态环境，而且还可能引起燃烧和爆炸。

(4) 城市污水和厂矿废水造成的水体污染事故　城市污水和厂矿废水含有大量的耗氧物质，其突然泻入水体可大量消耗水中的溶解氧，不仅导致鱼虾等窒息死亡，而且使水体发黑发臭，产生有毒的甲烷、H_2S、NH_3等，破坏生态环境。

应急监测是指在应急情况下，为查明环境污染情况和污染范围而进行的环境监测，包括定点监测和动态监测，是对污染事故及时、正确地进行应急处理、减轻事故危害和制定恢复措施的主要依据。《突发环境事件应急监测技术规范》(HJ 589—2010) 对突发环境事件应急监测的布点与采样、监测项目与相应的现场监测和实验室监测分析方法、监测数据的处理与上报、监测的质量保证等技术要求进行了详细规定。

现场监测记录是应急监测结果的依据之一。应急监测应配置常用的现场监测仪器设备，如检测试纸、快速检测管和便携式监测仪器等。需要时，配置便携式气相色谱仪、便携式红外光谱仪、便携式气相色谱/质谱分析仪等。这些仪器应能快速鉴定、鉴别污染物，并能给出定性、半定量或定量的检测结果，直接读数，使用方便，易于携带，对样品的前处理要求低。凡具备现场测定条件的监测项目应尽量现场测定。对于突发性环境污染事故，应急监测在分析技术上必须满足定性和定量的要求，在时间响应上必须做到迅速和及时。定性分析的目的是在最短的时间内准确查明污染物种类并尽可能提供详细的化合物信息。而通过定量分析可确定应急监测的采样断面、对照断面、控制断面和消减断面，为跟踪监测和事件处理提供技术依据，并可进一步确定污染事故的“元凶”和导致污染事故发生的客观条件和污染途径。

具体来说，突发性应急监测的作用主要包括以下几方面。

(1) 表征事故污染物　迅速提供污染事故的初步分析结果，如污染物的种类、形态、特性及释放量，受污染的区域和范围，向环境扩散的速率及降解速率等信息。

(2) 快速提供处理措施　鉴于突发性环境污染事故所造成的严重后果，根据初步分析结果，迅速提出有效的应急措施，将事故的危害影响降到最低限度。

(3) 连续、实时地监测事故发展态势　突发性环境污染事故对受污染地区产生的后果有可能会随时间的变化而产生不同的影响，因此必须对原拟定的处理措施进行实时的修正。

(4) 为实验室分析提供第一手资料　由于突发性环境污染事故的复杂性，采用现场应急监测设备往往很难确切地弄清事故所涉及的为何种化学物质，但可根据现场测定结果，为进一步的实验室分析提供有益的帮助。

(5) 为事故的评价提供必需的信息　对环境污染事故进行事故后的报告、分析、评价，对于将来预防类似事故的发生及发生后的处理措施提供非常宝贵的参考资料。

鉴于突发性环境污染事故自身的特点及其污染程度和范围具有很强的时空性，因此为了快速提供有关的监测报告和应急处理措施，势必要对应急监测的仪器和方法选择提出以下的特殊要求。

① 现场应急监测要求立刻回答“是否安全”的问题，因此测试分析方法应快速，且具有较好的灵敏度、准确度和再现性，分析结果也应直观易判断，以便实现快速、有效、全面的现场应急监测。

② 发生事故的污染物可能很复杂且分布极不均匀，因此分析方法的选择性及抗干扰能力要好。

③ 由于污染事故时空变化较大，因此要求监测仪器轻便易于携带，采样与分析方法应满足随时随地均可测试的现场监测要求，且分析方法的操作步骤需简便，不需要专门训练就能掌握。

④ 试剂用量少，稳定性要好。

⑤ 不需采用昂贵的取样和分析仪器，不需电源或可用电池供电。

⑥ 测量器具最好是一次性的，避免用后进行刷洗、晾干等处理工作。

⑦ 简易检测器材成本低、价格便宜，利于推广。

7.2.2　应急监测方案制定

在制定突发性环境污染事故应急监测方案时，应遵循的基本原则是：现场应急监测和实验室分析相结合，应急监测技术的先进性和现实可行性相结合，定性与定量相结合，快速与准确相结合等。

7.2.2.1　应急监测的样品采样及预处理

采样断面（点）的设置一般以突发环境事件发生地及其附近区域为主，同时必须注重人群和生活环境，重点关注对饮用水水源地、人群活动区域的空气、农田土壤等的影响，并合理设置监测断面（点），以掌握污染发生状况，反映事故发生区域环境的污染程度和范围。

对突发环境事件所污染的地表水、地下水、大气和土壤应设置对照断面（点）、控制断面（点），对地表水和地下水还应设置消减断面，尽可能以最少的断面（点）获取足够的有代表性的所需信息，同时须考虑采样的可行性和方便性。

应急监测中，根据污染现场的具体情况和污染区域的特性进行布点，主要要求如下。

① 对固定污染源和流动污染源的监测布点，应根据现场的具体情况、产生污染物的不同工况（部位）或不同容器分别布设采样点。

② 对江河的监测应在事故发生地及其下游布点，同时在事故发生地上游一定距离布设对照断面（点）；若江河水流的流速很小或基本静止，可根据污染物的特性在不同水层采样；在事故影响区域内饮用水取水口和农田灌溉区取水口处必须设置采样断面（点）。

③ 对湖（库）的采样点布设应以事故发生地为中心，按水流方向在一定间隔的扇形或圆形布点，并根据污染物的特性在不同水层采样，同时根据水流流向，在其上游适当距离布设对照断面（点）；必要时，在湖（库）出水口和饮用水取水口处设置采样断面（点）。

④ 对地下水的监测应以事故地点为中心，根据本地区地下水流向采取网格法或辐射法布设监测井采样，同时视地下水主要补给来源，在垂直于地下水流的上游方向，设置对照监测井采样，在以地下水为饮用水源的取水处必须设置采样点。

⑤ 对大气的监测应以事故地点为中心，在下风向按一定间隔的扇形或圆形布点，并根据污染物的特性在不同高度采样，同时在事故点的上风向适当位置布设对照点；在可能受污染影响的居民住宅区或人群活动区等敏感点必须设置采样点，采样过程中应注意风向变化，及时调整采样点位置。

⑥ 对土壤的监测应以事故地点为中心，按一定间隔的圆形布点采样，并根据污染物的特性在不同深度采样，同时采集对照样品，必要时在事故地附近采集作物样品。

⑦ 根据污染物在水中的溶解度、密度等特性，对易沉积于水底的污染物，必要时布设底质采样断面（点）。

采样应根据突发环境事件应急监测预案初步制定有关采样计划，包括布点原则、监测频次、采样方法、监测项目、采样人员及分工、采样器材、安全防护设备、必要的简易快速检测器材等。其中，采样器材的材质及洗涤要求可参照相应的水、大气和土壤监测技术规范，有条件的应专门配备一套应急监测采样设备。此外还可利用当地的水质或大气自动在线监测设备进行采样。

采样人员到达现场后，应根据事故发生地的具体情况，迅速划定采样、控制区域，按布点方法布点，确定采样断面（点）。应急监测通常采集瞬时样品，采样量根据分析项目及分析方法确定，还应满足留样要求。污染发生后，应首先采集污染源样品，并注意采样的代表性。采样频次主要根据现场污染状况确定。事故刚发生时，采样频次可适当增加，待摸清污染物变化规律后，可减少采样频次。依据不同的环境区域功能和事故发生地的污染实际情况，力求最低采样频次，取得最有代表性的样品，既满足反映环境污染程度、范围的要求，又切实可行。

采样注意事项：①根据污染物特性（密度、挥发性、溶解度等），决定是否进行分层采样；②根据污染物特性（有机物、无机物等），选用不同材质的容器存放样品；③采水样时不可搅动水底沉积物，如有需要，同时采集事故发生地的底质样品；④采气样时不可超过所用吸附管或吸收液的吸收限度；⑤采集样品后，应将样品容器盖紧、密封，贴好样品标签；

⑥采样结束后，应核对采样计划、采样记录与样品，如有错误或漏采，应立即重采或补采。

现场采样记录是突发环境事件应急监测的第一手资料，必须如实记录并在现场完成，内容全面，可充分利用常规例行监测表格进行规范记录，至少应包括以下信息：①事故发生的时间和地点，污染事故单位名称、联系方式；②现场示意图，如有必要对采样断面（点）及周围情况进行现场录像和拍照，特别注明采样断面（点）所在位置的标志性特征物，如建筑物、桥梁等的名称；③监测实施方案，包括监测项目（可能）、采样断面（点位）、监测频次、采样时间等；④事故发生现场描述及事故发生的原因；⑤必要的水文气象参数（如水温、水流流向、流量、气温、气压、风向、风速等）；⑥可能存在的污染物名称、流失量及影响范围（程度），若有可能，简要说明污染物的有害特性；⑦尽可能收集与突发环境事件相关的其他信息，如盛放有毒有害污染物的容器、标签等信息，尤其是外文标签等信息，以便核对；⑧采样人员及校核人员的签名。

污染物质进入周围环境后，随着稀释、扩散和降解等作用，其浓度会逐渐降低。为了掌握事故发生后的污染程度、范围及变化趋势，常需要进行连续的跟踪监测，直至恢复正常或达标。在污染事故责任不清的情况下，可采用逆向跟踪监测和确定特征污染物的方法，追查确定污染来源或事故责任者。

7.2.2.2 应急监测项目

突发环境事件由于其发生的突然性、形式多样性、成分复杂性决定了应急监测项目往往一时难以确定，此时应通过多种途径尽快确定主要污染物和监测项目。

（1）已知污染物的突发环境事件监测项目的确定　根据已知污染物确定主要监测项目。同时应考虑该污染物在环境中可能发生的反应，衍生成的其他有毒有害物质。

对固定源引发的突发环境事件，通过对引发事件固定源单位的有关人员（如管理、技术人员和使用人员等）的调查询问，以及对引发事件的位置、所用设备、原辅材料、生产的产品等的调查，同时采集有代表性的污染源样品，确认主要污染物和监测项目。

对流动源引发的突发环境事件，通过对有关人员（如货主、驾驶员、押运员等）的询问以及运送危险化学品或危险废物的外包装、准运证、押运证、上岗证、驾驶证、车号（或船只）等信息，调查运输危险化学品的名称、数量、来源、生产和使用单位，同时采集有代表性的污染源样品，鉴定和确认主要污染物和监测项目。

（2）未知污染物的突发环境事件监测项目的确定　通过对污染事故现场的一些特征，如气味、挥发性、遇水的反应特性、颜色及对周围环境作物的影响等，初步确定主要污染物和监测项目。如发生人员或动物中毒事故，可根据中毒反应的特征症状，初步确定主要污染物和监测项目。通过事故现场周围可能产生污染的排放源的生产、环保、安全记录，初步确定主要污染物和监测项目；利用空气自动监测站、水质自动监测站和污染源的在线监测系统等现有仪器设备的监测，确定主要污染物和监测项目；通过现场采样分析，包括采集有代表性的污染源样品，利用试纸、快速检测管和便携式监测仪器等现场快速分析手段，确定主要污染物和监测项目；通过采集样品，包括采集有代表性的污染源样品，送实验室分析后，确定主要污染物和监测项目。

7.2.2.3 应急监测方法

为迅速查明突发环境事件污染物的种类（或名称）、污染程度和范围以及污染发展趋势，在已有调查资料的基础上，充分利用现场快速监测方法和实验室现有的分析方法进行鉴别确认。常见环境污染事故应急监测方法原理及优缺点见表7-2。

表 7-2 常见环境污染事故应急监测方法原理及优缺点

应急监测方法	原理	优点	缺点
感官检测法	用鼻、眼、口、皮肤等人体器官感触被检物质的存在	快速、简便	剧毒物质不能用此法检测
动物检测法	利用动物的嗅觉或敏感性来检测有毒有害化学物质	快速、简便	检测范围狭窄、剧毒物质不宜使用
植物检测法	检测植物表皮的损伤	快速、简便	检测范围狭窄
化学产味法	用一种试剂与无臭味的有毒化学物质迅速反应，产生有臭味、无毒的挥发性化合物	操作简便	有些化学反应较复杂、反应速率较慢；有些反应需在有机溶剂中进行
试纸法	将试纸浸渍与该污染物具有选择性反应的分析试剂后制成该污染物的专用分析试纸	操作简便、快速、测定范围宽	有些化学试剂在纸上的稳定性较差，且测定范围及间隔较粗
侦检粉法	侦检粉主要是一些染料，它可直接涂在物质表面或削成粉末撒在物质表面进行检测	使用简便、经济、试纸稳定性好	专一性不强，灵敏度差，不能用于大气中有害物质的检测
（气或水）直接检测管法	使用前将检测管两端割断，浸入被测样品中，观察颜色的变化或比较颜色的深浅和长度，确定污染物的种类和含量	管壁上印有含量刻度，使用方便、结果直观	制作标定较麻烦，不能提供连续的警报检测
化学比色法	利用化学反应显色原理进行分析	简便、迅速	选择性较差，灵敏度不高
便携式仪器分析法	利用有害物质的热学、光学、色谱学等特点设计的一种便携式仪器	操作简单、试剂用量少、多组分同时分析、灵敏度高、干扰小、测试范围宽	仪器价格贵，色谱需专门知识，有些仪器需专门的采样设备及电源
免疫分析法	基于抗原抗体特异性识别为基础的分析方法	选择性好、灵敏度高、简单快速	需特殊试剂、价格贵、产品类型少

为快速监测突发环境事件的污染物，首先可采用如下的快速监测方法：

① 快速试纸、快速检测管和便携式监测仪器等的监测方法。

② 现有的空气自动监测站、水质自动监测站和污染源在线监测系统等在用的监测方法。

③ 现行实验室分析方法。

从速送实验室进行确认、鉴别，实验室应优先采用国家环境保护标准或行业标准。当上述方法不能满足要求时，可根据各地具体情况和仪器设备条件，选用其他适宜方法，如ISO、美国EPA、日本JIS等国外的分析方法。

7.2.3 应急监测仪器

突发性监测仪器设备的确定原则是：应能快速鉴定、鉴别污染物的种类，并能给出定性或半定量直至定量的检测结果，直接读数、使用方便、易于携带，对样品的前处理要求低。下面介绍突发性环境污染常用的一些应急监测仪器的代表。

(1) MQuantTM定性/半定量测试试纸　MQuantTM定性/半定量测试试纸非常适于突发性环境事故的快速检测，试纸条反应区虽然只有几个平方毫米，却是一个“化学芯片”。反应区负载了进行化学反应所需要的所有化学重要信息，比如指示剂、缓冲溶液、氧化还原试剂等。使用步骤非常简单，取出测试条放入样品，通常反应十分钟后和外包装上的标准比色块对比即可。

(2) 砷快速检测试纸　传统的砷测试过程繁琐、操作复杂且存在潜在的安全性问题。采用砷试纸法进行水质分析，只需要3种预制试剂，此外反应过程中产生的砷蒸气被封闭在反应瓶中，避免了砷蒸气与人体接触，砷试纸测试方法保证了使用过程中操作人员的安全性。砷化物测试试纸的使用方法如下：将试纸浸入加有试剂的水样中，加盖密封，20min左右，砷蒸气在试纸的反应区内形成砷斑，使试纸的颜色发生改变，然后将试纸与包装瓶上的色阶进行比对，当试纸的颜色与某一个色阶的颜色接近时，就可读出该色阶对应的砷浓度，记录实验结果。每个包装内包括两个用于化学反应的测试瓶和所需的所有试剂，可以同时进行两组水样的测试。

(3) 自吸式水质检测管　将显色等试剂直接封装在聚乙烯软塑料管中，测定时，将检测管刺一小孔，用手压住检测管后端，放入待测水样吸入适量的水样，经过2～3min的显色反应后，测定液的颜色发生变化，将其与标准比色卡（一般有6个色阶）对比，即可得知待测物在水样中的浓度。该法操作简单、反应迅速，也是突发性应急监测的常用方法。它可测定水样中多种离子如余氯、酚、COD、DO、NO_2^-、NO_3^-、NH_4^+、PO_4^{3-}、Ag、Al、Cr等。

(4) 便携式气相色谱仪　便携式GC与一般的GC相比，在性能方面已无明显差别，具有体积小、轻便、适于现场监测的特征。这类仪器主要使用PID。PID可以监测离子电位不大于12eV的任何化合物，如烷烃、芳香烃、多环芳烃、醛类、酮类、胺类、有机磷、有机氯等化合物以及一些有机金属化合物，还可检测H_2S、Cl_2、NH_3、NO等无机化合物。

(5) 手持式VOCs检测仪　气体检测器有多种类型，其中用于挥发性有机气体检测的有光离子化检测器（PID）和氢火焰离子化检测器（FID）等。检测器以手持式结构为多，质量轻，体积小，通常一个人即可完成现场快速检测工作，在快速半定量检测、污染物筛选和报警等性能方面对应急监测具有不可替代的作用。PID的工作原理是使用一支UV光源将有机物打成可被检测到的正负离子（离子化），检测器测量离子化的气体电荷，将其转化为电流信号，电流被放大并显示VOCs浓度。VOCs被检测后，离子重新复合成原来的气体或蒸气，因而PID是非破坏性检测器，经检测的气体可被收集做进一步测定。理论上，只要待测化合物离子化的能量（电离电位）低于UV光源输出的能量，该化合物就可用PID测定。PID属于广谱型检测器，常用于芳香族化合物、醇、酮、醛、卤代烃、不饱和链烃和硫化物等气体的检测。FID对能燃烧的有机物均有响应，与PID相比能检出的有机物种类更多，属于宽带有机化合物检测器，除了可检测芳香烃类有机物（苯、甲苯和萘等）外，对饱和烃、不饱和烃、氯代烃、醇和酮等有机物也有响应，但PID的定量性能和灵敏度（10^{-9}级）均优于FID。便携式FID需要配置氢气瓶作为电离源，目前大部分FID产品都内置小型氢气瓶，并以进样气体作为氧气源点燃火焰，因而在危险环境中，其安全性低于PID。

7.3　遥感环境监测技术

遥感，即遥远地感知，亦即远距离不接触物体而获得其信息。“Remote Sensing”（遥感）一词首先是由美国海军科学研究部的布鲁依特（E. L. Pruitt）提出来的。20世纪60年代初在由美国密执安大学等组织发起的环境科学讨论会上正式被采用，此后“遥感”这一术语得到科学技术界的普遍认同和广泛运用。广义的遥感泛指各种非接触、远距离探测物体的技术；狭义的遥感指通过遥感器“遥远”地采集目标对象的数据，并通过对数据的分析来获取有关地物目标、地区或现象信息的一门科学和技术。

通常遥感是指空对地的遥感，即从远离地面的不同工作平台上（如高塔、气球、飞机、火箭、人造地球卫星、宇宙飞船、航天飞机等）通过传感器，对地球表面的电磁波（辐射）信息进行探测，并经信息的传输、处理和判读分析，对地球的资源与环境进行探测和监测的综合性技术。

电磁波遥感是从远距离、高空至外层空间的平台上，利用可见光、红外、微波等探测仪器，通过摄影扫描、信息感应、传输和处理等技术过程，识别地面物体的性质和运动状态的现代化技术系统。

卫星遥感能够在一定程度上弥补传统的环境监测方法所遇到的时空间隔大、费时费力、难以具备整体、普遍意义和成本高的缺陷和困难，随着环境问题日益突出，宏观、综合、快速的遥感技术已成为大范围环境监测的一种主要技术手段。现在已可测出水体的叶绿素含量、泥沙含量、水温、TP 和 TN 等水质参数；可测定大气气温、湿度以及 CO、NO_x、CO_2、O_3、ClO_x、CH_4等污染气体的浓度分布；可应用于测定大范围的土地利用情况、区域生态调查以及大型环境污染事故调查（如海洋石油泄漏、沙尘暴和海洋赤潮等环境污染）等。

7.3.1 遥感的基本过程

遥感过程是指遥感信息的获取、传输、处理，以及分析判读和应用的全过程（图 7-7）。遥感过程实施的技术保证依赖于遥感技术系统。遥感技术系统是一个从信息收集、存储、传输处理到分析判读、应用的完整技术体系。

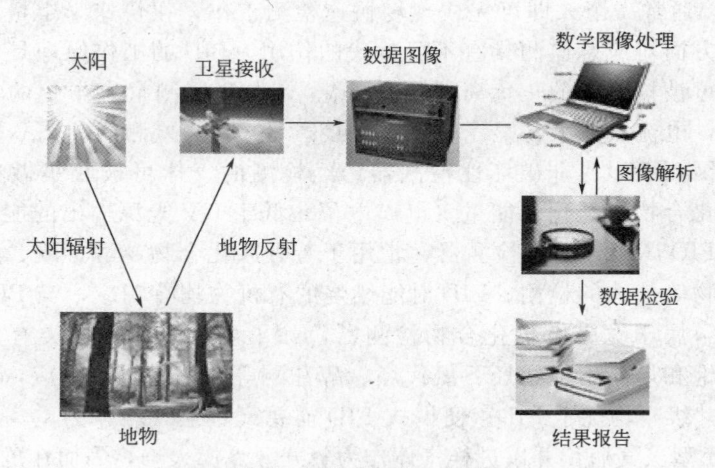

图 7-7 遥感过程示意图

遥感信息通过装载于遥感平台上的传感器获取。遥感平台是搭载传感器的工具。根据运载工具的类型划分为航天平台（如卫星，150km 以上）、航空平台（如飞机，100m 至十余公里）和地面平台（如雷达，0～50m）。其中航天遥感平台目前发展最快，应用最广。常用的遥感器包括航空摄影机（航摄仪）、全景摄影机、多光谱摄影机、多光谱扫描仪（MSS）、专题制图仪（TM）、高分辨率可见光相机（HRV）、合成孔径侧视雷达（SLAR）等。

遥感信息传输是指遥感平台上的传感器所获取的目标物信息传向地面的过程，一般有直接回收和无线电传输两种方式。

遥感信息处理是指通过各种技术手段对遥感探测所获得的信息进行的各种处理。例如，为了消除探测中的各种干扰和影响，使其信息更准确可靠而进行的各种校正（辐射校正、几何校正等）处理，为了使所获遥感图像更清晰，以便于识别和判读、提取信息而进行的各种增强处理等。

遥感信息应用是遥感的最终目的。遥感信息应用则应根据专业目标的需要，选择适宜的遥感信息及其工作方法进行，以取得较好的社会效益和经济效益。

7.3.2　电磁波谱遥感的基本理论

(1) 电磁波谱的划分　无线电波、红外线、可见光、紫外线、X 射线、γ 射线都是电磁波，不过它们的产生方式不尽相同，波长也不同，把它们按波长（或频率）顺序排列就构成了电磁波谱（图 7-8）。依照波长的长短以及波源的不同，电磁波谱可大致分为以下几种。

① 无线电波。波长从 0.3m～几千米左右，一般的电视和无线电广播的波段就是用这种波。无线电波是人工制造的，是振荡电路中自由电子的周期性运动产生的。依波长不同分为长波、中波、短波、超短波和微波。微波波长从 1mm～1m，多用在雷达或其他通信系统。

② 红外线。波长从 7.8×10^{-7}～10^{-3} m，是原子的外层电子受激发后产生的。又可划分为近红外（0.78～3μm）、中红外（3～6μm）、远红外（6～15μm）和超远红外（15～1000μm）。

③ 可见光。可见光是电磁波谱中人眼可以感知的部分，一般人的眼睛可以感知的电磁波的波长在 $(78\sim3.8)\times10^{-6}$ cm 之间。正常视力的人眼对波长约为 555nm 的电磁波最为敏感，这种电磁波处于光学频谱的绿光区域。

④ 紫外线。波长从 6×10^{-10}～3×10^{-7} m。这些波产生的原因和光波类似，常常在放电时发出。由于它的能量和一般化学反应所牵涉的能量大小相当，因此紫外线的化学效应最强。

⑤ X 射线（伦琴射线）。这部分电磁波谱，波长从 6×10^{-12}～2×10^{-9} m。X 射线是原子的内层电子由一个能态跃迁至另一个能态时或电子在原子核电场内减速时所发出的。

⑥ γ 射线。是波长从 10^{-14}～10^{-10} m 的电磁波。这种不可见的电磁波是从原子核内发出来的，放射性物质或原子核反应中常有这种辐射伴随着发出。γ 射线的穿透力很强，对生物的破坏力很大。

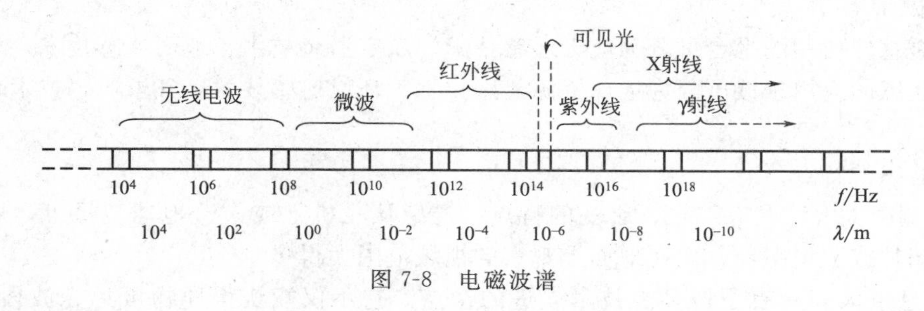

图 7-8　电磁波谱

(2) 遥感所使用的电磁波段及其应用范围　遥感技术所使用的电磁波集中在紫外线、可见光、红外线、微波光波段。

紫外线具较高能量，在大气中散射严重。太阳辐射的紫外线通过大气层时，波长小于 0.3μm 的紫外线几乎都被吸收，只有 0.3～0.38μm 的紫外线部分能穿过大气层到达地面，目前主要用于探测碳酸盐分布。碳酸盐在 0.4μm 以下的短波区域对紫外线的反射比其他类型的岩石强。此外，水面漂浮的油膜比周围水面反射的紫外线要强，因此，紫外线也可用于油污染的监测。

可见光是遥感中最常用的波段。在遥感技术中，可以直接光学摄影方式记录地物对可见光的反射特征。也可将可见光分成若干波段，在同一时间对同一地物获得不同波段的影像，还可以采用扫描方式接收和记录地物对可见光的反射特征。

近红外波段也是遥感技术的常用波段。近红外在性质上与可见光近似，由于它主要是地表面反射太阳的红外辐射，因此又称为反射红外。可以用摄影和扫描方式接收和记录地物对太阳辐射的红外反射。中红外、远红外和超远红外是产生热感的原因，所以又称为热红外。自然界中的任何物体，当其温度高于热力学温度（－273.15℃）时，均能向外辐射红外线。红外遥感是采用热感应方式探测地物本身的辐射，可用于森林火灾、热污染等的全天候遥感监测。

微波又可分为毫米波、厘米波和分米波。微波辐射也具有热辐射性质，由于微波的波长比可见光、红外线长，能穿透云、雾而不受天气影响，且能透过植被、冰雪、土壤等表层覆盖物，因此能进行多种气象条件下的全天候遥感探测。

7.3.3 遥感的分类和特点

（1）遥感的分类　遥感技术依其遥感仪器所选用的波谱性质可分为电磁波遥感技术、声纳遥感技术、物理场（如重力和磁力场）遥感技术。通常所讲的遥感往往是指电磁波遥感。电磁波遥感技术是利用各种物体/物质反射或发射出不同特性的电磁波进行遥感的，其可分为可见光、红外、微波等遥感技术。

按照传感器工作方式的不同可分为主动式遥感技术和被动式遥感技术。所谓主动式是指传感器带有能发射信号（电磁波）的辐射源，工作时向目标物发射，同时接收目标物反射或散射回来的电磁波，以此所进行的探测。被动式遥感则是利用传感器直接接收来自地物反射自然辐射源（如太阳）的电磁辐射或自身发出的电磁辐射而进行的探测。

按照记录信息的表现形式可分为图像方式和非图像方式。图像方式就是将所探测到的强弱不同的地物电磁波辐射转换成深浅不同的（黑白）色调构成直观图像的遥感资料形式，如航空相片、卫星图像等。非图像方式则是将探测到的电磁辐射转换成相应的模拟信号（如电压或电流信号）或数字化输出，或记录在磁带上而构成非成像方式的遥感资料，如陆地卫星CCT数字磁带等。

按照遥感器使用的平台可分为航天遥感技术、航空遥感技术、地面遥感技术。

按照遥感的应用领域可分为地球资源遥感技术、环境遥感技术、气象遥感技术、海洋遥感技术等。

（2）遥感的特点

① 感测范围大，具有综合、宏观的特点。遥感从飞机上或人造地球卫星上，居高临下获取航空相片或卫星图像，比在地面上观察的视域范围大得多。

② 信息量大，具有手段多、技术先进的特点。它不仅能获得地物可见光波段的信息，而且可以获得紫外、红外、微波等波段的信息。不但能用摄影方式获得信息，而且还可以用扫描方式获得信息。遥感所获得的信息量远远超过了用常规传统方法所获得的信息量。

③ 获取信息快，更新周期短，具有动态监测特点。遥感通常为瞬时成像，可获得同一瞬间大面积区域的景观实况，现实性好；而且可通过不同时相取得的资料及像片进行

对比、分析和研究地物动态变化的情况，为环境监测以及研究分析地物发展演化规律提供了基础。

7.3.4 环境遥感监测

7.3.4.1 大气遥感原理

大气不仅本身能够发射各种频率的流体力学波和电磁波，而且，当这些波在大气中传播时，会发生折射、散射、吸收、频散等经典物理或量子物理效应。由于这些作用，当大气成分的浓度、气温、气压、气流、云雾和降水等大气状态改变时，波信号的频谱、相位、振幅和偏振度等物理特征就发生各种特定的变化，从而储存了丰富的大气信息，向远处传送，这样的波称为大气信号。应用红外、微波、激光、声学和电子计算机等一系列的技术手段，揭示大气信号在大气中形成和传播的物理机制和规律，区别不同大气状态下的大气信号特征，确立描述大气信号物理特征与大气成分浓度、运动状态和气象要素等空间分布之间定量关系的大气遥感方程，从而最终建立从大气信号物理特征中提取大气信息的理论和方法。

关于电磁波在大气传输过程中所发生的物理变化，以大气吸收为例，主要包括：

① 大气中的臭氧（O_3）、二氧化碳（CO_2）和水汽（H_2O）对太阳辐射能的吸收最有效。

② O_3在紫外段（0.22～0.32μm）有很强的吸收。

③ CO_2的最强吸收带出现在 13～17.5μm 远红外段。

④ H_2O 的吸收远强于其他气体的吸收。最重要的吸收带在 2.5～3.0μm、5.5～7.0μm 和大于 27.0μm 处。

利用上述大气组分在不同波段处对电磁波的吸收特点（图 7-9），可以开展各组分的含量水平等方面的遥感监测。

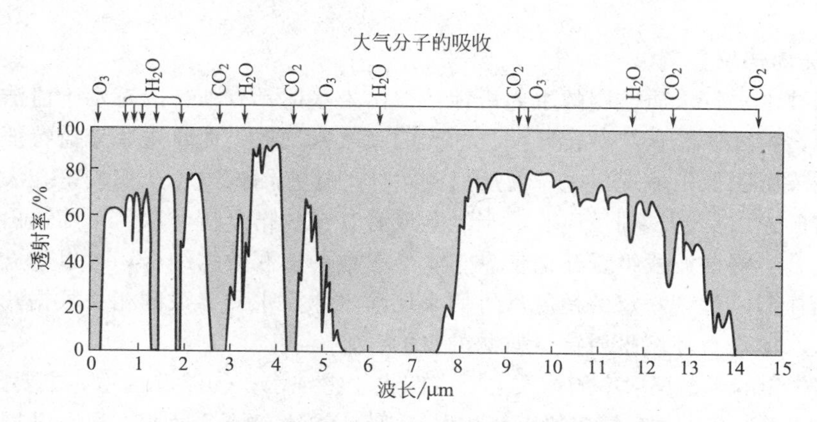

图 7-9　大气分子在不同波段处对电磁波的吸收图

例如秸秆焚烧是农作物秸秆被当做废弃物焚烧，会对大气环境、交通安全和灾害防护产生极大影响。利用环境卫星、MODIS 等卫星数据，可以开展秸秆焚烧卫星遥感监测（图 7-10），为环境监察工作提供有效的技术手段。

自 2009 年起，每年夏秋两季，环境保护部都会对全国秸秆焚烧情况进行每日遥感监测，并及时通过环境保护部网站向全社会公布监测结果。在北京奥运会、上海世博会、国庆 60 周年、广州亚运会、西安世园会等重大社会活动期间，每日对长三角地区、北京周边地区、

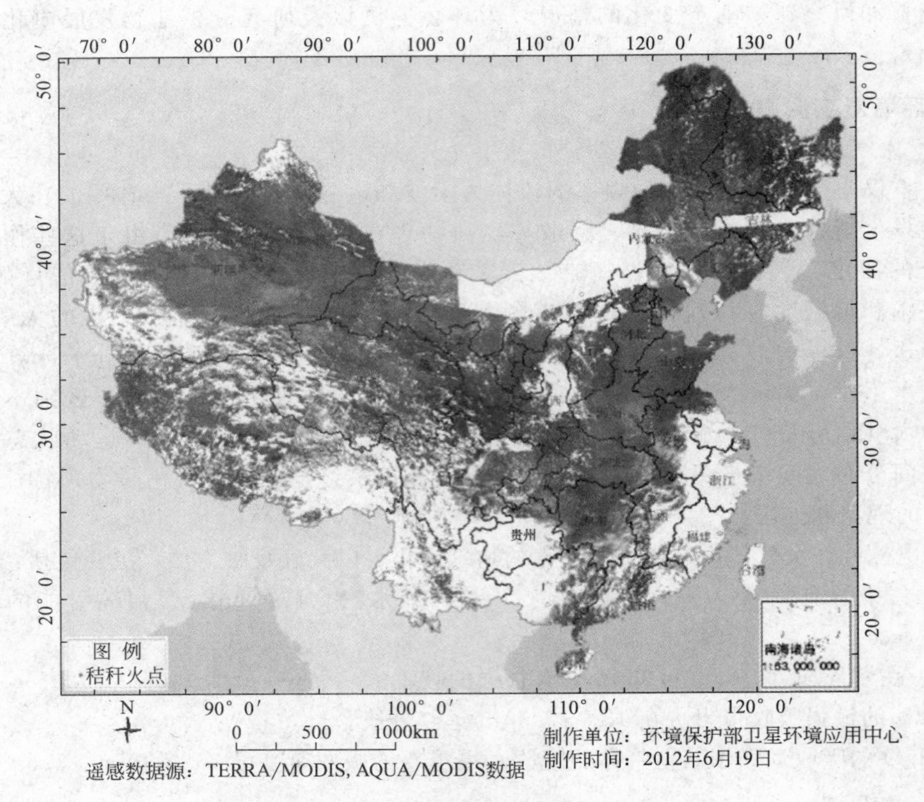

图 7-10 秸秆焚烧卫星遥感监测图

珠三角地区和西安周边地区秸秆焚烧情况进行动态监测，为做好环境空气质量保障工作提供了有力支持。

7.3.4.2 水环境遥感监测

利用遥感技术进行水质监测的主要机理是被污染水体具有独特的有别于清洁水体的光谱特征，这些光谱特征体现在其对特定波长的光的吸收或反射，而且这些光谱特征能够为遥感器所捕获并在遥感图像中体现出来。对所监测水体的遥感图像进行几何校正、大气校正和解译，得出所需的光谱信息，利用经验、半经验或者其他数据分析方法，可筛选出合适的遥感波段或波段组合，将该波段组合光谱信息与水质参数的实测数据结合，可以建立相关的水质参数遥感估测模型，达到一定的精度后可用来反演水体中水质参数的相关数据，从而达到利用遥感技术对水体进行环境水质定量监测的目的。

内陆水体中影响光谱反射率的物质主要有四类：①纯水；②浮游植物，主要是各种藻类；③由浮游植物死亡而产生的有机碎屑以及陆生或湖体底泥经再悬浮而产生的无机悬浮颗粒，总称为非色素悬浮物；④由黄腐酸、腐殖酸等组成的溶解性有机物，通常称为黄色物质。

水的光谱特征主要由水本身的物质组成决定，同时又受到各种水状态的影响。在可见光波段 0.6μm 之前，水的吸收少，反射率较低，多为透射。对于清水，在蓝光、绿光波段反射率为 4%～5%，0.6μm 以下的红光波段反射率降到 2%～3%，在近红外、短波红外部分几乎吸收全部的入射能量。这一特征与植被和土壤光谱形成明显的差异，因而在红外波段识别水体较为容易。图 7-11 反映了水体的反射光谱特征，图 7-12 反映了电磁波与水体相互作用的辐射传输过程。

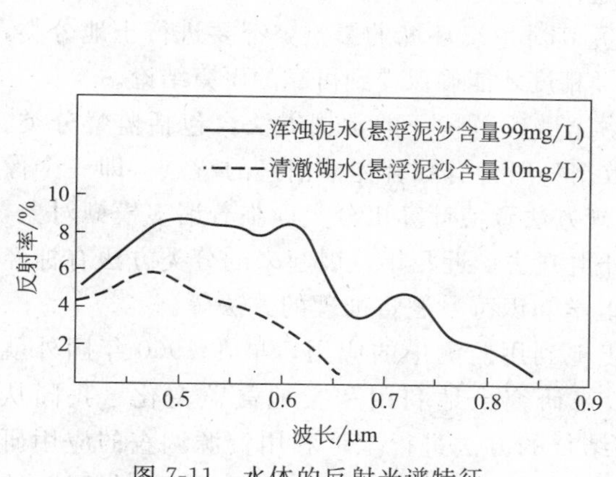

图 7-11　水体的反射光谱特征

图 7-12　电磁波与水体相互作用的辐射传输过程

目前，在遥感对水质的定量监测机理方面，主要研究内容有悬浮泥沙、叶绿素、可溶性有机物（黄色物质）、油污染和热污染等，其中水体浑浊度（或悬浮泥沙）和叶绿素浓度是国内外研究最多也最为成熟的两部分。综合考虑空间、时间、光谱分辨率和数据可获得性，TM 数据是目前内陆水质监测中最有用也是使用最广泛的多光谱遥感数据。SPOT 卫星的 HRV 数据、IRS-1C 卫星数据和气象卫星 NOAA 的 AVHRR 数据以及中巴资源卫星数据也可用于内陆水体的遥感监测。如从 2009 年 4 月开始，环境保护部卫星环境应用中心利用环境一号 A、B 卫星数据以及其他卫星数据，对太湖、巢湖、滇池及三峡库区的蓝藻水华进行连续监测。图 7-13 显示的是不同时段滇池水体水华卫星遥感监测图，显示了遥感监测大尺度获取环境信息的能力。

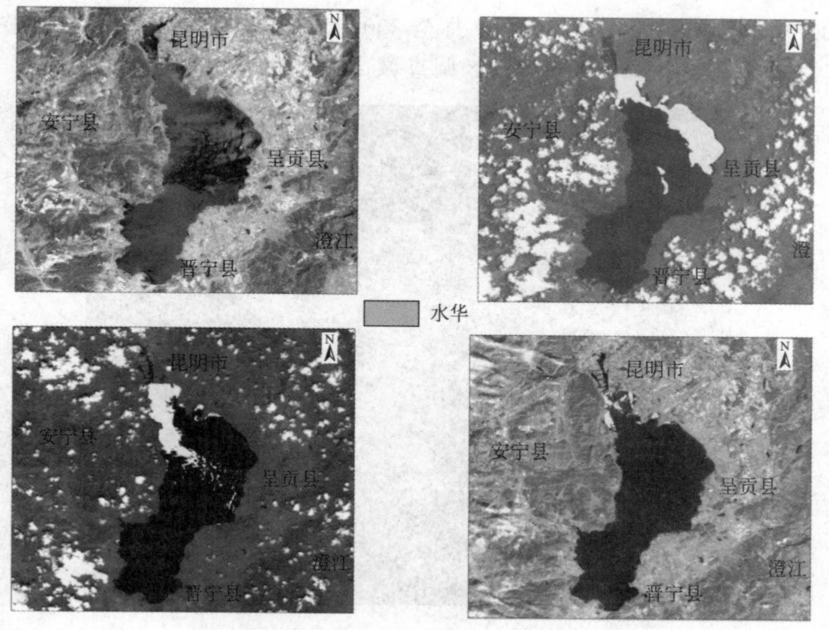

图 7-13　滇池水华卫星遥感监测图

7.3.4.3 生态环境遥感监测

目前遥感技术在土地调查中的应用主要是结合地理信息系统（GIS）对土地利用类型进行定性定量监测，还对土地利用的数量和空间变化进行分析，探讨其变化的驱动机制和其对生态环境的影响。无论是研究变化的驱动机制还是研究其对生态环境的影响，都要进行土地分类，土地分类是土地调查的基础，只有很好的土地分类精度才能确保得到可靠的研究结论。

目前用到的分类方法有很多种，有基于地物光谱反射特征的常规方法，包括监督分类、非监督分类和专家知识分类法。但是由于遥感数据一般带有综合光谱信息的特点（即一个像元有时是地面各类地物光谱的总和），用这些常规方法致使计算机分类面临着诸多模糊对象，导致精度降低，为此，人们不断研究尝试新的分类方法。近几年发展起来的分类方法有神经网络法、模糊数学法、基于GIS的方法和基于地学知识符号逻辑推理的方法等。

（1）土地利用类型遥感监测　遥感技术在土地利用监测中的应用，早在1960年国外就利用TIROS和NOAA卫星数据通过植被指数来研究土地利用和土地覆盖变化。我国从“六五”期间才开始采用航空遥感与卫星遥感相结合的方法进行土地利用资源调查的应用研究，完成了土地利用制图的工作。为配合全球变化的人文领域研究计划（HDP）与国际地圈-生物圈计划（IGBP）的工作，在“九五”期间对全球变化的研究项目中涉及了多项土地利用/覆盖变化的研究项目，并将“遥感、地理信息系统及全球定位系统技术”作为国家科技攻关重点项目，应用于资源、环境、灾害等监测工作中。1994年原国家土地局组织北京师范大学、中科院遥感所以及北京农业大学采取遥感监测技术对全国19个城市的土地利用状况进行了监测；1996年，又将监测范围扩大至70个城市，取得了遥感技术在土地利用动态监测中产业化的应用。1999年以来，国土资源部采用TM/ETM＋、SPOT、SAR、IRS、航空等遥感数据全面开展了土地利用动态遥感监测工作，对全国104个重点城市面积近200万平方公里的土地利用变化情况进行了监测。2004年，国土资源部首次开展了对全国189个国家级开发区的遥感监测，对全国50万人口以上城市再次进行了年度变化监测，同时监测了29个城市各季度新增建设用地情况。2006年3月国家国土资源部发出通知，利用遥感技术开展土地执法调查，利用2004年10月至2005年10月期间卫星遥感监测图片在北京等15个省（自治区、直辖市）的部分市、区调查城市新增建设用地情况。如图7-14所示是利

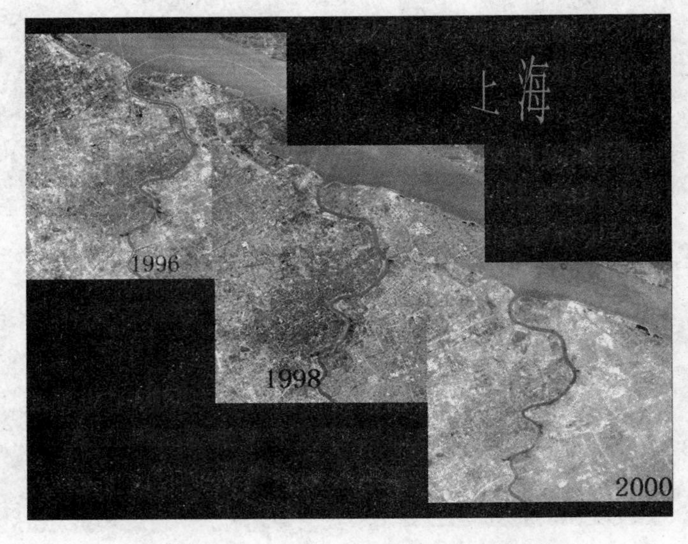

图7-14　1996～2000年间上海土地利用情况

用遥感图像所做的上海市不同年份土地利用情况的变化趋势。

（2）固体废物堆置遥感监测　地面垃圾乱堆放造成的环境污染在我国各大城市乃至乡村地带随处可见，“垃圾围城”的现象已十分普遍。利用遥感可以监测工业、生活垃圾的堆放状况，堆放点的分布，堆放点的面积、数量等，优化垃圾处理处置场。遥感监测固体废物的堆置对图像空间分辨率的要求比较高，需达到 3～10m 的水平。

（3）城镇化进程遥感监测　城镇化可以从夜晚城市灯光图像上看出来，这种图像还用来估计人口的变化。美国拉斯维加斯城市的历年遥感影像如图 7-15 所示，它们清晰地反映了城市的发展变迁。

1972年

1986年

1992年

图 7-15　美国拉斯维加斯城市的遥感影像

遥感技术除了在上述生态领域的应用之外，在草地覆盖状况及动态变化监测、湿地资源状况及动态变化监测、生物多样性状况及动态变化监测、农村生态变化监测、矿产资源调查及开发的生态破坏的监测、城市规划和开发建设状况监测、水资源调查、水土流失调查、海洋调查等很多方面都有着广泛的应用。

习题与思考题

[1]　简要说明便携式现场监测仪器的特点及其今后的发展方向。

[2]　请举例说明便携式水质监测仪与实验室监测相比较，有哪些不同？

[3]　通过查阅文献，请列出目前国内外有哪些便携式水质监测仪，检测的指标又有哪些？

[4]　突发性污染事故监测的特点是什么？简要说明制定应急监测方案的要求和过程。

[5]　制定突发性环境污染事故应急监测方案时，应遵循哪些基本原则？

[6]　突发性环境污染事故分为几类？如何进行污染物快速识别和应急监测？

[7]　如何进行应急环境监测的采样？其样品预处理有哪些特点？

[8]　简要介绍电磁波谱遥感监测的基本原理，并与常规环境监测相比较阐述其特点和优势。

[9]　简述遥感环境监测的分类，并说明该分类的依据。

[10]　简述遥感技术的特点，并举例说明遥感监测技术在我国环境监测中的重要作用。

[11]　请简单介绍遥感技术在水体叶绿素指标监测中的基本理论和技术要点。

[12]　为什么利用遥感技术可以对城市或农村进行土地利用性质的跟踪监测？

第 8 章　环境监测质量管理

环境监测的对象存在着成分复杂，时间和空间量级上分布广泛，且随机多变，不易准确测量等特点。近年来，环境中存在的痕量物质的测定已越来越引起人们的极大关注，大气、水、土壤、生物以及各种废弃物中的痕量组分的分析已成为环境监测的主要任务之一，因此必须进行环境监测的质量管理以确保监测结果的可信性。环境监测质量保证和质量控制，是一种保证监测数据准确可靠的方法，也是科学管理实验室和监测系统的有效措施。质量保证着重研究管理对策，质量控制主要研究技术措施。它们可以保证整个环境监测过程的数据质量，使环境监测建立在可靠的基础之上。

8.1　数据处理与结果表述

8.1.1　数据

(1) 总体和个体　研究对象的全体称为总体，其中一个单位叫个体。

(2) 样本和样本容量　总体中的一部分叫样本，样本中含有个体的数目称为此样本的容量，记作 n。

(3) 平均数　平均数代表一组变量的平均水平或集中趋势，样本观测中大多数测量值靠近平均数。平均数包括算数平均数、几何平均数和中位数。

① 算术平均数：简称均数，是最常用的平均数，其定义如下。

样本均数
$$\overline{x}=\frac{\sum x_i}{n} \tag{8-1}$$

总体平均数
$$\mu=\frac{\sum x_i}{n} \tag{8-2}$$

② 几何平均数：当变量呈等比变化时，常需用几何平均数，其定义为：

$$x=(x_1x_2\cdots x_n)^{\frac{1}{n}}=\lg^{-1}\left(\frac{\sum \lg x_i}{n}\right) \tag{8-3}$$

(4) 中位数　将各种数据按从大到小的顺序排列，位于中间的数据即为中位数，若为偶数取中间两数的平均值。

(5) 众数　一组数据中出现次数最多的一个数据。

平均数表示集中趋势，当监测数据是正态分布时，其算术平均数、中位数和众数三者重合。

8.1.2　误差

环境监测分析的任务是为了准确地测定各种环境中的化学成分或污染物质的含量，因此对分析结果的准确度有明确的要求。但是，由于受到分析方法、测量仪器、试剂药品、环境因素以及分析人员自身等方面的局限，使得测定结果与真实值不一致。因此，在分析测定的全过程中，必然存在分析误差。

8.1.2.1　误差来源

误差是分析结果（测定值）与真实值之间的差值。根据误差的性质和来源，可将误差分为系统误差和偶然误差。

（1）系统误差　由于分析过程中某些经常发生的确定因素造成的。在相同条件下重复测定时系统误差会重复出现，而且具有一定的方向性，即测定值比真实值总是偏高或偏低。因此，系统误差易于发现，其大小可以估计，可以加以校正。因此，系统误差又称为可测误差。

产生系统误差的主要原因如下。

① 方法误差。由于分析方法不够完善而引起。如分析操作步骤繁琐、化学反应进行不完全、干扰物质的影响、指示剂指示的滴定终点与理论等当点不重合等。

② 仪器误差。由于仪器本身的缺陷或未经校准而引起。如砝码未校准、量器的刻度不够准确等。

③ 试剂误差。由于试剂（包括所用纯水）中含有杂质而引起。

④ 恒定的个人误差。由于分析人员感觉器官的差异、反应的敏捷程度和个人固有的习惯而引起。

⑤ 恒定的环境误差。由于测定时环境条件的显著变化而引起。如不同季节室温的改变等。

系统误差可以通过采取不同的方法，如校准仪器，进行空白试验、对照试验和回收试验，制定标准规程等而得到适当的校正，使系统误差尽量减小。

（2）偶然误差　偶然误差是由于分析过程中一些偶然的因素所造成的。这些偶然的因素包括测定时温度的变化、电压的波动、仪器的噪声、分析人员的判断能力等，由此所引起的误差有时大、有时小、有时正、有时负，没有什么规律性，难以发现和控制。因此，偶然误差又称随机误差或不可测误差。

偶然误差虽然难以确定，但如果消除了系统误差之后，在相同条件下测定多次，发现偶然误差的统计规律性，其分布服从高斯正态分布，如图 8-1 所示。其具有以下特点：①单峰性，即绝对值小的误差出现的概率高，绝对值大的误差出现的概率低。②对称性，即大小相等的正负误差出现的概率相等。③抵偿性，即偶然误差的算术平均值趋近于零。

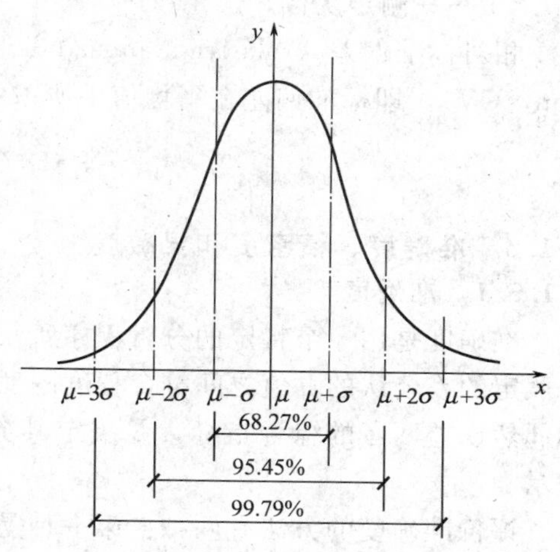

图 8-1　误差的正态分布曲线

当测定次数无限多时，偶然误差可以消除。但是，在环境监测分析中，实际测定次数总是有限的，从而偶然误差不可避免。要想减小偶然误差，需要适当增加测定次数。

当由于分析人员的粗心大意或不按操作规定试验而引起明显错误时，例如所用器皿不干净、错用药品、读数错误、记录错误及计算错误等，这些不应有的过失所带来的误差常称之为过失误差。过失误差严格说来不属于一般误差的范围，一经发现，就应将这些测定结果剔除，并查明原因，及时改正。

8.1.2.2 误差的表示方法

(1) 绝对误差和相对误差　绝对误差指测定值与真值之差，即：

$$绝对误差=测定值-真值$$

相对误差是指绝对误差与真值之比，常用百分数表示，即：

$$相对误差(\%)=\frac{绝对误差}{真值}\times 100\%$$

绝对误差和相对误差均能反映测定结果的准确程度，误差越小越准确。

(2) 绝对偏差和相对偏差　绝对偏差是指某一测定值（x_i）与多次测量的平均值（$\overline{x}$）之差，即：

$$绝对偏差=测定值-平均值$$

相对偏差是指绝对偏差与平均值之比，常用百分数表示，即：

$$相对偏差(\%)=\frac{绝对偏差}{平均值}\times 100\%$$

(3) 极差　极差是指对同一样品测定值中最大值与最小值之差，表示误差的范围，即：

$$极差=最大值-最小值$$

(4) 标准偏差和相对标准偏差

标准偏差又称为均方根偏差；表达式如下：

$$s=\sqrt{\frac{\sum(x_i-\overline{x})^2}{n-1}}$$

式中　s——标准偏差；

x_i——每次测定值，$i=1, 2, 3, \cdots, n$；

$\overline{x}$——平均值；

n——测定次数。

相对标准偏差（relative standard deviation，RSD），也叫变异系数（coefficient of variation，CV），即标准偏差在平均值中所占的百分数。

$$RSD(\%)=\frac{s}{\overline{x}}\times 100\%$$

8.1.3 准确度、精密度和灵敏度

8.1.3.1 准确度

准确度是用一个特定的分析程序所获得的分析结果（单次测定值或重复测定值的均值）与假定的或公认的真值之间符合程度的度量。它是反映分析方法或测量系统存在的系统误差和偶然误差两者的综合指标，并决定其分析结果的可靠性。准确度用绝对误差和相对误差表示。

评价准确度的方法有两种：第一种是用某一方法分析标准物质，由其结果确定准确度；第二种是“加标回收法”，即在样品中加入标准物质，测定其回收率，以确定准确度，多次回收试验还可发现方法的系统误差，其计算式如下：

$$回收率(\%)=\frac{加标试样测定值-试样测定值}{加标值}\times 100\%$$

通常加入的标准物质的量应与待测物质的浓度水平接近为宜。

8.1.3.2 精密度

精密度是指用一特定的分析程序在受控条件下重复分析均一样品所得测定值的一致程

度，它反映分析方法或测量系统所存在的偶然误差的大小。它的大小通常可用极差、标准偏差或相对标准偏差来表示。

在讨论精密度时，常用如下一些术语。

① 平行性。指在同一实验室内，当分析人员、分析设备和分析时间都相同时，用同一分析方法对同一样品进行的两次或多次平行样测定结果之间的符合程度。

② 重复性。指在同一实验室内，当分析人员、分析设备和分析时间三因素中至少有一项不相同时，用同一分析方法对同一样品进行的两次或多次独立测定结果之间的符合程度。

③ 再现性。指在不同实验室（分析人员、分析设备和分析时间都不相同），用同一分析方法对同一样品进行的多次测定结果之间的符合程度。

通常实验室内精密度是指平行性和重复性的总和，而实验室间精密度（即再现性）通常用分析标准溶液的方法来确定。

8.1.3.3　灵敏度

灵敏度是指一个分析方法或分析仪器在被测物质改变单位质量或单位浓度时所引起的响应量变化的程度，反映了该方法或仪器的分辨能力。灵敏度可因实验条件的改变而变化，但在一定的实验条件下，灵敏度具有相对稳定性。

在实际工作中，可用校准曲线的斜率来度量灵敏度的高低。

校准曲线包括通常所谓的“工作曲线”和“标准曲线”，如图 8-2 所示。其直线部分代表了被测物质的质量或浓度与分析方法或仪器的响应量（或其他指示量）之间的定量关系，其数学表达式为：

$$A=kc+a$$

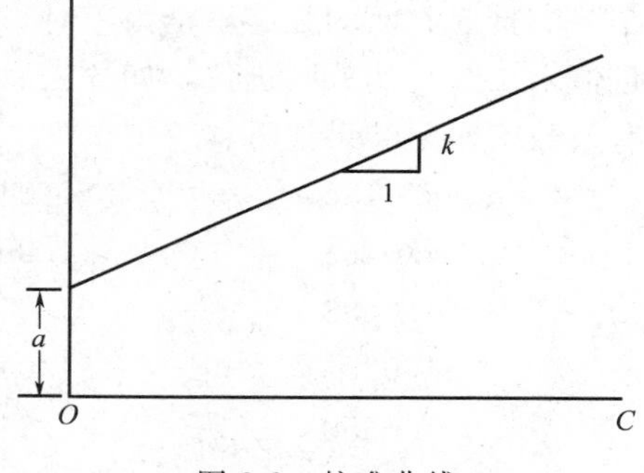

图 8-2　校准曲线

式中　A——分析方法或仪器的响应量；

c——被测物质的质量或浓度；

a——截距；

k——斜率，反映该方法（仪器）的灵敏度，k 值越大，灵敏度越高。

8.1.3.4　检出限

检出限是指一个分析方法对被测物质在给定的可靠度内能够被检出的最小量或最低浓度。检出限通常是相对于空白测定而言。在环境监测中，检出限常用最小检出量的绝对量来表示，如 0.1μg；也常用最低检出浓度来表示，如 0.01mg/L 等。但应注意，如果实验操作条件改变（如取样体积改变），则最低检出浓度也会产生变化。

8.1.4　监测数据的处理

8.1.4.1　有效数字及其运算规则

（1）有效数字　有效数字是指数据中所有的准确数字和数据的最后一位可疑数字，它们都是直接从实验中测量得到的。例如用滴定管进行滴定操作，滴定管的最小刻度是 0.1mL，如果滴定分析中用去标准溶液的体积为 15.35mL，前三位 15.3 是从滴定管的刻度上直接读出来的，而第四位 5 是在 15.3 和 15.4 刻度中间用眼睛估计出来的。显然，前三位是准确数字，第四位不太准确，叫做可疑数字，但这四位都是有效数字，有效数字的位数是四位。

有效数字与通常数学上一般数字的概念是不同的。一般数字仅反映数值的大小，而有效数字既反映测量数值的大小，还反映一个测量数值的准确程度。例如，用分析天平称得某试样的质量为 0.4980g，是四位有效数字，它不仅说明了试样的质量，也表明了最后一位 0 是可疑的，有±0.0001g 的误差。

有效数字的位数说明了仪器的种类和精密程度。例如，用 g 作单位，分析天平可以准确到小数点后第四位数字，而用台秤只能准确到小数点后第二位数字。

对于数字“0”，可以是有效数字，也可以不是有效数字，这依赖于其在数字中的位置。

例如：0.0525　　三位有效数字（第一个非零数字前的“0”不是有效数字）

0.5025　　四位有效数字（非零数字中间的“0”是有效数字）

5.0250　　五位有效数字（非零数字后的“0”是有效数字）

（2）数字的修约规则　在处理数据时，涉及各测量值的有效数字位数可能不同，因此，应按照下面所述的计算规则，确定各测量值的有效数字位数。各测量值的有效数字位数确定后，就要将它后面多余的数字舍弃。舍弃多余数字的过程称为“数字修约”过程，遵循的规则称为“数字修约规则”，现在通行的数字修约规则如下。

当测量值中被修约的那个数字等于或小于 4 时，该数字舍去；等于或大于 6 时，进位；等于 5 而且 5 右面的数字不全为零时，进位；等于 5 而且 5 右面的数字全为零时，如进位后测量值末位数是偶数则进位，如舍去后末位数是偶数则舍去。例如，将下列测量值修约为三位有效数字时，结果如下：

4.0433 —— 4.04

4.0463 —— 4.05

4.0483 —— 4.05

4.0353 —— 4.04

4.0350 —— 4.04

4.0650 —— 4.06

数字修约时，只允许对原测量值一次修约到所需的位数，不能分次修约。例如，将 15.4546 修约到四位有效数字时，应该为 15.45，不可以先修约为 15.455，再修约为 15.46。

（3）数字的运算规则　有效数字的运算结果所保留的位数应遵守下列规则：

① 加减法。几个数据相加减后的结果，其小数点后的位数应与各数据中小数点后位数最少的相同。在运算时，各数据可先比小数点后位数最少的多留一位小数，进行加减，然后按上述规则修约。

如 0.0121、1.5078 和 30.64 三个数据相加，各数据中小数点后位数最少的为 30.64，（二位）则先将 0.0121 修约为 0.012，将 1.5078 修约为 1.508，然后相加，即：$0.012+1.508+30.64=32.160$，最后按小数点后保留二位修约，得 32.16。

② 乘除法。几个数据相乘除后的结果，其有效数字的位数应与各数据中有效数字位数最少的相同，在运算时先多保留一位，最后修约。

例如 0.0121、3.42361、50.3426 三个数据相乘，即：

$$0.0121\times3.42361\times50.3426$$
$$=0.0121\times3.424\times50.34$$

$=2.085606336$

$=2.09$

当数据的第一位有效数字是 8 或 9 时，在乘除运算中，该数据的有效数字的位数可多算一位。如 9.645，应看作五位有效数字。

③ 乘方和开方。一个数据乘方和开方的结果，其有效数字的位数与原数据的有效数字位数相同。如：$(6.83)^2=46.6489$，修约为 46.6。

④ 对数。在对数运算中，所得结果的小数点后位数（不包括首数）应与真数的有效数字位数相同。

⑤ 常数（如π、e 等）和系数、倍数等非测量值，可认为其有效数字位数是无限的。在运算中可根据需要取任意位数都可以，不影响运算结果。如：某质量的 2 倍，0.124（g）×2=0.248（g），结果取三位有效数字。

⑥ 求四个或四个以上测量数据的平均值时，其结果的有效数字的位数增加一位。

⑦ 误差和偏差的有效数字最多只取两位，但运算过程中先不修约，最后修约到要求的位数。

8.1.4.2　可疑数据的取舍

在一组平行试验所得的结果数据中，常常会有个别数据和其他数据相差很大。有的数据明显歪曲实验结果，影响全组数据平均值的准确性，当测定次数不太多时，影响尤为显著。这种数据叫作“离群数据”。如果明确知道是因为实验条件发生明显变化或实验过程中的过失误差而造成的，则应该果断剔除。

但在多数情况下，很难判断哪些数据是离散数据，因为正常的数据也有一定的离散性。决不能任意地剔除一些误差较大但并非离群的数据。在环境监测分析中，常用下列方法来对可疑数据进行取舍。

（1）Grubbs 检验法　Grubbs 检验法的步骤如下。将数据按从小到大的顺序排列：x_1、x_2、x_3、…、x_n，求出其算术平均值 $\overline{x}$ 和标准偏差 s。如怀疑最小值 x_1（$x_{\min}$）或最大值 x_n（$x_{\max}$），则统计量 T 值为：

$$T=\frac{\overline{x}-x_{\min}}{s} \quad 或 \quad T=\frac{x_{\max}-\overline{x}}{s}$$

根据 Grubbs 检验临界值，先选定危险率 a。在环境检测分析中常选 $a=5\%$，然后根据测定次数 n（或自由度 $n-1$），在表 8-1 中查得相应的临界值 $T_{(a,n)}$。如果 $T\geqslant T_{(a,n)}$，则认为数据 x_1 或 x_n 是异常的，应予剔除；反之应予保留。在第一个异常数据剔除后，如仍有可疑数据需要判别时，则应重新计算 $\overline{x}$ 和 s，求出新的 T 值，再作检验，依次类推，直至无异常的离群数据为止。

（2）Dixon 检验法　Dixon 检验法的检验步骤如下。

① 将数据按从小到大的顺序排列：x_1、x_2、x_3、…、x_n。

② 根据测定次数 n 和所怀疑的数据是最小值（x_1）还是最大值（x_n），从 Dixon 检验临界值表（表 8-2）中查统计量 Q 值的计算公式，由该公式计算出统计量 Q 值。

③ 由选定的危险率 a，再查 Dixon 检验临界值表，得临界值 Q_a。

④ 如果 $Q\geqslant Q_a$，剔除该数据；反之，应予保留。

表 8-1 **Grubbs 检验临界值表**

自由度 $n-1$	临界值		自由度 $n-1$	临界值	
	$T_{0.05}$	$T_{0.01}$		$T_{0.05}$	$T_{0.01}$
2	1.153	1.155	13	2.371	2.659
3	1.463	1.492	14	2.409	2.705
4	1.672	1.749	15	2.443	2.747
5	1.822	1.944	16	2.475	2.785
6	1.938	2.097	17	2.504	2.821
7	2.032	2.221	18	2.532	2.854
8	2.110	2.323	19	2.557	2.884
9	2.176	2.410	20	2.580	2.912
10	2.234	2.485	30	2.759	3.119
11	2.285	2.550	50	2.963	3.344
12	2.331	2.607	100	3.211	3.604

表 8-2 **Dixon 检验临界值表**

统计量公式	n	危险率 a	
		0.01	0.05
检验最小值(x_1) $Q=\frac{x_2-x_1}{x_n-x_1}$ 检验最大值(x_n) $Q=\frac{x_n-x_{n-1}}{x_n-x_1}$	3	0.988	0.941
	4	0.889	0.765
	5	0.780	0.642
	6	0.698	0.560
	7	0.637	0.507
检验最小值(x_1) $Q=\frac{x_2-x_1}{x_{n-1}-x_1}$ 检验最大值(x_n) $Q=\frac{x_n-x_{n-1}}{x_n-x_2}$	8	0.683	0.554
	9	0.635	0.512
	10	0.597	0.477
检验最小值(x_1) $Q=\frac{x_3-x_1}{x_{n-1}-x_2}$ 检验最大值(x_n) $Q=\frac{x_n-x_{n-2}}{x_n-x_2}$	11	0.679	0.576
	12	0.642	0.546
	13	0.615	0.521
检验最小值(x_1) $Q=\frac{x_3-x_1}{x_{n-2}-x_1}$ 检验最大值(x_n) $Q=\frac{x_n-x_{n-2}}{x_n-x_3}$	14	0.641	0.546
	15	0.616	0.525
	16	0.595	0.507
	17	0.577	0.490
	18	0.561	0.475
	19	0.547	0.462
	20	0.535	0.450
	21	0.524	0.440
	22	0.514	0.430
	23	0.505	0.421
	24	0.497	0.413
	25	0.489	0.406

(3) 标准偏差法　当没有表 8-1 和表 8-2 时，也可用下列的标准偏差法对可疑数据进行取舍：

$$\left|\frac{\text{可疑值}-\text{平均值(可疑值除外)}}{\text{标准偏差(可疑值除外)}}\right| \geqslant 3 \text{ 时应予剔除}$$

8.1.4.3　监测数据的表述

（1）算术平均值（$\overline{x}$）　测定过程中排除系统误差和过失误差后，只存在随机误差，根据正态分布的原理，当测定次数无限多时的总体均值应与真值很接近，但实际只能测定有限次数。因此样本的算术平均值是代表集中趋势表达结果的最常用方式。

（2）用算术平均值和标准偏差表示（$\overline{x}\pm s$）　算术平均值代表集中趋势，标准偏差表示离散程度。算数平均值代表性的大小与标准偏差的大小有关，即标准偏差大，算术平均值代表性小，反之亦然，故而监测结果常以（$\overline{x}\pm s$）表示，反映测定结果的精密度。

（3）用算术平均值、标准偏差和变异系数表示（$\overline{x}\pm s$，C_v）　标准偏差大小还与所测均数水平和测量单位有关。不同水平或单位的测定结果之间，其标准偏差是无法比较的，而变异系数是相对值，故可在一定范围内用来比较不同水平或单位测定结果之间的变异程度。例如：用镉试剂分光光度法测量镉，当镉质量浓度小于 0.1mg/L 时，标准偏差和变异系数分别为 7.3%和 9.0%。

（4）置信区间和“t”值　由于分析误差的正态分布规律性，当测定次数 n 越多时，各次测定结果的算术平均值 $\overline{x}$ 就越接近于真值。但在实际工作中，测定次数总是有限的，这样所得的平均值 $\overline{x}$ 作为分析结果是否可靠？或者说，当测定次数有限时，平均值作为真值的可靠度怎样？对于要求准确度较高的分析工作，提出分析报告时，不仅要给出分析结果的平均值，还要同时指出真值所在的范围（称为置信区间）以及真值落在此范围内的概率（称为置信概率），用以说明分析结果的可靠程度。

一个分析结果的“置信区间”是指在一定的置信概率（置信度）条件下误差不会超出平均值两旁的数值范围。在此范围内，对平均值的正确性有一定程度的置信。因此，对同一试样做 n 次重复测定，如平均值为 $\overline{x}$、标准偏差为 s，则最终分析结果的表达式为：

$$x=\overline{x}\pm L=\overline{x}\pm\frac{t\times s}{\sqrt{n}}$$

式中，t 值随置信度和测定次数的变化而变化，详见表 8-3。通常，置信度 P 取 95%。

表 8-3　t 分布临界值

测定次数 n	自由度 $n-1$	置信度 P/%		
		90	95	99
2	1	6.31	12.71	63.66
3	2	2.92	4.30	9.92
4	3	2.35	3.18	5.84
5	4	2.13	2.78	4.60
6	5	2.02	2.57	4.03
7	6	1.94	2.44	3.71
8	7	1.89	2.36	3.50
9	8	1.86	2.31	3.36
10	9	1.83	2.26	3.25
11	10	1.81	2.23	3.17
21	20	1.72	2.09	2.85
31	30	1.70	2.04	2.75
61	60	1.67	2.00	2.66
121	120	1.66	1.98	2.62
∞		1.64	1.96	2.58

8.1.5 环境质量图

环境质量图是用不同的符号、线条或颜色来表示各种环境要素的质量或各种环境单元的综合质量的分布特征和变化规律的图。环境质量图既是环境质量研究的成果，又是环境质量评价结果的表示方法。好的环境质量图不但可以节省大量的文字说明，而且具有直观、可以量度和对比等优点，有助于了解环境质量在空间上分异的原因和在时间上发展的趋向，这对进行环境区划和制定环境保护措施都有一定的意义。

环境质量图按所表示的环境质量评价的项目可分为单项、单要素和综合环境质量图等；按区域可分为城市、工矿区、农业区域、旅游区域和自然区域环境质量图等；按时间可分为历史、现状环境质量图和环境质量变化趋势图等；按编制环境质量图的方法不同，还可分为定位图、等值线图、分级统计图和网格图等。

（1）点的环境质量图　在确定的测点上，用不同形状或不同颜色的符号表示各种环境要素以及与之有关的事物，如POPs、重金属等。用各种符号表示环境质量的优劣。这种方法多用来表示监测点、污染源等处的环境质量或污染状况。符号有长柱、圆圈、方块等多种，如图8-3所示。

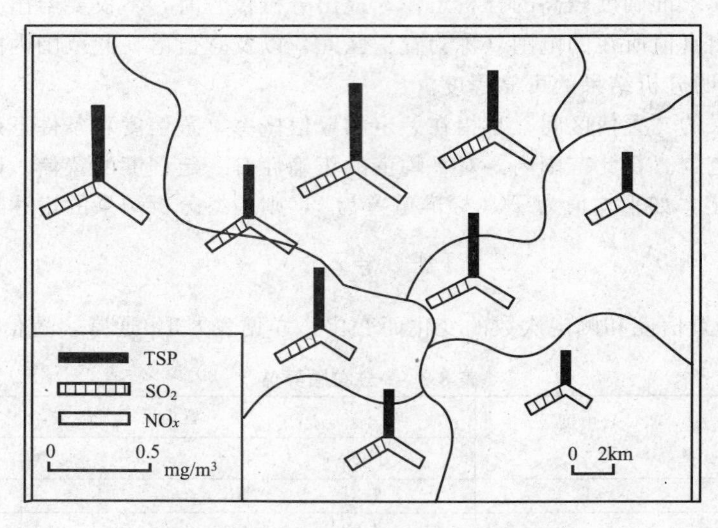

图8-3　环境监测点的大气污染表示法

（2）等值线图　在一个区域内根据有一定密度的测点的观测资料，用内插法绘出等值线，来表示在空间分布上连续的和渐变的环境质量。大气、海（湖）水、土壤中各种污染物的分布都可用这种方法表示，如图8-4所示。

（3）网格图　把一个被评价的区域分成许多正方形网格，用不同的晕线或颜色将各种环境要素按评定的级别在每个网格中标出，还可以在网格中注明数值。这种方法具有分区明确、统计方便等特点。城市环境质量评价图如图8-5所示。

（4）区域的环境质量图　将规定范围（如一条河段、一个水域、一个行政区域或功能区域）的某种环境要素的质量，或环境的综合质量，以及可以反映环境质量的综合等级，用各种不同的符号、线条或颜色等表示出来。从这类环境质量图上，可以清楚地看出环境质量的空间差别和变化（图8-6）。

（5）时间变化图　用该图来表示各种污染物浓度在时间上的变化（如日变化、季节变化和年代变化等），如图 8-7 所示。

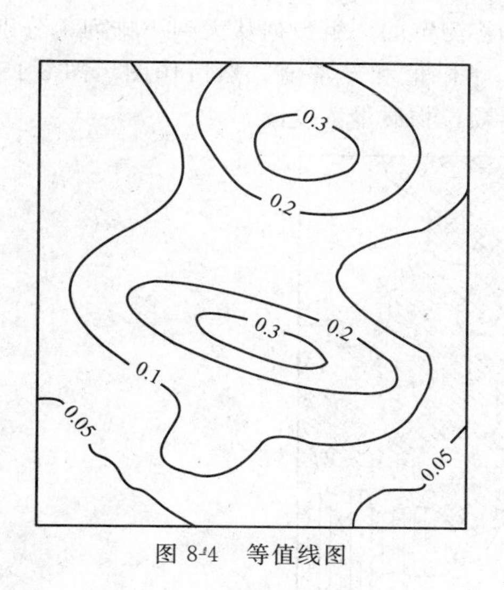

图 8-4　等值线图

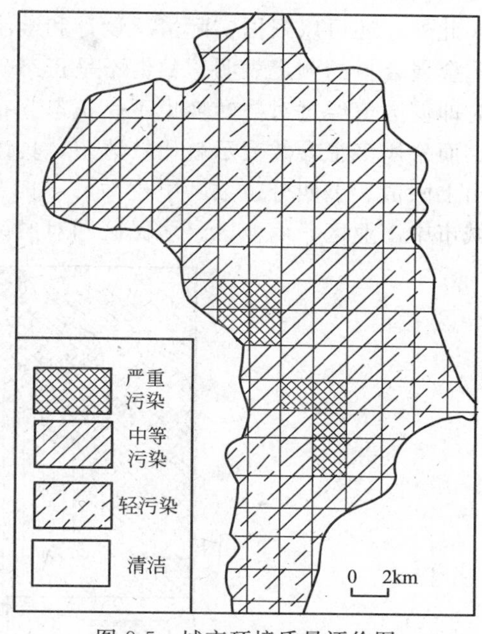

图 8-5　城市环境质量评价图

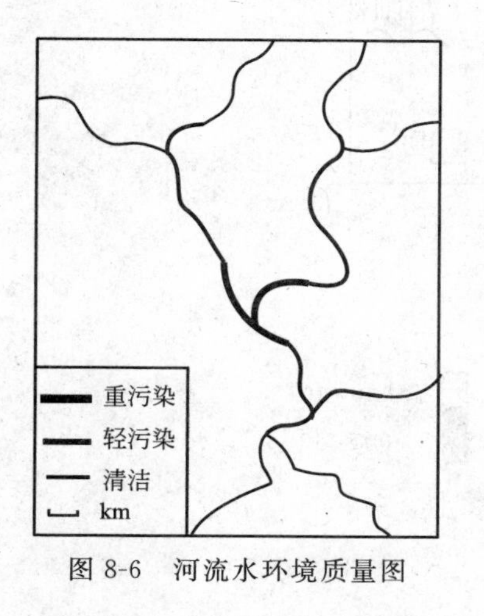

图 8-6　河流水环境质量图

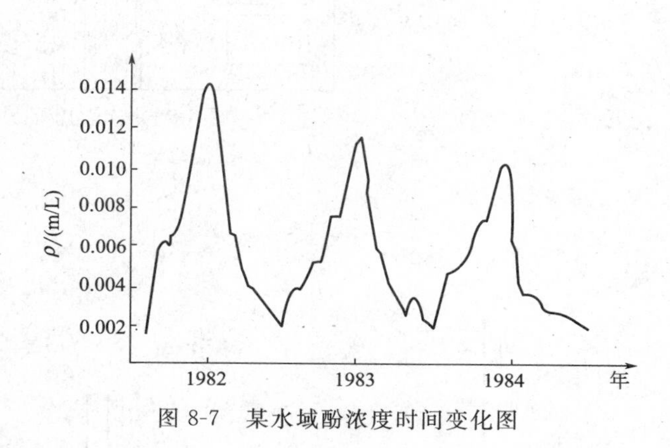

图 8-7　某水域酚浓度时间变化图

（6）类型分区法　类型分区法又称底质法。在一个区域范围内，按环境特征分区，并用不同的晕线或颜色将各分区的环境质量特征显示出来，常用于绘制环境功能分区图、环境规划图等，如图 8-8 所示。

（7）相关图　相关图有很多种，如污染物含量与人体健康相关图、污染物含量变化与环境要素间的相关图（图 8-9）、污染物不同形态相关图（图8-10）、一次污染物与二次污染物相关图（图 8-11）、河流氨氮质量浓度和河水黑臭时间相关图等（图 8-12）。

（8）相对频率图　当污染物浓度变化时，常以相对频率表示某一种浓度出现机会的多少。典型的例子如图 8-13 所示。

（9）过程线图　在环境调查中，常需研究污染物的自净过程，如污染物从排污口随着水流距离增加的浓度变化规律，如图 8-14 所示。

此外，还可以根据实际情况设计和绘制各种形式的环境质量图。例如对河流表层沉积物中重金属含量的测定表明，数值不呈正态分布，需经过对数转换方可近似成正态分布。但是有时即使数值经过对数转换也不呈正态分布，此时用一种统计参数来表示环境质量就有局限性，而采用多个参数表示就比较清楚，具体方法是将测定的一组数据从大到小排列，分别计算出上限值、上四分位数、中位数、下四分位数、下限值和异常值，然后作图。图 8-15 是某城市中工业区、商业区、居民区和对照区总悬浮颗粒物质量浓度图。

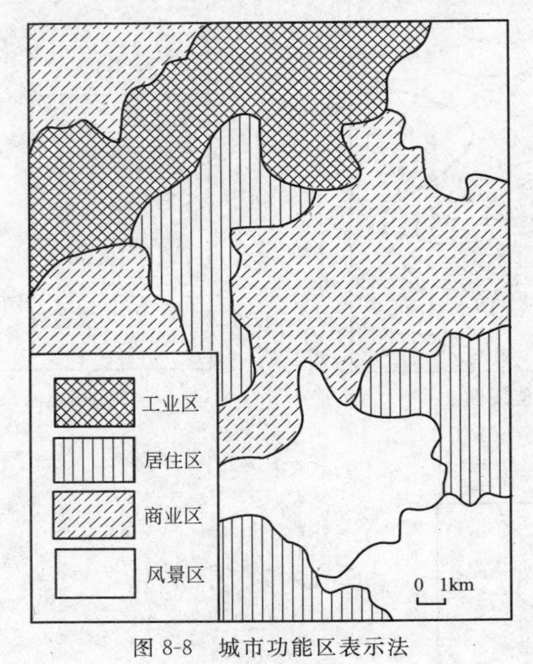

图 8-8　城市功能区表示法

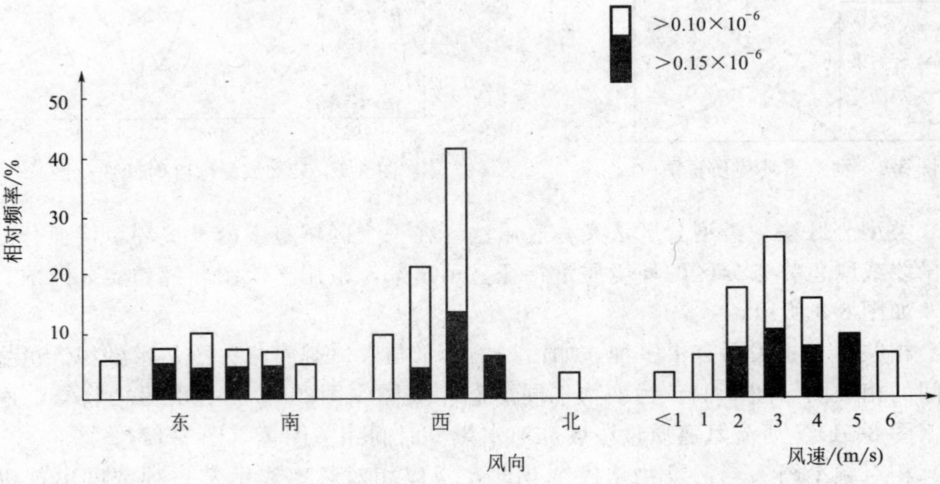

图 8-9　氧化剂高含量（体积分数）出现的相对频率与风向、风速间的相关图

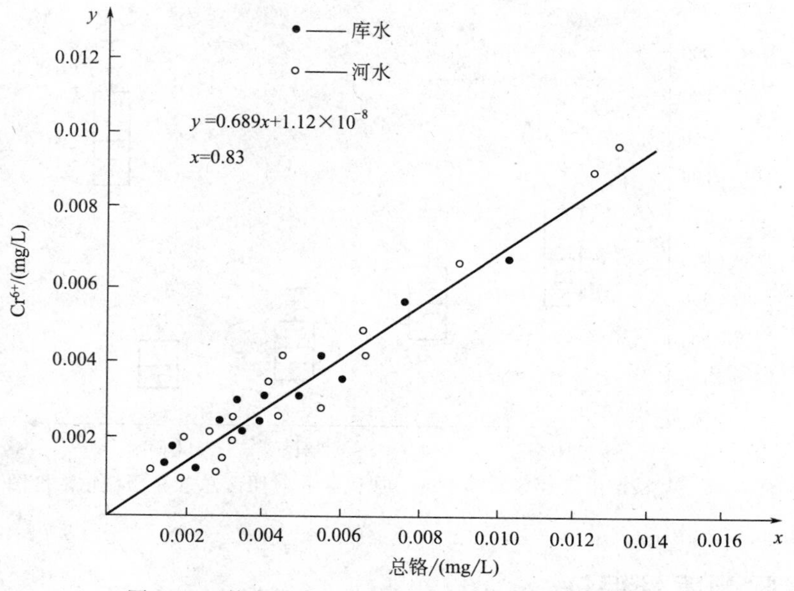

图 8-10 某水域中六价铬与总铬浓度之间的相关图

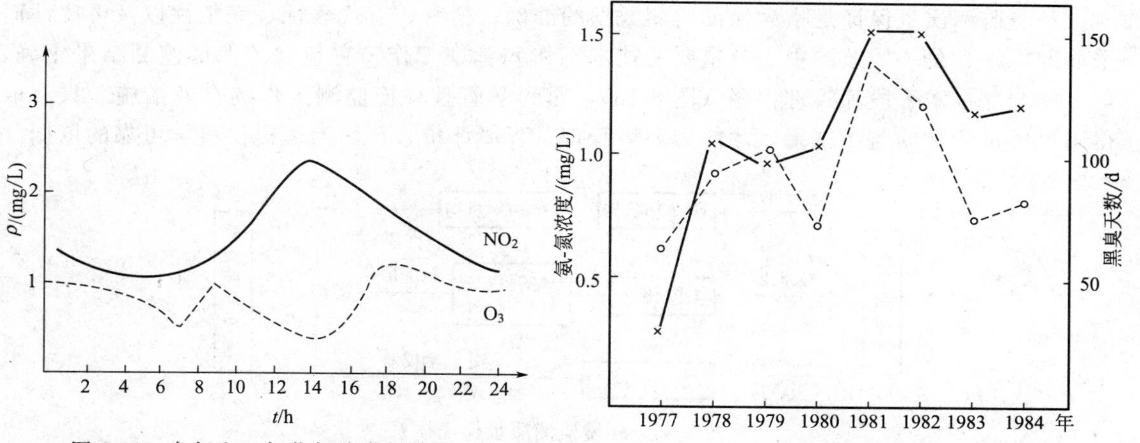

图 8-11 臭氧和二氧化氮浓度相关图

图 8-12 河流氨氮浓度和河水黑臭时间相关图

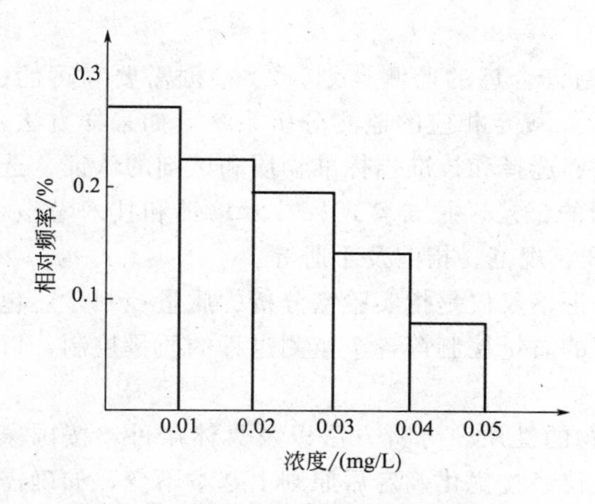

图 8-13 某污染物浓度的相对频率图

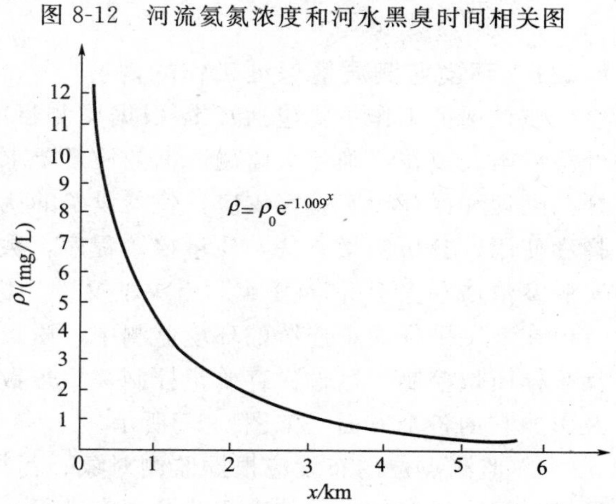

图 8-14 水域中某污染物浓度变化的过程线图

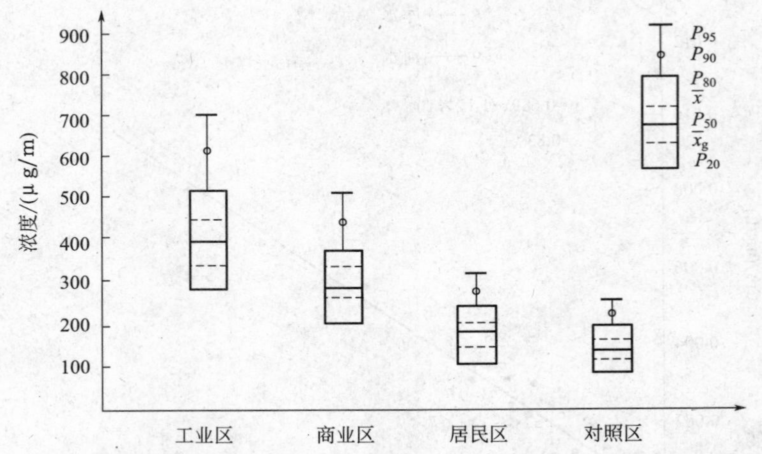

图 8-15 某城市中工业区、商业区、居民区和对照区总悬浮颗粒物浓度图

8.2 环境监测质量保证

环境监测质量保证是指为保证监测数据的准确、精密、有代表性、完整性以及可比性而采取的措施，是环境监测中十分重要的技术工作和管理工作。它包含了保证监测结果正确、可靠的全部技术手段和管理程序（图 8-16），是科学管理环境监测工作的有效措施。只有取得满足质量要求的监测结果，才能为环境管理、环境评价、环境治理提供科学可靠的依据。

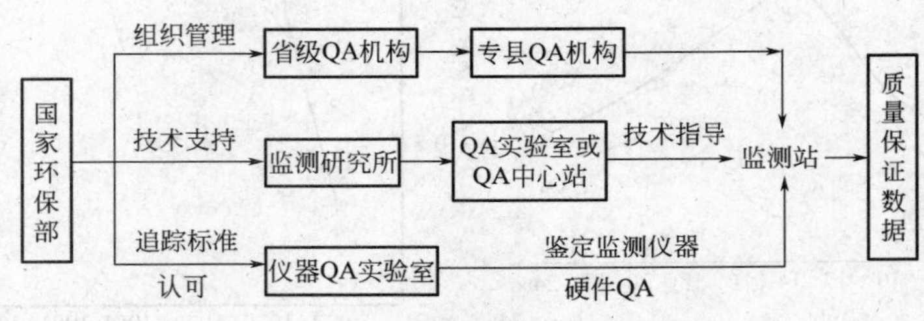

图 8-16 环境监测质量保证体系

8.2.1 环境监测质量保证工作的内容

质量保证工作主要包括：① 根据监测目的制订合理的监测计划；② 根据需要和可能、经济成本及效益，确定对监测数据的质量要求；③ 规定相应的监测分析系统，如采样方法，样品处理和保存，实验室供应，仪器设备的认证、选择和校准，标准物质和试剂的认证、选择和使用，分析测量方法，质量控制程序，数据的记录、报告整理，技术培训和技术考核，实验室清洁和安全等；④ 编写有关的文件、标准、规范、指南及手册等。

在人工采样的不连续的环境监测中，质量保证不仅仅是指实验室分析的质量控制，还包括采样质量控制、运输保存质量控制、报告数据的质量控制等各个监测过程的质量控制，以及影响它的各个方面，如图 8-17 所示。

① 监测点位的布设应根据监测对象、污染物的性质、分析方法以及具体条件，按国家环境保护局颁布的有关技术规范及规定进行。点位经过优化确定后原则上基本不变，如确需变更时，须经环境保护行政主管部门批准并报上级监测站备案。国控网络站变更监测点位

时，须经国家环保局批准并报中国环境监测总站备案。

② 采样频次、时间和方法应根据监测对象和分析方法的要求，按国家环境保护局颁布的有关技术规范及规定进行。点位的时空分布应能够正确地反映所监测地区主要污染物的浓度水平、波动范围及其变化规律。

③ 采样人员必须严格按照采样操作规程采样，并认真填写采样记录，采样后按规定的方法进行保存，尽快运送至实验室进行分析，途中防止破损、沾污和变质，每一环节应有明确的交接手续，最后经质控人员核查无误后再行签收。

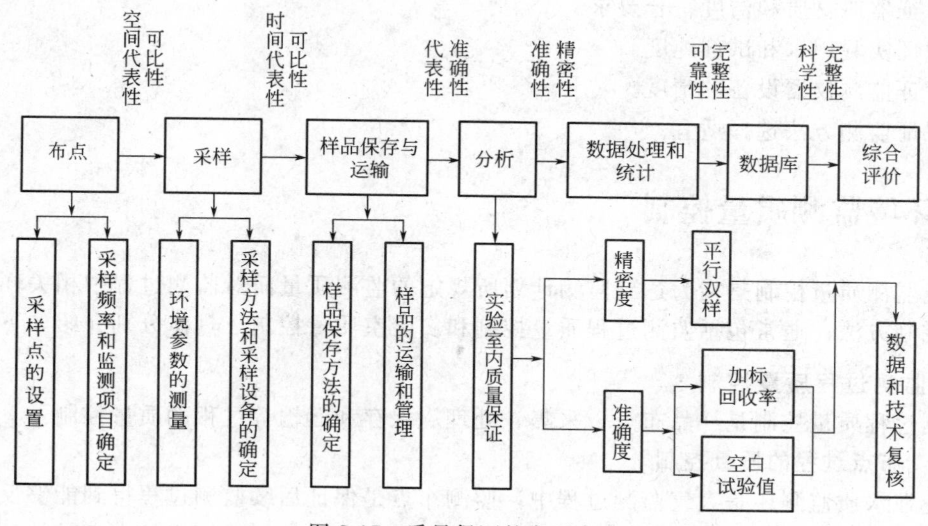

图 8-17　质量保证的主要内容

④ 样品分析测试时应优先选用国家标准方法和最新版本的环境监测分析方法。采用其他方法时，必须进行等效性试验，并报省级以上监测站（包括省级）批准备案。分析人员在开展新项目（包括本人未做过的项目）监测之前，要向质控人员提交基础实验报告。

⑤ 实验室内部质量控制采用自控和他控两种方式：a. 分析人员可根据实际情况选用绘制质控图、插入明码质控样或做加标回收实验等方法进行自控；b. 凡能做平行样、质控样的分析样品，质控人员在采样或样品加工分装过程中应编入 10%～15%的密码平行样或质控样。样品数不足 10 个时，应做 50%～100%密码平行样或质控样。

⑥ 实验室间的质量控制采取下列方式：a. 各实验室配置的标准品应与国家的标准物质进行比对实验；b. 上级站应经常对下级站进行抽样考核；c. 上级站组织下级站对某些样品的部分监测项目进行实验室间互查。

⑦ 监测数据的计算、检验以及异常值的剔除等应按国家标准、《环境监测技术规范》及监测分析质量保证手册中规定的方法进行。

⑧ 各实验室在报出分析数据的同时，应向质控室提交相应的质控数据，待质控负责人审核无误后，全部数据方可认为有效，经三级审核，业务站长签字后数据生效。

8.2.2　监测质量保证的关键

（1）建立监测质量保证管理体系　主要工作包括：组织管理（建立完善的组织领导机构）；职能管理（各级质量保证管理小组和各级监测站质量保证机构和人员的主要职责明确到位）；制度管理（制定各种监测技术管理制度、质量管理制度、检查奖励制度等）；物质保障。

(2) 提高环境监测人员的素质　实验室应确定培训需求，建立并保持人员培训程序和计划，对从事环境监测的人员实行合格证制度，经考核认证，持证上岗，无合格证者不得单独报出数据。

合格证考核应包括基本理论、基本操作技能和实际样品分析三部分。

(3) 重视监测质量保证基础工作的开展

①保证现场和实验室操作环境符合要求。

②保证器皿材质和洁度符合要求。

③保证实验用水和试剂纯度。

④保证监测仪器设备的精度。

⑤保证监测方法选择适宜。

8.3 环境监测质量控制

环境监测质量控制是指为达到监测计划所规定的监测质量而对监测过程中相关环节采用的实施控制方法，通常包括监测过程质量控制和实验室质量控制，具体分别介绍如下。

8.3.1 监测过程质量控制

监测过程质量控制是样品布点、采集、处理、保存和运输等过程的质量控制。

8.3.1.1 布点过程的质量控制

无论在水质监测还是大气监测过程中，监测布点是保证后续监测过程得到能够反映被监测区域真实状况的前提。在实际监测过程中，监测点位布设错误或不当较之于其他环节的错误，给监测数据质量带来的误差要更严重得多。由于监测布点不当可能使通过科学而严谨的后续监测过程得到的数据毫无意义，如不及时发现，会由于数据失去代表性而得出错误的结论。所以，为了保证监测质量，在制订监测计划时，首先要根据监测任务制定出布点质量控制措施，以使布点方案尽量合理，并根据环境条件和环境污染状况的变化，及时对监测点位的布设进行经常性的检查和调整，使之能不断地满足监测任务的需要。

在布点过程中要严格遵循监测规范中规定的原则。

(1) 水质监测布点原则

①宏观原则。监测断面（点）的布设应考虑能反映全国（或省、市、地）的水环境质量。对于一条河流的水环境质量，还要考虑监测断面的覆盖面和密度，以及与人口、污染源分布的关系。

②微观原则。在一个河段上，应考虑河口、排污口的位置，完全混合的位置及采样断面与这些位置的关系等。

③代表性原则。在一个监测断面上，所采样品的点位应能代表水质污染物浓度、采样频率等。

(2) 大气监测布点原则

①代表性原则。所设置的点位应能反映一定区域的大气环境污染水平和规律。

②一致性原则。所设置的各测点之间设置条件尽可能一致和标准化，使各个监测点所取得的数据具有可比性。

③网络性原则。所设置的各监测点位应充分满足国家网络的要求，特殊点位应达到该点

位的设置特殊性要求。

(3) 布点环节质量控制措施

① 定量指标的控制

a. 最佳测点数。最佳测点数目在优化布点时应经过严格的数字计算，并经综合考虑后确定。当得到监测数据后，根据监测数据，按照原定优化设计的数学模型，代入最新的参量数值、进行一次验算，将得出的最佳点数与实际点数相比较，两者尽量接近。

b. 最佳监测点位复查。对所有监测点的具体位置进行复查，与原点进行对照，发现错误及时纠正。

c. 监测点代表性复查。将现有监测点的覆盖面积与设计的覆盖面积进行对比，两者越接近越好。一般来说，应满足测点数目的要求。

② 定性指标的控制

a. 测点布设均匀性的检查。将所布设点位在所辖区域的行政区图上标注出来，看是否与原设计相同，其覆盖面、均匀性是否符合。

b. 点位区域环境特征代表性检查。对所布设点位的区域环境特征进行调查并与原设计点进行对照，如果点位地区的环境特征有重大变化，该点位已失去原设计意图时，应及时进行调整，并在点位图上予以标明。

c. 点位可行性检查。所布设点数、点位应具有空间代表性，且又必须有采样的可行性，所以应对采样点位的工作条件进行检查，如交通条件、能源供应条件发生较大变化，应对失去采样可行性的点位进行调查、取舍。

③ 布点环节质量控制的保证措施

a. 建立监测点位档案。每个监测点位都应建立点位卡，点位卡应每年填写一次，分析核对一次，借以把握测点的变动情况，建立起完整的基础资料，为进一步优化布点服务。

b. 建立测点代表性检查制度。由于环境质量及影响环境质量的因素在不断变化，科学技术在不断进步，监测技术和手段在不断改善，环境问题表现形式也在不断变化。因此，对所布设测点、数目、点位应定期组织检验，并在优化设计方法上进行不断改进。

8.3.1.2　采样过程的质量控制

采样过程是一个复杂的综合过程，主要由样品采集、样品处理、样品运输、样品交接等环节构成，这其中每一个过程有不同的质量控制内容。对采样过程进行质量控制是环境监测质量保证工作的重要组成部分。采样环节既与布点环节有关，又与其他环节紧密相连，既是空间代表性的继续，又是时间代表性的主要决定因素，采样环节的差错会导致前后诸多环节努力的浪费。因此，由样品采集、样品处理、样品运输、样品交接等环节构成的采样过程，是全程质量控制环节中的重要一环。

(1) 样品采集过程

① 采样地点符合优化布点要求。采样布点方案能够反映主要环境要素所产生的环境质量。

② 采样工具符合技术规范要求。水质采样过程中，对采样器、采样容器（一般为硬质玻璃和有机玻璃材料）等，应按要求区别使用，并尽量做到定点、定项目、定容器，以防交叉污染。尤其是工业废水与地下水采样工具、容器更应严格区分。

大气采样过程中，对采样器流量、吸收管效率、滤膜等要按规范进行定期校正。大气采样器要经计量检定部门进行计量检定，使用前要进行气密性检查，其流量要用皂膜流量计、孔口校正器等进行流量传递标准校正，使用中应定期进行流量、温度等的校正。吸收管要进行吸收效率测试和发泡试验。滤膜如用市售成型滤膜，使用前要严格挑选，空膜称重前后要恒温恒湿，并在非采样部分编号等。

③采样频率要符合有关技术规定。水质、大气样品的采集，要分清污染源性质，如连续均匀排放的污染源、不均匀连续排放污染源、周期性无组织排放等，根据排放规律、生产工艺周期特点，确定采样频率。

④采集样品量足够。在采样过程中，要注意采集样品量能够满足测试目的要求。在采集样品前，要系统综合地考虑方法检出限及评价标准等因素，确定水质样品采样体积、大气样品采样时间等。

(2) 样品处理与保存过程

① 样品采集后，要按照各种样品中的特征污染物对固定剂、温度的要求进行保存、固定或现场监测。

② 防止样品的二次污染。

(3) 样品运输过程

① 对需现场监测的项目如水体中 pH 值、DO、温度、电导率等要现场监测。

② 对不能现场监测的项目，运输途中要做到尽快运到实验室，防止泄漏、污染等事情发生。运输途中还应注意保管好样品及盛有样品的容器，避免损坏。

(4) 样品交接过程

① 实行采样记录制度。在采样过程，除对采样人员进行必要的技术培训外，还要求采样人员认真填写采样记录。

② 实行采样送检表制度。在技术规定的基础上，根据不同样品、不同分析方法的要求，编制采样人员易于执行的采样程序。为了明确采样质量保证责任，应实行样品送检表制度。

8.3.1.3 实验室分析测试的质量控制

(1) 采用标准分析方法或经考核验证的方法。

(2) 实验室内部质量控制　实验室内部质量控制是实验室自我控制监测分析质量的程序，包括空白试验、仪器设备的定期标定、平行样分析、加标样分析、密码样分析以及绘制和使用质量控制图等，它能反映实验室监测分析质量的稳定性，发现监测分析中的异常情况，以便及时采取适当的校正措施。

① 准确度、精密度考核。a. 准确度：可通过标准样和实测样品。将已知量的某种特定组分加到一定浓度范围的各种实际样品中（必须满足精确度的要求），每个样品重复测定若干次（≥7 次）。准确度用加标样品最后浓度的百分回收率表示。每个浓度的百分回收率取重复若干次测定结果的平均值。b. 精密度：用若干标准（≥8 个），每个标准测若干次（≥7 次），每次至少做两个平行样。然后根据测定结果计算出各标准组的标准偏差，最后用标准偏差极值和研究的浓度范围来表示。

② 做监测质控图。质控图由表示监测结果的纵坐标和表示时间或结果次序的横坐标组成，用来判断重复样品的变异情况的图形。

(3) 实验室间质量控制　实验室间质量控制是针对使用同一分析测定方法时，由于实验室之间条件（如试剂、蒸馏水、玻璃器皿、分析仪器、实验室温度、湿度等）不同和操作人员技术水平、操作习惯不同所引起的系统误差而提出的。实验室间质量控制能找出实验室内部不易发现的误差，特别是系统误差，以便及时予以校正，提高数据质量，其内容包括分析测量系统的现场评价和分发标准样品进行实验室间的评价等。

8.3.1.4　报告数据的质量控制

由于现场采样或室内分析环节的差错以及样品损伤或破坏等原因可能产生无效的错误数据，因此，监测室负责人应对从采样到分析测试到结果统计检验到综合评价等各个环节的数据进行核实。包括监测数据的有效数字记录运算、处理检验以及结果的综合整理，计算浓度均值、超标率、各种参数及划定环境质量或污染物时空分布图等。

（1）遵守计算规则，减少计算误差　应该注意的是，任何测定值本身都是一种近似值，近似值的误差经过代数运算很自然地传播到计算结果上。因此，在进行近似值计算时，数值的位数不必都去尽量多取，否则既使其变得繁复，还可能影响精度，应遵循修约规则。

除遵循上述一般原则外，还应考虑到：保护重要的物理参数，减少运算次数，讲究算法、编制计算机程序的技巧等。

（2）谨慎地对待离群数据的检验　在环境监测的实验数据中，往往遇到一些特别大或特别小的数据，而又找不出这种分散性异常的原因。此时，往往根据一种模糊的假设，认为它是观测时出现了过失误差，或由于某种突然的未知干扰所引起的。如果将这个数值仍参加计算最终结果，会导致不良影响，于是，一般倾向于舍弃这个数据。然而，从质量控制的角度出发，舍弃一个数据应十分慎重，正确的做法是：

① 通知实验室进行数据复查。

② 请有专业知识和工作经验的人共同做出舍弃决定。

③ 剔除离群值后对剩余的数据应继续进行检验。

（3）建立数据审核制度　环境监测的数据种类多、数量大，且具有时间性，如不及时发现问题，及时解决问题，事后往往无法补救。因此，对于众多的数据必须加强管理，将数据的质量问题解决在发布之前，做到给出的数据基本可靠。除按规定进行数据处理外，一个重要的管理措施就是建立数据审核制度，在内部明确数据质量的责任，做到监测数据的跟踪管理。

监测数据的审核制度一般是建立三级审核制度，即分析人员自我审核、分析实验室主任审核、上级领导审核等，发现问题跟踪检查，及时解决。

8.3.2　实验室内质量控制

8.3.2.1　质量控制基础

（1）选择适当的分析方法　我国环境监测分析方法目前有三个层次：标准方法、统一方法和等效方法。

① 标准方法。我国自己建立的标准方法和等效采用的国际标准方法，主要用于方法对比和仲裁分析，也可用于常规分析。

② 统一方法。监测部门或其他有关部门（如国家环保部、国家海洋局等）经过验证建立的实用方法。统一方法经过检验和标准化工作程序进行筛选验证，可上升为标准方法。

③ 等效方法。根据地区和行业的环境特点，可建立与标准方法或统一方法可比的等效方法。等效方法必须向上级主管部门报交分析方法的全面资料，并提供方法验证的分析数据，经批准后，才可以使用。

（2）空白试验　环境监测实验中，做空白的意义主要是检测试剂、水的纯度，从试样分析结果中扣除空白值，就可以校正由于试剂和水不纯等原因所引起的误差。通常以纯水或其他介质代替样品，其他分析步骤及使用的试液与样品测定完全相同，空白试验所得到的响应值称为空白试验值。空白试验值的大小及其重现性在很大程度上反映了一个环境监测实验室及其分析人员的水平。影响空白值的因素有实验用水的质量、试剂的纯度、器皿的洁净程度、计量仪器的性能及环境条件等。一个实验室在严格的操作条件下，某个分析方法的空白值通常在很小的范围内波动。

空白实验值的测定方法：每批做平行双样测定，分别在一段时间内（隔天）重复测定一次，共测定 5～6 批。进而可根据下式计算空白平均值：

$$\overline{x}=\frac{\sum X_b}{mn}$$

式中 $\overline{x}$——空白平均值；

X_b——空白测定值；

m——批数；

n——平行份数。

根据给定的置信度（通常为 95%）可以检测出待测物质的最小检出浓度（detection limit，DL），即：

$$DL=2\sqrt{2}t_f S_{空}$$

式中 DL——检出浓度；

t_f——显著性水平为 0.05（单侧），自由度为 f 的 t 值；

$S_{空}$——空白批内标准偏差。

如计算得到的检出浓度 DL 值高于标准分析方法中的规定值，应找出原因加以纠正，然后重新测定，直至满足要求。

（3）标准曲线的线性检验　凡应用标准曲线的方法，都是在样品测得信号后，从标准曲线上查得其含量（或浓度）。因此，绘制标准曲线，直接影响到样品分析结果的准确性。此外，标准曲线也确定了方法的测定范围。为此，需对标准曲线的线性关系进行检验。

影响标准曲线线性关系的因素有下列几点。

① 分析方法的精密度。

② 分析仪器的精密度，包括与分析仪器联用的器件，如电源稳压器、记录仪、比色皿等。

③ 量取标准溶液所用量器的准确度。

④ 易挥发溶剂（如萃取用的有机溶剂）所造成的体积变动。

⑤ 分析人员的操作水平等。

为了定量判断标准曲线的线性关系，要用到“相关系数”的概念。

如有一组测定值，自变量为：x_1、x_2、x_3、…、x_n

相应的因变量为：y_1、y_2、y_3、…、y_n

则相关系数为：$r=\frac{s_{xy}}{\sqrt{s_{xx}s_{yy}}}$

其中，$s_{xx}=\sum(x_i-\overline{x})^2=\sum x_i^2-\frac{1}{n}(\sum x_i)^2$

$$s_{yy}=\sum(y_i-\overline{y})^2=\sum y_i^2-\frac{1}{n}(\sum y_i)^2$$

$$s_{xy}=\sum(x_i-\overline{x})(y_i-\overline{y})=\sum x_iy_i-\frac{1}{n}\sum x_i\sum y_i$$

$$\overline{x}=\frac{1}{n}\sum x_i \qquad \overline{y}=\frac{1}{n}\sum y_i$$

相关系数 r 的取值范围是 $-1\leqslant r\leqslant 1$，其物理意义是：

① $r>0$ 时，x 和 y 正相关；

② $r<0$ 时，x 和 y 负相关；

③ $r=0$ 时，x 和 y 不相关，即 x 和 y 无线性关系；

④ $r=\pm1$ 时，两变量完全相关。当 $r=1$ 时，两变量完全正相关；当 $r=-1$ 时，两变量完全负相关。

对于环境监测分析工作中的标准曲线，根据实践经验，应力求相关系数 $|r|\geqslant 0.999$，否则应找出原因加以纠正，重新测定和绘制标准曲线。

（4）标准曲线的回归分析　有时在采取了各种相应措施后，其相关系数仍达不到要求，则所存在的误差，除方法本身外，常是一些分析中的随机误差引起的，可用最小二乘法，求出对已知各数据点误差最小的直线回归方程式，即：

$$y=ax+b$$

式中　a——直线的斜率，也称为回归系数；

b——直线在 y 轴上的截距。

由最小二乘法可以计算出 a 和 b，即：

$$a=\frac{s_{xy}}{s_{xx}}=\frac{\sum(x_i-\overline{x})(y_i-\overline{y})}{\sum(x_i-\overline{x})^2}$$

$$b=\overline{y}-a\overline{x}$$

从理论上说，任何一组分析数据，即使是一组杂乱无章的试验点，用最小二乘法求得回归直线方程后，也能配绘出一条直线。显然，这样配出的直线是人为的，没有任何意义。为了防止这种情况发生，可以根据不同的测定次数 n 和给定的显著性水平 a，查相关系数的临界值 r_a 表（表 8-4）。只有当 $|r|\geqslant r_a$ 时，表明两个变量之间有着良好的线性关系，这时用最小二乘法绘制的直线才有意义。在环境监测中，显著性水平 a 常取 0.05 或 0.01。

表 8-4　相关系数临界值表

$n-2$	显著性水平 a		$n-2$	显著性水平 a		$n-2$	显著性水平 a	
	0.05	0.01		0.05	0.01		0.05	0.01
1	0.9969	0.9999	10	0.5760	0.7079	19	0.4329	0.5487
2	0.9500	0.9900	11	0.5529	0.6835	20	0.4227	0.5368
3	0.8783	0.9587	12	0.5324	0.6614	25	0.3809	0.4869
4	0.8114	0.9172	13	0.5139	0.6411	30	0.3494	0.4487
5	0.7545	0.8745	14	0.4973	0.6226	40	0.3044	0.3932
6	0.7067	0.8343	15	0.4821	0.6055	50	0.2732	0.3541
7	0.6664	0.7977	16	0.4683	0.5897	60	0.2500	0.3248
8	0.6319	0.7646	17	0.4555	0.5751	80	0.2172	0.2830
9	0.6021	0.7348	18	0.4438	0.5614	100	0.1946	0.2540

（5）加标回收试验　加标回收试验的目的是确定一个方法的准确度，即向一未知样品中加入已知量的标准待测物质，并同时测定该样品以及加标准物质的样品中待测物质的含量，然后由下式计算回收率：

$$加标回收率（\%）=\frac{加标试样测定值-试样测定值}{加标量}\times 100\%$$

显然，加标回收率越接近100%，说明该方法越准确。要注意的是，加标量应与样品中待测物质的浓度水平相等或接近，一般为样品含量的0.5～2倍，在任何情况下，加标量不能大于样品中待测物质含量的三倍。

还应注意，用加标回收率评价测定结果的准确度也有一定的局限性，因为样品中某些干扰物质对待测物质产生的正干扰或负干扰，有时不能为回收试验所发现。

（6）对照试验　一个方法的准确度还可用对照试验来检验，即通过对标准物质的分析或与用标准方法来分析相对照。同样的分析方法有时也可能因不同实验室、不同分析人员而使分析结果有所差异。这实际上也是一种对照试验。

8.3.2.2　质量控制图及其应用

质量控制图是一种最简单、最有效的统计方法，可用于工业产品的质量控制，也可用于环境监测中日常监测数据的有效性检验。

质量控制图是根据分析结果之间存在着变异，而这种变异是按正态分布的这一原理编制而成的。质量控制图通常由一条中心线和上、下控制限，上、下警告限及上、下辅助线组成。横坐标为样品序号（或日期），纵坐标为统计值，如图8-18所示。

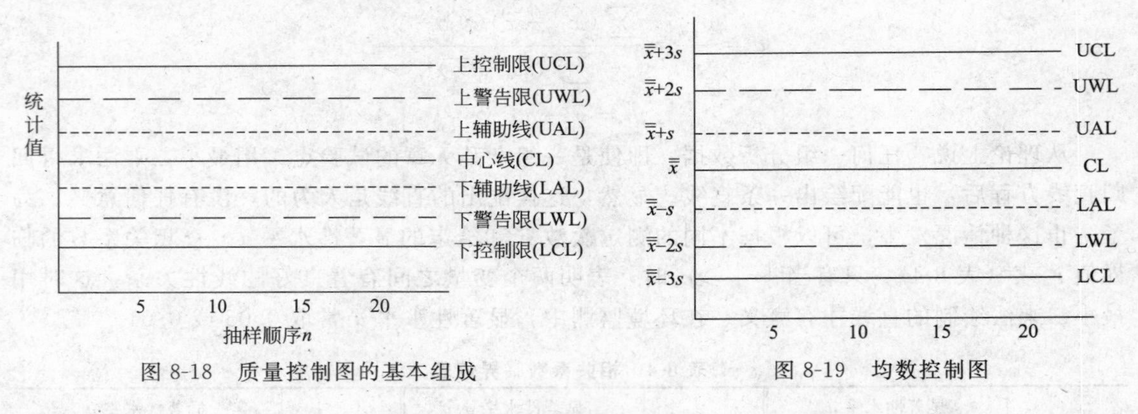

图8-18　质量控制图的基本组成　　图8-19　均数控制图

实测值的可接受范围是上、下控制限之间的区域。在编制质量控制图时，首先要一个质量控制样品，可以自行准备。质量控制样品的组成要与环境样品组成相近，性质稳定、均匀。其制备方法有两种：① 模拟环境样品的基本组成和浓度，由同种纯物质加到纯水中配制而成；② 在一定量的环境样品中加入一定量与待测物质相同的纯物质混合均匀而成。

常用的质量控制图有以下类型。

（1）均数控制图（$\bar{x}$图）　它的编制步骤如下。

① 测定质量控制样品，至少要20个数据，每个数据由一对平行样品的测定结果求得，这些数据不应在同一天内测得。

② 按以下公式计算总均值$\bar{\bar{x}}$、标准偏差s：

$$\bar{\bar{x}}=\frac{\sum \bar{x}_i}{n}$$

式中，$\overline{x}_i=\frac{x_i+x_i'}{2}$，$x_i$ 和 x_i' 为质量控制样品平行样的测定值。

$$s=\sqrt{\frac{\sum(\overline{x}_i-\overline{\overline{x}})^2}{n-1}}$$

③ 以 $\overline{\overline{x}}$ 值绘于质量控制图上得中心线；对应置信概率 95%或 99.7%的 2s 或 3s，分别绘制 $\overline{\overline{x}}\pm 3s$ 为上、下控制限；$\overline{\overline{x}}\pm 2s$ 为上、下警告限；再按 $\overline{\overline{x}}\pm s$ 绘制上、下辅助线，见图 8-19。

④ 将 20 个数据按测定顺序点到图上相应的位置上，这时应满足如下要求。

a. 如其中有超出控制限者应予剔除。剔除后数据总数少于 20 个时，需补充新的分析数据，重新计算各参数并绘质量控制图，如此反复进行，直至落在控制限内的数据≥20 个为止。

b. 落在 $\overline{\overline{x}}\pm s$ 范围内的点数应约占总点数的 68%（即 2/3 以上）。如果少于 50%，则说明分布不合适，此图不可靠，应该重作。

c. 如果按测定顺序连续 7 点位于中心线的同一侧，则表示所得数据不是充分随机的，应该重作。

质量控制图绘成后，应标明绘制该图的有关内容和条件，如测定项目、溶液浓度、分析方法、实验温度、控制指标、分析人员及绘制日期等。

均数控制图的使用方法：根据日常工作中该项目的分析频率和分析人员的技术水平，每间隔适当时间，取两份平行的控制样品，与环境样品同时测定；对操作技术较低的人员和测定频率低的项目，每次都应同时测定控制样品，将控制样品测定的结果依次点在控制图上，根据下列判断条件可检验分析过程是否处于控制状态。

① 如果此点位于中心线附近，上、下警告限之间的区域内，则测定过程处于控制状态，环境样品分析结果有效。

② 如果此点落在上、下警告限和上、下控制限之间的区域内，提示分析质量开始变劣，应进行初步检查，并采取相应的校正措施。

③ 如果此点落在上、下控制限之外，表示测定过程“失控”，应立即检查原因，予以纠正。

④ 如有相临七点连续上升或连续下降时，表示测定有失控倾向，应立即检查原因，予以纠正。

【例 8-1】　用重铬酸钾法测定水中的化学需氧量（COD），测得的 COD 值见表 8-5，试作 COD 的均数控制图。

表 8-5　重铬酸钾法测得的 COD 值　　单位：mg/L

组号	双周三	双周四	双周五	单周三	单周四
1	398	370	361	376	378
2	368	353	373	372	350
3	375	370	345	386	396
4	396	366	402	370	396
5	367	397	365	377	369
6	366	373	364	385	347

续表

组号	双周三	双周四	双周五	单周三	单周四
7	372	380	378	383	404
8	358	371	378	363	342
9	355	362	330	378	331
10	372	269	370	367	391
11	363	371	376	371	381
12	364	393	353	388	381
13	378	374	370	420	382
14	388	371	379	365	400
15	378	362	348	379	371
16	353	356	—	385	392
17	377	376	—	370	359

【解】 根据计算得

总均值：$\overline{\overline{x}}=369$（mg/L）；标准偏差：$s=19.6$（mg/L）

上控制限：$\overline{\overline{x}}+3s=430.3$（mg/L）；下控制限：$\overline{\overline{x}}-3s=312.9$（mg/L）

上警告限：$\overline{\overline{x}}+2s=410.7$（mg/L）；下警告限：$\overline{\overline{x}}-2s=332.4$（mg/L）

根据表 8-5 和计算数值作图，得到图 8-20。

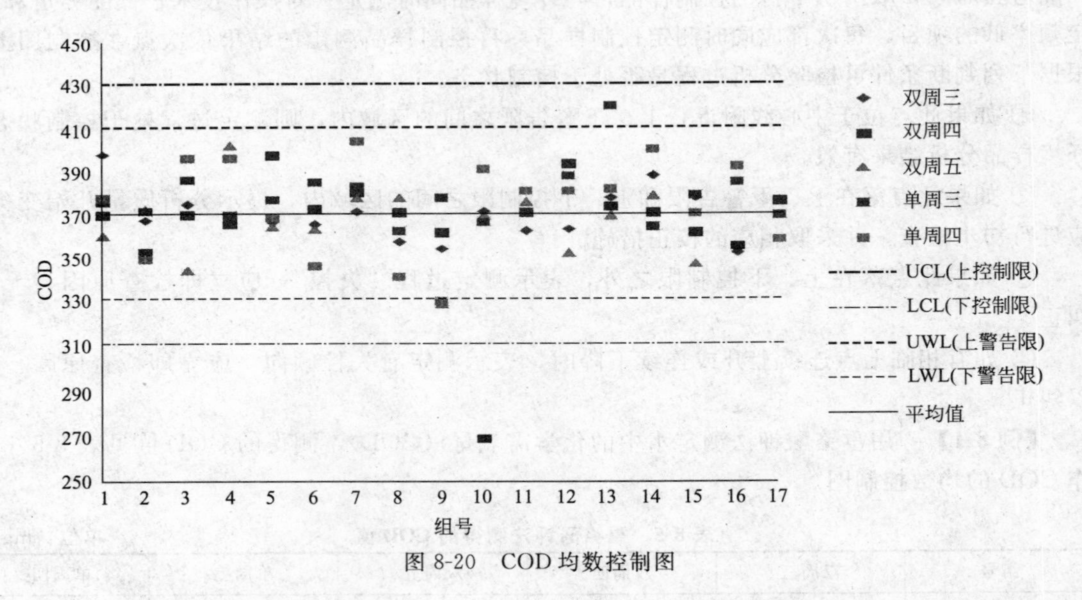

图 8-20 COD 均数控制图

(2) 均数-极差控制图（$\overline{x}$-R 图） 极差是指一组测量值中最大值（x_{max}）与最小值（x_{min}）之差，表示误差的范围，以 R 表示，又称为“全距”。但对于分析平行双样，只有两个测得值 x_i、x_i'，则 $R=|x_i-x_i'|$。所以均数-极差控制图也称均值-差值控制图。

由于有时分析平行样的平均值 $\overline{x}$ 与总均值很接近，但极差较大，仍说明质量较差，用均数控制图不能完全反映，而采用均数-极差控制图就能同时考察均数和极差的变化情况。$\overline{x}$-R图如图 8-21 所示，其包括如下内容。

均数控制部分：

① 中心线，$\overline{\overline{x}}$；

② 上、下控制限，$\overline{\overline{x}} \pm A_2 R$；

③ 上、下警告限，$\overline{\overline{x}} \pm \frac{2}{3} A_2 R$；

④ 上、下辅助线，$\overline{\overline{x}} \pm \frac{1}{3} A_2 R$。

极差控制部分：

① 中心线，$\overline{R}$；

② 上控制限，$D_4 \overline{R}$；

③ 上警告限，$\overline{R} + \frac{2}{3}(D_4 \overline{R} - \overline{R})$；

④ 上辅助线，$\overline{R} + \frac{1}{3}(D_4 \overline{R} - \overline{R})$；

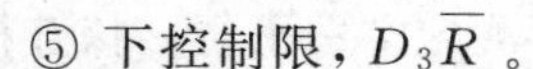

⑤ 下控制限，$D_3 \overline{R}$。

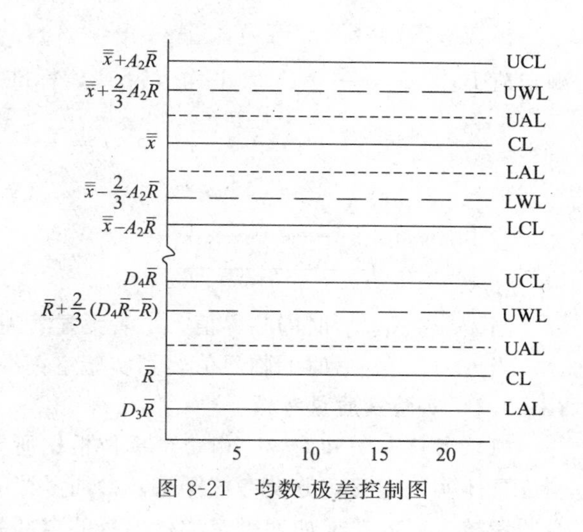

图 8-21　均数-极差控制图

式中，系数 A_2、D_3、D_4 可从表 8-6 中查得。

表 8-6　控制图系数表

系数 \ n	2	3	4	5	6	7	8
A_2	1.88	1.02	0.73	0.58	0.48	0.42	0.37
D_3	0	0	0	0	0	0.076	0.136
D_4	3.27	2.56	2.28	2.12	2.00	1.92	1.86

由于极差愈小愈好，所以极差控制图部分没有下警告限，但仍有下控制限。在使用此控制图的过程中，如 R 值稳步下降逐次变小，以至于 $R \approx D_3 \overline{R}$，即接近下控制限，则表明测定的精密度已有所提高，原质量控制图已失去作用。此时应使用新的测定值重新计算 $\overline{x}$、$\overline{R}$ 和各相应的统计量，并改绘新的 $\overline{x}$-R 图。

使用 $\overline{x}$-R 图时，只要二者中之一有超出控制限者（不包括 R 图部分的下控制限），即认为是“失控”，故其灵敏度较单纯的 $\overline{x}$ 图或 R 图高。

8.3.3　实验室间质量控制

实验室间的质量控制是在实验室内质量控制的基础上，由上一级监测站发放标准参考物质与实验室内的标准溶液进行比对；或发放未知标准样进行考核，检验和纠正各实验室间的系统误差，使各级监测站的监测数据准确可比。

8.3.3.1　实验室标准溶液的比对

① 国家一、二级站要配备本实验室的标准参考溶液（可购买国家标准物质或自制），并与上一级站的标准参考物质进行比对和量值追踪。比对定位的标准参考溶液发放给下一级站使用。

② 实验室标准溶液与标准参考溶液的比对实验。将上级站发放的标准参考溶液（A）与实验室内等配制浓度的标准溶液（B），同时各取 n 份样品测定，按下列式计算，并对测定值作 t 检验。

标准参考溶液测定值 A_1、A_2、…，A_n，平均值为 $\overline{A}$，标准差为 s_A；实验室标准溶液测定值 B_1，B_2，…，B_n，平均值为 $\overline{B}$，标准差为 s_B；计算统计量：

$$t=-\frac{|\overline{A}-\overline{B}|}{s_{A-B}\sqrt{\frac{n}{2}}}$$

式中 $s_{A-B}=\sqrt{\frac{(n-1)(s_A^2+s_B^2)}{2n-2}}$

当 $t\leqslant t_{0.05(n-1)}$ 时的临界值，二者无显著差异；

当 $t>t_{0.05(n-1)}$ 时的临界值，则实验室标准溶液存在系统误差。

8.3.3.2 实验室质量考核

(1) 考核办法和内容　由负责单位根据所要考核项目的具体情况，参考前面所述内容，制订具体实施方案，分发考核样品。参加考核的实验室应在规定的日期内完成考核工作，并遵照考核方案的要求如期提交考核项目的全部数据和资料。

考核内容一般有：分析标准样品或统一样品；测定加标样品；测定空白平行；核查检测下限；测定标准系列、检查相关系数和计算回归方程、进行截距检验等。组织考核单位对上报的考核数据及时综合，统计处理和检验，做出评价，并将考核结果通知被考核单位。

(2) 实验室误差测试　在实验室间起支配作用的误差常为系统误差，为检查实验室间是否存在系统误差，其大小和方向及对分析结果的可比性是否有显著影响，可不定期地对有关实验室进行误差测试。常用的误差测试方法是双样法，又称 Youden 法。

测试方法：将两个浓度不同但较接近（分别为 x_i、y_i，两者相差约±5%）的样品同时分发给各实验室，对其做单次测定，并在规定日期内上报测定结果 x_i、y_i。

①双样图系统误差检查法。根据各实验室上报的两个浓度样的测定结果 x_i、y_i 计算出其平均值 $\overline{x}$ 和 $\overline{y}$，在坐标纸上画出 x_i、$\overline{x}$ 值的垂直线和 y_i、$\overline{y}$ 值的水平线。将各实验室测定结果（x_i，y_i）点在图中。如果测试结果得到双样图 8-22 中四个象限双样图（a）中的图形，则不存在系统误差，如得到椭圆形分布的双样图（b），则存在系统误差。根据此椭圆形的长轴与短轴之差及其位置，可判断实验室间系统误差的大小和方向。根据各实验室所得测试结果的分散程度可评估各实验室间的精密度和准确度。

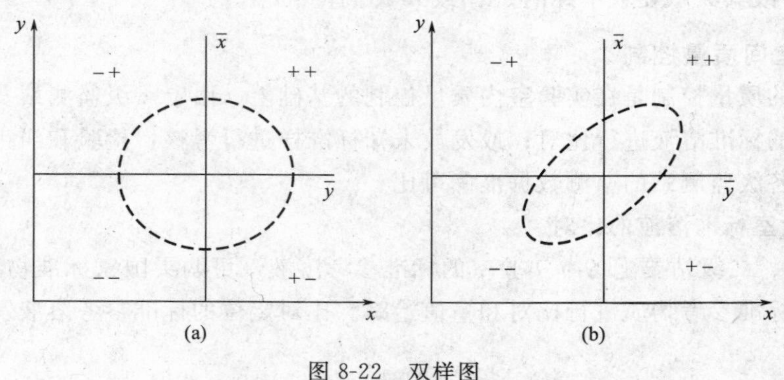

图 8-22　双样图

② 标准差分析

a. 将各对数据（x_i、y_i）分别求和值、差值。

和值	差值
$x_1+y_1=T_1$	$\mid x_1-y_1 \mid =D_1$
$x_2+y_2=T_2$	$\mid x_2-y_2 \mid =D_2$
$\vdots$	$\vdots$
$x_n+y_n=T_n$	$\mid x_n-y_n \mid =D_n$

b. 取和值 T_i 计算各实验室数据分布的标准偏差：

$$s=\sqrt{\frac{\sum T_i^2-\frac{\left(\sum T_i\right)^2}{n}}{2(n-1)}}$$

式中，分母除以 2 是因 T_i 值中包括两个类似样品的测定结果而含有两倍的误差。

c. 因为标准偏差可分解为系统标准偏差和随机标准偏差，当两个类似样品测定结果相减，使系统标准偏差消除，故可取差值 D_i 计算随机标准偏差：

$$s_r=\sqrt{\frac{\sum D_i^2-\frac{\left(\sum D_i\right)^2}{n}}{2(n-1)}}$$

d. 如 $s=s_r$，即总标准偏差只包含随机标准偏差，则实验室间不存在系统误差。

③方差分析。当 $s_r<s$ 时，需进行方差分析检验。若 $F\leqslant F_{0.05(f_1,f_2)}$，表明在 95%置信水平时，实验室间所存在的系统误差对分析结果的可比性无显著性影响；如 $F>F_{0.05(f_1,f_2)}$，则实验室间所存在的系统误差将显著影响分析结果的可比性。

8.4 计量认证（实验室资质认定）

1992 年起，我国各级环境监测站按照国家环保局的要求开展了计量认证工作，使环境监测数据更具有科学性和权威性。随着 2003 年 11 月《中华人民共和国认证认可条例》的颁布实施及 2007 年 1 月《实验室资质认定评审准则》的实施，国家认证认可监督管理委员会统一管理此项工作，我国实验室认证认可工作进入了一个新的历史阶段。

计量认证是由政府计量行政部门对第三方产品合格认证机构或其他技术机构的检定、测试能力和可靠性的认证。根据《中华人民共和国计量法》、《中华人民共和国认证认可条例》和《实验室资质认定评审准则》等相应条款的规定，为社会提供公证数据的产品质量检验机构，其计量测定、测试能力和可靠性，必须经省级以上人民政府计量行政部门考核合格，取得计量认证合格证书。这里所称的“公证数据”指除了具有真实性和科学性外，还具有合法性。计量认证是对检测机构的法制性强制考核，是政府权威部门对检测机构进行规定类型检测所给予的正式承认，其标记是 CMA，即“China Metrology Accreditation”的英文缩写表达。

8.4.1 计量认证的内容及特点

（1）计量认证的内容主要包括如下几个方面：

① 计量检定、测试设备的性能、主要技术指标必须达到计量认证的要求。

② 计量检定、测试设备的工作环境和人员的操作技能，均应适应测试工作的需要。

③ 使用测试设备和测试手段的人员，其理论知识和操作技能必须考核合格。

④ 环境监测机构应具有保证量值统一、量值溯源和量值传递准确、可靠的措施及测试数据公证可靠的管理制度。

⑤ 测试样品的时空代表性、采样的频次、样品的保管与运输等应该符合监测技术规范的要求，可作为检查内容。

（2）计量认证的特点则体现在以下几个方面：

① 具有权威性。

② 坚持考核和帮助、促进相结合的工作方法。

③ 处理好管理和技术间的相互关系。

④ 计量认证是第三方认证。

8.4.2 计量认证的程序

（1）计量认证的前期准备工作　主要包括：①确定认证申请项目；②确定授权人与签字领域；③确定研究技术人和质量负责人；④上岗证考核；⑤文件编制与资料准备（编写质量体系文件、填写计量认证申请书、完成认证工作情况汇报等）；⑥档案整理；⑦仪器的检定与校准（所有用于检测的仪器设备均需实行三色标志管理）；⑧质量手册的宣传贯彻；⑨自查；⑩认证基础知识培训、实验室环境整理、推荐当地评审员及审批材料的准备（计量认证申请书、计量认证评审报告、计量认证证书附表及不同类别的监测报告）等。

（2）计量认证申请与受理　根据《计量法实施细则》、《计量认证管理办法》规定计量认证分两级管理（国家级和省级）。省级以上（含省级）监测机构可申请国家级计量认证，由国家计量认证环保评审组协同国家认监委组织实施。省级以下单位可申请省级计量认证。其申请程序如下。

① 凡申请国家级计量认证的单位，必须以红头文件的形式向国家计量认证环保评审组提出书面申请，并注明法人单位，上级主管部门和评审类型（首次认证、复查评审、扩项），申请书需加盖单位公章，申请复查应在合格证书有效期满前 6 个月提出复查申请。

② 国家计量认证环保评审组接到申请后每季度汇总一次，经国家环保部科技标准司审查同意后上报国家认监委。

③ 国家认监委根据各行业评审组报送的申请，编制计量认证评审计划（一般一年两批，上半年、下半年各一批），评审计划自下达之日起一年内评审有效，逾期不能完成的，需向认监委报告，并列入下一批评审计划，未列入评审计划时，原则上不安排评审。

④ 国家计量认证监测评审组接到国家认监委下达的评审计划后及时转发给被评审机构。

（3）计量认证评审程序

①组建评审组。根据被认证单位的申请项目及所涉及的专业领域组建评审组（评审员人数视被认证机构的规模大小、申请项目多少及技术难易程度而定，一般不多于 6 人）。评审组的专业评审员必须经过国家认监委的培训和考核，并获得国家级计量认证评审员资格。

②评审组赴现场。评审组接到国家认监委核准的名单后，组织评审员和技术专家赴现场，依据评审准则进行现场评审。

③现场评审。现场评审通常分软件组和硬件组。软件组负责评审准则中组织和管理、质量体系、审核和评审、人员、检验样品的处置、记录、检验的分包、外部协助和供给等要求的评审，组织召开座谈会；硬件组负责设施和环境、仪器设备和标准物质、量值溯源和校准、校准和检测方法、证书和报告等要求的评审，进行现场实验项目的考核。

现场评审需进行计量基础知识考试、未知样品与实际操作考核。评审组抽取被评审单位

10%的人员参加计量基础知识闭卷考试（不足 100 人的单位，抽取 10 人参加理论考试），与被评审单位商定现场考核项目，并召开质量手册执行情况检查座谈会。

现场评审一般为 2～3 天。

④ 审查上报材料。

(4) 审批发证程序

① 按照与评审组商定的时间将材料报国家计量认证监测评审组，评审组审查后报国家环保总局科技标准司审查盖章，然后报国家计量认证办公室。

② 经国家计量认证办公室审核后，报国家认监委审批。

③ 国家认监委按规定对申报材料进行审查，符合要求的办理审批手续，存在问题的退回评审单位整改。

④ 符合要求的单位由国家计量认证办公室为其制作证书、名录及刻制印章（有效期自发证之日起 5 年）。

⑤ 取证后，被评审单位根据计量认证证书号，制作计量认证铜牌，并报国家计量认证环保评审组登记备案。

习题与思考题

[1] 什么是误差？误差有哪些种类？

[2] 试述系统误差和偶然误差产生的原因及减小的方法。

[3] 什么是准确度、精密度、灵敏度和检出限？如何表示？

[4] 分析方法检出限和测定下限的主要区别是什么？两者之间的关系如何？

[5] 按有效数字运算规则计算下列各式：

(1) 36.5627＋3.42＋2.368＋0.23412

(2) 873.2＋15.365－14.325－11.1453

(3) 5.3546×6.78

(4) 64.2×0.02654×56.21÷2.356

[6] 环境监测数据的基本要求是什么？

[7] 一组化学法测定水中铜含量的数据如下：1.235，1.237，1.242，1.191，1.232，1.238，1.216，1.219，1.198，1.196，共测 10 次。试作可疑数据的检验，并用置信度为 95%的置信区间表示分析结果。

[8] 用极谱分析法测定水中的锰浓度，得到下列实验数据：

锰浓度/(mg/L)	30	45	60	75	90	105
峰电流/mA	2.6	6.4	9.8	13.4	17.2	21.8

试绘制标准曲线，并作线性关系检验。

[9] 对某工业废水的各个水样做 COD 和 TOC 的测定，测定结果如下：

COD/(mg/L)	610	870	730	1060	480	1120	240	300	620	340
TOC/(mg/L)	350	460	440	670	380	685	105	160	355	260

试求该工业废水 TOC 对 COD 的回归方程并作相关性检验。

[10] 为什么在环境监测中要开展质量保证与控制工作？具体包括哪些内容？

[11] 环境监测实验室内部分析质量控制包括哪些内容？

[12] 环境监测实验室外部分析质量控制包括哪些内容？

[13] 什么是质量控制图？如何编制和使用质量控制图？

[14] 用重铬酸钾法测定水中的COD浓度，测定结果如下：

指标	测定结果/(mg/L)									
COD	610	870	730	1060	480	1120	240	300	620	340
	350	460	440	670	380	685	105	160	355	260

试作COD的均数控制图。

[15] 简述实验室资质认定中计量认证的内容及程序。

实　验

实验一　酸度和总碱度的测定

（一）目的

（1）了解酸度和总碱度的基本概念。

（2）掌握指示剂滴定法测定酸度和总碱度的原理和方法。

（二）原理

酸度是指水样中含有能与强碱发生中和作用的物质的总量，主要表示水样中存在的强酸、弱酸和强酸弱碱盐等物质。酸度有两种表示方法：酚酞酸度（又称“总酸度”）和甲基橙酸度。

碱度是指水样中含有能与强酸发生中和作用的物质的总量，主要表示水样中存在的碳酸盐、总碳酸盐及氢氧化物。

碱度可用盐酸标准溶液进行滴定，当滴定至甲基橙指示剂由黄色变为橙红色时，溶液的pH值为4.4～4.5，表明水中的重碳酸盐已被中和，此时的滴定结果称为“总碱度”。

（三）仪器

（1）滴定管（酸式、碱式）。

（2）锥形瓶。

（四）试剂

（1）无二氧化碳水　将pH值不低于6.0的蒸馏水，煮沸15min，加盖冷却备用。

（2）氢氧化钠标准溶液，$c_{NaOH}=0.1mol/L$　称取60g氢氧化钠溶于50mL水中，转入150mL聚乙烯瓶中，冷却后，用装有碱石灰管的橡皮塞塞紧，静置24h以上，然后再吸取约7.5mL上层清液置于1000mL容量瓶中，用无二氧化碳水稀释至标线，摇匀备用，使用时用苯二甲酸氢钾进行标定。

（3）酚酞指示剂（用于测酸度）　称取0.5g酚酞溶于50mL95%乙醇中，用水稀释至100mL。

（4）甲基橙指示剂（用于测酸度）　称取0.05g甲基橙，溶于100mL水中。

（5）酚酞指示剂（用于测碱度）　称取1g酚酞溶于100mL95%乙醇中，用0.1mol/L氢氧化钠溶液滴定至出现淡红色为止。

（6）甲基橙指示剂　（用于测碱度）　称取0.1g甲基橙溶于100mL蒸馏水中。

（7）碳酸钠标准溶液，$c\left(\frac{1}{2}Na_2CO_3\right)=0.0250mol/L$　称取1.3249g（于250℃烘干4h）无水碳酸钠（Na_2CO_3）溶于少量无二氧化碳水中，移入1000mL容量瓶中，用水稀释至标线，摇匀，贮于聚乙烯瓶中，保存时间不得超过一周。

（8）盐酸标准溶液c（HCl）$=0.0250mol/L$　移取2.1mL浓盐酸（$d=1.198g/mL$），

并用蒸馏水稀释至 1000mL，按下述方法标定。准确移取 25.00mL 碳酸钠标准溶液于 250mL 锥形瓶中，加无二氧化碳水稀释至约 100mL，加入 3 滴甲基橙指示剂，用盐酸标准溶液滴定至由橙黄色刚变成橙红色，记录盐酸标准溶液用量。按下式进行计算：

$$c_{HCl}\ (mol/L) = \frac{25.00 \times 0.0250}{V}$$

式中 25.00——碳酸钠溶液体积，mL；

0.0250——碳酸钠溶液浓度，mol/L；

V——盐酸标准溶液的用量，mL。

（五）测定步骤

1. 酸度测定

（1）取适量水样（VmL）置于 250mL 锥形瓶中，用无二氧化碳水稀释至 100mL，加入两滴甲基橙指示剂，用氢氧化钠标准溶液滴定至溶液由橙红色变为橙黄色，计下氢氧化钠标准溶液用量（V_1）。

（2）取一份水样（VmL）置于 250mL 锥形瓶中，用无二氧化碳水稀释至 100mL，加入 4 滴酚酞指示剂，用氧氧化钠标准溶液滴定至溶液刚变为浅红色为终点。记下氢氧化钠标准溶液用量（V_2）。

2. 碱度测定

（1）取 100mL 水样于 250mL 锥形瓶中，加入 4 滴酚酞指示剂，摇匀。当溶液呈红色时，用盐酸标准溶液滴定至刚刚褪到无色，记录盐酸标准溶液用量（P）。若加酚酞指示剂溶液无色，则不需用盐酸标准溶液滴定，可接着进行第 2 步操作。

（2）向上述溶液中加入 3 滴甲基橙指示剂，摇匀，继续用盐酸标准溶液滴定至溶液由黄色变为橙红色为止，记录盐酸标准溶液用量（M）。

（六）计算

1. 酸度

$$\text{甲基橙酸度（以 } CaCO_3 \text{ 计，mg/L）} = \frac{cV_1 \times 50.05 \times 1000}{V}$$

$$\text{酚酞酸度（以 } CaCO_3 \text{ 计，mg/L）} = \frac{cV_2 \times 50.05 \times 1000}{V}$$

式中 c——氢氧化钠标准溶液浓度，mol/L；

V_1——用甲基橙作指示剂时氢氧化钠标准溶液的耗用量，mL；

V_2——用酚酞作指示剂时氢氧化钠标准溶液耗用量，mL；

V——水样体积，mL；

50.05——碳酸钙（$\frac{1}{2}CaCO_3$）摩尔质量，g/mol。

2. 总碱度

$$\text{总碱度（以 } CaCO_3 \text{ 计，mg/L）} = \frac{c \times (P + M) \times 50.05 \times 1000}{V}$$

式中 c——盐酸标准溶液浓度，mol/L；

50.05——碳酸钙（$\frac{1}{2}CaCO_3$）摩尔质量，g/mol。

（七）　注意事项

（1）水样分析前不应打开瓶塞，不能过滤、稀释和浓缩，应及时分析，否则应在4℃下保存。

（2）水样中如含有游离氯，可在滴定前加入少量0.1mol/L硫代硫酸钠溶液去除，以防甲基橙指示剂褪色。

实验二　化学需氧量的快速法测定

（一）目的

掌握快速法测定COD_{Cr}的原理和方法。

（二）原理

快速重铬酸钾法是采用提高重铬酸钾与有机物作用时酸的用量，以提高回流时的反应温度，从而加快了反应速度，使回流时间由2h缩短到10min。回流结束后，用标准硫酸亚铁铵溶液滴定作用剩余的重铬酸钾。再由消耗重铬酸钾的量，计算出水样中有机物消耗的氧量（O_2，mg/L）。

（三）仪器

（1）回流装置（磨口三角烧瓶，或圆底烧瓶冷凝装置）

（2）500mL三角烧瓶

（四）试剂

（1）浓硫酸（含1%硫酸银）。

（2）0.1mol/L硫酸亚铁铵溶液。

（3）重铬酸钾溶液：在1000mL烧杯中，约加600mL蒸馏水，慢慢加入100mL浓硫酸及26.7g硫酸汞，搅拌，待硫酸汞溶解后，再加80mL浓硫酸和9.5g重铬酸钾，最后加蒸馏水至1000mL备用。

（五）实验步骤

1. 水样的测定

用20mL胖肚移液管吸水样20.00mL（如水样有机物含量高则先把水样稀释）。加入具有磨口的500mL锥形瓶中，加入15.00mL重铬酸钾溶液，再加40mL浓硫酸（含1% Ag_2SO_4）及玻璃珠数粒摇匀；另取20.00mL左右蒸馏水代替水样，其他操作与测水样时相同，作空白试验，接上回流冷凝器，加热至沸腾后适当降低温度，将回流速度控制在1～2滴/2min。精确回流10min，稍冷，自冷凝管顶部各加蒸馏水150mL左右，冷却到室温，加入试亚铁灵指示剂2～3滴，用标准硫酸亚铁铵溶液回滴剩余的重铬酸钾，反应溶液由橙红色→绿色→红棕色刚出现（不褪去）为终点。

2. 空白值的测定

以蒸馏水代替水样，其他步骤和测定水样相同。

（六）计算

$$COD_{Cr}\ (O_2,\ mg/L) = \frac{(V_0 - V_1) \times c \times 8 \times 1000}{V_2}$$

式中　c——硫酸亚铁铵标准液的浓度，mol/L；

V_0——空白消耗的硫酸亚铁铵溶液的体积，mL；

V_1——水样消耗的硫酸亚铁铵溶液的体积，mL；

V_2——水样体积，mL。

（七）注意事项

（1）取用的水样体积可在 10.00～50.00mL 范围之间，但试剂用量及浓度需作相应调整，也可得到满意的结果。

（2）对于化学需氧量小于 50mg/L 的水样，应改用 0.0250mol/L 重铬酸钾标准溶液，回滴时用 0.01mol/L 硫酸亚铁铵标准溶液。

（3）水样加热反应后，溶液中重铬酸钾剩余量应为加入量的 1/5～4/5 为宜。

（4）每次测定时，应对硫酸亚铁铵标准溶液进行浓度标定。

（5）COD_{Cr}的测定值应保留三位有效数字。

实验三　溶解氧的测定

（一）目的

掌握碘量法测定水中溶解氧（dissolved oxygen，DO）的原理和方法。

（二）原理

在水样中分别加入硫酸锰和碱性碘化钾，水中的溶解氧会将低价锰氧化成高价锰，生成四价锰的氢氧化物棕色沉淀。加酸后，沉淀溶解并与碘离子反应，释出游离碘。用淀粉作指示剂，用硫代硫酸钠滴定释出的碘，从而可计算出水样中溶解氧的含量。反应式如下：

$$MnSO_4 + 2NaOH = Mn(OH)_2 \downarrow \text{(白色)} + Na_2SO_4$$

$$2Mn(OH)_2 + O_2 = 2MnO(OH)_2 \downarrow \text{(棕色)}$$

$$MnO(OH)_2 + 2KI + 2H_2SO_4 = I_2 + MnSO_4 + K_2SO_4 + 3H_2O$$

$$I_2 + 2Na_2S_2O_3 = 2NaI + Na_2S_4O_6 \text{(连四硫酸钠)}$$

（三）仪器

（1）250mL 具塞试剂瓶。

（2）50mL 滴定管。

（3）1mL、25mL、100mL 移液管。

（4）10mL、100mL 量筒。

（5）250mL 碘量瓶。

（四）试剂

（1）硫酸锰溶液　称取 $MnSO_4 \cdot 4H_2O$ 480g 或 $MnSO_4 \cdot 2H_2O$ 400g 溶于蒸馏水中，过滤并稀释至 1000mL。

（2）碱性碘化钾溶液　称取 500g 氢氧化钠溶于 300～400mL 蒸馏水中，冷却。另将 150g 碘化钾溶于 200mL 蒸馏水中，慢慢加入已冷却的氧氧化钠溶液，摇匀后用蒸馏水稀释至 1000mL，贮于塑料瓶中。

（3）浓硫酸（密度 1.84g/cm³）

（4）1%淀粉指示液　称取 2g 可溶性淀粉溶于少量蒸馏水中，用玻璃棒调成糊状，慢慢加入（边加边搅拌）刚煮沸的 200mL 蒸馏水中，冷却后加入 0.25g 水杨酸或 0.8g 氯化锌 $ZnCl_2$ 为防腐剂。此溶液遇碘应变为蓝色，如变成紫色表示已有部分变质，要重新配制。

（5）（1+5）硫酸溶液　将浓硫酸（密度 1.84g/cm³）33mL 慢慢加入到 167mL 蒸馏水中。

（6）0.025mol/L 硫代硫酸钠溶液　称取 6.2g 硫代硫酸钠（$Na_2S_2O_3 \cdot 5H_2O$）溶于煮沸放冷的蒸馏水中，加入 0.2g 碳酸钠，用水稀释至 1000mL，贮于棕色瓶中，使用前用重铬酸钾溶液标定，$c(1/6K_2Cr_2O_7)=0.2500$mol/L。

硫代硫酸钠标准溶液标定方法：于 250mL 碘量瓶中，加入 100mL 蒸馏水和 1g 碘化钾，再加入 10.00mL 0.0250mol/L 重铬酸钾标准溶液，5mL（1+5）硫酸溶液，加塞摇匀，然后于暗处静置 5min 后，用待标定的硫代硫酸钠溶液滴定至溶液呈淡黄色，再加入 1mL 淀粉溶液，继续滴定至蓝色刚好褪去为止，记录用量。

$$c\ (\text{mol/L}) = \frac{10.00 \times 0.025}{V}$$

式中　c——硫代硫酸钠溶液浓度，mol/L；

V——硫代硫酸钠溶液消耗量，mL。

（五）实验步骤

1. 采样

将取样管插至取样瓶底让水样慢慢溢出，装满后继续直至再溢出半瓶左右时，取出取样管，赶走瓶壁上可能存在的气泡，盖上瓶盖（盖下不能留有气泡）。

2. 溶解氧的固定

将移液管插入溶解氧瓶的液面以下，再加入 1.0mL 硫酸锰溶液和 1.0mL 碱性碘化钾溶液，盖好瓶盖颠倒混合数次，静置。待棕色沉淀物降至半瓶时，再颠倒混合一次，待沉淀物降到瓶底。

3. 碘析出

轻轻打开瓶塞，立即用移液管插至液面下加入 1.0mL 硫酸，小心盖好瓶塞，颠倒混合摇匀，至沉淀物全部溶解为止，放置暗处 5min。

4. 滴定

移取 100.0mL 上述溶液于 250mL 锥形瓶中，用硫代硫酸钠滴定至溶液呈淡黄色，加 1mL 淀粉溶液，继续滴定至蓝色刚好褪去为止，记录硫代硫酸钠溶液用量。

（六）计算

$$\text{溶解氧}\ (O_2,\ \text{mg/L}) = \frac{c \times V \times 8 \times 1000}{100}$$

式中　c——硫代硫酸钠溶液浓度，mol/L；

V——滴定时消耗硫代硫酸钠体积，mL；

8——氧（$\frac{1}{2}$O）摩尔质量，g/mol。

（七）注意事项

（1）一般规定要在取水样后立即进行溶解氧测定，如果不能在取水样处完成，应该在水样采取后立即加入硫酸锰及碱性碘化钾溶液，将溶解氧“固定”在水中，并尽快进行测定(间隔不超过4h为宜)。

(2) 水中如果有亚硝酸盐存在，亚硝酸氮含量大于0.1mg/L时，由于亚硝酸盐与碘化钾作用能析出游离碘，在反应中析出的NO在滴定时受空气氧化而生成亚硝酸。亚硝酸又会从碘化钾中将碘析出，这样就使分析结果偏高。为了获得正确的结果，可在用浓硫酸溶解沉淀之前，在水样瓶中加入数滴5%叠氮化钠溶液。

(3) 当Fe^{3+}的含量大于1mg/L时，溶液酸化后Fe^{3+}将与KI作用而析出碘，这样就使分析结果偏高。为了使测定溶解氧获得正确的结果，可以在沉淀未溶解以前，加入2mL40%的氟化钾溶液，然后用4mL85%的磷酸代替硫酸，此时沉淀溶解，同时所有的Fe^{3+}与F^-或PO_4^{3-}生成络合物，这样就抑制了Fe^{3+}与KI的作用。

(4) 如果水样中含有还原性物质Fe^{2+}、S^{2-}和有机物等，则可采用在酸性条件下加高锰酸钾来去除，过量的高锰酸钾用草酸还原去除。

(5) 硫代硫酸钠标定时注意事项　用重铬酸钾作氧化剂，必须在高酸度条件下。而碘和硫代硫酸钠定量的反应要求在微酸性或中性溶液中进行，因为酸度高，会加快硫代硫酸钠的分解，因此，必须把高酸度的溶液稀释，与此同时，溶液稀释后亦可减少碘分子在滴定过程中的损失。

(6) 取水样时，瓶内必须彻底赶走气泡，不然气泡中的氧会影响分析结果。

实验四　五日生化需氧量的测定

一、水质法

(一) 目的

掌握生活污水或工业废水五日生化需氧量(BOD_5)的测定。

(二) 原理

生化需氧量是指在好氧条件下，微生物分解水中的有机物的生物化学过程中所消耗溶解氧的量。此生化全过程进行的时间很长，如在20℃下培养，完成此过程需100多天。目前国内外都采用20℃培养五天作为检验指标，称为五日生化需氧量(BOD_5)。分别测定样品培养前后的溶解氧，二者之差即为BOD_5值，以氧的mg/L表示。

(三) 仪器

(1) 培养箱。

(2) 3000mL大玻璃瓶。

(3) 1000mL量筒。

(4) 250mL培养瓶。

(5) 100mL、40mL、25mL、10mL、5mL移液管(胖肚)。

(6) 10mL、5mL、2mL移液管(刻度)。

(四) 试剂

除测定溶解氧所需的试剂外，还需下列试剂。

(1) 氯化钙溶液　称取27.5g化学纯无水氯化钙($CaCl_2$)溶于蒸馏水中稀释

到1000mL。

(2) 三氯化铁溶液　称取0.25g化学纯三氯化铁（$FeCl_3 \cdot 6H_2O$）溶于蒸馏水中，稀释到1000mL。

(3) 硫酸镁溶液　称取22.5g化学纯硫酸镁（$MgSO_4 \cdot 7H_2O$）溶于蒸馏水中，稀释到1000mL。

(4) 磷酸盐缓冲溶液　称取8.5g化学纯磷酸二氢钾（KH_2PO_4）、21.75g化学纯磷酸氢二钾（K_2HPO_4）、33.4g化学纯磷酸氢二钠（$Na_2HPO_4 \cdot 7H_2O$）和1.7g化学纯氯化铵（NH_4Cl），一起溶于500mL蒸馏水中，再稀释到1000mL，此缓冲溶液的pH值为7.2。

(五) 测定步骤

(1) 稀释水的配制　使蒸馏水的溶解氧为(20±1)℃时的饱和溶解氧，在此含有饱和溶解氧的蒸馏水中，每1000mL加入上述四种溶液各1mL。

(2) 测定污水的COD_{Mn}值或COD_{Cr}值。

(3) 水样培养液的配制　根据测得的COD值计算出稀释倍数，一般同时做3～4种稀释倍数。即用虹吸先把一些稀释水引入1000mL的量筒中（约为所需体积的1/3），再用移液管吸取所需水样的体积，加入量筒中，最后用稀释水稀释到所需的体积，小心摇匀，将此配好的水样用虹吸法引入编号的2个培养品种，至完全充满，盖好盖子，水封。此为第一种稀释倍数的培养液（在整个操作过程中应避免产生气泡）。

其余的几种稀释倍数培养液，亦按上法操作。

(4) 用培养瓶装两瓶稀释水作为空白培养。

(5) 检查瓶子的编号，每一种稀释倍数取一瓶及一瓶空白液测当天溶解氧，其余各瓶水封后送入(20±1)℃培养箱中培养5d。

(6) 从开始培养起，经过5个整昼夜后，取出测定溶解氧。

(六) 计算

采用"稀释与接种法"计算BOD_5值：

$$\rho=\frac{(\rho_1-\rho_2)-(\rho_3-\rho_4)f_1}{f_1}$$

式中　ρ——五日生化需氧量，mg/L；

ρ_1——接种稀释水样在培养当天的溶解氧浓度，mg/L；

ρ_2——接种稀释水样在培养五天的溶解氧浓度，mg/L；

ρ_3——空白样在培养当天的溶解氧浓度，mg/L；

ρ_4——空白样在培养五天的溶解氧浓度，mg/L；

f_1——接种稀释水或稀释水在培养液中所占比例；

f_2——原水样在培养液中所占比例。

(七) 注意事项

(1) 严格控制生化培养的温度和时间。

(2) 本实验中测定溶解氧的注意事项同溶解氧测定实验。

二、仪器法

（一）目的

（1）熟悉 OxiTop 测试系统测定五日生化需氧量（BOD_5）的方法。

（2）掌握差压法测定五日生化需氧量（BOD_5）的原理。

（二）原理

OxiTop 测试系统的 BOD 测量以压力测量为基础（压差测量），通过使用电子压力传感器测量 O_2分压力并转化为 BOD 值。

（三）仪器

（1）培养箱。

（2）大玻璃瓶。

（3）合适的溢流测量烧杯或量筒。

（4）移液管。

（5）OxiTop 测量系统［感应式搅拌系统、棕色样品瓶（额定体积 510mL）、搅拌子、橡皮塞子］。

（四）试剂

（1）同水质法所需试剂。

（2）氢氧化钠固体颗粒。

（五）实验步骤

（1）测定污水的 COD_{Mn}值或 COD_{Cr}值，来预估 BOD_5值。

（2）营养盐与微生物　通常废水中不含有毒或阻碍性物质，而是含有足够的营养盐及合适的微生物，此时使用 OxiTop 测量系统测定 BOD_5无需稀释。反之，则需适当添加营养盐及合适的微生物。

（3）根据 BOD_5的预估值，从下表可以选择对应量程及所需样品的体积与转换系数。

样品体积/mL	量程/(mg/L)	转换系数
432	0～40	1
365	0～80	2
250	0～200	5
164	0～400	10
97	0～800	20
43.5	0～2000	50
22.7	0～4000	100

（4）在彻底清空的被清洗测量瓶中，准确量取一定体积的样品，保证样品中含有足够的饱和氧气，样品要完全混合均匀。把电磁搅拌子放入测量瓶，把橡皮塞放到测量瓶颈部，放 2 粒氢氧化钠试剂片到橡皮塞中（注意：试剂片务必不能加到样品中），把 OxiTop® 测量头直接拧到样品瓶上（拧紧），注意要旋紧。

（5）实际测量

① 启动测量：同时按下 S 和 M 键（2s）至显示 00（显示：保存值被删除）。把测量瓶和 OxiTop 放入在 20℃下培养 5 天（例如恒温培养箱）。温度达到后开始测量。在这 5 天里

样品不停地自动搅拌。OxiTop 在这 5 天里每 24h 自动保存一个数值。

② 显示当前测试值：按 M 键直到显示当前测试值（1s）。

③ 读取存储的数值：按 S 键直到显示测量值（1s），再按一次 S 键，将显示后面一天的测量值（5 天内可循环显示）。

（六）测定结果

把测试仪表面板显示的显示值转换成 BOD 值，即·BOD_5（mg/L）＝显示值×转换系数（上表可查）

（七）注意事项

清洗瓶子时不能用消毒剂，应该用刷子清除瓶壁上的污垢；瓶盖不能用酒精和丙酮清洗，应该用软湿布和肥皂水清洗。

实验五　氨氮的测定

（一）目的

掌握纳氏试剂光度法测定水样中低浓度氨氮的原理和操作。

（二）原理

水样中的氨氮在碱性条件下与纳氏试剂反应生成黄棕色络合物，在 425nm 波长处进行光度测定。

（三）仪器

（1）氨氮蒸馏装置。

（2）250mL 容量瓶。

（3）分光光度计。

（四）试剂

实验水均为无氨水。

（1）无氨水。

（2）1mol/L 的盐酸。

（3）1mol/L 的氢氧化钠溶液。

（4）轻质氧化镁（MgO），将氧化镁加热至 500℃，除去碳酸盐。

（5）0.05%（m/V）溴百里酚蓝指示液（pH＝6～7.6）。

（6）防沫剂（如液状石蜡油）。

（7）硼酸吸收液　称取 20g 硼酸（H_3BO_3）溶于无氨水中，稀释至 1000mL。

（8）纳氏试剂　称取 20g 碘化钾溶于约 25mL 水中，边搅拌边分次少量加入二氯化汞（$HgCl_2$）结晶粉末约 10g，至出现朱红色沉淀不易溶解时，改为滴加饱和二氯化汞溶液，充分搅拌，当出现微量朱红色沉淀不再溶解时，停止滴加二氯化汞溶液。

另取 60g 氢氧化钾溶于无氨水，稀释至 250mL，冷却后，将上述溶液慢慢加入氢氧化钾溶液中，同时不断搅拌。再用水稀释至 400mL，混匀。静置过夜，将上清液移入聚乙烯瓶中，密封保存。

（9）酒石酸钾钠溶液　称取 50g 酒石酸钾钠（$KNaC_4H_4O_6 \cdot 4H_2O$）溶于无氨水中。

加热煮沸以驱除氨，放冷，稀释至100mL。

（10）铵标准贮备溶液　称取3.819g在100℃干燥过的无水氯化铵，溶于无氨水中，转入1000mL容量瓶中，稀释至标线。此溶液含氨氮1.00mg/mL。

（11）铵标准使用溶液　取5.00mL铵贮备液于500mL容量瓶中，用无氨水稀至标线。此溶液含氨氮0.010mg/mL。

（五）实验步骤

1. 蒸馏预处理

（1）取50mL硼酸溶液于250mL容量瓶中作为吸收液。

（2）分取250mL接近中性水样（如果氨氮含量较高，可分取适量并加无氨水至250mL，使其含量不超过2.5mg）移入凯氏烧瓶，加数滴溴百里酚蓝指示液，用氢氧化钠或盐酸溶液调到pH=7左右。加入0.25g轻质氧化镁和数粒玻璃珠，立即连接氨氮球和冷凝管，导管下端插入吸收液面以下，加热蒸馏，至馏出液达200mL左右时，停止蒸馏，定容至250mL。

（3）空白液的蒸馏　以无氨水代替水样，其他步骤和水样预蒸馏步骤相同。

2. 工作曲线的绘制

分别移取0、0.50mL、1.00mL、3.00mL、5.00mL、7.00mL和10.00mL铵标准使用溶液于50mL容量瓶中，再各加入1.0mL酒石酸钾钠溶液，并用无氨水加至约40mL左右，摇匀，然后再各加入1.5mL纳氏试剂，并用无氨蒸馏水稀释至标线，摇匀，放置10min后，在420nm处，用光程为20mm的比色皿，以空白为参比，测量吸光度。

绘制氨氮含量对吸光度的工作曲线。

3. 水样的测定

分取适量经蒸馏后的馏出液于50mL容量瓶中，再加入1.0mL酒石酸钾钠溶液，加无氨水至40mL左右，摇匀。然后再各加入1.5mL纳氏试剂，并用无氨蒸馏水稀释至标线，摇匀并置放10min，同工作曲线步骤测量吸光度。按上述步骤测定空白馏出液，并加以扣除。

（六）计算

从工作曲线上查得氨氮含量（mg）：

$$\text{氨氮（N，mg/L）} = \frac{m}{V} \times 1000$$

式中　m——从工作曲线上查得的氨氮含量，mg；

V——水样体积，mL。

（七）注意事项

（1）蒸馏时应避免发生暴沸，否则会造成馏出液温度升高氨吸收不完全。

（2）防止在蒸馏时产生泡沫，必要时可加几滴液状石蜡油于凯氏烧瓶中。

（3）水样如含余氯，则应加入适量0.35%硫代硫酸钠溶液，每0.5mL可除去0.25mg余氯。

（4）加纳氏试剂前，加无氨水不得少于40mL，否则会有浊度或沉淀产生。

实验六　亚硝酸盐氮的测定

（一）目的

掌握用α-萘胺光度法测定亚硝酸盐氮的原理和操作技术。

（二）原理

采用氨基苯磺酸和α-萘胺分别为重氮和偶氮试剂与水中的亚硝酸盐重氮-偶联反应，使生成红色染料进行光度法测定。在pH＝2.0～2.5时，水中的亚硝酸盐与对氨基苯磺酸起重氮反应，生成重氮盐，再与α-萘胺偶联生成红色染料在520nm波长处进行定量测定。

（三）仪器

分光光度计。

（四）试剂

实验用水均为无亚硝酸盐水。

（1）无亚硝酸盐水

（2）对氨基苯磺酸溶液　称取0.6g对氨基苯磺酸溶于70mL热水中，冷却后加20mL浓盐酸，稀释到100mL，贮于棕色瓶中，冰箱内保存备用。

（3）盐酸α-萘胺溶液　称取0.6g盐酸α-萘胺溶于含有1mL浓盐酸的少量水中，用水稀释至100mL。贮于棕色瓶中，水箱内保存备用。

（4）醋酸钠缓冲液　称取16.4gNaAc（或27.29g$NaAc \cdot 2H_2O$）溶于水中，稀释至100mL。

（5）草酸钠标准溶液，$c\left(\frac{1}{2}Na_2C_2O_4\right)=0.0500mol/L$　将经105℃烘干2h的优级纯无水草酸钠3.350g溶于水中，并移入1000mL容量瓶中，稀释至标线。

（6）高锰酸钾标准溶液，$c\left(\frac{1}{5}KMnO_4\right)=0.05mol/L$　称取1.6g高锰酸钾溶于1200mL水中，加热煮沸0.5～1.0h使体积减少至1000mL左右，放置过夜，然后小心倾出上面清液，贮存于棕色瓶中避光保存备用。

（7）亚硝酸盐氮标准贮备液　称取1.232g亚硝酸钠（$NaNO_2$）溶于150mL水中，移至1000mL容量瓶中，稀释至标线（该液每1mL含约0.25mg亚硝酸盐氮）。贮于棕色瓶中，加入1mL三氯甲烷，保存于冰箱，至少可稳定一个月。

（8）亚硝酸盐氮标准中间液　吸取适量亚硝酸盐氮标准贮备液（使含12.5mg亚硝酸盐氮），置于250mL容量瓶中，并稀释至标线（此溶液每毫升含50.0μg亚硝酸盐氮）。贮于棕色瓶内，保存于冰箱，可稳定一周。

（9）亚硝酸盐氮标准使用液　取10.00mL亚硝酸盐氮标准中间液，置于500mL容量瓶中，稀释至标线（每毫升含1.00μg亚硝酸盐氮）。此溶液使用时，当天配制。

（10）氢氧化铝悬浮液　称取125g硫酸铝钾［$KAl(SO_4)_2 \cdot 12H_2O$］或硫酸铝铵［$NH_4Al(SO_4)_2 \cdot 12H_2O$］于1000mL水中，加热至60℃，边搅拌，边慢慢加入55mL氨水，放置约1h后，移入1000mL量筒内，用水反复洗涤沉淀，直到洗涤液中不含亚硝酸盐为止。静置澄清后，把上层清液尽量全都倒出，只留稠的悬浮物，最后再加水300mL。使用前应振荡均匀。

（五）步骤

1. 校准曲线的绘制

于一组50mL容量瓶中，分别加入0、1.00mL、3.00mL、5.00mL、7.00mL和10.00mL亚硝酸盐标准使用液。各加水约40mL，摇匀。再加1mL对氨基苯磺酸溶液，摇匀，过 3～10min 后再加入醋酸钠缓冲液和盐酸 α-萘胺溶液各 1mL，最后用水稀释至标线，充分摇匀。10min 后，在 520nm 波长处进行测定，从测得的吸光度，扣除零浓度的吸光度，得到校正吸光度，以校正吸光度和相应的 NO_2^-—N 含量作工作曲线。

2. 水样测定

水样如有颜色和悬浮物，可向每 100mL 水样中加入 2mL 氢氧化铝和悬浮液，搅拌，静置，过滤，弃去 20mL 初滤液。

取适量去色和去浊后的水样，置于 50mL 容量瓶中，按校准曲线绘制的相同步骤操作，测量吸光度。经空白校正后，从校准曲线上查到亚硝酸盐氮含量。

3. 空白试验

用实验用水代替水样，按相同步骤进行测定。

（六）计算

$$亚硝酸盐氮（N，mg/L）=\frac{m}{V}$$

式中 m——由水样测得的校正吸光度，从标准曲线上查得相应的亚硝酸盐氮的含量，μg；

V——水样的体积，mL。

（七）注意事项

（1）水样测定前 pH 值调节至 7。

（2）亚硝酸盐在水中可受微生物等作用而很不稳定，在采集后应尽快进行分析。

实验七　硝酸盐氮的测定

（一）目的

掌握用紫外分光光度法测定水中硝酸盐氮的原理和操作技术。

（二）原理

用硝酸根离子在 220nm 波长处的吸收来定量测定硝酸盐氮。由于溶于水中的有机物在 220nm 处也会有吸收，而硝酸根离子在 275nm 处有吸收，因此，在 275nm 处做另一次测定，以校正测定值。

（三）仪器

（1）分光光度计。

（2）50mL 容量瓶等。

（四）试剂

全部试剂用去离子水配制。

（1）硝酸盐氮标准贮备液　称取 0.7218g 经 105～110℃干燥 2h 的硝酸钾溶于水，移入 100mL 容量瓶中，稀至标线，充分混匀。再加入 2mL 三氯甲烷作保存剂，至少可稳定 6 个月（该标准贮备液每毫升含 0.100g 的硝酸盐氮）。

（2）硝酸盐氮标准使用液　吸取 10.0mL 硝酸盐氮标准贮备液，移入 100mL 容量瓶中，稀至标线。此溶液每毫升含 0.010mg 硝酸盐氮。

（3）1mol/L 盐酸（优级纯）。

(4) 10%氨基磺酸溶液，避光保存于冰箱中。

(五) 步骤

1. 校准曲线的绘制

在 50mL 的容量瓶中，分别加入硝酸盐氮标准使用液 0.0、1.0mL、3.0mL、5.0mL、10.0mL、15.0mL。再分别加入 1mL 1mol/L HCl 和 1mL 10%氨基磺酸溶液，用去离子水稀至标线，充分混匀。再用 10mm 石英比色皿于 220nm 及 275nm 波长处分别测量吸光度。以 $A_{校}$ $(=A_{220}-2A_{275})$ 对硝酸盐氮量（mg/L）作图。

2. 水样的测定

用 50mL 容量瓶，分别加入 1mol/L HCl 1mL 和 10%氨基磺酸溶液 1mL，再用新鲜的自来水稀释至标线摇匀。用 10mm 石英比色皿在 220nm 及 275nm 波长处进行测定。

(六) 计算

$$A_{校}=A_{220}-2A_{275}$$

式中 A_{220}——220nm 波长处测得的吸光度；

A_{275}——275nm 波长处测得的吸光度。

求得吸光度的校正值 $A_{校}$ 后，从标准曲线中查得相应的硝酸盐氮量，再乘以 $\frac{50}{48}$，即为水样测定结果（mg/L）。

实验八 挥发酚类的测定

(一) 目的

掌握 4-氨基安替比林萃取光度法测定水中挥发酚的原理和操作技术。

(二) 原理

酚类有机物分为挥发酚与不挥发酚，能与水蒸气一起被蒸出的部分酚类有机物称为挥发酚。

蒸馏分离的挥发性酚类，在 pH 值为 10±0.2 的介质中，在铁氰化钾存在下，与 4-氨基安替比林反应而生成橘红色的吲哚酚安替比林染料，再用三氯甲烷萃取，在 460nm 波长处进行光度测定。

用磷酸溶液将水样的 pH 值调节至 4 后进行预蒸馏，通过预蒸馏，可消除色度、浊度等的干扰。

(三) 仪器

(1) 500mL 全玻璃蒸馏器。

(2) 分光光度计。

(3) 500mL 锥形分液漏斗。

(四) 试剂

实验用水均为无酚水。

(1) 无酚水的制备　于 1L 蒸馏水中加入 0.2g 经 200℃活化处理 0.5h 的活性炭粉末，充分振摇后，放置过夜，用双层中速滤纸过滤。

(2) 10%(m/V)硫酸铜溶液　称取50g硫酸铜($CuSO_4 \cdot 5H_2O$)溶于水,稀释至500mL。

(3)(1+9)磷酸溶液　量取50mL磷酸($\rho_{20}=1.69g/mL$),用水稀释至即500mL。

(4) 0.05%(m/V)甲基橙指示剂　称取0.05g甲基橙溶于100mL水中。

(5) NH_4Cl-NH_4OH缓冲溶液　称取20gNH_4Cl溶于100mL氨水中,并将pH值调节至10.0±0.2,当天配制,低温保存取用。

(6) 2%(m/V)4-氨基安替比林溶液　称取2g4-氨基安替比林($C_{11}H_{13}N_3O$)溶于水中,稀释到100mL,贮于棕色瓶并保存在冰箱中,可使用一周。

(7) 8%(m/V)铁氰化钾溶液　称取8g铁氰化钾[$K_3Fe(CN)_6$]溶于水,稀释至100mL,贮于冰箱中保存,可使用一周。

(8) 三氯甲烷。

(9) 溴酸钾$c(1/6KBrO_3)=0.1mol/L$:称取2.784g溴酸钾溶于水,加入10g溴化钾,使其溶解,稀释至1000mL。

(10) 硫代硫酸钠标准溶液,$c(Na_2S_2O_3)=0.0125mol/L$　称取3.1g硫代硫酸钠($Na_2S_2O_3 \cdot 5H_2O$)溶于煮沸放冷的水中,加入0.2g碳酸钠,稀释至1000mL,临用前用$K_2Cr_2O_7$标准溶液标定,标定方法见溶解氧的测定。

(11) 1%(m/V)淀粉溶液　称取1g可溶性淀粉,用少量水调成糊状,加沸水至100mL,冷后,贮于冰箱内保存备用。

(12) 碘化钾。

(13) 盐酸。

(14) 苯酚标准贮备液　称取1.00g无色苯酚溶于水,移入1000mL容量瓶中,稀释至标线,贮于棕色瓶中,冰箱内保存。

(15) 苯酚标准中间液　吸取适量苯酚贮备液,用水稀释至每毫升含0.010mg苯酚,当天配制。

(16) 苯酚标准使用液　吸取适量苯酚标准中间液,用水稀释至每毫升含1.00μg苯酚,配制后在2h内使用。

(五) 实验步骤

1. 预蒸馏

取250mL水样于蒸馏瓶中,加数粒玻璃珠,再加二滴甲基橙指示剂,用(1+9)磷酸溶液调节至pH=4(溶液呈红色),再加入5.0mL硫酸铜镕液(使水样中的硫化物生成硫化铜而被除去)。

连接冷凝器,加热蒸馏,用250mL容量瓶收集馏出液,至馏出液约为225mL时,停止加热,放冷。向蒸馏瓶中加入25mL水,继续蒸至馏出液为为250mL为止。注意:蒸馏过程中,如发现甲基橙的红色褪去,应在蒸馏结束后,再加1滴甲基橙指示剂,如发现蒸馏后残液不呈酸性,则应重新取样,增加磷酸加入量,继续进行蒸馏。

用实验用水代替水样,按上述步骤进行预蒸馏,得到空白馏出液作为空白试验校正值用。

2. 标准工作曲线的绘制

于一组8个分液漏斗中,分别加入100mL水,再依次加入0.00、0.50mL、1.00mL、3.00mL、6.00mL、7.00mL、10.00mL和15.00mL苯酚标准使用液,再分别加水至

250mL。然后加 2.0mLNH_4Cl-NH_4OH 缓冲溶液，混匀，此时 pH 值为 10.0±0.2，加 1.50mL4-氨基安替比林溶液，混匀，再加 1.5mL 铁氰化钾溶液，充分混匀后，放置 10min。准确加入 10.0mL 三氯甲烷，加塞，剧烈振摇 2min，静置分层。用干的脱脂棉花拭干分液漏斗颈管内壁，于颈管内塞一小团干脱脂棉花或滤纸，放出三氯甲烷层，弃去最初滤出的数滴萃取液后，直接放入 20mm 的比色皿中，于 460nm 波长处，以三氯甲烷为参比，测量吸光度。绘制吸光度对苯酚含量的标准工作曲线。

3. 水样的测定

将馏出液置于分液漏斗中，按照绘制标准工作曲线相同步骤测定。

对空白馏出液，按与水样馏出液的相同测定步骤进行测定，以其结果作为水样测定的空白校正值，即以水样测定所得的吸光度减去空白测定所得的吸光度值得到水样的校正吸光度。

（六）计算

$$\text{挥发酚（以苯酚计，mg/L）} = \frac{m}{V}$$

式中　m——由水样的校正吸光度，从标准工作曲线查得苯酚含量，μg；

V——所吸取的馏出液体积，mL，

（七）注意事项

本法最低检出浓度为 0.002mg/L，测定上限为 0.12mg/L。当水样中酚浓度＞0.1mg/L 时，可采用 4-氨基安替比林直接光度法，即预蒸馏后不必用三氯甲烷萃取，而直接于 510nm 波长处进行测定。

高浓度食酚废水可采用溴化容量法测定，此法尤其适于车间排放口或未经处理的总排污口废水。

实验九　土壤中铜、铅、汞含量的测定

一、铜、铅的测定

（一）目的

（1）掌握土壤样品预处理方法（湿法消化）。

（2）掌握原子吸收分光光度法定量测定方法。

（3）学会原子吸收分光光度计的使用方法。

（二）原理

本实验是以火焰原子吸收分光光度法定量测定土壤中的铜和铅，通常以 HCl-HNO_3（3∶1）、HNO_3-H_2SO_4、HCl-HNO_3-$HClO_4$-HF 等混合酸进行样品的湿法消解预处理。

当试样进入火焰原子化炉时，当火焰的绝对温度低于 3000K 时，则可以认为原子蒸气中基态原子的数目实际上接近于原子总数，在固定的实验条件下，基态原子蒸气对共振线的吸收符合比耳定律，则有

$$A = K'c$$

式中　A——吸光度；

K'——吸光系数；

c——试样中待测元素的浓度。

本法采用标准曲线法进行定量分析。

（三）仪器

（1）TAS-990 型原子吸收分光光度计（附铅空心阴极灯和铜空心阴极灯）。

（2）无油气体压缩机。

（3）乙炔钢瓶。

（4）锥形瓶、移液管、容量瓶等玻璃仪器。

（四）试剂

（1）硝酸（优级纯）；盐酸（优级纯）；高氯酸（优级纯）；氢氟酸（优级纯）。

（2）铅和铜标准贮备液　称取 1.0000g 高纯铅粉（99.999%）用少量蒸馏水润湿，然后滴加（1+1）硝酸，直到铅粉彻底溶解，移入 1000mL 容量瓶中，用水稀释至标线，此溶液含铅 1.00mg/mL。称取 1.0000g 高纯铜粉（99.999%），溶解后定容至 1000mL 容量瓶（铜粉的溶解参照铅粉的溶解），此溶液含铜 1.00mg/mL。

（3）铅标准使用液　吸取 50.00mL 铅标准贮备液于 1000mL 容量瓶中，用 0.5%的稀硝酸稀释至标线，即得含 50.0μg/mL 的铅标准使用液。

（4）铜标准使用液　吸取 50.00mL 铜标准贮备液于 1000mL 容量瓶中，用 0.5%的稀硝酸稀释至标线，即得 5.0μg/mL 的铜标准使用液。

（五）实验步骤

1. 样品预处理

（1）常规消解　称取烘干土壤样品 0.50g～1.00g 于 100mL 高型硬质玻璃烧杯中，加少许水润湿，加王水 15mL。于电热板上加热保持微沸（140～160℃），至有机物剧烈反应后，稍冷，加高氯酸 5mL，继续加热消解（若出现棕色烧结干块，则再加少许王水）至土样呈灰白色，然后小心赶去多余混酸。取下样品，用 15mL0.5%的硝酸加热溶解，以慢速定量滤纸过滤于 25mL 容量瓶中，再用稀硝酸洗涤残渣，一并过滤于容量瓶，蒸馏水定容至刻度，摇匀待用。同时做一份空白样实验。

（2）消解仪消解　称取烘干土样 0.20～0.50g，置于消解管中，加硝酸 6mL、盐酸 2mL、氢氟酸 1mL、高氯酸 0.5mL，加盖 95℃预热 20min 左右，然后 130℃加热消解约 120min，至土壤变白，再揭开盖 180℃赶酸约 80min。最后剩余 1～2mL，稍冷稀硝酸溶解，慢速定量滤纸过滤至 25mL 容量瓶，少量稀硝酸洗涤滤渣 2～3 次，一并过滤至容量瓶，蒸馏水定容至刻度，摇匀待用。同时做一份空白实验。

2. 仪器调整和使用

（1）安装铅或铜空心阴极灯。

（2）仪器校准

① 开机。打开通风系统，打开计算机，等 Windows 稳定后，再打开原子吸收仪电源开关。

② 选择运行模式和操作系统初始化。启动 AAWin 系统，电脑弹出运行模式对话框：联机、脱机、退出，选择联机，系统进入初始化，初始化成功后，点击“OK”（确定健）。每次开机都必须经过初始化才能控制仪器。

③ 元素灯寻峰。操作系统初始化完毕以后，出现元素灯选择窗口，选择好元素灯及预

热元素灯后，点“下一步”，系统将会弹出被调整元素灯参数对话框，再点下一步。单击“寻峰”按钮对元素工作波长进行寻峰。

④ 设置样品参数。寻峰完毕以后，电脑进入正式操作页面，根据测试要求设置参数。

铜、铅元素测量参数如下。

条件	Pb	Cu
工作灯电流/mA	3.0	2.0
测定波长/nm	283.3	324.8
燃烧器高度/mm	5.0	6.0
燃气流量/(mL/min)	1500	1800
进样量/(mL/min)	3～6	3～6
标准曲线浓度范围/(μg/mL)	0.10～1.00	0.1～1.00

⑤ 设置标准曲线参数。选择主菜单【设置】/【样品设置向导】或单击工具按钮 样品 即可打开样品设置向导，设置标准样品的校正方法、曲线方程、计算方法、浓度等。

⑥ 打开空气压缩机和乙炔钢瓶，点火。

a. 点火前，请先打开空压机电源，将空气压力调整到 0.25～0.3MPa（请注意，点火前、后都要按放水按钮进行放水，但是，在火焰点燃的情况下绝对禁止放水，否则有爆炸伤人的危险）。

b. 打开乙炔钢瓶阀门，使乙炔分表压力在 0.05～0.06MPa。认真检查气路以及水封，确认无误后，可单击“点火”按钮即可将火焰点燃。

（3）样品测定

① 标准样品的测定。将原子化系统下方的细软管插入容量瓶，点击测量键进行测量，然后电脑屏幕上弹出专门的“测量窗口”，同时“测量窗口”下方出现相应的动态信号谱图，检测完毕以后，测量结果会自动出现在电脑下方，同时电脑会根据设定的参数自动计算出标准曲线。

② 待测样品测量。测定步骤和标准样品测定步骤相同。

3. 标准曲线的绘制

各取 6 个洁净的 50mL 容量瓶，向瓶中分别加入 0.00、1.00mL、2.00mL，3.00mL、4.00mL、5.00mL 铜的标准使用液，用 0.5%的稀硝酸稀释至标线，摇匀。此系列分别含铜 0.00、1.00μg/mL、2.00μg/mL，3.00μg/mL、4.00μg/mL、5.00μg/mL；向另 6 瓶中分别加入 0.00、1.00mL、2.00mL，3.00mL、4.00mL、5.00mL 铅的标准使用液，用 0.5%的稀硝酸稀释至标线，摇匀。此系列分别含铅 0.00、1.00μg/mL、2.00μg/mL、3.00μg/mL、4.00μg/mL、5.00μg/mL。测量此两系列标准液相应的吸光度。以吸光度为纵坐标，浓度为横坐标，绘制标准曲线。

4. 计算测定结果

按标准曲线绘制的操作方法测定样液的吸光度，并在标准曲线上查得样液中铜或铅的浓度，最后计算土壤中铜或铅的含量。

（六）实验数据分析，撰写实验报告

$$\mathrm{Pb}\ (\mathrm{mg/kg}) = \frac{cV}{W}$$

$$\mathrm{Cu}\ (\mathrm{mg/kg}) = \frac{cV}{W}$$

式中 c——从标准曲线上查得的浓度，μg/mL；

V——样液体积，mL；

W——样品质量，g。

（1）根据已知的铜、铅标准曲线浓度和测得的相应吸光度数据，绘制铜、铅标准曲线图，并得到铜、铅标准曲线回归方程。

（2）根据铜、铅标准曲线回归方程和测得的样品吸光度值，计算样品中的铜、铅浓度，整理实验数据分析，撰写实验报告。

（七）注意事项

（1）在消解含有机物过多的污泥、底泥或土壤时，应先反复加混酸多次，使大部分有机物消解完毕，再加高氯酸，以免有机物过多引起强烈反应，致使样液飞溅甚至爆炸。消解过程必须在通风量好的通风橱中进行。

（2）土壤用高氯酸消解近干时，残渣若为深灰色，说明有机物还未消解完全，应再加少量（1～3mL）高氟酸或数滴双氧水，继续消解至白色或灰白色。

（3）用高氯酸消解有机物，应尽可能将过量高氯酸白烟驱尽。

（4）原子吸收分光光度计点火前，点火前、后都要对空气压缩机按放水按钮进行放水，但是，在火焰点燃的情况下绝对禁止放水，否则有爆炸伤人的危险。

（5）仪器分析测试过程中，火焰应呈蓝紫色，若样品中盐含量很高火焰为黄色，则每测完一个样品就要用1%的硝酸和水冲洗管路，直至火焰呈蓝色为止。

二、汞的测定

（一）目的

（1）掌握汞测定时土壤样品的预处理方法。

（2）掌握冷原子吸收分光光度法测定汞的原理和操作方法。

（二）原理

汞蒸气对253.7nm的紫外光有强烈的吸收作用。当试样经适当的前处理，将样品中各种形态的汞变为可测态的汞离子后，用氯化亚锡将汞离子还原成元素汞，再用干燥清洁的空气或氯气将汞吹出，并送入吸收池。在吸收池中，汞蒸气吸收汞空心阴极灯发出的特征谱线(253.7nm共振线)，而使谱线强度减弱，减弱程度（吸光度）与基态原子数即原子总数的关系符合比耳定律，即：

$$A = \lg\frac{I_0}{I} = KLN = K'c$$

式中 I_0——入射特征谱线强度；

I——透射强度；

K——吸光系数；

K'——常数；

L——吸收池长度；

N——原子总数；

c——溶液中汞的浓度。

我国土壤中含汞量为0.001～270mg/kg。由于汞的特殊性质，因此在测汞时，对土样的预处理方法也较特别，目前常用的预处理方法有四种：①硫酸-高锰酸钾消化法；②硝酸-硫酸-五氧化二钒消化法；③硝酸-硫酸-亚硝酸钠消化法；④热分解法。前三种均是利用高温氧化使样品中的汞转换成汞离子的湿式消化，第四种则是利用汞的沸点低、易挥发的特性直接加热富集样品中的汞。

（三）仪器

（1）测汞仪（附低压汞灯）。

（2）H_2SO_4-$KMnO_4$消解法专用仪器。

（3）HNO_3-H_2SO_4-V_2O_5消解法专用仪器。

（4）HNO_3-H_2SO_4-$NaNO_2$消解法专用仪器。

（5）热解法专用仪器。

（四）试剂

（1）硫酸溶液，$c\left(\frac{1}{2}H_2SO_4\right)=1mol/L$。

（2）5%硝酸-0.0505%重铬酸钾溶液　称取0.25g重铬酸钾，用蒸馏水溶解，加入25mL硝酸，用蒸馏水稀释至500mL。

（3）30%氯化亚锡溶液　称取30g氯化亚锡（$SnCl\cdot 2H_2O$）溶于100mL1mol/L硫酸溶液中。

（4）汞标准贮备液　准确称取0.1354g氯化汞（$HgCl_2$）盛于烧杯中，用5%HNO_3-0.05%$K_2Cr_2O_7$溶液溶解，移入1000mL容量瓶中用5%HNO_3-0.05%$K_2Cr_2O_7$溶液稀释至标线，摇匀。此溶液含汞100μg/mL。

（5）汞标准使用液　准确吸取汞标准贮备液1.00mL置于100mL容量瓶中，用5%HNO_3-0.05%$K_2Cr_2O_7$溶液稀释至标线，摇匀（此溶液含汞1.0μg/mL）。

（6）无水氯化钙。

（7）硫酸-高锰酸钾法专用试剂　（1+1）硫酸；20%盐酸羟胺溶液；5%高锰酸钾溶液（优级纯）。

（8）硝酸-硫酸-五氧化二钒法专用试剂　亚硝酸钠（优级纯）；20%氯化亚锡溶液，称取20g氯化亚锡（$SnCl\cdot 2H_2O$）溶于10mL浓盐酸中，用水稀释至100mL，通氮气30min或放置半天后使用。

（9）热解法专用试剂　硫酸-高锰酸钾（优级纯）吸收液：100mL溶液中含有10mL（1+1)硫酸和10mL高锰酸钾饱和溶液，用时现配。

（五）实验步骤

1. 样品预处理

（1）硫酸-高锰酸钾消解法　准确称取土壤1.00～5.00g置于150mL锥形瓶中，同时做试剂空白。分别加入蒸馏水40mL、（1+1）硫酸10mL、5%高锰酸钾20mL，充分摇匀，瓶口插一小漏斗，置沸水浴上加热消化1h（消化温度为75～80℃）。消化过程中，每隔5min左右充分摇动锥形瓶一次，使消化液和土壤充分作用，如高锰酸钾紫色退去，可补加高锰酸钾5～10mL，在明显紫色情况下消化1h。取下冷却，滴加20%盐酸羟胺溶液，边滴边摇，至紫红色和棕色褪尽，再定容至100mL（取上层清液测定）。

(2) 硝酸-硫酸-五氧化二钒消解法　准确称取风干试样 0.5000～2.000g 于 100mL 锥形瓶中，加入 50mg 五氧化二钒，瓶口插入一小漏斗，同时作试剂空白。加入浓硝酸 10mL，摇匀，置沙浴（约 140℃）上加热保持微沸约 5min，冷却，加入浓硫酸 10mL，继续在沙浴上加热煮沸 15min，此时试样颜色转为浅灰白色（试液为黄色），如试样颜色仍较深，可加入适量硝酸，再加热，但消化时间不宜过长。冷却后，用 10mL1mol/L 硫酸冲洗小漏斗和锥形瓶四壁。摇匀，放置使残渣沉降，将上层溶液转入 100mL（或 250mL）容量瓶中。用水洗涤残渣三次，每次洗涤液并入容量瓶中，用水稀释到标线，摇匀，以备测定。

2. 标准曲线的绘制

分别准确吸取 0.1μg/mL 的汞标准使用液 0.00、0.50mL、1.00mL、2.00mL、3.00mL、4.00mL、5.00mL 于 20mL 翻泡瓶中，以 1mol/L 硫酸稀释至刻度，加入 2mL30%氯化亚锡溶液，立即盖上瓶盖进行测定。扣除空白后即可绘制标准曲钱。

3. 样品测定

准确吸取处理好的试样液、空白液 20.00mL（可视汞含量而定）于 20mL 翻泡瓶中，加入 2mL30%氯化亚锡溶液，同标准溶液操作进行测定，并可根据标准曲线求出汞含量。

（六）计算

$$\text{汞 (mg/kg)} = \frac{MV_{\text{总}}}{V \times W_{\text{总}}}$$

式中　M——从标准曲线上查得汞的微克数；

$V_{\text{总}}$——试样定容体积；

V——测定取试样溶液毫升数；

$W_{\text{总}}$——试样质量，g。

（七）注意事项

(1) 玻璃对汞有吸附作用，因此反应瓶、容量瓶等玻璃器皿每次使用后都需要以(1+1)硝酸溶液浸泡，随后用去离子水洗净备用。

(2) 玻璃对汞吸附性较强，因此，在配制稀汞标准溶液时，最好先在容量瓶中加部分 5%HNO_3-0.05%$K_2Cr_2O_7$溶液，再加入汞贮备液。

实验十　二氧化硫（SO_2）的测定

（一）目的

掌握甲醛缓吸收-副玫瑰苯胺分光光度法测定大气中二氧化硫浓度的分析原理和操作技术。

（二）原理

二氧化硫被甲醛缓冲溶液吸收后，生成稳定的羟基甲磺酸加成化合物。加成化合物与盐酸副玫瑰苯胺作用，生成紫色化合物，在 577nm 处进行分光光度法测定。

（三）仪器

(1) 多孔玻板吸收管。

（2）具塞比色管 10mL。

（3）恒温水浴。

（4）大气采样器，流量范围为 0～1L/min。

（5）分光光度计。

（四）试剂

1. 蒸馏水

25℃时电导率小于 1.0μΩ·cm，pH 值为 6.0～7.2。

2. 甲醛吸收液（甲醛缓冲溶液）

（1）环己二胺四乙酸二钠溶液 c（CDTA-2Na）＝0.050mol/L　称取 1.82g 反式-1，2-环己二胺四乙酸（简称 CDTA），溶解于 1.50mol/L NaOH 溶液 6.5mL，用水释释至 100mL。

（2）吸收贮备液　量取 36％～38％甲醛溶液 5.5mL，加入 2.0g 邻苯二甲酸氢钾及 0.050mol/L CDTA-2Na 20.0mL，用水稀释至 100mL，贮于冰箱中，可保存一年。

（3）甲醛吸收液　使用时将吸收贮备液用水稀释 100 倍。

3. 质量浓度为 0.60％氨磺酸钠溶液

称取 0.60g 氨磺酸（H_2NSO_3H），加入 1.50mol/L 氢氧化钠溶液 4.0mL，用水稀释至 100mL，密封保存，可使用 10 天。

4. 氢氧化钠溶液，c（NaOH）＝1.50mol/L

称取 6g 氢氧化钠溶于 100mL 水中。

5. 碘贮备液，c（$\frac{1}{2}I_2$）＝0.1mol/L

称取 12.7g 碘（I_2）于烧杯中，再加入 40g 碘化钾和 25mL 水，搅拌溶解后，用水稀释至 1000mL，贮于棕色细口瓶中。

6. 碘溶液，c（$\frac{1}{2}I_2$）＝0.05mol/L

取碘贮备液 250mL，用水稀释至 500mL，贮于棕色细口瓶中。

7. 淀粉指示剂

称取 0.5g 可溶性淀粉，用少量水调成糊状（可加 0.2g 二氯化锌防腐），再慢慢倒入 100mL 沸水中，继续煮沸至溶液澄清，冷却后贮于细口瓶中备用。

8. 碘酸钾溶液，c（$\frac{1}{6}KIO_3$）＝0.1000mol/L

称取 3.567g 碘酸钾（优级纯），在 105～110℃干燥 2h，溶解于水，移入 1000mL 容量瓶中，用水稀释至标线，摇匀。

9. 硫代硫酸钠贮备液，c（$Na_2S_2O_3$）＝0.10mol/L

称取 25.0g 硫代硫酸钠（$Na_2S_2O_3·5H_2O$），溶解于 1000mL 新煮沸并已冷却的水中，加 0.20g 无水碳酸钠，贮于棕色细口瓶中，放置一周后标定其浓度。若溶液呈现浑浊，应该过滤后使用。

硫代硫酸钠标准溶液标定方法：吸取 0.1000mol/L 碘酸钾溶液 10.00mL，置于 250mL 碘量瓶中，加 80mL 新煮沸并已冷却的水和 1.2g 碘化钾，振摇溶解后，加（1＋9）盐酸溶液 10mL [或（1＋9）磷酸溶液 5～7mL]，立即盖好瓶塞，摇匀。于暗处放置 5min 后，用 0.10mol/L 硫代硫酸钠贮备溶液滴定至淡黄色，加淀粉溶液 2mL，继续滴定至蓝色刚好褪去。记录消耗体积（V），按下式计算浓度：

$$c\,(Na_2S_2O_3)=\frac{0.1000\times 10.00}{V}$$

式中 $c\,(Na_2S_2O_3)$——硫代硫酸钠贮备溶液的浓度，mol/L；

V——滴定消耗硫代硫酸钠溶液的体积，mL；

10. 硫代硫酸钠标准溶液，$c\,(Na_2S_2O_3)$ ＝0.05mol/L

取标定后的0.10mol/L硫代硫酸钠贮备溶液250.0mL，置于500mL容量瓶中，用新煮沸并已冷却的水稀释至标线摇匀，贮于棕色细口瓶中，即配即用。

11. 二氧化硫标准溶液

称取0.200g亚硫酸钠（Na_2SO_3），溶解于0.05% EDTA-2Na溶液200mL（用新煮沸并已冷却的水配制），缓慢摇匀使其溶解，放置2～3h后标定浓度。此溶液相当于每毫升含320～400μg二氧化硫。

二氧化硫标准溶液标定方法：吸取上述亚硫酸钠溶液20.00mL，置于250mL碘量瓶中；加入新煮沸并已冷却的水50mL、0.05mol/L碘溶液20.00mL及冰乙酸1.0mL盖塞，摇匀。于暗处放置5min，用0.05mol/L硫代硫酸钠标准溶液滴定至淡黄色，加入0.5%淀粉溶液2mL，继续滴定至蓝色刚好退去，记录消耗体积（V）。

另取配制亚硫酸钠溶液所用的0.05% EDTA-2Na溶液20mL，同样进行空白滴定，记录消耗量（V_0）。

平行滴定所用硫代硫酸钠标准溶液体积之差应不大于0.04mL，取平均值计算浓度：

$$c\,(SO_2,\ \mu g/mL)=\frac{(V_0-V)\times C\times 32.02}{20.00}\times 1000$$

式中 V_0——滴定空白溶液所消耗的硫代硫酸钠标准溶液体积，mL；

V——滴定亚硫酸钠溶液所消耗的硫代硫酸钠标准溶液体积，mL；

C——硫代硫酸钠（$Na_2S_2O_3$）标准溶液浓度，mol/L；

32.02——二氧化硫（$1/2SO_2$的摩尔质量），g/mol。

标定出准确浓度后，立即用吸收液稀释成每毫升含10.00μg二氧化硫的标准贮备液（贮于冰箱，可保存3个月）。使用前，再用吸收液稀释为每毫升含1.00μg二氧化硫的标准使用溶液。贮于冰箱，可保存1个月。

12. 0.25%盐酸副玫瑰苯胺（简称PRA）**贮备溶液的配制及提纯**

取正丁醇和1.0mol/L盐酸溶液各500mL，于1000mL分液漏斗中，盖塞，振摇3min，静置15min，待完全分层后，将下层水相（盐酸溶液）和上层有机相（正丁醇）分别移入细口瓶中备用。称取0.125g盐酸副玫瑰苯胺，放入小烧杯中，加平衡过的1.0mol/L盐酸溶液40mL，用玻棒搅拌至完全溶解后，移入250mL分液漏斗中，再用80mL平衡过的正丁醇洗涤小烧杯数次，洗涤液并入同一分液漏斗中。盖塞，振摇3min，静置15min待完全分层后，将下层水相移入另一250mL分液漏斗中，再加80mL平衡过的正丁醇，依上法提取一次，将水相移入另一分液漏斗中，加40mL平衡过的正丁醇，依上法反复提取8～10次后，将水相滤入50mL容量瓶中，用1.0mol/L盐酸溶液稀释至标线，摇匀，此PRA贮备液为橙黄色。

13. 0.05%盐酸副玫瑰苯胺使用液

取经提纯的0.25% PRA贮备溶液20.00mL（或0.20%PRA贮备溶液25.00mL），移

入 100mL 容量瓶中，再加入 30.0mL 85%浓磷酸和 10.0mL 浓盐酸，并用水稀释至标线，摇匀，放置过夜后使用。避光密封保存，可使用 9 个月。

14. 1mol/L 盐酸溶液

量取 86mL 浓盐酸（相对密度 1.19）用水稀释至 1000mL。

15. （1+9）盐酸溶液

（五）实验步骤

1. 采样

用多孔玻璃吸收管，内装 10mL 吸收液。以 0.5L/min 流量采样 1h。采样时吸收液温度应保持在 23～29℃，并应避免阳光直接照射样品溶液。

2. 标准曲线的绘制

取 14 支 10mL 具塞比色管，分 A、B 两组，每组各 7 支分别对应编号。A 组按下表配制标准色列。

亚硫酸钠标准色列

比色管号	0	1	2	3	4	5	6
标准使用溶液/mL	0	0.50	1.00	2.00	5.00	8.00	10.00
吸收液/mL	10.00	9.50	9.00	8.00	5.00	2.00	0
二氧化硫含量/μg	0	0.50	1.00	2.00	5.00	8.00	10.00

A 组各比色管再分别加入 0.60%氨磺酸钠溶液 0.50mL 和 1.50mol/L 氢氧化钠溶液 0.50mL 混匀。

B 组各管加入 0.05%盐酸副玫瑰苯胺使用溶液 1.00mL。

将 A 组各管逐个倒入对应的 B 管中，立即混匀放入恒温水浴中显色。在 (20±2)℃，显色 20min 时，在波长 577nm 处用 1cm 比色皿，以水为参比，测定吸光度。

用最小二乘法计算标准曲线回归方程式：

$$y=bx+a$$

式中 y——（$A-A_0$），标准溶液的吸光度（A）与试剂空白液吸光度（A_0）之差；

x——二氧化硫含量，μg；

b——回归方程式的斜率，吸光度/(μg SO_2 · 12mL)；

a——回归方程式的截距。

回归方程的相关系数应大于 0.999。

3. 样品测定

（1）样品溶液中若有浑浊物，应过滤至澄清后使用。

（2）将样品溶液移入 10mL 比色管中，用吸收溶液稀释至 10mL 标线，摇匀。放置 20min 使臭氧分解。加入 0.60%氨磺酸钠溶液 0.50mL，混匀，放置 10min 以除去氮氧化合物的干扰。以下步骤同标准曲线的绘制。

（3）样品测定时与绘制标准曲线时温度之差应不超过 2℃。

（4）与样品溶液测定的同时，进行试剂空白测定，取标准控制样品或加标回收样品各 1～2 个以检查试剂空白值和校正因子，检查试剂的可靠性和操作的准确性，进行分析质量控制。

（六）计算

$$二氧化硫（SO_2，mg/m^3）=\frac{(A-A_0)-a}{b\times V_n}$$

式中 A——样品溶液的吸光度；

A_0——试剂空白溶液的吸光度；

b——回归方程式的斜率，吸光度/($\mu gSO_2\cdot 12mL$)；

a——回归方程式的截距；

V_n——标准状态下的采样体积，L。

（七）注意事项

(1) 在实验中要注意温度控制，一般需用恒温水浴法进行控制，因为温度对显色影响较大，温度越高，空白值越大，温度高时显色快，褪色亦快。另外，注意使水浴水面高度超过比色管中溶液的液面高度，否则会影响测定准确度。

(2) 对品红的提纯很重要，因提纯后可降低试剂空白值和提高方法的灵敏度。提高酸度虽可降低空白值，但灵敏度也有下降。

(3) 六价铬能使紫红色络合物退色，产生负干扰，所以应尽量避免用硫酸铬酸洗液洗涤玻璃器皿，若已洗，则要用（1＋1）盐酸浸泡 1h，用水充分洗涤，除去六价铬。

(4) 加对品红使用液时，每加 3 份溶液，需间歇 3min，依次进行，以使每个比色管中的溶液显色时间尽量接近。

(5) 采样时吸收液应保持在 23～29℃。用二氧化硫标准气进行吸收试验，23～29℃时，吸收效率为 100％。

实验十一　氮氧化物（NO_x）的测定

（一）目的

掌握盐酸萘乙二胺分光光度法测定大气中氮氧化物（NO_2和 NO）浓度的分析原理及可见分光光度计的操作技术。

（二）原理

大气中的氮氧化物包括一氧化氮及二氧化氮等。在测定氮氧化物时，先用三氧化铬氧化管将一氧化氮氧化成二氧化氮。

二氧化氮被吸收液吸收后，生成亚硝酸和硝酸。其中亚硝酸与对氨基苯磺酸起重氮化反应，再与盐酸萘乙二胺偶合，生成玫瑰红色偶氮染料，根据颜色深浅，在 540nm 处进行光度测定。

该方法检出限为 0.05μg/5mL（按与吸光度 0.01 相对应的亚硝酸根含量计），当采样体积为 6L 时，氮氧化物（以二氧化氮计）的最低检出浓度为 0.01mg/m^3。

（三）仪器

(1) 多孔玻板吸收管 10mL。

(2) 双球玻璃管。

(3) 空气采样器，流量范围 0～1L/min。

（4）可见分光光度计。

（四）试剂

所用试剂均以不含亚硝酸根的重蒸蒸馏水配制，吸收液的吸光度不超过 0.005。

（1）吸收原液　称取 5.0g 对氨基苯磺酸，通过玻璃小漏斗直接加入 1000mL 容量瓶中，再加入 50mL 冰乙酸和 900mL 水的混合溶液，盖塞振摇使其溶解，待对氨基苯磺酸完全溶解，加入 0.050g 盐酸萘乙二胺溶解后，用水稀释至标线。此为吸收原液，贮于棕色瓶中，在冰箱中可保存两个月。保存时，可用聚四氟乙烯生胶带封住瓶口，以防止空气与吸收液接触。

（2）采样用吸收液　按 4 份吸收原液和 1 份水的比例混合。

（3）三氧化铬-砂子氧化管　筛取 20～40 目海砂（或河砂），用（1+2）盐酸溶液浸泡，用水洗至中性，烘干。把三氧化铬及海砂（或河砂）按质量比 1∶20 混合，加少量水调匀，放在红外线下或烘箱里 105℃烘干，烘干过程中应搅拌几次。制备好的三氧化铬-石英砂，应是松散的，若是粘在一起，说明氧化铬比例太大，可适当增加一些砂子，重新制备。

将三氧化铬-石英砂（约 8g）装入双球玻璃管，两端用少量脱脂棉塞好，用塑料管制的小帽将氧化管两端盖紧。使用时氧化管与吸收管之间用一小段乳胶管连接，采集的气体尽可能少与乳胶管接触，以防氮氧化物被吸附。

（4）亚硝酸钠标准贮备液　称取 0.1500g 粒状亚硝酸钠（预先在干燥器内放置 24h 以上）溶解于水，移入 1000mL 容量瓶中用水稀释至标线。此溶液每毫升含 100.0μgNO_2^-，贮于棕色瓶保存在冰箱中，可稳定 3 个月。

（5）亚硝酸钠标准溶液　使用前，吸取贮备液 5.00mL 于 100mL 容量瓶中，用水稀释至标线。此溶液每毫升含 5.0μg 亚硝酸根（NO_2^-）。

（五）实验步骤

1. 采样

将 5.00mL 采样用的吸收液注入多孔玻板吸收管中，吸收管的进气口接三氧化铬-砂子氧化管，并使氧化管的进气端略向下倾斜，以免潮湿空气将氧化剂弄湿后，污染后面的吸收管。吸收管的气口与大气采样器相连接，以 0.3L/min 的流量避光采样至吸收液呈浅玫瑰红色为止。如不变色，应加大采样流量或延长采样时间；在采样的同时，应测定采样现场的温度和大气压力，并作好记录。

2. 标准曲线的绘制

取 7 支 10mL 具塞比色管，按下表配制标准色列。

比色管号	0	1	2	3	4	5	6
5μg/mL NO_2^-标准溶液/mL	0.00	0.10	0.20	0.30	0.40	0.50	0.60
吸收原液/mL	4.00	4.00	4.00	4.00	4.00	4.00	4.00
水/mL	1.00	0.90	0.80	0.70	0.60	0.50	0.40
NO_2^-含量/μg	0.0	0.5	1.0	1.5	2.0	2.5	3.0

摇匀，避开阳光直射，放置 15min。用 10mm 比色皿，于波长 540nm 处，以水为参比，测定吸光度。

用最小二乘法计算标准曲线的回归方程式

$$Y=bX+a$$

式中　Y——（$A-A_0$）标准溶液吸光度（A）与试剂空白液吸光度（A_0）之差；

X——NO_2^-含量，μg；

b——回归方程式的斜率；

a——回归方程式的截距。

3. 样品测定

采样后，放置15min将吸收液移入比色皿中，同标准曲线的绘制方法测定试剂空白液和样品溶液的吸光度。若样品溶液的吸光度超过标准曲线的测定上限，可将样品溶液稀释后再测定其吸光度。计算结果时应乘上稀释倍数。

（六）计算

$$\text{氮氧化物}（NO_2，mg/m^3）=\frac{(A-A_0)-a}{b\times V_n\times 0.76}$$

式中　A——样品溶液吸光度；

A_0——试剂空白溶液吸光度；

b——回归方程式的斜率；

a——回归方程式的截距；

V_n——换算为标准状态下的采样体积，L；

0.76——NO_2（气）转化成NO_2^-（液）的系数。

（七）注意事项

(1) 吸收液应避免在空气中长时间暴露，以免吸收空气中的氮氧化物而使试剂空白值增高。日光照射能使吸收液显色，因此在采样、运送及存放过程中，都采取避光措施。

(2) 在采样过程中，如吸收液体积显著缩小，要用水补充到原来的体积（应预先作好标记）。

(3) 氧化管适于在相对湿度为30%～70%时使用，当空气相对湿度大于70%时，应勤换氧化管，小于30%时，在使用前，用经过水面的潮湿空气通过氧化管平衡1h再使用。在使用过程中，应经常注意氧化管是否吸湿引起板结或变成绿色。若板结会使采样系统阻力增大，影响流量，若变成绿色表示氧化管已失效。出现这两种情况时，都应更换氧化管。

(4) 吸收液若受三氧化铬污染，溶液呈黄棕色，该样品作废。

(5) 绘制标准曲线，向各管中加亚硝酸钠标准使用液时，都以均匀、缓慢的速度加入，曲线的线性较好。

实验十二　校园景观水体水质监测、评价及净化方案探索——综合性实验

（一）实验目的

(1) 进一步强化环境监测实验基本操作的综合技能训练。

(2) 了解水环境监测的整个过程。

(3) 初步学会综合运用环境监测、环境微生物学、环境评价、水处理技术等课程中的相关专业知识和技术，对校园景观水体水质进行评价并提出净化处理方案。

（二）主要内容

1. 水质监测方案的制定

(1) 校园景观水体水质调查　分为基础资料的收集和现场勘察两部分。

(2) 监测断面和采样点的布设　在水质监测中，通过对基础资料和文献资料、现场调查结果进行系统分析和综合判断，根据实际情况综合考虑，合理确定监测断面。当确定了监测断面后，还应根据水面的宽度来合理布设监测断面上的采样垂线，依此进一步确定采样点位置和数量。

2. 水样的采集和保存

水样的采集和保存是水质分析的重要环节之一。欲获得准确可靠的水质分析数据，水样采集和保存方法必须规范、统一，保证采集到的水样必须具有足够的代表性，并且不能受到任何意外的污染。

选择采样器及盛水器（水样瓶），按要求进行洗涤。采集的水样按每个监测指标的具体要求进行分装和保存。

3. 监测项目及测定方法

(1) 水温的测定　用温度计现场测定，并记录。

(2) 浊度的测定　用浊度仪测定。先调试浊度仪并校准仪器，然后将比色管洗净，用水样润洗，装入水样盖上盖子外表，用专用布擦干，放入比色槽，测定浊度并记录。

(3) pH 值的测定　用电极法测定。先调试 pH 计并校准仪器，然后将水样装入干净的烧杯中加入搅拌珠测定 pH 值并记录。

(4) 溶解氧（DO）的测定　用膜电极法测定。用 YSI58 型溶氧仪进行测定。① 准备：a. 安装探头接口，开机等待 15min 电极稳定。b. 回零仪器，即设置功能开关到 ZERO 模式，调节 O_2ZERO 旋钮至显示读数为零。② 空气校正（空气校正是目前最快、最简单的校正技巧，经验表明它是可靠的）：a. 将设置功能开关返回到%模式。b. 探头放在一块湿海绵或放在含有一定量水并能提供一 100%相对湿度的校正环境的瓶上。c. 根据当时大气压，按仪器背面的附录表中的值，调节 O_2CALIB 旋钮。③ 测量（精确的测量，要求水的移动速度为 1ft/s，1ft＝0.3048m）：将设置功能开关返回到 0.01mg/L 模式，把探头放至装满水样的瓶上，开搅拌器（注意加搅拌子），稳定后读数。

(5) 化学需氧量（COD_{Cr}）的测定　用微回流仪器法测定。①打开消解器并加热至150℃。②打开一支 COD 消解试管，加入 2.00mL 样品，拧紧盖子，摇匀，并插入消解器中进行消解。③用蒸馏水代替样品，做空白消解。④消解结束后先冷却 20min 左右，然后拿出消解管并摇匀再放入试管架，冷却至室温。⑤打开分光光度计，选择测试程序。⑥擦干净空白消解管的外表，并插入光度计的试管孔，按“调零”键进行空白调零。⑦擦干净样品消解管的外表，并插入光度计的试管孔，按“读数”键测定样品 COD 值。

(6) 细菌菌落总数的测定　水样中细菌菌落总数的测定，为测定 BOD_5 时是否需要接种提供依据。测定：用无菌移液管吸取 1mL 稀释 10 倍的水样至无菌的培养皿中（每个水样重复 2 个培养，此过程一定要无菌操作），倒入培养基后送培养箱倒置培养 24h。用肉眼直接观察，计平板上的细菌菌落数（同一浓度的两个平板取平均值），再乘以稀释倍数，即得 1mL 水样中的细菌菌落总数。

(7) 五日生化需氧量（BOD_5）的测定　用压差法-BOD 仪进行测定。①取样：准确量取一定体积的样品放入彻底清洗的测量瓶中，保证样品中含有足够的饱和氧气，样品要完全混合均匀。把电磁搅拌子放入测量瓶，把橡皮塞放到测量瓶颈部，放 2 粒氢氧化钠试剂片到橡皮塞中（注意：试剂片务必不能加到样品中），把 OxiTop® 测量头直接拧到样品瓶上（拧紧），注意要旋紧。②测量。a. 启动测量：同时按下 S 和 M 键（2s）至显示 00（显示：保存值被删除），把测量瓶和OxiTop放入在20℃下培养5天（例如恒温培养箱），温度达到后开始测量。在这5天里样品不停地自动搅拌。OxiTop在这5天里每24h自动保存一个数值。显示当前值按M键。b. 显示当前测试值：按M键直到显示当前测试值（1s）。c. 读取存储的数值：按S键直到显示测量值（1s），再按一次S键，将显示后面一天的测量值（5天内可循环显示）。③ 测定结果：把显示值转换为BOD值，即BOD_5（mg/L）＝显示值×转换系数（查表可得）。

（8）氨氮（NH_3—N）的测定　用纳氏（Ness）试剂比色法测定。①打开分光光度计，选择相应的测试程序。②用一个混合用量筒量取25mL样品，作为待测样。③用另一个混合用量筒量取25mL蒸馏水，作为空白。④在两个量筒中各滴加3滴矿物质无机稳定剂。塞上塞子，晃动几次混合均匀。⑤在两个量筒中各滴加3滴聚乙烯醇分散剂。塞上塞子，晃动几次混合均匀。⑥用吸管吸取1mL纳氏（Ness）试剂分别加入到两个量筒中，塞上塞子，晃动几次混合均匀。⑦显色反应一分钟。⑧将两种溶液分别注入到10mL方形样品试管中。⑨擦干净空白试管外壁，将试管插到光度计的试管固定架上。⑩测空白调零，然后擦干净样品试管外壁，将试管插到光度计的试管固定架上，测样品，得到氨氮值。

（9）总磷的测定　仪器法（过硫酸盐消解-PhosVer3法）步骤如下。①打开消解器，预热至150℃。②使用移液管移取5.0mL样品到一支总磷TNT试剂管中。③用漏斗将一包过硫酸盐粉末加入到试管中，拧紧盖子后摇晃至溶解。④将试管放入消解器中，消解30min。⑤消解结束后，从消解器上取下试管放在试管架上，冷却至室温。⑥用移液管移取2mL1.54mol/L的氢氧化钠溶液到试管中，拧紧盖子后混合均匀。⑦打开分光光度计，选择测试程序。⑧擦干净试管外壁，将试管插到光度计的试管固定架上，测空白调零。⑨用漏斗将一包PhosVer3粉末加入到试管中。拧紧盖子，摇晃10～15s。⑩显色反应2min，样品必须在反应开始后2～8min进行测量。⑪擦干净试管外壁，将试管插到光度计的试管固定架上，测样品，得到样品总磷值。

注：实验试剂和实验器皿应预先配制和清洗，水样中如有干扰物应预先去除。

（三）校园景观水体水质监测实验结果比较

将校园景观水体各监测断面的水质监测结果列入下表，便于结果比较。

校园景观水体监测	监测项目								
	温度/℃	浊度/NTU	pH值	溶解氧/(mg/L)	CODCr/(mg/L)	细菌菌落总数/(个/mL)	BOD_5/(mg/L)	NH_3—N/(mg/L)	总磷/(mg/L)
监测断面1									
监测断面2									
监测断面3									

（四）校园景观水体的水质评述及净化方案探索

（1）根据各断面水质监测结果，结合环境评价中的“一票否决制”的评价方法，对校园景观水体水质进行综合评价。

（2）根据校园河道水体水质综合情况，结合水污染控制工程中水处理的相关知识和技术，设计一套校园景观水体的水体净化方案。

参考文献

[1] 陈玲，赵建夫主编. 环境监测. 北京：化学工业出版社，2008.
[2] 戴树桂主编. 环境化学. 第2版. 北京：高等教育出版社，2006.
[3] 张建辉等编. 环境监测学. 北京：中国环境科学出版社，2001.
[4] 蒋展鹏，祝万鹏编著. 环境工程监测. 北京：清华大学出版社，1990.
[5] 奚旦立，张裕生，刘秀英编. 环境监测. 第3版. 北京：高等教育出版社，2004.
[6] 启文启，孙宗光，边归国编著. 环境监测新技术. 北京：化学工业出版社，2004.
[7] 沈洪艳，任洪强编著. 环境管理学. 北京：中国环境科学出版社，2005.
[8] 孙广生编. 室内环境质量评价及监测手册. 北京：机械工业出版社，2002.
[9] Clair N Sawyer，Perry L McCarty，Gene F Parkin. Chemistry for Environmental Engineering (fourth edition)(影印版). 北京：清华大学出版社，2000.
[10] 但德忠编著. 环境监测. 北京：高等教育出版社，2006.
[11] 中国环境监测总站编. 环境水质监测质量保证手册. 第2版. 北京：化学工业出版社，1994.
[12] 周纯山等编著. 化学分离富集方法及应用. 长沙：中南工业大学出版社，2001.
[13] 夏俊. 上海化学工业区土壤背景研究. 同济大学硕士学位论文，2003.
[14] 戴树桂等. 固相萃取技术预富集环境水样中的邻苯二甲酸酯. 环境科学，2000，21 (3)：66-69.
[15] Pichon V，Chen L，Hennion M C. On-line preconcentration and liquid chromatographic analysis of phenylurea pesticide in environment water using a silica-based immunosorbent. Analytica Chimica Acta，1995，311：429-436.
[16] 阎吉昌，徐书绅，张兰英. 环境分析. 北京：化学工业出版社，2002.
[17] Andrew D Eaton，Lenore S Clesceri，Arnold E Greenberg. Standard methods for the examination of water and wastewater. 19th ed. APHA，AWWA，WEF of USA，1995.
[18] 陆雍森，蒋展鹏，张世森，奚旦立编. 环境工程手册——环境监测卷. 北京：高等教育出版社，1998.
[19] 国家环保局《水和废水监测分析方法》编委会编. 水和废水监测分析方法. 北京：中国环境科学出版社，1997.
[20] 《水和废水监测分析方法》编委会编. 水和废水监测分析方法指南（上册）. 北京：中国环境科学出版社，1990.
[21] 魏复盛，徐晓白，阎吉昌编著. 水和废水监测分析方法指南（中册）. 北京：中国环境科学出版社，1994.
[22] 魏复盛，徐晓白，阎吉昌等编著. 水和废水监测分析方法指南（下册）. 北京：中国环境科学出版社，1997.
[23] 薛华，李隆弟，郁槛源，陈德朴编著. 分析化学. 第二版. 北京：清华大学出版社，1994.
[24] 于世林，苗凤琴编. 分析化学. 北京：化学工业出版社，2001.
[25] 李国刚，付强，吕怡兵. 环境空气和废气污染物分析测试方法. 北京：化学工业出版社，2013.
[26] 李静玲，林小英，夏雪芬. 室内环境监测与污染控制. 北京：北京大学出版社，2012.
[27] 王鹏. 环境监测. 北京：中国建筑工业出版社，2011.
[28] 李蓓. 便携式烟气 SO_2 监测仪的原理和应用. 南炼科技，2001，8 (2)：58-60，70.
[29] 韦进宝，钱沙华编著. 环境分析化学. 北京：化学工业出版社，2002.
[30] 黄骏雄. 环境样品前处理技术及其进展（一）. 环境化学，1994，13 (1)：95-104.
[31] 黄骏雄. 环境样品前处理技术及其进展（二）. 环境化学，1994，13 (2)：181-192.
[32] 杨复沫，段凤魁，贺克斌. $PM_{2.5}$ 的化学物种采样与分析方法. 中国环境监测，2004，20 (5)：14-20.
[33] 勒斯勒 H J，朗格 H 著. 地球化学表. 卢焕章，徐仲伦译. 北京：科学出版社，1985.
[34] 环境保护部自然生态保护司. 土壤污染与人体健康. 北京：中国环境科学出版社，2013.
[35] 陈玲，郜洪文. 现代环境分析技术. 北京：科学出版社，2013.
[36] 陈怀满等. 环境土壤学. 第2版. 北京：科学出版社，2010.
[37] 刘封枝，马锦秋. 土壤监测分析实用手册. 北京：化学工业出版社，2012.
[38] 胡文翔，应红梅，周军. 污染场地调查评估与修复治理实践. 北京：中国环境科学出版社，2012.
[39] 刘俐等. 工业企业搬迁遗留场地环境管理和调查. 北京：科学出版社，2013.
[40] 中国环境监测总站编著. 土壤元素的近代分析方法. 北京：中国环境科学出版社，1992.
[41] 中国环境监测总站主著. 中国元素土壤背景值. 北京：中国环境科学出版社，1990.

[42] 窦贻俭，李春华编著. 环境科学原理. 南京：南京大学出版社，1998 .
[43] A Tessier，Campbell PGC，Bisson M. Sequential extraction procedure for the speciation of particulate trace metals. Analytical Chemistry，1979，51 (7)：844-851.
[44] Abanades S，Flamant G，Gagnepain，et al. Fate of heavy metals during municipal solid waste；ncineration. Waste Management &Research，2002，20 (1)：55-68 .
[45] 李绍英等编. 环境污染与监测. 哈尔滨：哈尔滨工程大学出版社，1995.
[46] 王琪主编. 工业固体废物处理及回收利用. 北京：中国环境科学出版社，2006.
[47] 高忠爱等编. 固体废物的处理与处置. 北京：高等教育出版社，1993.
[48] 薛文山等编. 环境监测分析手册. 太原：山西科学教育出版社，1988.
[49] 吴鹏鸣主编. 环境监测原理与应用. 北京：化学工业出版社，1991.
[50] 孟紫强主编. 环境毒理学. 北京：中国环境科学出版社，2000.
[51] 刘健康编著. 高等水生生物学. 北京：科学出版社，1999.
[52] 孔繁翔. 环境生物学. 北京：高等教育出版社，2000.
[53] 张志杰，张维平. 环境污染生物监测与评价. 北京：中国环境科学出版社，1991.
[54] 孙江华. 化学需氧量测定方法的探讨. 理化检验. 化学分册，2002，38 (4)：203-204.
[55] 何燧源编著. 环境毒物. 北京：化学工业出版社，2002.
[56] 王正萍，周雯编著. 环境有机污染物监测分析. 北京：化学工业出版社，2002.
[57] 马文漪，杨柳燕编著. 环境微生物工程. 南京：南京大学出版社，1998.
[58] 孙成，成红霞编著. 环境监测实验. 北京：科学出版社，2003.
[59] 史家樑，徐亚同，张圣章编著. 环境微生物学. 上海：华东师范大学出版社，1993.
[60] 张志杰编著. 环境生物监测. 北京：冶金工业出版社，1990.
[61] 王建龙，文湘华编著. 现代环境生物技术. 北京：清华大学出版社，2001.
[62] 周群英，高廷耀编著. 环境工程微生物学. 北京：高等教育出版社，2007.
[63] 史家樑，徐亚同，张圣章编著. 环境微生物学. 上海：华东师范大学出版社，1993.
[64] 王勋陵编著. 生物指示学. 兰州：兰州大学出版社，1994.
[65] 徐士霞，李旭东，王跃招. 两栖动物在水体污染生物监测中作为指示生物的研究概况. 动物学杂志，2003，38 (6)：110-114.
[66] 郜红建，蒋新，魏俊岭等. 蚯蚓对污染物的生物富集与红建指示作用. 中国农学通报，2006，22 (11)：360-363.
[67] 宫国辉，王伟艳，孙福贵. 黄瓜苗期 SO_2 危害及花叶莴苣的生物指示作用. 中国蔬菜，2001 (5)：36-37.
[68] 钟鸣，周启星. 微生物分子生态学技术及其在环境污染研究中的应用. 应用生态学报. 2002，13 (2)：247-251 .
[69] 王向明，陈正夫主编. 分析测试技术在公共污染事件中的应用. 北京：化学工业出版社，2007.
[70] 赵由才主编. 环境工程化学. 北京：化学工业出版社，2003.
[71] 陆雍森编著. 环境评价 . 第 2 版. 上海：同济大学出版社，1999.
[72] 国家认证认可监督管理委员会. 实验室资质认定评审准则. 国认实函 [2006] 141 号 .
[73] 赵由才，朱青山. 城市生活垃圾卫生填埋场技术与管理手册. 北京：化学工业出版社，1999.
[74] 邱招钗，黄志勇，王小如. 电感耦合等离子体质谱 (ICP-MS) 技术及其应用. 前沿科技，2002，12：6-8.
[75] Woller A，Garraud H，Martin F，et al. Determination of total mercury in sediments by microwave-assisted digestion-flow injection-inductively coupled plasma mass spectrometry. J Anal At Spectrum，1997，12：53-56 .
[76] US EPA Method 525. 2. Determination of organic compounds in drinking water by liquid-solid extraction and capillary column gas chromatography/mass spectrometry. Revision 1. 0，1994 .
[77] 陈猛，袁东星. 固相微萃取研究进展. 分析科学学报，2002，18 (5)：429-435.
[78] Mackay D，Shiu W Y，Ma K C. Illustrated handbook of physical-chemical properties and environmental fate for organic chemicals，London：Boca Raton Inc，1992.
[79] Ema Cankemeier，A J H Louter，et al. On-line coupling of solid-phase extraction and gas chromatography wish atomic emission detection for analysis of trace pollutants in aqueous samples. Chromatographia，1995，40 (314)：119-124.
[80] Martin-Esteban A，Fernandez P，Camara C. Breakthrough volumes increased by the addition of salt in the on-line solid - phase extraction and liquid chromatography of pesticides in environmental water. Intern J Environ Anal Chem，1996，63：127-135.

[81] Bikas Vaidya, Steve W Watson, Shelley J Coldiron, Marc D Porter. Reduction of chloride ion interference in chemical oxygen demand (COD) determinations using bismuth-based adsorbents. Analytical Chemica Acta, 1997, 357: 167-175.

[82] Derin Orhon, Esra Ates, Seval Sozen, Ubay Cokgor. Characterization and COD fractionation of domestic wastewaters. Environmental Pollution, 1997, 95 (2): 191-204.

[83] Lumadue, J A, Manabe Y C, Moore R D, Belitsos P C, Sears C L, Clark D P. A clinicopathologic analysis of AIDS-related cryptosporidiosis. AIDS 2001, 12: 2459-2466.

[84] Karanis P, Opiela K, Al-Arousi M, Seitz H M. A comparison of phase contrast microscopy and an immunofluorescence test for the detection of Giardia spp. in faecal specimens from cattle and wild rodents. Trans R Soc Trop Med Hyg, 1996, 90: 250-251.

[85] Erlandsen S L, Sherlock S A, Bemrick W J, Ghobrial H, Jakubowski W. Prevalence of Giardia spp. in beaver and muskrat populations in northeastern states and Minnesota: detection of intestinal trophozoites at necropsy provides greater sensitivity than detection of cysts in fecal samples. Appl Environ Microbiol, 1990, 56: 31-36.

[86] 蔡宏道主编. 现代环境卫生学，北京：人民卫生出版社，1995.

[87] 范晓军，陈佩棠，陈成章等. 澳门地区原水及海水中的病原虫调查. 中国给水排水，2001，17（11）：32-34.

[88] 王秀英，李永浩，余淑苑. 深圳市地表水贾第鞭毛虫和隐孢子虫污染状况的调查. 中国公共卫生管理，2006，22（3）：259-261.

[89] Vesey G, Slade J S, Byrne M, Shepherd K M, Dennis P, Fricker C R. Routine monitoring of Cryptosporidium oocysts in water using flow cytometry. J Appl Bacteriol 1993, 75 (1): 87-90.

[90] Vesey G, Slade J S, Byrne M, Shepherd K M, Fricker C R. A new method for the concentration of cryptosporidium from water. J Appl Bacteriol, 1993, 75 (1): 82-86.

[91] Tomoyuki Taguchi, Youhei Shinozaki, Haruko Takeyama, et al. Direct counting of cryptosporidium parvum oocysts using fluorescence in situ hybridization on a membrane filter. Journal of Microbiological Methods, 2006, 67 (2): 373-380.

[92] Chang Duk Kang, Sang Wook Lee, et al. Performance enhancement of real-time detection of protozoan parasite, cryptosporidium oocyst by a modified surface plasmon resonance (SPR) biosensor. Enzyme and Microbial Technology, 2006, 39 (3): 387-390.

[93] Peeters JE, Mazas EA, Masschelein WJ, Villacorta Martinez de Maturana I, Debacker E. Effect of disinfection of drinking water with ozone or chlorine dioxide on survival of cryptosporidium parvum oocysts. Appl Environ Microbiol, 1989, 55 (6): 1519-1522.

[94] 李翠云·唐振柱. 军团菌的研究近况. 中国热带医学，2004，4（5）：888-889.

[95] Miyamoto H, Yamamoto H, Arima K, et al. Development of a new seminested PCR method for detection of legionella species and its application to surveillance of legionella in hospital cooling tower. Appl Environ Microbiol, 1997, 63 (7): 2489-2494.

[96] 龚玉姣，郑桂丽. 多重 PCR 快速检测空调冷却塔水中军团菌. 中国环境卫生，2005，8（3-4）：94-95.

[97] 陈宇伟，陈开宁，胡耀辉. 浮游植物叶绿素 a 测定的“热乙醇法”及其测定误差的探讨. 湖泊科学，2006，18（5）：550-552.

[98] 陈宇伟，高锡云. 浮游植物叶绿素 a 含量测定方法的比较测定. 湖泊科学，2006，12（2）：185-188.

[99] 王桥，杨一鹏，黄家柱. 环境遥感. 北京：科学出版社，2004.

[100] 李树楷. 遥感时空信息集成技术及其应用. 北京：科学出版社，2003.

[101] Bukata R P, Jerome J H, Kondratyev K Y, et al. Optical Properties and Remote Sensing of Inland and Coastal Waters. New York: CRC Press, 1995.

[102] Gitelson A, Garbuzov G, Zilagyi S, et al. Quantitative remote sensing methods for real-time monitoring of inland waters quality. Int J Remote Sensing, 1993, 14 (7): 1269-1295.

[103] Chen Z M, Hanson J D, Curran P J. The form of the Correlation between suspended sediment content and spectral reflectance: It's implications for the use of Daedalua 1268 data. Int, J Remote Sens, 1991, 12 (2): 215-222.

[104] 赵碧云，贺彬，朱云燕等. 滇池水体中总悬浮物浓度的遥感定量模型. 环境与技术，2001，2：16-18.

[105] 陈楚群，施平，毛庆文. 应用 TM 数据估算沿岸海水表层叶绿素浓度模型研究. 环境遥感，1996，11（3）：168-175.

[106] A Gitelson. The peak near 700nm on radiance spectrum of algae and water：Correlations of its magnitude and position with chlorophyll content. Int，J Remote Sens，1992，13：3367-3373.

[107] Derred V E. Remote Sensing of the Troposphere Washington D C：U S Government Printing Office，1972.